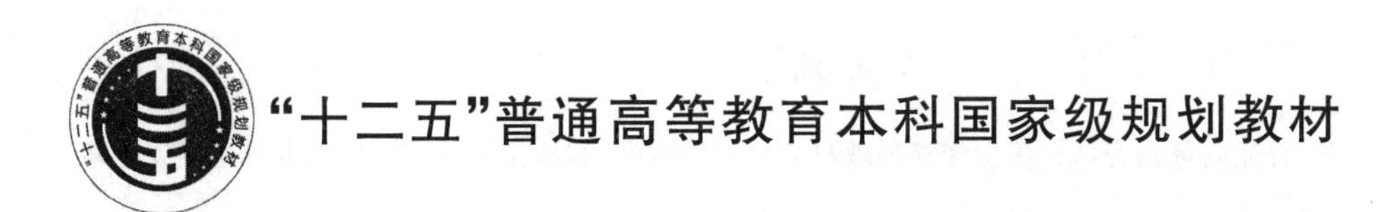

电路与电子技术

(第 7 版)

张　虹　编著

北京航空航天大学出版社

内 容 简 介

本书是“十二五”普通高等教育本科国家级规划教材的修订版，在内容编排上符合应用型本科院校人才培养目标和教学的基本要求。

全书共3篇。第一篇为电路分析，主要内容有电路基本概念及分析方法、正弦交流电路的相量分析法。第二篇为模拟电子技术，主要内容有常用半导体器件、放大电路基础、集成运算放大电路及其应用。第三篇为数字电子技术，主要内容有逻辑代数基础、逻辑门电路、组合逻辑电路、触发器和时序逻辑电路、存储器和可编程逻辑器件、数-模和模-数转换电路。

本书体系结构合理，知识衔接紧密，语言通俗易懂，例题经典，习题丰富，联系实际，突出应用。为了保证读者能更好地学习和掌握知识，部分知识点和习题可扫码查看讲解。本书还提供了习题答案和电子课件（关注“北航科技图书”公众号，回复“4375”下载），并配套出版了《电路与电子技术学习辅导及实践指导（第7版）》（ISBN：9787-5124-4374-7）。

本书可作为应用型本科及高职院校电子、通信、物联网、计算机和自动控制等专业的教材，也可作为自学考试、考研及从事电子技术的工程人员的参考用书。

图书在版编目（CIP）数据

电路与电子技术 / 张虹编著. -- 7版. -- 北京 ：北京航空航天大学出版社，2024.3

ISBN 978-7-5124-4375-4

Ⅰ. ①电… Ⅱ. ①张… Ⅲ. ①电路理论－高等学校－教材②电子技术－高等学校－教材 Ⅳ. ①TM13②TN01

中国国家版本馆CIP数据核字(2024)第058488号

电路与电子技术（第7版）

张 虹 编著

策划编辑 龚 雪 责任编辑 龚 雪

*

北京航空航天大学出版社出版发行

北京市海淀区学院路37号（邮编100191） http://www.buaapress.com.cn

发行部电话：(010)82317024 传真：(010)82328026

读者信箱：goodtextbook@126.com 邮购电话：(010)82316936

北京建筑工业印刷有限公司印装 各地书店经销

*

开本：787×1 092 1/16 印张：22.5 字数：576千字

2024年4月第7版 2024年4月第1次印刷 印数：3 000册

ISBN 978-7-5124-4375-4 定价：69.00元

第 7 版前言

自《电路与电子技术(第 6 版)》出版，已经过去近 4 个年头。期间，本书被评为山东省普通高等教育一流教材，并且被许多高等院校，尤其是应用型本科及高职院校选为教材，得到了广大读者的支持和肯定。他们以各种方式与作者联系，提出了宝贵的意见和建议；同时随着课程改革的不断深入以及教学方法的不断更新，作者在教学实践过程中也积累了更多的教学经验，教学思想和教学理念亦逐步完善。为了更好地适应电路理论、电子技术及计算机硬件技术的应用与发展，不断满足高等院校对应用型人才培养的需要，也为了更好地服务于读者，有必要对原书进行全面的修订。

本书的修订既要保持上一版教材的诸多特点及完整体系，又要面向新时期的发展；既要符合本门课程的基本要求，又要适当引进电子技术中的新器件、新技术、新方法；既要使学生掌握基础知识，又要培养他们的定性分析能力、综合应用能力和创新能力；既要有利于教师对教材的灵活取舍，又要有利于学生对教材内容的自主学习和思考。故本次修订在如下方面做了进一步改进。

(1) 第一篇电路分析部分：一是结合实验实训，对电压、电流等物理量的正确测量方法做了相关介绍；二是对受控源内容做了进一步修改和完善，为学生日后考研打下一定的基础；三是将最大功率传输定理内容做了较多补充，结合实际工程应用增加了具体数据方面的计算，有理有据，便于读者更好地掌握和应用理论知识；四是对一阶动态电路三要素法的具体应用给出了不同的解题思路和方法；五是对互感线圈的连接等内容进行了修订，使内容更加精练，便于读者理解和掌握。

(2) 第二篇模拟电子技术部分：一是考虑到内容的精简要求并结合广大读者的反馈意见，删除了半导体器件中晶闸管中的部分内容；二是增加了三极管单管放大电路三种组态性能的比较，表格清晰，内容具体；三是应广大读者要求，增加了场效应管放大电路方面的例题；四是结合电子技术的最新发展及应用，在多级放大电路部分增加了光电耦合方式的介绍；五是在集成电路部分增加了集成运放的分类及通用型和专用型集成运放的性能介绍，为集成运放的正确选用提供理论基础；六是反馈放大电路部分增加了交流负反馈四种组态的性能参数及功能比较；七是考虑到宽带数字网络日益广泛的应用，在有源滤波器部分增加了全通滤波器的相关知识。

(3) 第三篇数字电子技术部分：一是增加了部分实用型例题，为读者更好地掌握抽象理论知识提供具体的应用原型；二是从实际应用出发，在数-模和模-数转换电路一章增加了“并联比较型 A/D 转换器”内容；三是将个别逻辑电路图的结构、画法做了进一步改进，尤其是计数器芯片的应用电路改动较多；四是根据电子技术中不断涌现的新器件、新技术、新方法更新了相关内容，如专业术语、芯片种类、实现方法等。

(4) 扩大了习题的种类与题量。电路与电子技术概念多，内容琐碎，理论分析抽象难懂，必须加强训练才能更好地掌握基础知识。

(5) 教材最后重新修订和完善了习题参考答案，便于学生更好地自学并掌握所学内容。

(6) 通过与读者的交流及意见反馈,修正了原版中的个别小错误,如字母的大小写、调整了例题中元件的参数,改画了电路图的结构,进一步规范了描述语句等。

由于本书整合了电路分析、模拟电子技术、数字电子技术三门课程,因此内容多,知识覆盖面广。为了让学生更好地掌握每一部分的内容,需要合理分配有限的课时。在此,提供本书的课时分配表,以供参考。本书较为适宜的理论教学课时为80课时,各章的参考课时如下:

《电路与电子技术(第7版)》各章理论教学参考课时一览表

章　名	参考课时	章　名	参考课时
第1章　电路基本概念及分析方法	10	第7章　逻辑门电路	6
第2章　正弦交流电路的相量分析法	6	第8章　组合逻辑电路	8
第3章　常用半导体器件	6	第9章　触发器和时序逻辑电路	14
第4章　放大电路基础	8	第10章　存储器和可编程逻辑器件	2
第5章　集成运算放大电路及其应用	10	第11章　数-模和模-数转换电路	4
第6章　逻辑代数基础	6	总　计	80

本次教材修订工作由张虹教授组织并完成。此外,朱敏、杨树伟、李厚荣、高进、高寒、于钦庆、房玮、刘磊、周金玲、齐丽丽、郑建军、周建梁等老师对本次修订工作给予了帮助和支持,在此一并表示感谢。

修订后的第7版可能还会有不尽如人意之处,诚望广大读者给予指正。

编　者

2024年3月

目　　录

第一篇　电路分析

第二篇　模拟电子技术

第三篇　数字电子技术

第一篇　电路分析

第1章　电路基本概念及分析方法

内容提要

- 电路理论基础
- 电流的参考方向和电压的参考极性
- 电阻、电容、电感元件的特性
- 独立源与受控源
- 基尔霍夫定律及支路电流分析法
- 等效变换及其在电路分析中的应用
- 节点电压分析法及网孔电流分析法
- 网络定理及其在电路分析中的应用
- 一阶动态电路分析

1.1　电路理论基础

1.1.1　电路理论及其发展

电路理论与应用技术的发展为人类驾驭物质世界奠定了重要的理论基础。电路理论是关于电路器件的模型建立、电路分析、电路综合及设计等方面的理论。电路理论是物理学、数学和工程技术等多方面成果的融合。物理学，尤其是其中的电磁学为研制各种电路器件提供了原理依据，对各种电路现象作出理论上的阐述；数学中的许多理论在电路理论中得到广泛的应用，成为分析、设计电路的重要方法；工程技术的进展不断给电路理论提出新的课题，推动电路理论的发展。电路理论作为首门电技术基础课，为学生学习电专业的基础课打下基础；也是电气电子工程师必备的知识；还有助于培养严谨的科学作风、抽象的思维能力、实验研究能力、总结归纳能力等。

电磁互生现象早已为现代人所熟知，但却是人们经过长期不断观察才认识的。我国古代就发现了电磁现象。早在4 000多年以前，我国人祖黄帝利用磁制成了指南针。据史料记载，公元前9世纪，我国航海家已使用指南针导航了。被世人称为电学之父的英国物理学家吉尔伯特，于1600年在他的书中第一次讨论了电与磁。与电磁理论发展有关的世界著名科学家还有安培、欧姆、伏特、基尔霍夫、戴维南、法拉第、亨利、拉普拉斯、傅里叶、麦克斯韦、赫兹等。电的理论和电子技术的发展(就经典阶段和现代阶段而言)前后大体经历了200年,经典电路理论形成于20世纪初至60年代,经典的时域分析于20世纪30年代初已初步建立,并随着电力、通信、控制三大系统的要求发展到频域分析与电路综合。20世纪六七十年代至今发展了现代电路理论,它随着电子革命和计算机革命而飞速发展,其特点是:频域与时域相结合,并产生了拓扑、状态、逻辑、开关电容、数字滤波器、有源网络综合和故障诊断等新的领域。

1.1.2 电路和电路模型

1. 电 路

电路在日常生活、生产和科学研究工作中得到了广泛应用。小到手电筒,大到计算机、通信系统和电力网络,都可以看到各种各样的电路。可以说,只要用电的物体,其内部都含有电路,尽管这些电路的结构各异,特性和功能也不相同,但都建立在一个共同的电路理论基础上。

电路通常按如下几个方面进行分类。

其一,集总参数电路和分布参数电路:将实际电路的几何尺寸 d 与其中的工作信号波长 λ 比较,满足 $d \ll \lambda$ 的称为集总参数电路,不满足 $d \ll \lambda$ 的称为分布参数电路,常见的低频放大器属于集总参数电路,微波($\lambda < 1$ m)电路(如电视天线、雷达天线和通信卫星天线等)属于分布参数电路。本书将以集总参数电路为研究对象进行讨论。

其二,线性电路和非线性电路:若描述电路特征的所有方程都是线性代数方程或线性微积分方程,则称为线性电路,否则就是非线性电路。非线性电路在工程中应用更为普遍,线性电路仅是非线性电路的近似模型,但线性电路理论却是最重要的基础。

其三,时不变电路和时变电路:时不变电路中元件参数不随时间变化,描述其电路的方程是常系数的代数方程或常系数的微积分方程,而时变电路是由变系数的代数方程或微积分方程描述的电路。实际中,时变电路非常普遍,但时不变电路是最基本的电路模型,是研究时变电路的基础。

电路的一种功能是实现电能的传输和转换,例如电力网络将电能从发电厂输送到各个工厂、广大农村和千家万户,供各种电气设备使用;电路的另一种功能是实现电信号的传输、处理和存储,例如电视接收天线将接收到的含有声音和图像信息的高频电视信号通过高频传输线送到电视机中,这些信号经过选择、变频、放大和检波等处理,恢复原来的声音和图像信号,在扬声器发出声音并在屏幕上呈现图像。

那么,什么是电路呢?所有的**实际电路**是由电气设备和元器件按照一定的方式连接起来的,为电流的流通提供路径的总体,也称网络。在实际电路中,电能或电信号的发生器称为**电源**,用电设备称为**负载**。电压和电流是在电源的作用下产生的,因此,电源又称为激励源,简称**激励**。由激励而在电路中产生的电压和电流称为**响应**。有时,根据激励和响应之间的因果关系,把激励称为**输入**,响应称为**输出**。

2. 电路模型

为了便于对实际电路进行分析,通常将实际电路器件理想化(或称模型化),即在一定条件下,突出主要的电磁性质,忽略次要因素,将其近似地看作**理想电路元件**,并用规定的图形符号表示。例如用电阻元件来表征具有消耗电能特征的各种实际元件;同样,在一定条件下,电感线圈忽略其电阻,就可以用电感元件来近似地表示;电容器忽略其漏电,就可以用电容元件近似地表示。此外还有电压源、电流源两种理想电源元件。以上这些理想元件分别可以简称为电阻、电感、电容和电源，它们都具有两个端钮，称为二端元件。其中，电阻、电感、电容又称**无源元件**①。

由理想元件组成的电路称为实际电路的**电路模型**。图 1-1(b)即为图 1-1(a)的电路模型。本书中如未加特殊说明，所说的电路均指电路模型。

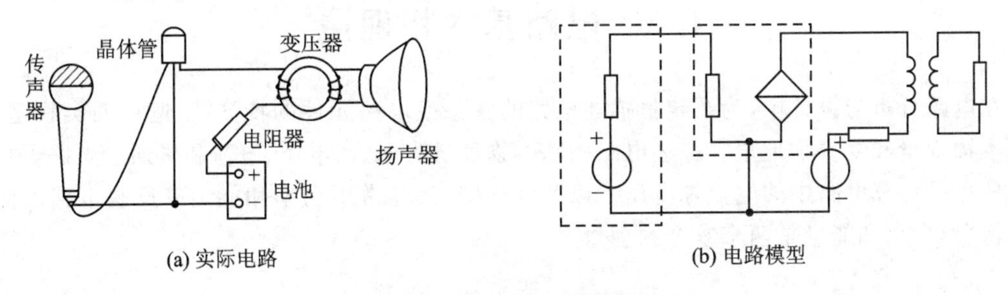

图 1-1　晶体管放大电路

以上用理想电路元件或其组合模拟实际器件的过程称为**建模**。建模时必须考虑工作条件，并按不同精确度要求把给定工作情况下的主要物理现象及功能反映出来。需要注意的是，在不同的条件下，同一实际器件可能采用不同模型。模型取得恰当，电路的分析和计算结果就与实际情况接近；模型取得不恰当，则会造成很大误差，有时甚至导致自相矛盾的结果。所以建模问题需要专门研究，绝不能草率定论。例如图 1-2(a)所示的线圈，在低频交流工作条件下，用一个电阻和电感的串联结构进行模拟，如图 1-2(b)所示；在高频交流工作条件下，则要再并联一个电容来模拟，如图 1-2(c)所示。

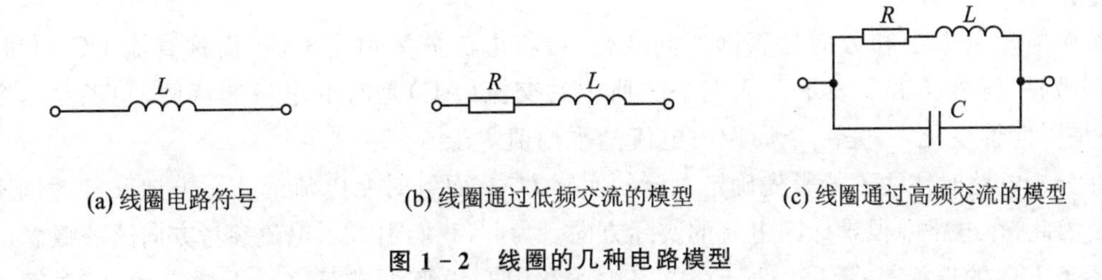

图 1-2　线圈的几种电路模型

1.1.3　计算机辅助电路分析

电路的分析和设计都要完成一定的数学运算工作。人们曾经使用计算尺和计算器来完成一定的计算工作，随着计算机和大规模集成电路的发展，现在已经广泛使用计算机进行电路的分析和设计。计算机辅助分析技术在工程技术领域的应用越来越广泛，为传统的电路系统分析与设计提供了新的手段。科技的发展和教学改革的需要也促使原有的教学体系在内容和分析手段上必须进行相应的调整。在教育教学方面，几乎所有理工类的高校都开设了计算机辅助分析(Computer Aided Analysis，CAA)方面的课程。目前最具有通用性的电子电气工程类的计算机辅助分析软件主要是 PSpice、MATLAB。MATLAB 具有数据分析，数值和符号计算，工程与科学绘图，控制系统设计，数字图像信号处理，财务工程，建模、仿真、原型开发，应用

① 电路中有两类元件，有源元件和无源元件。有源元件能产生或者能控制能量，而无源元件不能。电阻、电容、电感等均为无源元件。发电机、电池、运算放大器、三极管、场效应管等为有源元件。

开发,图形用户界面设计等功能。PSpice 软件收敛性好,适于做系统及电路级仿真,具有快速、准确的仿真能力。在科研开发部门,PSpice 是产品从设计、试验到定型过程中不可缺少的工具,1988 年就被定为美国国家工业标准。

1.2 电路基本物理量

在电路分析与设计中,为了定量描述电路的状态或电路元件的特征,普遍用两类物理量,即基本物理量和复合物理量。描述电路的基本物理量有电流、电压、电荷和磁通。电路分析的基本任务是计算电路中的电流和电压。以此为基础,又经常用功率和能量来反映电路的能量传递情况,功率和能量是两个复合物理量。

1.2.1 电 流

电荷的定向运动形成电流。电流的**实际方向**习惯上指正电荷运动的方向。电流的数学表达式为

$$i=\frac{\mathrm{d}q}{\mathrm{d}t} \tag{1-1}$$

式(1-1)的物理意义是单位时间内通过导体横截面的电荷量。其中,i 表示电流,单位是安[培],用 A 表示,在计量微小电流时,通常用毫安(mA)或微安(μA)作单位;$\mathrm{d}q$ 为微小电荷量,单位是库[仑],用 C 表示,且 1 库仑为 6.24×10^{18} 个电子所带的电量;$\mathrm{d}t$ 为微小的时间间隔,单位是秒,用 s 表示。

按照电流的大小和方向是否随时间变化,可将电流分为恒定电流(简称**直流 DC**)和时变电流,分别用符号 I 和 i 表示。人们平时所说的**交流(AC)**是时变电流的特例,它满足两个特点,一是周期性变化,二是一个周期内电流的平均值等于 0。

在分析电路时往往不能事先确定电流的实际方向,而且时变电流的实际方向又随时间不断变化。因此,在电路中很难标明电流的实际方向。为此,我们引入了电流**参考方向**这一概念。

参考方向的选择具有任意性。在电路中通常用实线箭头或双字母下标表示,实线箭头可以画在线外,也可以画在线上。为了区别,电流的实际方向通常用虚线箭头表示,如图 1-3 所示。而且规定:若电流的实际方向与所选的参考方向一致,则电流为正值,即 $i>0$;若电流的实际方向与所选的参考方向相反,则电流为负值,即 $i<0$,如图 1-3 所示。这样电流就成为一个具有正负的代数量。

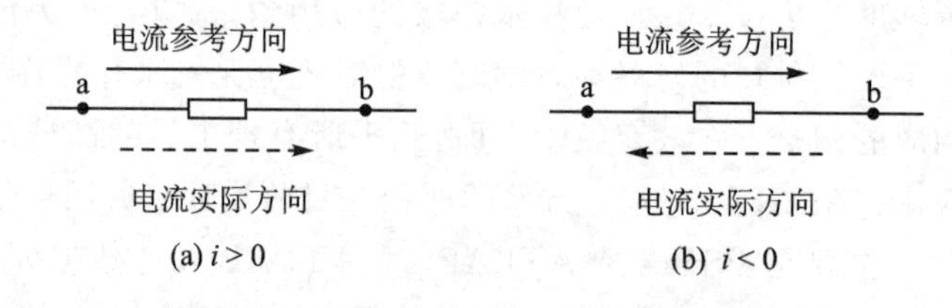

图 1-3 电流的参考方向与实际方向

图 1-3(a)中电流参考方向为从 a 到 b,用双下标法表示为 i_{ab};图 1-3(b)中为从 b 到 a,表示为 i_{ba}。可见,对于同一电流,参考方向选择不同,其数值互为相反数,即 $i_{ab}=-i_{ba}$。

1.2.2 电　压

电路分析中另一个基本物理量是电压。直流电压用大写字母 U 表示，交流电压用小写字母 u 表示，单位为伏[特]，用 V 表示。为了便于计量，还可以用毫伏(mV)、微伏(μV)和千伏(kV)等作为单位。在数值上，电路中任意 a、b 两点之间的电压等于电场力由 a 点移动单位正电荷到 b 点所做的功，即

$$U_{ab}=\frac{dW}{dq} \tag{1-2}$$

式中，dW 是电场力所作的功，单位是焦耳(J)。

在电路中任选一点作为参考点，则其他各点到参考点的电压叫作该点的**电位**，用符号 V 表示。例如，电路中 a、b 两点的电位分别表示为 V_a 和 V_b，并且 a、b 两点间的电压与该两点电位有以下关系：

$$U_{ab}=V_a-V_b \tag{1-3}$$

电位与电压既有联系又有区别。其主要区别在于：电路中任意两点间的电压，其数值是绝对的；而电路中某一点的电位是相对的，其值取决于参考点的选择。在电子技术中，通常用求解电位的方法判断半导体器件工作状态，如二极管、三极管的工作状态。

今后如未说明，通常选接地点作参考点，并且参考点的电位为 0。引入电位概念后，两点间电压的实际极性即由高电位点指向低电位点，所以电压就是指电压降。

电路中电位相同的点称为等电位点。等电位点的特点是：两个等电位点之间的电压等于 0。若用导线或电阻将等电位点连接起来，导线和电阻元件中没有电流通过，不会影响电路的工作状态。

与电流参考方向同理，在电压的极性上引入参考极性(也可称为参考方向)，参考极性的选择同样具有任意性，在电路中可以用“＋”“－”号表示，也可用双字母下标或实线箭头表示，如图 1－4 所示。电压正负值的规定与电流一样，此处不再赘述。

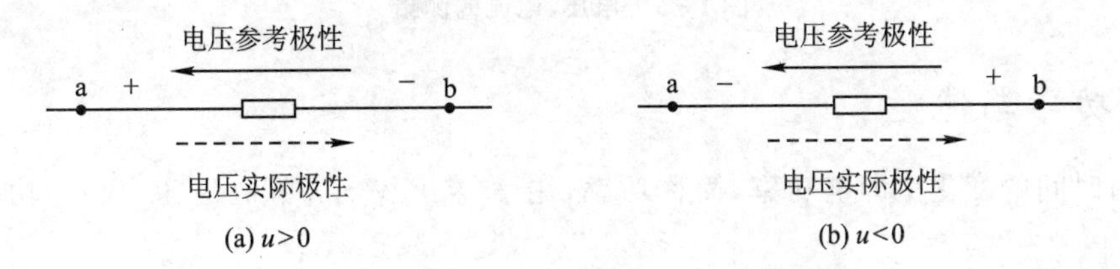

图 1－4　电压的参考方向与实际方向

在画电子电路图时，有一种简化的画法。这种画法的得来是因为在电子电路中，一般都把电源、输入和输出信号的公共端接在一起作为参考点，因此在简化画法中，不用再画出电源的图形符号，而改为只标出其除参考点之外另外一个电极的电位数值和极性就行了，如图 1－5 所示。

反之，根据电路的简化画法也能还原出原电路的完整画法。

注意：今后在求电压、电流时，必须事先规定电压的参考极性和电流的参考方向，否则求出的值无意义。

通常，对于电路中的某个元件或某段电路，其上电流参考方向和电压参考极性都是可以任意选定的，彼此独立无关。但为了分析方便，通常将其电压和电流的参考方向选为一致，即电

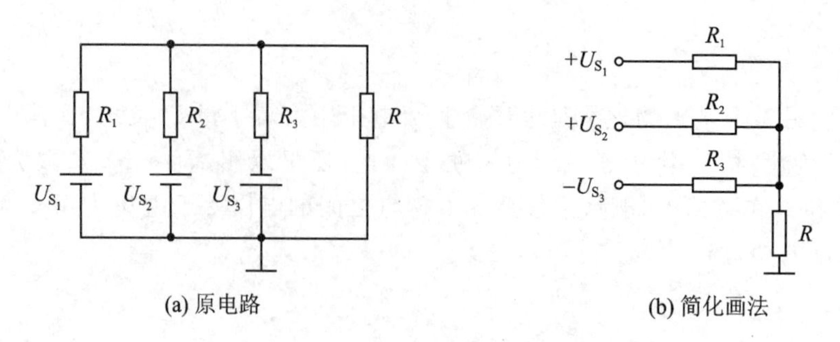

图1-5 电子电路的简化画法

流的参考方向由电压的“+”指向“-”,这样选定的参考方向称为电压与电流的关联参考方向,简称**关联方向**;否则,若电流的参考方向由电压的“-”指向“+”,这样选定的参考方向称为**非关联方向**。

在测量实际电路中的电压、电流时,要注意电压表与电流表的正确连接。当测量电路中的电流时,必须将电流表串联在待测支路中,如图1-6(a)所示;在测直流电流时,只有电流从电流表的“+”端流入,才能保证电流表的指针正偏。当测量电路中的电压时,需要将电压表并联接在被测元件两端,如图1-6(b)所示;在测直流电压时,只有电压表的“+”端与被测电压的高电位端相连接,才能保证电压表的指针正偏。

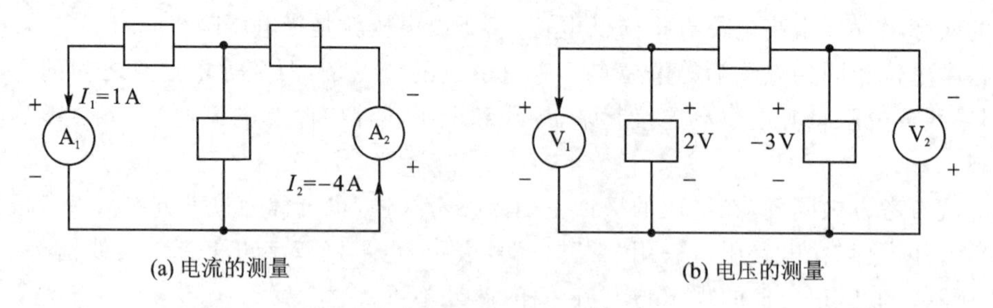

图1-6 电压、电流的测量

1.2.3 功率与能量

电能对时间的变化率即**电功率**,简称功率,用 p 或 P 表示,单位是瓦(W)。功率的表达式为

$$p=\frac{\mathrm{d}W}{\mathrm{d}t}=\frac{\mathrm{d}W}{\mathrm{d}q}\frac{\mathrm{d}q}{\mathrm{d}t}=ui \tag{1-4}$$

应用式(1-4)计算元件功率时,首先需要判断 u、i 的参考方向是否为关联方向,若为关联,则 $p=ui$;否则 $p=-ui$。计算结果若 $p>0$,表明元件实际消耗功率;若 $p<0$,表明元件实际发出功率。

例1-1 在图1-7所示的电路中,各元件电压、电流参考方向已选定,已知 $U_1=1$ V, $U_2=-6$ V, $U_3=-4$ V, $U_4=5$ V, $U_5=-10$ V, $I_1=1$ A, $I_2=-3$ A, $I_3=4$ A, $I_4=-1$ A, $I_5=-3$ A,试求各元件的功率。

解: 根据题目所给已知条件可得

$$P_1=U_1I_1=1\text{V}\times 1\text{A}=1\ \text{W}\ (\text{吸收功率 }1\ \text{W})$$

$P_2=U_2I_2=(-6)\text{V}\times(-3)=18\ \text{W}$（吸收功率 18 W）

$P_3=-U_3I_3=-(-4)\text{V}\times 4\text{A}=16\ \text{W}$（吸收功率 16W）

$P_4=U_4I_4=5\text{V}\times(-1)\text{A}=-5\ \text{W}$（发出功率 5 W）

$P_5=-U_5I_5=-(-10)\text{V}\times(-3)\text{A}=-30\ \text{W}$（发出功率 30W）

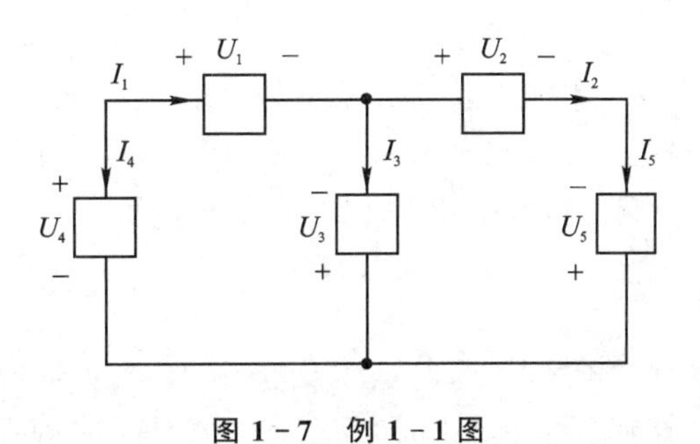

图 1-7　例 1-1 图

由以上计算结果可以看出，电路中各元件发出的功率总和等于吸收功率总和，这就是电路的“**功率平衡**”。功率平衡是能量守恒定律在电路中的体现。

能量是功率对时间的积累，其表达式可写为

$$W(t)=\int_{-\infty}^{t}p(\tau)\mathrm{d}\tau=\int_{-\infty}^{t}u(\tau)i(\tau)\mathrm{d}\tau \tag{1-5}$$

能量的单位是 J(焦[耳])，功率为 1 W 的设备在 1 s 时间内转换的电能即为 1 J。工程上常采用 kW·h(千瓦时)作为电能的单位，俗称“度”。功率为 1 kW 的设备在 1 h 内所转换的电能即为 1 度。

1.3　电路基本元件

前已述及，在电路理论中，将实际的元器件进行抽象从而得到四类理想元件(即元件模型)，分别是电阻元件、电容元件、电感元件、理想电源。本节将介绍这四类理想元件的参数、电压电流关系、功率及使用等。

1.3.1　电阻元件

1. 电阻元件的电压、电流关系及功率

导体对电子运动呈现的阻力称为电阻。对电流呈现阻力的元件称为电阻器，电阻器的电路模型是电阻元件，简称**电阻**，字母符号为 R，电路符号如图 1-8(a)所示。电阻上的电压和电流有确定的对应关系，可以用 $u-i$ 平面上的一条关系曲线，即**伏安曲线**或数学方程式来表示。

如果电阻的伏安关系是一条通过原点的直线，如图 1-8(b)所示，则称该电阻为线性时不变电阻，在图 1-8(a)所示的关联方向下，其电压电流关系可用下式表示：

$$u=Ri \quad 或 \quad i=Gu \tag{1-6}$$

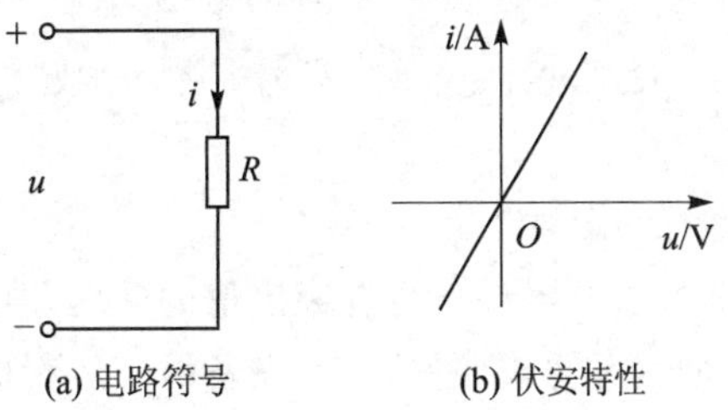

(a) 电路符号　　(b) 伏安特性

图 1-8　线性电阻的电路符号和伏安特性

式(1-6)是欧姆定律的表示式，也就是说，欧姆定律揭示了线性电阻电压与电流的约束关系。式中 R 和 G 是电阻的两个重要参数，分别称为**电阻值**(简称**电阻**)和**电导**，单位分别是 Ω(欧[姆])和 S(西[门子])。R 和 G 两参数在数

值上互为倒数关系。

如果电阻的伏安关系不是一条直线,则称其为**非线性电阻**,半导体二极管就是一个非线性电阻器件。今后如未特别说明,所讨论的电阻元件均指线性电阻(简称电阻)。

在任意时刻,电阻上消耗的功率为

$$p = \pm ui = i^2 R = \frac{u^2}{R} = Gu^2 \tag{1-7}$$

式中的"+""−"号与电压及电流的参考方向有关。式(1-7)表明,对于线性正电阻($R>0$)来说,瞬时功率恒为非负值,所以它在任一时刻吸收的能量也非负。

2. 开路和短路

有两种情况值得注意:开路和短路。当一个二端元件(或电路)的端电压不论为何值时,流过它的电流恒为零值,此时该元件可看成一个 $R=\infty$ 的电阻,或者说相当于一个断开的开关,故把它称为**开路**;当流过一个二端元件(或电路)的电流不论为何值时,它的端电压恒为零值,此时该元件可看成一个 $R=0$ 的电阻,或者说一个闭合的开关,故把它称为**短路**。

3. 电阻器与额定值

电阻元件是由实际电阻器抽象出来的理想化模型,常用来模拟各种电阻器和其他电阻性器件。实际的电阻器必须在一定电压、电流和功率范围内才能正常工作。电子设备中常用的碳膜电阻器、金属电阻器和线绕电阻器在生产制造时,除注明标称电阻值(如 100 Ω、1 kΩ、10 kΩ 等)外,还要规定额定功率值(如 1/8 W、1/4 W、1/2 W、1 W、2 W、5 W 等),以便用户参考。图 1-9 所示为几种实际电阻器的外观图。

图 1-9 实际电阻器

同样,电器设备也有**额定值**的问题。电器设备的额定值是由制造厂家给用户提供的,是设备安全运行的限额值,又是设备经济运行的使用值。通常,制造厂在一定条件下规定了电器设备的额定电压、额定电流和额定功率等,电器设备只有在额定值情况下才能正常运行,才能保证它的寿命。外加电压远高于额定电压,电器设备的绝缘材料将被击穿,造成短路或设备被烧毁。如果通过电器设备的电流超过额定值，设备温度过高，不仅影响寿命，而且绝缘材料会因过热出现碳化，破坏其绝缘性能，也能造成设备和人身事故。如果工作电压或工作电流比额定值小得多，电器设备将处于不良工作状态，甚至不能工作。例如 220 V、100 W 的灯泡，接到 110 V 的电压上，灯光昏暗；电视机、洗衣机、电冰箱等如果电源电压过低，就不能正常工作。

在电子设备中使用的碳膜**电位器**、实心电位器和线绕电位器是一种三端电阻器件，有一个滑动接触端和两个固定端。在直流和低频工作时，电位器可用两个可变电阻串联来模拟。

1.3.2　电容元件

电容元件是电路中最常见的基本元件之一。两块金属板之间用介质隔开就构成了实际的电容器。电容器在工程上应用非常广泛，种类规格也很多，常用的有空气电容器、陶瓷电容器、纸电容器、云母电容器、电解电容器、贴片电容器等，图 1－10 所示为实际电容器的外观图。电容元件是各种实际电容器的电路模型，是一种理想元件，简称**电容**，用 C 表示。其电路符号如图 1－11(a)所示。

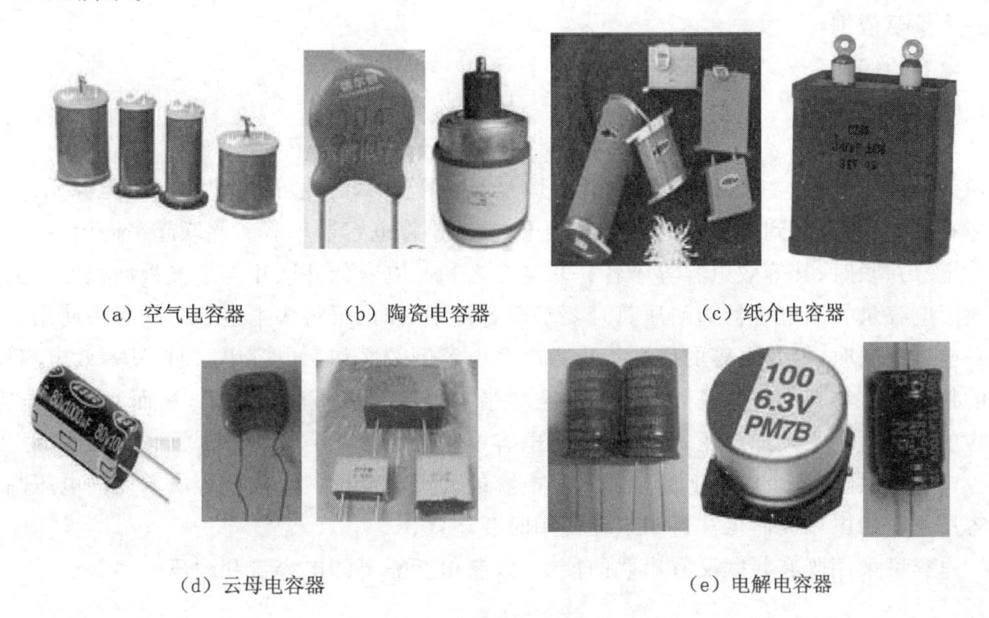

(a) 空气电容器　(b) 陶瓷电容器　(c) 纸介电容器

(d) 云母电容器　(e) 电解电容器

图 1－10　实际电容器

电容具有充放电的特性，当在其两端加上电压，两个极板间就会建立电场，储存电场能量，这是充电过程；反之，若给储存有电能的电容提供放电回路，它就会释放其中的能量，这是电容的放电过程。电容放电时，相当于一个电压源。

电容是一种能够储存电场能量的元件，储存能量的多少通常用**电容量**(简称**电容**)这个参数来表征，该参数也用 C 表示。在国际单位制中，电容的单位为 F(法[拉])。此外还有 μF(微法)、nF(纳法)和 pF(皮法)，它们与 F 的关系是

$$1\mathrm{F}=10^{6}\,\mu\mathrm{F}=10^{9}\ \mathrm{nF}=10^{12}\ \mathrm{pF}$$

对于线性电容而言，其极板上储存的电荷量 q 与两极板间建立起的电压 u 成正比例关系，写成表达式为

$$q=C\,u \tag{1-8}$$

与式(1-8)对应的库-伏特性如图1-11(b)所示。

如图1-11(a)所示,当电压、电流选为关联方向时,其伏安关系为

$$i=\frac{\mathrm{d}q}{\mathrm{d}t}=C\ \frac{\mathrm{d}u}{\mathrm{d}t} \qquad (1-9)$$

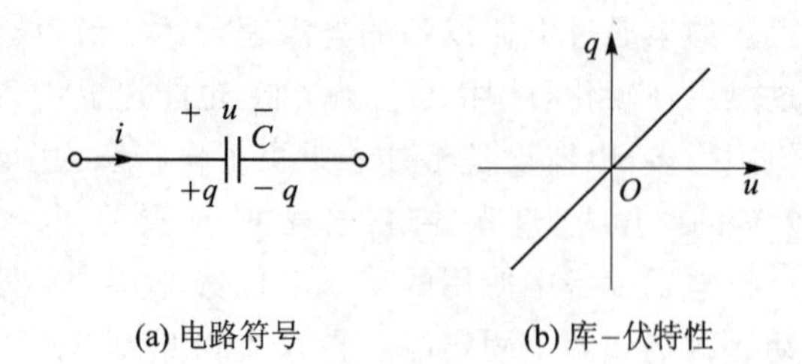

图1-11 电容元件

式(1-9)说明,电容元件上的电压与电流是一种微分关系,即电流与该时刻电压的变化率成正比。显然,电压变化越快,即变化频率越大,电流就越大;如果电压不变化,即加上直流电压,则 $i=0$,电容相当于开路。这正是电容的一个明显特征:**通高频,阻低频;通交流,隔直流**。利用该特性,可用电容制成**滤波器**。

由式(1-9)还可以看到,在电容电流为有限值的前提下,电容电压不能跃变,即电容电压变化需要时间,否则电容电流为无穷大。电容电压不能跃变的特性是1.9节中分析动态电路的一个重要依据。

电容的储能公式

$$W_C=\frac{1}{2}Cu^2(t) \qquad (1-10)$$

式(1-10)表明,任意时刻电容的储能总是大于或等于0,由此可知,电容属于**无源元件**。

在实际中,考虑到电容器的容量及耐压,常常要将电容器串联或并联起来使用。

电容并联时,其等效电容等于各并联电容之和。电容的并联相当于极板面积的增大,所以增大了电容量。当电容器的耐压符合要求而容量不足时,可将多个电容并联起来使用。

电容串联时,等效电容的倒数等于各串联电容倒数之和。电容串联时,其等效电容比串联时的任一个电容都小。这是因为电容串联相当于加大了极板间的距离,从而减小了电容。若电容的耐压值小于外加电压,则可将几个电容串联使用。

电容串联时,各个电容上的电压与其电容的大小成反比。小的电容所承受的电压高,大的电容所承受的电压反而低。这一点在使用时要注意。

电容可采用既有并联又有串联的接法,以获得所需要的电容量和耐压。

1.3.3 电感元件

实际的电感器(也叫线圈或者绕组)是用导线缠绕而成的。根据用途的不同,电感器也有很多种类(图1-12所示为实际电感器的样品图),但它们可用电感元件这个理想化模型来代替,电感元件简称**电感**,用 L 表示。其电路符号如图1-13(a)所示。

电感同样具有储存和释放能量的特点。当在电感中通入时变电流 i 时,电感周围就会建立磁场,即储存了磁场能量,而在电感两端会出现感应电压 u。电感储存能量的多少通常用**电感系数**(简称**电感**)表征,该参数也用 L 表示。在国际单位制中,电感的单位为H(亨[利]),此外还有mH(毫亨)、μH(微亨),它们与H的关系是

$$1\mathrm{H}=10^3\mathrm{mH}=10^6\ \mu\mathrm{H}$$

对于线性电感而言,电感的磁链与电流成正比关系,即

$$\Psi(t)=L\ i(t) \qquad (1-11)$$

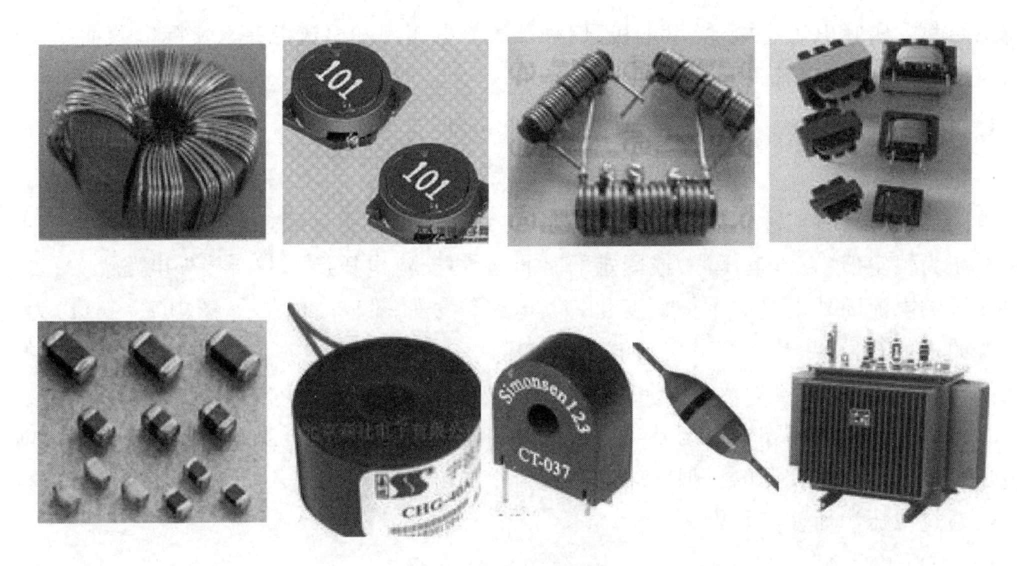

图 1－12　实际电感器

与式(1－11)对应的韦-安特性如图 1－13(b)所示。

如图 1－13(a)所示，当电压、电流选为关联方向时，电感元件的伏安关系为

$$u = L\ \frac{\mathrm{d}i}{\mathrm{d}t} \tag{1－12}$$

式(1－12)表明，电感元件的伏安关系为微分关系，即感应电压与该时刻电流的变化率成正比。电流的变化率越大，则 u 越大。倘若电流不变化，即在直流电路中，则电压 $u=0$，电感相当于短路。因此，电感具有**通低频、阻高频**的作用，也可用来制成滤波器。

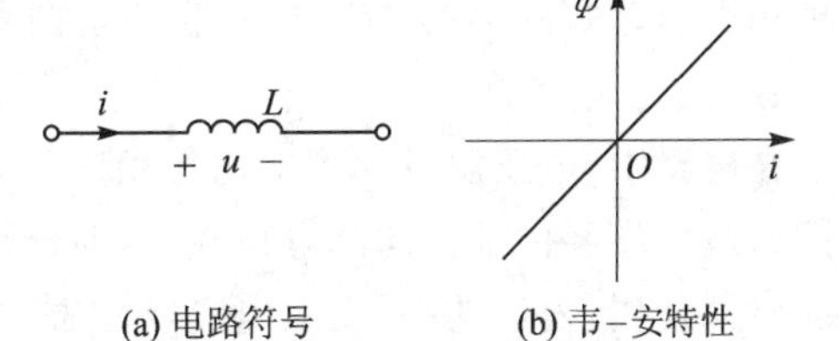

(a) 电路符号　　(b) 韦－安特性

图 1－13　电感元件

电感的储能公式为

$$W_L = \frac{1}{2} L i^2(t) \tag{1－13}$$

式(1－13)表明，任意时刻电感的储能总是大于或等于 0，由此可知，电感也属于**无源元件**。

对于无互感的电感来说，当其串并联时，其等效电感的求解方法与电容的串并联正好相反。

1.4　独立源和受控源

1.4.1　独立源

将其他形式的能量转换成电能的设备称为电源。如果电源的参数都由电源本身的因素决定，而不因电路的其他因素而改变，则称为**独立电源**，简称**独立源**。今后书中所说的电源均指独立源。

电源是电路的输入，它在电路中起激励作用，根据电源提供电量的不同，可分为电压源和

电流源两类。实际电源有电池、发电机、信号源等。电压源和电流源是从实际电源抽象得到的电路模型,它们是二端有源元件。

1. 电压源

(1) 理想电压源

电路理论中常将实际电压源的内阻忽略,得到理想电压源。理想电压源满足两个特点:一是端电压为恒定值(直流电压源)或固定的时间函数(交流电压源),与所接外电路无关;二是通过电压源的电流随外电路的不同而变化。其电路符号如图1-14所示,图中1-14(a)为直流电压源的一般符号,“+”“-”号表示电压源电压的参考极性;图1-14(b)是电池的电路符号,其长线段为正极,短线段为负极;图1-14(c)是交流电压源的电路符号。

根据理想电压源的端电压与外接电路无关的特点,在理想电压源开路和接通外电路时,其端电压即输出电压是相同的。但将端电压不为0的电压源短路是不允许的,这会导致大的短路电流通过电压源而使其烧毁。

(2) 实际电压源

理想电压源实际是不存在的。实际电压源,如干电池、蓄电池,接通负载后,其端电压会随其端电流的变化而变化,这是因为实际电压源有内阻。因此对于一个实际的电压源,可以用一个理想电压源U_S和内阻R_S相串联的模型来表示,这就是实际电压源的电路模型,如图1-15所示。

在电路中,电压源可起到电源作用,也可以成为负载。如果电压源电流的实际方向由电压源的低电位端经内部流向高电位端,这时电压源内部外力克服电场力移动正电荷而作功,电压源起电源作用,发出功率;反之电流实际方向由电压源的高电位端经内部流向低电位端,电压源吸取功率,成为负载。

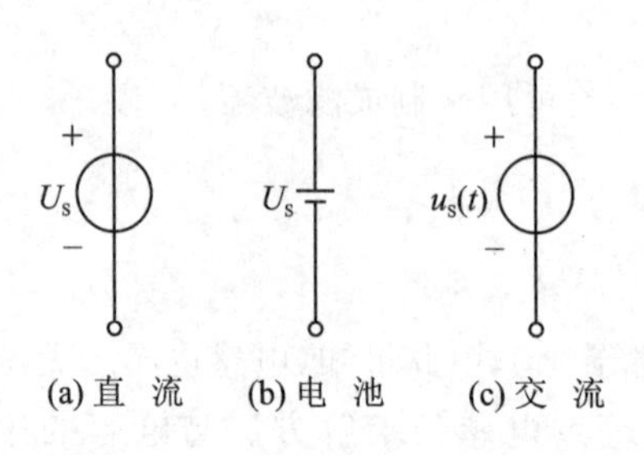

图1-14 理想电压源的电路符号

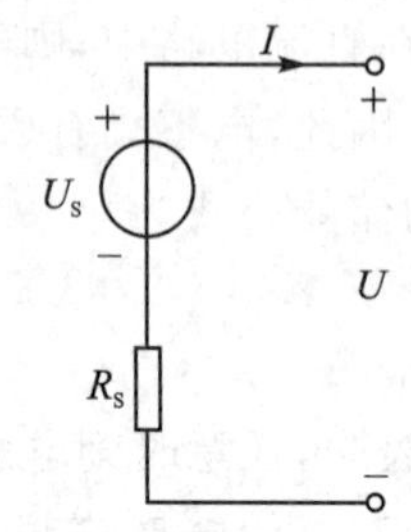

图1-15 实际电压源的电路模型

2. 电流源

(1) 理想电流源

与电压源不同,理想电流源(简称电流源)的端电流不变,而端电压随负载的不同而不同。电路符号如图1-16所示,图中箭头所指方向为电流源电流的参考方向。电流源的例子也比较多,例如,光电池在一定照度的光线照射下,被激发产生一定大小的电流,该电流与照度成正比。在电子线路中,三极管在一定条件下,将产生一定值的集电极电流,此集电极电流与基极电流成正比。有些电子设备在一定范围内能产生恒定电流,这些器件或设备工作时的特性比较接近电流源。

(2) 实际电流源

实际的电流源,输出电流要随端电压的变化而变化,这是因为实际电流源存在内阻。例如光电池受光照激发的电流并不能全部外流,其中一部分将在光电池内部流动。这种实际电流源可以用一个理想电流源 I_S 和电导 G_S 相并联的模型来表示,如图 1-17 所示。

图 1-16　理想电流源电路符号　　**图 1-17　实际电流源的电路模型**

1.4.2　受控源

前面介绍的电压源和电流源都是独立电源,其输出电压和输出电流都由电源本身的因素决定,而不因电路的其他因素而改变。此外,在电路分析中,还会遇到另一类电源,它们的电压或电流受电路其他部分电压或电流的控制,因此称为**受控源**,受控源又称为非独立源,也是有源器件。例如,在电子电路中,晶体三极管的集电极电流受基极电流的控制,场效应管的漏极电流受栅极电压的控制;运算放大器的输出电压受到输入电压的控制;发电机的输出电压受其励磁线圈电流的控制等。这类电路器件的工作性能均可用受控源元件来描述。

受控源与电压源、电流源(统称独立源)在电路中的作用不同。为了区别,受控源采用菱形符号表示。受控源一般有两对端钮,一对是输出端(受控端),一对是输入端(控制端),输入端是用来控制输出端的。根据控制量是电压还是电流,受控的是电压源还是电流源,理想受控源有四种基本形式,它们是电压控制电压源(VCVS)、电压控制电流源(VCCS)、电流控制电压源(CCVS)、电流控制电流源(CCCS)。

图 1-18 列举了三个含有受控源的电路。不难看出,图(a)中受控源为电流控制电压源,其输出电压值为 $2I$,I 为本电路中 12 V 电压源所在支路电流,也就是说,其输出电压值要受到电流 I 的控制,且控制系数为 2(该控制系数具有电阻的量纲);图(b)中受控源为电压控制电流源,控制系数为 0.05(该控制系数具有电导的量纲);图(c)为三极管的微变等效电路,此时三极管的集电极输出电流 $\dot{I}_c$ 的大小要受到基极输入电流 $\dot{I}_b$ 的控制,控制系数为 β(该控制系数量纲为 1),因此三极管 c 与 e 之间可以等效成一个电流控制电流源。

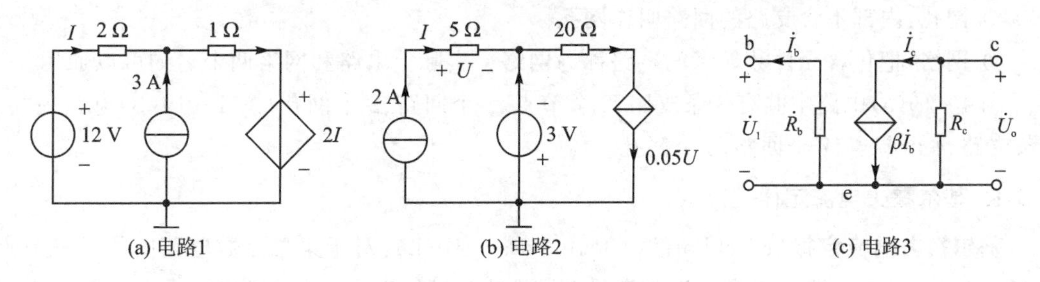

图 1-18　含受控源电路举例

受控源可以输出电压、电流和功率,是有源元件。但是,受控源和前述的独立源有着本质区别。独立源可以独立存在,它是电路中的“激励”,能够给电路提供能量,电路中的电压和电流响应是由它产生的。而受控源的输出电压或电流是由其所在电路中的其他支路(控制支路)的电压或电流按一定的关系“转移”过来的,它的大小和方向由控制支路的电压或电流控制,所以受控源不能独立存在,它在电路中不能起激励作用,从本质上讲,它不是电源。假如电路中不含独立电源,不能为控制支路提供电压或电流,则受控源以及整个电路的电压和电流将全部为零。

但是为了叙述方便,常常把受控源归类为电源;而且通过后面对含受控源电路的分析计算可以看出,受控源在分析时的处理方法又和独立源有很多相似之处,只是要以控制量的存在为前提条件。这一点请读者在后面的学习过程中特别注意。

1.5 基尔霍夫定律及支路电流分析法

1.5.1 基尔霍夫定律

电路是由多个元件互联而成的整体,在这个整体当中,元件除了要遵循自身的电压电流关系(VCR - Voltage Current Relation)外,还必须要服从电路整体上的电压电流关系,即电路的互联规律。**基尔霍夫定律**就是研究这一规律的。该定律包括电流定律和电压定律。

为了便于学习基尔霍夫定律,应以图 1 - 19 为例介绍电路结构上的几个名词和术语。

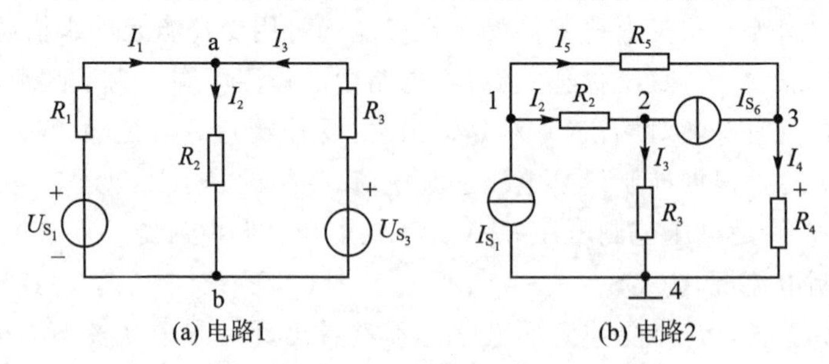

图 1 - 19　电路名词用图

1) 支路:电路中具有两个端子且通过同一电流的每一个分支(至少包含一个元件)叫作一条**支路**。

2) 节点:3 条或 3 条以上支路的连接点叫作**节点**。

3) 回路:电路中任一条闭合路径叫作**回路**。

4) 网孔:内部不含支路的回路叫作**网孔**。

5) 网络:把包含元件数较多的电路称为**网络**。实际上电路和网络两个名词可以通用。

图 1 - 19(a)电路中共有 3 条支路、2 个节点、3 个回路、2 个网孔;图 1 - 19(b)电路中共有 6 条支路、4 个节点、7 个回路、3 个网孔。

1. 基尔霍夫电流定律

基尔霍夫电流定律(Kirchhoff's Current Law,KCL):对于集总参数电路中的任一节点,在任一时刻,所有连接于该节点的支路电流的代数和恒等于 0。其一般表达式为

$$\sum i = 0 \qquad (1-14)$$

KCL 实质上是电荷守恒原理的体现。也就是说,到达任何节点的电荷不可能增生,也不可能消灭,电流必须连续流动。应用式(1-14)可以对电路中任意一个节点列写它的支路电流方程(或称 KCL 方程)。列写时,可规定流入节点的支路电流前取正号,则流出该节点的支路电流前自然取负号(也可做相反规定)。这里所说的“流入”“流出”均可按电流的参考方向定义,这与实际并不冲突,因为电流参考方向选择不同,其本身的正负值也就不同。

KCL 不仅适用于节点,也可推广应用于包括数个节点的假想封闭面(该封闭面通常是一个闭合回路,可称为广义节点),即通过任一封闭面的所有支路电流的代数和恒等于 0。图 1-20(a)~(c)所示都是 KCL 的推广应用,图中虚线框可看成一个封闭面,根据 KCL,会有图中所标结论。

KCL 是对汇集于一节点的各支路电流的一种约束。

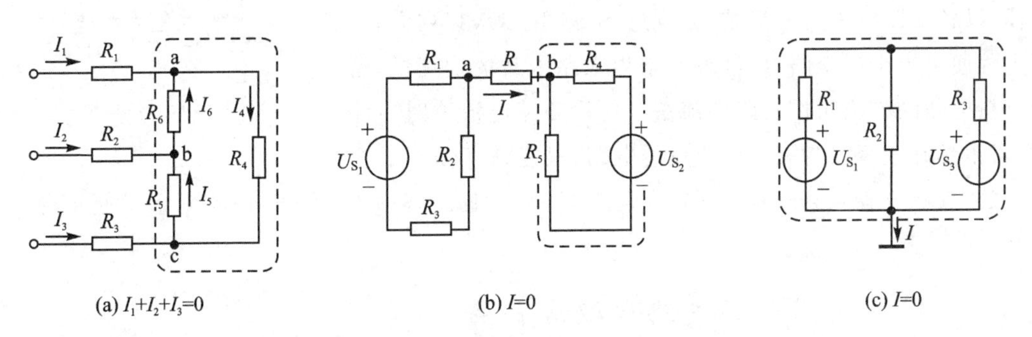

图 1-20　KCL 的推广应用举例

2. 基尔霍夫电压定律

基尔霍夫电压定律(Kirhoff's Voltage Law,KVL):对于任何集总参数电路中的任一闭合回路,在任一时刻,沿该回路内各段电压的代数和恒等于 0。其一般表达式为

$$\sum u = 0 \tag{1-15}$$

KVL 实质上是能量守恒原理的体现。因为在任何回路中,电压的代数和为 0,实际上是从某一点出发又回到该点时,电位的升高等于电位的降低。应用式(1-15)可对电路中任一回路列写回路的电压方程(或称 KVL 方程)。列写时,首先在回路内选定一个绕行方向(顺时针或逆时针),然后将回路内各段电压的参考方向与回路绕行方向比较,若两个方向一致,则该电压前取正号,否则取负号。对于电阻元件,可以直接将流经电阻的电流参考方向与回路绕行方向进行比较,从而确定电阻两端电压的正负,正负的判断与前面所述方法相同。

KVL 不仅适用于电路中任一闭合回路,还可推广应用于有开口的假想回路。例如,图 1-21 所示电路为有开口的电路,若选路径 abda,构成一个假想回路,设回路绕行方向为逆时针方向,则列写 KVL 方程为

$$u_{ab} + u_3 + u_2 - u_1 = 0$$

若选路径 abcda,则构成另一个假想回路,亦设回路绕行方向为逆时针,则列写的 KVL 方程为

$$u_{ab}+u_4-u_5+u_2-u_1=0$$

由以上两式又可分别写出 a、b 两点间电压 u_{ab} 的表达式为

$$u_{ab}=u_1-u_2-u_3$$

$$u_{ab}=u_1-u_2+u_5-u_4$$

这表明:电路中任意两点间的电压 u_{ab} 等于从 a 点到 b 点的任一路径上各段电压的代数和。此即求解电路中任意两点间电压的方法,需要熟记。

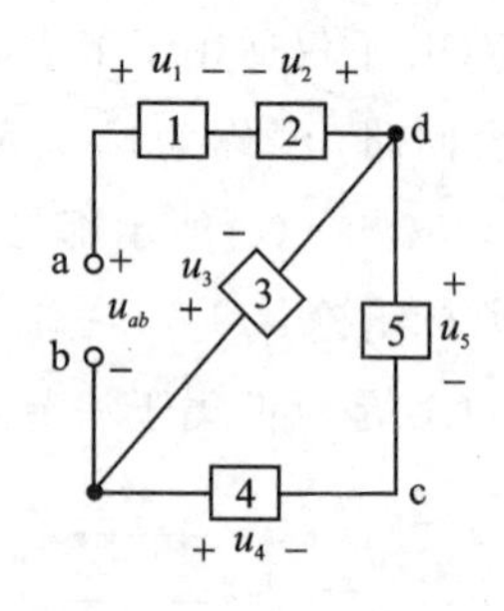

图 1-21 KVL 推广

基尔霍夫定律是分析电路的重要依据,该定律适用于任何集总参数电路,与电路中元件的性质无关。利用基尔霍夫定律,以各支路电流为未知量,分别应用 KCL、KVL 列方程,解方程便可求出各支路电流,继而求出电路中其他物理量,这种分析电路的方法叫作**支路电流法**。应用支路电流法时应注意:对于具有 b 条支路 、n 个节点的电路,只能列出$(n-1)$个独立的 KCL 方程和$b-(n-1)$个独立的 KVL 方程。其中 $b-(n-1)$实际上就是电路的网孔数。

1.5.2 定律应用——支路电流分析法

下面举例说明基尔霍夫定律在电路分析中的应用。

例 1-2 电路如图 1-22 所示,已知$U_{S_1}=15$ V,$U_{S_2}=5$ V,$R_1=1\ \Omega$,$R_2=3\ \Omega$,$R_3=4\ \Omega$,$R_4=2\ \Omega$,求回路电流 I 和电压 U_{ab}。

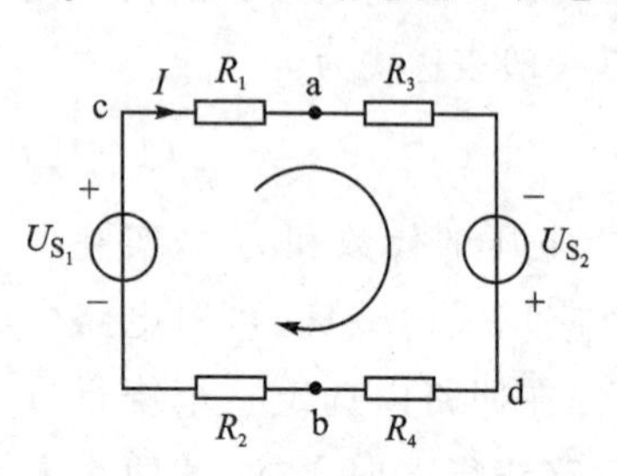

图 1-22 例 1-2 图

解:(1) 选定回路电流 I 的参考方向及绕行方向如图 1-22 所示。根据 KVL 可写出

$$R_1I+R_3I-U_{S_2}+R_4I+R_2I-U_{S_1}=0$$

即

$$I(R_1+R_2+R_3+R_4)=U_{S_1}+U_{S_2}$$

可得 $I=\dfrac{U_{S_1}+U_{S_2}}{R_1+R_2+R_3+R_4}=\dfrac{15\text{ V}+5\text{ V}}{1\ \Omega+3\ \Omega+4\ \Omega+2\ \Omega}=2$ A

以 a 点到 b 点左边路径求解可得 a、b 两点间电压:

$$U_{ab}=-R_1I+U_{S_1}-R_2I=(-1\times2+15-3\times2)\text{V}=7\text{ V}$$

同理,以 a 点到 b 点右边路径求解得

$$U_{ab}=R_3I-U_{S_2}+R_4I=(4\times2-5+2\times2)\text{ V}=7\text{ V}$$

由例 1-2 可知,电路中两点间的电压是固定值,与所选路径无关。

例 1-3 电路如图 1-23 所示,已知电阻 $R_1=3\ \Omega$,$R_2=2\ \Omega$,$R_3=6\ \Omega$,电压源 $U_{S_1}=15$ V,$U_{S_2}=3$ V,$U_{S_3}=6$ V,求各支路电流及各元件上的功率。

解：选定各支路电流 I_1、I_2、I_3 的参考方向及回路绕行方向，如图 1-23 所示。根据 KCL、KVL 可得

$$\begin{cases} I_1 - I_2 + I_3 = 0 \\ R_1 I_1 + R_2 I_2 + U_{S_2} - U_{S_1} = 0 \\ -R_3 I_3 + U_{S_3} - U_{S_2} - R_2 I_2 = 0 \end{cases}$$

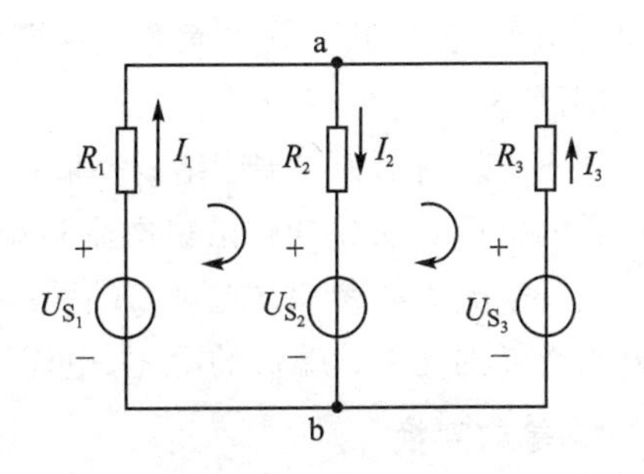

图 1-23　例 1-3 图

解以上方程组得

$I_1 = 2.5$ A，　$I_2 = 2.25$ A，　$I_3 = -0.25$ A

则各元件功率为

$$P_{U_{S_1}} = -U_{S_1} I_1 = -15\ \text{V} \times 2.5\ \text{A} = -37.5\ \text{W}\ (\text{发出功率 } 37.5\ \text{W})$$

$$P_{U_{S_2}} = U_{S_2} I_2 = 3\ \text{V} \times 2.25\ \text{A} = 6.75\ \text{W}\ (\text{吸收功率 } 6.75\ \text{W})$$

$$P_{U_{S_3}} = -U_{S_3} I_3 = -6\ \text{V} \times (-0.25\ \text{A}) = 1.5\ \text{W}\ (\text{吸收功率 } 1.5\ \text{W})$$

$$P_{R_1} = I_1^2 R_1 = (2.5\ \text{A})^2 \times 3\ \Omega = 18.75\ \text{W}\ (\text{吸收功率 } 18.75\ \text{W})$$

$$P_{R_2} = I_2^2 R_2 = (2.25\ \text{A})^2 \times 2\ \Omega = 10.125\ \text{W}\ (\text{吸收功率 } 10.125\ \text{W})$$

$$P_{R_3} = I_3^2 R_3 = (-0.25\ \text{A})^2 \times 6\ \Omega = 0.375\ \text{W}\ (\text{吸收功率 } 0.375\ \text{W})$$

由计算结果可以看出，电路发出的功率与消耗的功率相等，即满足功率平衡。

例 1-4　求图 1-24 所示电路的电流 I。

解：本题的求解试图说明含有受控源电路在分析时可按电路分析的一般原则，利用 KCL 和 KVL 列方程联立求解，或用电路的其他一些分析方法以及网络定理进行求解。

选定支路电流 I_1 的参考方向如图 1-24 所示。利用 KCL 和 KVL 列写方程。

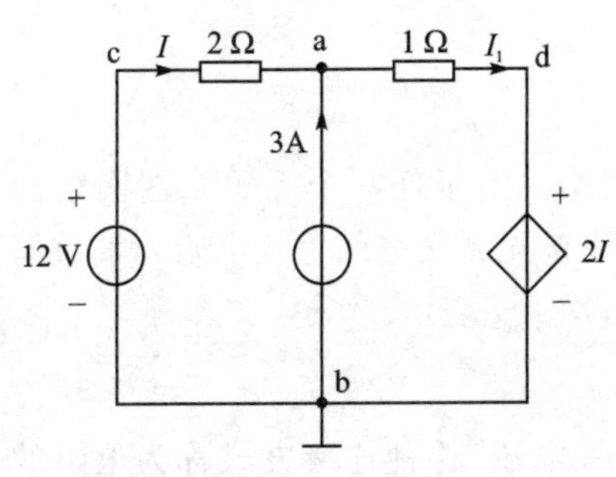

图 1-24　例 1-4　电路

对于节点 a，根据 KCL 可得

$$I_1 = I + 3$$

对于回路 adbca，由 KVL 得

$$2I + I_1 + 2I = 12$$

将以上两方程联立求解，得到

$$I = 1.8\ \text{A}$$

1.6　等效变换分析法

1.6.1　等效变换

学习等效变换分析法，首先要掌握两个基本概念。

1. 二端网络

具有两个端子与外部相连的电路叫作**二端网络**，也称单口网络。二端网络根据其内部是

否包含电源(独立源),分为**无源二端网络**和**有源二端网络**。每一个二端元件就是一个最简单的二端网络。

图 1-25 所示为二端网络的一般符号。二端网络端子上的电流 I、端子间的电压 U 分别叫作端口电流和端口电压。图 1-26 中端口电压 U 和端口电流 I 的参考方向对二端网络来说是关联一致的,UI 应看成该网络消耗的功率。端口的电压、电流关系又称二端网络的外特性。

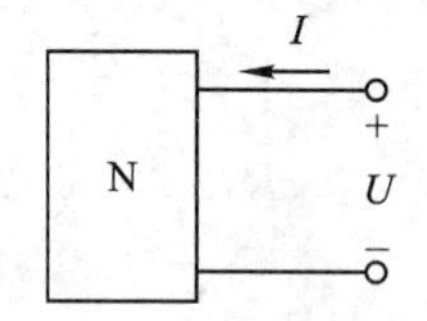

图 1-25　二端网络

2. 等效变换

当一个二端网络与另一个二端网络的端口电压、电流关系完全相同时,这两个二端网络对外部来说叫作等效网络。等效网络互换后,虽然其内部结构发生了变化,但它们的外特性没有改变,因此对外电路的影响也就不会改变。因此我们所说的“等效”是对网络以外的电路而言,是对外部等效。

求一个二端网络等效网络的过程叫作**等效变换**。等效变换是电路理论中一个非常重要的概念,它是简化电路的一个常用方法。因此,在实际应用中,通常将电路中的某些二端网络用其等效电路代替,这样不会影响电路其余部分的支路电压和电流,但由于电路规模的减小,则可简化电路的分析和计算。

此外,还有三端网络、四端网络、…、n 端网络。两个 n 端网络,如果对应各端钮间电压电流关系相同,就是等效网络。

1.6.2　无源二端网络的等效变换

一个内部不含电源的电阻性二端网络即为无源二端网络。对于任一个无源二端网络而言,其内部的电阻结构总可以等效成一个电阻,这个电阻叫作该无源网络的等效电阻。其数值等于该网络在关联参考方向下端口电压与端口电流的比值,用 R_{eq} 表示。

1. 电阻的串联与分压

几个电阻首尾依次相连,中间没有分支,电路中通过同一电流,这种连接方式称为电阻的串联。图 1-26(a)所示为 n 个电阻串联的无源二端网络。图 1-26(b)所示为只有一个电阻 R_{eq} 的无源二端网络,如果图 1-26(b)中端口电压、端口电流与图 1-26(a)中完全相同,则这两个二端网络就是等效的,R_{eq} 就是图 1-26(a)中 n 个串联电阻的等效电阻。由 KVL 可以推出,串联电阻的等效电阻等于各个串联电阻的和。

电阻串联具有分压特点,各电阻上的电压关系为

$$u_1 : u_2 : \cdots : u_n = R_1 : R_2 : \cdots : R_n \tag{1-16}$$

这说明,电阻串联时,各电阻上的电压大小与其电阻值成正比。

同样,电阻串联时,各电阻的功率大小与其电阻值成正比,电阻大的功率大。串联电阻的总功率等于各个电阻功率的和。

2. 电阻的并联与分流

几个电阻的一端连在一起,另一端也连在一起,在电源作用下,各电阻两端具有同一电压,这种连接方式称为电阻的并联。图 1-27(a)所示为 n 个电阻并联的无源二端网络,其等效电路如图 1-27(b)所示。由 KCL 可以推出,电阻并联时,其等效电阻的倒数等于各并联电阻的倒数之和,或者说,总电导等于各并联电导之和。

电阻并联具有分流的特点，各电阻上的电流关系为

$$i_1 : i_2 : \cdots : i_n = G_1 : G_2 : \cdots : G_n \tag{1-17}$$

这说明，电阻并联时，各个电阻上的支路电流与电阻成反比或与电导成正比，电阻小（电导大）的支路，支路电流大。

同样，并联电路中，各电阻的功率也与电阻成反比，并联电阻的总功率等于各电阻功率的总和。

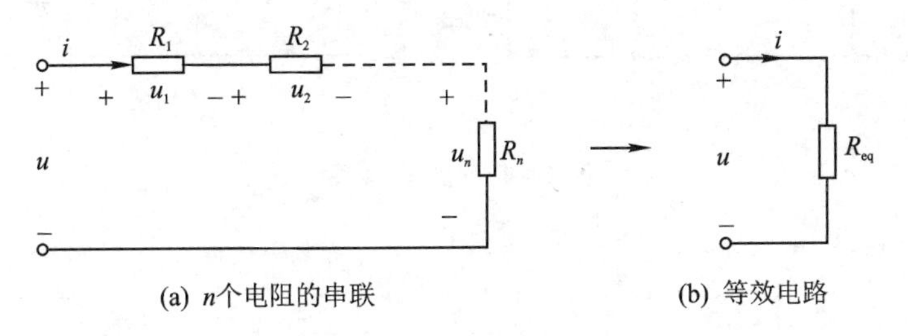

(a) n个电阻的串联　　(b) 等效电路

图 1-26　电阻的串联

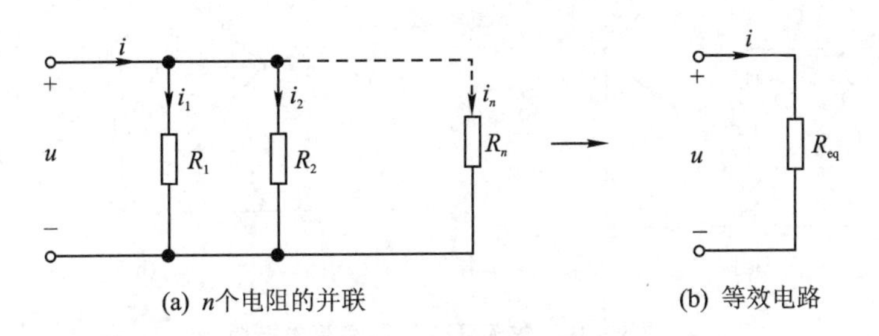

(a) n个电阻的并联　　(b) 等效电路

图 1-27　电阻的并联

两个电阻并联时，其等效电阻为 $R_{eq}=\dfrac{R_1R_2}{R_1+R_2}$；其电流分配关系为 $i_1=\dfrac{R_2}{R_1+R_2}i$，$i_2=\dfrac{R_1}{R_1+R_2}i$。

3. 电阻的混联

电阻混联是由若干电阻的串联和并联所形成的二端网络，同样可以等效为一个电阻。分析混联电阻网络的等效电阻，必须正确识别电阻的串并联关系。为了便于分析，可在电路内所有节点上标注字母，且缩短无电阻支路（即短路线），在不改变电路连接关系的前提下，可在引出端钮 a、b 之间，逐一分析节点之间的电阻，适当改画电路图，以便识别电阻串并联关系。

例 1-5　计算图 1-28(a)所示无源二端网络的等效电阻 R_{eq}。

解：在图 1-28(a)中，首先标出除两个端子 a、b 之外的其余各节点，注意同一条导线上所有的点都是同一个节点，故图 1-28(a)中除两个端子 a、b 外还可标出 c、d 两个节点。然后，从起点 a 开始顺势“走到”终点 b，途中每经过一个节点时，便分析在该节点处共分出几条电阻支路，直至分析到终点 b 为止。这样在不改变电路连接关系情况下，原电路图可画成图 1-28(b)的形式，电阻间串并联关系就比较清楚了。因此等效电阻为

$$R_{eq}=12\ \Omega+\{(6\ /\!/\ 6)\ /\!/\ [(12\ /\!/\ 12\ /\!/\ 12)+(4\ /\!/\ 4)]\}\ \Omega=14\ \Omega$$

需要注意的是，在电路改画过程中，必须从端子 a 顺势画到端子 b，而不能中途改变方向。

根据例 1-4 介绍的方法，请读者自行计算图 1-29(a)、(b)所示二端网络的等效电阻

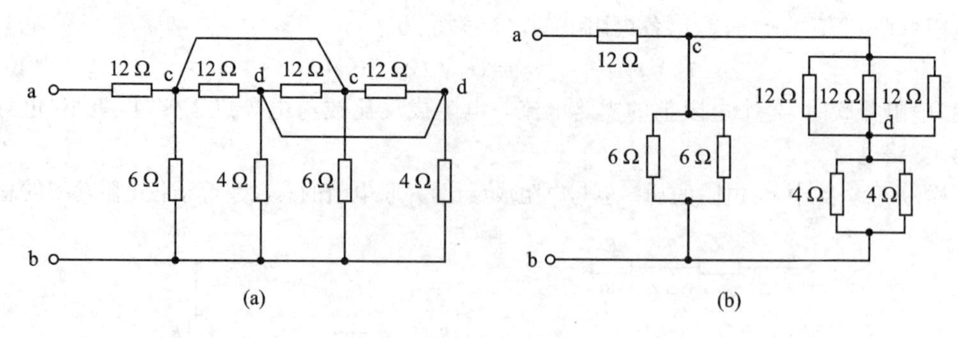

图 1-28 例 1-4 图

(答案:R_{eq}分别为 5 Ω 和 1.6 Ω)。

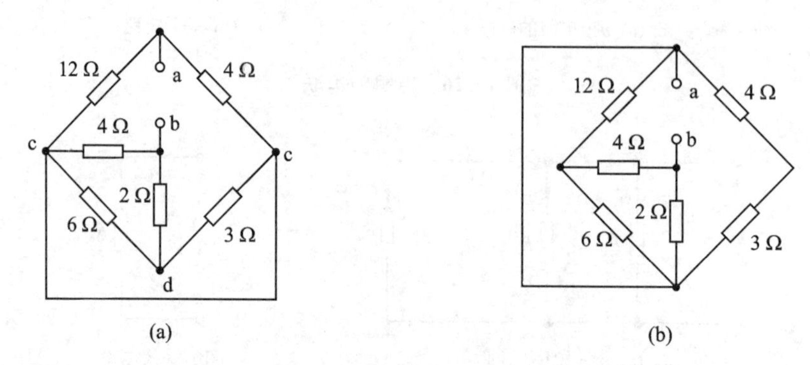

图 1-29 求无源二端网络等效电阻

4. 电阻的星形连接、三角形连接及其等效变换

电阻的连接方式,除了串联和并联外,还有更复杂的连接,本节介绍的**星形连接**和**三角形连接**就是电阻复杂连接中的常见情形。在电子、电力电子、传输电网等电路中,这两种特殊的电阻结构还是经常遇到的,为此掌握两者的等效变换非常重要。

将 3 个电阻的一端连在一起,另一端分别接到 3 个不同的端钮上,就构成了电阻的星形连接,又称 Y 形连接,如图 1-30(a)所示。将 3 个电阻分别接到 3 个端钮的每两个之间,这样就构成了电阻的三角形连接,又称为△形连接,如图 1-30(b)所示。

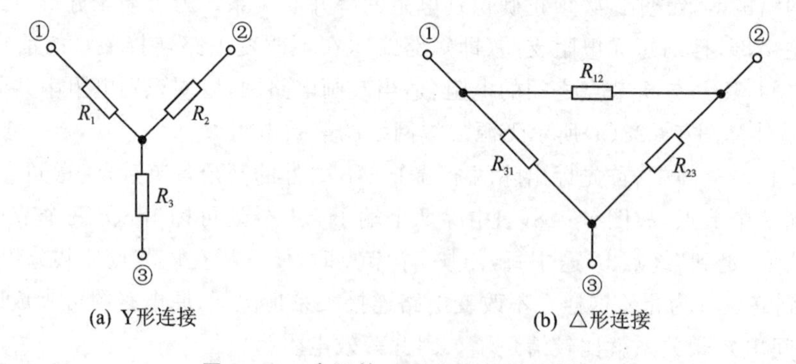

图 1-30 电阻的 Y 形连接和△形连接

电阻的 Y 形连接和△形连接是无源电阻性三端网络,根据多端网络等效变换的条件,让其对应端口的电压、电流分别相等,利用 KCL、KVL 就可推导出两个网络之间等效变换的参数条件：

(1) 将△形连接等效为 Y 形连接

$$\left.\begin{aligned} R_1 &= \frac{R_{31}R_{12}}{R_{12}+R_{23}+R_{31}} \\ R_2 &= \frac{R_{23}R_{12}}{R_{12}+R_{23}+R_{31}} \\ R_3 &= \frac{R_{31}R_{23}}{R_{12}+R_{23}+R_{31}} \end{aligned}\right\} \tag{1-18}$$

当 $R_{12}=R_{23}=R_{31}=R_{\triangle}$ 时，有 $R_1=R_2=R_3=R_Y=\frac{1}{3}R_{\triangle}$。

(2) 将 Y 形连接等效为△形连接

$$\left.\begin{aligned} R_{12} &= \frac{R_1R_2+R_2R_3+R_3R_1}{R_3} \\ R_{23} &= \frac{R_1R_2+R_2R_3+R_3R_1}{R_1} \\ R_{31} &= \frac{R_1R_2+R_2R_3+R_3R_1}{R_2} \end{aligned}\right\} \tag{1-19}$$

当 $R_1=R_2=R_3=R_Y$ 时，有 $R_{12}=R_{23}=R_{31}=R_{\triangle}=3R_Y$。

在电路分析中，有时将△形与 Y 形电阻网络进行等效变换，就有可能把复杂的电路转变为简单电路，使分析计算大为简化。所谓简单电路是指利用电阻的串并联逐步化简，最后能化为一个等效电阻的电路。

例 1-6　求图 1-31(a)所示电路中电流 I。

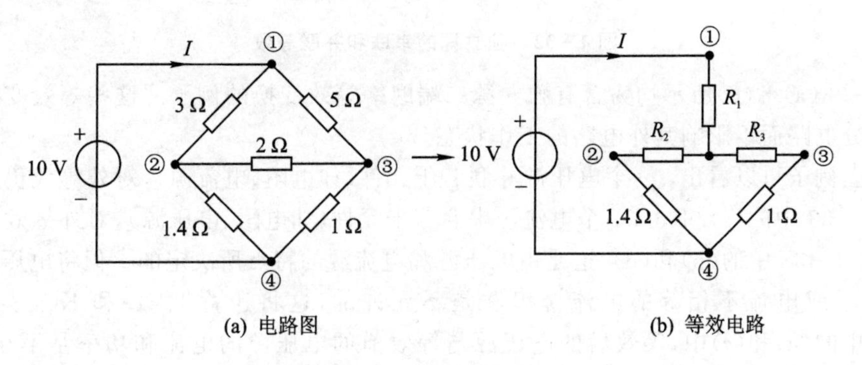

图 1-31　例 1-5 图

解：将 3 Ω、5 Ω 和 2 Ω 三个电阻构成的三角形网络等效变换为星形电阻网络，如图 1-31(b)所示，根据式(1-18)求得

$$R_1=\frac{3\ \Omega\times 5\ \Omega}{3\ \Omega+2\ \Omega+5\ \Omega}=1.5\ \Omega$$

$$R_2=\frac{3\ \Omega\times 2\ \Omega}{3\ \Omega+2\ \Omega+5\ \Omega}=0.6\ \Omega$$

$$R_3=\frac{2\ \Omega\times 5\ \Omega}{3\ \Omega+2\ \Omega+5\ \Omega}=1\ \Omega$$

再用电阻串联和并联公式,求出连接到电压源两端的等效电阻为

$$R_{eq}=\left[1.5+\frac{(0.6+1.4)\times(1+1)}{0.6+1.4+1+1}\right]\Omega=2.5\ \Omega$$

最后求得

$$I=\frac{10\ \text{V}}{R_{eq}}=\frac{10\ \text{V}}{2.5\ \text{V}}=4\ \text{A}$$

此题也可以利用Y形电阻网络等效变换为△形电阻网络的方法进行求解,请读者自行分析。

1.6.3 有源二端网络的等效变换

1. 独立电源的串联与并联

n 个理想电压源串联可以等效成一个电压源。例如,图 1-32(a)所示为两个电压源 U_{S_1} 和 U_{S_2} 串联,可以用一个等效的电压源 U_S 代替。

n 个理想电流源并联可以等效成一个电流源。图 1-32(b)所示为两个电流源等效的例子。

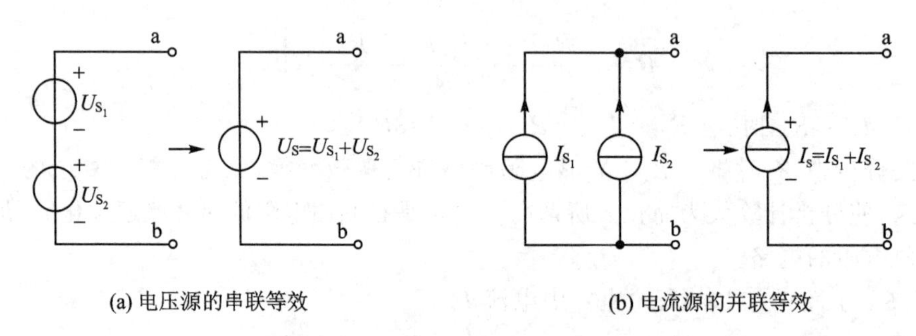

(a) 电压源的串联等效　　(b) 电流源的并联等效

图 1-32　独立源的串联和并联等效

图 1-33(a)~(d)所示均为含有独立源二端网络等效变换的例子。这些等效变换的结果简化了部分电路而不影响其外电路的工作状态。

从以上例子可以看出,一个电压源并联若干元件(如电阻、电流源),对外等效仍为该电压源,如图 1-33 中的(a)和(c);一个电流源串联若干元件(如电阻、电压源),对外等效仍为该电流源,如图 1-33 中的(b)和(d),这是由电压源和电流源的特点所决定的。但将电压不相等的电压源并联或电流不相等的电流源串联是不允许的,这将违背 KVL 和 KCL。但是,在图 1-33 中的(a)和(c)中,等效后的电压源与等效前的电压源的电流和功率是不相等的;同样,在图 1-33 中的(b)和(d)中,等效后的电流源与等效前的电流源的电压和功率也是不相等的。

2. 两种实际电源模型的等效变换

在 1.4 节中介绍过实际电源的两种电路模型,即电压源与电阻的串联组合和电流源与电阻的并联组合。在电路分析中常常要求两种电源模型之间进行等效变换,以简化电路,从而便于分析和计算。

图 1-34 给出了实际电源的两种模型。所谓等效仍然是指外部等效。要求等效变换前后,两种模型的外特性即端子处电压电流关系不变,也就是与相同外电路连接的端子 a、b 之间电压相同时,两模型端子上的电流也必须相同(大小相等,参考方向相同)。

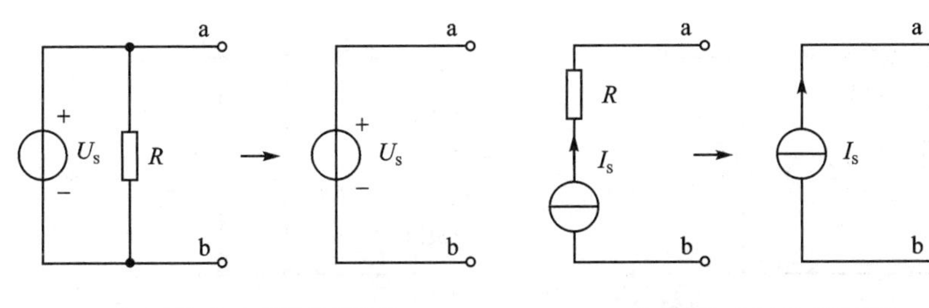

(a) 电压源与电阻的并联等效　　(b) 电流源与电阻的串联等效

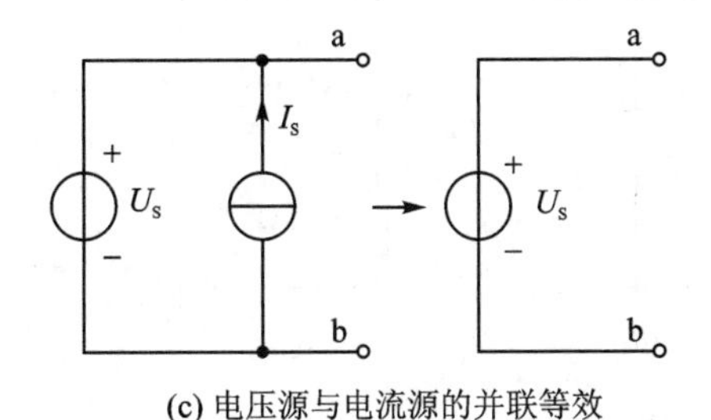

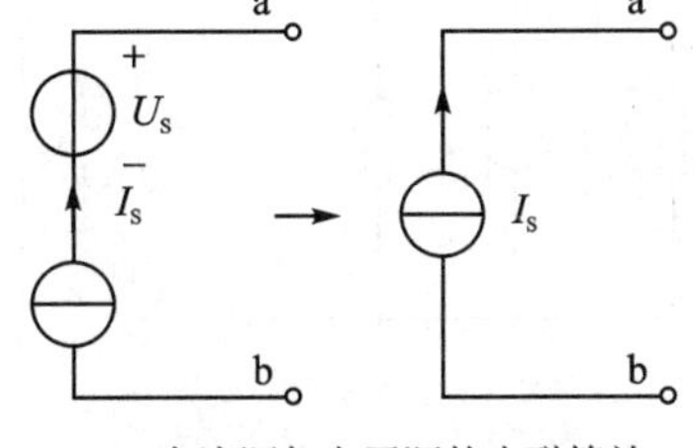

(c) 电压源与电流源的并联等效　　(d) 电流源与电压源的串联等效

图 1-33　电源的等效变换

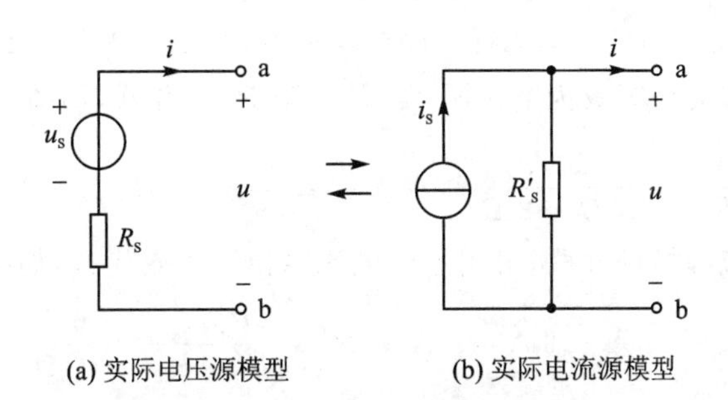

(a) 实际电压源模型　　(b) 实际电流源模型

图 1-34　两种电源模型的等效变换

由图 1-34(a)和(b)分别写出端电流的表达式，为

$$i=\frac{u_S-u}{R_S}=\frac{u_S}{R_i}-\frac{u}{R_S},\quad i=i_S-\frac{u}{R'_S}$$

根据等效变换的条件，上面两个式子中对应项应该相等，由此得到两种电源模型等效变换的参数条件为

$$i_S=\frac{u_S}{R_S},\quad R_S=R'_S \tag{1-20}$$

应用式(1-20)进行等效变换时，应该注意变换前后电流源与电压源参考方向的对应关系：电流源的参考方向应与电压源的参考“－”极到参考“＋”极的方向一致，反过来也是一样，如图 1-34 所示。

具有串联电阻的电压源常称为**有伴电压源**，具有并联电阻的电流源常称为**有伴电流源**。有伴电压源和有伴电流源才能进行等效变换。以上实际电源两种电路模型的等效变换可以简称为有伴电源的等效变换。利用这种等效变换，可以化简结构复杂的有源二端网络，请看下面例题。

例 1-7　化简图 1-35(a)所示的有源二端网络。

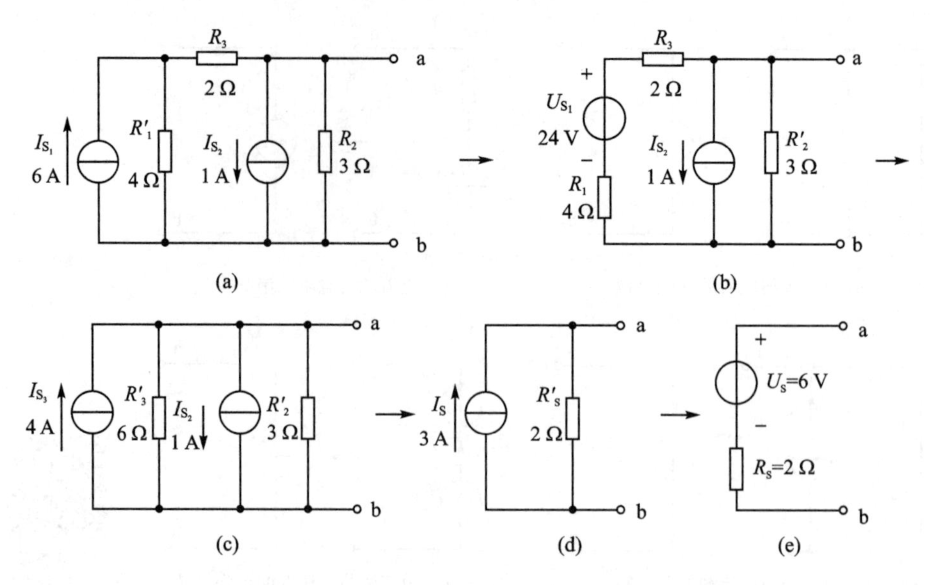

图 1-35 例 1-7 图

解: 首先将 I_{S_1} 与 R'_1 的电流源模型等效为 U_{S_1} 与 R_1 串联的电压源模型,如图 1-35(b)所示。

$$U_{S_1}=R'_1 I_{S_1}=4\ \Omega\times 6\ \text{A}=24\ \text{V},\quad R_1=R'_1=4\ \Omega$$

再将 U_{S_1}、R_1、R_3 的串联支路等效为电流源 I_{S_3} 与电阻 R'_3 的并联,如图 1-35(c)所示。

$$I_{S_3}=\frac{U_{S_1}}{R_1+R_3}=\frac{24\ \text{V}}{4\ \Omega+2\ \Omega}=4\ \text{A},\quad R'_3=R_1+R_3=4\ \Omega+2\ \Omega=6\ \Omega$$

图 1-35(c)中两个电流源模型并联,可用一个电流源模型等效代替,如图 1-35(d)所示。

$$I_S=I_{S_3}-I_{S_2}=4\ \text{A}-1\ \text{A}=3\ \text{A},\quad R'_S=\frac{R'_3R'_2}{R'_3+R'_2}=\frac{6\ \Omega\times 3\ \Omega}{6\ \Omega+3\ \Omega}=2\ \Omega$$

最后可得等效的电压源模型如图 1-35(e)所示,电压源电压参考极性上正下负。

$$U_S=R'_S I_S=2\ \Omega\times 3\ \text{A}=6\ \text{V},\quad R_S=R'_S=2\ \Omega$$

例 1-8 含受控源的二端网络如图 1-36(a)所示,求二端网络的等效电阻 R_{eq}。

解: 受控源元件虽是有源元件,但含有受控源的电路若没有独立源的激励便不能产生响应,所以由受控源和电阻组成的二端网络,其等效电路是一个电阻。求该等效电阻时,一般不能利用电阻的串并联等效方法来求,而是利用**“外施电源法”**。即假设在端口处外加一个电压源 U(或电流源 I),该电压源在端口处产生的端口电流为 I,然后根据二端网络结构,写出端口电压、电流的关系式,即**$U-I$ 关系式**,从而求出等效电阻。

图 1-36(a)中受控源是电压控制电流源。受控源与独立源一样,也可进行电源的等效变换,图 1-36(a)中的受控电流源与电阻的并联等效变换为受控电压源与电阻的串联,如图 1-36(b)所示。

假设在图 1-36(b)所示端口处外加电压源 U,则 U 在端口处产生的端口电流为 I,下面分析端口的 $U-I$ 关系。选定 I_1、I_2 参考方向如图所示,可得

$$U=2I+(10+10)I_1-4U$$

$$(10+10)I_1-4U-20I_2=0$$

$$I_2=I-I_1$$

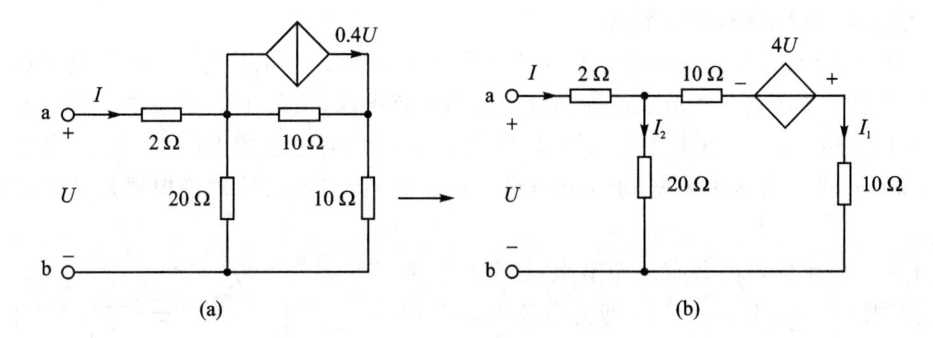

图 1－36　例 1－8 图

联立解之得
$$U=4I$$
所以等效电阻为
$$R_{eq}=\frac{U}{I}=4\ \Omega$$

例 1－9　试将图 1－37(a)所示的含受控源的二端网络进行化简。

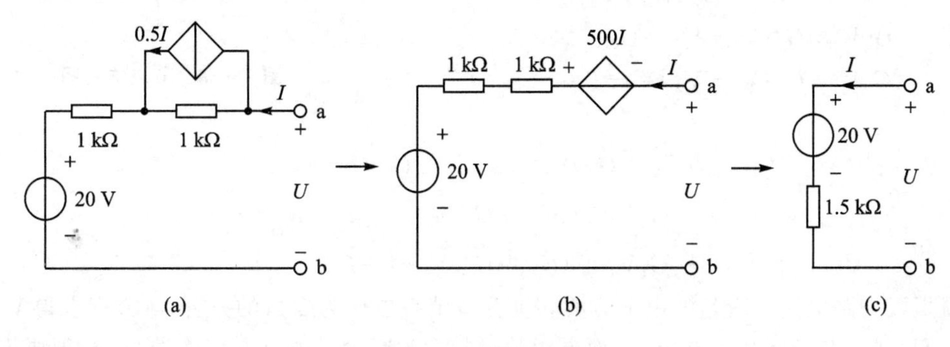

图 1－37　例 1－9 图

解： 图 1－37(a)中既含有受控源，也含独立源，其等效电路应为一个独立电压源与一个电阻的串联。同样利用"外施电源法"，写出端口的 $U-I$ 关系式 。

图 1－37(a)中的受控电流源与电阻的并联等效变换为受控电压源与电阻的串联，如图 1－37(b)所示。写出端口的 $U-I$ 关系式为
$$U=-500I+1\ 000I+1\ 000I+20\ \text{V}=1\ 500I+20\ \text{V}$$
据此可得到相应的等效含源支路如图 1－37(c)所示。

从本例可以看到，电流控制电压源在这里好比一个"－500Ω"的电阻。受控源相当于负电阻，由受控电压参考方向与控制电流参考方向之间的关系决定。

1.7　节点电压分析法

1.7.1　节点电压及节点电压方程

1.5 节介绍的支路电流分析法实际上是应用基尔霍夫定律，以各支路电流为未知量列方程从而求解各支路电流的方法。显然，这种分析方法只适于求解支路数比较少的电路，当电路中支路数较多时，再以各支路电流为未知量列方程就非常麻烦。为此，本节介绍一种新的分析

方法，即**节点电压分析法**，简称**节点法**。

节点法是这样的：首先选电路中某一节点作为参考节点(其电位为0)，则其他节点称为**独立节点**。各独立节点到参考节点之间的电压称为**节点电压**(实际上就是独立节点的电位)，一般用V表示。然后，以节点电压为未知量，应用KCL列出各节点的KCL方程，解方程得到节点电压，继而以节点电压为依据，求出各支路电流。显然，节点法的理论根据是基尔霍夫电流定律。

图1-38所示的电路共有4个节点，选节点4为参考节点，则$V_4=0$；节点1、2、3即为电路的3个独立节点，各独立节点到参考节点之间的电压分别是V_1、V_2、V_3，则各支路电流可用节点电压表示为

$$I_2=G_2(V_1-V_2),\qquad I_3=G_3V_2$$

$$I_4=G_4V_3,\qquad I_5=G_5(V_1-V_3)$$

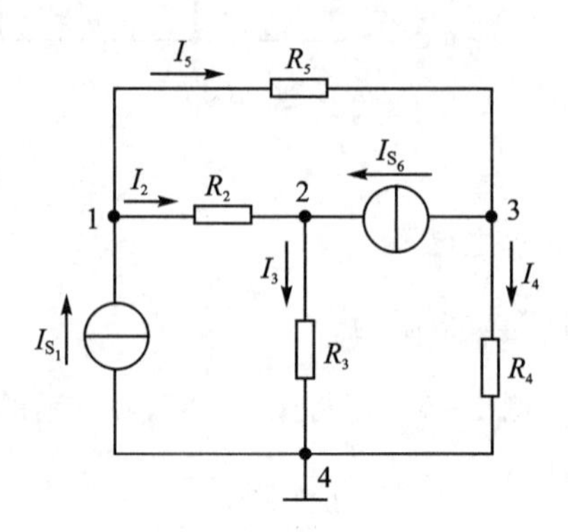

图1-38　节点法用图

对各独立节点列KCL方程：

节点1　$G_2(V_1-V_2)+G_5(V_1-V_3)=I_{S_1}$

节点2　$G_3V_2-G_2(V_1-V_2)=I_{S_6}$

节点3　$G_4V_3-G_5(V_1-V_3)=-I_{S_6}$

整理得

$$\left.\begin{aligned}(G_2+G_5)V_1-G_2V_2-G_5V_3=I_{S_1}\\-G_3V_1+(G_2+G_3)V_2=I_{S_6}\\-G_5V_1+(G_4+G_5)V_3=-I_{S_6}\end{aligned}\right\}$$

这样就把以支路电流为变量的电流方程转变为以节点电压为变量的方程，解方程求得V_1、V_2、V_3，就可以进一步分析各支路电流，而方程数目却大为减少。电路有n个节点，必须要列$(n-1)$个以节点电压为变量的节点方程。显然对多支路、少节点的电路来说，这种方法是比较适宜的。

上式中，令$G_{11}=G_2+G_5$，$G_{22}=G_2+G_3$，$G_{33}=G_4+G_5$，G_{11}、G_{22}、G_{33}分别为节点1、节点2、节点3的**自导**，是分别连接到节点1、2、3的所有支路电导之和。用G_{12}和G_{21}、G_{13}和G_{31}、G_{23}和G_{32}分别表示节点1和2、节点1和3、节点2和3之间的**互导**，分别等于相应两独立节点间公共电导并取负值。本例中，$G_{12}=G_{21}=-G_2$，$G_{13}=G_{31}=-G_5$，$G_{23}=G_{32}=0$。由于规定各节点电压的参考方向都是由非参考节点指向参考节点，所以各节点电压在自导中所引起的电流总是流出该节点的，在该节点的电流方程中，这些电流前取"+"号，因而自导总是正的。节点1、2或3中任一节点电压在其公共电导中所引起的电流则是流入另一个节点的，所以在另一个节点的电流方程中，这些电流前取"-"号。为使节点电压方程的形式整齐而有规律，把这类电流前的负号包含在和它们有关的互导中，因而互导总是负的。此外，用$I_{S_{11}}$、$I_{S_{22}}$、$I_{S_{33}}$分别表示电流源或电压源流入节点1、2、3的电流。本例中，$I_{S_{11}}=I_{S_1}$，$I_{S_{22}}=I_{S_6}$，$I_{S_{33}}=-I_{S_6}$。其中，电流源电流参考方向指向节点时，该电流前取正号，反之取负号；电压源与电阻串联的支路，电压源的参考"+"极指向节点时，等效电流源前取正号，反之取负号。这样，将以上3个KCL方程写成一般形式，为

$$\left.\begin{aligned}G_{11}V_1+G_{12}V_2+G_{13}V_3&=I_{S_{11}}\\G_{21}V_1+G_{22}V_2+G_{23}V_3&=I_{S_{22}}\\G_{31}V_1+G_{32}V_2+G_{33}V_3&=I_{S_{33}}\end{aligned}\right\}\qquad(1-21)$$

式(1－21)是具有 3 个独立节点的节点电压方程的一般形式。据此读者不难推出具有 n ($n\geqslant 2$)个独立节点电路节点电压方程的一般形式。

1.7.2　节点法应用举例

节点电压分析法为分析计算电路又提供了一个有利的工具,用此方法亦可求解各支路电流。

例 1－10　图 1－39 所示电路中,已知 $U_{S_1}=16$ V, $I_{S_3}=2$ A, $U_{S_6}=40$ V, $R_1=4\ \Omega$, $R_1'=1\ \Omega$, $R_2=10\ \Omega$, $R_3=R_4=R_5=20\ \Omega$, $R_6=10\ \Omega$, O 为参考节点,求节点 1、2 的节点电压 V_1 和 V_2。

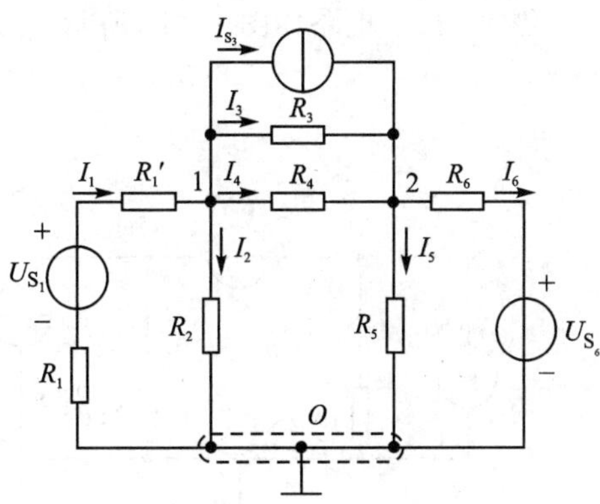

图 1－39　例 1－10 电路

解: 选定各支路电流参考方向如图所示。由已知可得

$$G_{11}=\frac{1}{R_1+R_1'}+\frac{1}{R_2}+\frac{1}{R_3}+\frac{1}{R_4}$$

$$=\frac{1}{4\ \Omega+1\ \Omega}+\frac{1}{10\ \Omega}+\frac{1}{20\ \Omega}+\frac{1}{20\ \Omega}=\frac{2}{5}\text{S}$$

$$G_{22}=\frac{1}{R_3}+\frac{1}{R_4}+\frac{1}{R_5}+\frac{1}{R_6}=\frac{1}{20\ \Omega}+\frac{1}{20\ \Omega}+\frac{1}{20\ \Omega}+\frac{1}{10\ \Omega}=\frac{1}{4}\text{S}$$

$$G_{12}=G_{21}=-\left(\frac{1}{R_3}+\frac{1}{R_4}\right)=-\left(\frac{1}{20\ \Omega}+\frac{1}{20\ \Omega}\right)=-\frac{1}{10}\text{S}$$

$$I_{S_{11}}=\frac{U_{S_1}}{R_1+R_1'}-I_{S_3}=\frac{16\ \text{V}}{4\ \Omega+1\ \Omega}-2\ \text{A}=2\ \text{A},\quad I_{S_{22}}=I_{S_3}+\frac{U_{S_6}}{R_6}=2\ \text{A}+\frac{40\ \text{V}}{10\ \Omega}=6\ \text{A}$$

依据式(1－21)列出节点电压方程,为

$$\left.\begin{aligned}\frac{2}{5}V_1-\frac{1}{10}V_2&=2\ \text{A}\\-\frac{1}{10}V_1+\frac{1}{4}V_2&=6\ \text{V}\end{aligned}\right\}$$

联立解之得

$$V_1=10\ \text{V},\quad V_2=28\ \text{V}$$

例 1－11　用节点电压法求图 1－40 所示电路中各支路电流。

解: 选取各支路电流参考方向如图所示。图中 6 V 电压源为无伴电压源,设通过它的电流为 I,参考方向如图所示。选接地点作为参考节点,则节点 1、2 为独立节点,其节点电压分别为 V_1 和 V_2。计入电流变量 I 列出两个节点电压方程为

$$\left.\begin{aligned}V_1&=5-I\\0.5V_2&=-2+I\end{aligned}\right\}$$

补充方程

$$V_1 - V_2 = 6\ \text{V}$$

解得

$$V_1 = 4\ \text{V}, \qquad V_2 = -2\ \text{V}$$

根据节点电压可求出各支路电流为

$$I_1 = \frac{V_1}{1\ \Omega} = 4\ \text{A}, \qquad I_2 = \frac{V_2}{2\ \Omega} = \frac{-2\ \text{V}}{2\ \Omega} = -1\ \text{A}, \qquad I = 5 - I_1 = 1\ \text{A}$$

例 1-12 电路如图 1-41 所示。已知 $g = 2$ S,求节点电压和受控电流源的功率。

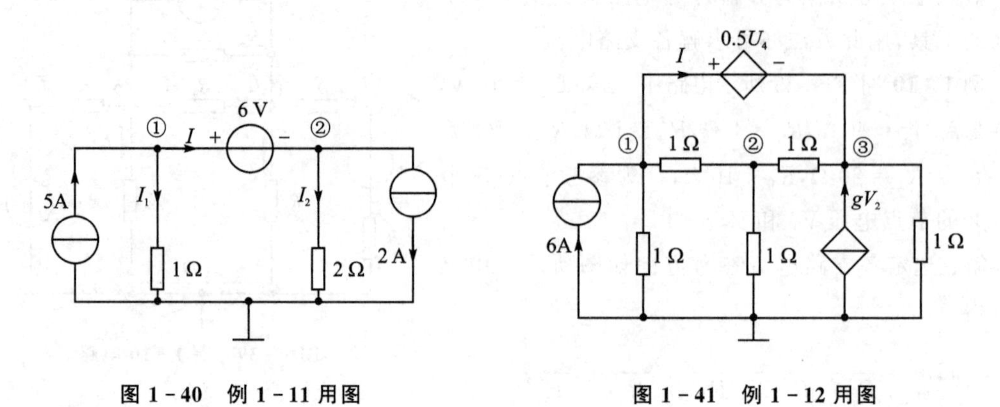

图 1-40 例 1-11 用图　　　　**图 1-41 例 1-12 用图**

解: 当电路中存在受控电压源时,应增加该受控电压源的电流变量 I,来建立节点电压方程。同样选接地点为参考节点,则节点 1、2、3 为独立节点,设其节点电压为 V_1、V_2、V_3,可列出节点电压方程为

$$\left.\begin{aligned} 2V_1 - V_2 &= 6\ \text{V} - I \\ -V_1 + 3V_2 - V_3 &= 0 \\ -V_2 + 2V_3 &= gV_2 + I \end{aligned}\right\}$$

补充方程

$$V_1 - V_3 = 0.5U_4 = 0.5(V_2 - V_3)$$

代入 $g = 2$ S,消去电流 I,经整理得到以下节点电压方程

$$\left.\begin{aligned} 2V_1 - 4V_2 + 2V_3 &= 6\ \text{V} \\ -V_1 + 3V_2 - V_3 &= 0 \\ V_1 - 0.5V_2 - 0.5V_3 &= 0 \end{aligned}\right\}$$

求解可得节点电压为

$$V_1 = 4\ \text{V}, \qquad V_2 = 3\ \text{V}, \qquad V_3 = 5\ \text{V}$$

受控电流源的功率为

$$P = -V_3 \times (gV_2) = -5 \times 2 \times 3\ \text{W} = -30\ \text{W}(\text{发出功率 } 30\ \text{W})$$

1.8　网孔电流分析法

网孔电流法简称**网孔法**，它以**网孔电流**作为电路的独立变量，仅适用于平面电路。网孔法也是分析电路的一种基本方法。利用列方程联立求解电路时，网孔法与节点法一样，能减少方程的个数，从而使电路的分析和计算变得简便。

1.8.1　网孔电流及网孔电流方程

电路如图 1-42 所示，图中有 3 条支路、2 个网孔。支路电流 I_1、I_2、I_3 的参考方向已标出。所谓网孔电流，是假想的沿网孔环绕流动的电流，图中 I_a、I_b 分别是左、右两网孔的网孔电流，网孔电流的参考方向可以选为顺时针或逆时针，本例中均选为顺时针。由图 1-42 可以看出，各支路电流与网孔电流的关系为 $I_1=I_a$，$I_2=I_a-I_b$，$I_3=I_b$，而且网孔电流的数目要少于支路电流，因此只要求出网孔电流，就可求出各支路电流。

要分析和计算网孔电流，就必须在每个网孔中列出以网孔电流为未知量的电压方程。仍以图 1-42 为例，选取两网孔的绕行方向与网孔电流参考方向一致，根据 KVL 可列出两网孔的回路电压方程为

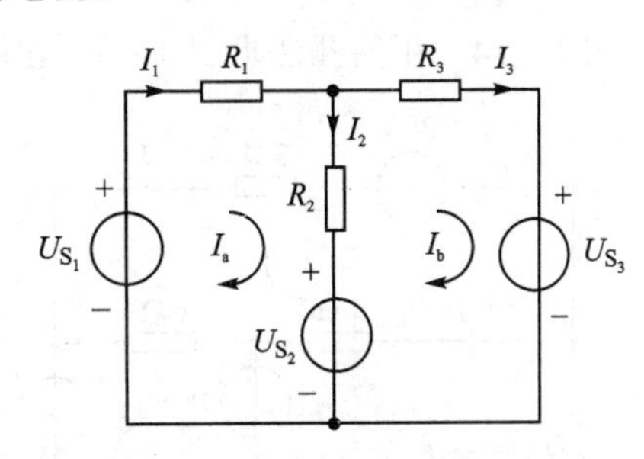

图 1-42　网孔法用图

左网孔　$R_1I_1+R_2I_2+U_{S_2}-U_{S_1}=0$

右网孔　$-R_2I_2+R_3I_3+U_{S_3}-U_{S_2}=0$

根据支路电流与网孔电流的关系，整理并得网孔电流方程为

$$\left.\begin{aligned}(R_1+R_2)I_a-R_2I_b&=U_{S_1}-U_{S_2}\\-R_2I_a+(R_2+R_3)I_b&=U_{S_2}-U_{S_3}\end{aligned}\right\}$$

式中，令 $R_{11}=R_1+R_2$，$R_{22}=R_2+R_3$，R_{11} 和 R_{22} 分别为网孔 1(左网孔)和网孔 2(右网孔)的**自阻**，它们分别等于网孔 1 和网孔 2 中所有电阻之和。用 R_{12} 和 R_{21} 表示网孔 1 和网孔 2 的**互阻**，互阻的绝对值就是两网孔之间的公共电阻 R_2。

由于网孔绕行方向与网孔电流参考方向一致，所以自阻总是正值。当通过网孔 1、2 的公共电阻的两个网孔电流参考方向一致时，互阻 R_{12} 和 R_{21} 为正值；相反时，互阻 R_{12} 和 R_{21} 为负值。在图 1-42 电路中，互阻 $R_{12}=R_{21}=-R_2$。

令 $U_{S_{11}}$ 和 $U_{S_{22}}$ 分别为网孔 1 和网孔 2 中所有电压源电压的代数和。当电压源电压的参考方向与网孔电流参考方向一致时，电压源电压前取“－”号，反之取“＋”号。根据上述规定，在图 1-42 电路中，$U_{S_{11}}=U_{S_1}-U_{S_2}$，$U_{S_{22}}=U_{S_2}-U_{S_3}$。

这样，对于具有两个网孔的电路，网孔电流方程可写成一般形式

$$\begin{cases}R_{11}I_a+R_{12}I_b=U_{S_{11}}\\R_{21}I_a+R_{22}I_b=U_{S_{22}}\end{cases}\tag{1-22}$$

与节点电压方程一样，根据式(1-22)所表示的两个网孔电路网孔电流方程的一般形式，可以推广到 3 个网孔甚至更多网孔的电路。

1.8.2 网孔法应用举例

网孔法也是分析电路有利的工具,用网孔法同样可以求解支路电流。

例 1-13 用网孔法求图 1-43 所示电路中各支路电流。

解: 选定 3 个网孔电流 I_a、I_b、I_c 的参考方向如图所示。列出网孔电流方程为

$$\left.\begin{aligned}(2+1+2)I_a-2I_b-I_c&=6-18\\-2I_a+(2+6+3)I_b-6I_c&=18-12\\-I_a-6I_b+(3+6+1)I_c&=25-6\end{aligned}\right\}$$

解得

$$I_a=-1\ \text{A},\quad I_b=2\ \text{A},\quad I_c=3\ \text{A}$$

各支路电流分别为

$$I_1=I_a=-1\ \text{A},\quad I_2=I_b=2\ \text{A},\quad I_3=I_c=3\ \text{A}$$

$$I_4=I_c-I_a=4\ \text{A},\quad I_5=I_a-I_b=-3\ \text{A},\quad I_6=I_c-I_b=1\ \text{A}$$

例 1-14 用网孔法求图 1-44 电路中各支路电流。

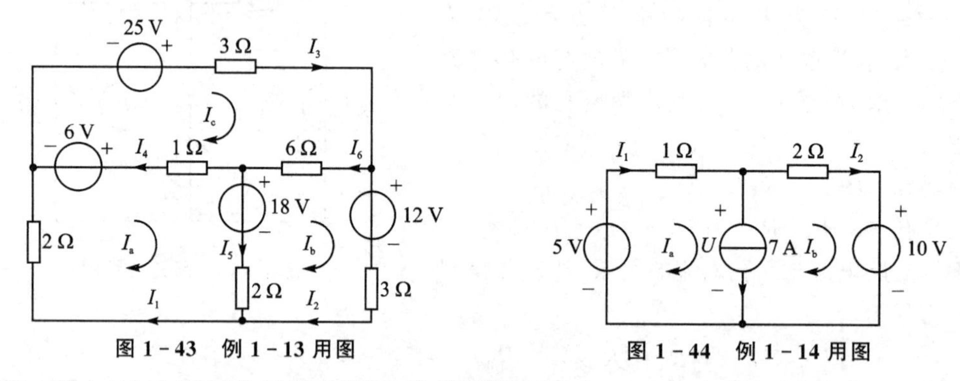

图 1-43 例 1-13 用图　　图 1-44 例 1-14 用图

解: 图中 7A 电流源为无伴电流源,设其两端电压为 U,参考方向如图所示。选定两个网孔电流 I_a、I_b 的参考方向如图 1-44 所示。列出网孔电流方程为

$$\left.\begin{aligned}I_a&=5-U\\2I_b&=-10+U\end{aligned}\right\}$$

补充方程

$$I_a-I_b=7\text{A}$$

求解以上方程得到

$$I_a=3\ \text{A},\quad I_b=-4\ \text{A},\quad U=2\ \text{V}$$

各支路电流为

$$I_1=I_a=3\ \text{A},\quad I_2=I_b=-4\ \text{A}$$

例 1-15 图 1-45 所示含受控源电路中,已知 $U=rI$,$r=5\ \text{k}\Omega$,试用网孔法求图中受控源两端电压 U。

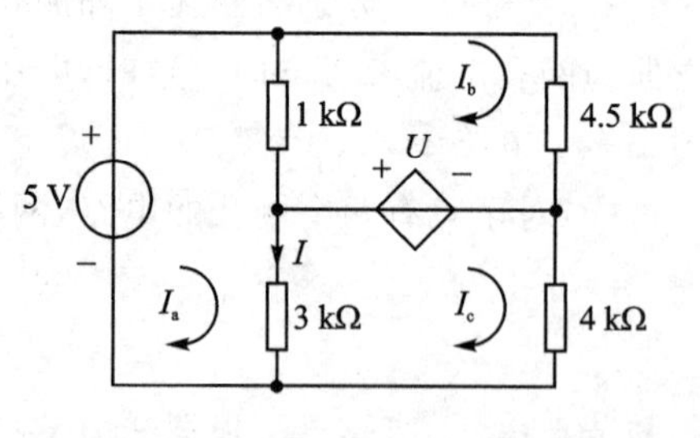

图 1-45 例 1-15 用图

解: 选定三个网孔电流 I_a、I_b、I_c 的参考方向如图所示。列出网孔电流方程为

$$\left.\begin{aligned}(1+3)I_a-I_b-3I_c&=5\\-I_a+(1+4.5)I_b&=U\\-3I_a+(3+4)I_c&=-U\end{aligned}\right\}$$

补充方程

$$U=rI=5(I_a-I_c)$$

求解以上方程得到

$$I_a=1\ \text{mA},\qquad I_b=2\ \text{mA},\qquad I_c=-1\ \text{mA}$$

所以受控源两端电压为

$$U=rI=5\ \text{k}\Omega\times[1-(-1)]\text{mA}=10\ \text{V}$$

1.9　网络定理分析法

1.9.1　叠加定理

叠加定理是分析线性电路的重要定理。所谓线性电路，是指由独立电源和线性元件组成的电路。凡是线性电路一定同时满足**可加性**和**齐次性**。可加性是指：如果电源 $f_1(t)$引起的响应为 $y_1(t)$，电源 $f_2(t)$引起的响应为 $y_2(t)$，则电源为 $f_1(t)+f_2(t)$时引起的响应为 $y_1(t)+y_2(t)$。齐次性是指：若电路对电源 $f(t)$的响应为 $y(t)$，当电源扩大 α 倍变为$\alpha f(t)$时(α 为任意常数)，其响应也扩大 α 倍变为$\alpha y(t)$。将以上两性质结合起来可表示为

$$\alpha_1 f_1(t)+\alpha_2 f_2(t)\rightarrow \alpha_1 y_1(t)+\alpha_2 y_2(t) \tag{1-23}$$

叠加定理可表述为：在线性电路中有两个或两个以上独立电源共同作用时，任意支路的电流或任意两点间的电压，都可以认为是电路中各个独立电源单独作用时在该支路中产生的各电流或在该两点间的产生的各电压的代数和(叠加)。

使用叠加定理时，应注意以下几点：

1) 叠加定理只适用于线性电路的分析，对非线性电路定理不适用。

2) 在计算某一个独立电源单独作用所产生的电流或电压时，应将电路中其他独立电源均置零。其中，电压源置零是用**“短路”**代替，这样才能保证其输出电压为 0；电流源置零用**“开路”**代替，这样才能保证其输出电流为 0。

3) 叠加时要注意各独立源单独作用时所产生的电流(或电压)分量，与所有独立源共同作用时所产生的总量之间参考方向的关系，若参考方向一致，则叠加时各分量前面取“+”号，反之取“－”号。

4) 功率不是电压或电流的一次函数，故不能用叠加定理来计算功率。

例 1－16　在图 1－46(a)所示电路中，用叠加定理求支路电流 I_1 和 I_2。

解：根据叠加定理画出**叠加电路图**，如图 1－46(b)、(c)所示。

图 1－46(b)所示为电压源 U_{S_1} 单独作用而电流源 I_{S_2} 不作用，此时 I_{S_2} 以开路代替，则

$$I_1'=I_2'=\frac{U_{S_1}}{R_1+R_2}=\frac{20\ \text{V}}{10\ \Omega+30\ \Omega}=0.5\ \text{A}$$

I_{S_2} 单独作用时，U_{S_1} 不作用，以短路线代替，如图 1－46(c)所示，则

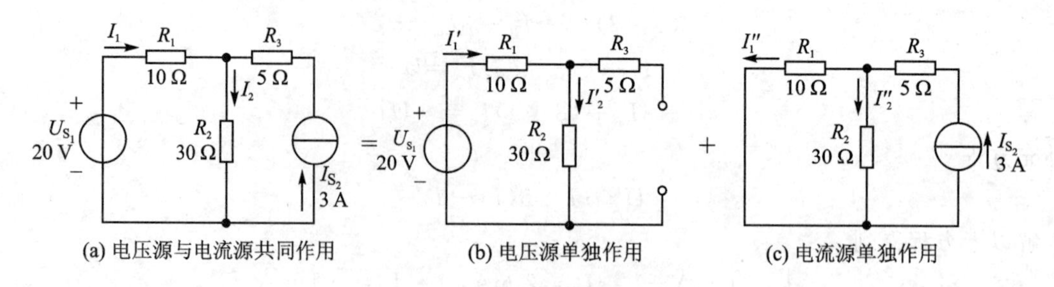

(a) 电压源与电流源共同作用　(b) 电压源单独作用　(c) 电流源单独作用

图 1-46　例 1-16 电路

$$I_1''=I_{S_2}\times\frac{R_2}{R_1+R_2}=3\ \text{A}\times\frac{30\ \Omega}{10\ \Omega+30\ \Omega}=2.25\ \text{A}$$

$$I_2''=I_{S_2}\times\frac{R_1}{R_1+R_2}=3\ \text{A}\times\frac{10\ \Omega}{10\ \Omega+30\ \Omega}=0.75\ \text{A}$$

根据各支路电流总量参考方向与分量参考方向之间的关系,可求得支路电流

$$I_1=I_1'-I_1''=0.5\ \text{A}-2.25\ \text{A}=-1.75\ \text{A}$$

$$I_2=I_2'+I_2''=0.5\ \text{A}+0.75\ \text{A}=1.25\ \text{A}$$

根据叠加定理可以推导出另一个重要定理——**齐性定理**。它表述为:在线性电路中,当所有独立源都增大或缩小 k 倍(k 为实常数)时,则支路电流或电压也将同样增大或缩小 k 倍。例如,将例题 1-16 中各电源的参数做以下调整:$U_{S_1}=40$ V,$I_{S_2}=6$ A,再求支路电流 I_1 和 I_2。很明显,与原电路相比,电源都增大了 1 倍,因此根据齐性定理,各支路电流也同样增大 1 倍,于是得到 $I_1=-3.5$ A,$I_2=2.5$ A。掌握齐性定理有时可使电路的分析快速、简便。

例 1-17　电路如图 1-47(a)所示,已知 $r=2\ \Omega$,试用叠加定理求电流 I 和电压 U。

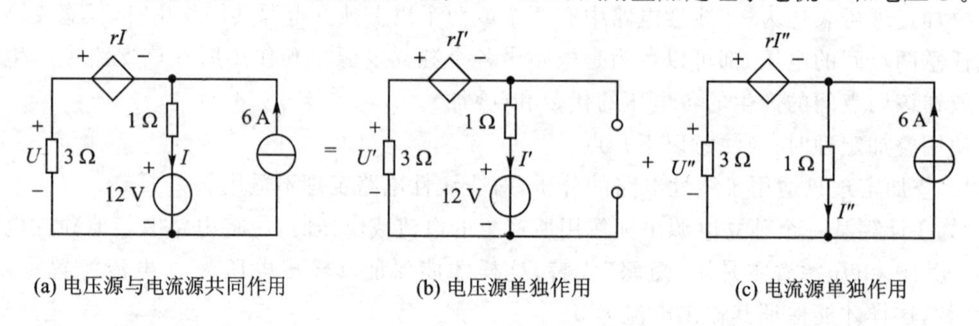

(a) 电压源与电流源共同作用　(b) 电压源单独作用　(c) 电流源单独作用

图 1-47　例 1-17 用图

解:此题电路中含有受控源,应用叠加定理时应注意两点:一是受控源不能"不作用",应始终保留在电路中;二是受控源的控制量应在分图中做相应的变化。

根据叠加定理画出的叠加电路图如图 1-47 所示。注意图 1-47(b)和(c)中,受控源的控制量分别由图 1-47(a)中的 I 变为 I' 和 I''。

在图 1-47(b)电路中,只有独立电压源单独作用,列出 KVL 方程,为

$$2I'+I'+12+3I'=0$$

求得第一组分量为

$$I'=-2\ \text{A},\qquad U'=-3I'=6\ \text{V}$$

图 1-47(c)电路中,只有独立电流源单独作用,列出 KVL 方程为

$$2I''+I''+3(I''-6)=0$$

求得第二组分量为

$$I''=3\ \text{A},\qquad U''=3(6-I'')=9\ \text{V}$$

根据 I 和 U 总量与分量参考方向的关系，应用叠加定理得到

$$I=I'+I''=-2\ \text{A}+3\ \text{A}=1\ \text{A}$$

$$U=U'+U''=6\ \text{V}+9\ \text{V}=15\ \text{V}$$

通过以上分析可以看出，叠加定理实际上是将多电源作用的电路转化成单电源作用的电路，利用单电源作用的电路进行计算显然非常简单。因此，叠加定理是分析线性电路经常采用的一种方法，应熟练掌握。

1.9.2　戴维南定理和诺顿定理

在电路中，有时只须分析其中某一支路的电流或电压，而不需要求出电路其余部分的电流或电压。在这种情况下，待分析支路以外的部分就可以看作是一个有源二端网络。倘若能找到一个更简单的电路结构去等效替代这个二端网络，就会使待求支路的分析大为简化。那么，如何求出有源二端网络的简化等效电路呢？前面1.6节曾讨论过用两种电源模型的等效变换化简电路的问题，然而对一般电路而言，往往要经过多次电源互换才能得到最简化的等效电路；并且这种方法是通过有伴电源的等效变换实现最终简化电路的（见例1-6），如果电路中存在无伴电源，该方法将无能为力。

本节讨论的**戴维南定理**和**诺顿定理**，将提供一种适合求解任何线性有源二端网络最简等效电路的方法。

1. 戴维南定理

定理内容：任何线性有源二端网络，就端口特性而言，可以等效为一个电压源和一个电阻相串联的结构。其中，电压源的电压等于有源二端网络端口处的开路电压 u_{oc}；串联电阻等于有源二端网络中所有独立电源置零后所得无源二端网络的等效电阻 R_{eq}。

将上述电压源 u_{oc} 与电阻 R_{eq} 串联的支路称为**戴维南等效电路**，或称为**戴维南等效电源**。求戴维南等效电路时，关键是求出电压源电压 u_{oc} 和串联电阻 R_{eq}。其中串联电阻 R_{eq} 在电子电路中，当二端网络视为电源时，常称作输出电阻，用 R_o 表示；当二端网络视为负载时，则称作输入电阻，用 R_i 表示。

戴维南定理和诺顿定理实际上为我们今后化简结构复杂的有源二端网络又提供了一个方法。这种方法相对于之前学习的利用两种电源模型的等效变换进行化简的方法，更加具有普遍性，适用范围更广。

例1-18　试用戴维南定理求图1-48(a)所示电路中的电流 I_L。

解：因为戴维南定理研究的对象是线性有源二端网络，为此先将图1-48(a)中待求支路暂且断开，即将2 Ω电阻移去，同时为了计算方便，可将图1-48(a)中2 A电流源和4 Ω电阻的并联等效变换为8 V电压源和4 Ω电阻的串联，于是得到图1-48(b)所示的有源二端网络ab。

利用图1-48(b)电路求有源二端网络的开路电压 U_{oc}。

由于a、b两点间开路，所以左边的回路是一个单回路（串联回路），可求得回路电流 I 为

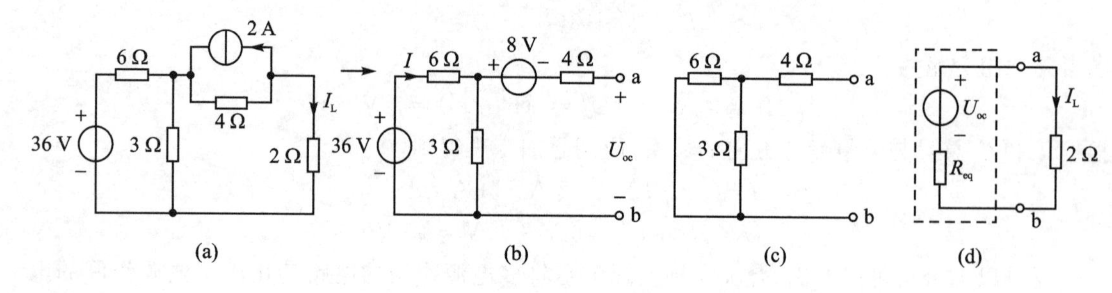

图 1-48　例 1-18 电路

$$I=\frac{36\ \text{V}}{6\ \Omega+3\ \Omega}=4\ \text{A}$$

所以

$$U_{oc}=U_{ab}=-8\ \text{V}+3I=-8\ \text{V}+3\ \Omega\times4\ \text{A}=4\ \text{V}$$

再求等效电阻 R_{eq}。将图 1-48(b)所示的有源二端网络中的所有电源置零,即电压源短路,得无源二端网络,如图 1-48(c)所示,则

$$R_{eq}=R_{ab}=4\ \Omega+\frac{3\ \Omega\times6\ \Omega}{3\ \Omega+6\ \Omega}=6\ \Omega$$

根据已求得的 U_{oc} 和 R_{eq} 画出戴维南等效电路,并将开始移去的 2 Ω 电阻再接到断开处,得图 1-48(d)所示电路。由电路可求得电流 I_L 为

$$I_L=\frac{U_{oc}}{R_{eq}+2\ \Omega}=\frac{4\ \text{V}}{6\ \Omega+2\ \Omega}=0.5\ \text{A}$$

2. 诺顿定理

诺顿定理研究的对象也是线性有源二端网络。其内容表述为:任何一个线性有源二端网络,就端口特性而言,可以等效为一个电流源和一个电阻相并联的形式。其中,电流源的电流等于有源二端网络端口处的短路电流 i_{sc};并联电阻等于有源二端网络中所有独立电源置零后所得的无源二端网络的等效电阻 R_{eq}。

将上述电流源 i_{sc} 与电阻 R_{eq} 的并联模型称为诺顿等效电路。显然,诺顿等效电路可以利用戴维南等效电路的等效变换得到。在一般情况下,这两个等效电路可以等效互换。

例 1-19　求图 1-49(a)所示有源二端网络的戴维南等效电路和诺顿等效电路。二端网络内部有电流控制电流源,且 $I_c=0.75\ I_1$。

解: 先求开路电压 U_{oc}。图 1-49(a)中,当端口 a、b 端开路时,有

$$I_2=I_1+I_c=1.75\ I_1$$

对左网孔列 KVL 方程,得

$$5\times10^3\ I_1+20\times10^3\ I_2=40\ \text{V}$$

代入 $I_2=1.75I_1$,可以求得 $I_1=1$ mA。则开路电压

$$U_{oc}=20\times10^3 I_2=35\ \text{V}$$

当端口 a、b 端短路时,如图 1-49(b)所示,可求得短路电流 I_{sc}。此时

$$I_1'=\frac{40\ \text{V}}{5\times10^3\ \Omega}=8\ \text{mA}$$

$$I_{sc}=I_1'+I_c'=1.75\ I_1=14\ \text{mA}$$

故得

$$R_{eq}=\frac{U_{oc}}{I_{sc}}=\frac{35\ \text{V}}{14\ \text{mA}}=2.5\ \text{k}\Omega$$

对应戴维南等效电路和诺顿等效电路分别如图 1-49(c)和(d)所示。

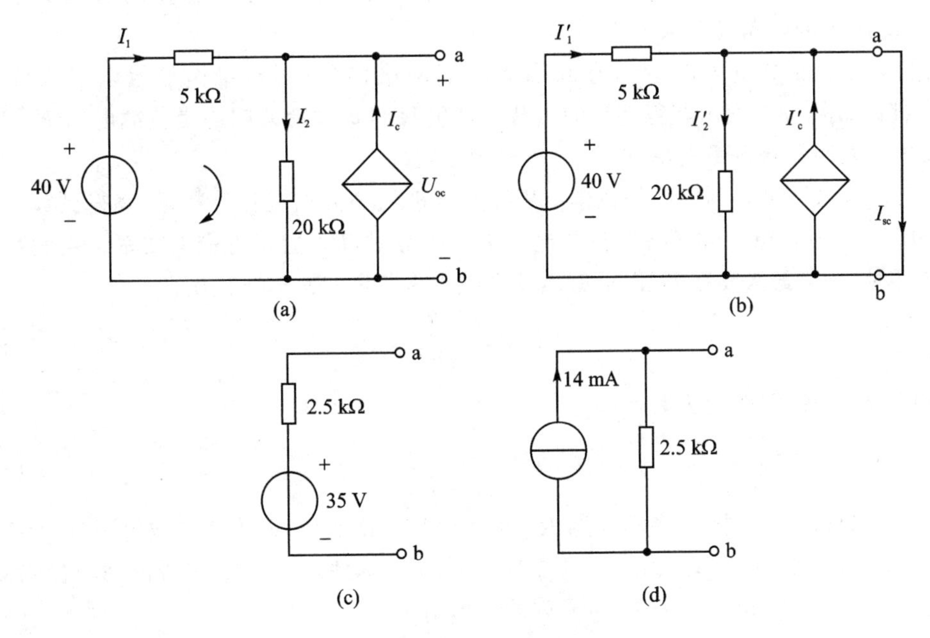

图 1-49　例 1-19 电路

戴维南-诺顿定理是电路中非常重要的定理,其等效电路中的 3 个参数 U_{oc}、i_{sc} 和 R_{eq} 不仅可以通过计算获得,还可以很方便地通过测量得到。当有源二端网络的等效电阻 R_{eq} 不太大时,开路电压 U_{oc} 可以用电压表直接测得,如图 1-50(a)所示;短路电流 i_{sc} 可以用电流表直接测得,如图 1-50(b)所示。最后,利用公式 $R_{eq}=\frac{u_{oc}}{i_{sc}}$ 即可求出等效电阻 R_{eq}。

需要指出的是,如果有源二端网络的等效电阻 R_{eq} 很小,用电流表直接测量时,i_{sc} 过大,这样易损坏仪表和设备。这时可以外接一阻值已知的保护电阻 R,再用电流表测得电流 i'_{sc},如图 1-50(c)所示,最后再通过简单计算得到等效电阻 R_{eq}。

戴维南-诺顿定理在实际中有着非常重要的应用。实际的电路,其结构和参数往往都是未知的,应用戴维南-诺顿定理可以将这个未知的电路用一个结构、参数都可知的具体的电路去替代,这就给电路的分析、调试带来极大的方便,这是其他电路分析方法难以做到的。

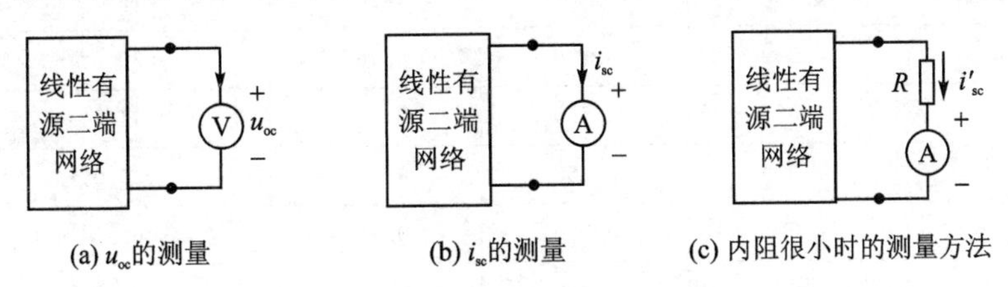

(a) u_{oc}的测量　(b) i_{sc}的测量　(c) 内阻很小时的测量方法

图 1-50　戴维南-诺顿等效电路中参数的测量方法

1.9.3 最大功率传输定理

最大功率传输定理的理论根据是戴维南-诺顿定理。在测量、电子和信息工程的电子设备设计时，常常遇到电阻负载如何从电路获得最大功率的问题。这类问题可以抽象为图1-51(a)所示的电路模型来分析。

网络N表示供给负载能量的有源线性二端网络，它可用戴维南等效电路来代替，如图1-51(b)所示。R_L表示获得能量的负载。这里我们要讨论的问题是负载电阻R_L为何值时，可以从二端网络获得最大功率。

对于这个问题，可以利用高等数学中用导数求极值的方法进行分析，最终得到如下结论：当负载电阻R_L与有源二端网络的等效电阻R_{eq}相等时，R_L能获得最大功率。当满足$R_L=R_{eq}$的条件时，称为**最大功率匹配**，此时负载电阻R_L获得的最大功率为

$$p_{max}=\frac{u_{oc}^2}{4R_{eq}} \tag{1-24}$$

若用诺顿等效电路，则最大功率表示为

$$p_{max}=\frac{i_{sc}^2}{4G_{eq}} \tag{1-25}$$

在图1-51(b)电路中，设负载电阻R_L从0到800 Ω变化，戴维南等效电阻$R_{eq}=100$ Ω，$U_{oc}=12$ V，负载消耗的功率记为P_L，电源U_{oc}发出的总功率记为P_S，电源的功率传输效率记为η，取不同的R_L值，可得如表1-1所列的计算结果。

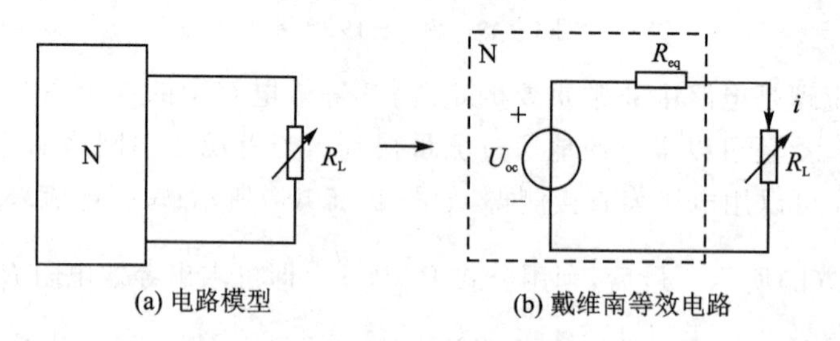

(a) 电路模型　　(b) 戴维南等效电路

图1-51　最大功率传输定理

表1-1　负载电阻R_L为不同值时的数据结果

R_L/Ω	I/A	P_L/W	P_S/W	$\eta=(P_L/P_S)\times100\%$
0	0.120	0.000	1.440	0.0%
20	0.100	0.200	1.200	16.7%
50	0.080	0.320	0.960	33.3%
80	0.067	0.359	0.804	44.7%
100	0.060	0.360	0.720	50.0%
200	0.040	0.320	0.480	66.7%
500	0.020	0.200	0.240	83.3%
800	0.013	0.135	0.156	86.5%

由表 1-1 可以看出，满足最大功率匹配条件（即 $R_L=R_{eq}$）时，负载电阻 R_L 吸收的功率最大，但此时电压源 U_{oc} 的功率传输效率仅为 50%，对二端网络 N 中的独立源而言，效率可能更低。实际中，只有小功率的电子电路常常要着眼于从微弱信号中获得最大功率，而不看重效率的高低，这时实现最大传输功率才有现实意义；而在大功率的电力系统中，为了实现最大功率传输，以便更充分地利用能源，如此低的传输效率是不允许的，因此不能采用功率匹配条件。

1.10　动态电路的暂态分析

1.10.1　暂态过程与换路定律

1. 暂态过程

前面各章讨论的线性电路中，当电源电压（激励）为恒定值或做周期性变化时，电路中各部分电压或电流（响应）也是恒定的或按周期性规律变化的，即电路中响应与激励的变化规律完全相同，称电路的这种工作状态为稳定状态，简称**稳态**。但是，在实际电路中，经常遇到电路由一个稳态向另一个稳态的变化，在这个变化过程中，如果电路中含有电感、电容等储能元件时，这种状态的变化要经历一个时间过程，这个时间过程称为**暂态过程**。图 1-52 所示电路中，开关 S 是单刀双掷开关，开关 S 与“2”合上时，电容电压 $u_C=0$，这是一种稳态。当开关 S 由“2”合向“1”，电容要被充电，经过一段时间后，电容电压 $u_C=U_S$，电路进入一个新的稳态。电容电压从 $u_C=0$ 变化到 $u_C=U_S$ 需要一个过程，这个过程就是暂态过程。

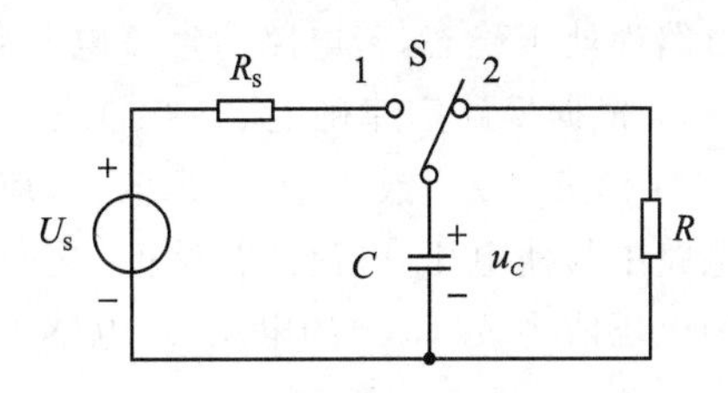

图 1-52　电路暂态与稳态的示例图

含有储能元件（也叫动态元件）L 或 C 的电路称为动态电路。

电路产生暂态过程的原因有外因和内因，电路的接通或断开，电路参数或电源的变化，电路的改接等都是外因，这些能引起电路暂态过程的所有外因统称为**换路**。除了外因，电路中还必须含有储能元件电感或电容，这是产生暂态过程的内因。动态电路的暂态过程实质是储能元件的充放电过程。

电路的暂态过程一般比较短暂，但它的作用和影响都十分重要。有的电路专门利用其暂态特性实现延时、产生波形等功能；而在电力系统中，暂态过程的出现可能产生比稳定状态大得多的过电压或过电流，若不采取一定的保护措施，就会损坏电气设备，引起不良后果。因此研究电路的暂态过程、掌握有关规律是非常重要的。

2. 换路定律

为便于分析，通常认为换路是在瞬间完成的，记为 $t=0$ 时刻，并且用 $t=0_-$ 表示换路前的终了时刻，用 $t=0_+$ 表示换路后的初始时刻，换路经历的时间为 0_- 到 0_+。需要注意的是，$t=0_-$ 时刻电路尚处于稳态，对于直流电源激励下的电路，此时电容相当于开路，电感相当于短路；而 $t=0_+$ 时刻电路已经进入暂态过程，是暂态过程的开始时刻。

在 1.3 节曾经指出，在电容电流为有限值的条件下，电容电压 u_C 不能跃变；在电感电压为有限值的条件下，电感电流 i_L 不能跃变，即在换路瞬间，u_C 和 i_L 保持不变，用数学式表述为

$$\left.\begin{aligned}u_C(0_+)=u_C(0_-)\\ i_L(0_+)=i_L(0_-)\end{aligned}\right\} \tag{1-26}$$

式(1-26)称为**换路定律**。

换路定律说明，在换路前后，电容电压 u_C 和电感电流 i_L 不能发生跃变，即满足 $t=0_+$ 时刻值等于 $t=0_-$ 时刻值，其值具有连续性。需要注意的是，换路定律只揭示了换路前后电容电压 u_C 和电感电流 i_L 不能发生突变的规律，对于电路中其他的电压、电流包括电容电流 i_C 和电感电压 u_L，在换路瞬间都是可以突变的。

3. 暂态过程初始值的计算

通常将“$t=0_+$”时刻电压、电流的值称为动态电路的**初始值**，用 $f(0_+)$ 表示。初始值可按以下步骤确定：

1) 先求 $t=0_-$ 时刻的 $u_C(0_-)$ 或 $i_L(0_-)$（这一步要用 $t=0_-$ 时刻的等效电路进行求解，此时电路尚处于稳态，若电路为直流电源激励，则电容开路，电感短路）；

2) 根据换路定律确定 $u_C(0_+)$ 或 $i_L(0_+)$；

3) 以 $u_C(0_+)$ 或 $i_L(0_+)$ 为依据，应用欧姆定律、基尔霍夫定律和直流电路的分析方法确定电路中其他电压、电流的初始值（这一步要用 $t=0_+$ 时刻的等效电路进行求解，此时，电容等效为电压值为 $u_C(0_+)$ 的电压源，电感等效为电流值为 $i_L(0_+)$ 的电流源）。

1.10.2 一阶 *RC* 电路暂态过程分析

1. 一阶 *RC* 电路的零输入响应

仅含有一个独立的动态元件的电路，描述其电压、电流的方程是一阶微分方程，故称其为**一阶动态电路**。当电路中仅含有一个电容和一个电阻或一个电感和一个电阻时，该电路称为最简 *RC* 电路或 *RL* 电路。如果不是最简，则可以把该动态元件以外的电阻电路用戴维南定理或诺顿定理进行等效，从而变换为最简 *RC* 电路或 *RL* 电路。

本节首先分析一阶 *RC* 动态电路的零输入响应。所谓**零输入响应**，是指换路后电路没有外加激励，仅由储能元件的初始储能引起的响应。

在图 1-53 所示电路中，原先开关 S 打在 1 位，直流电源 U_S 给电容充电，充电完毕，电路达到稳态时，电容相当于开路。$t=0$ 时，S 由 1 位打向 2 位进行换路，此时电容通过电阻放电，放电完毕，电路进入新的稳态。显然，换路后发生的是一阶 *RC* 电路的零输入响应。

(1) 电压、电流的变化规律

在图 1-53 电路中，推得换路后（即 $t \geqslant 0_+$ 时）电容电压 u_C 的微分方程为

$$RC\frac{du_C}{dt}+u_C=0,\quad t\geqslant 0_+$$

解微分方程，得

$$u_C(t)=e^{-\frac{1}{RC}t}\cdot e^C=Ae^{-\frac{1}{RC}t}$$

其中，A 为待定的积分常数，可根据初始条件 $u_C(0_+)$ 的值确定。在换路瞬间，由于 $u_C(0_+)=$

$u_C(0_-)=U_S$，故有 $A=U_S$。所以，微分方程的解为

$$u_C(t)=U_S e^{-\frac{1}{RC}t} \quad (t \geqslant 0_+) \tag{1-27}$$

从式(1-27)可以看出，换路后，电容电压 u_C 从初始值 U_S 开始，按照指数规律递减，直到最终 $u_C \to 0$，电路达到新的稳态。

以 u_C 为依据，可求出换路后电路中其他电压电流 u_R、$i_C(i_R)$ 的变化规律，它们都是按照相同的指数规律进行变化的。图 1-54 所示为 u_C 的变化曲线。

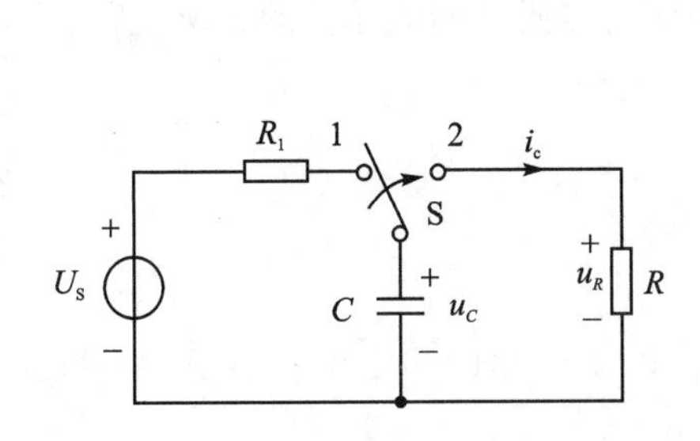

图 1-53　一阶 RC 电路的零输入响应

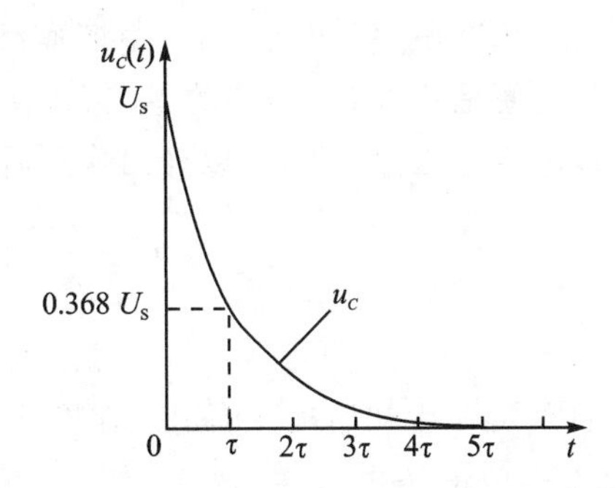

图 1-54　一阶 RC 电路零输入响应的变化曲线

(2) 时间常数

式(1-27)中，令 $\tau=RC$，τ 称为 RC 电路的**时间常数**。当 R 的单位为 Ω(欧[姆])，C 的单位为 F(法[拉])时，τ 的单位为 s(秒)。

于是，式(1-27)可以写为

$$u_C(t)=u_C(0_+)e^{-\frac{t}{\tau}} \quad (t \geqslant 0_+) \tag{1-28}$$

式(1-28)即为一阶 RC 动态电路零输入响应状态下电容电压 u_C 变化规律的通式。

时间常数 τ 是表征动态电路暂态过程进行快慢的物理量。τ 越大，暂态过程进行得越慢；反之，τ 越小，暂态过程进行得越快。由表达式 $\tau=RC$ 可以看出，RC 电路的时间常数 τ 仅由电路的参数 R 和 C 决定，R 是指换路后电容两端的等效电阻。当 R 越大时，电路中放电电流越小，放电时间就越长，暂态过程进行得就越慢；当 C 越大时，电容储存的电场能量越多，放电时间也就越长。现以电容电压 u_C 为例说明时间常数 τ 的物理意义。

在式(1-28)中，分别取 $t=\tau$、2τ、3τ、…，求出对应的 u_C 值如表 1-2 所列。

表 1-2　不同时刻对应的 u_C 值

t	0	τ	2τ	3τ	4τ	5τ	∞
$u_C(t)$	$u_C(0_+)$	$0.368u_C(0_+)$	$0.135u_C(0_+)$	$0.050u_C(0_+)$	$0.018u_C(0_+)$	$0.007u_C(0_+)$	0

从表 1-2 可以看出：

1) 当 $t=\tau$ 时，$u_C=0.368u_C(0_+)$，这表明时间常数 τ 是电容电压 u_C 从换路瞬间开始衰减到初始值的 36.8% 时所需要的时间，参见图 1-54 所示的 u_C 变化曲线。

2) 从理论上讲，$t=\infty$ 时，u_C 才衰减到 0，暂态过程才结束，但是当 $t=(3\sim5)\tau$ 时，u_C 已衰减到初始值的 5% 以下，因此实际工程当中一般认为从换路开始经过 $3\tau\sim5\tau$ 的时间，暂态过程便基本结束了。

需要指出的是，在电子设备中，RC 电路的时间常数 τ 很小，放电时过程经历不过几十毫秒

甚至几个微秒。但在电力系统中,高压电力电容器放电时间比较长,可达几十分钟,因此检修具有大电容的高压设备时,一定要让电容充分放电以保证安全。

2. 一阶 *RC* 电路的零状态响应

零状态响应是指电路在零初始状态下(动态元件的初始储能为0)仅由外施激励所产生的响应。

图1-55所示电路中,电容原来未充电,$u_C(0_-)=0$,即电容为零初始状态。$t=0$时开关闭合,RC串联电路与电源连接,电源通过电阻对电容充电,直到最终充电完毕,电路达到新的稳态。这便是一阶RC电路的零状态响应。零状态响应的实质是储能元件的充电过程。

以电容电压为变量,可以列出换路后电路的微分方程为

$$RC\frac{\mathrm{d}u_C}{\mathrm{d}t}+u_C=U_S \qquad (t\geqslant 0_+) \tag{1-29}$$

解方程得

$$u_C(t)=Ae^{-\frac{1}{RC}t}+U_S$$

式中的常数A由初始条件确定。在换路瞬间,由于$u_C(0_+)=u_C(0_-)=0$,故有$A=-U_S$。所以式(1-29)的解为

$$u_C(t)=U_S\left(1-e^{-\frac{t}{RC}}\right) \qquad (t\geqslant 0_+) \tag{1-30}$$

式(1-30)中的U_S是换路后电路达到新稳态时u_C的值,即$u_C(\infty)=U_S$,于是式(1-30)可写为

$$u_C(t)=u_C(\infty)\left(1-e^{-\frac{t}{\tau}}\right) \qquad (t\geqslant 0_+) \tag{1-31}$$

式(1-31)即为一阶RC动态电路零状态响应状态下电容电压u_C变化规律的通式。u_C的变化曲线如图1-56所示。从曲线可以看出,换路后电容电压从初始值0开始,按照指数规律递增到新的稳态值$u_C(\infty)$。与RC电路的零输入响应不同,在零状态响应中,τ是电容电压u_C从换路瞬间开始递增到新稳态值的63.2%所需要的时间。

以u_C为依据,同样可求出电路中其他电压电流的变化规律。

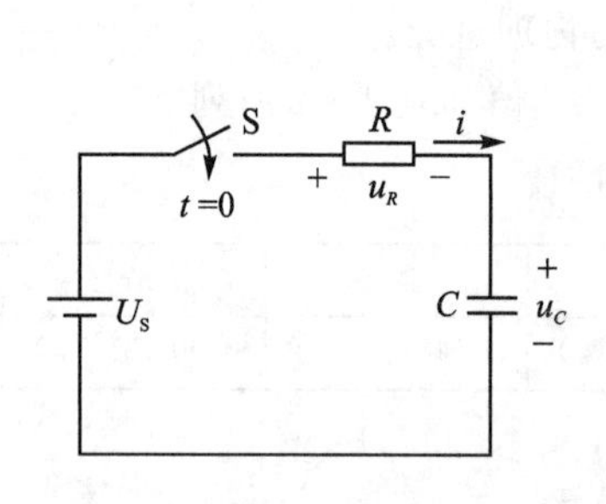

图1-55 一阶 *RC* 电路的零状态响应

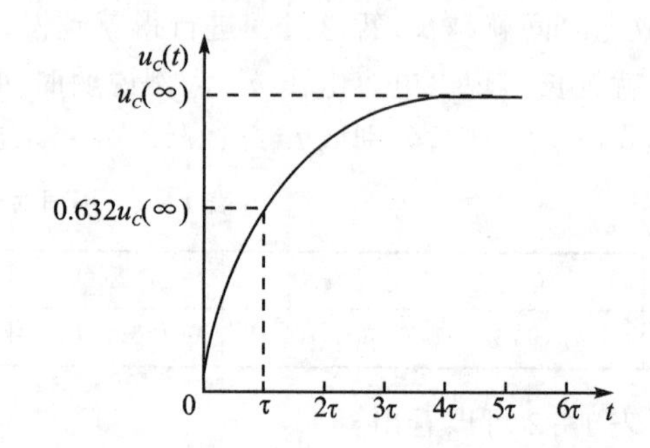

图1-56 一阶 *RC* 零状态响应的变化曲线

1.10.3 一阶 *RL* 电路暂态过程分析

1. 一阶 *RL* 电路的零输入响应

图1-57所示的电路中,开关S打在1位时,电路已达到稳态,电感中电流等于电流源电

流 I_S，电感中储存能量 $W_L=\frac{1}{2}LI_S^2$。t=0 时开关由 1 位打向 2 位进行换路，电流源被短路，电感与电阻 R 构成串联回路，电感通过电阻 R 释放其中的磁场能量，直到全部释放完毕，电路达到新的稳态。显然，换路后电路发生的暂态过程属于 RL 电路的零输入响应。

以电感电流 i_L 为变量，列出换路后电路的微分方程

$$\frac{L}{R}\frac{\mathrm{d}i_L}{\mathrm{d}t}+i_L=0 \qquad (t\geqslant 0_+)$$

解方程得到

$$i_L(t)=I_S\mathrm{e}^{-\frac{R}{L}t}=i_L(0_+)\mathrm{e}^{-\frac{t}{\tau}} \quad (t\geqslant 0_+) \tag{1-32}$$

式(1-32)即为一阶 RL 电路零输入响应状态下电感电流 i_L 的变化通式。其中，$\tau=L/R$，称为 RL 电路的时间常数，单位是 s（秒）。i_L 的变化曲线如图 1-58 所示。

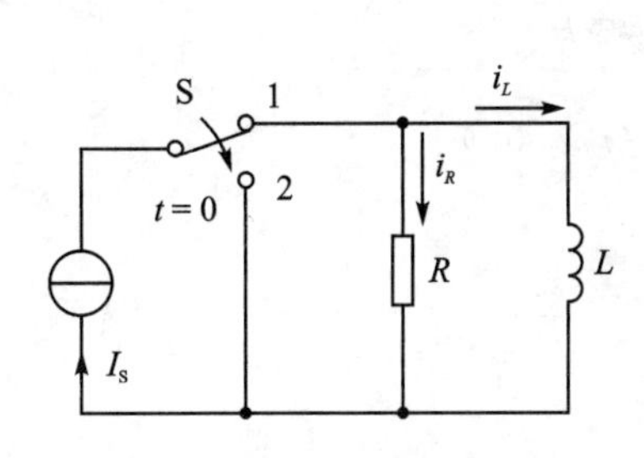

图 1-57　一阶 *RL* 电路的零输入响应

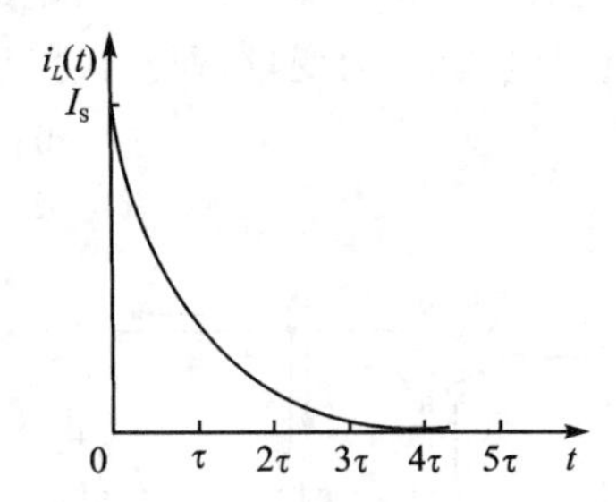

图 1-58　一阶 *RL* 零输入响应的变化曲线

有了电感电流 $i_L(t)$ 的解析式，可以进一步求出电路中其他电压电流的变化规律。

例 1-20　图 1-59 所示为实际的电感线圈和电阻 R_1 串联后与直流电源接通的电路。已知电感线圈的电阻 $R=2\ \Omega$，$L=1$ H，$R_1=6\ \Omega$，电源电压 $U_S=24$ V。线圈两端接一内阻 $R_V=5\ \mathrm{k\Omega}$、量程为 50 V 的直流电压表，开关 S 闭合时，电路处于稳态。$t=0$ 时 S 打开，求：(1) S 打开后电感电流 i_L 的初始值和电路的时间常数；(2) i_L 和 u_V 的解析式即变化规律；(3) 开关打开瞬间电压表两端电压。

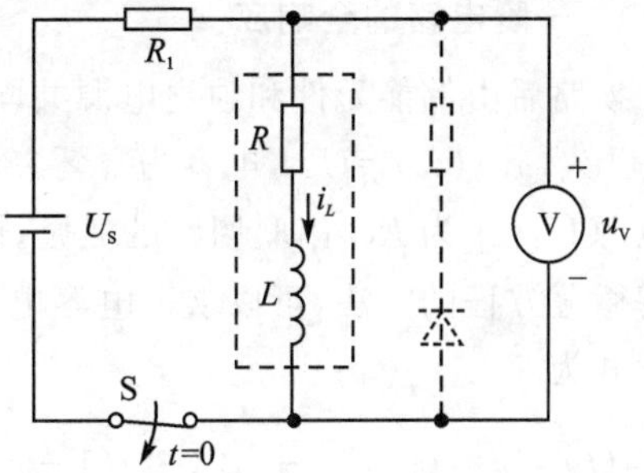

图 1-59　例 1-20 电路

解：选取电压、电流参考方向如图 1-59 所示。

(1) 开关 S 闭合时，电路处于稳态，电感相当于短路，由于 $R\ll R_V$，所以

$$i_L(0_+)=i_L(0_-)\approx\frac{U_S}{R_1+R}=\frac{24\ \mathrm{V}}{2\ \Omega+6\ \Omega}=3\ \mathrm{A}$$

电路的时间常数

$$\tau=\frac{L}{R+R_V}\approx\frac{L}{R_V}=\left(\frac{1}{5\ 000}\right)^2=2\times10^{-4}\ \mathrm{s}=0.2\ \mathrm{ms}$$

(2) S 打开后，输入为 0，电感电流 i_L、电压表端电压 u_V 为

$$i_L(t)=i_L(0_+)\mathrm{e}^{-\frac{t}{\tau}}=3\mathrm{e}^{-\frac{t}{0.2\times10^{-3}}}=3\mathrm{e}^{-5\ 000t}\ \mathrm{A}$$

$$u_V(t)=-R_Vi_L(t)=-5\times10^3\times3\mathrm{e}^{-5\ 000t}=-15\times10^3\mathrm{e}^{-5\ 000t}\ \mathrm{V}=-15\mathrm{e}^{-5\ 000t}\ \mathrm{kV}$$

(3) S 刚打开（即 $t=0_+$）时，电压表两端电压为

$$|u_V(0_+)|=15\ \text{kV}$$

开关 S 打开的瞬间,电感线圈两端即电压表两端出现了 15 kV 的高电压,这就是通常所说的过电压。电压表内阻越大,电压表两端电压越大。此时,若不采取保护措施,电压表将立即损坏。通常可采取以下几种保护措施:1) 在开关打开之前,先将电压表拆除;2) 如图 1-59 所示,在电压表两端并接一只二极管,利用二极管的单向导电性进行保护;3) 工厂车间使用大电感的场合,由于开关打开瞬间,电感要释放大量的能量,因此常常出现电弧,这时要采用专门的灭弧罩进行灭弧。

2. 一阶 *RL* 电路的零状态响应

图 1-60 所示的电路中,开关转换前,电感电流为 0,即 $i_L(0_-)=0$,电感为零初始状态。开关由 a 打向 b 后,电流源与电感接通,电感内部开始储能,直至储能完毕,电路进入新的稳态,电感相当于短路。显然,换路后电路发生的暂态过程是 *RL* 电路的零状态响应。

以电感电流 i_L 为变量,列出换路后电路的微分方程为

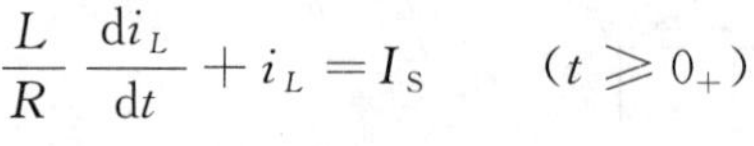

$$\frac{L}{R}\frac{\mathrm{d}i_L}{\mathrm{d}t}+i_L=I_S \qquad (t\geqslant 0_+)$$

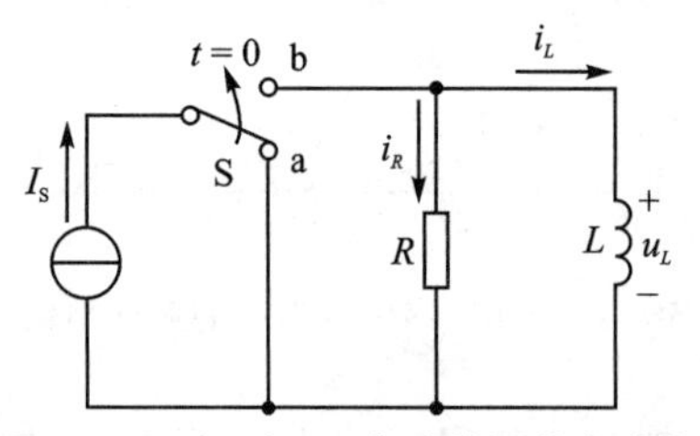

图 1-60　一阶 *RL* 电路的零状态响应

解方程得到

$$i_L(t)=I_S\left(1-\mathrm{e}^{-\frac{R}{L}t}\right)=i_L(\infty)\left(1-\mathrm{e}^{-\frac{t}{\tau}}\right) \quad (t\geqslant 0_+) \tag{1-33}$$

式(1-33)便是一阶 *RL* 动态电路零状态响应状态下电感电流 i_L 的变化通式。以此为依据,可进一步求出电路中其他电压、电流的变化规律(即解析式)。

1.10.4　一阶电路的全响应

1. 一阶电路的全响应

换路后由储能元件和独立电源共同引起的响应称为**全响应**。以图 1-61 为例,开关接在 1 位已久,$u_C(0_-)=U_{S_1}$,电容为非零初始状态。$t=0$ 时开关打向 2 位进行换路,换路后继续有电源 U_{S_2} 作为 *RC* 串联回路的激励,因此 $t\geqslant 0$ 时电路发生的暂态过程是全响应。同样利用求解微分方程的方法,可以求得电容电压 u_C 全响应的变化通式为

$$u_C(t)=u_C(0_+)\mathrm{e}^{-\frac{t}{\tau}}+u_C(\infty)(1-\mathrm{e}^{-\frac{t}{\tau}}) \quad (t\geqslant 0_+) \tag{1-34}$$

式(1-34)还可写为

$$u_C(t)=u_C(\infty)+[u_C(0_+)-u_C(\infty)]\mathrm{e}^{-\frac{t}{\tau}} \quad (t\geqslant 0_+) \tag{1-35}$$

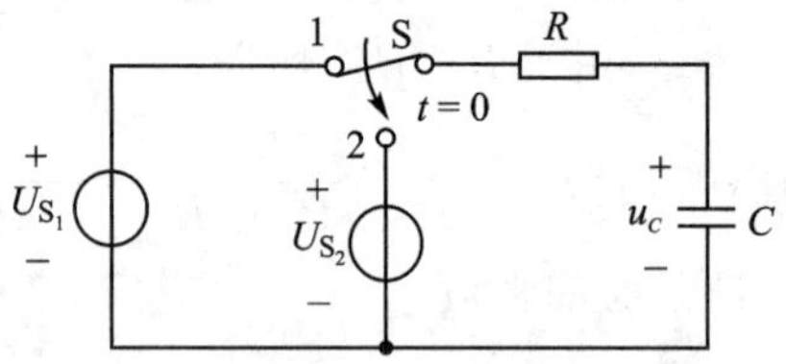

图 1-61　一阶 *RC* 电路的全响应

可见,全响应是零输入响应与零状态响应的叠加,或稳态响应与暂态响应的叠加。

2. 一阶电路的三要素法

通过前面对一阶动态电路暂态过程的分析可以看出,换路后,电路中的电压、电流都是从

一个初始值 $f(0_+)$ 开始的，按照指数规律递变到新的稳态值 $f(\infty)$，递变的快慢取决于电路的时间常数 τ。$f(0_+)$、$f(\infty)$ 和 τ 称为一阶电路的**三要素**。有了三要素，利用式(1-36)即可求出换路后电路中任一电压、电流的解析式 $f(t)$。$f(t)$ 的一般表达式为

$$f(t)=f(\infty)+[f(0_+)-f(\infty)]\mathrm{e}^{-\frac{t}{\tau}} \qquad (t \geqslant 0_+) \tag{1-36}$$

这种利用式(1-36)求解一阶动态电路暂态过程期间电压、电流解析式的方法称为一阶电路的**三要素法**。

由式(1-36)可以确定电路中电压或电流从换路后的初始值变化到某一个数值所需要的时间：

$$t=\tau \ln \frac{f(0_+)-f(\infty)}{f(t)-f(\infty)} \tag{1-37}$$

例 1-21　在图 1-62 所示的电路中，已知 $U_S=12\ \mathrm{V}$，$R_1=3\ \mathrm{k\Omega}$，$R_2=6\ \mathrm{k\Omega}$，$R_3=2\ \mathrm{k\Omega}$，$C=5\ \mu\mathrm{F}$，开关 S 打开已久，$t=0$ 时，S 闭合，试用三要素法求开关闭合后 u_C、i_C、i_1 和 i_2 的变化规律(即解析式)。

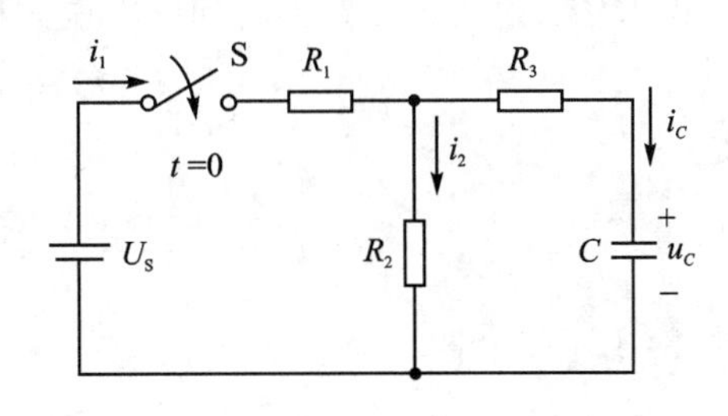

图 1-62　例 1-21 电路

解法(一)：先求所有待求电压、电流的三要素。

(1) 求初始值 $f(0_+)$

$$u_C(0_+)=u_C(0_-)=0$$

$$i_1(0_+)=\frac{U_S}{R_1+\dfrac{R_2R_3}{R_2+R_3}}=\frac{12\ \mathrm{V}}{\left(3+\dfrac{2\times 6}{2+6}\right)\mathrm{k\Omega}}=\frac{8}{3}\ \mathrm{mA}$$

$$i_2(0_+)=i_1(0_+)\times\frac{R_3}{R_2+R_3}=\frac{8}{3}\ \mathrm{mA}\times\frac{2\ \mathrm{k\Omega}}{(2+6)\ \mathrm{k\Omega}}=\frac{2}{3}\ \mathrm{mA}$$

$$i_C(0_+)=i_1(0_+)-i_2(0_+)=\left(\frac{8}{3}-\frac{2}{3}\right)\mathrm{mA}=2\ \mathrm{mA}$$

(2) 求稳态值 $f(\infty)$

$$u_C(\infty)=U_S\times\frac{R_2}{R_1+R_2}=12\ \mathrm{V}\times\frac{6\ \mathrm{k\Omega}}{(3+6)\ \mathrm{k\Omega}}=8\ \mathrm{V}$$

$$i_1(\infty)=i_2(\infty)=\frac{U_S}{R_1+R_2}=\frac{12\ \mathrm{V}}{(3+6)\ \mathrm{k\Omega}}=\frac{4}{3}\ \mathrm{mA}$$

$$i_C(\infty)=0$$

(3) 求时间常数 τ

$$R=R_3+\frac{R_1R_2}{R_1+R_2}=2\ \mathrm{k\Omega}+\left(\frac{3\times 6}{3+6}\right)\mathrm{k\Omega}=4\ \mathrm{k\Omega}$$

所以

$$\tau=RC=(4\times 10^3\times 5\times 10^{-6})\mathrm{s}=2\times 10^{-2}\mathrm{s}$$

(4)根据三要素法通式写出解析式

$$u_C(t)=u_C(\infty)+[u_C(0_+)-u_C(\infty)]\mathrm{e}^{-\frac{t}{\tau}}=[8+(0-8)\mathrm{e}^{-50t}]\ \mathrm{V}=(8-8\mathrm{e}^{-50t})\mathrm{V}$$

$$i_C(t)=i_C(\infty)+[i_C(0_+)-i_C(\infty)]\mathrm{e}^{-\frac{t}{\tau}}=[0+(2-0)\mathrm{e}^{-50t}]\ \mathrm{mA}=2\mathrm{e}^{-50t}\ \mathrm{mA}$$

$$i_1(t)=i_1(\infty)+[i_1(0_+)-i_1(\infty)]e^{-\frac{t}{\tau}}=\left[\frac{4}{3}+(\frac{8}{3}-\frac{4}{3})e^{-50t}\right]\text{mA}=\left(\frac{4}{3}+\frac{4}{3}e^{-50t}\right)\text{mA}$$

$$i_2(t)=i_2(\infty)+[i_2(0_+)-i_2(\infty)]e^{-\frac{t}{\tau}}=\left[\frac{4}{3}+\left(\frac{2}{3}-\frac{4}{3}\right)e^{-50t}\right]\text{mA}=\left(\frac{4}{3}-\frac{2}{3}e^{-50t}\right)\text{mA}$$

解法(二):此题也可以只求出电容电压 u_C 的三要素,然后利用三要素法首先求出 u_C 的解析式,再以 u_C 的解析式为依据,求出其他电压、电流的解析式,具体过程如下。

同解法(一),先求出 u_C 的三要素分别为:$u_C(0_+)=0$,$u_C(\infty)=8$ V ,$\tau=2\times10^{-2}$s,以及 u_C 的解析式 $u_C(t)=8-8e^{-50t}$ V。然后,利用换路以后的电路可求得

$$i_C(t)=C\frac{du_C}{dt}=Cu_C=C(8-8e^{-50t})=5\times10^{-6}\times(-8)\times(-50)e^{-50t}\text{ mA}=2e^{-50t}\text{mA}$$

由 KVL,对右边回路列写回路电压方程

$$R_3i_C(t)+u_C(t)-R_2i_2(t)=0$$

于是

$$i_2(t)=\frac{u_C(t)+R_3i_C(t)}{R_2}=\left(\frac{4}{3}-\frac{2}{3}e^{-50t}\right)\text{mA}$$

再由 KCL,可求出

$$i_1(t)=i_2(t)+i_C(t)=\left(\frac{4}{3}+\frac{4}{3}e^{-50t}\right)\text{mA}$$

以上是对一阶动态电路的分析与讨论。分析过程主要是通过求解一阶微分方程,从而求得暂态过程期间电压、电流的变化规律。三要素法是分析一阶动态电路的主要方法。如果电路中含有电容和电感两种储能元件,那么描述其电压、电流的方程将会是二阶微分方程,故称其为二阶动态电路。分析二阶动态电路的暂态过程是通过列写并求解二阶微分方程进行的。关于二阶动态电路的分析,此处不再赘述。

本章小结

1. 由理想元件组成的电路称为实际电路的电路模型。

2. 电路的基本物理量有电流、电压和功率。它们都是具有正负的代数量,电流、电压的正负表明实际方向与参考方向的关系;功率正负表明元件发出功率或吸收功率。

3. 组成电路的常用元件有电阻、电容和电感。电阻是一种耗能元件,其功率始终为正值。电容、电感是储能元件,可以充电,也可放电。

4. 电源分为独立源和受控源。独立源又分为电压源和电流源,它们是忽略了实际电源的内阻而抽象出来的理想化模型。受控源的输出量具有受控性,它有电压控制电压源、电压控制电流源、电流控制电压源、电流控制电流源 4 种类型。

5. 基尔霍夫定律是任何集总参数电路都适用的基本定律,它揭示了元件的互联规律。该定律分为 KCL 和 KVL 两方面内容,分别揭示了互联电路中电流电压满足的规律。应用基尔霍夫定律分析电路的方法称作支路电路法。

6. 等效变换是电路中非常重要的概念,是化简电路常用的方法。利用两种电源模型的等效变换,可以化简电路,使计算简便。

7. 以独立节点的电压作为变量，根据 KCL 列写节点电压方程，解方程求出节点电压，进而求出各支路电流及其他物理量，这种方法称作节点电压分析法。

8. 以假想的网孔电流作为变量根据 KVL 列写网孔电流方程，解方程求出网孔电流，进而求出各支路电流及其他物理量，这种方法称作网孔电流分析法。

节点法和网孔法对于分析支路较多的电路尤为方便。在计算机辅助电路分析中，也常采用这两种方法分析电路。

9. 叠加定理适用于有唯一解的任何线性电阻电路。它允许用分别计算每个独立源产生的电压或电流，然后相加的方法，求得含多个独立电源的线性电阻电路的电压或电流。

10. 戴维南定理和诺顿定理研究的是线性含源单口网络，它们分别指出了线性含源单口网络的等效电路模型。应用这两个定理可以简化复杂的含源电路，从而使电路分析变得简便。最大功率传输定理便是戴维南-诺顿定理的具体应用。

11. 含有储能元件的电路称为动态电路。动态电路从一个稳态变化到另一个稳态时，中间必经一个暂态过程。利用解微分方程的方法，可以求出暂态过程期间电压、电流的变化规律。时间常数是反映暂态过程进行快慢的重要参数。

习题 1

1-1　填空题

(1) 导线中的 a、b 两点，已知 1 s 内从 b 到 a 通过导线横截面的为 2 C(库仑)正电荷，则电流 $I_{ab}=$________ A，$I_{ba}=$________ A；如果在 1s 内从 b 到 a 通过导线横截面的为 2 C 负电荷，则 $I_{ab}=$________ A，$I_{ba}=$________ A。

(2) 根据题图 1-1-(2)中给定的参考方向，求 I 或 U。

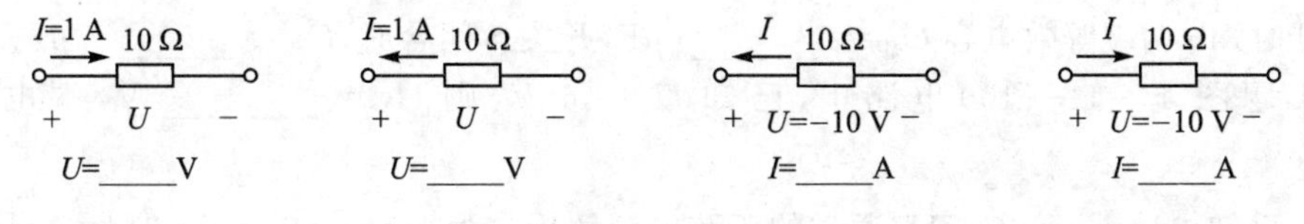

题图 1-1-(2)

(3) 已知题图 1-1-(3)中各元件发出功率 12 W，图中各元件的电流或电压分别为

题图 1-1-(3)(a)中 $I=$________ A；题图 1-1-(3)(b)中 $I=$________ A；

题图 1-1-(3)(c)中 $U=$________ V；题图 1-1-(3)(d)中 $U=$________ V。

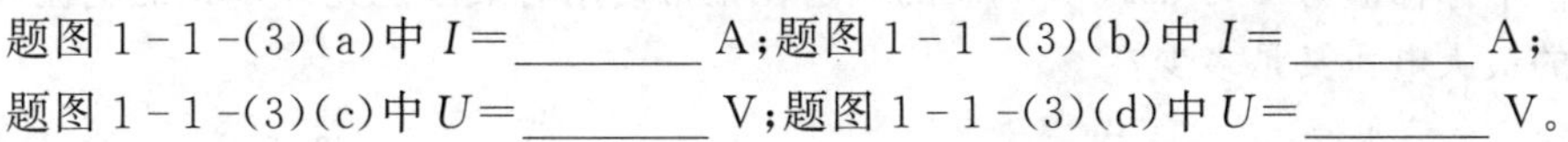

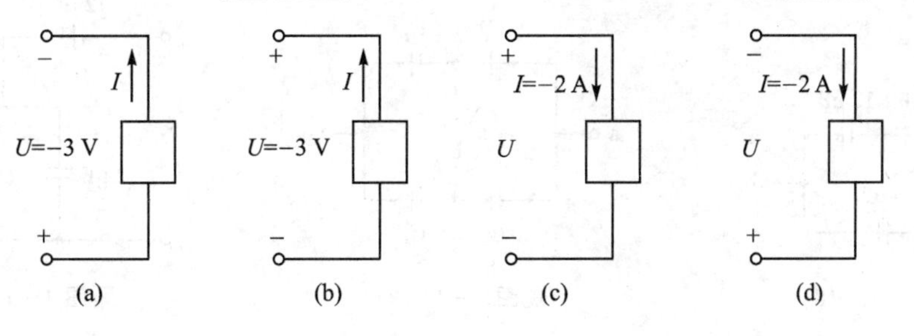

题图 1-1-(3)

(4) 题图1-1-(4)所示电路中,元件1发出功率50 W,元件3、4吸收功率40 W和15 W,回路电流$I=2$ A,各元件电压的参考极性和回路电流参考方向如图所示。则元件2________(填吸收或发出)功率________W,各元件电压$U_1=$________V,$U_2=$________V,$U_3=$________V,$U_4=$________V。

(5) 一段含源电路ab如题图1-1-(5)所示,其电流I的表达式为____。

(6) 电路如题图1-1-(6)所示,电流源的端电压$U=$________V。

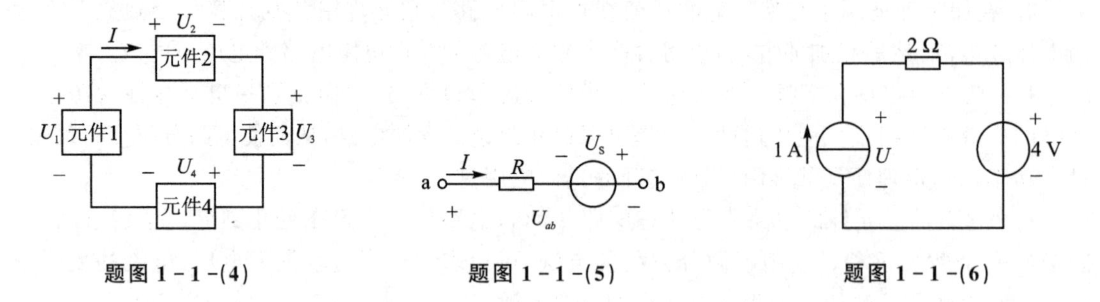

题图1-1-(4)　　题图1-1-(5)　　题图1-1-(6)

(7) 写出题图1-1-(7)中各段电路的U_{ab}。

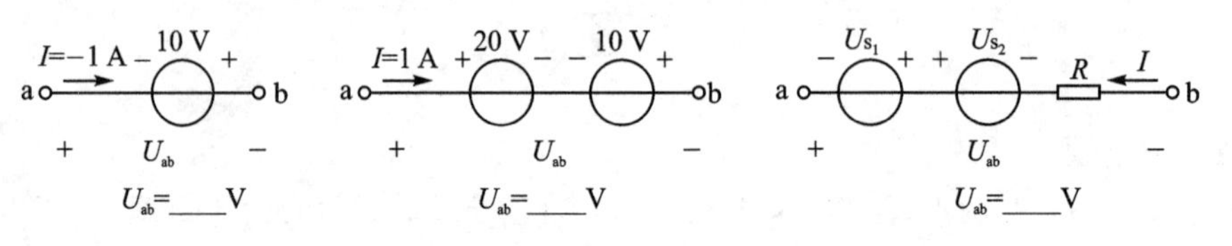

题图1-1-(7)

(8) 题图1-1-(8)电路中,ab两端的等效电容$C_{ab}=$________μF。

(9) 电容连接如题图1-1-(9)所示,已知$C_1=3$ μF,$C_2=6$ μF,$C_3=12$ μF,$C_4=6$ μF,开关K打开时,ab两端等效电容$C_{ab}=$________μF,开关S闭合时,$C_{ab}=$________μF。

(10) 题图1-1-(10)电路中,已知$U_2=6$ V,则$U_1=$________V,端电压$U=$________V。

(11) 已知电感$L=100$ mH,通过的正弦电流解析式为$i(t)=10\sqrt{2}\sin 314t$ A,则电感元件中磁场能量的最大值$W_{L,m}=$________J。

1-2 一个标称值为“510 kΩ,0.5 W”的电阻在正常使用时最多能允许多大的电流通过?能允许加载的最大电压又是多少?

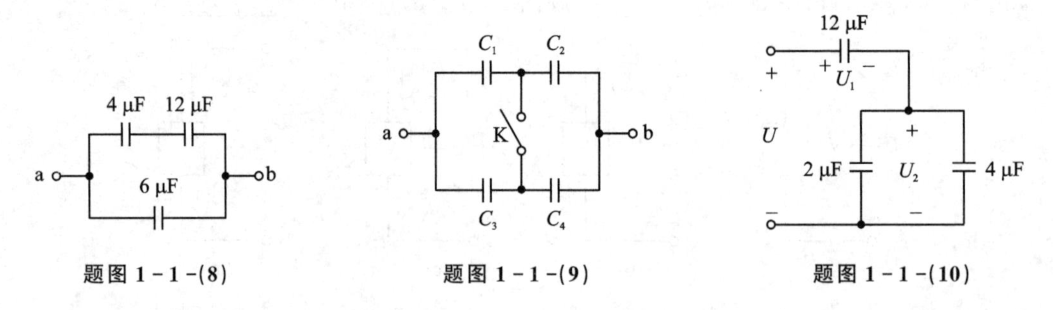

题图1-1-(8)　　题图1-1-(9)　　题图1-1-(10)

1-3 有一个阻值为20 Ω的电炉,接在220 V的电源上,连续使用6 h后,它消耗了多少度电?

1-4　(1)将 $C_1=40\ \mu F$,耐压 100 V,$C_2=60\ \mu F$,耐压 200 V 的两个电容串连接于 $U=250$ V 的直流电压上使用是否安全?

(2) 耐压为 250 V 的电容接于电压 220 V 的正弦电源上,能正常使用吗?

1-5　有的线绕电阻元件,为了使它只有电阻而没有电感,常采用双线并绕法,试说明这样做的理由。

1-6　题图 1-6 中,在已选定的电压参考极性下,已知 $U_1=3$ V,$U_2=-2$ V,试写出题图 1-6(a)中 U_{ab} 和 U_{ba} 各为多少伏? 题图 1-6(b)中的 U_{cd} 和 U_{dc} 各为多少?

1-7　题图 1-7 所示电路中,选 C 点为参考点,各点电位为 $V_A=8$ V,$V_B=5$ V,$V_D=-2$ V,试求 U_{AB}、U_{BC}、U_{BD} 和 U_{AD} 各为多少?

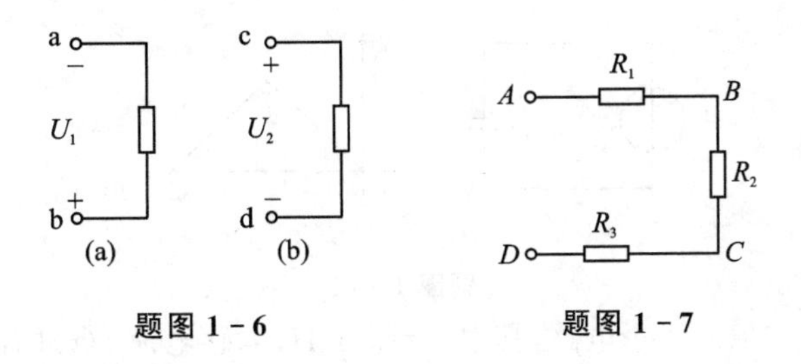

题图 1-6　　　　题图 1-7

1-8　按题图 1-12 中给定的电压、电流的参考方向,求各元件上的电压 U 或电流 I 的值。

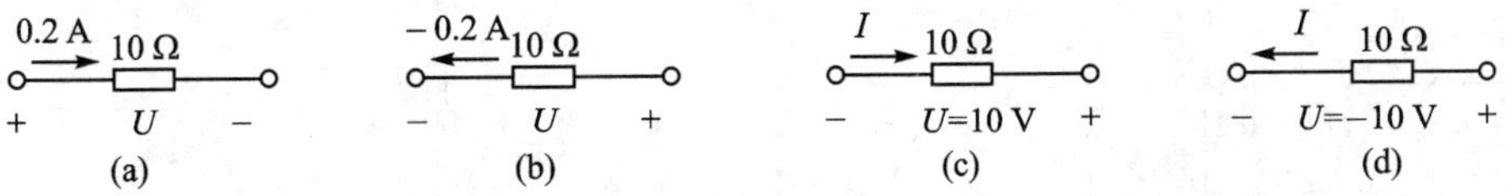

0.2 A　10 Ω　+ U −　(a)
−0.2 A　10 Ω　− U +　(b)
I　10 Ω　− U=10 V +　(c)
I　10 Ω　− U=−10 V +　(d)

题图 1-8

1-9　按题图 1-13 中给出的电压和电流的参考方向及数值,计算元件的功率,并说明是吸收功率还是发出功率。

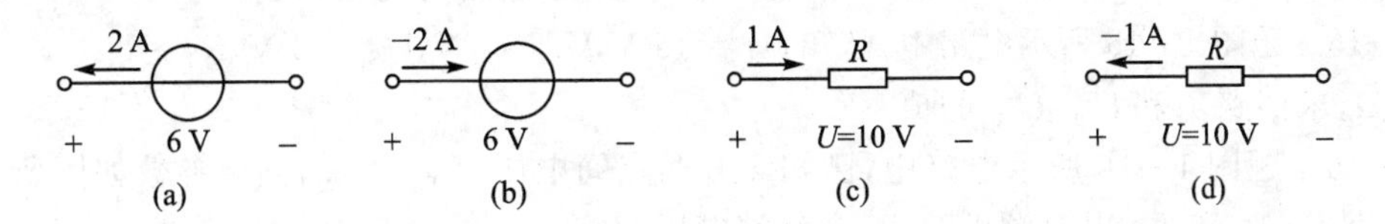

题图 1-9

1-10　题图 1-10 中,已知元件均发出功率,则在题图 1-10(a)中,当 $I=-2$ A 时,分析 AB 端电压的实际极性,哪端为正,哪端为负? 在题图 1-10(b)中,当 $U_{AB}=10$ V 时,电流的实际方向怎样?

1-11　电路及参数如题图 1-11 所示,求支路电流 I_1 和 I_2,并计算电路中各元件的功率,说明是发出还是吸收功率,校核电路的功率是否平衡。如果图中电流源的电流为 $I_S=2$ A,其余参数不变,则 I_1、I_2 如何? 各元件的功率情况又将如何?

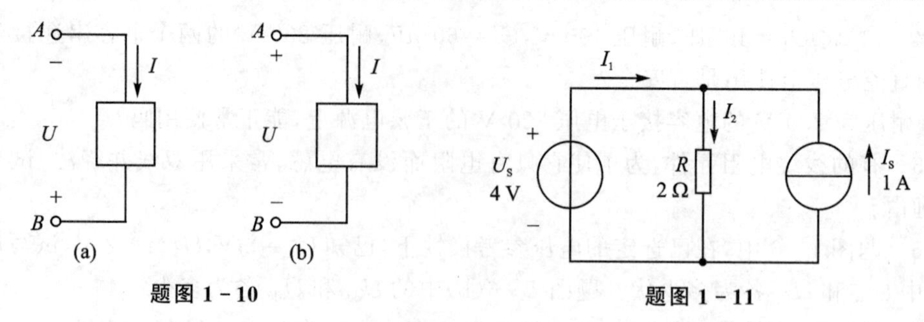

题图 1-10　　题图 1-11

1-12　如题图 1-12(a)所示电路,其中 $C=50\ \mu\text{F}$,电压源 $u_S(t)$的波形如题图 1-12(b)所示。试求电容上电流 $i(t)$、功率 $p(t)$以及储能 $W_C(t)$,并画出其波形。

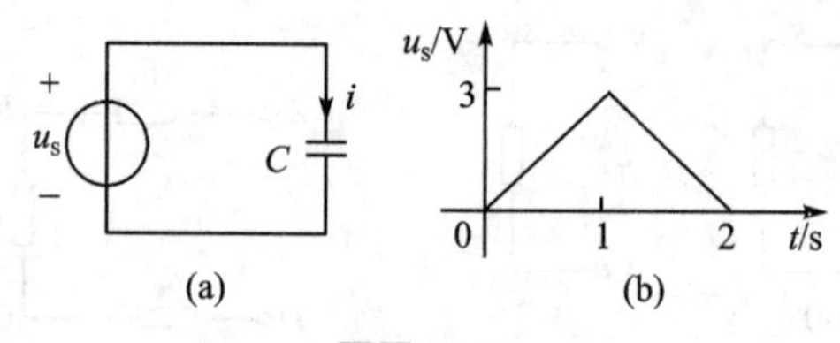

题图 1-12

1-13　如题图 1-13(a)所示电路,其中 $L=0.1$ H,电感电流 $i(t)$的波形如题图 1-13(b)所示。试求电感两端电压 $u_L(t)$、功率 $p(t)$以及储能 $W_L(t)$,并画出其波形。

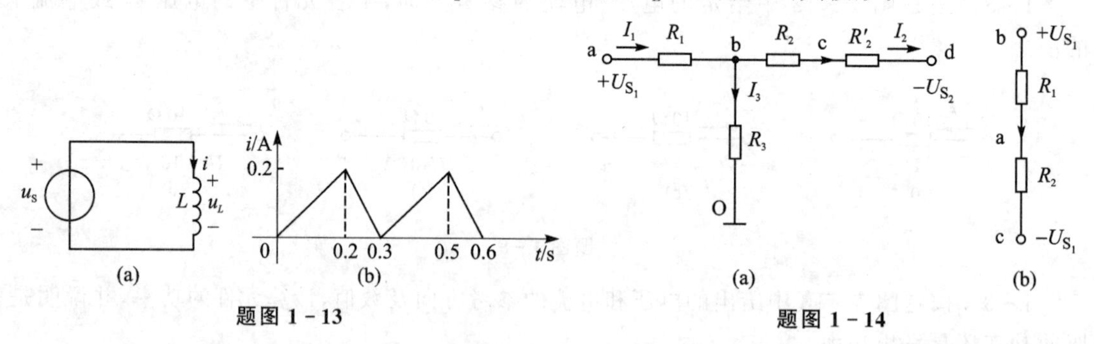

题图 1-13　　题图 1-14

1-14　题图 1-14 所示为电路的简化画法,试还原电路的完整画法。

1-15　题图 1-15 所示电路中,已知 $U_{S_1}=15$ V,$U_{S_2}=4$ V,$U_{S_3}=3$ V,$R_1=1\ \Omega$,$R_2=4\ \Omega$,$R_3=5\ \Omega$,求回路 I 和 U_{ab}、U_{cb} 的值。

1-16　题图 1-16 所示电路中,已知 a、b 两点间电压 $U_{ab}=8$ V,其余参数如图所示。求支路电流 I_1、I_2 和 I_3,电流源电流 I_S 及其端电压 U 。

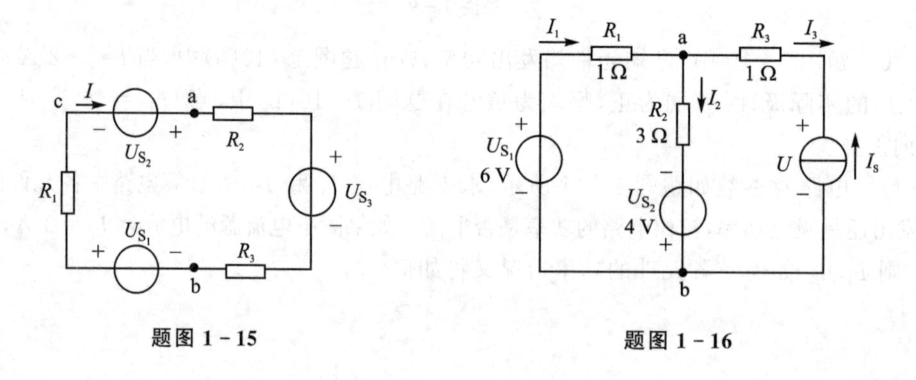

题图 1-15　　题图 1-16

1-17　电路及参数如题图 1-17 所示，a、b 两点间开路，试求 U_{ab}。

1-18　题图 1-18 电路中，已知 $U_{S_1}=6\ V$，$U_{S_2}=4\ V$，$R_1=R_2=1\ \Omega$，$R_3=4\ \Omega$，$R_4=R_5=3\ \Omega$，$R_6=5\ \Omega$，选 O 点为参考点。求 a、b、c、d 各点电位。

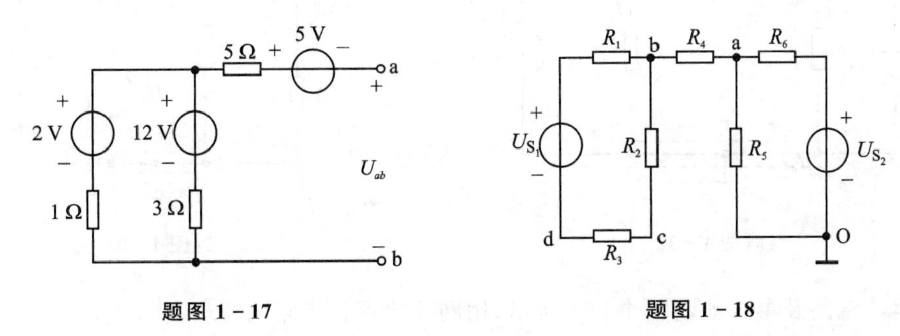

题图 1-17　　**题图 1-18**

1-19　用等效变换的方法将题图 1-19 所示有源二端网络化简成最简形式。

1-20　利用电源模型的等效变换，求题图 1-20 所示电路中 2 Ω 电阻的电流 I。

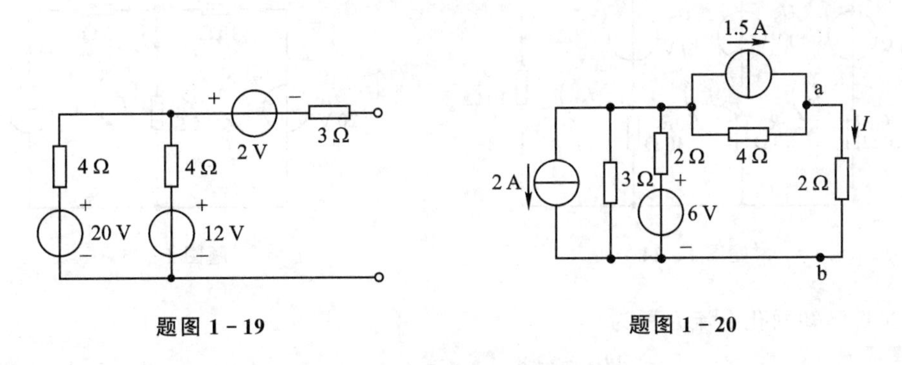

题图 1-19　　**题图 1-20**

1-21　求题图 1-21 所示无源二端网络的等效电阻 R_{eq}。

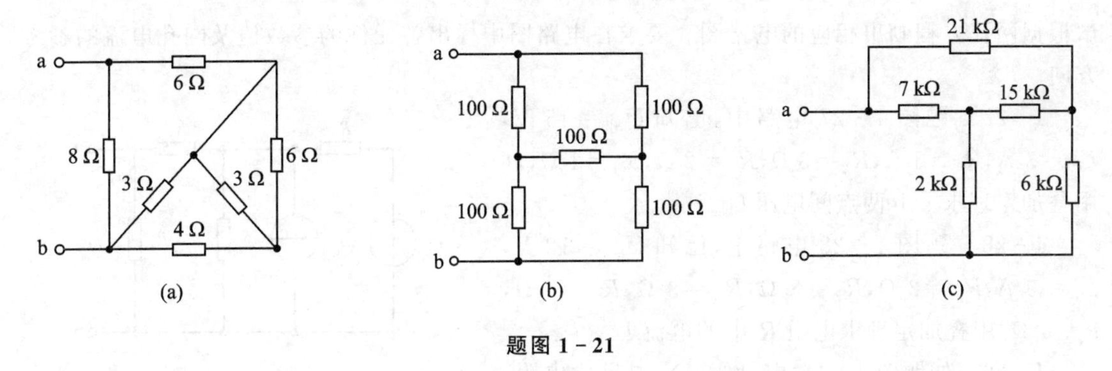

题图 1-21

1-22　题图 1-22 所示电路中，已知 $R_1=3\ \Omega$，$R_2=6\ \Omega$，$R_3=6\ \Omega$，$R_4=2\ \Omega$，$I_{S_1}=3\ A$，$U_{S_2}=12\ V$，$U_{S_4}=10\ V$，各支路电流参考方向如图所示，利用节点电压法求各支路电流。

1-23　电路如题图 1-23 所示，已知 $U_{S_1}=100\ V$，$U_{S_3}=25\ V$，$I_S=2\ A$，$R_1=R_2=50\ \Omega$，$R_3=25\ \Omega$，求节点电压 V_1 和各支路电流 I_1、I_2 和 I_3。

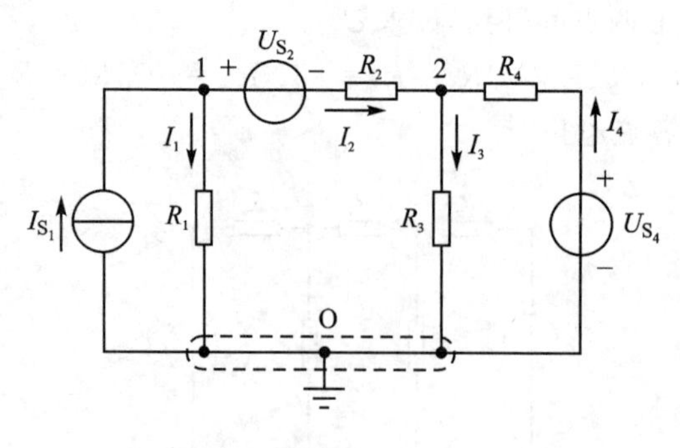

题图 1-22

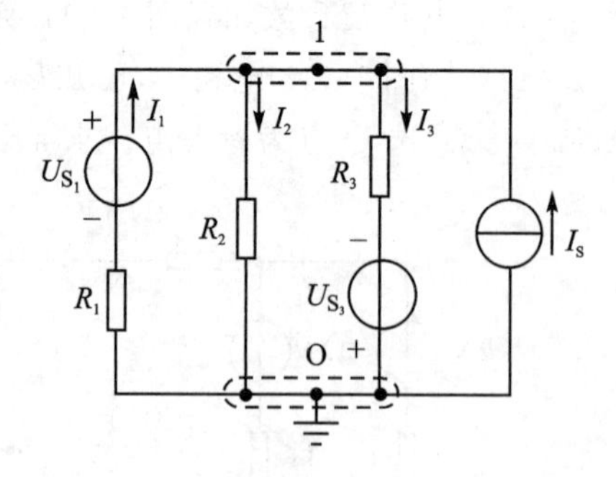

题图 1-23

1-24 电路及参数如题图 1-24 所示,用网孔法求各支路电流。

1-25 电路如题图 1-25 所示,用网孔法求支路电流 I_1 和 I_2。

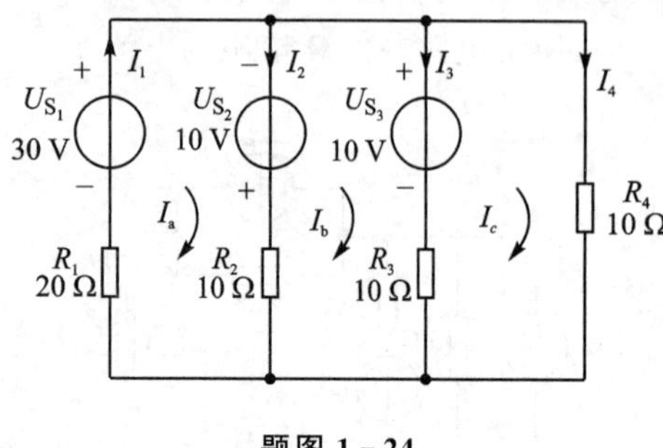

题图 1-24

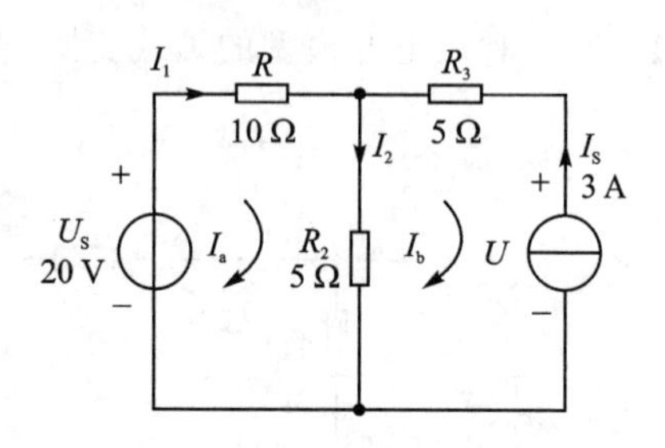

题图 1-25

1-26 已知网孔电流方程为

$$\begin{cases}6I_a - 4I_b = -8 \\ -4I_a + 16I_b = 20\end{cases} \quad (I_a、I_b \text{ 为网孔电流})$$

试根据网孔方程画出相应的电路图。要求在电路图中标出各元件的参数值及网孔电流的参考方向。

1-27 题图 1-27 电路中,已知 $U_{S_1}=15$ V,$I_{S_2}=3$ A,$R_1=1$ Ω,$R_2=3$ Ω,$R_3=2$ Ω,$R_4=1$ Ω,利用叠加定理求 a、b 两点间电压 U_{ab}。

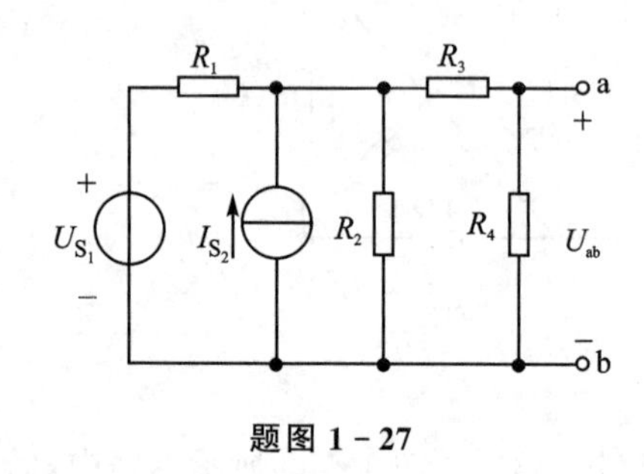

题图 1-27

1-28 题图 1-28 电路中,已知 $U_{S_1}=12$ V,$I_{S_2}=3$ A,$R_1=2$ Ω,$R_2=8$ Ω,$R_3=3$ Ω,$R_4=6$ Ω,$R=4$ Ω,用叠加定理求电阻 R 中的电流 I。

1-29 如题图 1-29 中,网络 N 中只含电阻。若 $i_1=8$ A 和 $i_2=12$ A 时,测得 $u_X=80$ V;当 $i_1=-8$ A 和 $i_2=4$ A 时,测得 $u_X=0$。试问:当 $i_1=i_2=20$ A 时,$u_=$?

1-30 求题图 1-30 所示有源二端网络 ab 的戴维南等效电路和诺顿等效电路。

1-31 用戴维南定理求题图 1-31 所示电路中的电流 I。

1-32 求题图 1-32 电路中,负载电阻 $R_L=80$ Ω,160 Ω,240 Ω 时所吸收的功率。

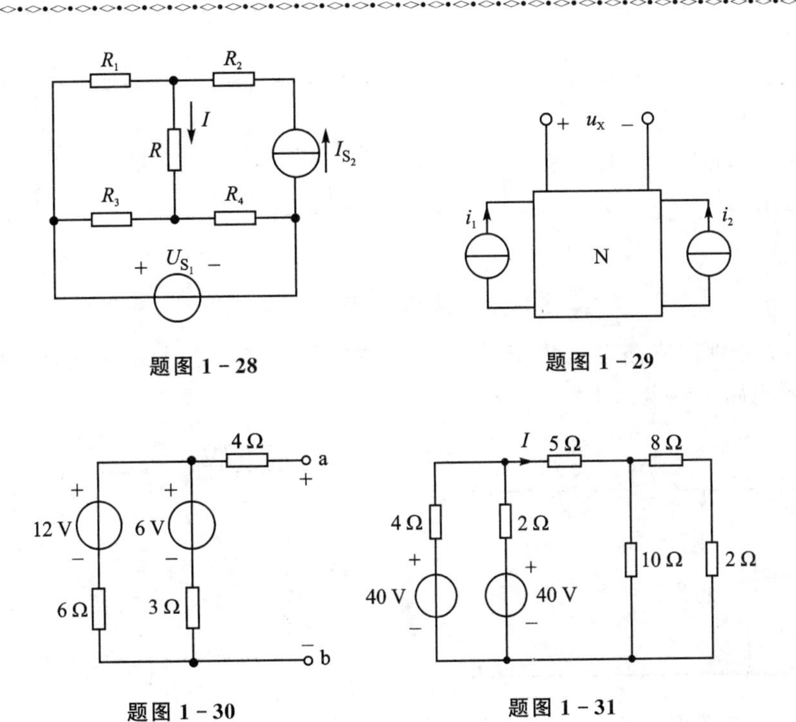

题图 1 - 28　　题图 1 - 29

题图 1 - 30　　题图 1 - 31

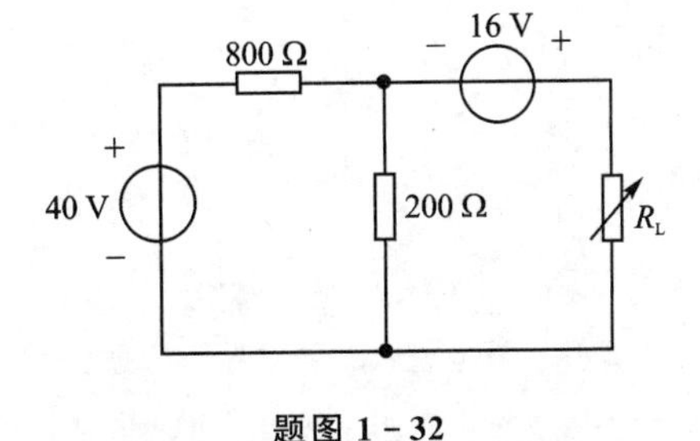

题图 1 - 32

1 - 33　题图 1 - 33 所示电路中，$t=0$ 时开关 S 闭合，试写出电路的时间常数 τ 的表达式。

1 - 34　题图 1 - 34 所示电路中，已知 $U_S=20$ V，$R_1=R_2=1$ kΩ，$C=0.5\mu$F，开关 S 闭合时电路处于稳态。$t=0$ 时，S 打开，求 S 打开后 u_C 和 i 的变化规律(即解析式)。

1 - 35　在题图 1 - 35 所示电路中，已知 $U_{S_1}=3$ V，$U_{S_2}=5$ V，$R_1=R_2=5$ Ω，$L=0.05$ H，开关 S 打在 1 时，电路处于稳态。$t=0$ 时 S 由 1 打向 2，求 S 由 1→2 后，$i_L(t)$、$i_1(t)$和 $u_L(t)$，并画出它们的变化曲线。

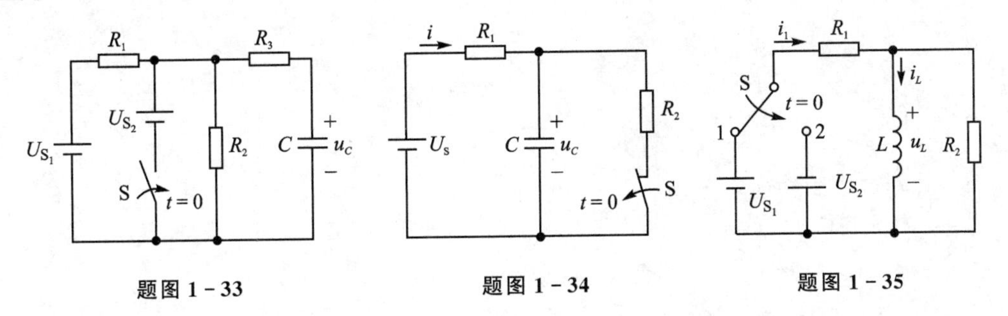

题图 1 - 33　　题图 1 - 34　　题图 1 - 35

1 - 36　一个 RL 串联电路，已知 $L=0.5$ H，$R=10$ Ω，通过的稳定电流为 2 A。当 RL 短接后，求 i_L 下降到初始值的一半时所需要的时间。

1 - 37　求题图 1 - 37 各电阻二端网络的等效电阻，图中 $g=1$ S。

1 - 38　题图 1 - 38 所示为一含有受控源的单口网络，试求其戴维南等效电路。

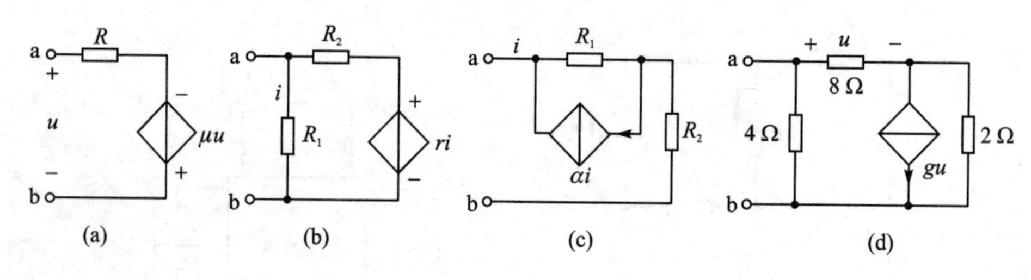

题图 1-37

1-39 请分别用支路电流法(基尔霍夫定律)、节点电压法、网孔电流法、叠加定理求题图 1-39 所示电路中的电流 I。

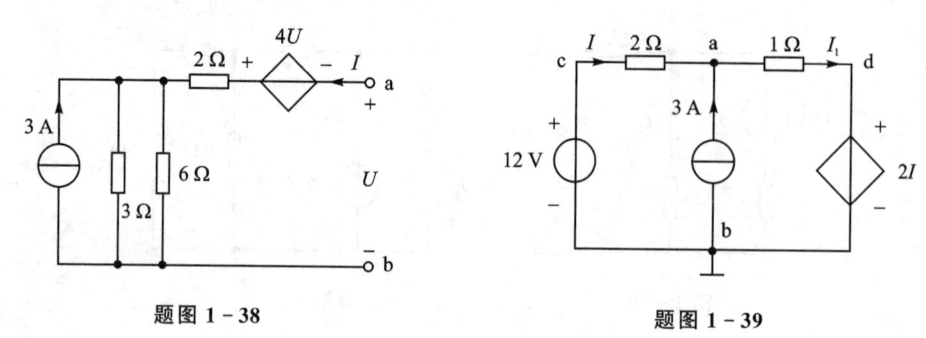

题图 1-38　　题图 1-39

第2章　正弦交流电路的相量分析法

内容提要

- 正弦电路的基本概念
- 正弦量的相量表示及正弦电路的相量分析法
- 正弦电路的功率及功率因数
- 串联谐振电路
- 三相电路
- 互感电路与变压器

扫码查看本章
知识点扩充课件

本章研究在含有电阻 R、电感 L、电容 C 等元件的电路中，当输入(也称激励)为正弦交流电压或电流，且电路达到稳态时的分析方法。所谓稳态，是指电路中的储能元件 L 或 C 均处于非充放电状态，此时电路中的响应与激励的变化规律完全相同。对于正弦交流电路的稳态分析十分重要，其原因在于：

(1) 很多实际电路都工作于正弦稳态；

(2) 利用傅里叶变换，可以将周期性非正弦信号分解为无穷多个不同频率正弦量之和，因此已知电路的正弦稳态响应，根据线性电路的叠加性质，可以得到任意非正弦周期性波形信号激励下的响应。

2.1　正弦交流电路的基本概念

正弦信号是最基本的周期信号，是任何其他周期信号或非周期信号的基本元素。为了便于对电路做正弦稳态分析，首先了解正弦信号的基本概念。

2.1.1　正弦量的三要素

正弦电压、电流和电动势统称**正弦量**。与直流电不同，正弦交流电的大小、方向随时间不断变化，即一个周期内，正弦量在不同瞬间具有不同的值，称为正弦量的**瞬时值**，一般用小写字母如 $i(t_k)$、$u(t_k)$或 i、u 来表示 t_k 时刻正弦电流、电压的瞬时值。表示正弦量的瞬时值随时间变化规律的数学式叫作正弦量的**瞬时值表达式**，也叫**解析式**，用 $i(t)$，$u(t)$或 i、u 表示。表示正弦量的瞬时值随时间变化规律的图像叫作正弦量的波形。正弦电压 $u(t)$、正弦电流 $i(t)$ 的解析式可写为

$$\left.\begin{aligned} u(t) &= U_{\mathrm{m}}\sin(\omega t+\theta_u) \\ i(t) &= I_{\mathrm{m}}\sin(\omega t+\theta_i) \end{aligned}\right\} \tag{2-1}$$

由式(2-1)不难看出，一个正弦量是由振幅、角频率和初相来确定的，称为**正弦量的三要素**。它们分别反映了正弦量的大小、变化的快慢及初始值三方面的特征。

1. 振　幅

正弦量瞬时值中的最大值叫**振幅**(用 U_m、I_m、E_m 表示),也叫峰值,振幅用来反映正弦量的幅度大小。有时提及的峰-峰值是指电压正负变化的最大范围,即等于 $2U_m$。必须注意,振幅总是取绝对值,即正值。在分析正弦电路时,有时也常用**有效值**来反映正弦量的幅度大小,正弦电压、电流的有效值(分别用 U、I 表示)与其振幅之间具有 $\sqrt{2}$ 倍的关系,即 $U=\frac{U_m}{\sqrt{2}}\approx 0.707U_m$,$I=\frac{I_m}{\sqrt{2}}\approx 0.707I_m$。常用的交流仪表所指示的数字均为有效值。交流电机和交流电器铭牌上标的电压或电流也都是有效值。市电的有效值是 220 V,其振幅为 311 V。

2. 角频率

角频率 ω 是正弦量在每秒钟内变化的电角度,单位是弧度/秒(rad/s)。正弦量每变化一个周期 T 的电角度相当于 2π 电弧度,因此角频率 ω 与周期 T 及频率 f 的关系为

$$\omega=\frac{2\pi}{T}=2\pi f \tag{2-2}$$

这里提到正弦量的周期和频率。所谓**周期**,就是交流电完成一个循环所需要的时间,用字母 T 表示,单位为秒(s)。单位时间内交流电循环的次数称为**频率**,用 f 表示,据此定义可知,频率与周期互为倒数关系。频率的单位为 1/秒,又称赫兹(Hz),工程实际中常用的单位还有 kHz、MHz、GHz、THz 等,相邻两个单位之间是 10^3 进制。工程实际中,往往也以频率区分电路,例如:高频电路、低频电路。

我国和世界上大多数国家,电力工业的标准频率即所谓的"工频"是 $f=50$ Hz,其周期为 0.02 s,少数国家(如美国、日本)的工频为 60 Hz。在其他技术领域中也用到各种不同的频率,如声音信号的频率为 20～20 000 Hz,广播中频段载波频率为 535～1 605 Hz,电视用的频率以 MHz 计,高频炉的频率为 200～300 kHz,激光的频率可达 10^6 MHz(即 1GHz)以上。目前发现的电磁波的频率最高可达 10^{12} Hz(1 THz)。

角频率 ω、周期 T、频率 f 都可用来反映正弦量随时间变化的快慢。

3. 初　相

在正弦量的解析式(2-1)中,$(\omega t+\theta)$ 是随时间变化的电角度,它决定了正弦量每一瞬间的状态,称为正弦量的相位角或**相位**,单位是弧度(rad)或度(°)。

初相是正弦量在 $t=0$ 时刻的相位,用 θ 表示,规定 $|\theta|\leqslant\pi$。初相反映了正弦量在 $t=0$ 时的状态。需要注意的是,初相的大小和正负与计时起点(即 $t=0$ 时刻)的选择有关,选择不同,初相则不同,正弦量的初始值也随之不同。现规定:靠近计时起点最近的,并且由负值向正值变化所经过的那个零值叫作正弦量的零值,简称**正弦零值**。正弦量初相的绝对值就是正弦零值到计时起点(坐标原点)之间的电角度。初相的正负这样判断:看正弦零值与计时起点的位置,若正弦零值在计时起点之左,则初相为正;若在右边,则为负值;若正弦零值与计时起点重合,则初相为 0。

2.1.2　相位差

两个同频率正弦量的相位之差称为**相位差**,用 φ 表示。同样规定 $|\varphi|\leqslant\pi$。现有两个同频

率的正弦电流 $i_1(t)$ 和 $i_2(t)$，其解析式为

$$i_1(t)=I_{1m}\sin(\omega t+\theta_1)$$

$$i_2(t)=I_{2m}\sin(\omega t+\theta_2)$$

则它们的相位差为

$$\varphi=(\omega t+\theta_1)-(\omega t+\theta_2)=\theta_1-\theta_2 \tag{2-3}$$

式(2-3)表明两个同频率正弦量的相位之差等于它们的初相之差。相位差不随时间变化，与计时起点也没有关系。通常用相位差 φ 的量值来反映两同频率正弦量在时间上的“超前”和“滞后”关系。所谓超前，是指一个正弦量比另一个正弦量早到达振幅(或零值)。以式(2-3)为例，若 $\varphi=\theta_1-\theta_2>0$，表明 $i_1(t)$ 超前 $i_2(t)$，超前的角度为 φ；若 $\varphi=\theta_1-\theta_2<0$，表明 $i_1(t)$ 滞后 $i_2(t)$，滞后的角度为 $|\varphi|$。图 2-1(a)、(b)分别表示电流 $i_1(t)$ 超前 $i_2(t)$ 和 $i_1(t)$ 滞后 $i_2(t)$ 的情况。

同频率正弦量的相位差有 3 种特殊的情况：1) $\varphi=\theta_1-\theta_2=0$，称电流 $i_1(t)$ 与 $i_2(t)$ **同相**；2) $\varphi=\theta_1-\theta_2=\pm\pi/2$，称电流 $i_1(t)$ 与 $i_2(t)$ **正交**；3) $\varphi=\theta_1-\theta_2=\pm\pi$，称电流 $i_1(t)$ 与 $i_2(t)$ **反相**。

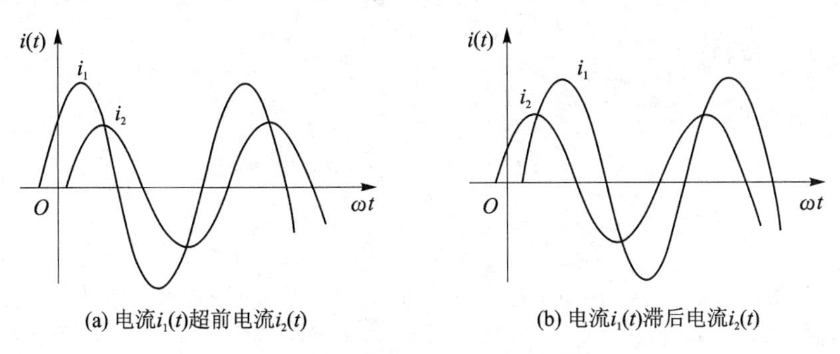

(a) 电流 $i_1(t)$ 超前电流 $i_2(t)$　　(b) 电流 $i_1(t)$ 滞后电流 $i_2(t)$

图 2-1　同频率正弦电流的相位差

同频率正弦量的相位差不随时间变化，即与计时起点的选择无关。在同一电路中有多个同频率正弦量时，彼此间有一定的相位差。为了分析方便起见，通常将计时起点选得使其中一个正弦量的初相为 0，这个被选初相为 0 的正弦量称为**参考正弦量**。其他正弦量的初相就等于它们与参考正弦量的相位差。同一电路中的正弦量必须以同一瞬间为计时起点才能比较相位差，因此一个电路中只能选一个正弦量为参考正弦量。这与在电路中只能选一点为电位参考点是同一道理。

2.2　正弦量的相量表示

前面已经学习了正弦量的两种表示方法：解析式表示法和波形图表示法，这两种表示方法都能直观地反映出正弦量的三要素，表示出正弦量的瞬时值随时间变化的关系。然而，用这两种方法去分析和计算正弦电路就比较繁琐。为了解决这个问题，引入了正弦量的第三种表示方法——**相量表示法**。相量表示法，实际上采用的是复数的表示形式，因此，为了更好地掌握相量表示法，首先复习复数的有关知识。

2.2.1　复数的表示形式及运算规则

复数与复平面上的点一一对应，此时复数可用点的横、纵坐标，即复数的实部、虚部来描

述;复数与复平面上带方向的线段(复矢量)也具有一一对应关系,此时复数可用该线段的长度和方向角,即复数的模和辐角来描述。如图 2-2 所示直角坐标系中,实轴(+1)和虚轴(+j)组成一个复平面,该复平面内,点 A 的坐标为(a,b),复矢量 $\boldsymbol{OA}$ 的长度、方向角分别为 r、θ,则它们之间的关系为

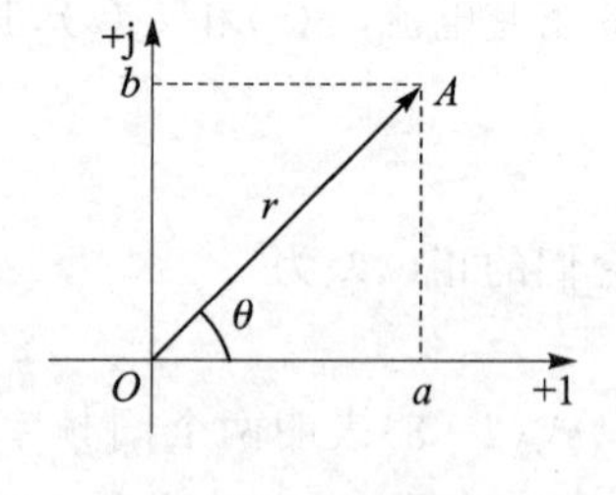

图 2-2 复平面

$$r=\sqrt{a^2+b^2},\qquad \theta=\arctan\frac{b}{a} \tag{2-4}$$

或

$$a=r\cos\theta,\qquad b=r\sin\theta \tag{2-5}$$

其中,a、b 叫作复数的实部、虚部;r、θ 叫作复数的模、辐角,规定辐角$|\theta|\leqslant\pi$。

1. 复数的表示形式

1) 代数形式

$$A=a+\mathrm{j}b \tag{2-6}$$

其中,j 叫作虚数单位,且 $\mathrm{j}^2=-1$,$\frac{1}{\mathrm{j}}=-\mathrm{j}$。

2) 三角函数形式

$$A=r\cos\theta+\mathrm{j}r\sin\theta \tag{2-7}$$

3) 指数形式

$$A=r\mathrm{e}^{\mathrm{j}\theta} \tag{2-8}$$

指数形式是根据欧拉公式 $\mathrm{e}^{\mathrm{j}\theta}=\cos\theta+\mathrm{j}\sin\theta$ 得到的。

4) 极坐标形式

$$A=r\angle\theta \tag{2-9}$$

2. 复数的运算规则

复数相加或相减时,一般采用代数形式,实部、虚部分别相加减。复数相加或相减后,与复数相对应的矢量亦相加或相减。在复平面上进行加减时,其矢量满足"平行四边形"或"三角形"法则。

复数相乘或相除时,以指数形式或极坐标形式进行较为方便。两复数相乘时,模相乘,辐角相加;复数相除时,模相除,辐角相减。

2.2.2 正弦量的相量表示及相量图

由前面介绍可知,一个复数可用极坐标形式表示为 $A=r\angle\theta$。假设其中 $r=\sqrt{2}U$,$\theta=\omega t+\theta_u$,则可写出复数 $A=\sqrt{2}U\angle\omega t+\theta_u$ 的三角函数形式为

$$A=\sqrt{2}U\angle\omega t+\theta_u=\sqrt{2}U\cos(\omega t+\theta_u)+\mathrm{j}\sqrt{2}U\sin(\omega t+\theta_u)$$

不难看出,复数 A 的虚部就是一个正弦电压的解析式,而且包含了正弦电压的三要素。因此,将复数 $A=\sqrt{2}U\angle\omega t+\theta_u$ 称为对应于正弦电压 $u(t)=\sqrt{2}U\sin(\omega t+\varphi_u)$的相量,表示为 $\dot{U}=U\angle\theta_u$。

可见,相量用大写字母上面加一点表示,电压相量用 $\dot{U}$ 表示,电流相量用 $\dot{I}$ 表示,对应的

模用有效值 U 和 I 而一般不用振幅表示。所以，一个正弦电压 $u(t)$，电流 $i(t)$ 的解析式与其对应的相量形式有以下关系：

$$u(t)=\sqrt{2}U\sin(\omega t+\theta_u)\Leftrightarrow\dot{U}=U\angle\theta_u \tag{2-10}$$

$$i(t)=\sqrt{2}I\sin(\omega t+\theta_i)\Leftrightarrow\dot{I}=I\angle\theta_i \tag{2-11}$$

关于正弦量的相量表示，须注意以下几点：

1）正弦量的相量形式一般采用的是复数的极坐标表示形式，正弦量与其相量形式是“相互对应”关系（即符号“⇔”的含义），不是相等关系。

2）若已知一个正弦量的解析式，可以由有效值及初相角两个要素写出其相量形式，这时角频率 ω 是一个已知的要素，但 ω 不直接出现在相量表达式中。

3）后面关于正弦电路的分析均采用相量分析法。所谓**相量分析法**，就是把正弦电路中的电压、电流先表示成相量形式，然后用相量形式进行运算的方法。由前面分析可知，相量分析法实际上利用了复数的四则运算。

和复数一样，正弦量的相量也可以用复平面上一条带方向的线段（复矢量）来表示。我们把画在同一复平面上表示正弦量相量的图称为**相量图**。只有同频率的正弦量，其相量图才能画在同一复平面上。

在相量图上，能够非常直观地表示出各相量对应的正弦量的大小及相互之间的相位关系。为使图面清晰，有时画相量图时，可以不画出复平面的坐标轴，但相位的辐角应以逆时针方向的角度为正，顺时针方向的角度为负。

例 2-1　写出下列各正弦量的相量形式，并画出相量图。

$$u_1(t)=10\sin(100\pi t+60^\circ)\ \text{V}$$

$$u_2(t)=-6\sin(100\pi t+135^\circ)\ \text{V}$$

$$u_3(t)=5\cos(100\pi t+60^\circ)\ \text{V}$$

解：

$$\dot{U}_1=\frac{10}{\sqrt{2}}\angle 60^\circ=5\sqrt{2}\angle 60^\circ\ \text{V}$$

因为 $u_2(t)=-6\sin(100\pi t+135^\circ)$

$=6\sin(100\pi t+135^\circ-180^\circ)$

$=6\sin(100\pi t-45^\circ)\text{V}$

$u_3(t)=5\cos(100\pi t+60^\circ)$

$=5\sin(100\pi t+60^\circ+90^\circ)$

$=5\sin(100\pi t+150^\circ)\text{V}$

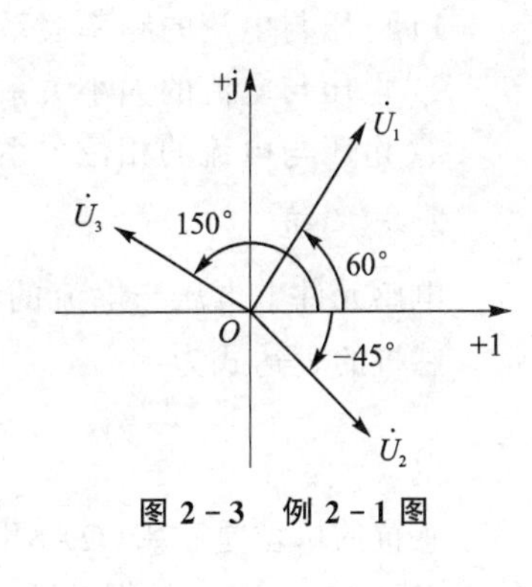

图 2-3　例 2-1 图

所以

$$\dot{U}_2=\frac{6}{\sqrt{2}}\angle-45^\circ=3\sqrt{2}\angle-45^\circ\ \text{V}$$

$$\dot{U}_3=\frac{5}{\sqrt{2}}\angle 150^\circ=2.5\sqrt{2}\angle 150^\circ\ \text{V}$$

其相量图如图 2-3 所示。

2.3　*R*、*L*、*C* 各元件伏安关系的相量形式

电阻、电感和电容是构成正弦交流电路的基本元件。从本节开始将着重讨论这 3 个元件

在正弦电路中电压与电流的相量关系,并给出各元件的相量模型。讨论中首先需要注意的是,在正弦电路中,为了完整描述电压与电流的关系,必须从频率关系、大小关系(通常指有效值关系)和相位关系3个方面进行。

2.3.1 电阻元件

图2-4(a)所示为电阻电路的时域模型,选取电阻元件的电压、电流为关联方向,根据欧姆定律推出电阻元件电压 u 与电流 i 的关系为

1) 电压与电流的频率关系:同频率;

2) 电压与电流的大小关系:$U=RI$;

3) 电压与电流的相位关系:$\theta_u=\theta_i$(电压与电流同相)。

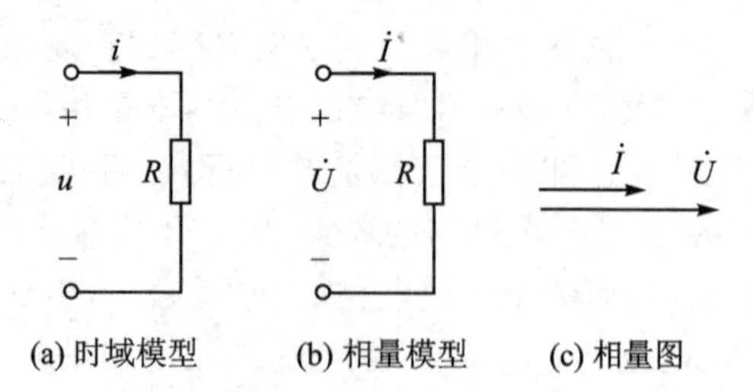

图2-4 电阻元件正弦电路

由以上结论可以推出电阻元件电压与电流的相量关系式为

$$\dot{U}=U\angle\theta_u=RI\angle\theta_i=R\dot{I} \tag{2-12}$$

式(2-12)又称为相量形式的欧姆定律。图2-4(b)、(c)分别为电阻元件的相量模型与相量图。

2.3.2 电感元件

1. 电压、电流关系

图2-5(a)所示为电感电路的时域模型,选取电感元件的电压、电流为关联方向,根据电感元件电压、电流的瞬时值关系式 $u=L\dfrac{\mathrm{d}i}{\mathrm{d}t}$,推出电感元件电压 u 与电流 i 的关系为

1) 电压与电流的频率关系:同频率;

2) 电压与电流的大小关系:$U=\omega LI$。

3) 电压与电流的相位关系:$\theta_u=\theta_i+90°$(电压超前电流90°或电流滞后电压90°)。

2. 感 抗

电感元件上电压与电流的有效值满足"ωL"倍关系,ωL 称为电感元件的**感抗**,用 X_L 表示。感抗的表达式为

$$X_L=\frac{U}{I}=\omega L=2\pi fL \tag{2-13}$$

感抗的单位是欧姆(Ω),用来表征电感元件对正弦电流阻碍作用的大小。在 L 确定的条件下,X_L 与 ω 成正比,据此可知,电感具有"通低频、阻高频"的特点。

3. 电压、电流的相量关系式

根据正弦电路中电感元件电压与电流的关系(指频率、大小和相位关系)可以推出

$$\dot{U}=U\angle\theta_u=\omega LI\angle\theta_i+90°=\omega LI\angle\theta_i\cdot\angle 90°=\mathrm{j}\omega L\dot{I}=\mathrm{j}X_L\dot{I} \tag{2-14}$$

式(2-14)是电感元件电压与电流的相量关系式。图2-5(b)、(c)所示分别为电感元件的相量模型和相量图。

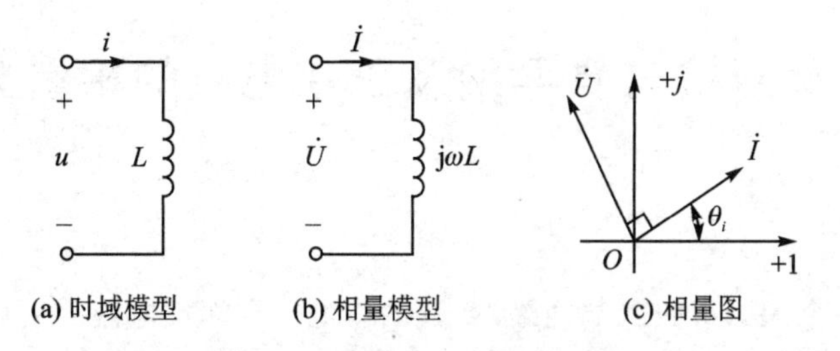

(a) 时域模型　(b) 相量模型　(c) 相量图

图 2－5　电感元件正弦电路

2.3.3　电容元件

1. 电压、电流关系

图 2－6(a)所示为电容电路的时域模型，选取电容元件的电压、电流为关联方向，根据电容元件电压、电流的瞬时值关系式 $i=C\dfrac{\mathrm{d}u}{\mathrm{d}t}$，推出电容元件电压 u 与电流 i 的关系为

1) 电压与电流的频率关系：同频率；

2) 电压与电流的大小关系：$U=\dfrac{1}{\omega C}I$。

3) 电压与电流的相位关系：$\theta_u=\theta_i-90°$(电压滞后电流 90°或电流超前电压 90°)。

2. 容　抗

电容元件上电压是电流有效值的$\dfrac{1}{\omega C}$倍，$\dfrac{1}{\omega C}$称为电容元件的**容抗**，用 X_C 表示。容抗的表达式为

$$X_C=\frac{U}{I}=\frac{1}{\omega C}=\frac{1}{2\pi fC} \qquad (2-15)$$

容抗的单位是欧姆(Ω)，用来表征电容元件对正弦电流阻碍作用的大小。在电容 C 确定的条件下，X_C 与 ω 成反比，据此可知电容具有“通高频、阻低频”以及“通交隔直”的特点。

3. 电压、电流的相量关系式

根据正弦电路中电容元件上电压与电流的关系(指频率、大小和相位关系)可以推出

$$\dot{U}=U\angle\theta_u=\frac{1}{\omega C}I\angle\theta_i-90°=\frac{1}{\omega C}I\angle\theta_i\cdot\angle-90°=-\mathrm{j}\,\frac{1}{\omega C}\dot{I}=-\mathrm{j}X_C\dot{I} \qquad (2-16)$$

式(2－16)是电容元件电压与电流相量关系式。图 2－6(b)、(c)所示分别为电容元件的相量模型和相量图。

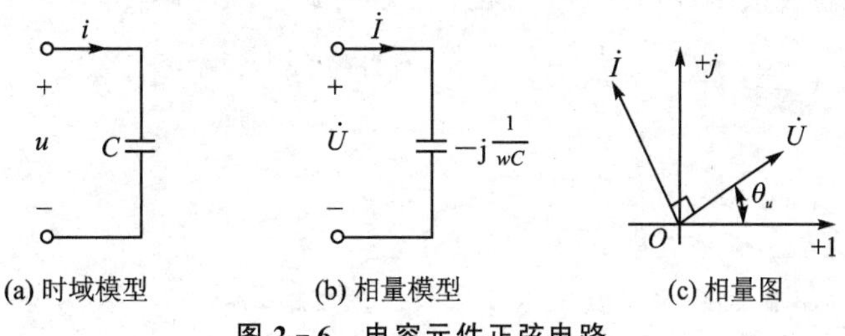

(a) 时域模型　(b) 相量模型　(c) 相量图

图 2－6　电容元件正弦电路

2.4 复阻抗与复导纳及正弦电路的相量分析法

2.4.1 复阻抗

设图 2-7 是一个无源正弦二端网络 N,其端口电压和端口电流分别用相量 $\dot{U}$ 和 $\dot{I}$ 表示,且参考方向为关联。定义端口电压 $\dot{U}$ 与端口电流 $\dot{I}$ 的比值为该二端网络的等效复阻抗,复阻抗用 Z 表示,即

$$Z=\frac{\dot{U}}{\dot{I}} \tag{2-17}$$

式(2-17)即为复阻抗的定义式。复阻抗是一个复数,单位是欧姆(Ω)。根据复阻抗的定义式,以及 R、L、C 各元件 VAR 的相量关系式,可以推得各元件的复阻抗分别为

$$Z_R=R,\quad Z_L=\mathrm{j}\omega L=\mathrm{j}X_L,\quad Z_C=-\mathrm{j}\,\frac{1}{\omega C}=-\mathrm{j}X_C$$

下面以 RLC 串联的正弦电路为例讨论它的复阻抗,如图 2-8 所示。选取各电压、电流的参考方向如图 2-8 所示。由于是串联电路,所以通过各元件的电流相等,则各元件上的电压相量分别为

$$\dot{U}_R=R\dot{I},\quad \dot{U}_L=\mathrm{j}X_L\dot{I},\quad \dot{U}_C=-\mathrm{j}X_C\dot{I}$$

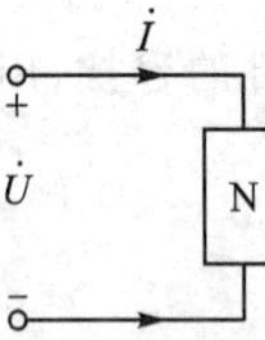

图 2-7 正弦交流电路

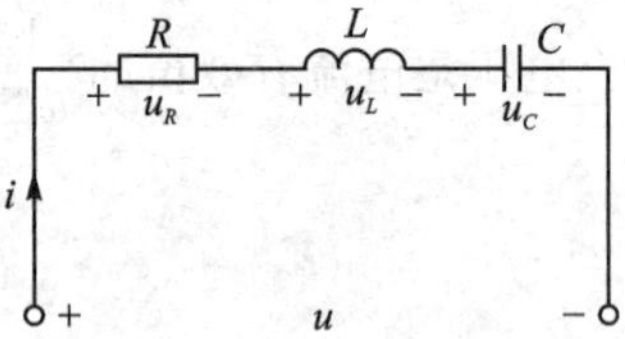

图 2-8 RLC 串联电路

根据相量形式的 KVL[①]得

$$\dot{U}=\dot{U}_R+\dot{U}_L+\dot{U}_C=R\dot{I}+\mathrm{j}X_L\dot{I}-\mathrm{j}X_C\dot{I}=[R+\mathrm{j}(X_L-X_C)]\dot{I}=Z\dot{I} \tag{2-18}$$

由式(2-18)可以看出,RLC 串联电路的等效复阻抗为

$$Z=R+\mathrm{j}(X_L-X_C)=R+\mathrm{j}X \tag{2-19}$$

式(2-19)也适用于任何正弦电路,是复阻抗的代数表达形式。式中,R 是复阻抗的电阻分量,$X=X_L-X_C$ 称为复阻抗的电抗分量。

复阻抗也可以写成极坐标形式,由复阻抗的定义式(2-17)可得

$$Z=\frac{\dot{U}}{\dot{I}}=\frac{U\angle\theta_u}{I\angle\theta_i}=\frac{U}{I}\angle(\theta_u-\theta_i)=|Z|\angle\varphi \tag{2-20}$$

式(2-20)中

① 在正弦电路中,电压、电流的相量形式也满足 KCL 和 KVL,分别表示为 $\sum\dot{I}=0$ 和 $\sum\dot{U}=0$,称为相量形式的 KCL 和相量形式的 KVL。它是相量法分析正弦电路的理论依据。

$$|Z|=\sqrt{R^2+X^2}=\sqrt{R^2+(X_L-X_C)^2} \tag{2-21}$$

$$\varphi=\arctan\frac{X}{R}=\arctan\frac{X_L-X_C}{R} \tag{2-22}$$

$|Z|$为复数阻抗 Z 的模，称电路的**阻抗**。它反映了正弦电路对电流的阻碍作用大小。$|Z|$越大，对正弦电流的阻碍作用越大。$|Z|$只与元件的参数及频率有关，与电压、电流无关。

φ 为复阻抗的辐角，称电路的**阻抗角**。它是在关联参考方向下，端电压与端电流的相位差，即 $\varphi=\theta_u-\theta_i$。当 $X_L>X_C$（即 $X>0$）时，$\varphi>0$，端电压超前端电流 φ 的电角度，此时电路呈**感性**；当 $X_L<X_C$（即 $X<0$）时，$\varphi<0$，端电压滞后端电流$|\varphi|$的电角度，此时电路呈**容性**；当 $X_L=X_C$（即 $X=0$）时，$\varphi=0$，端电压与端电流同相，此时电路呈**电阻性**。

RLC 串联电路推广到一般的情况，就是多个复阻抗的串联。根据相量形式的 KVL 可以推得，当多个复阻抗串联时，等效复阻抗等于各个复阻抗之和。

复阻抗串联，分压公式仍然成立，以两个复阻抗串联为例，分压公式为

$$\dot{U}_1=\frac{Z_1}{Z_1+Z_2}\dot{U},\qquad \dot{U}_2=\frac{Z_2}{Z_1+Z_2}\dot{U} \tag{2-23}$$

2.4.2　复导纳

复阻抗 Z 的倒数称为**复导纳**，用字母 Y 表示，单位是西门子(S)。有以下关系式：

$$Y=\frac{\dot{I}}{\dot{U}}=\frac{1}{Z} \tag{2-24}$$

对于有多个（两个以上）复阻抗并联的电路，用复导纳分析较为方便。多个复阻抗并联，其等效复导纳等于各并联复导纳之和。复阻抗并联，也具有分流特点。

2.4.3　正弦电路的相量分析法

以上介绍的复阻抗与复导纳这两个正弦电路的重要参数，实际上与直流电阻电路中的电阻和电导是对应的，电阻的串联分压与并流分流公式对于复阻抗的串并联仍然适用。不仅如此，前面介绍的公式 $\dot{U}=Z\dot{I}$ 和 $\dot{I}=Y\dot{U}$，与直流电阻电路中电阻元件的 VAR 形式上也是相同的，故也常将这两个式子称为欧姆定律的相量形式。总之，直流电阻电路的分析方法同样适用于正弦稳态电路，其公式在形式上是相同的。不同之处在于，直流电阻电路的分析是纯实数的运算，相对比较简单；而正弦电路的分析采用的是相量分析法，是相量的运算，要用到复数的运算规则，相对比较繁琐。相量法分析正弦电路的具体步骤如下：

1）画出与电路的时域模型相对应的相量模型。

在电路的时域模型中，电路元件一般用 R、L、C 等参数来表征，u、i 是正弦时间函数。而相量模型中，各元件要用其复阻抗（或复导纳）表示；电路中 u、i 用相量表示，参考方向不变；电路的拓扑结构不变。

2）写出已知正弦电压、电流对应的相量。

3）根据画出的相量模型，利用第 1 章中分析直流电阻电路方法，列出电路复数代数方程进行求解。最后，根据题目的需要，将求出的电压、电流相量转换成对应随时间变化的解析式。

下面通过几道例题,熟悉相量分析法的具体应用。

例 2-2 在图 2-9(a)RLC 串联电路中,已知电源电压 $u_S(t)=10\sqrt{2}\sin(2t)$ V,$R=2\ \Omega$,$L=2$ H,$C=0.25$ F。试用相量法计算电路的等效复阻抗 Z、电流 $i(t)$ 和电压 $u_R(t)$、$u_L(t)$、$u_C(t)$,作出相量图,并讨论该电路的性质。

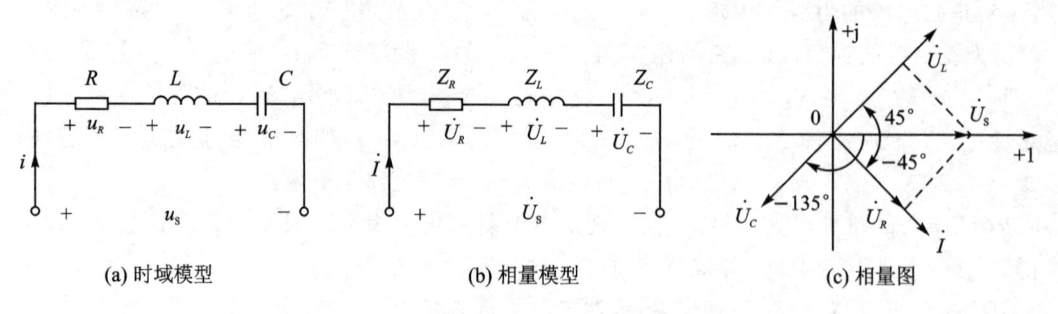

(a) 时域模型　　(b) 相量模型　　(c) 相量图

图 2-9　例 2-2 图

解: 作出与图 2-9(a)所示时域模型相对应的相量模型,如图 2-9(b)所示。

写出已知正弦电压源 u_S 的相量为

$$\dot{U}_S=10\angle 0\ ^\circ\text{V}$$

电路的等效复阻抗为

$$Z=Z_R+Z_L+Z_C=R+\text{j}\omega L-\text{j}\,\frac{1}{\omega C}=\left[2+\text{j}(2\times 2)-\text{j}\,\frac{1}{2\times 0.25}\right]\Omega$$

$$=(2+\text{j}4-\text{j}2)\Omega=(2+\text{j}2)\Omega=2\sqrt{2}\angle 45^\circ\ \Omega$$

端电流为

$$\dot{I}=\frac{\dot{U}_S}{Z}=\frac{10\angle 0^\circ}{2\sqrt{2}\angle 45^\circ}\ \text{A}=2.5\sqrt{2}\angle -45^\circ\ \text{A}$$

由 R、L、C 各元件电压、电流的相量关系式得

$$\dot{U}_R=R\dot{I}=2\times 2.5\sqrt{2}\angle -45^\circ\ \text{V}=5\sqrt{2}\angle -45^\circ\ \text{V}$$

$$\dot{U}_L=\text{j}\omega L\dot{I}=1\angle 90^\circ\times 2\times 2\times 2.5\sqrt{2}\angle -45^\circ\ \text{V}=10\sqrt{2}\angle 45^\circ\ \text{V}$$

$$\dot{U}_C=-\text{j}\,\frac{1}{\omega C}\dot{I}=1\angle -90^\circ\times\frac{1}{2\times 0.25}\times 2.5\sqrt{2}\angle -45^\circ\ \text{V}=5\sqrt{2}\angle -135^\circ\ \text{V}$$

根据以上电压、电流的相量得到相应的解析式

$$i(t)=2.5\sqrt{2}\times\sqrt{2}\sin(2t-45^\circ)=5\sin(2t-45^\circ)\text{A}$$

$$u_R(t)=5\sqrt{2}\times\sqrt{2}\sin(2t-45^\circ)=10\sin(2t-45^\circ)\text{V}$$

$$u_L(t)=10\sqrt{2}\times\sqrt{2}\sin(2t+45^\circ)=20\sin(2t+45^\circ)\text{V}$$

$$u_C(t)=5\sqrt{2}\times\sqrt{2}\sin(2t-135^\circ)=10\sin(2t-135^\circ)\text{V}$$

作出相量图如图 2-9(c)所示。

由于本例题中复阻抗的阻抗角 $\varphi=45^\circ>0$,故电路的性质为感性。

例 2-3 电路如图 2-10(a)所示,已知 $u_S(t)=4\sqrt{2}\sin(3t+45^\circ)$ V,$R_1=R_2=2\ \Omega$,$L=\frac{1}{3}$ H,$C=\frac{1}{6}$ F。试求电路中的电流 $i(t)$、$i_C(t)$ 和 $i_L(t)$,并作出相量图。

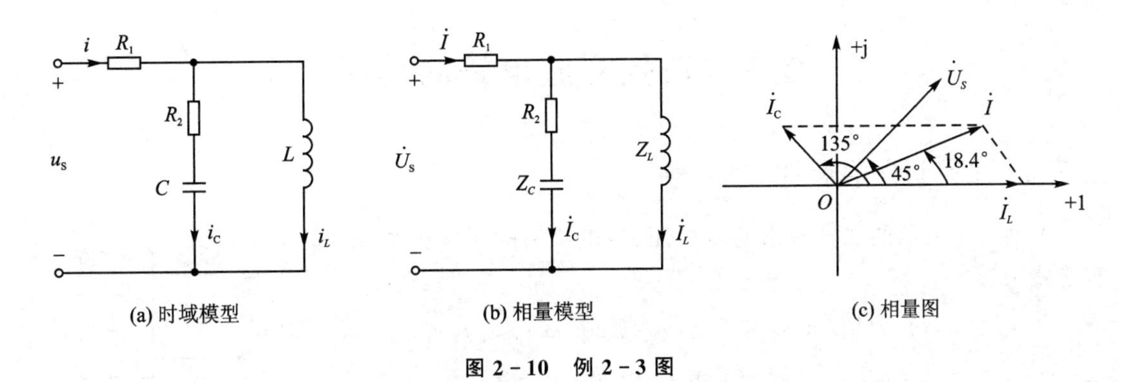

(a) 时域模型　　(b) 相量模型　　(c) 相量图

图 2-10　例 2-3 图

解：作出与图 2-10(a)所示的时域模型相对应的相量模型，如图 2-10(b)所示。

写出已知正弦电压源 u_S 的相量为

$$\dot{U}_S = 4\angle 45^\circ \text{V}$$

计算电路的等效复阻抗

$$Z = R_1 + [(R_2 + Z_C) /\!/ Z_L] = R_1 + \frac{\left(R_2 - \text{j}\,\dfrac{1}{\omega C}\right)\times \text{j}\omega L}{R_2 - \text{j}\,\dfrac{1}{\omega C} + \text{j}\omega L} = \left[2 + \frac{(2-\text{j}2)\times \text{j}1}{2-\text{j}2+\text{j}1}\right]\Omega$$

$$= \left(2 + \frac{2+\text{j}2}{2-\text{j}1}\right)\Omega = \left(2 + \frac{2+\text{j}6}{5}\right)\Omega = (2.4+\text{j}1.2)\Omega = 2.68\angle 26.6^\circ\ \Omega$$

则端电流为

$$\dot{I} = \frac{\dot{U}_S}{Z} = \frac{4\angle 45^\circ}{2.68\angle 26.6^\circ}\text{A} = 1.49\angle 18.4^\circ\ \text{A}$$

利用分流公式可得

$$\dot{I}_C = \frac{\text{j}\omega L}{R_2 - \text{j}\,\dfrac{1}{\omega C} + \text{j}\omega L}\dot{I} = \frac{\text{j}1}{2-\text{j}2+\text{j}1}\times 1.49\angle 18.4^\circ\ \text{A}$$

$$= \frac{1\angle 90^\circ}{2.24\angle -26.6^\circ}\times 1.49\angle 18.4^\circ\text{A} = 0.665\angle 135^\circ\ \text{A}$$

$$\dot{I}_L = \frac{R_2 - \text{j}\,\dfrac{1}{\omega C}}{R_2 - \text{j}\,\dfrac{1}{\omega C} + \text{j}\omega L}\dot{I} = \frac{2-\text{j}2}{2-\text{j}2+\text{j}1}\times 1.49\angle 18.4^\circ\ \text{A}$$

$$= \frac{2.83\angle -45^\circ}{2.24\angle -26.6^\circ}\times 1.49\angle 18.4^\circ\text{A} = 1.88\angle 0^\circ\ \text{A}$$

将求出的各电流相量写成解析式的形式为

$$i(t) = 1.49\sqrt{2}\sin(3t + 18.4^\circ)\ \text{A}$$

$$i_C(t) = 0.665\sqrt{2}\sin(3t + 135^\circ)\ \text{A}$$

$$i_L(t) = 1.88\sqrt{2}\sin 3t\ \text{A}$$

作出相量图如图 2-10(c)所示。

2.5 正弦交流电路的功率

2.5.1 瞬时功率和平均功率

图2-11所示的二端网络的端电压、端电流为同频率正弦量,其解析式为

$$u(t)=U_{\mathrm{m}}\sin(\omega t+\theta_u)=\sqrt{2}U\sin(\omega t+\theta_u)$$

$$i(t)=I_m\sin(\omega t+\theta_i)=\sqrt{2}I\sin(\omega t+\theta_i)$$

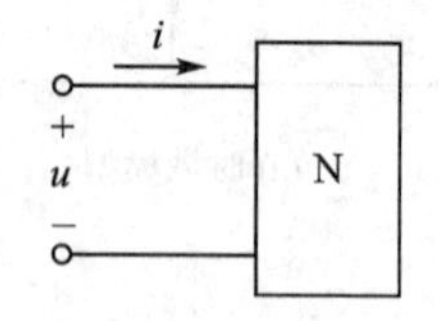

图2-11 正弦二端网络

当u、i为关联方向时,可推出该二端网络的**瞬时功率**为

$$p(t)=u(t)i(t)=UI\cos\varphi-UI\cos(2\omega t+2\theta_u-\varphi) \quad (2-25)$$

其中$\varphi=\theta_u-\theta_i$是二端网络端电压与端电流的相位差,即电路的阻抗角。

由式(2-25)可知,瞬时功率$p(t)$做周期性变化,且有正有负,表明二端网络既消耗功率,也能发出功率。通常用**平均功率**来表征二端网络的能量消耗情况。平均功率是指周期性变化的瞬时功率在一个周期内的平均值,用P表示,单位瓦特(W),其表达式为

$$P=\frac{1}{T}\int_0^T p(t)\mathrm{d}t=\frac{1}{T}\int_0^T[UI\cos\varphi-UI\cos(2\omega t+\theta_u+\theta_i)]\mathrm{d}t=UI\cos\varphi \quad (2-26)$$

平均功率(又称**有功功率**)是一个重要的概念,在实际中广泛使用。通常所说某个家用电器消耗多少瓦的功率,就是指它的平均功率,简称功率。根据式(2-26),可求得电阻、电感、电容元件的平均功率分别为

$$P_R=UI=I^2R=\frac{U^2}{R} \quad (2-27)$$

$$P_{L,C}=UI\cos(\pm 90^\circ)=0 \quad (2-28)$$

式(2-28)表明,在正弦稳态中,储能元件电感或电容的平均功率等于0,不消耗能量,和电源之间只是存在能量的交换作用,即在前半个周期吸收电源的功率并储存起来,后半个周期又将其全部释放,这种能量交换的速率用另外一种功率——**无功功率**来描述(见2.5.2节)。

2.5.2 复功率、视在功率和无功功率

图2-11所示的二端网络工作于正弦稳态,其电压、电流采用关联的参考方向,假设电压、电流的相量表达式分别为$\dot{U}=U\angle\theta_u$,$\dot{I}=I\angle\theta_i$,则二端网络吸收的**复功率**$\widetilde{S}$为电压相量与电流相量共轭复数的乘积,即

$$\widetilde{S}=\dot{U}\dot{I}^*=U\angle\theta_u\cdot I\angle-\theta_i=UI\angle\theta_u-\theta_i=UI\angle\varphi=UI\cos\varphi+\mathrm{j}UI\sin\varphi=P+\mathrm{j}Q \quad (2-29)$$

复功率$\widetilde{S}$的实部$P=UI\cos\varphi$正是有功功率,它是二端网络吸收的平均功率。复功率的虚部$Q=UI\sin\varphi$称为无功功率,它反映了电源与单口网络内储能元件之间能量交换的速率,为与平均功率相区别,单位为乏(Var)。复功率$\widetilde{S}$的模$|\widetilde{S}|=UI$称为**视在功率**,用S表示,即它表征一个电气设备的功率容量,为与其他功率相区别,用伏安(V·A)作单位。例如说某个发电机的容量为100 kV·A,而不说其容量是100 kW。显然,视在功率是二端网络所吸收平

均功率的最大值。

2.5.3 功率因数的提高

在交流电路中，负载多为感性负载，例如常用的感应电动机、荧光灯等。感性负载在工作时，接上电源后，要建立磁场，所以除了需要从电源取得有功功率外，还要从电源取得建立磁场的能量，并与电源做周期性的能量交换，这从前面的理论分析中可以得知。

由式(2-26)可知，在二端网络电压、电流有效值乘积 UI 一定的情况下，二端网络吸收的平均功率 P 与 $\cos\varphi$ 的大小密切相关，$\cos\varphi$ 表示功率的利用程度，称为**功率因数**，记为 λ，其表达式为

$$\lambda = \cos\varphi = \frac{P}{UI} = \frac{P}{S} \tag{2-30}$$

功率因数介于 0 和 1 之间，当功率因数不等于 1 时，电路中发生能量交换，出现无功功率，φ 角越大，功率因数越低，发电机发出的有功功率就越小，而无功功率就越大。无功功率越大，即电路中能量交换的规模越大，发电机发出的能量就不能充分为负载所吸收，其中一部分，在发电机与负载之间进行交换，这样，发电设备的容量就不能充分利用。例如，一台容量为 100 kV·A 的变压器，若负载的功率因数 $\lambda=0.9$，变压器能输出 90 kW 的有功功率(即平均功率)；若功率因数 $\lambda=0.6$，变压器就只能输出 60 kW 的有功功率。可见负载的功率因数低，电源设备的容量就不能得到充分利用，因此提高功率因数有很大的经济意义。

常用的交流感应电动机在额定负载时，功率因数约为 0.8～0.85，轻载时只有 0.4～0.5，而在空载时仅为 0.2～0.3，因此选择与机械配套的电机容量时，不宜选得过大，并且应在额定情况下工作，避免或尽量减少电机的轻载或空载。不装电容器的日光灯，功率因数约为 0.45～0.6。

那么怎样提高电路的功率因数呢？常用的方法是用电容器与感性负载并联，这样可使电感的磁场能量与电容的电场能量进行部分交换，从而减少了电源与负载间能量的交换，即减少了电源提供给负载的无功功率，也就提高了功率因数。但是用电容来提高功率因数时，一般补偿到 $\lambda=0.9$ 左右，而不能补偿到更高，因为补偿到功率因数接近 1 时，所需的电容量大，反而不经济了。

2.6 谐振电路

谐振是正弦交流电路中一种物理现象，谐振在电工和电子技术中得到广泛应用，但它也可能给电路系统造成危害。因此，研究电路的谐振现象，有着重要的实际意义。谐振现象分为**串联谐振**和**并联谐振**。

2.6.1 串联谐振电路

1. 谐振及谐振条件

在图 2-12 的电路中，R、L 和 C 组成串联电路，电路的等效阻抗为

$$Z=Z_R+Z_L+Z_C=R+\mathrm{j}\left(\omega L-\frac{1}{\omega C}\right)=R+\mathrm{j}(X_L-X_C)$$

由上式可知,当正弦电压的角频率 ω 变化时,电路的等效复阻抗 Z 随之变化。当 $\omega L=\frac{1}{\omega C}$时,复阻抗 $Z=R$,串联电路的等效复阻抗变成了纯电阻,端电压与端电流同相,这时就称电路发生了串联谐振。可见,串联电路的**谐振条件**是

$$X_L=X_C \qquad \text{或} \qquad \omega L=\frac{1}{\omega C}$$

根据谐振条件,可得

$$\omega_0=\frac{1}{\sqrt{LC}} \qquad \text{和} \qquad f_0=\frac{1}{2\pi\sqrt{LC}} \tag{2-31}$$

其中,ω_0 和 f_0 称为电路的**谐振角频率**和**谐振频率**,它由元件参数 L 和 C 确定。

RLC 串联电路在谐振时的感抗和容抗相等,其值称为谐振电路的特性阻抗,用 ρ 表示,即

$$\rho=\omega_0 L=\frac{1}{\omega_0 C}=\sqrt{\frac{L}{C}} \tag{2-32}$$

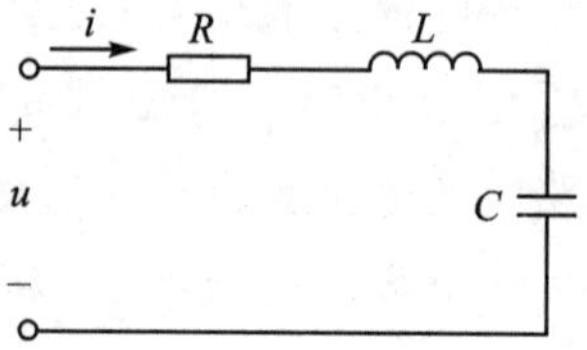

图 2-12 ***RLC* 串联谐振电路**

2. 串联谐振的基本特征

1) 谐振时,复阻抗 $Z=R$,呈现纯电阻,阻抗 $|Z|$ 达到最小值。

2) 谐振时,电路中电流最大,且与外加电源电压同相。谐振时的电流为

$$\dot{I}=\frac{\dot{U}_S}{Z}=\frac{\dot{U}_S}{R}\left(\text{有效值 } I_0=\frac{U_S}{|Z|}=\frac{U_S}{R}\right) \tag{2-33}$$

3) 谐振时,电感和电容上的电压大小相等、相位相反,其大小等于电源电压的 Q 倍,即 $U_{L_0}=U_{C_0}=QU_S$。推导如下:

$$\dot{U}_R=R\dot{I}=\dot{U}_S \tag{2-34}$$

$$\dot{U}_L=\mathrm{j}\omega L\dot{I}=\mathrm{j}\,\frac{\omega_0 L}{R}\dot{U}_S=\mathrm{j}Q\dot{U}_S \tag{2-35}$$

$$\dot{U}_C=\frac{1}{\mathrm{j}\omega_0 C}\dot{I}=-\mathrm{j}\,\frac{1}{\omega_0 RC}\dot{U}_S=-\mathrm{j}Q\dot{U}_S \tag{2-36}$$

其中

$$Q=\frac{\omega_0 L}{R}=\frac{1}{\omega_0 RC}=\frac{\rho}{R} \tag{2-37}$$

Q 称为串联谐振电路的**品质因数**,它是衡量电路特性的一个重要物理量,取决于电路的参数。谐振电路的 Q 值一般在 50~200 之间,因此外加电源电压即使不很高,谐振时电感和电容上的电压仍可能很大。在无线电技术方面,正是利用串联谐振的这一特点,将微弱的信号电压输入到串联谐振回路后,在电感或电容两端可以得到一个比输入信号电压大许多倍的电压,这是十分有利的。但在电力系统中,由于电源电压比较高,如果电路在接近串联谐振的情况下工作,在电感或电容两端将出现过电压,将引起电气设备的损坏。所以在电力系统中必须适当选择电路参数 L 和 C,以避免发生谐振现象。

在串联谐振电路中，信号源内阻是与电路相串联的，所以当信号内阻较大时，串联谐振电路的品质因数大大降低，从而影响谐振电路的选择性。相比而言，并联谐振电路更加适于高内阻信号源的情况。

2.6.2　并联谐振电路

在实际工程中经常遇到如图 2-13 所示的 $RL-C$ 并联谐振电路。其中 R 通常为 LC 回路总的损耗电阻。电路的等效复阻抗为

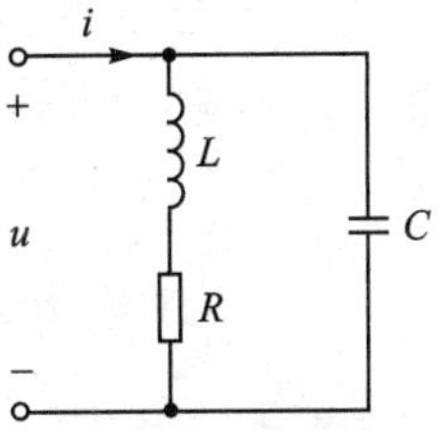

$$Z=(R+\mathrm{j}\omega L)\ /\!/\ \frac{1}{\mathrm{j}\omega C}=\frac{-\mathrm{j}\dfrac{1}{\omega C}(R+\mathrm{j}\omega L)}{R+\mathrm{j}\left(\omega L-\dfrac{1}{\omega C}\right)} \quad (2-38)$$

图 2-13　$RL-C$ 并联谐振电路

由于实际中电阻 R 一般都很小，满足 $R\ll\omega L$，因此式(2-38)中就可以忽略分子中的 R，但分母中的 R 不能忽略，因为 $\left(\omega L-\dfrac{1}{\omega C}\right)$ 的值可能很小，甚至为 0。这样式(2-38)可以写为

$$Z\approx\frac{\dfrac{L}{C}}{R+\mathrm{j}\left(\omega L-\dfrac{1}{\omega C}\right)}=\frac{1}{\dfrac{CR}{L}+\mathrm{j}\left(\omega C-\dfrac{1}{\omega L}\right)} \quad (2-39)$$

即导纳 Y 为

$$Y=\frac{CR}{L}+\mathrm{j}\left(\omega C-\frac{1}{\omega L}\right) \quad (2-40)$$

式(2-40)意味着数值为 $\dfrac{L}{CR}$ 的电阻和 L、C 并联。据此可画出图 2-13 所示的 $RL-C$ 并联谐振电路的并联等效电路，如图 2-14 所示。

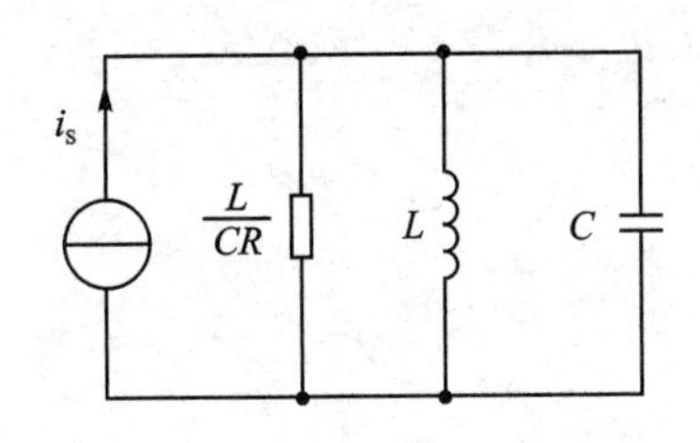

图 2-14　并联谐振电路的等效电路

根据谐振的特点，由式(2-39)可以看出，当 $\omega C=\dfrac{1}{\omega L}$ 时，并联电路的等效复阻抗是一个纯电阻，这时就称电路发生了并联谐振。可见，并联电路的谐振条件为 $\omega C=\dfrac{1}{\omega L}$，即容纳等于感纳。由此推得并联谐振的角频率和谐振频率为

$$\omega_0=\frac{1}{\sqrt{LC}},\qquad f_0=\frac{1}{2\pi\sqrt{LC}} \quad (2-41)$$

需要注意的是，式(2-41)成立的条件是 $R\ll\omega L$。

图 2-13 所示的并联谐振电路的品质因数为

$$Q=\frac{\omega_0 L}{R}=\frac{1}{\omega_0 RC}=\frac{\rho}{R} \quad (2-42)$$

2.7 三相电路

本章前面研究的正弦交流电路，每个电源都只有两个输出端钮，输出一个电流或电压，习惯上称这种电路为单相交流电路。但在工农业生产中常会遇到“多相制”的交流电路，多相制电路是由多相电源供电的电路。多相电路以相的数目来分，可分为两相、三相、六相等。在多相制中，三相制有很多优点，所以它的应用最为广泛。目前世界上工农业和民用电力系统的电能几乎都是由三相电源提供的，日常生活中所用的单相交流电也是取自三相交流电的一相。

2.7.1 三相电源

三相电路是指由三相电源供电的电路。那么什么是三相交流电源呢？概括地说，三相交流电源是三个单相交流电源按一定方式进行的组合。三相供电系统的三相电源是三相发电机。图 2-15 所示是三相发电机的结构示意图，它有定子和转子两大部分。定子铁心的内圆周的槽中对称地安放着三个绕组(线圈)AX、BY 和 CZ。A、B、C 为始端；X、Y、Z 为末端。三绕组在空间上彼此间隔 120°。转子是旋转的电磁铁。当转子恒速旋转时，AX、BY、CZ 三绕组的两端将分别感应出振幅相等、频率相同的三个正弦电压 $u_A(t)$、$u_B(t)$、$u_C(t)$。如果指定它们的参考方向都由始端指向末端，则它们的初相彼此相差 120°。若以 $\dot{U}_A$ 作为参考相量，则这三个电压相量分别为 $\dot{U}_A=U\angle 0°$，$\dot{U}_B=U\angle -120°$，$\dot{U}_C=U\angle 120°$。它们的相量图和波形图分别如图 2-16(a)、(b)所示。

像这样由三个振幅相等、频率相同、相位彼此相差 120°的三个单相正弦电源组合而成的电源称为**对称三相正弦电源**。其中的每个单相正弦电源分别称为 A 相、B 相和 C 相电源。实际过程中，常用不同颜色区别这三相电源，如黄色代表 A 相，绿色代表 B 相，红色代表 C 相。

按照各相电压经过正峰值的先后次序来说，若它们的顺序是 A—B—C—A 时，称为**正序**，若为 A—C—B—A 时，称为**逆序**。工程上通用的相序是正序，如果不加说明，都是指的这种相序。用户可以通过改变三相电源与三相电动机的连接方式来改变相序，从而改变三相电动机的旋转方向。

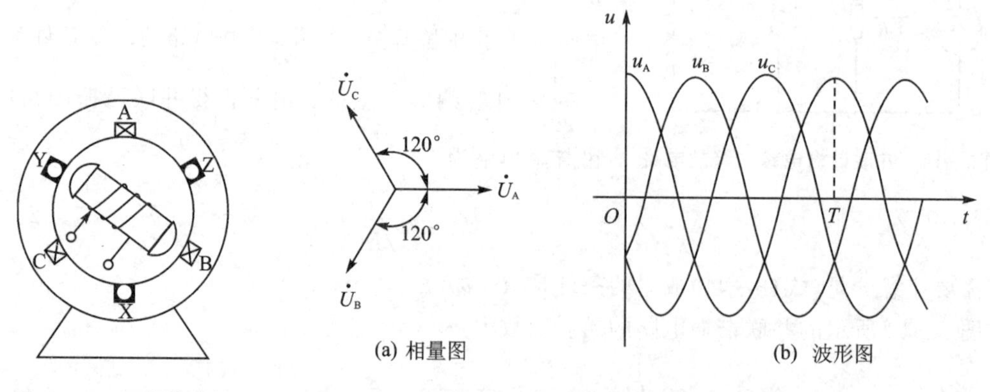

图 2-15 三相发电机

图 2-16 对称三相电源的相量图和波形图

2.7.2　三相电源的连接

三相发电机的绕组共有 6 个端子，在实际应用中并不是分别引出和负载相连接的，而是连接成两种最基本的形式，即**星形连接**和**三角形连接**，从而以较少的出线为负载供电。

1. 星形连接

将三相电源中每一个绕组的末端 X、Y、Z 连在一起，组成一个公共点 N，对外形成 A、B、C、N 四个端子，这种连接形式称为三相电源的星形连接(也叫 Y 形连接)，如图 2-17(a)所示。

从三相电源的始端 A、B、C 引出的导线称为**端线**或**火线**；从中点 N 引出的导线称为**中线**或**零线**。流出端线的电流称为**线电流**，而每一相绕组中的电流称为**相电流**。显然，图 2-17(a)中 $\dot{I}_A$、$\dot{I}_B$、$\dot{I}_C$ 为线电流，而 $\dot{I}_a$、$\dot{I}_b$、$\dot{I}_c$ 为相电流。端线与端线间的电压称为**线电压**，依相序分别为 $\dot{U}_{AB}$、$\dot{U}_{BC}$、$\dot{U}_{CA}$；每相绕组两端的电压称为**相电压**，分别记为 $\dot{U}_a$、$\dot{U}_b$、$\dot{U}_c$。从图 2-16(a)可知，作星形连接时，线电流与相电流相等。

若选相电压 $\dot{U}_a$ 为参考相量，则可作出对称三相电源线电压和相电压的相量图，如图 2-17(b)所示。从图中可以看出，三相电源作星形连接时，线电压是相电压的$\sqrt{3}$倍，即 $U_L=\sqrt{3}U_P$，相位超前对应的相电压 30°。

因为三相电源的相电压对称，所以在三相四线制的低压配电系统中，可以得到两种不同数值的电压，即相电压 220 V 与线电压 380 V。一般家用电器及电子仪器用 220 V，动力及三相负载用 380 V。

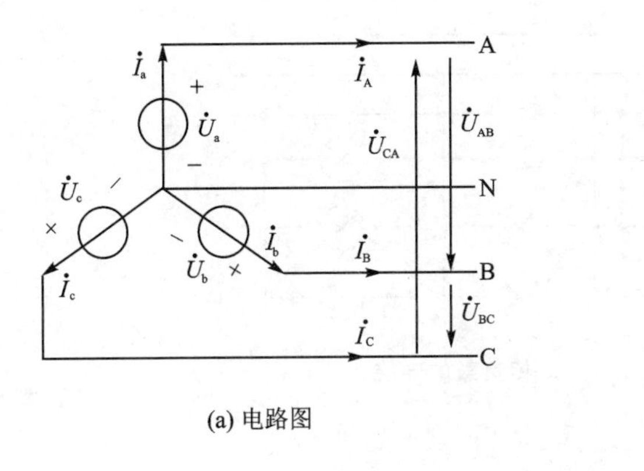

(a) 电路图

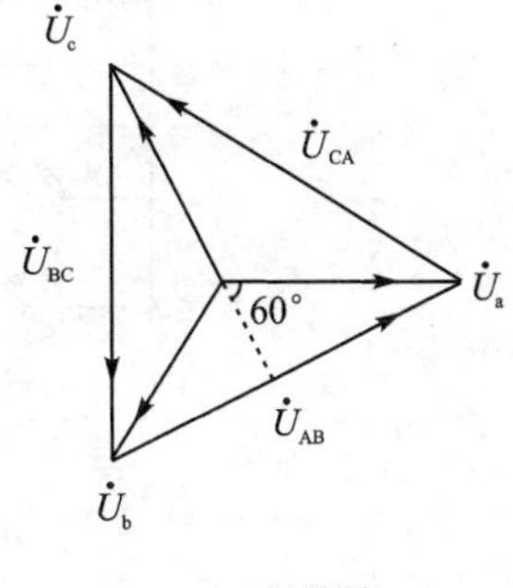

(b) 相量图

图 2-17　三相电源的星形连接

2. 三角形连接

对称三相电源可以采用三角形连接(又称△形连接)，它是将三相电源各相的始端和末端依次相连，再由 A、B、C 引出三根端线与负载相连，如图 2-18 所示。

三相电源作三角形连接时，其线电压和相电压相等，线电流等于相电流的$\sqrt{3}$倍，相位滞后对应的相电流 30°。这些结论请读者参考星形连接自行证明。

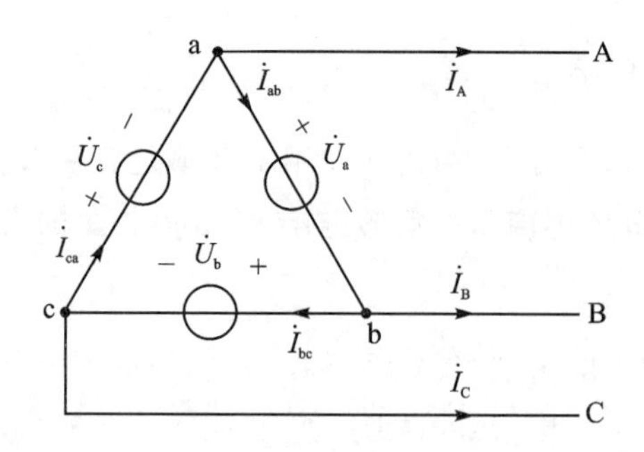

图 2-18　三相电源的三角形连接

2.7.3　三相电源和负载的连接

目前,我国电力系统的供电方式均采用三相三线制或三相四线制。用户用电实行统一的技术规定:额定功率为 50 Hz,额定线电压为 380 V、相电压为 220 V。电力负载可分为**单相负载**和**三相负载**,三相负载又有星形连接和三角形连接。结合电源系统,三相电路的连接主要有以下几种方式。

1. 单相负载

单相负载主要包括照明负载、生活用电负载及一些单相设备。单相负载常采用三相中引出一相的供电方式。为保证各个单相负载电压稳定,各单相负载均以并联形式接入电路。在单相负荷较大时,如大型居民楼供电,可将所有单相负载平分为三组,分别接入 A、B、C 三相电路(见图 2-19),以保证三相负载尽可能平衡,提高安全供电质量及供电效率。

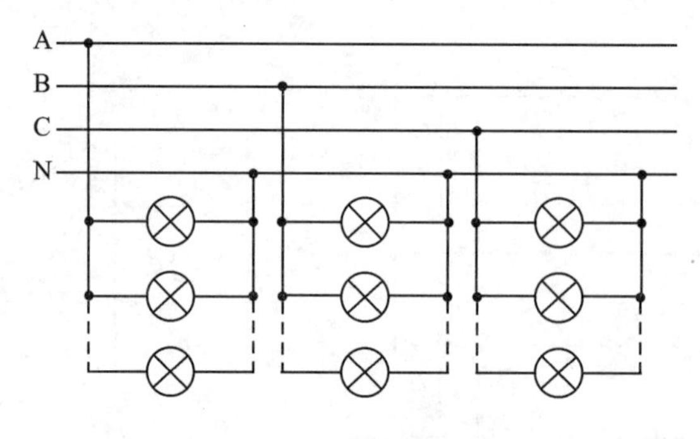

图 2-19　单相负载的连接

2. 三相负载

三相负载主要是一些电力负载及工业负载。三相负载的连接方式有 Y 形连接和△形连接。当三相负载中各相负载都相同,即 $Z_A=Z_B=Z_C=Z=|Z|\angle\varphi$ 时,称为三相对称负载,否则,即为不对称负载。因为三相电源也有两种连接方式,所以它们可以组成以下几种三相电路:三相四线制的 Y-Y 连接、三相三线制的 Y-Y 连接、Y-△连接、△-Y 连接和△-△连接等。

2.7.4　三相电路的计算

三相电路由于电源和负载的连接方式较多,负载又分为单相、三相对称、三相不对称等,因而计算时需要考虑的问题也较多。本节仅对对称三相电路(三相对称电源和三相对称负载相连组成的电路)进行分析。对称三相电路在分析计算时,只须计算一相就行了,其他两相中的量可按对称条件直接写出。这种方法可称为**一相计算法**。至于单相负载和三相不对称负载构成的电路,可用正弦电路的一般分析方法进行分析。

例2-4　今有对称三相电路,负载作星形连接,设每相负载的电阻 $R=12\ \Omega$,感抗 $X_L=16\ \Omega$,电源线电压 $\dot{U}_{AB}=380\angle 30°\text{V}$。要求画出电路图,并求各相负载上的电流。

解:由已知条件可以画出对称三相电路如图2-20所示,是三相四线制的Y-Y连接。根据Y形连接的对称三相电源的线、相电压关系可得相电压 $\dot{U}_a$ 为

$$\dot{U}_a=\left(\frac{380}{\sqrt{3}}\angle 30°-30°\right)\text{V}=220\angle 0°\text{V}$$

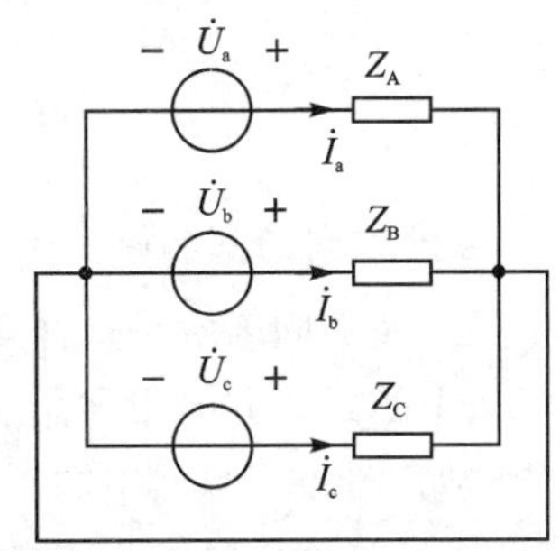

图2-20　例2-4电路

各相负载的复阻抗为

$$Z_A=Z_B=Z_C=R+\text{j}X_L=(12+\text{j}16)\Omega=20\angle 53.1°\Omega$$

通过 Z_A 负载的相电流为

$$\dot{I}_a=\frac{\dot{U}_a}{Z_A}=\frac{220\angle 0°}{20\angle 53.1°}=11\angle -53.1°\text{A}$$

采用一相计算法,根据对称性可推出其余两相电流为

$$\dot{I}_b=11\angle -53.1°-120°=11\angle -173.1°\text{A}$$

$$\dot{I}_c=11\angle -53.1°+120°=11\angle 66.9°\text{A}$$

2.8　互感耦合电路

2.8.1　互感现象及同名端

1. 互感现象

由电磁理论可知,当线圈中通有变化的电流时,就会在线圈内建立起变化的磁场,产生变化的磁通,变化的磁通与线圈各匝交链使线圈自身具有磁链,磁链的变化会在线圈两端产生感应电压,这种由于线圈自身磁链的变化而在其自身两端产生感应电压的现象叫作**自感现象**。此外,对于含有多个线圈的电路来说,还存在互感现象。所谓**互感现象**,是指载流线圈之间通过彼此的磁场相互联系的物理现象,该现象也叫磁耦合。图2-21(a)所示为两个有互感的载流线圈,载流线圈中的电流 i_1 和 i_2 称为施感电流,线圈的匝数分别为 N_1 和 N_2。根据两个线圈的绕向、施感电流的参考方向和两线圈的相对位置,按右手螺旋定则可以确定施感电流产生的磁通方向和彼此交链的情况。线圈1中的电流 i_1 产生的磁通设为 Φ_{11},在穿越自身的线圈时,所产生的磁通链(简称**磁链**)设为 Ψ_{11},参考方向如图2-21(a)所示,称为自感磁链;Ψ_{11} 中的一部分或全部交链线圈2时产生的磁链设为 Ψ_{21},如图2-21(a)所示,称为互感磁链。同样,线圈2中的电流 i_2 也产生自感磁链 Ψ_{22} 和互感磁链 Ψ_{12}(图中未画出),这就是两个线圈彼此耦合的情况。把这两个靠近的载流线圈称为耦合线圈。

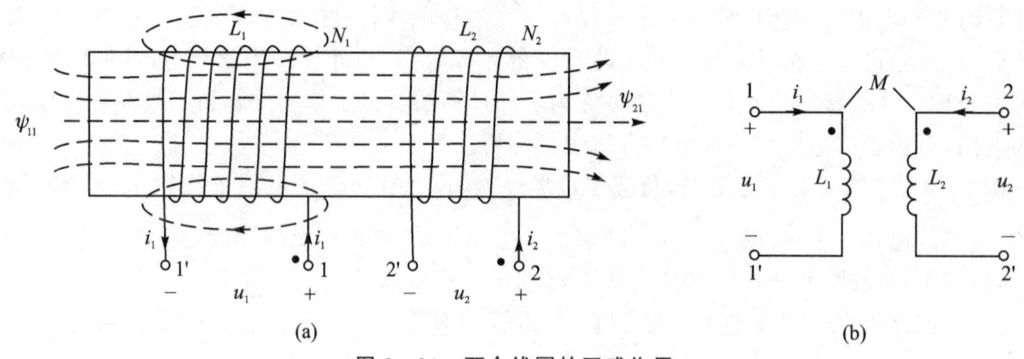

图 2-21 两个线圈的互感作用

2. 互感线圈的同名端

互感线圈的**同名端**是这样规定的:当电流从两线圈各自的某端子同时流入(或流出)时,若两线圈产生的磁通方向相同而“相助”,则这两个端子称为互感线圈的同名端,并记为“·”或“*”。例如,图 2-21(a)中端子 1 和端子 2 为一对同名端(同样端子 1′和端子 2′为另一对同名端);反之,当电流从两线圈各自的某端子同时流入(或流出)时,若两线圈产生的磁通方向相反而“相消”,则这两个端子称为互感线圈的**异名端**。

根据以上对同名端的定义可以推知,无论电流从哪一个线圈的哪一个端子流入或流出,也无论电流是增大还是减小,互感线圈的同名端,其感应电压的实际极性始终一致。这是同名端的重要性质,常常作为判别同名端的依据。

两个互感线圈的同名端可以根据它们的绕向和相对位置判别,也可以通过实验方法确定。引入同名端的概念后,两个互感线圈可以用带有同名端标记的电感元件 L_1 和 L_2 表示,如图 2-21(b)所示,其中 M 称为**互感系数**,简称互感,单位亨利(H),M 仅取决于两线圈的结构、几何尺寸、匝数和相互位置。

对实际已绕制好的互感线圈,有时无法判别它们的实际绕向,例如线圈被封装在外壳里面。在这种情况下,可以采用实验的方法来测定两线圈的同名端。在图 2-22 电路中,直流电压源正负极通过开关 S 与线圈Ⅰ的 1、2 端连接,直流电压表(或电流表)接到线圈Ⅱ的 3、4 端。在开关 S 闭合瞬间,电流由电源正极流入线圈Ⅰ的 1 端且正在增大,即电流的变化率 $\frac{\mathrm{d}i}{\mathrm{d}t}>0$,则与电源正极相连的 1 端为高电位端,2 端为低电位端。此时若电压表指针正向偏转,则与电压表正接线端相连的线圈Ⅱ的 3 端为高电位端,4 端为低电位端,因为同名端的感应电压的实际极性始终一致,由此可判断出,端钮 1、3 是同名端。如果电压表指针反偏,端钮 1、4 是同名端。

互感线圈的同名端在理论分析时非常重要,在实际问题中对电气设备有磁耦合的线圈,同名端的正确判别是非常有必要的。例如电力变压器在并联运行时,必须根据其同名端按规定的接线组别正确连接,否则将不能正常工作甚至出重大事故。变压器反馈的振荡器,振荡线圈也必须按同名端正确连接,否则将不能起振。

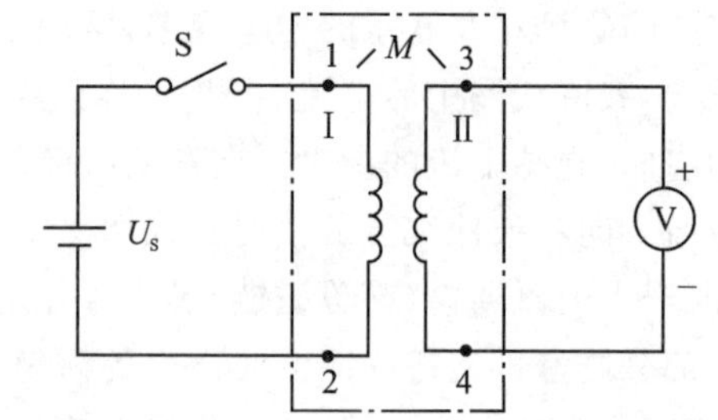

图 2-22 实验方法测定同名端

3. 耦合系数

两个耦合线圈的电流所产生的磁通，一般情况下，只有部分磁通相互交链，彼此不交链的那部分磁通称为漏磁通。两耦合线圈相互交链的磁通越大，说明两个线圈耦合的越紧密。为了表示两个线圈耦合的紧密程度，通常用**耦合系数**k 来表示。

耦合系数 k 的表达式为

$$k=\frac{M}{\sqrt{L_1L_2}} \tag{2-43}$$

由于漏磁通，耦合系数 k 总是小于 1 的。k 值的大小取决于两个线圈的相对位置及磁介质的性质。k 值越大，表明漏磁通越小，两线圈之间的耦合越紧密。$k=1$ 时，称为全耦合。

在电力变压器中，为了有效地传输功率，采用紧密耦合，k 值接近于 1；而在无线电和通信方面，要求适当的、较松的耦合时，就需要调节两个线圈的相互位置；有的时候为了避免耦合作用，就应合理布置线圈的位置，使之远离，或使两线圈的轴线相互垂直，或采用磁屏蔽方法等。

2.8.2　互感电压

由互感原理可知，对于发生互感的线圈，每个线圈中的电流除了在其自身两端产生自感电压外，同时还在与其发生互感的线圈中产生**互感电压**。以图 2-23 为例，线圈 L_1 中电流 i_1 产生的自感电压为 u_{11}，产生的互感电压为 u_{21}；线圈 L_2 中电流 i_2 产生的自感电压为 u_{22}，产生的互感电压为 u_{12}。各电压参考方向如图 2-23 所示。因此，电感 L_1 和 L_2 的端电压 u_1 和 u_2 是自感电压与互感电压叠加的结果。自感电压前的"+""−"号可直接根据自感电压与产生它的电流是否为关联方向确定，关联时取"+"号，非关联时取"−"号。互感电压前的"+""−"号可以这样确定：如果互感电压的"+"极端子与产生它的电流流进的端子为一对同名端，则互感电压前取"+"号，反之取"−"号。对于图 2-23 所示的两互感线圈，各电流、电压及同名端已标出，互感电压 u_{12} 的"+"极性在 L_1 的 1 端，产生 u_{12} 的电流 i_2 从 2′端流进 L_2，而 1 和 2′这两个端子是一对异名端，故有 $u_{12}=-M\dfrac{di_2}{dt}$，同理，$u_{21}=M\dfrac{di_1}{dt}$。

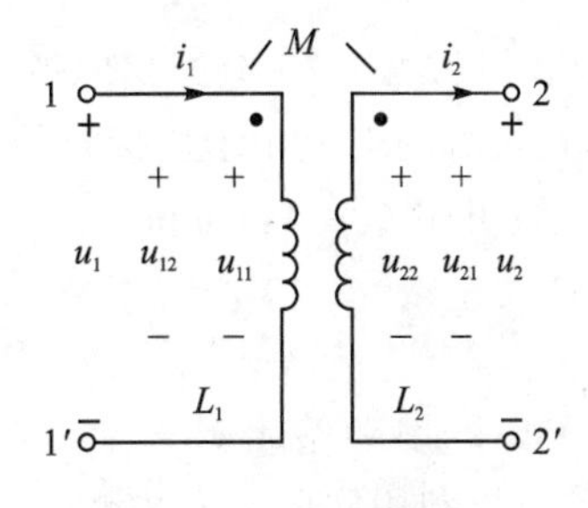

图 2-23　互感线圈

2.8.3　互感线圈的串联与并联

1. 互感线圈的串联

在两个互感线圈串联的电路中，因同名端位置不同可将电路分为**顺接串联**（简称顺接）和**反接串联**（简称反接）两种类型，顺接是两互感线圈的异名端相连，反接是同名端相连，如图 2-24 所示。

图 2-24 中，每个线圈两端电压 u_1 和 u_2 都是由自感电压和互感电压组成的，首先以图 2-24(a)顺接串联为例，依据图中各电压、电流参考方向和同名端位置，由 KVL 得端电压：

$$u=u_1+u_2=L_1\frac{di}{dt}+M\frac{di}{dt}+L_2\frac{di}{dt}+M\frac{di}{dt}=(L_1+L_2+2M)\frac{di}{dt}=L_{顺}\frac{di}{dt}$$

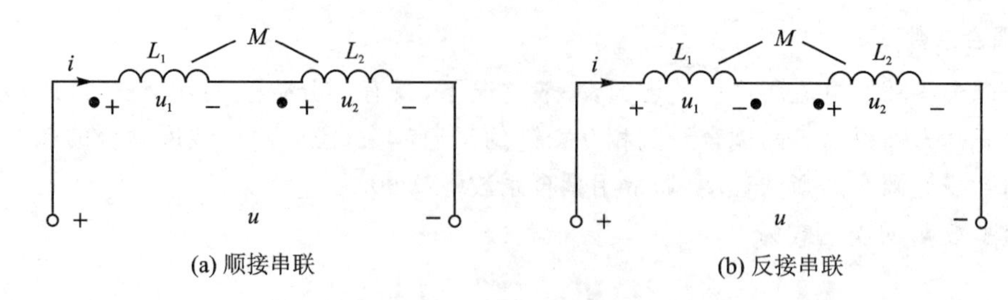

(a) 顺接串联　　　　(b) 反接串联

图 2-24　互感线圈的串联

于是可得互感线圈顺接串联的等效电感为

$$L_{顺}=L_1+L_2+2M \tag{2-44a}$$

同理可以推得图 2-24(b)所示反接串联的等效电感为

$$L_{反}=L_1+L_2-2M \tag{2-44b}$$

需要说明的是:

1) 由于耦合系数 $M\leqslant\sqrt{L_1L_2}$,因此在反接情况下等效电感

$$L_1+L_2-2M\geqslant L_1+L_2-2\sqrt{L_1L_2}=(\sqrt{L_1}-\sqrt{L_2})^2\geqslant 0$$

也就是

$$M\leqslant\frac{L_1+L_2}{2}$$

从上面的论证可以看出,互感系数 M 既小于或等于两个线圈自感的几何平均值$\sqrt{L_1L_2}$,又小于或等于两个线圈自感的算术平均值$\frac{L_1+L_2}{2}$。

2) 根据式(2-44)可知,顺接时的等效电感大于反接时的等效电感,当外加相同正弦电压时,顺接时的电流小于反接时的电流。这一结论可以帮助我们判断同名端。

3) 由式(2-44)可得

$$M=\frac{L_{顺}-L_{反}}{4} \tag{2-45}$$

式(2-45)给出了一个求两线圈互感系数 M 的方法。通常可以利用实验的方法测出 $L_{顺}$ 和 $L_{反}$,然后代入上式中,即可求出 M 值。

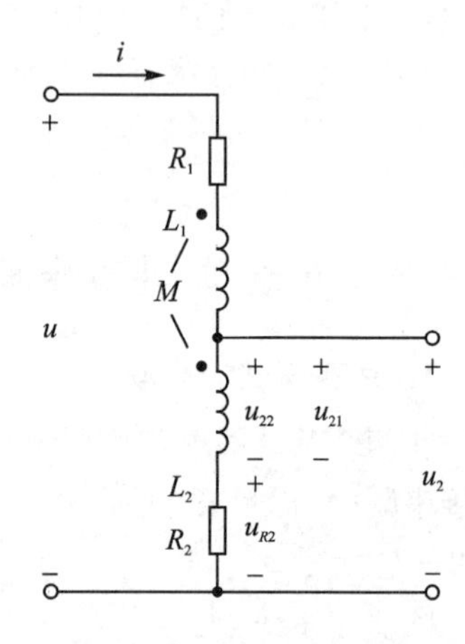

图 2-25　例 2-5 用图

例 2-5　图 2-25 所示正弦电路中,已知 $R_1=4\ \Omega$,$R_2=6\ \Omega$,自感抗 $\omega L_1=5\ \Omega$,$\omega L_2=9\ \Omega$,互感抗 $\omega M=3\ \Omega$,输入电压 $U=50$ V,求电路中电流 I 及输出电压 U_2。

解:选定电压电流参考方向如图 2-25 所示。本题电路中为两个线圈的顺接串联电路,故

$$\omega L_{顺}=\omega(L_1+L_2+2M)=5\ \Omega+9\ \Omega+2\times 3\ \Omega=20\ \Omega$$

$$R=R_1+R_2=4\ \Omega+6\ \Omega=10\ \Omega$$

此串联电路的等效复阻抗(考虑了互感的影响)Z 为

$$Z=R+\mathrm{j}\,\omega L_{顺}=(10+\mathrm{j}20)\ \Omega=10\sqrt{5}\angle 63.4^\circ\ \Omega$$

由已知 $\dot{U}=50\angle 0^\circ$V,可求得

$$\dot{I}=\frac{\dot{U}}{Z}=\frac{50\angle 0^\circ}{10\sqrt{5}\angle 63.4^\circ}\text{A}=\sqrt{5}\angle -63.4^\circ\text{A}=2.236\angle -63.4^\circ\ \text{A}$$

$$\begin{aligned}\dot{U}_2&=\dot{U}_{22}+\dot{U}_{21}+\dot{U}_{R_2}=\text{j}\omega L_2\dot{I}+\text{j}\omega M\dot{I}+R_2\dot{I}\\&=[R_2+\text{j}\omega(L_2+M)]\dot{I}=(6+\text{j}9+\text{j}3)\times\sqrt{5}\angle -63.4^\circ\ \text{V}\\&=6\sqrt{5}\angle 63.4^\circ\times\sqrt{5}\angle -63.4^\circ\ \text{V}=30\angle 0^\circ\ \text{V}\end{aligned}$$

所以电路电流 I 及输出电压 U_2 为

$$I=2.236\ \text{A},\qquad U_2=30\ \text{V}$$

2. 互感线圈的并联

两个有互感的线圈并联时，也有两种接法。一种是两线圈的同名端相连，如图 2－26(a)所示。另一种是两线圈的异名端相连，如图 2－26(b)所示。

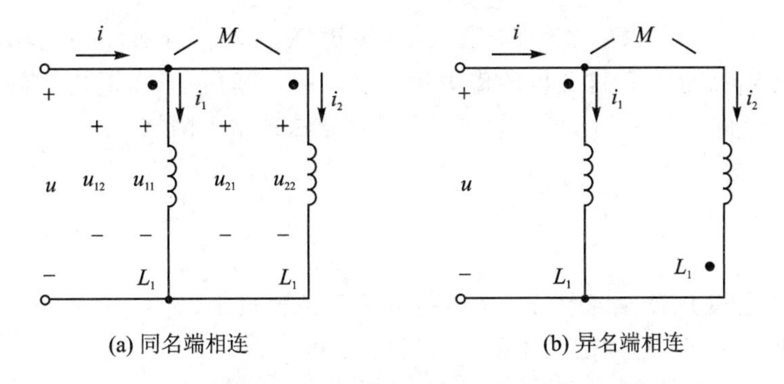

(a) 同名端相连　　(b) 异名端相连

图 2－26　互感线圈的并联

在图 2－26(a)所示的同名端并联电路中，选定各电压、电流参考方向如图所示，忽略线圈电阻，可写出

$$\left.\begin{aligned}\dot{U}&=\dot{U}_{11}+\dot{U}_{12}=\text{j}\omega L_1\dot{I}_1+\text{j}\omega M\dot{I}_2\\\dot{U}&=\dot{U}_{22}+\dot{U}_{21}=\text{j}\omega L_2\dot{I}_2+\text{j}\omega M\dot{I}_1\\\dot{I}&=\dot{I}_1+\dot{I}_2\end{aligned}\right\}$$

联立以上方程，求解得

$$\dot{I}_1=\frac{L_2-M}{L_1+L_2-2M}\dot{I},\qquad \dot{I}_2=\frac{L_1-M}{L_1+L_2-2M}\dot{I}$$

$$\dot{U}=\text{j}\omega L_1\frac{L_2-M}{L_1+L_2-2M}\dot{I}+\text{j}\omega M\frac{L_1-M}{L_1+L_2-2M}\dot{I}=\text{j}\omega\left(\frac{L_1L_2-M^2}{L_1+L_2-2M}\right)\dot{I}=\text{j}\omega L\dot{I}$$

所以，两互感线圈同名端并联时的等效电感为

$$L_{\text{同}}=\frac{L_1L_2-M^2}{L_1+L_2-2M}\tag{2-46a}$$

用同样的方法分析，可得两互感线圈异名端并联时的等效电感为

$$L_{\text{异}}=\frac{L_1L_2-M^2}{L_1+L_2+2M}\tag{2-46b}$$

比较以上两种并联的等效电感可知，同名端并联时的等效电感大于异名端并联时的等效电感。

2.8.4 理想变压器

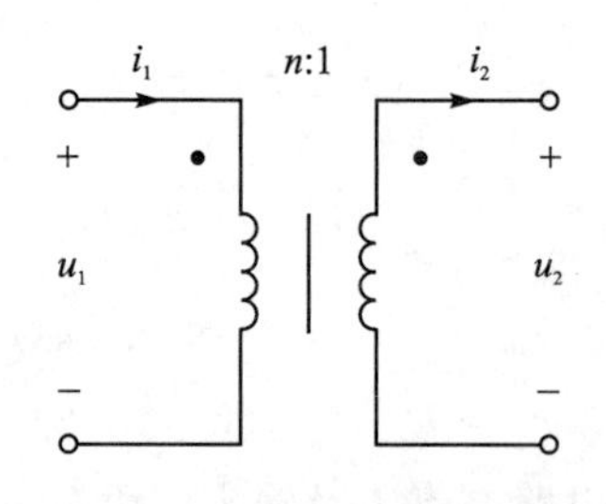

图 2-27 理想变压器的电路模型

理想变压器是从实际的变压器抽象出来的理想化模型,它是一种全耦合变压器,认为其耦合系数 k 等于 1。图 2-27 所示为理想变压器的电路模型。

理想变压器的电压、电流方程是一个仅与变比 n 有关的代数方程。在图 2-27 所示的情况下,电压、电流方程为

$$\left.\begin{aligned}\frac{u_1}{u_2}=\frac{N_1}{N_2}=n \quad &\text{或} \quad u_1=nu_2\\ \frac{i_1}{i_2}=\frac{N_2}{N_1}=\frac{1}{n} \quad &\text{或} \quad i_1=\frac{1}{n}i_2\end{aligned}\right\} \tag{2-47}$$

其中,$n=N_1/N_2$ 为一个正实数,称为理想变压器的**变比**;N_1 和 N_2 分别为原边和副边的匝数。

此外,理想变压器还有**阻抗变换**的作用。如图 2-28(a)所示,在正弦稳态情况下,若在理想变压器的副边接有一阻抗 Z_L,则从原边 a、b 端看进去的输入阻抗为

$$Z_{ab}=\frac{\dot{U}_1}{\dot{I}_1}=\frac{n\dot{U}_2}{\frac{1}{n}\dot{I}_2}=n^2\left(\frac{\dot{U}_2}{\dot{I}_2}\right)=n^2 Z_L \tag{2-48}$$

这就是说,理想变压器原绕组端输入阻抗等于负载阻抗乘以 n^2 倍,或者说负载阻抗折合到原绕组端应乘以 n^2 倍,这就起到了阻抗变换的作用。

因为 n 是正实数,所以输入阻抗 Z_{ab} 与负载阻抗 Z_L 之间,模不同,阻抗角相同。因此理想变压器变换阻抗时,只改变复数阻抗的模,而不改变阻抗角。根据式(2-48),从理想变压器原绕组两端看进去,可得理想变压器初级的等效电路,如图 2-28(b)所示。

变压器的阻抗变换特性是很有用的。在晶体管收音机中把输出变压器介入扬声器和功率放大器之间,利用输出变压器变换阻抗,达到阻抗匹配的目的,从而使负载获得最大功率。

图 2-29 所示是晶体管收音机功率放大电路的等效二端网络,作为负载的扬声器电阻 R_L,一般不等于这个二端网络的等效内阻 R_{eq},为了使扬声器获得最大功率,可以利用输出变压器进行阻抗变换,当 $R_{eq}=R_{ab}=n^2R_L$ 时,达到阻抗匹配,扬声器获得最大功率。此时变压器的变比为

$$n=\sqrt{\frac{R_{ab}}{R_L}}=\sqrt{\frac{R_{eq}}{R_L}} \tag{2-49}$$

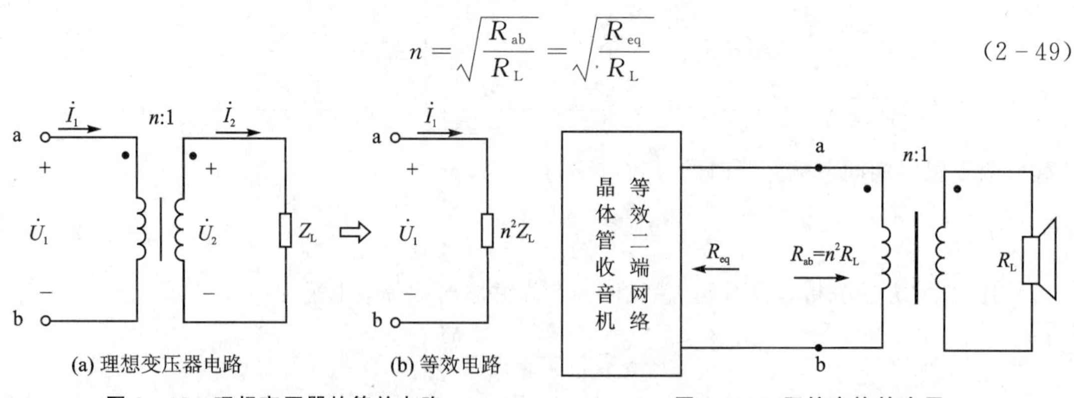

图 2-28 理想变压器的等效电路

图 2-29 阻抗变换的应用

本章小结

1. 正弦量有 3 个要素，振幅、角频率和初相。两个同频率正弦量的相位之差称相位差，通常用相位差来描述两同频率正弦量的位置关系。

2. 为便于正弦电路的计算，引入正弦量的相量表示法。相量表示法实际上是用一个复数表示该正弦量，但复数本身并不等于正弦量。相量图是将同频率正弦量画在同一复平面内的图形。

3. 正弦交流电路的计算采用相量分析法。所谓相量分析法，就是把电路中的电压、电流先表示成相量形式，然后用相量形式进行运算的方法。

4. 正弦交流电路中不同功率有不同含义，要搞清不同功率的物理意义及单位。

5. 谐振是正弦交流电路中的一种物理现象，它在电工和电子技术中得到广泛应用，但它也可能给电路系统造成危害。谐振电路的谐振条件及谐振时电路的特征是本部分的重点。

6. 由三相电源供电的电路，称为三相电路。对称三相电源的电压是频率相同、相位相差 120°的正弦电压。三相电源有 Y 形和△形两种连接方式，三相负载也有以上两种连接方式。由对称三相电源和对称三相负载组成的电路叫作对称三相电路。对称三相电路的计算依据的是单相正弦电路的相量分析法以及三相电路的对称性。

7. 线圈间电流变化在各自线圈中产生感应电压的现象称为互感现象。耦合系数 k 用来表征互感线圈耦合的紧密程度。同名端是在互感线圈中作出的一种标记，用以判断互感电压表达式前的“＋”“－”。如果互感电压的“＋”极端子与产生它的电流流进的端子为一对同名端，则互感电压前取“＋”号，反之取“－”号。

8. 理想变压器是从实际的变压器抽象出来的理想化模型，它是一种全耦合变压器。理想变压器的变比 n 是非常重要的参数，其电压-电流方程仅与该参数有关。变压器的阻抗变换作用在电子线路中应用广泛。

习题 2

2-1　已知正弦电压和电流为 $u(t)=311\sin\left(314t-\frac{\pi}{6}\right)\text{V}$，$i(t)=-10\sqrt{2}\sin\left(50\pi t-\frac{3\pi}{4}\right)\text{A}$。(1)求正弦电压和电流的振幅、有效值、角频率、频率和初相；(2)画出正弦电压和电流的波形。

2-2　已知正弦电压的振幅为 100 V，$t=0$ 时的瞬时值为 10 V，周期为 1 ms。试写出该电压的解析式。

2-3　频率为 50 Hz 的正弦电压的最大值为 14.14 V，初始值为－10 V，试写出其解析式。

2-4　根据题图 2-4 所示正弦电压的波形，确定三要素并写出该电压的解析式。

2-5　题图 2-5 为同频率正弦电流 i 和正弦电压 u 的波形，问 i 和 u 的初相各为多少？两者的相位差为多少？i 和 u 哪个超前？超前多少？若将纵坐标(即计时起点)向右或向左移动 $\frac{\pi}{3}$，i 和 u 的初相将如何变化？相位差改变吗？

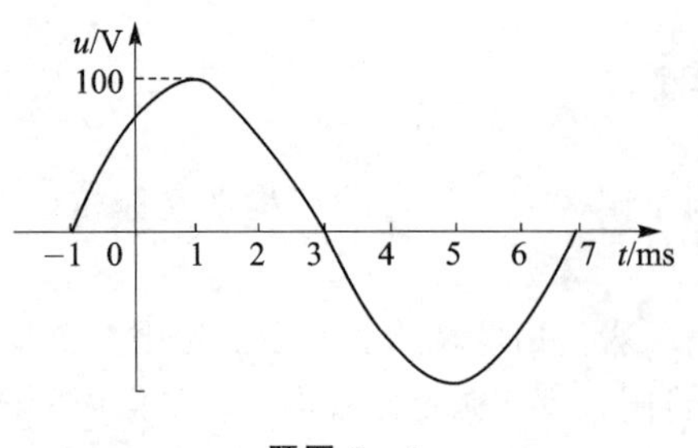

题图 2-4

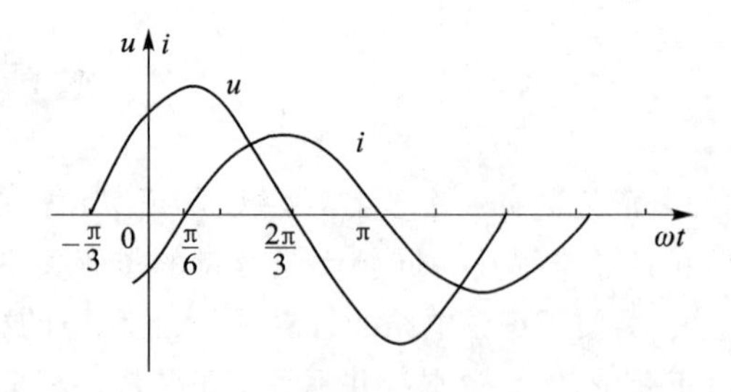

题图 2-5

2-6 将5只反向击穿电压为50 V的整流二极管串连接到220 V的市电上,可以经常使用吗?为什么?那么至少需要几只二极管串联才行?

2-7 写出下列各正弦量所对应的相量,并画出相量图。

(1) $u(t)=220\sqrt{2}\sin(\omega t)$V;　　(2) $i(t)=10\ \sin(\omega t\ +300°)$A。

2-8 写出下列各正弦量相量所对应的解析式($f=100$ Hz)。

(1) $\dot{I}_1=-\mathrm{j}1$ A;　　(2) $\dot{I}_2=(2-\mathrm{j}1)$A;

(3) $\dot{U}_1=220\angle 120°$ V;　　(4) $\dot{U}_2=(-5+\mathrm{j}5)$V。

2-9 已知某二端元件的电压电流采用关联参考方向,若其瞬时值表达式为

(1) $u(t)=15\cos(400t+30°)$V, $i(t)=3\sin(400t+30°)$A;

(2) $u(t)=8\sin(500t+50°)$V, $i(t)=2\sin(500t+140°)$A;

(3) $u(t)=8\cos(250t+60°)$V, $i(t)=5\sin(250t+150°)$A;

试确定该元件是电阻、电感、电容中的哪一种,并确定其元件参数。

2-10 题图2-10所示电路中,已知 $i(t)=5\sqrt{2}\sin(100t+20°)$A。求电压 $u_R(t)$,$u_L(t)$和 $u_S(t)$的相量。

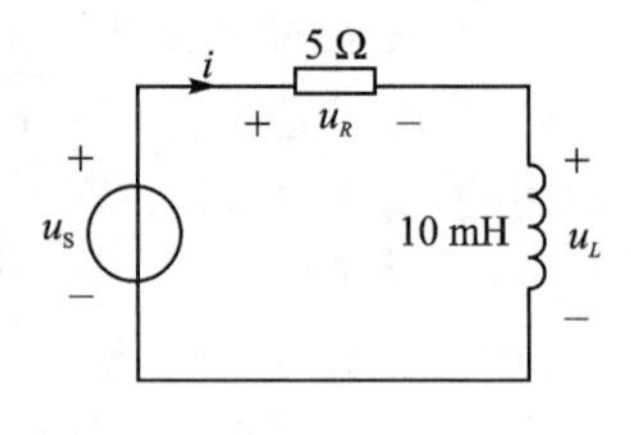

题图 2-10

2-11 图2-11所示电路中,已知 $u(t)=5\sqrt{2}\sin(10\pi t+20°)$V。求电流 $i_R(t)$,$i_C(t)$和 $i_S(t)$的相量。

2-12 图2-12所示电路中,已知电流 $i(t)=1\sin(10^7t+90°)$A,$R=100\ \Omega$、$L=1$ mH、$C=10$ pF 求:(1)电路的复阻抗 Z;

(2) 电压 $u_R(t)$,$u_L(t)$,$u_C(t)$和 $u_S(t)$的解析式及相量式,并画相量图;

(3) 电路功率 P、Q、S。

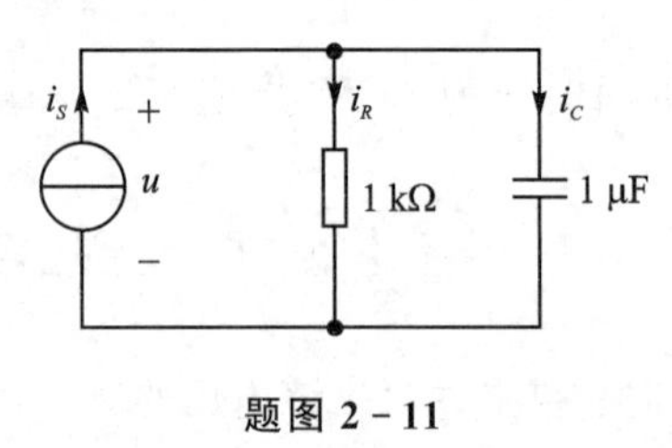

题图 2-11

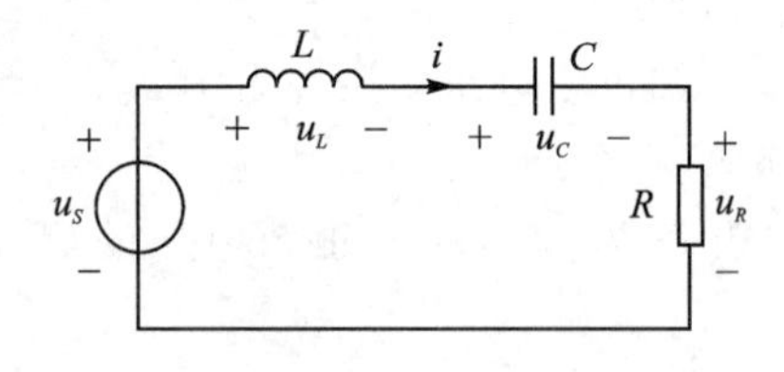

题图 2-12

2-13 在RLC串联的正弦电路中,已知$R=1$ kΩ、$L=10$ mH、$C=0.02$ μF,电容两端电压 $u_C(t)=20\sin(10^5t-40°)$V,如题图2-12所示,求电流 $\dot{I}$ 和电源电压 $\dot{U}_S$。

2-14　在 RLC 串联电路中，已知 $R=20\ \Omega$，$L=0.1\ \mathrm{mH}$，$C=100\ \mathrm{pF}$，试求谐振频率 ω_0、品质因数 Q。

2-15　在 RLC 串联电路中，已知信号源电压 $u_S(t)=\sqrt{2}\sin(10^6 t+40^\circ)\mathrm{V}$，电路谐振时电流 $I=0.1\ \mathrm{A}$，电容两端电压 $U_C=100\ \mathrm{V}$，试求 R、L、C、Q。

2-16　一对称三相电源，已知相电压 $\dot{U}_a=100\angle-150^\circ\mathrm{V}$，求相电压 $\dot{U}_b$、$\dot{U}_c$，并画相量图。

2-17　星形连接的发电机的线电压为 6 300 V，试求每相电压；当发电机的绕组连接成三角形时，问发电机的线电压是多少？

2-18　发电机是星形连接，负载也是星形连接，发电机的相电压 $U_P=1\ 000\ \mathrm{V}$，负载每相均为 $R=50\ \Omega$，$X_L=25\ \Omega$。试求：(1)相电流；(2)线电压；(3)线电流；(4)画出负载电压、电流相量图。

2-19　三相四线制电路中，线电压 $\dot{U}_{AB}=380\angle0^\circ\mathrm{V}$，三相负载对称，为 $Z=10\angle60^\circ\ \Omega$，求各相电流。

2-20　连接成星形的对称负载，接在一对称的三相电压上，线电压为 380 V，负载每相阻抗 $Z=(8+\mathrm{j}6)\ \Omega$，求每相负载两端电压和其电流、功率。

2-21　某建筑物有三层楼，每一层的照明由三相电源中的一相供电。电源电压为 380/220 V，每层楼装有 220 V、100 W 照明灯 15 只。

(1) 画出照明灯接入电源的线路图；

(2) 当三个楼层的照明灯全部亮时，求线电流和中线电流；

(3) 如一层楼照明灯全部亮，二层楼只有 5 只灯亮，三层楼灯全灭，而电源中线又断开，这时一、二层楼电灯两端的电压为多少？

扫码查看
习题 2-21 讲解

2-22　试确定题图 2-22 所示耦合线圈的同名端。

2-23　题图 2-23 所示电路为测定耦合电感同名端的一种实验电路。在开关 K 闭合瞬间，伏特表指针正向偏转，试确定两线圈的同名端。若电压表的指针反向呢？

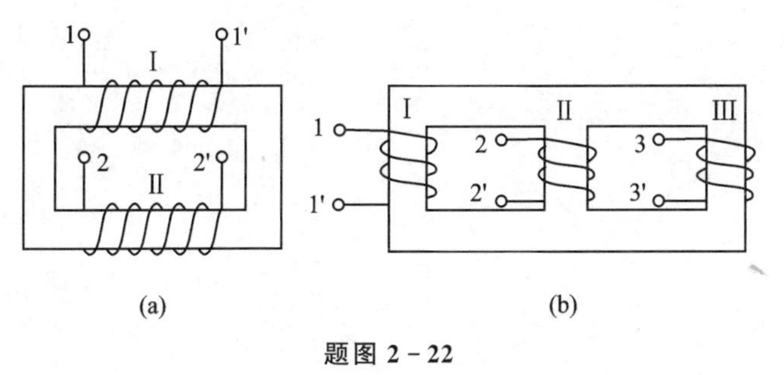

(a)　　(b)

题图 2-22

题图 2-23

2-24　求题图 2-24 所示二端网络的等效电阻 R_{eq}。

2-25　电路如题图 2-25 所示。欲使负载电阻 $R_L=8\ \Omega$ 获得最大功率，求理想变压器的变比 n 和负载电阻获得的最大功率。

2-26　某晶体管收音机的输出变压器的原绕组匝数 $N_1=240$ 匝，副绕组匝数 $N_2=80$ 匝，原接有电阻为 8 Ω 的扬声器，阻抗是匹配的。现在要改接 4 Ω 的扬声器，若输出变压器原绕组匝数不变，问副边绕组的匝数应如何变动？

2-27　理想变压器电路如图 2-27 所示。已知 $U_S=30\ \mathrm{V}$，$R_S=200\ \Omega$，变压器的变比 $n=5$，负载电阻 $R_L=4\ \Omega$。

(1) 求原、副边绕组的电压 U_1、U_2 及电流 I_1、I_2,负载的功率 P_L。

(2) 要使负载获得最大功率,此变压器的变比应为多少?此时负载的功率等于多少?

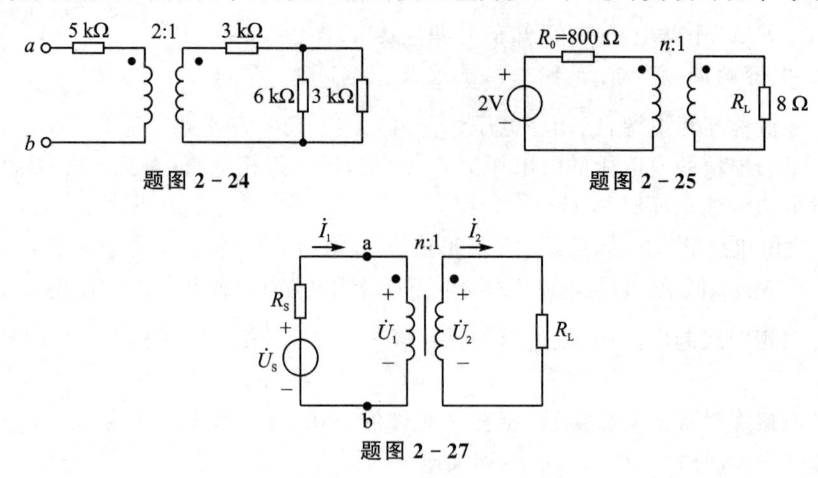

题图 2-24

题图 2-25

题图 2-27

第二篇　模拟电子技术

第3章　常用半导体器件

内容提要

- 半导体的特性及载流子的运动
- PN 结的单向导电性
- 半导体二极管的结构、工作原理、特性曲线、参数及应用
- 晶体三极管的结构、工作原理、特性曲线及主要参数
- 场效应管的结构、工作原理、特性曲线及主要参数

3.1　半导体基础知识

半导体器件是构成各种电子电路(包括模拟电路、数字电路、集成电路及分立元件电路)的基本元件,因此半导体器件又常称为**电子元器件**。本章主要学习半导体二极管、三极管及场效应管,介绍它们的结构、工作原理、特性曲线和主要参数。

3.1.1　本征半导体

导电能力介于导体和绝缘体之间的物质称为半导体,半导体是构成电子元器件的重要材料。纯净的、不含杂质的半导体称为本征半导体,硅(Si)和锗(Ge)是两种最常用的**本征半导体**。

本征半导体是通过一定的工艺过程形成的单晶体,其中每个硅或锗原子最外层的 4 个价电子,均与它们相邻的 4 个原子的价电子共用,从而形成**共价键**。本征半导体中原子间的共价键具有较强的束缚力,每个原子都趋于稳定。它们能否有足够的能量挣脱共价键的束缚与热运动(即温度)紧密相关。在热力学温度零度(约$-273°$)时,价电子基本不能移动,因而在外电场作用下半导体中电流为 0,此时它相当于绝缘体。但在常温下,由于热运动价电子被激活,有些获得足够能量的价电子会挣脱共价键成为**自由电子**,与此同时共价键中就留下一个空位,称为**空穴**,这种现象称为**本征激发**。由于电子带负电荷,所以空穴表示缺少一个负电荷,即空穴具有正电荷粒子的特性。

在产生电子、空穴对的同时,运动中的自由电子也有可能去填补空穴,使电子和空穴成对消失,这种现象称为**复合**。在外电场作用下,一方面带负电荷的自由电子作定向移动,形成电子电流;另一方面价电子会按电场方向依次填补空穴,产生空穴的定向移动,形成空穴电流。

我们把能够运动的、可以参与导电的带点粒子称为**载流子**,因而自由电子和空穴是半导体中的两种载流子。由于它们所带电荷极性相反,所以电子电流和空穴电流的方向相反。

在一定温度下,电子、空穴对的产生和复合都在不停地进行,最终处于一种动态平衡状态,使半导体中载流子的浓度一定。当温度升高时,本征半导体中载流子浓度将增大。由于导电能力决定于载流子数目,因此半导体的导电能力将随温度的升高而增强。温度是影响半导体器件性能的一个重要的外部因素,半导体材料的这种特性称为热敏性。此外,半导体材料还有光敏性、压敏性、磁敏性和掺杂性。

3.1.2 杂质半导体

在常温下,本征半导体中载流子浓度很低,因而导电能力很弱。为了改善导电性能并使其具有可控性,需要在本征半导体中掺入微量的其他元素(称为杂质)。这种掺入杂质的半导体称为**杂质半导体**。根据掺入杂质的性质不同,可分为**N 型半导体**和**P 型半导体**。

1. N 型半导体

在本征半导体硅 Si(或锗 Ge,此处以硅为例)中掺入微量的 5 价元素磷(P),由于磷原子最外层的 5 个价电子中有 4 个与相邻硅原子组成共价键,故多余一个价电子受磷原子核的束缚力很小,很容易成为自由电子,而磷原子本身因失去电子成为不能移动的杂质正离子。当然,在杂质半导体中,同本征半导体一样,由于热运动仍然产生自由**电子-空穴对**,但这种热运动产生的载流子浓度远小于掺杂而产生的自由电子数,所以在这种半导体中,自由电子数远超过空穴数,它是以电子导电为主的杂质型半导体,因为电子带负电(negative electricity),所以称为 N 型半导体。在 N 型半导体中,自由电子是多数载流子(简称**多子**),空穴是少数载流子(简称**少子**)。杂质离子带正电。

2. P 型半导体

在本征硅中掺入三价元素硼(B),由于硼有 3 个价电子,每个硼原子与相邻的 4 个硅原子组成共价键时,因缺少一个电子而产生一个空位。在室温或其他能量激发下,与硼原子相邻的硅原子共价键上的电子就可能填补这些空位,从而在电子原来所处的位置上形成带正电荷的空穴,硼原子本身则因获得电子而成为不能移动的杂质负离子。每个硼原子都能产生一个空穴,这种半导体的空穴数远大于自由电子数,它是以空穴导电为主的杂质型半导体,因为空穴带正电(positive electricity),所以称为 P 型半导体。在 P 型半导体中,空穴是多数载流子(多子),自由电子是少数载流子(少子)。杂质离子带负电。

以后,为简单起见,通常只画出正离子和等量的自由电子以及少子空穴来表示 N 型半导体;同样,只画出负离子和等量的空穴以及少子自由电子来表示 P 型半导体,分别如图 3-1(a)和(b)所示。

综上所述,掺入杂质后,由于载流子的浓度提高,因而杂质半导体的导电性能将增强,而且掺入的杂质越多,多子浓度越高,导电性能也就越强,实现了导电性能的可控性。当然,仅仅提高导电能力不是最终目的,因为导体的导电能力更强。杂质半导体的奇妙之处在于,只要掺入不同性质、不同浓度的杂质,并使 P 型半导体和 N 型半导体采用不同的方式组合,就可以制造出形形色色、品种繁多、用途各异的半导体器件。

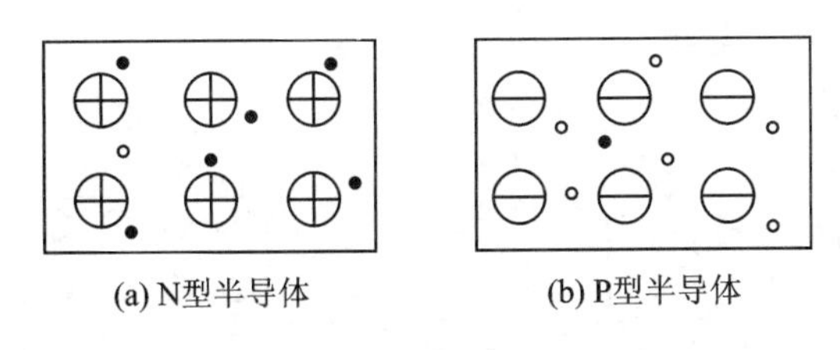

图 3-1　杂质半导体的简化画法

3.1.3　PN 结

如果将一块半导体的一侧掺杂成为 P 型半导体，而另一侧掺杂成为 N 型半导体，则在二者的交界处将形成一个**PN 结**。

1. PN 结的形成

将 P 型半导体和 N 型半导体制作在一起，在两种半导体的交界面就出现了电子和空穴的浓度差。P 区中的多子(即空穴)将向 N 区扩散，而 N 区中的多子(即自由电子)将向 P 区扩散，如图 3-2(a)所示。扩散过程中电子和空穴发生复合，结果就使两种半导体交界面附近出现了不能移动的带电离子区，P 区出现负离子区，N 区出现正离子区，如图 3-2(b)所示。这些带电离子形成了一个很薄的**空间电荷区**，产生了**内电场**。

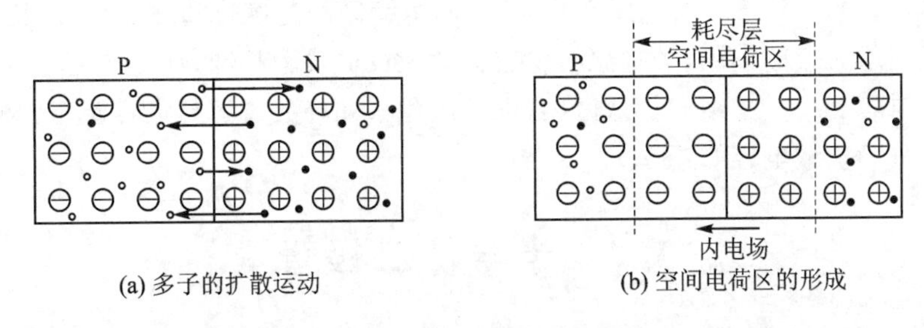

图 3-2　PN 结的形成

一方面，随着扩散运动的进行，空间电荷区加宽使内电场增强；另一方面，内电场又将阻止多子的扩散运动，促进少子的漂移运动，而少子的漂移运动方向正好与多子扩散运动的方向相反。电场力越大，漂移运动越强。最后，漂移运动与扩散运动达到动态平衡，使空间电荷区的载流子耗尽，成为耗尽层，这个耗尽层(空间电荷区)就是 PN 结。

2. PN 结的单向导电性

PN 结具有**单向导电性**，这种导电特性只有在外加电压时才能显示出来。

若在 PN 结上加以正向电压，即 P 区接电源正极，N 区接电源负极，称 PN 结处于**正向偏置**状态，简称**正偏**，如图 3-3(a)所示。这时外电场与内电场方向相反，削弱了内电场，空间电荷区变窄，正向电流 I 较大，PN 结在正向偏置时呈现较小电阻，PN 结变为导通状态。为了防止大的正向电流把 PN 结烧毁，实际电路都要串接限流电阻 R。

若在 PN 结上加以反向电压，即 P 区接电源负极，N 区接电源正极，称 PN 结处于**反向偏置**状态，简称**反偏**，如图 3-3(b)所示。这时外电场与内电场方向相同，空间电荷区变宽，内电场增强，因而有利于少子的漂移而不利于多子的扩散。由于电源的作用，少子的漂移形成了反向电流 I_S。但是，少子的浓度非常低，使得反向电流很小，一般为微安(μA)数量级，所以可以认为PN结反向偏置时基本不导电。

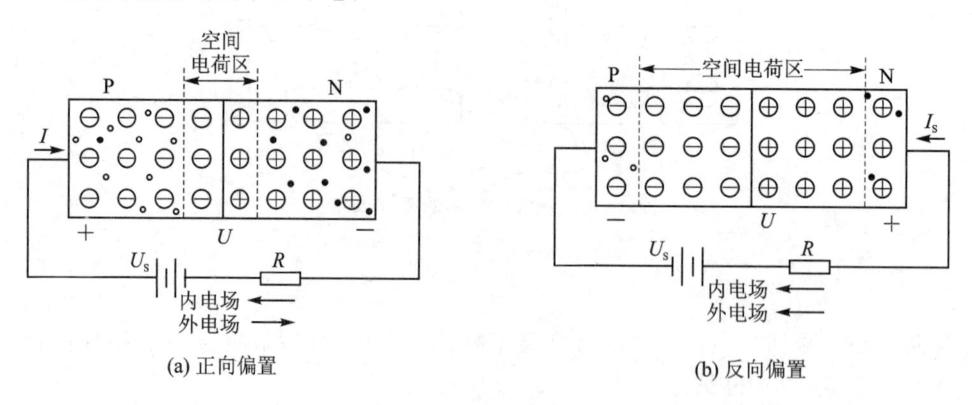

(a) 正向偏置　　(b) 反向偏置

图3-3　PN的单向导电性

综上所述,PN结正偏时导通,表现出的正向电阻很小,正向电流 I 较大;反偏时截止,表现出的反向电阻很大,正向电流几乎为0,只有很小的**反向饱和电流 I_S**。这就是PN结最重要的特性——单向导电性。二极管、三极管及其他各种半导体器件的工作特性都是以PN结的单向导电性为基础的。

此外,PN结在一定条件下还具有电容效应,根据产生原因不同分为势垒电容和扩散电容(统称为**结电容**)。当PN结外加电压变化时,空间电荷区的宽度将随之变化,即耗尽层的电荷量随外加电压而增大或减小,这种现象与电容器的充放电过程相同,耗尽层宽窄变化所等效的电容称为势垒电容 C_b。PN结的扩散区内,电荷的积累和释放过程与电容器充放电过程相同,这种电容效应称为扩散电容 C_d。

3.2　半导体二极管

3.2.1　二极管的结构及外形

二极管的内部就是一个PN结,所以二极管的主要特性也是单向导电性。在PN结的两端引出两个电极并将其封装在金属或塑料管壳内,就构成**二极管**(Diode)。二极管通常由管芯、管壳和电极三部分组成,管壳起保护管芯的作用,如图3-4(a)所示。从P区引出的电极称为正极或阳极,从N区引出的电极称为负极或阴极。图3-4(b)所示为二极管的电路符号。二极管一般用字母D表示。

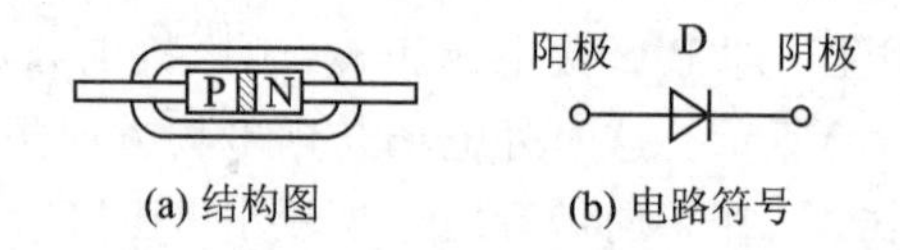

(a) 结构图　　(b) 电路符号

图3-4　二极管的结构示意图和电路符号

二极管的种类很多,分类方法也不同。按制造所用材料分类,主要有硅二极管和锗二极管;按用途分类,主要有普通二极管、整流二极管、开关二极管和稳压二极管;按其结构分类,有点接触型二极管和面接触型二极管。图3-5所示为几种常见二极管的实物外形图。

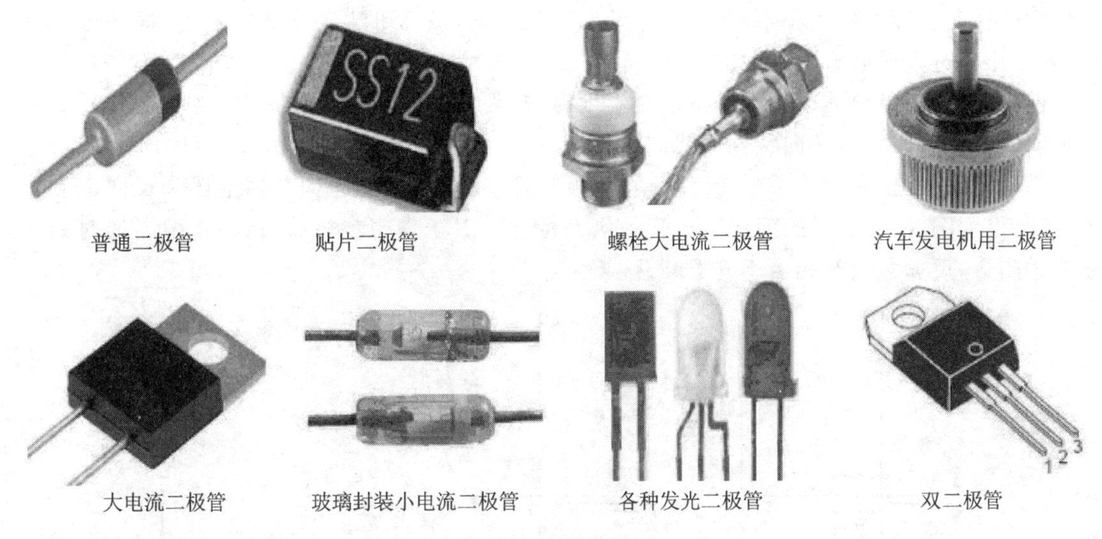

普通二极管　贴片二极管　螺栓大电流二极管　汽车发电机用二极管

大电流二极管　玻璃封装小电流二极管　各种发光二极管　双二极管

图 3－5　实际二极管外形图

3.2.2　二极管的伏安特性

二极管的伏安特性是指二极管两端外加电压 u 和流过二极管的电流 i 之间的关系。以硅管为例，其伏安特性曲线如图 3－6(a)所示。理论分析指出，理想情况下二极管电流 i 与其外加电压 u 之间的关系为

$$i = I_S\left(e^{\frac{u}{U_T}} - 1\right) \tag{3-1}$$

式(3－1)称为二极管的电流方程。其中，I_S 为反向饱和电流；U_T 为温度电压当量，常温下，$U_T \approx 26$ mV。

1. 正向特性

二极管两端不加电压时，其电流为 0，故特性曲线从坐标原点开始，如图 3－6(a)所示。当外加正向电压时，二极管内有正向电流通过。正向电压较小，且小于 U_{on} 时，外电场不足以克服内电场，故多数载流子的扩散运动仍受较大阻碍，二极管的正向电流很小，此时二极管工作于**死区**，称 U_{on} 为死区的**开启电压**。硅管的 U_{on} 约为 0.5 V，锗管约为 0.2 V。当正向电压超过 U_{on} 后，内电场被大大削弱，电流将随正向电压的增大按指数规律增大，二极管呈现出很小的电阻。硅管的**正向导通电压**U_D 为 0.6～0.8 V(常取 0.7 V)，锗管为 0.1～0.3 V。正向导通电压通常也称为二极管的正向钳位电压。

2. 反向特性

当外加反向电压时，外电场和内电场方向相同，阻碍扩散运动进行，有利于漂移运动。二极管中由少子形成反向电流。反向电压增大时，反向电流随着稍有增加，当反向电压增大到一定程度时，反向电流将基本不变，即达到饱和，因而称该反向电流为**反向饱和电流**，用 I_S 表示。通常硅管的 I_S 可达 10^{-9} A 数量级，锗管为 10^{-6} A 数量级。反向饱和电流越小，管子的单向导电性越好。

当反向电压增大到图 3－6(a)中的 U_{BR} 时，在外部强电场作用下，少子的数目会急剧增加，因而使得反向电流急剧增大，这种现象称为**反向击穿**，电压 U_{BR} 称为**反向击穿电压**。各类

二极管的反向击穿电压大小不同,通常为几十到几百伏,最高可达 300 V 以上。PN 结被击穿后,常因功耗过大而造成永久性的损坏。

前面已指出,半导体中的少子浓度受温度影响,因而二极管的伏安特性对温度很敏感。实验证明,当温度升高时,正向特性曲线向左移,反向特性曲线向下移,如图 3-6(b)所示。

需要指出的是,有时为了分析方便,将二极管理想化,忽略其正向导通电压和反向饱和电流,于是得到图 3-7 所示的理想二极管的伏安特性。对于理想二极管,认为正偏导通时相当于开关闭合,反偏截止时相当于开关断开。

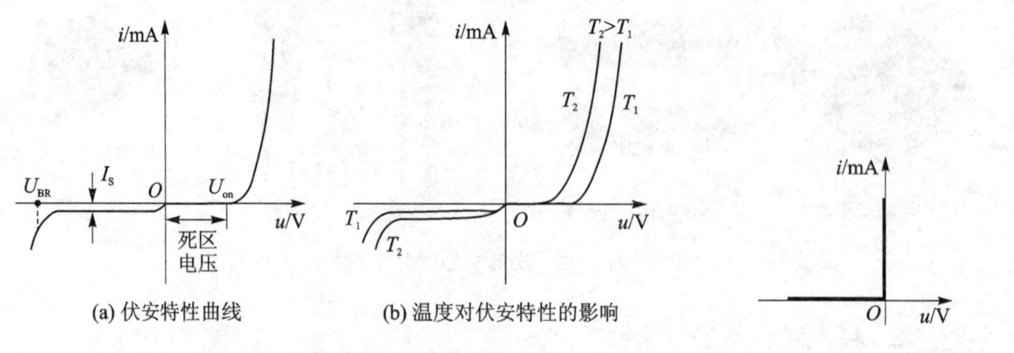

(a) 伏安特性曲线　　(b) 温度对伏安特性的影响

图 3-6　二极管的伏安特性　　**图 3-7　理想二极管的伏安特性**

3.2.3　二极管的主要参数

每种半导体器件都有一系列表示其性能特点的参数,并汇集成器件手册,供使用者查找选择。半导体二极管的主要参数有:

(1) 最大整流电流 I_F

指二极管长期运行时,允许通过管子的最大正向平均电流。使用时,管子的平均电流不得超过此值,否则可能使二极管过热而损坏。

(2) 最高反向工作电压 U_R

工作时加在二极管两端的反向电压不得超过此值,否则二极管可能被击穿。为了留有余地,通常将击穿电压 U_{BR} 的一半定为 U_R。

(3) 反向电流 I_R

I_R 是指在室温条件下,在二极管两端加上规定的反向电压时,流过管子的反向电流。通常希望 I_R 值越小越好。反向电流越小,说明二极管的单向导电性越好。此时,由于反向电流是由少数载流子形成,所以 I_R 受温度的影响很大。

(4) 最高工作频率 f_M

当二极管在高频条件下工作时,将受到极间电容的影响。f_M 主要决定于极间电容的大小。极间电容越大,则二极管允许的最高工作频率越低。当工作频率超过 f_M 时,二极管将失去单向导电性。

3.2.4　其他类型二极管

1. 稳压二极管

由二极管的特性曲线可知,如果二极管工作在反向击穿区,则当反向电流的变化量 Δi 较大时，管子两端相应的电压变化量 Δu 却很小，说明其具有“稳压”特性。利用这种特性可以做成稳压管二极管，简称**稳压管**。所以，稳压管实质上就是一个二极管，但它通常工作在反向击穿区。只要击穿后的反向电流不超过允许范围，稳压管就不会发生热击穿损坏。为此，必须在电路中串接一个限流电阻。

反向击穿后，当流过稳压管的电流在很大范围内变化时，管子两端的电压几乎不变，从而可以获得一个稳定的电压。稳压管的伏安特性、电路符号分别如图 3-8(a)和(b)所示。

稳压二极管的主要参数如下。

(1) 稳定电压 U_Z

当稳压管反向击穿，且使流过的电流为规定的测试电流时，稳压管两端的电压值即为稳定电压 U_Z。对于同一种型号的稳压管，U_Z 有一定的分散性，因此一般都给出其范围。例如型号为 2CW14 的稳压管的 U_Z 为 6～7.5 V，但对于某一只稳压管，U_Z 为一个确定值。

(2) 最小稳定电流 $I_{Z,\min}$

$I_{Z,\min}$ 是保证稳压管正常稳压的最小工作电流，电流低于此值时稳压效果不好。$I_{Z,\min}$ 一般为毫安数量级，如 5 mA 或 10 mA。

(3)最大耗散功率 P_{ZM} 和最大稳定电流 I_{ZM}

当稳压管工作在稳压状态时，管子消耗的功率等于稳定电压 U_Z 与流过稳压管电流的乘积，该功率将转化为 PN 结的温升。最大耗散功率 P_{ZM} 是在 PN 结温升允许的情况下的最大功率，一般为几十毫瓦至几百毫瓦。因 $P_{ZM}=U_Z I_{ZM}$，由此即可确定最大稳定电流 I_{ZM}。

此外，还有动态电阻 r_Z 和稳定电压的温度系数 a 等参数。

在使用稳压管组成稳压电路时，需要注意几个问题：首先，稳压二极管正常工作是在反向击穿状态，即外加电源正极接二极管的阴极，负极接阳极；其次，稳压管应与负载并联，由于稳压管两端电压变化量很小，因而使得输出电压比较稳定；最后，必须给稳压管加一个限流电阻，限制流过稳压管的电流，保证流过稳压管的电流在 $I_{Z,\min}$ 和 I_{ZM} 之间，以确保稳压管有良好的稳压特性。图 3-9 所示为稳压管构成的稳压电路结构图。

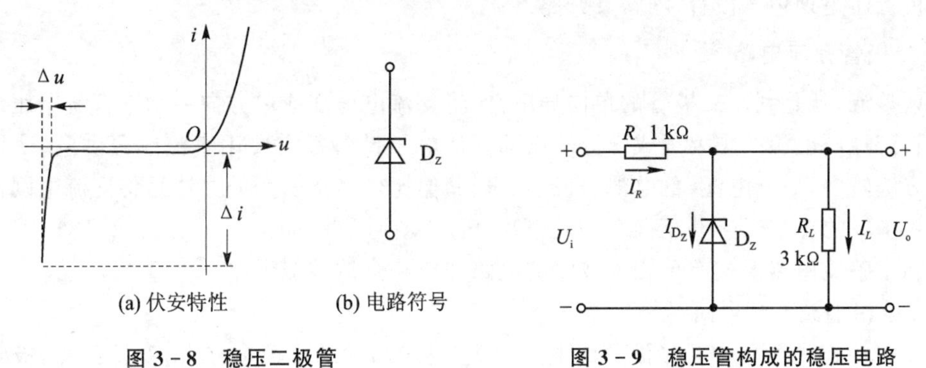

图 3-8　稳压二极管

图 3-9　稳压管构成的稳压电路

2. 发光二极管

发光二极管(Light Emitting Diode，LED)是一种将电能转换成光能的半导体器件。其基本结构是一个 PN 结，采用砷化镓、磷化镓等半导体材料制造而成。它的伏安特性与普通二极管类似，但由于材料特殊，其正向导通电压较大，约为 1～2 V。当管子正向导通时将会发光。

发光二极管具有工作电压低、工作电流小(10～30 mA)、发光均匀稳定、响应速度快等优点,常用作显示器件,如指示灯、七段显示器、矩阵显示器等。常见的 LED 发光颜色有红、黄、绿等,还有发出不可见光的红外发光二极管。图 3-10(a)所示为发光二极管的电路符号。

3. 光电二极管

光电二极管又叫光敏二极管,它是一种能将光信号转换为电信号的器件。光电二极管的基本结构也是一个 PN 结,但管壳上有一个窗口,使光线可以照射到 PN 结上。光电二极管工作在反偏状态下,当无光照时,与普通二极管一样,反向电流很小,称为暗电流;当有光照时,其反向电流随光照强度的增加而增加,称为光电流。光电二极管与发光二极管可用于构成红外线遥控电路。图 3-10(b)所示为光电二极管的电路符号。

4. 变容二极管

利用 PN 结的势垒电容随外加反向电压变化的特性可制成变容二极管。变容二极管工作在反偏状态下,PN 结电容的数值随外加电压的大小而变化。因此,变容二极管可作可变电容使用。图 3-10(c)所示为变容二极管的电路符号。

变容二极管在高频电路中得到广泛应用,可用于自动调谐、调频、调相等。

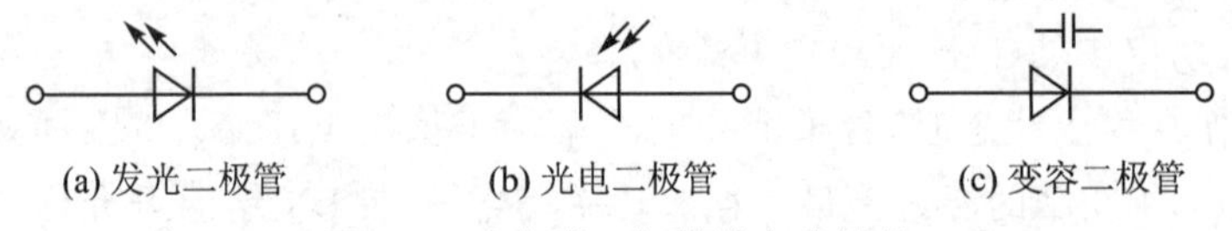

图 3-10 各类二极管的电路符号

3.2.5 二极管应用电路举例

利用二极管的单向导电性,可以构成很多应用电路。分析二极管应用电路的一般方法:首先判断二极管是正偏导通还是反偏截止,然后画出二极管的等效电路。若判断出二极管是正偏导通,此时又分两种情况:① 普通二极管,则用 0.7 V 电压源(硅管)或 0.3 V 电压源(锗管)代替二极管;② 理想二极管,则用短路线代替二极管。若判断出二极管是反偏截止,则无论是普通二极管还是理想二极管,均将其开路。

1. 二极管整流电路

所谓**整流**,就是利用二极管的单向导电性,将交流电压变成单方向的脉动直流电压。整流电路是直流稳压电源的重要组成部分。已知任何电子设备都需要用直流电源供电,获得直流电源的方法较多,如干电池、蓄电池、直流电机等,但比较经济实用的办法是将交流电网提供的 50 Hz、220 V 的正弦交流电经整流、滤波和稳压后变换成直流电。

小功率整流电路形式有单相半波整流电路和单相全波整流电路。

(1) 单相半波整流电路

图 3-11(a)所示为单相半波整流电路图,它是最简单的整流电路,由变压器、二极管和负载电阻组成。u_1 是变压器初级线圈的输入电压,即市电电压,u_2 是变压器次级的输出电压(也称副边电压)。

设二极管为理想二极管,在电压 u_2 的正半周,二极管 D 正偏导通,电流 i_D 经二极管流向负载 R_L,在 R_L 上就得到一个上正下负的电压;在 u_2 的负半周,二极管 D 反偏截止,流过负载的电流为 0,因而 R_L 上电压为 0。这样一来,在 u_2 信号的一个周期内,R_L 上只有半个周期有电流通过,结果在 R_L 两端得到的输出电压 u_o 就是单方向的,且近似为半个周期的正弦波,所

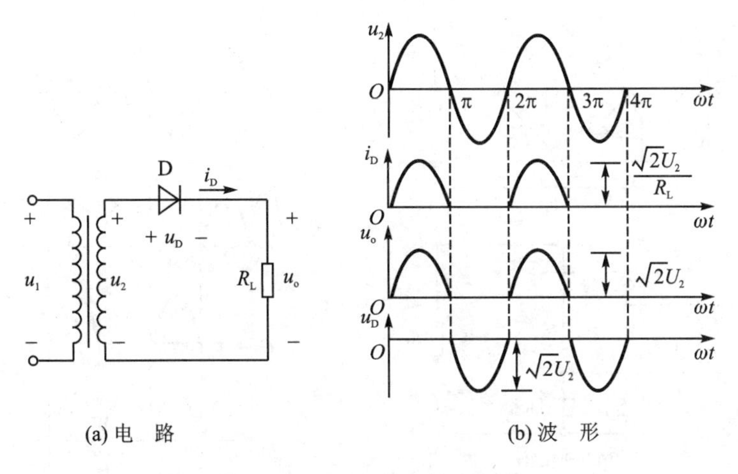

图3－11　单相半波整流电路

以叫**半波整流电路**。半波整流电路中各段电压、电流的波形如图3－11(b)所示。

(2) 单相全波整流电路

半波整流电路虽然简单,但它只利用了电源的半个周期,整流输出电压低,脉动幅度较大且变压器利用率低。为了克服这些缺点,可以采用全波整流电路,如图3－12(a)所示。电路中采用了 D_1～D_4 四只二极管,并且接成电桥形式,因此常称为单相**桥式全波整流电路**。

当 u_2 为正半周时, D_1、D_2 导通,D_3、D_4 截止;当 u_2 为负半周时,D_2、D_4 导通,D_1、D_2 截止,即在 u_2 的一个周期内,负载 R_L 上均能得到直流脉动电压 u_o,故称为全波整流电路,所有波形如图3－12(d)所示。桥式整流电路还可以有其他画法,如图3－12(b)、(c)所示。

显然,全波整流因为在整个周期里均有电流流过负载,所以它的输出电压要大于半波整流,并且脉动程度也小于半波整流;而且,整流二极管承受的反向电压也不高。但是电路中需要用四只二极管。

反映整流电路性能的参数主要有输出电压平均值 $U_{o(AV)}$、脉动系数 S、二极管正向平均电流 $I_{D(AV)}$,以及二极管最大反向峰值电压 U_{RM}。其中,全波整流的脉动系数是半波整流的一半,约为0.67。

2. 限幅电路

当输入信号电压在一定范围内变化时,输出电压随输入电压做相应变化;而当输入电压超出该范围时,输出电压保持不变,这种电路就是**限幅电路**。通常将输出电压 u_o 保持不变的电压值称为限幅电平,当输入电压高于限幅电平时,输出电压保持不变的限幅称为上限幅;当输入电压低于限幅电平时,输出电压保持不变的限幅称为下限幅。二极管限幅电路有串联、并联、双向限幅电路,图3－13(a)所示为一双限幅电路的例子,图3－13(b)是 u_o 与 u_i 的关系曲线。

3. 检波电路

无线电技术中经常要进行信号的远距离输送,这就需要把低频信号(如声频信号)装载到高频振荡信号上并由天线发射出去。电路分析中,将低频信号称为调制信号,高频振荡信号称为载波,受低频信号控制的高频振荡称为已调波,控制过程称为调制。在接收地点,接收机天线接收到的已调波信号,经放大后再设法还原成原来的低频信号,这一过程称为解调或检波。

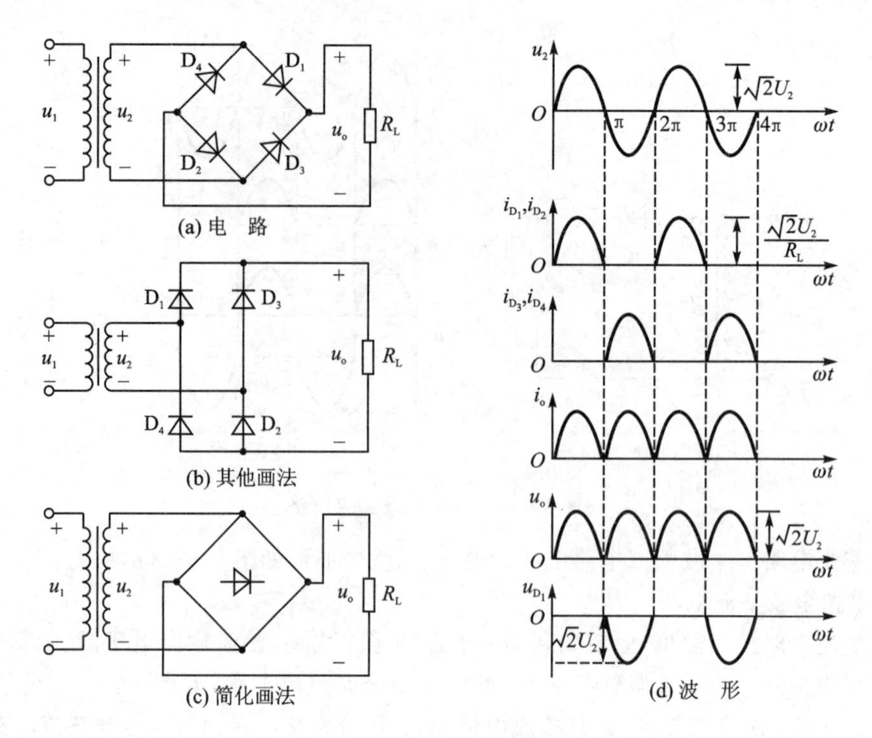

图 3-12　单相桥式全波整流电路

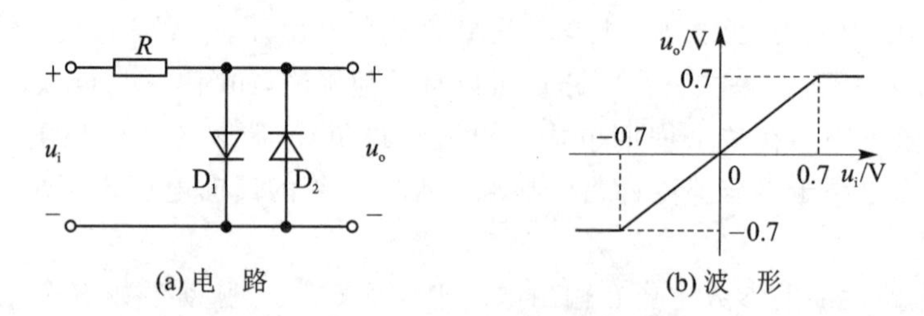

图 3-13　二极管的双向限幅电路

图 3-14(a)所示为一已调波,图 3-14(b)为由二极管组成的检波器,其中 D 用于检波,称为检波二极管,一般为点接触型二极管;C 为检波器负载电容,用来滤除检波后的高频成分;R_L 为检波器负载,用来获取检波后所需的低频信号。

由于二极管的单向导电作用,已调波经二极管检波后,负半波被截去,如图 3-14(c)所示,检波器负载电容将高频成分旁路,在 R_L 两端得到的输出电压就是原来的低频信号,如图 3-14(d)所示。

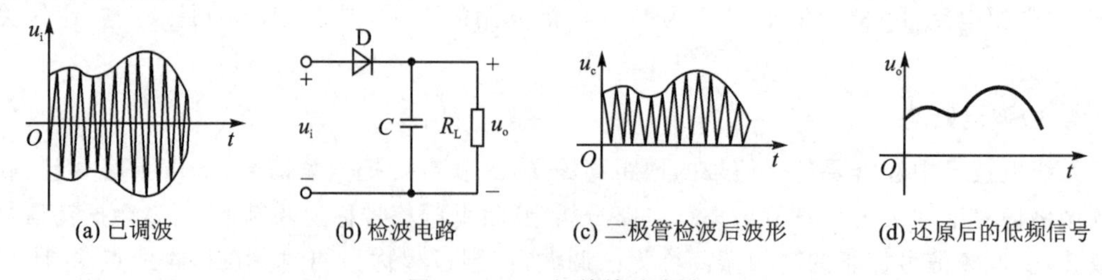

图 3-14　二极管检波电路

4. 二极管“续流”保护电路

二极管也可用作保护器件,如图3-15所示。当开关S闭合时,直流电压源U_S接通大电感L,二极管D因反偏而截止,全部电流流过电感线圈。当开关S断开时,电感线圈中的电流将迅速降到0,大电感两端会产生很大的负瞬时电压。如果没有提供另外的电流通路,该暂态电压将在开关两端产生电弧,损坏开关。若在电路中接有如图3-15所示的二极管时,二极管为电感线圈的放电提供了通路,使u_L的负峰值限制在二极管的正向压降范围内,开关S两端的电弧被消除,同时电感线圈中的电流将平稳地减少。

5. 逻辑运算(开关)电路

在开关电路中,一般把二极管看成理想模型,即二极管导通时两端电压为0,截止时两端电阻为无穷大。在图3-16(a)所示的电路中只要有一路输入信号为低电平,输出即为低电平,仅当全部输入为高电平时,输出才为高电平,这在逻辑运算中称为“与”逻辑运算。在图3-16(b)所示的电路中,当只要有一路输入信号为高电平,输出即为高电平,仅当全部输入为低电平时,输出才为低电平,这种运算称为“或”逻辑运算。

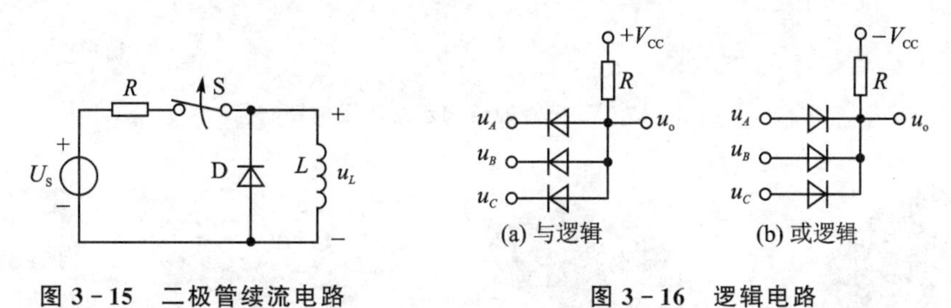

图3-15 二极管续流电路　　**图3-16 逻辑电路**

3.3 半导体三极管

半导体三极管又称为**晶体三极管**、**双极型晶体管**(Bipolar Junction Transistor,BJT),简称三极管或晶体管。它具有电流放大作用,是构成各种电子电路的基本元件。

3.3.1 三极管的基本结构及外形

在一块极薄的硅基片或锗基片上制作两个PN结,并从P区和N区引出接线,再封装在管壳里,就构成了三极管(Transistor),三极管常用字母T表示。三极管按照内部结构的不同分为NPN型和PNP型两种,图3-17所示是两种类型三极管的内部结构示意图及电路符号。下面以NPN型三极管为例介绍三极管结构上的几组名词。

对照图3-17可以看出,三极管内部有三个区:中间层称为基区,外面两层分别称为发射区和集电区。从三个区各引一个电极出来,分别称为**基极 b**(base)、**发射极 e**(emitter)和**集电极 c**(collector),因此三极管属于三端元件。三极管内部有两个PN结:基区与集电区之间的PN结称为**集电结**,基区与发射区之间的PN结称为**发射结**。

两种类型三极管符号的区别在于发射极箭头的方向不同,它表示发射结加上正向电压时,发射极电流的实际方向。图3-18所示为几种常见三极管的实物外形图。

为保证三极管具有电流放大作用,其内部结构在制造工艺上应具有以下特点:

1) 发射区的掺杂浓度远大于集电区的掺杂浓度;

2) 基区很薄,一般为1μm至几微米;

3) 集电结面积大于发射结面积。

三极管按材料不同分为硅管和锗管。目前我国制造的硅管多为NPN型,锗管多为PNP型。不论是硅管还是锗管,NPN管还是PNP管,它们的基本工作原理是相同的。本节主要讨论NPN管。

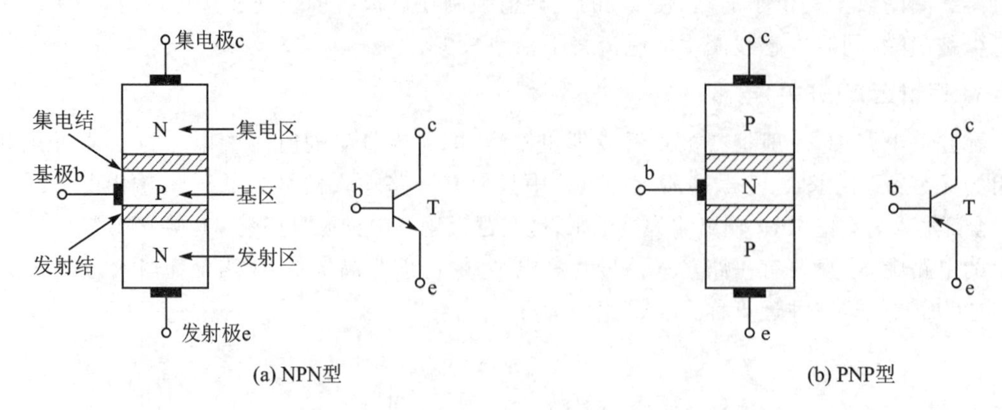

图3-17 三极管的结构示意图及电路符号

图3-18 实际三极管外形图

3.3.2 三极管的电流放大原理

通过改变加在三极管三个电极上的电压即可以改变其两个PN结的偏置情况,从而使三极管有三种工作状态:当发射结和集电结均反偏时,处于**截止状态**;当发射结正偏、集电结反偏时,处于**放大状态**;当发射结和集电结均正偏时,处于**饱和状态**。在模拟电路中,三极管主要工作在放大状态,是构成放大电路的核心元件;数字电路中,三极管则工作在截止和饱和状态,充当电子开关使用。

扫码查看
知识点解析

当三极管处于放大状态时,能将输入的小电流放大为输出端的大电流。下面以NPN型三极管为例来分析其电流放大原理。

1. 三极管内部载流子的运动

在图3－19所示的电路中，当电源电压$V_{CC}>V_{BB}$且各电阻取值合适时，能保证发射结正偏、集电结反偏，即保证三极管工作于放大状态。三极管的电流放大作用是通过载流子的运动体现出来的，其内部载流子的运动有三个过程。

(1) 发射区向基区注入电子

由于发射结正向偏置，因而外加电场有利于发射区内多子(自由电子)的扩散运动。又因为发射区的掺杂浓度很高，于是发射区发射出大量的电子。这些电子越过发射结到达基区，形成电子电流。与此同时，基区的多子(空穴)也通过发射结扩散到发射区，如图3－19所示。这两种多子的扩散运动形成的扩散电流即为发射极电流I_E。由于发射区的掺杂浓度远大于基区，因而I_E主要以电子电流为主，空穴电流可以忽略不计。

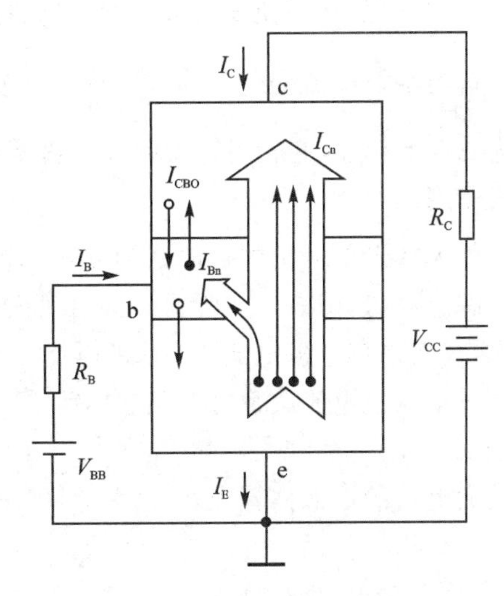

图3－19　三极管内部载流子的运动

(2) 电子在基区的扩散和复合

电子到达基区后，因为基区是P型，其中的多子是空穴，所以发射区扩散来的电子和空穴复合形成基极电流I_{Bn}，基区被复合掉的空穴由外电源V_{BB}不断进行补充。又由于基区很薄、杂质浓度低，电子在扩散过程中只有很少一部分与基区的空穴复合掉，因而基极电流I_{Bn}比发射极电流I_E小得多。大多数电子在基区中继续扩散，到达靠近集电结的一侧。

(3) 集电区收集电子

由于集电结反向偏置，有利于将基区扩散过来的电子收集到集电极从而形成集电极电流I_{Cn}。

此外，由于集电结反向偏置，基区本身的少子(电子)与集电区的少子(空穴)将在结电场的作用下形成漂移电流，该电流即反向饱和电流，称为I_{CBO}。I_{CBO}数值很小，可以忽略不计，但由于它受温度的影响大，将影响管子的性能。

2. 三极管各电极电流之间的关系

由以上分析可知，三极管内部有自由电子和空穴两种载流子参与导电，故称为**双极型晶体管**。三极管三个电极电流I_B、I_C、I_E分别为

$$I_B=I_{Bn}-I_{CBO} \tag{3-2}$$

$$I_C=I_{Cn}+I_{CBO} \tag{3-3}$$

$$I_E=I_{Cn}+I_{Bn}=(I_{Cn}+I_{CBO})+(I_{Bn}-I_{CBO})=I_C+I_B \tag{3-4}$$

在图3－19所示的电路中，I_B所在回路称为**输入回路**，I_C所在回路称为**输出回路**，而发射极为两个回路的公共端，因此，该电路称为**共射放大电路**。该电路中电流I_E主要是由发射区扩散到基区的电子而产生的；I_B主要是由发射区扩散过来的电子在基区与空穴复合而产生的；I_C主要是由发射区注入基区的电子漂移到集电区而形成的。当管子制成以后，复合和漂移所占的比例就确定了，也就是说I_C与I_B的比值也就确定了，这个比值就称为共发射极**直流**

电流放大系数 $\bar{\beta}$,即 $\bar{\beta}=\dfrac{I_C}{I_B}$。由于 I_B 远小于 I_C,因此 $\bar{\beta}\gg1$,一般 NPN 型三极管的 $\bar{\beta}$ 为几十倍至一百多倍。

在实际电路中,三极管主要用于放大动态信号。当输入回路加上动态信号后,将引起发射结电压的变化,从而使发射极电流、基极电流变化,集电极电流也将随之变化。集电极电流的变化量与基极电流变化量的比值称为共发射极**交流电流放大系数 β**,即 $\beta=\dfrac{\Delta i_C}{\Delta i_B}$。此式也可写为 $\Delta i_C=\beta\Delta i_B$,这表明三极管具有将基极电流变化量放大 β 倍的能力,这就是三极管的**电流放大作用**。

因为在近似分析中可以认为 $\beta\approx\bar{\beta}$,故在实际应用中不再加以区分。

综上可得,图 3-19 所示的共射放大电路中,三个电极电流的大小关系为:发射极电流 I_E 最大,其次是集电极电流 I_C,基极电流 I_B 最小,且满足 $I_C\approx\beta I_B$。因此,三极管共射放大电路中的三个电极电流关系可完整表示为

$$I_E=I_B+I_C\approx I_B+\beta I_B=(1+\beta)I_B \tag{3-5}$$

在放大电路的近似估算中,有时常将 I_B 忽略。于是可得

$$I_E=I_B+I_C\approx I_C\approx\beta I_B \tag{3-6}$$

此外,对于 PNP 型三极管,其工作原理与 NPN 型近似,两者的区别是三个电极电流的实际方向正好相反:对于 PNP 型三极管,电流从发射极流入,从基极和集电极流出,外加电源的极性和 NPN 电路也相反,如图 3-20 所示。在 PNP 型三极管构成的放大电路中,发射极电位 V_E 最高,基极电位 V_B 次之,集电极电位 V_C 最低。其他分析和 NPN 型三极管构成的放大电路相仿。

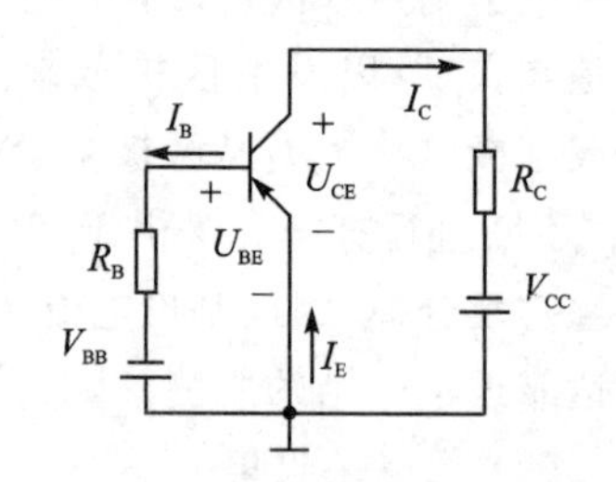

图 3-20 PNP 管构成的放大电路

3.3.3 三极管的共射伏安特性

三极管的伏安特性是指三极管各电极间的外加电压和流过每个电极的电流之间的关系。由于三极管是三端元件,因此其伏安特性较二端元件更为复杂。本节以 NPN 管构成的共射电路为例,根据三极管的工作原理,可将其分为输入特性和输出特性两个方面进行讨论,并且借助特性曲线,使结果更为直观。

1. 输入特性曲线

输入特性是指当 U_{CE} 一定时,i_B 与 u_{BE} 之间的关系曲线,即 $i_B=f(u_{BE})\big|_{U_{CE}=\text{常数}}$,如图 3-21 所示。当 $U_{CE}=0$ 时,相当于两个 PN 结(发射结和集电结)并联,此时输入特性与二极管伏安特性相似。当 U_{CE} 增大时,输入特性曲线右移,但当 $U_{CE}\geqslant2$ V 后曲线重合。这是因为,当 $U_{CE}>0$ 时,随着 U_{CE} 的增大,集电结电场对发射区注入基区的电子的吸引力增强,因而使基区内与空穴复合的电子数减少,表现为在相同 u_{BE} 下对应的 i_B 减小,故与 $U_{CE}=0$ 时的曲线相比,输入曲线右移。但当 U_{CE} 大于某一数值以后,特性曲线右移很少。这是因为在一定的 u_{BE} 之下,集电结的反向偏置电压已足以将注入基区的电子基本上都收集到集电极,即使 U_{CE} 再增大,i_B 也不会减小很多。所以,常用 $U_{CE}>1$ V 的一条曲线(例如 $U_{CE}=2$ V)来代表 U_{CE} 更高

的情况。

2. 输出特性曲线

输出特性是指当 I_B 一定时，i_C 与 u_{CE} 之间的关系曲线，即 $i_C = f(u_{CE})|_{I_B=常数}$。由于三极管的基极输入电流 I_B 对输出电流 i_C 的控制作用，因此不同的 I_B，将有不同的 $i_C - u_{CE}$ 关系，由此可得图 3-22 所示的一簇曲线，这就是三极管的输出特性曲线。

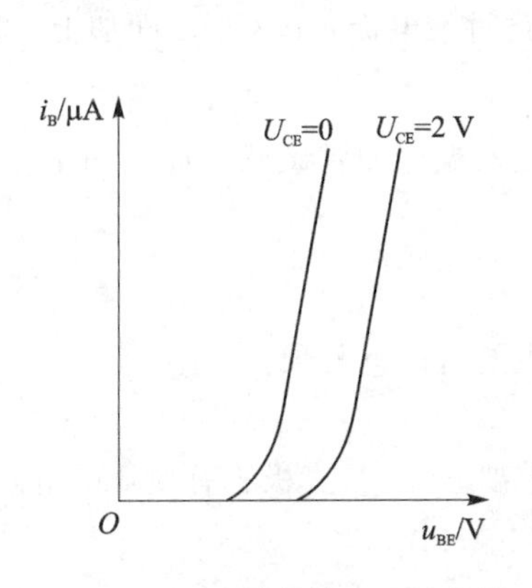

图 3-21　三极管的输入特性曲线

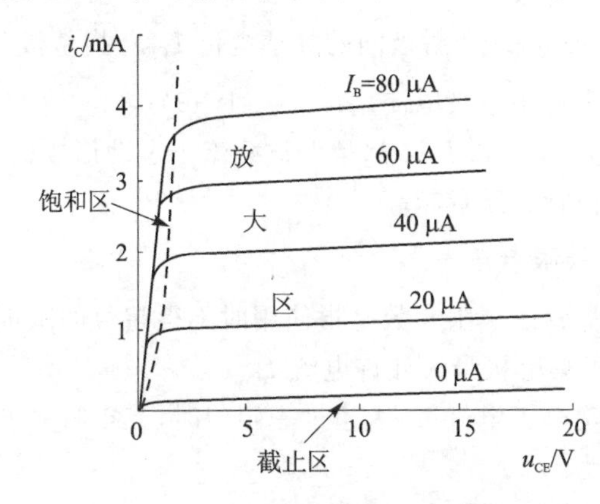

图 3-22　三极管的输出特性曲线

从输出特性曲线可以看出，三极管有三个不同的工作区域**截止区**、**放大区**和**饱和区**，它们分别对应三极管的三种工作状态，即截止状态、放大状态和饱和状态。三极管工作在不同状态，特点也各不相同。

（1）截止区

截止区指曲线上 $I_B \leqslant 0$ 的区域，此时，集电结和发射结均反偏，三极管为截止状态，i_C 很小，集电极与发射极之间相当于断开的开关。

（2）放大区

放大区指曲线上 $I_B > 0$ 和 $u_{CE} > 1$ V 之间的部分，此时三极管的发射结正偏、集电结反偏，三极管处于放大状态。此时，对于 NPN 型三极管来说，满足 $U_{BE} > 0$，$U_{BC} < 0$，对应的各电极电位关系为 $V_C > V_B > V_E$；对于 PNP 型三极管来说，满足 $U_{BE} < 0$，$U_{BC} > 0$，各电极电位关系为 $V_C < V_B < V_E$。在放大区时，可以看出 I_B 不变时 i_C 也基本不变，即具有恒流特性；而当 I_B 变化时，i_C 也随之变化，且满足 $\Delta i_C = \beta \Delta i_B$，这就是三极管的电流放大作用。

（3）饱和区

饱和区指曲线上 $u_{CE} \leqslant U_{BE}$ 的区域，此时 i_C 不仅与 I_B 有关，而且明显随 u_{CE} 的增大而增大，且 $\Delta i_C < \beta \Delta i_B$。集电结和发射结均正偏，三极管处于饱和状态。一般称 $u_{CE} = U_{BE}$ 时三极管的工作状态为临界状态，即临界饱和或临界放大状态，通常将此时的 u_{CE} 称为**临界饱和电压**，记作 U_{CES}，一般小功率硅三极管的 $U_{CES} < 0.4$ V，此时 C-E 间近似认为短路，相当于闭合的开关。

3.3.4　三极管的主要参数

1. 电流放大系数

三极管的电流放大系数是表征管子放大作用大小的参数。综合前面的讨论，有以下几个参数:共射交流电流放大系数 β 和共射直流电流放大系数 $\bar{\beta}$。

2. 极间反向饱和电流

1) 集电极-基极反向饱和电流 I_{CBO}:指发射极 e 开路时集电极 c 和基极 b 之间的反向电流。一般小功率锗管的 I_{CBO} 约为几微安至几十微安;硅三极管的 I_{CBO} 要小得多,有的可以达到纳安数量级。

2) 集电极-发射极间的穿透电流 I_{CEO}:指基极 b 开路时集电极 c 和发射 e 间加上一定电压时所产生的集电极电流。$I_{CEO}=(1+\bar{\beta})I_{CBO}$。

因为 I_{CBO} 和 I_{CEO} 都是少数载流子运动形成的,所以对温度非常敏感。I_{CBO} 和 I_{CEO} 越小,表明三极管的质量越高。

3. 极限参数

三极管的极限参数是指使用时不得超过的限度。主要有以下几项。

(1) 集电极最大允许电流 I_{CM}

当集电极电流过大,超过一定值时,三极管的 β 值就要减小,且三极管有损坏的危险,该电流值即为 I_{CM}。

(2) 集电极最大允许功耗 P_{CM}

三极管的功率损耗大部分消耗在反向偏置的集电结上,并表现为结温升高,P_{CM} 是在管子温升允许的条件下集电极所消耗的最大功率。超过此值,管子将被烧毁。

(3) 反向击穿电压

三极管的两个结上所加反向电压超过一定值时都将被击穿,因此,必须了解三极管的反向击穿电压。极间反向击穿电压主要有以下几项。

$U_{(BR)CEO}$:基极开路时,集电极和发射极之间的反向击穿电压。

$U_{(BR)CBO}$:发射极开路时,集电极和基极之间的反向击穿电压。

例 3-1 现测得放大电路中两只三极管的各电极电流及直流电位如图 3-23 所示。(1)判断图 3-23(a)中,标有"?"的是三极管的哪个电极?该电极电流大小等于多少?方向如何?是何种类型的管?并求其 β 值。(2)确定图(b)中三极管的类型、材料、各个电极。

解:(1)图 3-23(a)中已知的两个电极电流数值相差较大,且方向一致(均流入三极管),依此可判断它们是基极 b 和集电极 c,所以标有"?"的是三极管的发射极 e。可求得 $I_E=I_B+I_C=2.02$ mA,方向为流出三极管。根据电流方向可知,该管为 NPN 型三极管,其电流放大系数 $\beta\approx I_C/I_B=2\ 000\ \mu A/20\ \mu A=100$。

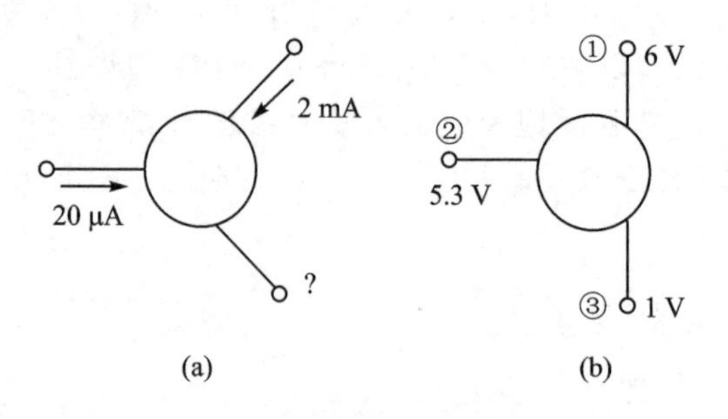

图 3-23 例 3-1 图

(2) 已知三极管工作在放大状态，所以其发射结(即 b－e 之间的 PN 结)正偏导通，导通电压 $|U_{BE}|$ 等于 0.6 V 左右(硅管)或 0.3 V 左右(锗管)。很明显，图 3－23(b)中①、②两电极的直流电位之差为 0.7 V，于是可判断③是集电极 c。又因集电极电位 V_c 最低，所以该管为 PNP 型三极管，继而可断定电位最高的①为发射极 e，②为基极 b，且发射结两端电压 $U_{BE}=V_b-V_e=5.3\text{ V}-6\text{ V}=-0.7\text{ V}$，所以该管为硅管。

例 3－2　已知由三极管构成的基本放大电路中，电源电压 $V_{CC}=15$ V。今有三只管子，其参数列于表 3－1 中，请从中选用一只管子，并简述理由。

表 3－1　例 3－2 中各三极管的参数列表

三极管参数	T_1	T_2	T_3
β	100	20	100
$I_{CBO}/\mu A$	0.1	0.01	0.02
$U_{(BR)CEO}/V$	30	30	10

解：　T_2 管 I_{CBO} 很小，表明其温度稳定性好，但其 β 值太小，放大能力差，故不宜选用。T_3 管虽然 I_{CBO} 较小且 β 值较大，但其 $U_{(BR)CEO}$ 只有 10 V，小于电源电压 15 V，工作中有被击穿的危险，所以也不能选用。T_1 管的 I_{CBO} 也不大，且 β 值较大，$U_{(BR)CEO}$ 等于 30 V，大于电源电压，所以选用 T_1 管最合适。

3.4　场效应管

场效应管(Field Effect Transistor，FET)是另一种类型的半导体器件，它的内部只有一种载流子(多子)参与导电，故称其为**单极型晶体管**。又因为这种管子是利用电场效应来控制电流的，所以也称为**场效应管**。场效应管分为两大类：一类是**结型场效应管 JFET** (Junction FET)，另一类是**绝缘栅场效应管 IGFET** (Insutated Gate FET)。每一类中又有 N 沟道和 P 沟道之分。

3.4.1　结型场效应管

1. 结　构

在 N 型半导体两边用扩散法或其他工艺形成两个高浓度的 P 型区(用 P^+ 表示)，并将它们连接在一起，所引出的电极称为**栅极 G**；在 N 型半导体的两端各引出一个电极，分别称为**源极 S** 和**漏极 D**，如图 3－24(a)所示，这样就制成了 N 沟道 JFET。两个 P^+ 区与 N 型半导体之间形成了两个 PN 结，PN 结中间的 N 型区域称为导电沟道。用同样方法可制成 P 沟道的 JFET。

N 沟道 JFET 的电路符号如图 3－24(b)所示。其中箭头表示栅结(PN 结)的方向，从 P 指向 N，P 沟道 JFET 的栅结方向与 N 沟道的相反。因而可根据箭头方向识别管子属于 N 沟道管还是 P 沟道管。

2. 工作原理

改变 JFET 栅极和源极之间的电压 u_{GS}，即可改变导电沟道的宽度，从而改变通过漏极和

源极的电流 i_D 的大小。JFET 工作时常接成如图 3-25 所示的共源接法,以源极为公共端。

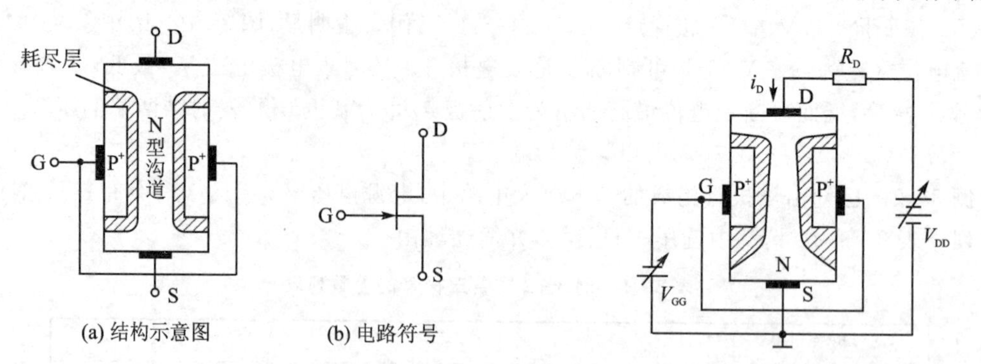

(a) 结构示意图 (b) 电路符号

图 3-24 N 沟道结型场效应管

图 3-25 N 沟道结型场效应管的工作原理图

图 3-25 中 V_{DD} 为正电源,保证 D、S 间电压足够大,而 V_{GG} 应为负电源。当 $V_{GG}=0$ 时,$u_{GS}=0$,漏极与源极之间存在导电沟道,因而存在漏极电流 i_D。当 V_{GG} 逐渐增大时,u_{GS} 逐渐变负,由于两个 PN 结均反向偏置,耗尽层均变宽而向导电沟道内扩展,使导电沟道变窄,沟道电阻增大,因而电流 i_D 减小;当 V_{GG} 的数值继续增大到某一个值时,两个 PN 结的耗尽层将彼此相遇,使导电沟道被夹断,$i_D=0$,此时的栅-源电压称为**夹断电压**$U_{GS(off)}$。可见,输出端漏极电流 i_D 是受输入电压 u_{GS} 的控制,因此,场效应管是一种电压控制型元件。由于栅极为两个反向偏置的 PN 结,栅极几乎没有电流,因此 JFET 的输入电阻很高,可达 $10^6\sim10^9\,\Omega$。图 3-25 中由于电源 V_{DD} 与 V_{GG} 串联,因而在漏极附近的 PN 结上反向电压比源极附近要高,所以在漏极附近的耗尽层最宽,导电沟道自上而下逐渐变宽。

在使用中结型管的漏极 D 和源极 S 可以互换。

3. 特性曲线

场效应管的伏安特性曲线也有两种,一种是与三极管的输入特性曲线相对应的,叫**转移特性曲线**;另一种是与三极管的输出特性曲线相对应的叫**漏极特性曲线**,有时也称输出特性曲线。

(1) 转移特性

转移特性是指当 U_{DS} 一定时,i_D 与 u_{GS} 之间的关系曲线。它反映栅-源电压 u_{GS} 对漏极电流 i_D 的控制作用,表示了 JFET 是一种电压控制电流的器件。

在图 3-26(a)所示的 N 沟道 JFET 的转移特性中,$u_{GS}\leqslant0$,表明正常工作时栅-源电压不能为正;当 $U_{GS(off)}<u_{GS}<0$ 时,电流 i_D 随 $|u_{GS}|$ 的减小而增大,当 $|u_{GS}|=0$ 时的 i_D 称为**饱和漏极电流**,记作 I_{DSS},而电压 $U_{GS(off)}$ 称为**夹断电压**。近似计算时,可用如下公式表示 i_D 与 u_{GS} 之间的关系:

$$i_D=I_{DSS}\left(1-\frac{u_{GS}}{U_{GS(off)}}\right)^2 \qquad (U_{GS(off)}\leqslant u_{GS}\leqslant 0) \tag{3-7}$$

(2) 漏极特性

漏极特性是指当 U_{GS} 一定时,i_D 与 u_{DS} 之间的关系曲线。图 3-26(b)所示为 N 沟道 JFET 的漏极特性曲线,与三极管的输出特性类似,也可分为三个工作区。

可变电阻区:图中虚线 $U_{DS}-U_{GS}=-U_{GS(off)}$(称为预夹断轨迹)左边部分即为可变电阻

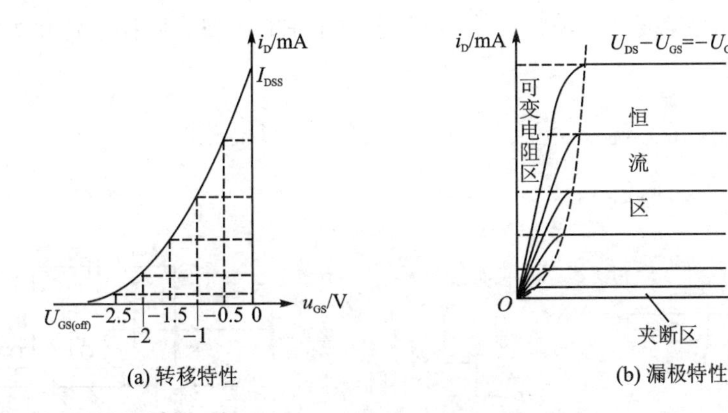

图 3-26　N 沟道结型场效应管的特性曲线

区。其特点是 i_D 随 u_{DS} 增大而线性增加，曲线斜率的倒数表现为漏-源间的等效电阻 r_{DS}。对应不同的 u_{GS}，曲线斜率也不同，即说明该区是一个由 u_{GS} 控制的可变电阻区。

恒流区(也称饱和区)：图中虚线右边曲线近似水平的部分为恒流区。其特点是 i_D 不随 u_{DS} 而改变，表现出恒流特性，因而称为恒流区。JFET 用于放大时应工作在该区域，此时 i_D 几乎仅仅决定于 u_{GS}。

夹断区：图中靠近横轴的部分称为夹断区，此时 $|u_{GS}|<|U_{GS(off)}|$，导电沟道被夹断，$i_D=0$，此时 JFET 的三个电极均相当于开路。

3.4.2　绝缘栅场效应管

绝缘栅型场效应管(IGFET)比结型场效应管的输入电阻更大，可达 $10^{12}\,\Omega$ 或更高。目前 IGFET 用得最多的是 MOSFET(Metal-Oxide-Semiconductor FET)，简称为 MOS 管。与 JFET 不同，MOS 管除了分为 P 沟道和 N 沟道两类外，每类又还分为**增强型**和**耗尽型**两种。

1. N 沟道增强型 MOS 管

(1) 结　构

图 3-27(a)所示为 N 沟道增强型 MOS 管的结构图。它是用一块掺杂浓度较低的 P 型硅片作为衬底，在其上扩散出两个高掺杂的 N 型区(称为 N^+ 区)，然后在半导体表面覆盖一层很薄的二氧化硅绝缘层。从两个 N^+ 区表面及它们之间的二氧化硅表面分别引出三个铝电极：源极 S、漏极 D 和栅极 G。因为栅极是和衬底完全绝缘的，所以称作绝缘栅型场效应管。衬底 B 也有引极，通常在管子内部和源极相连。图 3-27(b)为 N 沟道增强型 MOS 管的电路符号。

(2) 工作原理

MOS 管工作时常接成图 3-28 所示的共源接法。与 JFET 工作原理有所不同，JFET 利用 u_{GS} 控制 PN 结耗尽层的宽窄，从而改变导电沟道的宽度，以控制漏极电流 i_D。而 MOS 管则利用 u_{GS} 来控制“感应电荷”的多少，以改变由这些“感应电荷”形成的导电沟道的状况，然后达到控制漏极电流 i_D 的目的。若 $u_{GS}=0$ 时，漏源之间已存在导电沟道，称为**耗尽型 MOS 管**；若 $u_{GS}=0$ 时，漏源之间不存在导电沟道，称为**增强型 MOS 管**。N 沟道增强型 MOS 管的转移特性如图 3-29(a)所示，从曲线可以看出，当 $u_{GS}>U_{GS(th)}$ 时，在 D、S 间加正向电压，沟道的变化情况与 JFET 相似，$U_{GS(th)}$ 为使管子刚刚导通的栅-源电压，称为**开启电压**。图 3-29(b)为

N沟道增强型MOS管的漏极特性,其三个工作区也与JFET相似。同样也可用方程来近似分析 i_D 与 u_{GS} 的关系:

$$i_D = I_{DO}\left(\frac{u_{GS}}{U_{GS(th)}} - 1\right)^2 \qquad (u_{GS} > U_{GS(th)}) \tag{3-8}$$

其中,I_{DO} 为 $u_{GS}=2U_{GS(th)}$ 时的 i_D。

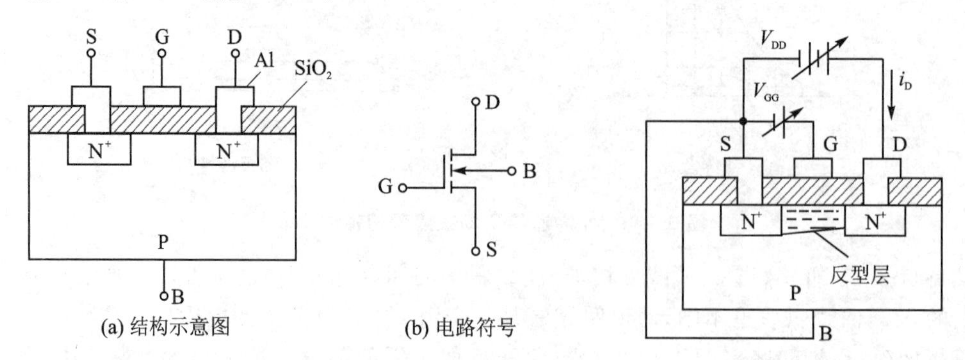

图3-27 N沟道增强型MOS管

图3-28 N沟道增强型MOS管的工作原理图

衡量栅-源电压 u_{GS} 对漏极电流 i_D 的控制作用的参数称作低频跨导,用 g_m 表示。定义为:当 U_{DS} 一定时,i_D 与 u_{GS} 的变化量之比,即

$$g_m = \left.\frac{\Delta i_D}{\Delta u_{GS}}\right|_{U_{DS}=常数} \tag{3-9}$$

若 i_D 的单位为毫安(mA),u_{GS} 的单位为伏(V),则 g_m 的单位为毫西门子(mS)。

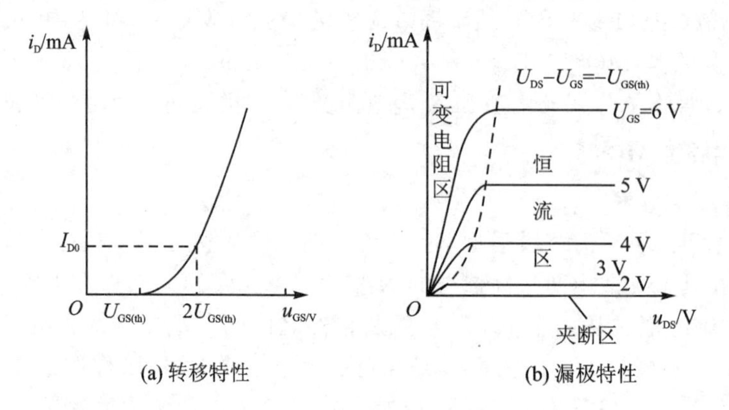

图3-29 N沟道增强型MOS管特性曲线

2. N沟道耗尽型MOS管

耗尽型MOS管和增强型MOS管的区别是:前者具有原始的导电沟道,而后者没有原始的导电沟道。如果在MOS的制作过程中,在二氧化硅里掺入大量的正离子,那么即使栅-源电压 $u_{GS}=0$,在这些正离子的作用下,也能在P型衬底中感生出原始的导电沟道,将两个高浓度的 N^+ 区相连。这就是N沟道耗尽型MOS管。N沟道耗尽型MOS管在使用中,栅-源电压 u_{GS} 可正可负。$u_{GS}>0$ 时,工作过程与增强型MOS管相仿,u_{GS} 增大,导电沟道变宽,使 i_D 增大;$u_{GS}<0$ 时,其产生的电场将削弱正离子的作用,使导电沟道变窄,从而使 i_D 减小。当负的 u_{GS} 大到一定程度时,将使导电沟道消失,$i_D=0$,此时的 u_{GS} 就是夹断电压 $u_{GS(off)}$。

各种 MOS 管的电路符号如图 3－30 所示。

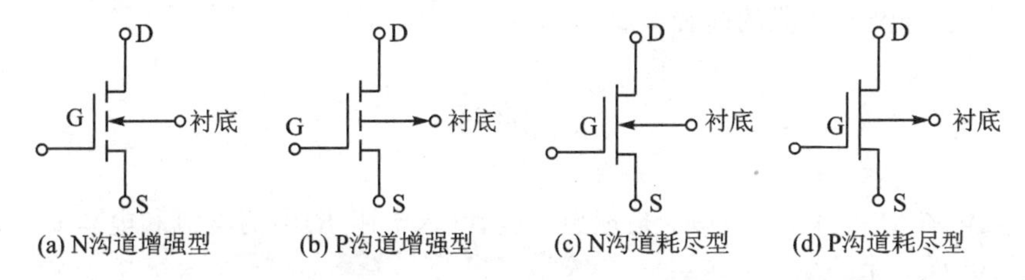

图 3－30　各种 MOS 管的电路符号

3.4.3　场效应管和三极管比较

场效应管的栅极 G、源极 S、漏极 D 分别对应于三极管的基极 B、发射极 E、集电极 C，它们的作用相类似，但也有区别，现比较如下。

1）三极管是两种载流子（多子和少子）参与导电，故称双极型晶体管。而场效应管是由一种载流子（多子）参与导电，N 沟道管是电子，P 沟道管是空穴，故称单极型晶体管。所以场效应管的温度稳定性好，因此，若使用条件恶劣，宜选用场效应管。

2）三极管的集电极电流 I_C 受基极电流 I_B 的控制，若工作在放大区可视为电流控制的电流源（CCCS）。场效应管的漏极电流 I_D 受栅源电压 U_{GS} 的控制，是电压控制元件，若工作在放大区可视为电压控制的电流源（VCCS）。

3）三极管的输入电阻低（$10^2 \sim 10^4\ \Omega$），而场效应管的输入电阻可高达 $10^6 \sim 10^{15}\ \Omega$。

4）三极管的制造工艺较复杂，场效应管的制造工艺较简单，因而成本低，适用于大规模和超大规模集成电路中。

有些场效应管的漏极和源极可以互换使用，而三极管正常工作时集电极和发射极不能互换使用，这是基于结构和工作原理所致。

场效应管产生的电噪声比三极管小，所以低噪声放大器的前级常选用场效应管。

5）三极管分 NPN 型和 PNP 型两种，有硅管和锗管之分。场效应管分结型和绝缘栅型两大类，每类场效应管又可分为 N 沟道和 P 沟道两种，都是由硅片制成的。

本章小结

1．半导体材料是制造半导体器件的物理基础，利用半导体的掺杂性，控制其导电能力，从而把无用的本征半导体变成有用的 P 型和 N 型两种杂质半导体。

2．PN 结是制造半导体器件的基础。它最主要的特性是单向导电性。因此，正确地理解它的特性对于了解和使用各种半导体器件有着十分重要的意义。

3．半导体二极管由一个 PN 结构成。它的伏安特性形象地反映了二极管的单向导电性和反向击穿特性。普通二极管工作在正向导通区，而稳压管工作在反向击穿区。

4．三极管由两个 PN 结构成，当发射结正偏、集电结反偏时，三极管的基极电流对集电极电流具有控制作用，即电流放大作用。三个电极电流具有以下关系：$I_C \approx \beta I_B$，$I_E = I_B + I_C \approx (1+\beta) I_B$。

三极管有截止、放大、饱和三种工作状态。注意其不同的外部偏置条件。

5. 场效应管是一种新型晶体管,它的工作原理与三极管不同,具有很高的输入电阻和较低的噪声系数,适合做放大器的前置级。

习题 3

3-1 在题图 3-1 中,D_1、D_2 都是理想二极管,求电阻 R 中的电流和电压 U。已知 $R=6\ k\Omega$,$U_1=6\ V$,$U_2=12\ V$。

3-2 在题图 3-2 所示的电路中,D_1、D_2 都是理想二极管,直流电压 $U_1>U_2$,u_i、u_o 是交流电压信号的瞬时值。试求:

(1) 当 $u_i>U_1$ 时,u_o 的值;

(2) 当 $u_i<U_2$ 时,u_o 的值。

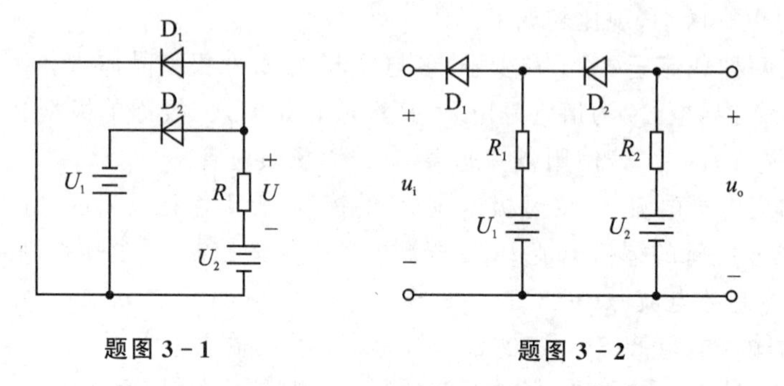

题图 3-1　　**题图 3-2**

3-3 在题图 3-3 中二极管均为理想二极管,请判断它们是否导通,并求出 u_o。

3-4 在题图 3-4 所示的电路中,已知二极管为理想二极管,u_i 为峰值 $U_{im}=5\ V$ 的正弦波。试画出电压 u_o 的波形,并标明幅值。

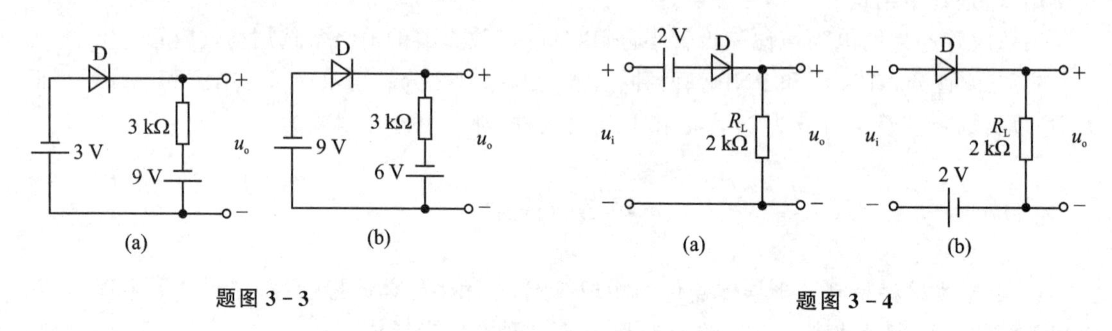

题图 3-3　　**题图 3-4**

3-5 现有两只稳压管,它们的稳定电压分别为 6 V 和 8 V,正向导通电压为 0.7 V。试问:

(1) 将它们串联相接,则可得到几种稳压值?各为多少?

(2) 将它们并联相接,则又可得到几种稳压值?各为多少?

3-6 在题图 3-6 中,试判断图中三极管是导通还是截止,并求出 AO 两端电压 U_{AO}。设二极管为理想二极管。

3-7 设题图 3-7 所示的电路中,二极管为理想器件,输入电压 u_i 由 0 V 变化到 140 V。试画出电路的电压传输特性。

扫码查看
题 3-7 讲解

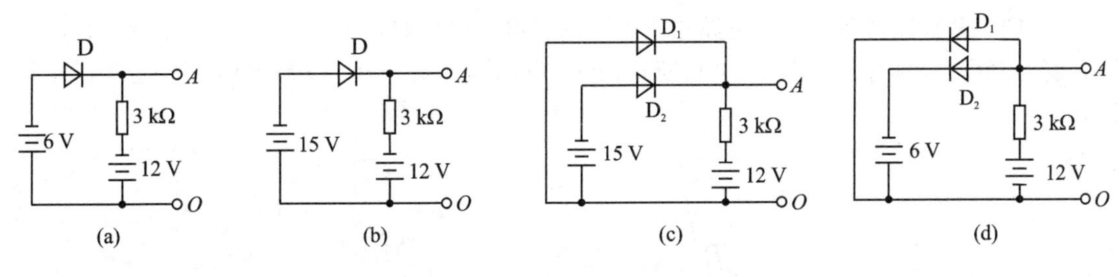

题图 3-6

3-8　在题图 3-8 所示的电路中，已知稳压管的稳压值 $U_Z=6$ V，稳定电流 $I_{Z,\min}=5$ mA，额定功耗 $P_{ZM}=90$ mW，$U_i=10$ V，$R=500$ Ω，$R_L=2$ kΩ。试求输出电压 u_o 的值。若将图中限流电阻 R 的阻值改为 5 kΩ，负载电阻 R_L 的阻值也改为 5 kΩ，再求输出电压 u_o 的值。

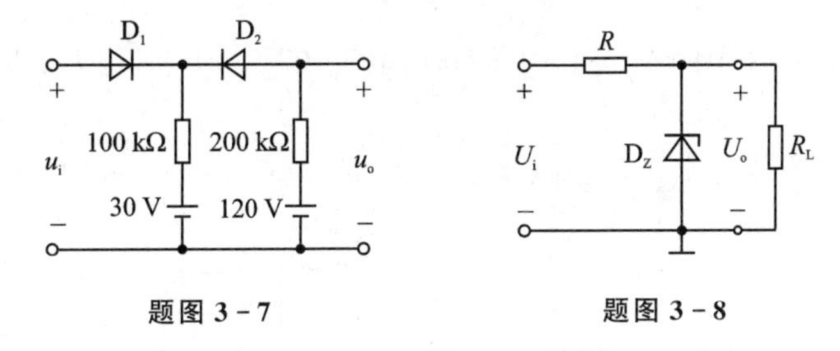

题图 3-7　　　　　题图 3-8

3-9　有两个三极管，其中一只管子的 $\beta=150$，$I_{CBO}=200$ μA，另一只管子的 $\beta=50$，$I_{CBO}=10$ μA，其他参数一样。应选择哪只管子？为什么？

3-10　题图 3-10 所示为工作于放大状态的三极管，其各电极直流电位分别如图中所示。试在图中画出三极管的符号，并分别说明它们是硅管还是锗管。

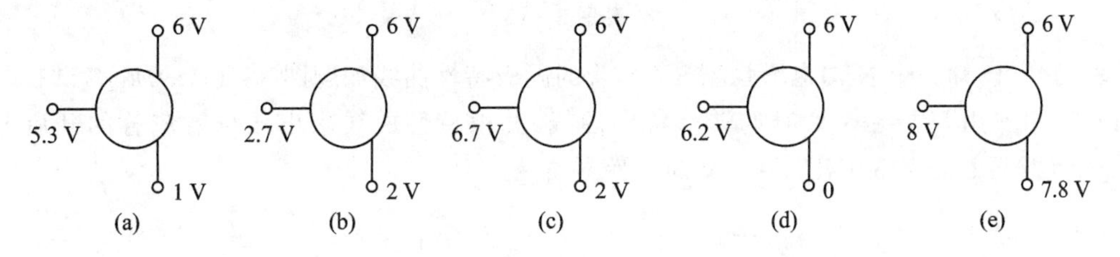

题图 3-10

3-11　测得某电路中几个 NPN 型三极管的各电极直流电位如题表 3-11 所列，试判断各三极管分别工作在截止区、放大区还是饱和区。

题表 3-11

电位/V	T_1	T_2	T_3	T_4	T_5	T_6	T_7	T_8
基极电位 V_b	0.7	2	−5.3	10.75	0.3	4.7	−1.3	11.7
发射极电位 V_e	0	12	−6	10	0	5	−1	12
集电极电位 V_c	5	12	0	10.3	−5	4.7	−10	8
工作区域								

3-12 分别测得两个放大电路中三极管的各电极电位如题图3-12(a)和(b)所示,试判别它们的管脚,分别标上e、b、c,并判断这两个三极管是NPN型,还是PNP型,是硅管还是锗管。

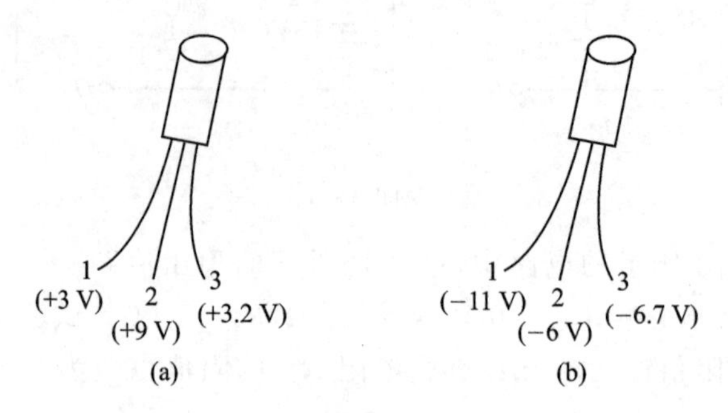

题图3-12

3-13 设题图3-13中的MOSFET的开启电压$|U_{TN}|$、$|U_{TP}|$均为1 V,问它们各工作于什么区?

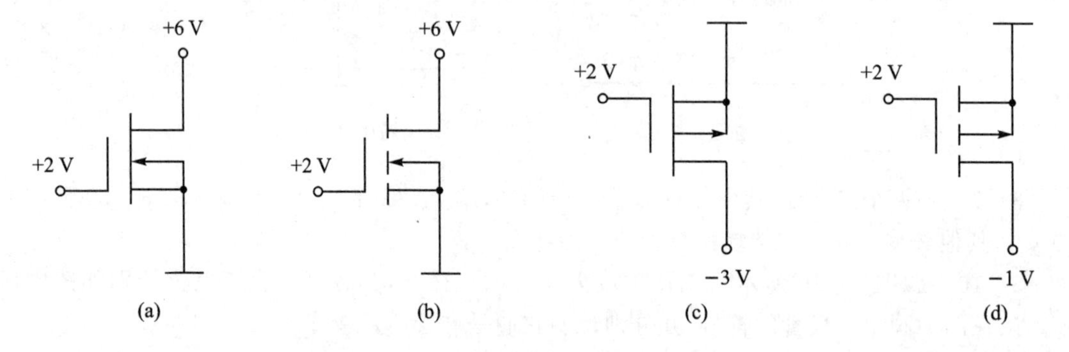

题图3-13

3-14 已知一个N沟道增强型MOS管的漏极特性曲线如题图3-14(a)所示,试在题图3-14(b)中作出$U_{DS}=15$ V时的转移特性曲线,并由特性曲线求出该场效应管的开启电压$U_{GS(th)}$,以及当$U_{DS}=15$ V,$U_{GS}=4$ V时的跨导g_m。

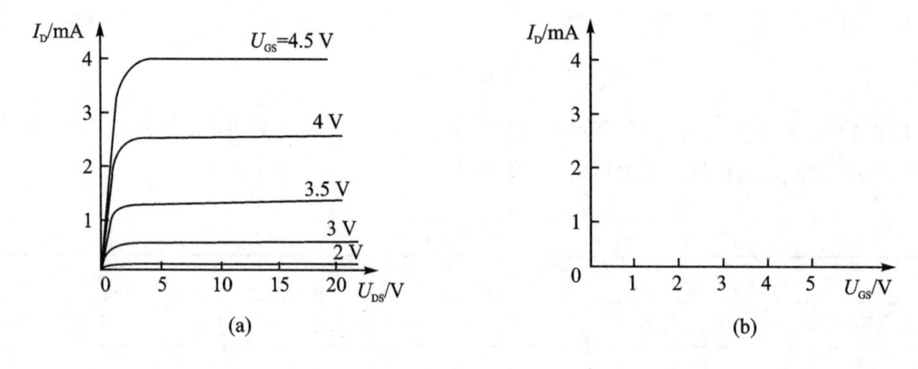

题图3-14

第 4 章　放大电路基础

内容提要

- 放大的概念及放大电路的性能指标
- 基本共射放大电路的组成、工作原理及分析方法
- 放大电路静态工作点的稳定
- 三极管放大电路的三种基本组态
- 场效应管放大电路的分析
- 多级放大电路的耦合方式及分析方法

4.1　放大的概念和放大电路的性能指标

4.1.1　放大的概念

在电子设备中，经常要把微弱的电信号放大，以便推动执行元件工作。例如，在测量或自动控制的过程中，常常需要检测和控制一些与设备运行有关的非电量，如温度、湿度、流量、转速、声、光、力和机械位移等，虽然这些非电量的变化可以用传感器转换成相应的电信号，但这样获得的电信号一般都比较微弱，必须经过放大电路放大以后，才能驱动继电器、控制电机、显示仪表或其他执行机构动作，以达到测量或控制的目的。所以说，放大电路是自动控制、检测装置、通信设备、计算机以及扩音机、电视机等电子设备中最基本的组成部分。

放大电路，又称放大器，其功能是把微弱的电信号不失真地放大到所需要的数值。

所谓放大，从表面上看是将输入信号的幅度增大了，但实质上是实现**能量的控制和转换**，即在输入信号的作用下，通过放大电路将直流电源的能量转换成负载所获得的能量。能够控制能量的元件称为**有源元件**，因而放大电路中必须包含有源元件，才能实现信号的放大作用。晶体三极管和场效应管就是这种有源元件，它们是构成放大电路的核心元件。

此外，放大电路所放大的对象是输入信号的变化量，即当输入端加入一个较小的变化量时，在输出端的负载上得到一个比较大的变化量。由此可见，所谓放大作用，其**放大的对象是变化量**。

4.1.2　放大电路的性能指标

为了评价一个放大电路质量的优劣，通常需要规定若干项性能指标。由于任何稳态信号都可分解为若干个不同频率正弦信号（谐波）的叠加，因此放大电路常以正弦电压作为测试信号，如图 4－1 所示。放大电路的主要性能指标有以下几项。

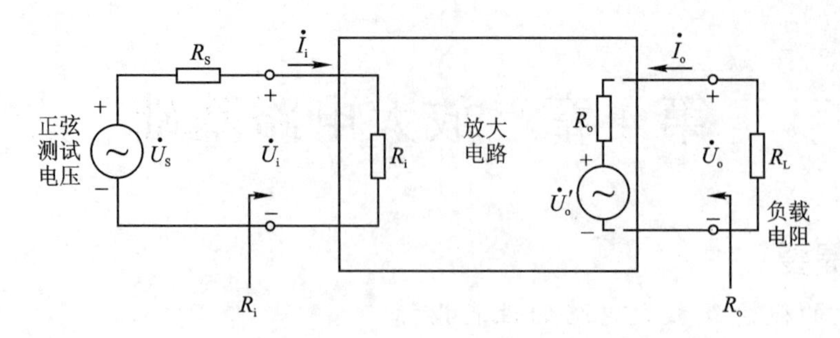

图 4-1 放大电路性能指标测试电路

1. 放大倍数

放大倍数是衡量一个放大电路放大能力的指标。放大倍数越大,则放大电路的放大能力越强。

放大倍数定义为输出信号与输入信号的变化量之比。放大倍数又分为**电压放大倍数**、**电流放大倍数**等。

(1) 电压放大倍数

测试电压放大倍数指标时,通常在放大电路的输入端加上一个正弦波电压信号,假设其相量为 $\dot{U}_i$,然后在输出端测得输出电压的相量为 $\dot{U}_o$,此时可用 $\dot{U}_o$ 与 $\dot{U}_i$ 之比表示放大电路的电压放大倍数 $\dot{A}_u$,即

$$\dot{A}_u = \frac{\dot{U}_o}{\dot{U}_i} \tag{4-1}$$

一般情况下,放大电路中输入与输出信号近似为同相,因此可用电压有效值之比表示电压放大倍数,即 $A_u = U_o/U_i$。

(2) 电流放大倍数

同理,可用输出电流与输入电流相量之比表示电流放大倍数,即

$$\dot{A}_i = \frac{\dot{I}_o}{\dot{I}_i}$$

也可用有效值之比 $A_i = I_o/I_i$ 表示电流放大倍数。

2. 输入电阻

输入电阻是衡量一个放大电路向信号源索取信号大小的能力。输入电阻越大,表明放大电路从信号源索取的电流越小,放大电路所得到的输入电压 U_i 就越接近信号源电压 U_S。所以说,为使放大电路从信号源索取到更大的电压信号,就要增大输入电阻。

放大电路的输入电阻是指从输入端看进去的等效电阻,用 R_i 表示。R_i 是输入电压有效值 U_i 与输入电流有效值 I_i 之比,即

$$R_i = \frac{U_i}{I_i} \tag{4-2}$$

当信号源接到放大电路输入端时,信号源相当于接了一个大小为 R_i 的负载电阻,如图 4-1 所示。此时,放大电路的输入电压 $\dot{U}_i$ 与信号源电压 $\dot{U}_S$ 之比为

$$\frac{\dot{U}_{\mathrm{i}}}{\dot{U}_{\mathrm{S}}}=\frac{R_{\mathrm{i}}}{R_{\mathrm{S}}+R_{\mathrm{i}}}$$

可见，R_{i} 越大，$\dot{U}_{\mathrm{i}}$ 与 $\dot{U}_{\mathrm{S}}$ 越接近，且 $\dot{I}_{\mathrm{i}}$ 值越小。电路对于信号源电压的放大倍数为

$$\dot{A}_{u\mathrm{S}}=\frac{\dot{U}_{\mathrm{o}}}{\dot{U}_{\mathrm{S}}}=\frac{\dot{U}_{\mathrm{i}}}{\dot{U}_{\mathrm{S}}}\cdot\frac{\dot{U}_{\mathrm{o}}}{\dot{U}_{\mathrm{i}}}=\frac{R_{\mathrm{i}}}{R_{\mathrm{S}}+R_{\mathrm{i}}}\cdot\dot{A}_{u} \tag{4-3}$$

3. 输出电阻

输出电阻是衡量一个放大电路带负载能力的指标，用 R_{o} 表示。输出电阻越小，则放大电路的带负载能力越强。

任何放大电路的输出回路均可等效成一个有内阻的电压源，如图 4-1 所示，从放大电路输出端向放大电路看进去的等效内阻就是输出电阻。输出电阻定义为：信号源 U_{S} 置零，输出端开路（即 $R_{\mathrm{L}}=\infty$）时，在输出端外加一个端口电压 $\dot{U}_{\mathrm{o}}$，得到相应端口电流 $\dot{I}_{\mathrm{o}}$，两者之比就是输出电阻。

实验中常用式(4-4)求放大器的输出电阻。

$$R_{\mathrm{o}}=\left(\frac{U_{\mathrm{o}}'}{U_{\mathrm{o}}}-1\right)R_{\mathrm{L}} \tag{4-4}$$

式中，U_{o}'为断开负载时的输出电压；U_{o} 为接上负载 R_{L} 时的输出电压。

4. 通频带

通频带是衡量一个放大电路对不同频率的输入信号适应能力的指标。一般来说，由于放大电路中耦合电容、三极管极间电容以及其他电抗元件的存在，使放大倍数在信号频率比较低或比较高时，不但数值下降，还产生相移。可见放大倍数是频率的函数。通常在中间一段频率范围内（中频段），由于各种电抗性元件的作用可以忽略，因此放大倍数基本不变，而当频率过高或过低时，放大倍数都将下降，当信号频率趋近于 0 或无穷大时，放大倍数的数值将趋近于 0。这种特性称为放大电路的**频率特性**，频率特性可直接用放大电路的电压放大倍数 A_{u} 与频率 f 的关系来描述，如图 4-2 所示。

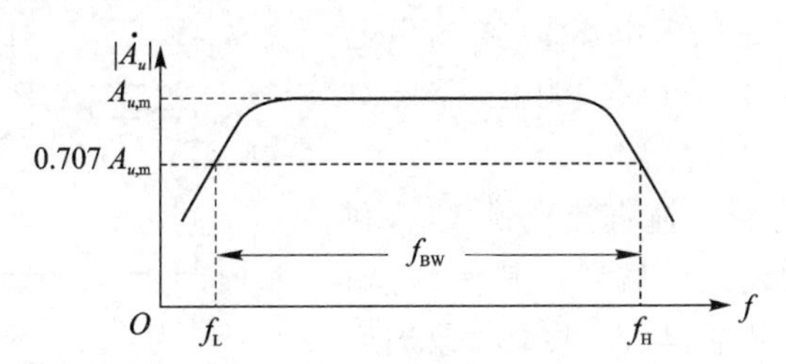

图 4-2　放大电路的通频带

把放大倍数下降到中频放大倍数 $A_{u\mathrm{m}}$ 的 0.707 倍的两个点所限定的频率范围定义为放大电路的通频带，用符号 f_{BW} 表示，如图 4-2 所示，其中 f_{L} 称作下限频率，f_{H} 称作上限频率，f_{L} 与 f_{H} 之间的频率范围即为通频带。

放大电路的性能指标还有最大输出幅度、最大输出功率与效率、抗干扰能力、信号噪声比、允许工作温度范围等。

4.2 基本放大电路的组成及工作原理

基本放大电路是指由一只放大管构成的简单放大电路，又称为**单管放大电路**，它是构成多级放大电路的基础。

4.2.1 基本放大电路的组成及各元件作用

本节以常用的单管共射放大电路为例介绍基本放大电路的组成及工作原理。为了实现不失真地放大变化的信号，放大电路的组成必须遵循以下原则。

1）直流电源的极性必须使三极管处于放大状态，即发射结正偏，集电结反偏，否则管子无电流放大作用。

2）输入回路的接法应使输入电压的变化量 Δu_i 能够传送到三极管的基极回路，并使基极电流产生相应的变化量 Δi_B。

3）输出回路的接法应保证集电极电流的变化量 Δi_C 能够转化为集电极电压的变化量 Δu_{CE}，并传送到放大电路的输出端。

一个正常工作的放大电路必须同时满足这几项原则。图 4－3 就是按以上原则组成的放大电路，T 是一只 NPN 型三极管，起放大作用，是放大电路的核心器件；V_{CC} 是集电极回路的电源，用来保证集电结反偏，同时也为输出信号提供能量；R_c 是集电极电阻，通过它可以将集电极电流的变化量 Δi_C 转换为集电极电压的变化量 Δu_{CE}，然后传送到放大电路的输出端。基极直流电源 V_{BB} 和基极电阻 R_b 一方面为三极管的发射结提供正向偏置电压，同时二者共同决定了当不加输入电压时三极管基极回路的电流 I_B，这个电流称为静态基流，以后将会看到，I_B 的大小与放大质量的优劣以及放大电路的其他性能有着密切关系。同时还要指出，为了使三极管能够工作在正常的放大状态，如前所述，必须保证集电结反偏，发射结正偏，为此，V_{CC}、R_c、V_{BB} 和 R_b 等元件的参数值应与电路中三极管的输入、输出特性有适当的配合关系。

图 4－3 所示的单管共射放大电路作为实际应用有两个缺点，一是需要两路直流电源 V_{CC} 和 V_{BB}，不方便也不经济；二是输入电压 u_i 与输出电压 u_o 不共地，实际应用时不可取。为此，需要对此电路进行改进。

针对上述缺点，首先要去掉直流电源 V_{BB}，利用 V_{CC} 的极性保证发射结正向偏置。其次，将输入电压 u_i 的一端接至公共端，与 u_o 共地。改进后的电路如图 4－4(a)所示，图 4－4(b)是简化画法。

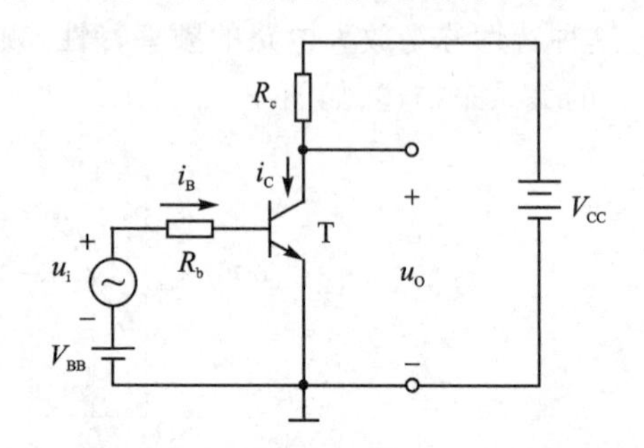

图 4－3　单管共射放大电路原理图

图中电容 C_1 和 C_2 的作用是“隔直通交”，称其为**隔直电容**或**耦合电容**。C_1 接到三极管的基极，在一定的信号频率下，输入电压中的交流成分能够基本上没有衰减地通过电容到达基极，但其中的直流成分则不能通过。同样，集电极通过电容 C_2 接到输出端，使放大后的交流成分得以输出，而直流成分被隔断。

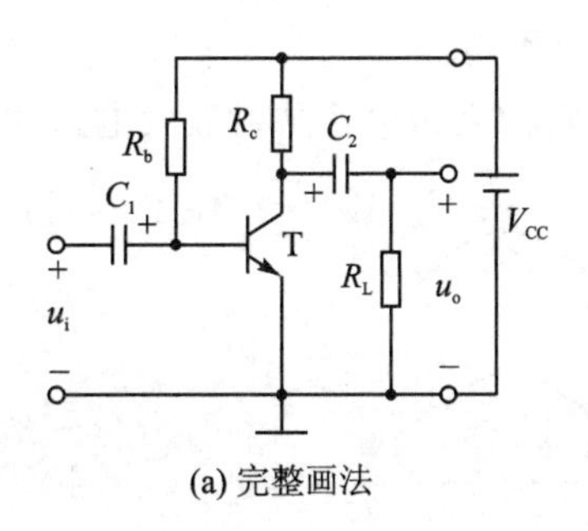

(a) 完整画法

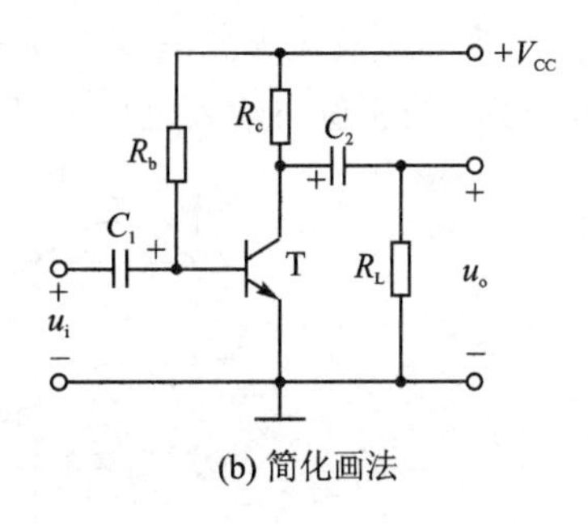

(b) 简化画法

图4-4　阻容耦合单管共射放大电路

4.2.2　基本放大电路的工作原理

由图4-4(b)所示的单管共射放大电路的组成可以看出，放大电路在正常放大信号时，电路中既有直流电源 V_{CC}，也有动态信号源 u_i，即电路中的电压、电流信号是**"交、直流并存"**的，直流是基础，交流是被放大的对象。为了便于分析，通常将直流和交流分开来讨论（仅是一种分析方法），即所谓的放大电路的**静态分析**和**动态分析**。

1. 放大电路的静态

当放大电路的输入信号 $u_i=0$ 时，电路中只有直流电源 V_{CC} 作用，此时电路中的电压和电流只有直流成分，放大电路的这种状态称为**静态**。

当直流电源 V_{CC}、基极电阻 R_b 和集电极电阻 R_c 等主要元件参数确定后，电路中的直流电压和直流电流的数值便唯一地被确定下来。这个确定的静态电流和静态电压的数值将在三极管的特性曲线上唯一确定一个点，这个点称为放大电路的**静态工作点**，用 Q(Quiescent)表示。Q 点的位置即对应着唯一的 I_B、U_{BE}、I_C 和 U_{CE} 的值，今后常把静态工作点处的静态电流和静态电压表示为 I_{BQ}、U_{BEQ}、I_{CQ} 和 U_{CEQ}。

为了不失真（或基本不失真）地放大信号，必须首先给放大电路设置合适的静态工作点，否则就会出现非线性失真。这里包括两方面含义，一是必须设置静态工作点，即给电路加上直流量；二是静态工作点要合适，即所加直流量的大小要适中。如果设置了静态工作点，但大小不合适，在特性曲线上表现为工作点 Q 的位置太高或太低。若 Q 点太高，u_i 正半周幅值较大的部分将进入饱和区，此时，当 i_B 增大时，i_C 不再随之增大，致使 i_C、u_{CE} 的波形发生失真，这种失真叫**饱和失真**；若 Q 点太低，u_i 负半周幅值较小的部分将进入截止区，使 i_B、i_C 等于0，致使 i_B、i_C、u_{CE} 的波形发生失真，这种失真叫**截止失真。**饱和失真和截止失真统称为**非线性失真**。由此可知，只有放大电路设置合适的静态工作点，才能保证交流信号叠加在大小合适的直流量上，处于三极管的近似线性区（即放大区）。

为了更直观地说明这个问题，来看一下放大电路正常工作时各信号波形。在图4-4(b)所示的放大电路中，当加上正弦输入电压 u_i 时，放大电路中相应的 u_{BE}、i_B、i_C、u_{CE} 和 u_o 的波形如图4-5所示。由波形可以看出：

1）当输入一个正弦电压 u_i 时，放大电路中三极管的各极电压和电流都是围绕各自的静态值，即 u_{BE}、i_B、i_C 和 u_{CE} 的波形均为在原来静态直流量的基础上，再叠加一个正弦交流成分，成为**交直流并存**的状态。

2）当输入电压有一个微小的变化量时，通过放大电路，在输出端可得到一个比较大的电压变化量,可见单管共射放大电路能够实现**电压放大作用**。

3）输出电压 u_o 的相位与输入电压 u_i 相反,通常称之为单管共射放大电路的**倒相作用**。

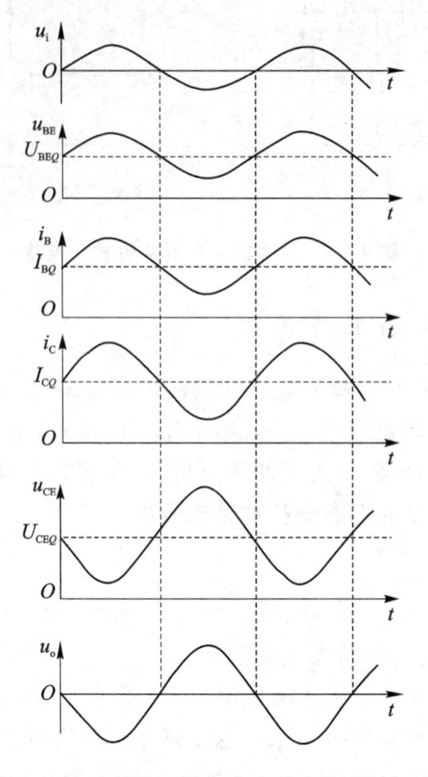

图 4-5　单管共射放大电路的电压电流波形

由以上分析可知,放大电路中的信号是交直流并存的,交流信号是"驮载"在直流分量上进行放大的,直流是交流的"基石",这块"基石"的高低都将影响到交流信号能否进入线性放大区进行正常的放大。也就是说,静态工作点必须合适,以保证交流信号 u_i 叠加上直流量后整个周期的波形都能处于放大区。

应当指出,虽然 Q 点的设置首先要解决的问题是不失真,但是由于 Q 点还会影响着放大电路的多项动态参数,所以 Q 点的设置应全面考虑各方面的问题,既要保证减小失真,同时还要考虑到对放大电路各项性能指标的影响,这些将在后面几节中加以讨论和说明。

2. 放大电路的动态

当放大电路加上交流信号 u_i 后,信号电量叠加在原静态值上,此时电路中的电流、电压既有直流成分,也有交流成分。由图 4-5 所示的单管共射放大电路中电压、电流的工作波形可见,除 u_i 和 u_o 外,其他电压、电流波形都是交直流并存的。为了分析方便,通常将直流和交流分开考虑,现只考虑交流的情况,此时电路中的电流、电压是纯交流信号,没有直流成分,电路的这种工作状态称为**动态**。

为了清楚地表示放大电路中的各电量,对其表示的符号进行如下说明:

1）直流量:字母大写,下标大写,如 I_B、I_C、U_{BE}、U_{CE}。

2）交流量:字母小写,下标小写,如 i_b、i_c、u_{be}、u_{ce}。

3）交、直流叠加量:字母小写,下标大写,如 i_B、i_C、u_{BE}、u_{CE}。

4）交流量的有效值：字母大写，下标小写，如 I_b、I_c、U_{be}、U_{ce}。

4.3　基本放大电路的分析方法

分析放大电路就是求解其静态工作点及各项动态性能指标，通常遵循**“先静态，后动态”**的原则。只有静态工作点合适，电路没产生失真，动态分析才有意义。

4.3.1　直流通路与交流通路

通过对放大电路工作原理的分析可知，直流量与交流量共存于放大电路之中，前者是直流电源 V_{CC} 作用的结果，后者是输入交流电压 u_i 作用的结果；而且由于电容、电感等电抗元件的存在，使直流量与交流量所流经的通路将有所不同。因此，为了研究问题方便，要画出放大电路的**直流通路**和**交流通路**。所谓直流通路，就是直流电源作用形成的电流通路；所谓交流通路，就是交流信号作用所形成的电流通路。为了正确画出放大电路的直流通路和交流通路，需要了解放大电路中的电抗元件对直流信号和交流信号不同的电抗作用。

1）电容：根据电容元件容抗表达式 $X_C=\dfrac{1}{\omega C}$ 可知，电容对直流信号的阻抗无穷大，不允许直流信号通过，可以视为开路；但对于交流信号来说，当电容值足够大时，电容的阻抗非常小，可以视为短路。

2）电感：根据电感元件感抗表达式 $X_L=\omega L$ 可知，电感对直流信号的阻抗很小，几乎为0，相当于短路；但对于交流信号而言，电感的阻抗很大。这一特点与电容正好相反。

3）理想电压源：由于其电压值恒定不变（如 V_{CC} 等），故对于交流信号相当于短路。

4）理想电流源：由于其电流值恒定不变，故对于交流信号相当于开路。

现以图 4－4(b)所示的单管共射放大电路为例，画出其直流通路和交流通路分别如图 4－6(a)、(b)和(c)所示。

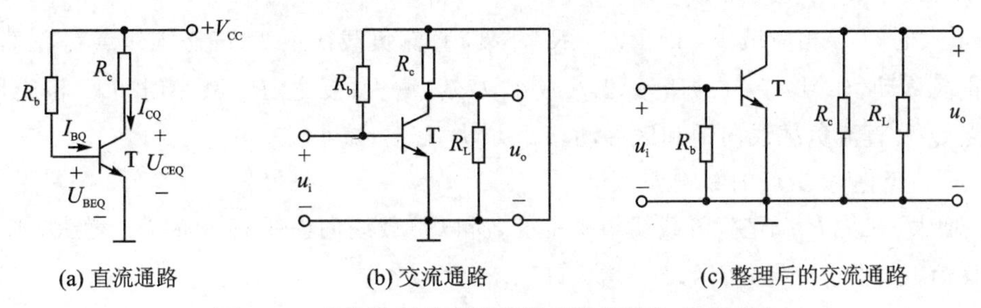

图 4－6　单管共射放大电路的直流通路和交流通路

4.3.2　静态分析

放大电路静态分析的目的是求静态工作点 Q，实际是求 4 个直流量：I_{BQ}、U_{BEQ}、I_{CQ} 和 U_{CEQ}，如图 4－6(a)中所示。静态分析通常可以采用公式法（也称**近似估算法**）和**图解法**两种。

1. 近似估算法（公式法）求 Q 点

在图 4－6(a)所示的单管共射放大电路的直流通路中，各直流量及其参考方向已标出，由图可以估算出 I_{BQ}、I_{CQ} 和 U_{CEQ}，其公式为

$$I_{BQ}=\frac{V_{CC}-U_{BEQ}}{R_b} \tag{4-5}$$

由三极管内部载流子的运动分析可知,三极管在放大状态时,基极电流和集电极电流之间的关系是 $I_C\approx\bar{\beta}I_B$,且 $\beta\approx\bar{\beta}$,所以静态集电极电流为

$$I_{CQ}\approx\beta I_{BQ} \tag{4-6}$$

$$U_{CEQ}=V_{CC}-I_{CQ}R_C \tag{4-7}$$

三极管导通时,U_{BEQ} 的变化很小,可视为常数。一般认为:硅管为 0.7 V;锗管为 0.2 V。

2. 用图解法计算 Q 点

图解法是利用三极管的特性曲线,用作图的方法来分析放大电路的基本性能,图解法能直观地反映放大器的工作原理。由于器件手册通常不给出三极管的输入特性曲线,且输入特性也不易准确地测出,因此,一般不在输入特性曲线上用图解法求 I_{BQ} 和 U_{BEQ}。而是利用公式法估算 I_{BQ},一般可以满足实际工作的要求。用图解法确定静态工作点的方法如下:

1) 根据公式 $I_{BQ}=\frac{V_{CC}-U_{BEQ}}{R_b}$ 求出 I_{BQ},并在三极管的输出特性曲线上找出对应 I_{BQ} 的那条曲线。

2) 根据 $u_{CE}=V_{CC}-i_CR_C$,画出与之对应的线段,该线段称为**直流负载线**。可见,直流负载线的斜率为 $-1/R_c$。

3) 在输出曲线上找出直流负载线与 I_{BQ} 那条曲线的交点,此交点就是需要确定的静态工作点 Q,然后根据 Q 点找出 I_{CQ} 和 U_{CEQ} 的值。

3. 用图解法分析电路参数对静态工作点的影响

利用图解法并借助三极管的输出特性曲线,还可以直观地看出当放大电路的元件参数变化时,静态工作点位置的变化情况。

(1) R_b 变化对 Q 点的影响

R_b 增大时,I_{BQ} 相应减小,由于 V_{CC}、R_c 不变,直流负载线不变,静态工作点 Q 沿直流负载线向截止区移动,如图 4-7(a)所示,I_{CQ} 减小,U_{CEQ} 增大;反之,R_b 减小时,I_{BQ} 相应增大,静态工作点 Q 沿直流负载线向饱和区移动,I_{CQ} 增大,U_{CEQ} 减小。

(2) V_{CC} 变化对 Q 点的影响

V_{CC} 增大,因为 R_c 不变,负载线斜率不变,所以负载线向右平移。而 I_{BQ} 增大,则 Q 点向右上方移动,如图 4-7(b)所示,I_{CQ} 增大,U_{CEQ} 也增大。

(3) R_c 变化对 Q 点的影响

R_c 增大,根据直流负载线方程式 $U_{CEQ}=V_{CC}-I_{CQ}R_c$,直流负载线与横轴的交点 V_{CC} 不变,与纵轴的交点 V_{CC}/R_c 下降,因此直流负载线比原来的平坦,静态工作点 Q 沿 I_{BQ} 向左移动,如图 4-7(c)所示。I_{CQ} 基本不变,U_{CEQ} 减小;反之 R_c 减小,直流负载线变陡,Q 点沿 I_{BQ} 向右移动,I_{CQ} 基本不变,U_{CEQ} 增大。

(4) β 变化对 Q 点的影响

β 值变化主要是因为更换管子或温度变化引起的 β 值增大,伏安特性间距加大,如图 4-7(d)中虚线所示。如果 I_{BQ} 不变,则 Q 点向饱和区移动,I_{CQ} 增大,U_{CEQ} 减小。

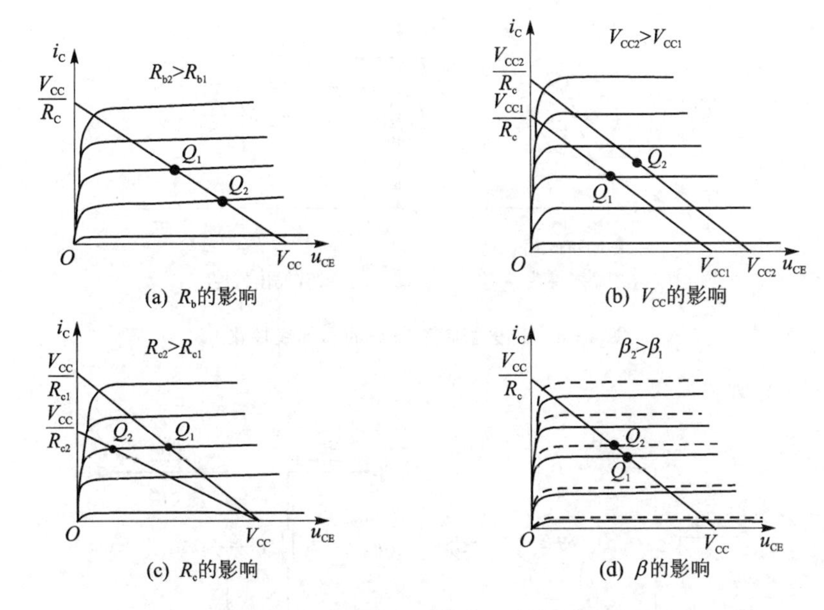

图 4－7　元件参数对静态工作点的影响

4.3.3　动态分析

放大电路动态分析的目的是求解放大电路的各项动态性能参数，如电压放大倍数 A_u、输入电阻 R_i、输出电阻 R_o。动态分析可采用图解法和**微变等效电路法**，此处重点介绍微变等效电路分析法。

1. 微变等效电路分析法

如果放大电路的输入信号较小，就可以保证三极管工作在输入特性曲线和输出特性曲线的线性放大区（严格说，应该是近似线性区）。因此，对于微变量（小信号）来说，三极管可以近似看成是一个线性元件，可以用一个与之等效的线性电路来表示。这样，放大电路的交流通路就可以转换为一个线性电路。此时，可以用线性电路的分析方法来分析放大电路。这种分析方法得出的结果与实际测量结果基本一致，此法称为微变等效电路法。

（1）三极管的近似线性等效电路

三极管特性曲线的局部线性化如图 4－8 所示。当三极管工作在放大区时，在静态工作 Q 附近，输入特性曲线基本上是一条直线，如图 4－8(a)所示，即 Δi_B 与 Δu_{BE} 成正比，因而可以用一个等效电阻 r_{be} 来代表输入电压和输入电流之间的关系，即 $r_{be}=\dfrac{\Delta u_{BE}}{\Delta i_B}$。

从图 4－8(b)所示的输出特性曲线可以看出，在 Q 点附近一个微小范围内，特性曲线基本上是水平的，而且相互之间平行等距，即 Δi_C 仅由 Δi_B 决定而与 u_{CE} 无关，满足 $\Delta i_C=\beta\Delta i_B$。所以三极管的 c、e 间可以等效为一个线性的受控电流源，其电流大小为 $\beta\Delta i_B$。于是，得到三极管的线性等效模型如图 4－9 所示。

由于在低频小信号作用下，将三极管看成了一个双口网络，利用网络的 h 参数来表示输入端口和输出端口的电压、电流关系，便可得出三极管的等效电路，故称之为**共射 h 参数微变等效模型**。又因该等效模型忽略了 u_{CE} 对 i_B、i_C 的影响，因此将其称为**简化的 h 参数微变等

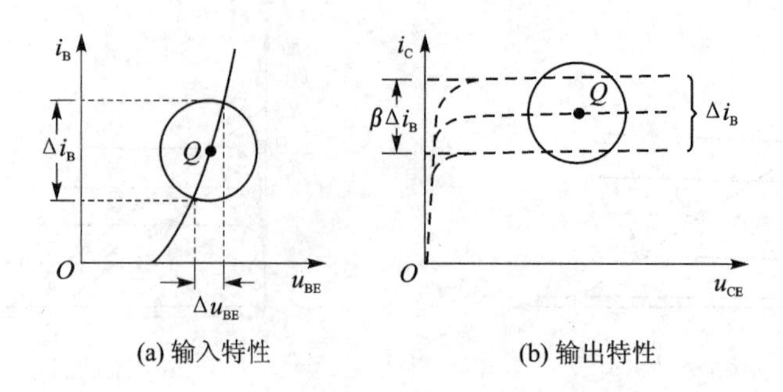

图 4-8 三极管特性曲线的局部线性化

效模型,如图 4-9 所示。

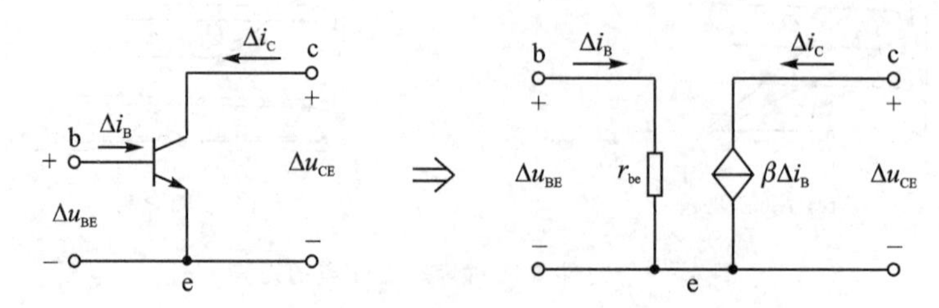

图 4-9 三极管的简化 h 参数等效模型

(2) r_{be} 的计算

由于输入特性曲线往往手册上不给出,而且也较难测准。对于 r_{be},一般可用下面的简便公式进行计算。

$$r_{be}=r_{bb'}+(1+\beta)\frac{26(\mathrm{mV})}{I_{EQ}(\mathrm{mA})}\approx r_{bb'}+(1+\beta)\frac{26(\mathrm{mV})}{I_{CQ}(\mathrm{mA})} \tag{4-8}$$

式(4-8)中,I_{EQ} 是发射极静态电流;$r_{bb'}$ 是三极管的基区体电阻。三极管的三个区对载流子的运动呈现一定的电阻,称为半导体的体电阻,阻值较小。$r_{bb'}$ 是其中的一个体电阻。对于小功率管,$r_{bb'}\approx 300\ \Omega$。今后如无特别说明,$r_{bb'}$ 均取 300 Ω。

2. 用微变等效电路法分析单管共射放大电路

用微变等效电路法分析放大电路时,首先需要画出交流通路的微变等效电路,在微变等效电路中对几个动态指标进行求解。由交流通路画微变等效电路时,只需将交流通路中的三极管用其线性等效模型代替,其余部分按照交流通路原样画上即可。所以,关键还是画对交流通路。

单管共射放大电路如图 4-10(a)所示。根据以上分析可画出其微变等效电路如图 4-10(b)所示。现将输入端加上一个正弦输入电压 $\dot{U}_i$,图中 $\dot{U}_i$、$\dot{U}_o$、$\dot{I}_b$ 和 $\dot{I}_c$ 等分别表示相关电压和电流的正弦相量。

根据图 4-10(b)所示的微变等效电路,对放大电路进行动态分析如下。

由输入回路求得输入电压 $\dot{U}_i=\dot{I}_b r_{be}$

由输出回路求得输出电压 $\dot{U}_o=-\dot{I}_c R'_L=-\beta\dot{I}_b R'_L=-\dfrac{\beta\dot{U}_i}{r_{be}}R'_L$

其中 $R'_L=R_c /\!/ R_L$

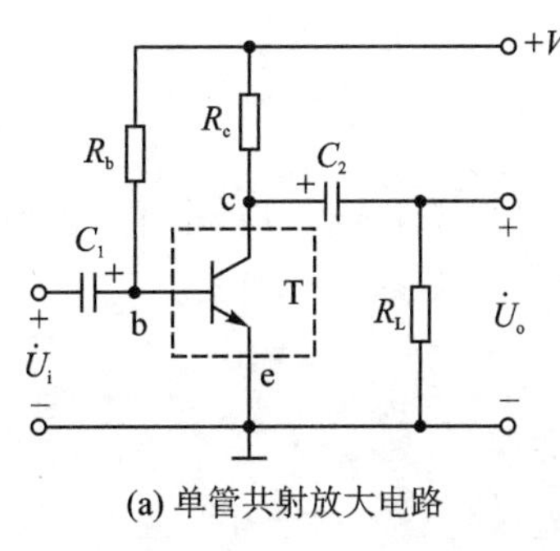

(a) 单管共射放大电路

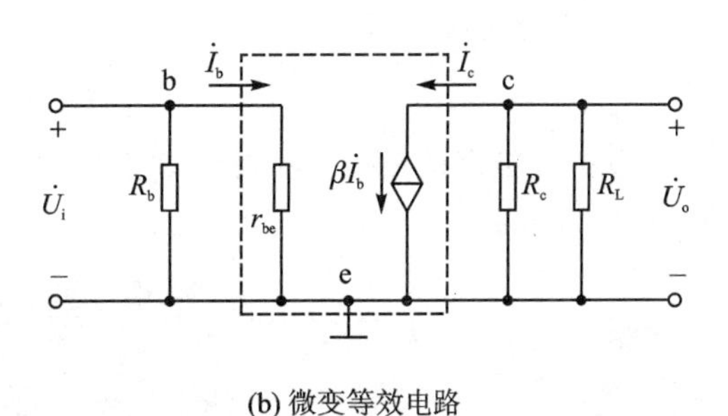

(b) 微变等效电路

图 4-10　单管共射放大电路的交流微变等效电路

所以电压放大倍数

$$\dot{A}_u = \frac{\dot{U}_o}{\dot{U}_i} = -\beta \frac{R'_L}{r_{be}} \tag{4-9}$$

式(4-9)中的负号表明输出电压与输入电压反相,即单管共射放大电路具有**倒相作用**。

单管共射放大电路的输入电阻 R_i 为

$$R_i = r_{be} /\!/ R_b \tag{4-10}$$

通常情况下,$R_b \gg r_{be}$,所以 $R_i \approx r_{be}$。

若不考虑三极管的 r_{ce}①,则输出电阻为

$$R_o \approx R_c \tag{4-11}$$

例 4-1　在图 4-10(a)所示的放大电路中,已知 $R_b=280\ \text{k}\Omega$,$R_c=3\ \text{k}\Omega$,$V_{CC}=12\ \text{V}$,$R_L=3\ \text{k}\Omega$,三极管的 $\beta=50$,$U_{BEQ}=0.7\ \text{V}$。试求:(1)放大电路的静态工作点;(2)放大电路的动态指标 $\dot{A}_u$、R_i 和 R_o;(3)如欲提高电路的$|\dot{A}_u|$,可采取什么措施?应调整电路中的哪些参数?

解　(1) 求静态工作点。根据式(4-5)、式(4-6)、式(4-7)可得

$$I_{BQ} = \frac{V_{CC} - U_{BEQ}}{R_b} = \frac{12-0.7}{280}\ \text{mA} = 0.04\ \text{mA} = 40\ \mu\text{A}$$

$$I_{CQ} \approx \beta I_{BQ} = 50 \times 0.04\ \text{mA} = 2\ \text{mA} \approx I_{EQ}$$

$$U_{CEQ} = V_{CC} - I_{CQ}R_c = (12 - 2 \times 3)\ \text{V} = 6\ \text{V}$$

(2) 求动态指标。先求 r_{be},由式(4-8)得

$$r_{be} = 300\ \Omega + (1+\beta)\frac{26\ \text{mV}}{I_{EQ}} = 300\ \Omega + 51 \times \frac{26\ \text{mV}}{2\ \text{mA}} = 963\ \Omega$$

$$R'_L = R_c /\!/ R_L = \left(\frac{3 \times 3}{3+3}\right)\text{k}\Omega = 1.5\ \text{k}\Omega$$

由式(4-9)求得电压放大倍数

$$\dot{A}_u = \frac{\dot{U}_o}{\dot{U}_i} = -\beta \frac{R'_L}{r_{be}} = -\frac{50 \times 1.5\ \text{k}\Omega}{0.96\ \text{k}\Omega} = -78$$

由式(4-10)求得输入电阻

$$R_i = r_{be} /\!/ R_b \approx r_{be} = 963\ \Omega$$

---

①　r_{ce} 是三极管 c-e 之间的等效电阻。当三极管工作在放大区时,u_{ce} 变化,i_c 几乎不变,因此 Δu_{ce} 与 Δi_c 的比值,即 c-e 之间的等效电阻 $r_{ce} \approx \infty$,所以 r_{ce} 与 R_c 并联时可以忽略。

由式(4－11)求得输出电阻

$$R_o \approx R_c = 3\ \text{k}\Omega$$

(3) 如欲提高电路的$|\dot{A}_u|$,可调整Q点使I_{EQ}增大,r_{be}减小,从而提高$|\dot{A}_u|$。比如将I_{EQ}增大至3 mA,则此时

$$r_{be} = \left(300 + 51 \times \frac{26}{3}\right)\Omega = 742\ \Omega$$

$$\dot{A}_u = -\beta\frac{R'_L}{r_{be}} = -\frac{50 \times 1.5\ \text{k}\Omega}{0.74\ \text{k}\Omega} = -101$$

为了增大I_{EQ},在V_{CC}、R_c等电路参数不变的情况下,减小基极电阻R_b,则I_{BQ}、I_{CQ}、I_{EQ}将随之增大。但应注意,在调节$|\dot{A}_u|$大小的同时,要考虑到Q点的位置(Q点应在放大区的中心区域),二者应兼顾。

图4－11(a)所示是发射极接有电阻的单管共射放大电路,图4－11(b)和(c)分别是它的直流通路和交流微变等效电路。参照以上的分析方法,请读者自行对图4－11(a)电路进行静态分析和动态分析,并与图4－10(a)所示单管共射电路比较,说明发射极电阻R_e的接入对各项动态指标有何影响。

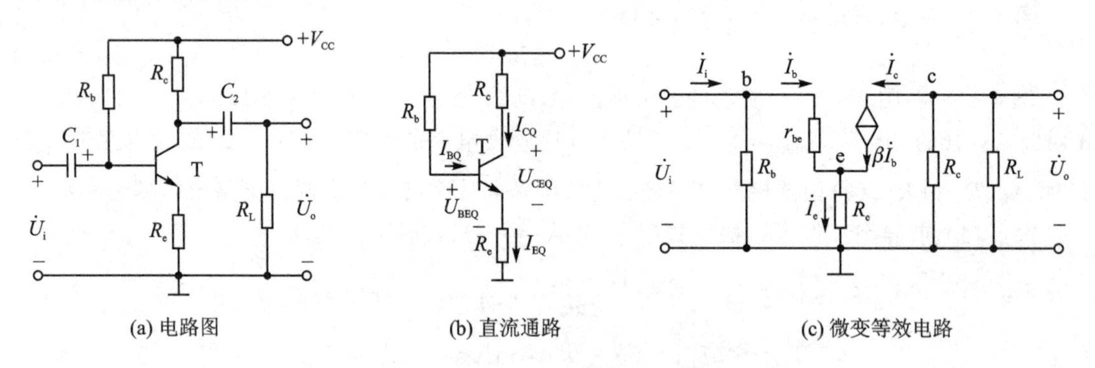

(a) 电路图　(b) 直流通路　(c) 微变等效电路

图4－11　发射极接有电阻的单管共射放大电路

4.4　放大电路静态工作点的稳定

放大电路的多项重要技术指标均与静态工作点的位置直接相关。如果静态工作点不稳定,则放大电路的某些性能也将发生变化。因此,如何保持静态工作点稳定,是一个十分重要的问题。

4.4.1　温度对静态工作点的影响

一般来说,放大电路中电源电压的变化、元器件老化引起的参数变化、三极管伏安特性随温度的变化等因素都将使静态工作点发生变化。前两种因素引起的静态工作点变化可通过采用高稳定度电源和在使用元器件前进行老化实验加以消除,因此半导体器件对温度的敏感性就成为静态工作点不稳定的主要因素。

当温度变化时，三极管的特性参数（如 I_{CBO}、U_{BE}、β 等）将随之变化，最终将导致 I_{CQ} 变化。因此，只要能设法使 I_{CQ} 近似维持稳定，问题就可以得到解决。

4.4.2　静态工作点稳定电路

1. 电路组成

图 4－12(a)所示的电路便是实现上面设想的电路，图 4－12(b)和(c)分别是它的直流通路和交流微变等效电路。在图 4－12(a)所示的电路中，发射极接有电阻 R_e 和电容 C_e；直流电源 V_{CC} 经电阻 R_{b1}、R_{b2} 分压接到三极管的基极，所以图 4－12(a)所示的电路通常称为**分压式静态工作点稳定电路**。

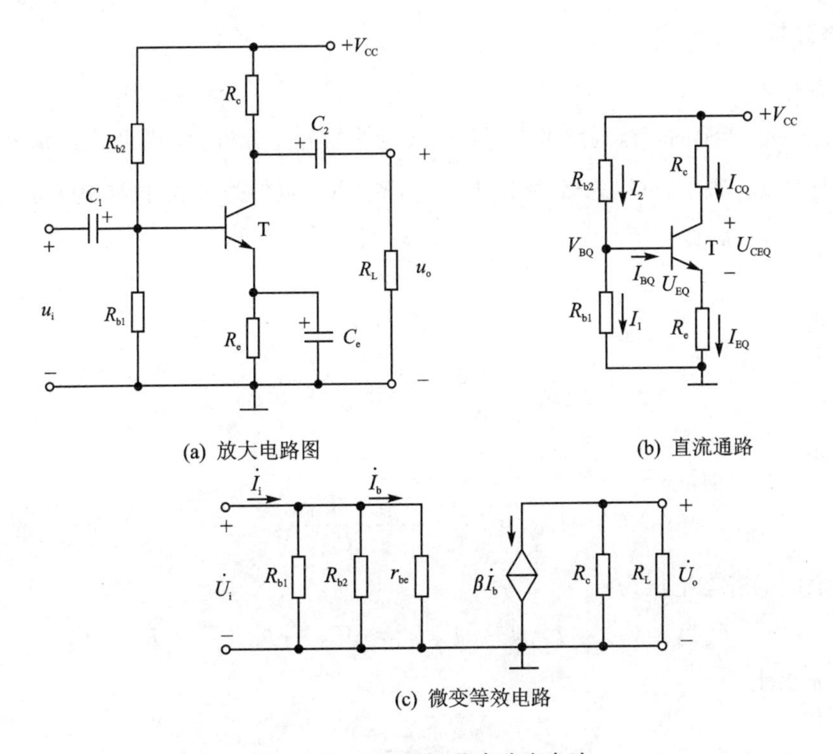

(a) 放大电路图　　(b) 直流通路

(c) 微变等效电路

图 4－12　分压式工作点稳定电路

由于三极管的基极电位 V_{BQ} 是由 V_{CC} 分压后得到的，故可以认为它不受温度变化的影响，基本是恒定的。当集电极电流 I_{CQ} 随温度的升高而增大时，发射极电流 I_{EQ} 也将相应增大，此电流流过 R_e，使发射极电位 V_{EQ} 升高，则三极管的发射结电压 $U_{BEQ}=V_{BQ}-V_{EQ}$ 将降低，从而使静态基极电流 I_{BQ} 减小，于是 I_{CQ} 也随之减小，结果使静态工作点 Q 稳定。简述上面过程如下：

$$T\uparrow \rightarrow I_{CQ}\ (I_{EQ})\ \uparrow \rightarrow V_{EQ}\ \uparrow\ (\text{因为}V_{BQ}\text{基本不变}) \rightarrow U_{BEQ}\downarrow \rightarrow I_{BQ}\downarrow$$

$$I_{CQ}\downarrow \longleftarrow$$

同理可分析出，当温度降低时，各物理量与上述过程变化相反，即

$$T\downarrow \to I_{CQ}\ (I_{EQ})\downarrow \to V_{EQ}\downarrow (\text{因为}V_{BQ}\text{基本不变}) \to U_{BEQ}\uparrow \to I_{BQ}\uparrow \to I_{CQ}\uparrow$$

上述过程是通过发射极电流的负反馈作用牵制集电极电流的变化的，从而使静态工作点 Q 稳定，所以此电路也称为电流反馈式工作点稳定电路。

显然，R_e 越大，同样的 I_{EQ} 变化量所产生的 V_{EQ} 变化量也越大，则电路的稳定性越好。但是，R_e 增大后，V_{EQ} 随之增大。为了得到同样的输出电压幅度，必须增大 V_{CC}，需要兼顾考虑。

另外，接入 R_e 后，使电压放大倍数大大下降，为此，在 R_e 两端并联一个大电容 C_e，此时电阻 R_e 和电容 C_e 的接入对电压放大倍数基本没有影响。C_e 称为**旁路电容**。

2. 电路分析

(1) 静态分析

由图 4-12(b)所示的直流通路可进行分压式电路的静态分析。首先可先从估算 V_{BQ} 入手。由于电路设计使 I_{BQ} 很小，可以忽略，所以 $I_1 \approx I_2$，R_{b1}、R_{b2} 近似为串联，根据串联分压，可得

$$V_{BQ} \approx \frac{R_{b1}}{R_{b1}+R_{b2}}V_{CC} \tag{4-12}$$

静态发射极电流

$$I_{EQ} = \frac{V_{EQ}}{R_e} = \frac{V_{BQ}-U_{BEQ}}{R_e} \tag{4-13}$$

静态集电极电流

$$I_{CQ} \approx I_{EQ} = \frac{V_{BQ}-U_{BEQ}}{R_e} \tag{4-14}$$

三极管 c、e 之间的静态电压为

$$U_{CEQ} = V_{CC} - I_{CQ}R_c - I_{EQ}R_e \approx V_{CC} - I_{CQ}(R_c + R_e) \tag{4-15}$$

三极管静态基极电流

$$I_{BQ} \approx \frac{I_{CQ}}{\beta} \tag{4-16}$$

(2) 动态分析

由于旁路电容 C_e 足够大，使发射极对地交流短路，这样，分压式工作点稳定电路实际上也是一个共射放大电路，通过对图 4-12(c)所示的微变等效电路法分析，可知电压放大倍数与图 4-4(b)所示的共射放大电路电压放大倍数相同。即

$$\dot{A}_u = -\beta\frac{R_L'}{r_{be}} \tag{4-17}$$

式中，$R_L' = R_c // R_L$

输入电阻为

$$R_i = r_{be} // R_{b1} // R_{b2} \tag{4-18}$$

输出电阻为

$$R_o \approx R_c \tag{4-19}$$

4.5　三极管单管放大电路的三种基本组态

三极管的三个电极均可作为输入回路和输出回路的公共端。前面介绍的共射电路(CE)是以发射极为公共端;如果以基极或集电极为公共端,则称为**共基极电路(CB)**和**共集电极电路(CC)**。这三种放大电路也叫放大电路的三种组态,其简单示意图如图 4-13 所示。判断放大电路以哪个电极为公共端主要是看交流信号的通路。

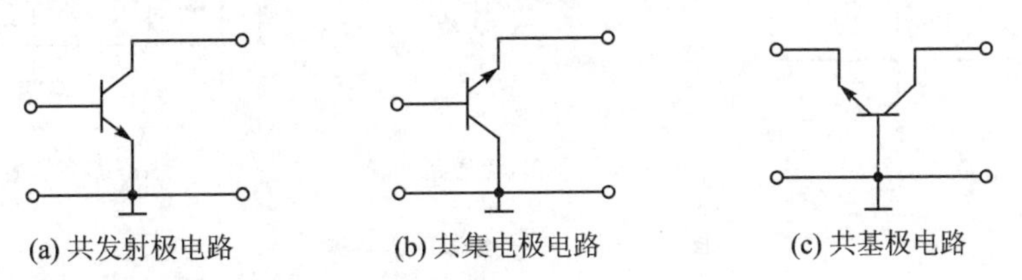

图 4-13　三极管放大电路的三种组态

4.5.1　共集电极放大电路

共集电极放大电路的基本结构如图 4-14(a)所示。可以看出,对交流信号而言,集电极是输入和输出的公共端,所以称作共集电极电路。另外,信号是通过发射极输出到负载的,因此又称为**射极输出器**。

下面主要讨论共集电路的动态分析。图 4-14(c)所示为共集电极放大电路的交流微变等效电路。由该等效电路对放大器进行动态分析如下。

(1) 电压放大倍数

由图 4-14(c)可得

$$\dot{U}_o = \dot{I}_e R'_L = (1+\beta)\dot{I}_b R'_L$$

$$\dot{U}_i = \dot{I}_b r_{be} + \dot{I}_e R'_L = \dot{I}_b r_{be} + (1+\beta)\dot{I}_b R'_L$$

因此,电压放大倍数为

$$\dot{A}_u = \frac{\dot{U}_o}{\dot{U}_i} = \frac{(1+\beta)R'_L}{r_{be} + (1+\beta)R'_L} \tag{4-20}$$

式中,$R'_L = R_e /\!/ R_L$。

从式(4-20)可以看出,共集电极放大电路的电压放大倍数 $\dot{A}_u$ 大于 0 且小于 1,即 $\dot{U}_o$ 与 $\dot{U}_i$ 同相且 $U_o < U_i$。当$(1+\beta)R'_L \gg r_{be}$ 时,$\dot{A}_u \approx 1$,即 $\dot{U}_o \approx \dot{U}_i$,而且输出电压和输入电压同相。因此,共集电极放大电路也被称为**射极跟随器**或**电压跟随器**。

(2) 输入电阻

由图 4-14(c)可得输入电阻为

$$R_i = R_b /\!/ [r_{be} + (1+\beta)R'_L] \tag{4-21}$$

由于 R_b 和$(1+\beta)R'_L$值都较大,因此,共集电极放大电路的输入电阻很高,可达几十千欧到几百千欧。

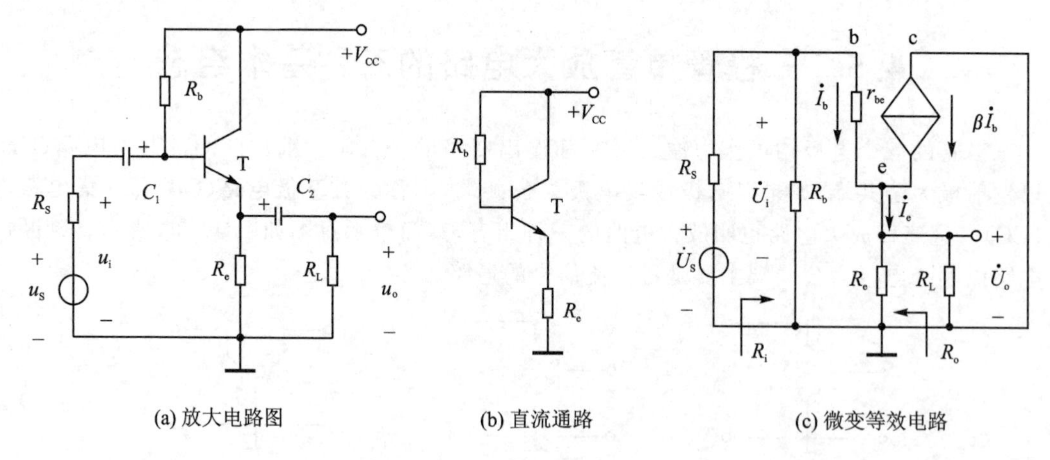

(a) 放大电路图　　(b) 直流通路　　(c) 微变等效电路

图 4-14　共集电极放大电路

(3) 输出电阻

根据输出电阻的定义和输出电阻的计算方法,下面推导图 4-14(a)所示的共集电极放大电路输出电阻 R_o。首先令输入信号源电压 $U_S=0$,并将负载断开;然后在输出端加正弦电压 U_o,求出因其产生的输出端电流 I_o,则输出电阻 $R_o=U_o/I_o$,分析电路如图 4-15 所示。

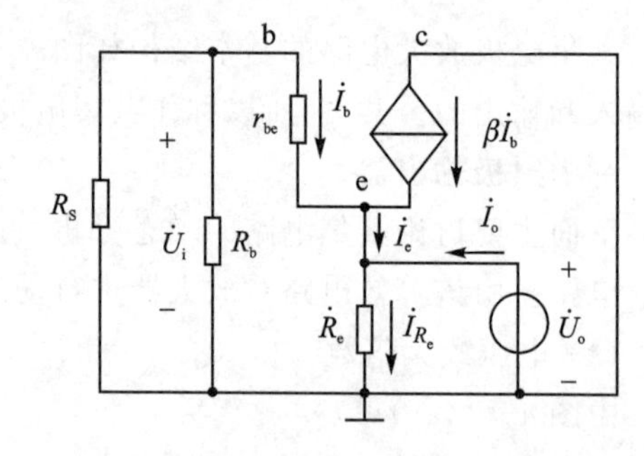

图 4-15　共集放大电路输出电阻的求解

由图 4-15 所示的电路结构可以看出,输出电流 I_o 与发射极电流 I_e 和电阻 R_e 上的电流 I_{R_e} 满足:$I_o=I_{R_e}-I_e$。而电阻 R_e 上的电流 I_{R_e} 及发射极电流 I_e 分别满足

$$I_{R_e}=\frac{U_o}{R_e},\qquad I_e=(1+\beta)I_b$$

由图 4-15 还可得到输出电压 U_o 为

$$U_o=-(r_{be}+R_S /\!/ R_b)I_b$$

可推得基极电流 I_b 等于

$$I_b=\frac{-U_o}{r_{be}+R_S /\!/ R_b}$$

所以输出电阻的表达式为

$$R_o=\frac{U_o}{I_o}=\frac{U_o}{I_{R_e}-I_e}=\frac{U_o}{\dfrac{U_o}{R_e}-(1+\beta)\dfrac{-U_o}{r_{be}+R_S /\!/ R_b}}=\frac{1}{\dfrac{1}{R_e}+(1+\beta)\dfrac{1}{r_{be}+R_S /\!/ R_b}}$$

故

$$R_o=R_e /\!/ \frac{r_{be}+R'_S}{1+\beta}\tag{4-22}$$

式中,$R'_S=R_b/\!/R_S$。

通常情况下,R_e 取值较小,r_{be} 和 R'_S 也多为几百欧到几千欧,而 β 至少几十倍,所以输出电阻 R_o 可小到几十欧。

通过以上对共集放大电路的分析可知,共集放大电路输入电阻大,输出电阻小,因而从信号源索取的电流小且带负载能力强,所以常用于多级放大电路的输入级和输出级;也可用它连接两个电路，以减少电路间直接相连所带来的影响，起缓冲作用。

4.5.2　共基极放大电路

图 4－16(a)是共基极放大电路的原理性电路图。发射极电源 V_{EE} 的极性保证三极管的发射结正向偏置，集电极电源 V_{CC} 的极性保证三极管的集电结反向偏置，因而可以使三极工作在放大区。因输入信号与输出信号的公共端是基极，因此是共基极放大电路。图 4－16(b)是共基极放大电路的实际电路。用单电源 V_{CC} 取代 V_{EE}，保证电路能够正常工作。图 4－16(c)是图 4－16(b)的交流微变等效电路。

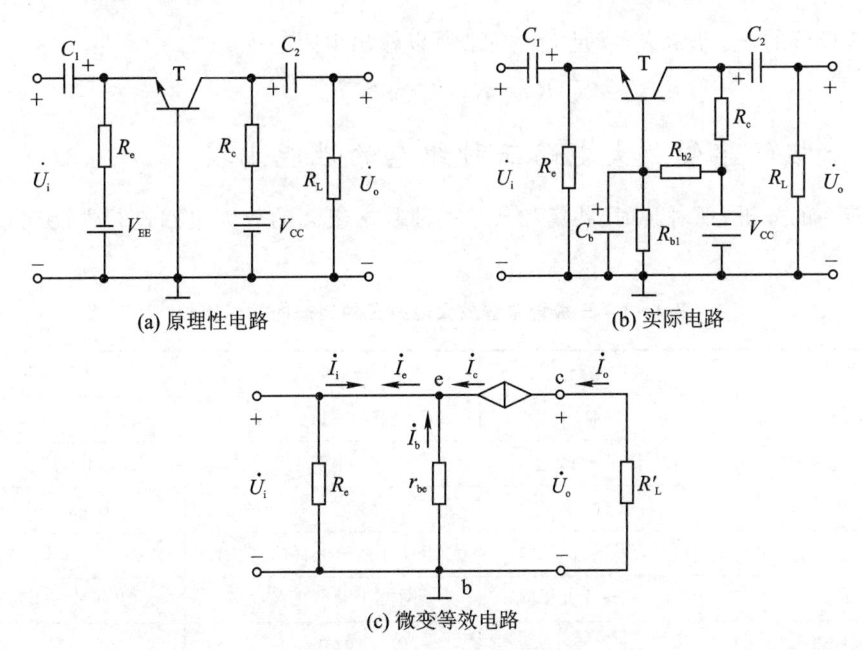

(a) 原理性电路　　(b) 实际电路

(c) 微变等效电路

图 4－16　共基极放大电路

(1) 电流放大倍数

由图 4－16(c)可得

$$\dot{I}_i = -\dot{I}_e, \qquad \dot{I}_o = \dot{I}_c$$

所以电流放大倍数为

$$\dot{A}_i = \frac{\dot{I}_o}{\dot{I}_i} = -\frac{\dot{I}_c}{\dot{I}_e} = -\alpha \tag{4-23}$$

α 是三极管的共基电流放大系数，由于 α 小于 1 而近似等于 1，所以共基极放大电路没有电流放大作用。

(2) 电压放大倍数

在图 4－16(c)中，由于 $\dot{U}_i = -\dot{I}_b r_{be}$，$\dot{U}_o = -\beta \dot{I}_b R'_L$，其中 $R'_L = R_c /\!/ R_L$，所以电压放大倍数为

$$\dot{A}_u = \frac{\dot{U}_o}{\dot{U}_i} = \beta \frac{R'_L}{r_{be}} \tag{4-24}$$

式(4-24)表明,共基极放大电路电压放大倍数与共射极电路电压放大倍数数值相等,但没有负号,表明共基极放大电路的输出电压与输入电压相位一致,为同相放大。

(3) 输入电阻

$$R_i = \frac{\dot{U}_i}{\dot{I}_i} = \frac{-\dot{I}_b r_{be}}{-(1+\beta)\dot{I}_b} = \frac{r_{be}}{1+\beta} \tag{4-25}$$

式(4-25)说明共基极接法的输入电阻比共射极接法的低,是它的$\frac{1}{1+\beta}$倍。

(4) 输出电阻

由于三极管的 r_{cb} 非常大,满足 $r_{cb} \gg R_c$,所以输出电阻

$$R_o = R_c /\!/ r_{cb} \approx R_c \tag{4-26}$$

4.5.3 三极管单管放大电路三种组态的性能比较

根据前面的分析,现对共射、共集和共基三种基本组态的放大电路进行性能比较,并列于表4-1中。

表4-1 三极管单管放大电路三种组态的性能比较

接法	共射电路	共集电路	共基电路
电路图	图4-4(b)	图4-14(a)	图4-16(a)
A_u	大(几十~一百以上)	小(小于1)	大(几十~一百以上)
A_i	大(β)	大($1+\beta$)	小(a,小于1)
R_i	中(几百欧~几千欧)	大(几十千欧~一百千欧以上)	小(几十欧)
R_o	大(几千欧~十几千欧)	小(几十欧~几百欧)	大(几千欧~十几千欧)
通频带	窄	较宽	宽
u_o与u_i相位关系	反相	同相	同相

从表4-1可以看出,共射电路既放大电流,又放大电压;共集电路只放大电流,不放大电压;共基电路只放大电压,不放大电流;三种电路中输入电阻最大的是共集电路,最小的是共基电路;输出电阻最小的是共集电路;通频带最宽的是共基电路。使用时,应根据需求选择合适的接法。

4.6 场效应管放大电路

本节介绍由场效应管构成的基本放大电路的分析。与三极管放大电路类似,场效应管构成的放大电路也有3种组态,即**共源(CS)**组态、**共漏(CD)**组态和**共栅(CG)**组态,如图4-17所示。图中给出了3种组态的输入和输出端口。同样,场效应管放大电路的分析也分静态和动态两个方面,本节首先以N沟道结型场效应管为例分析场效应管放大电路的静态工作点,然后采用等效电路法分析常用共源组态的动态指标。在学习过程中,应注意与三极管放大电路进行比较,比较它们在分析方法和性能等方面的异同。

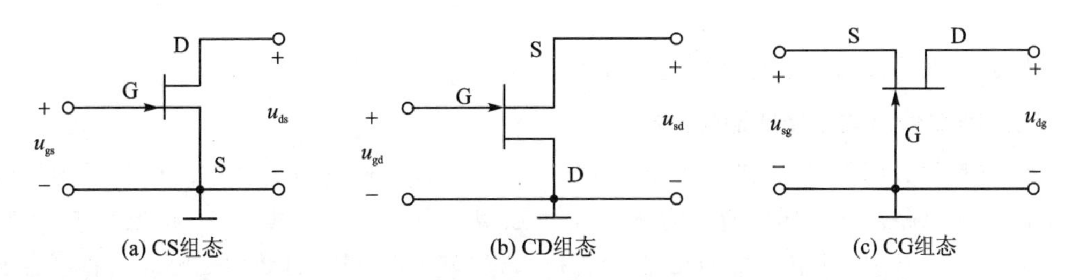

图 4-17　场效应管放大电路的三种组态

4.6.1　静态分析

三极管是电流控制器件，组成放大电路时，应给三极管设置偏流。而场效应管是电压控制器件，故组成放大电路时，应给场效应管设置偏压，保证放大电路具有合适的静态工作点，避免输出波形产生严重的非线性失真。常用的场效应管放大电路的直流偏置电路有两种形式，即自偏压电路和分压式自偏压电路。现以 N 沟道结型场效应管共源放大电路为例分析场效应管放大电路的静态工作点。

1. 自给偏压共源极放大电路的静态分析

自偏压式共源极放大电路如图 4-18(a)所示。场效应管的栅极通过电阻 R_G 接地，源极通过电阻 R_S 接地。电容 C_1、C_2 为耦合电容，C_S 为旁路电容。将电容开路就可得直流通路，如图 4-18(b)所示。N 沟道结型场效应管工作在恒流区时，栅-源电压为负值，其值大于夹断电压 $U_{GS(off)}$ 且小于等于 0；漏-源电压，即管压降应足够大。

从图 4-18(b)可以求出静态工作点。由于输入电阻很大，因此栅极电流几乎为 0，即 R_G 中电流为 0，所以栅极电位 $V_{GQ}=0$ V。源极电位等于源极电流(也是漏极电流 I_{DQ})在源极电阻 R_S 上的压降，即 $V_{SQ}=I_{DQ}R_S$，因此栅一源静态电压

$$U_{GSQ}=V_{GQ}-V_{SQ}=0-I_{DQ}R_S=-I_{DQ}R_S \tag{4-27}$$

式(4-27)表明，在正直流电源 V_{DD} 作用下，电路靠 R_S 上的电压使栅-源之间获得负偏压，故将这种方式称为**自给偏压电路**。

将式(4-27)与结型场效应管的电流方程式(3-7)联立，即可求出 I_{DQ} 和 U_{GSQ}。

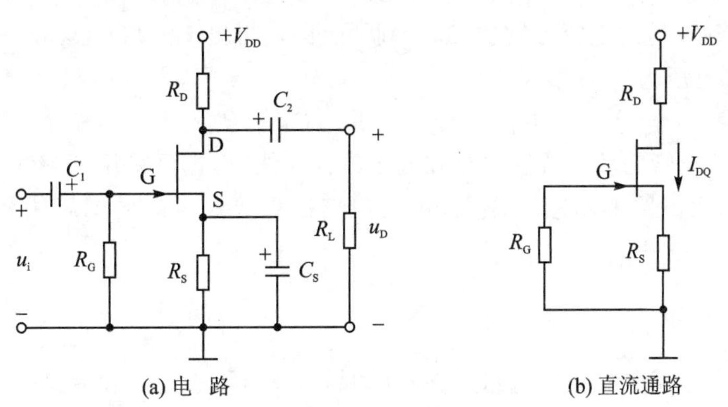

图 4-18　N 沟道结型场效应管自给偏压电路

根据电路的输出回路，可得 D-S 间静态电压为

$$U_{DSQ}=V_{DD}-I_{DQ}(R_D+R_S) \tag{4-28}$$

自给偏压电路仅适用于耗尽型场效应管。

2. 分压-自偏压式电路的静态分析

场效应管的分压-自偏压式电路如图4-19(a)所示,这种电路适合于由任何类型场效应管构成的放大电路。图中场效应管为N沟道增强型MOS管,为使其工作在恒流区,应使其栅-源电压U_{GS}大于开启电压$U_{GS(th)}$($U_{GS(th)}$为正值);漏-源加正电压,且数值足够大。将耦合电容C_1和C_2以及旁路C_S断开,就得到图4-19(a)所示电路的直流通路,如图4-19(b)所示。

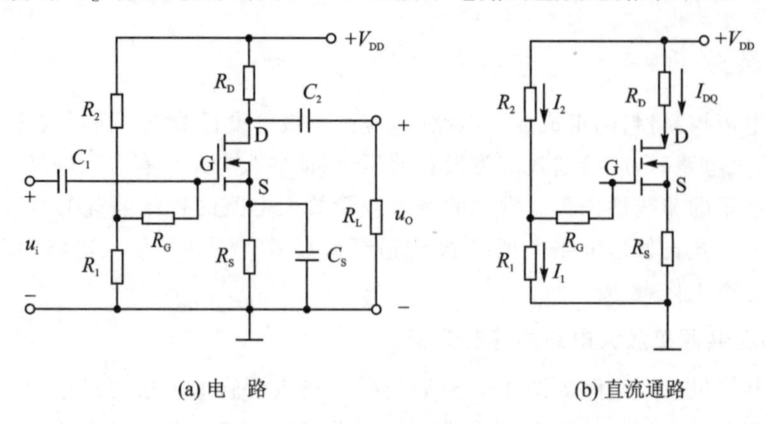

图4-19 分压-自偏压式共源极放大电路

在图4-19(b)所示的电路中,由于栅极电流为0,即电阻R_G中的电流为0,所以栅极的静态电位V_{GQ}等于电阻R_1和R_2对电源$+V_{DD}$的分压,即

$$V_{GQ}=\frac{R_1}{R_1+R_2}\cdot V_{DD}$$

源极静态电位等于电流I_{DQ}在R_S上的压降,即

$$V_{SQ}=I_{DQ}\cdot R_S$$

因此,栅-源静态电压

$$U_{GSQ}=V_{GQ}-V_{SQ}=\frac{R_1}{R_1+R_2}\cdot V_{DD}-I_{DQ}R_S \tag{4-29}$$

将式(4-29)与MOS管的电流方程式(3-8)联立,即可得出I_{DQ}和U_{GSQ}。

D-S间静态电压为

$$U_{DSQ}=V_{DD}-I_{DQ}(R_D+R_S) \tag{4-30}$$

当实测出场效应管的转移特性曲线和输出特性曲线时,也可采用图解法分析图4-18(a)和4-19(a)所示两电路的静态工作点,过程与三极管放大电路的图解法相类似,这里不再介绍。

4.6.2 动态分析

场效应管放大电路中除偏置电路元件及电源外,还有隔直电容和旁路电容等元件,它们的作用与双极型三极管中耦合电容相同。在正确偏置的基础上,根据动态信号的传输方式,场效应管放大电路也有3种基本组态,即共源、共漏和共栅。对场效应管放大电路动态工作情况的分析也可采用图解法和微变等效电路法,这里只介绍微变等效电路分析法。

和三极管一样，可以将场效应管看成一个双口网络，如图 4-20(a)所示。由于场效应管的栅—源间动态电阻很大(结型 FET 可达 $10^7\ \Omega$ 以上，绝缘栅型 FET 可达 $10^9\ \Omega$ 以上)，因此在近似分析时可认为栅-源间开路($r_{gs}=\infty$)，基本不从信号源索取电流，即 $i_G\approx 0$。对于输出回路，当场效应管工作在恒流区时，漏极动态电流 i_D 几乎仅仅取决于栅-源电压 u_{GS}，于是可将输出回路等效成一个电压控制的电流源。因此，场效应管的微变等效电路如图 4-20(b)所示。

等效电路中两个微变参数 g_m 和 r_{ds}，其确定方法如下：

$$g_m=\frac{2}{U_{GS(th)}}\sqrt{I_{DO}I_{DQ}} \tag{4-31}$$

r_{ds} 的数值通常为几百千欧的数量级。当放大电路中漏极负载电阻 R_D 比 r_{ds} 小得多时，可认为等效电路中的 r_{ds} 开路。

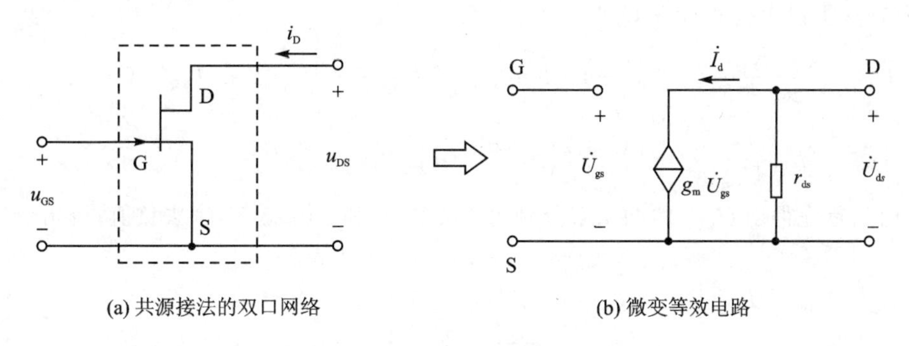

(a) 共源接法的双口网络　　(b) 微变等效电路

图 4-20　场效应管的微变等效电路

下面利用微变等效电路法分析共源极放大电路，图 4-21(a)所示为分压-自偏压式共源极放大电路。分析步骤与三极管放大电路相同，用场效应管的简化模型代替器件，电路的其余部分按交流通路画出。这样，就可得到共源电路的微变等效电路，如图 4-21(b)所示。

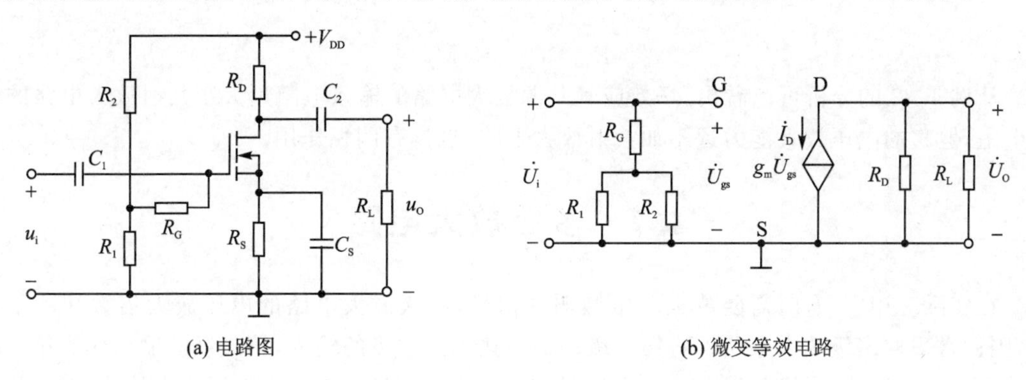

(a) 电路图　　(b) 微变等效电路

图 4-21　分压-自偏压式共源放大电路

当输入电压 $\dot{U}_i$ 作用时，栅-源电压为 $\dot{U}_{gs}=\dot{U}_i$。漏极电流 $\dot{I}_d=g_m\dot{U}_{gs}=g_m\dot{U}_i$，$\dot{I}_d$ 在漏极电阻 R_D 和负载电阻 R_L 并联总电阻上的压降是输出电压，其极性与电路中假设的参考方向相反，即

$$\dot{U}_o=-\dot{I}_d(R_D\ /\!/\ R_L)=-g_m\dot{U}_iR_L'$$

因此放大倍数等于

$$\dot{A}_u = \frac{\dot{U}_o}{\dot{U}_i} = -g_m R'_L \qquad (R'_L = R_D \mathbin{/\!/} R_L) \tag{4-32}$$

根据输入电阻和输出电阻的定义,可求得

$$R_i = R_G + R_1 \mathbin{/\!/} R_2 \tag{4-33}$$

$$R_o \approx R_D \tag{4-34}$$

例 4-2 在图 4-21(a)所示分压-自偏压式共源放大电路中,已知 $V_{DD}=15\ V$,$R_D=5\ k\Omega$,$R_S=2.5\ k\Omega$,$R_1=200\ k\Omega$,$R_2=300\ k\Omega$,$R_G=10\ M\Omega$,负载电阻 $R_L=5\ k\Omega$;MOS 管的 $U_{GS(th)}=2\ V$,$I_{DO}=2\ mA$,并设 C_1、C_2 和 C_S 足够大。(1)求解静态工作点 Q;(2)求解 $\dot{A}_u$、R_i 和 R_o。

解:(1)根据以上公式计算 Q 点:

$$\begin{cases} U_{GSQ} = \dfrac{R_1}{R_1+R_2}\cdot V_{DD} - I_{DQ}R_S = \dfrac{200}{200+300}\times 15 - 2\cdot 5I_{DQ} = 6 - 2.5I_{DQ} \\ I_{DQ} = I_{DO}\left(\dfrac{U_{GSQ}}{U_{GS(th)}} - 1\right)^2 = 2\left(\dfrac{U_{GSQ}}{2} - 1\right)^2 \end{cases}$$

解联立方程,首先得出 U_{GSQ} 的两个解分别为+3.43 V 和−0.23 V,舍去负值,得出合理解为

$$U_{GSQ} = 3.43\ V,\quad I_{DQ} = 1\ mA$$

则 $$U_{DSQ} = V_{DD} - I_{DQ}(R_D + R_S) = [15 - 1\times(5+2.5)]V = (15-7.5)\ V = 7.5\ V$$

(2) $$g_m = \frac{2}{U_{GS(th)}}\sqrt{I_{DSS}I_{DQ}} = \frac{2}{2}\sqrt{1.9\times 1}\,mS = 1.38\ mS$$

$$\dot{A}_u = -g_m R'_L = -g_m \times (R_D // R_L) = -1.38\times\frac{5\times 5}{5+5} = -3.45$$

$$R_i = R_G + R_1//R_2 = \left(10 + \frac{0.2\times 0.3}{0.2+0.3}\right)M\Omega \approx 10.1\ M\Omega$$

$$R_o = R_D = 5\ k\Omega$$

从例 4-2 的分析可以看出,场效应管共源放大电路的输入电阻远大于共射放大电路的输入电阻,但它的电压放大能力远不如共射放大电路,也具有倒相作用。

4.7 多级放大电路

在实际应用中,有时需要放大非常微弱的信号,单级放大电路的电压放大倍数往往不够高,因此常采取多级放大电路。将第一级的输出接到第二级的输入,第二级的输出作为第三级的输入……这样使信号逐级放大,以得到所需要的输出信号。不仅是电压放大倍数,对于放大电路的其他性能指标,如输入电阻、输出电阻等,通过采用多级放大电路,也能达到所需要求。

4.7.1 多级放大电路的耦合方式

在多级放大电路中,级与级之间的连接方式称为**耦合**。多级放大电路有 4 种常见的耦合方式,分别是**阻容耦合**、**直接耦合**、**变压器耦合**和**光电耦合**。

1. 阻容耦合

图 4-22 是一个两级阻容耦合放大器。两级之间用电容 C_2 连接起来,C_2 称为耦合电容。

前一级的输出电压经 C_2 接到下一级的输入端。耦合电容的取值较大，一般为数微法到数十微法。对交流信号而言，电容相当于短路，信号可以畅通流过；对直流信号而言，电容相当于开路，从而使前后两级的工作点相互独立，互不影响，给分析、设计和调试带来很大方便。但它也有局限性，因为作为耦合元件的电容对缓慢变化的信号容抗很大，不利于流畅传输。所以，它不能放大缓慢变化的信号，更不能反映直流成分的变化，而只能放大交流信号。另外，耦合电容不易集成化。

2. 直接耦合

图4-23所示是一个两级直接耦合放大器。为了避免耦合电容对低频率信号的影响，把前一级的输出信号直接接到下一级的输入端。直接耦合的优点是：既能放大交流信号，也能放大直流信号；同时还便于集成化。但直接耦合前后级之间存在直流通路，造成各级静态工作点相互影响，分析、设计和调试比较烦琐。另外，直接耦合带来的第二个问题是**零点漂移**问题，这是直接耦合电路最突出的问题。

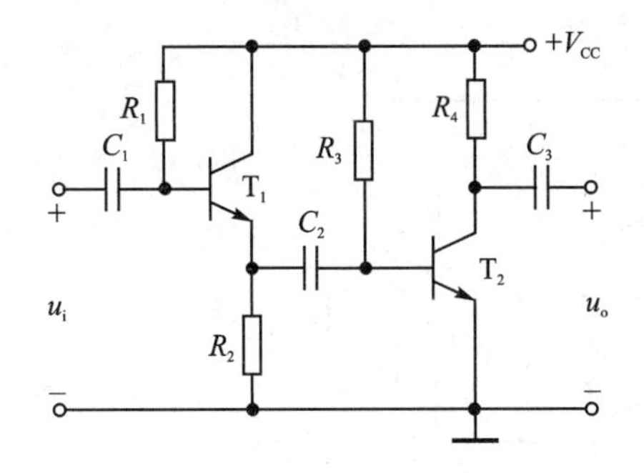

图4-22　阻容耦合放大电路

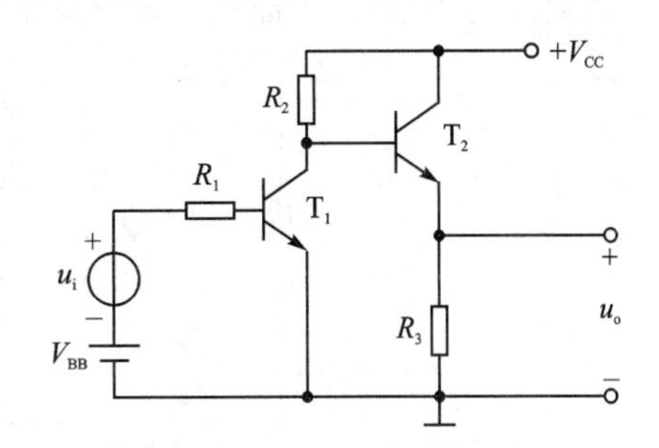

图4-23　直接耦合放大电路

如果将一个直接耦合放大电路的输入端对地短路，即令输入电压 $u_i=0$，并调整电路使输出电压 u_o 等于0。从理论上讲，输出电压 u_o 应一直为0并保持不变，但实际上输出电压将离开零点，缓慢地发生不规则的变化，如图4-24所示，这种现象称为**零点漂移**，简称**零漂**。产生零点漂移的主要原因是当放大器件的参数受温度的影响而发生波动时(因此零漂又叫**温漂**)，导致放大电路静态工作点不稳定，而放大级之间又采用直接耦合方式，使静态工作点的变化逐级传递并放大。

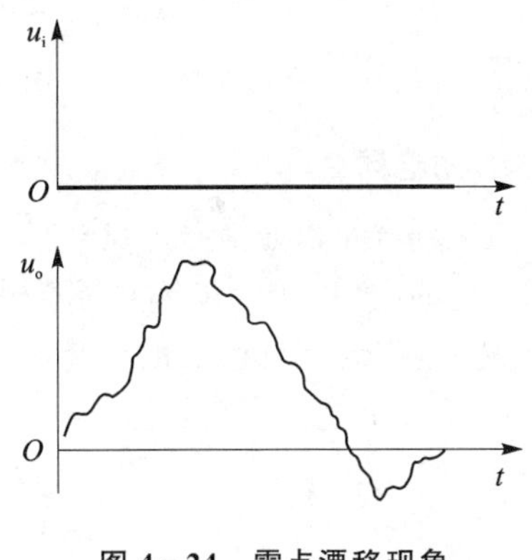

图4-24　零点漂移现象

因此，一般说来，直接耦合放大电路的级数越多，放大倍数越高，零漂问题就越严重。零漂对放大电路的影响主要有两个方面：

1）零漂使静态工作点偏离原设计值，使放大器无法正常工作；

2）零漂信号在输出端叠加在被放大的信号上，干扰有效信号甚至“淹没”有效信号，使有效信号无法判别，这时放大器已经没有使用价值了。

可见，控制多级直接耦合放大电路中第一级的零漂是至关重要的问题。通常采取抑制零漂的措施有：

1）采用分压式放大电路；

2）利用热敏元件补偿；

3）将两个参数对称的单管放大电路接成差分放大电路的结构形式，使输出端的零漂互相抵消。这种措施十分有效而且比较容易实现，实际上，集成运算放大电路的输入级基本上都采用差分放大电路的结构形式。

3. 变压器耦合

因为变压器能够通过磁路的耦合将原边的交流信号传送到副边，所以也可以作为多级放大电路的耦合元件。图 4-25 所示为变压器耦合放大电路的一个实例。变压器 T_{r1} 将第一级的输出信号传送到第二级，T_{r2} 将第二级的输出信号传送给负载并进行阻抗变换。在第二级，三极管 T_2 和 T_3 组成推挽式放大电路。

变压器耦合方式的优点：具有阻抗变换作用，能使交流信号通畅传输，还具有各级静态工作点相互独立的特点。其主要缺点是：体大笨重，有些性能较差，不易集成化，而且与阻容耦合一样，只能放大交流信号，不能放大缓慢变化的信号，因此一般很少使用。

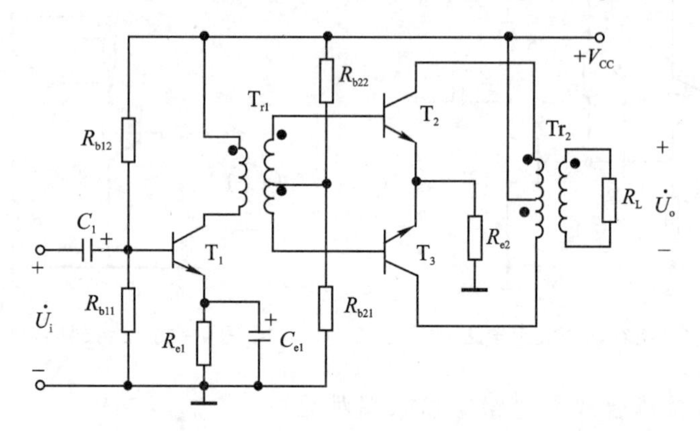

图 4-25　变压器耦合放大电路

4. 光电耦合

光电耦合是以光信号为媒介来实现电信号的耦合和传递的，因其抗干扰能力强而得到越来越广泛的应用。图 4-26 所示为光电耦合放大电路，它将发光器件(发光二极管)与光敏器件(光电三极管)相互绝缘地组合在一起，利用光电转换实现电气隔离。

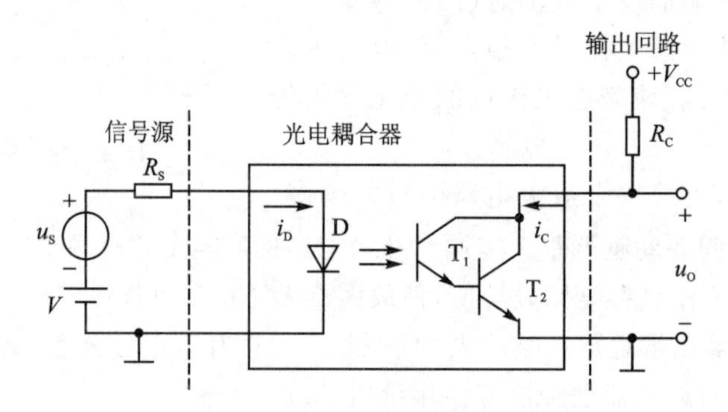

图 4-26　光电耦合放大电路

光电耦合方式的优点：光电耦合器可以将输入端和输出端完全地隔离开来，在抗干扰、降低噪声以及电路安全性方面具有很大优越性；体积小，重量轻，便于集成。缺点是：光电耦合器传输比的数值比较小，输出电压还需进一步放大；精度低，动态范围小。

4.7.2　多级放大电路的动态分析

多级放大电路的动态性能指标与单级放大电路相同，即有电压放大倍数、输入电阻和输出电阻。分析交流性能时，各级间是相互联系的，第一级的输出电压是第二级的输入电压，而第二级的输入电阻又是第一级的负载电阻。对于一个 N 级放大电路，其电压放大倍数为

$$\dot{A}_u = \dot{A}_{u1} \cdot \dot{A}_{u2} \cdot \cdots \cdot \dot{A}_{u3} \cdots \dot{A}_{un} \tag{4-35}$$

根据输入电阻、输出电阻的定义，多级放大电路的输入电阻等于第一级（即输入级）的输入电阻，输出电阻等于最后一级（即输出级）的输出电阻，即

$$R_i = R_{i1} \tag{4-36}$$

$$R_o = R_{on} \tag{4-37}$$

应当指出，当共集放大电路作为输入级时，R_i 将与第二级的输入电阻（为输入级的负载）有关；当共集放大电路作为输出级时，R_o 将与倒数第二级的输出电阻（为输出级的信号源内阻）有关。

本章小结

1. 基本共射放大电路、分压式工作点稳定电路和基本共集电极放大电路是常用的单管放大电路。它们的组成原则是：直流通路必须保证三极管有合适的静态工作点；交流通路必须保证输入信号能传送到放大电路的输入回路，同时保证放大后的信号传送到放大电路的输出端。

2. 由于放大电路中交、直流信号并存，含有非线性器件，出现受控电流源，因此增加了分析电路的难度。一般分析放大电路的方法是：先静态，后动态。静态分析是为确定静态工作点 Q，即 I_{BQ}、I_{CQ}、I_{EQ} 和 U_{CEQ}；动态分析包括波形和动态指标，即 A_u、R_i 和 R_o。

3. 图解分析法主要是利用在三极管的特性曲线上作图的方法求解 Q，分析信号的动态范围和失真情况。它直观、形象、很容易分析波形失真、输出幅度以及电路参数对 Q 的影响等。但是，作图过程比较烦琐，容易产生作图误差，电路稍一复杂就无法用图解法直接求 A_u，也不能分析频率特性等。

4. 微变等效电路法是在小信号的条件下，把三极管等效成线性电路的分析方法。该方法只能分析动态，不能分析静态，也不能分析失真和动态范围等。

5. 由三极管组成的单管放大电路有共射、共集、共基 3 种组态，不同组态放大器具有不同的动态参数，在使用时应根据需求选择合适的接法。

6. 场效应管放大电路的分析方法与三极管放大电路类似。本章重点以共源放大电路为例，对其进行了静态分析和动态分析。

7. 多级放大电路常用的有 4 种耦合方式，即阻容耦合、直接耦合、变压器耦合和光电耦合。多级放大电路的电压放大倍数等于各级放大倍数之积；输入电阻为第一级电路的输入电阻；输出电阻等于末级电路的输出电阻。

习题 4

4-1 分别改正题图 4-1 所示各电路中的错误,使它们有可能放大正弦波信号。要求保留电路原来的共射接法和耦合方式。

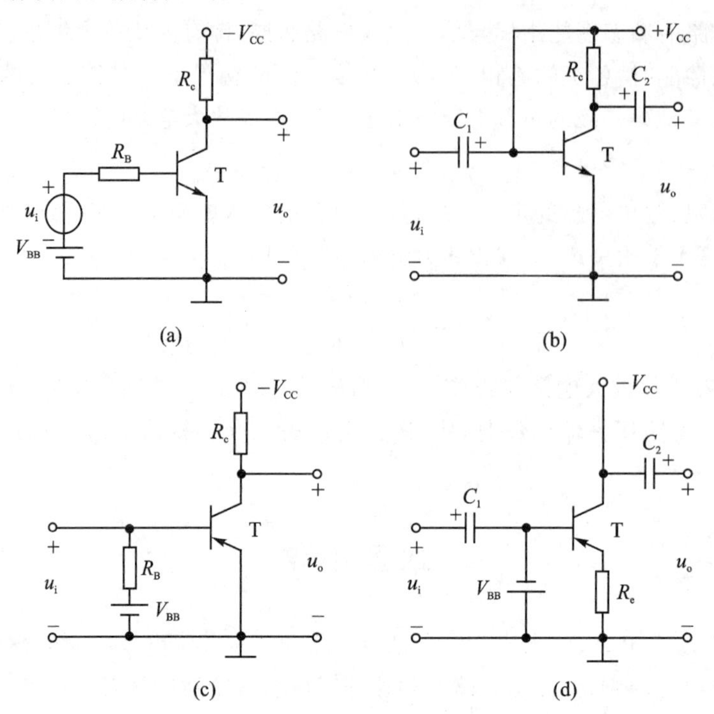

题图 4-1

4-2 电路如题图 4-2 所示,已知晶体管 $\beta=50$,在下列情况下,用直流电压表测晶体管的集电极静态电位 V_C,应分别为多少?设 $V_{CC}=12$ V,晶体管饱和管压降 $U_{CES}=0.5$ V。

(1)正常情况; (2)R_{b1} 短路; (3)R_{b1} 开路; (4)R_{b2} 开路; (5)R_c 短路。

4-3 电路如题图 4-3 所示,晶体管的 $\beta=80$,$r'_{bb}=100\ \Omega$。计算 $R_L=\infty$时的 Q 点及 $\dot{A}_u$、R_i 和 R_o。

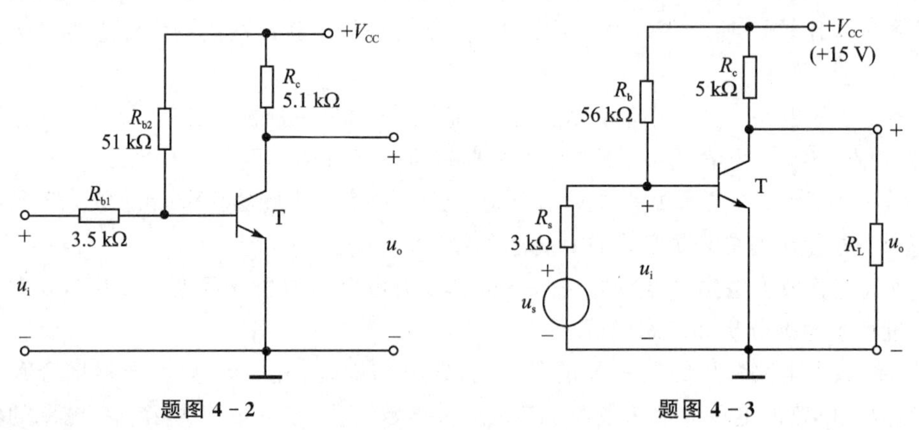

题图 4-2　　　　题图 4-3

4-4 电路如题图 4-4(a)所示,三极管的特性曲线如题图 4-4(b)和(c)所示。已知 $V_{CC}=$

18 V，R_b=238 kΩ，R_c=1.5 kΩ，R_e=500 Ω。

(1) 求电路的静态工作点，设 U_{BEQ}=0.7 V；

(2)在特性曲线上作直流负载线，并标出 Q 的位置及有关参数。

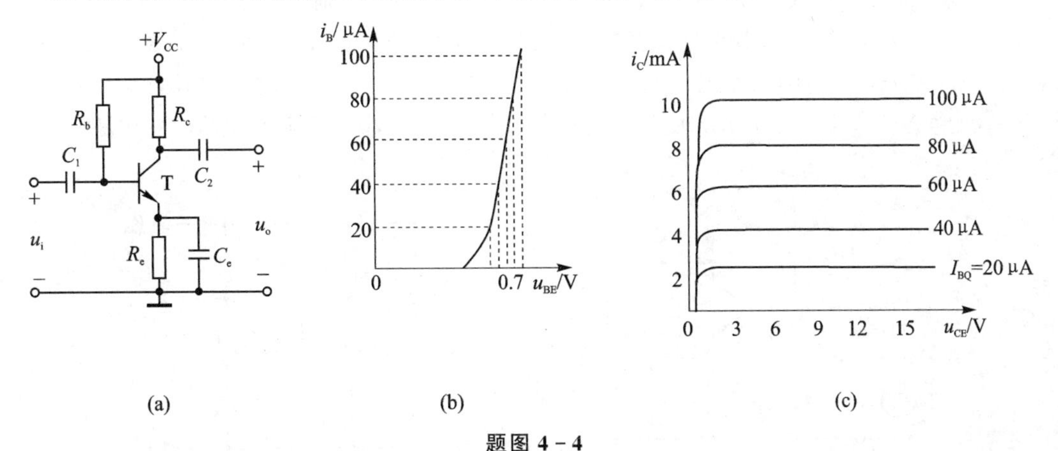

题图 4-4

4-5　在题图 4-3 所示电路中，由于电路参数不同，在信号源电压为正弦波时，测得输出波形如题图 4-5(a)、(b)、(c)所示，试说明电路分别产生了什么失真，如何消除。

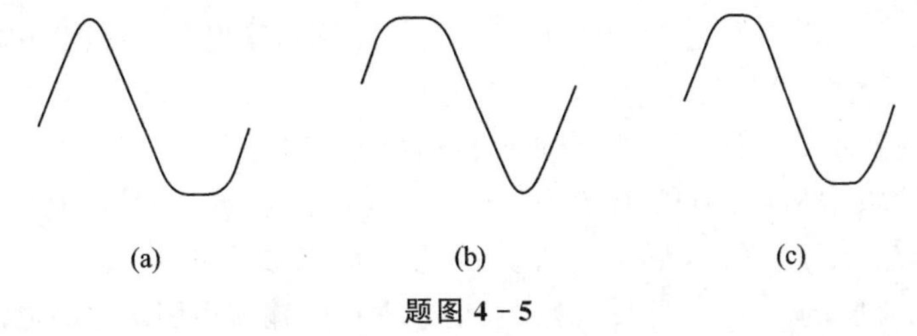

题图 4-5

4-6　已知题图 4-6 所示电路中晶体管的 β=100，U_{BEQ}=0.7 V，r_{be}=1 kΩ。

(1) 现已测得静态管压降 U_{CEQ}=6 V，估算 R_b 约为多少千欧；

(2) 若测得 $\dot{U}_i$ 和 $\dot{U}_o$ 的有效值分别为 1 mV 和 100 mV，则负载电阻 R_L 为多少千欧？

4-7　电路如题图 4-7 所示，晶体管的 β=100，U_{BEQ}=0.7 V，$r_{bb'}$=100 Ω。

(1) 求电路的 Q 点、$\dot{A}_u$、R_i 和 R_o；

(2) 若电容 C_e 开路，则将引起电路的哪些动态参数发生变化？如何变化？

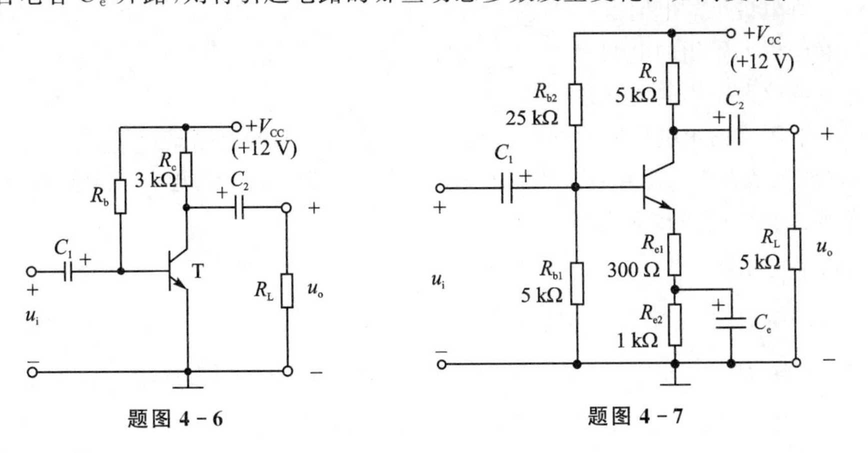

题图 4-6　　　　题图 4-7

4-8 电路如题图 4-8 所示，晶体管的 $\beta=60$，$U_{BEQ}=0.7$ V，$r_{bb'}=100\ \Omega$。

(1) 求解 Q 点、$\dot{A}_u$、R_i 和 R_o；

(2) 设 $U_S=10$ mV(有效值)，问 $U_i=$？$U_o=$？若 C_3 开路，则 $U_i=$？$U_o=$？

4-9 在题图 4-9 所给出的两级直接耦合放大电路中，已知：$R_{b1}=240$ kΩ，$R_{c1}=3.9$ kΩ，$R_{c1}=500\ \Omega$，稳压管 D_Z 的工作电压 $U_Z=4$ V，三极 T_1 的 $\beta_1=45$，T_2 的 $\beta_2=40$，$V_{CC}=24$ V，试计算各级的静态工作点。如果 I_{CQ1} 由于温度的升高而增加 1%，试计算输出电压的变化是多少。

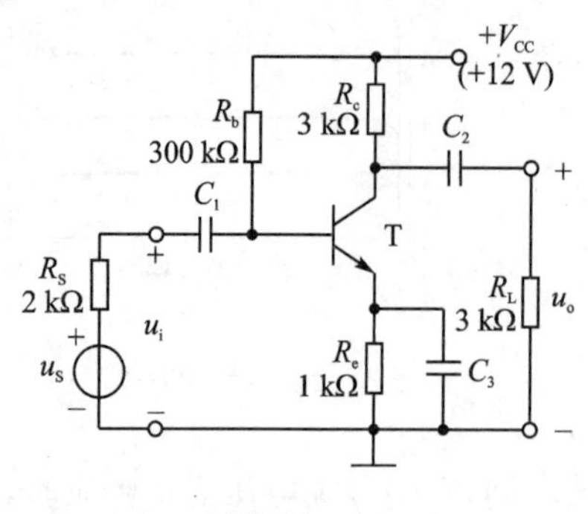

题图 4-8

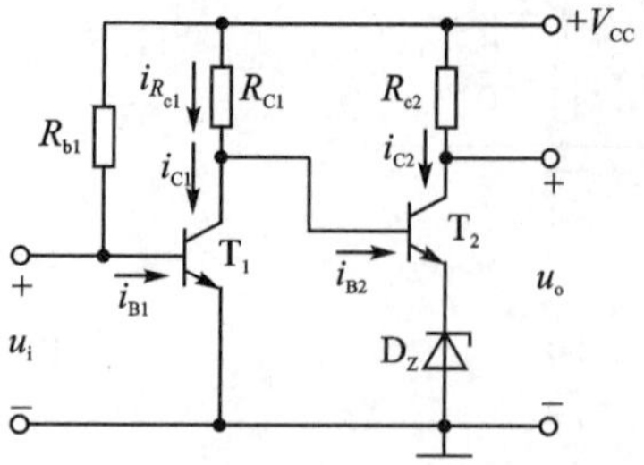

题图 4-9

4-10 两个放大器 A 与 B，它们空载($R_{L1}=R_{L2}=\infty$)时，输出电压相同，其值为 $u'_{o1}=u'_{o2}=4$ V。当都接上相同的负载电阻 $R_{L1}=R_{L2}=3$ kΩ 时，$u_{o1}=3.9$ V，$u_{o2}=3$ V。试分析说明 A 和 B 两个放大器哪个带负载能力强，哪个放大器输出电阻小。

4-11 有两个放大倍数相同的放大电路 A 和 B，分别对同一信号源电压 u_S 进行放大，其输出电压分别为 $U_{OA}=5.2$ V，$U_{OB}=5$ V。由此可得出放大电路________优于放大电路________。其原因是它的________。[(a)放大倍数大；(b)输入电阻大；(c)输出电阻小。]

4-12 ________耦合放大电路各级 Q 点相互独立，________耦合放大电路温漂小，________耦合放大电路能放大直流信号。

4-13 现有基本放大电路如下：

A. 共射电路　B. 共集电路　C. 共基电路

选择正确答案填入空内，只需填 A、B、C。

(1) 输入电阻最小的电路是________，最大的是________；

(2) 输出电阻最小的电路是________；

(3) 有电压放大作用的电路是________；

(4) 有电流放大作用的电路是________；

(5) 输入电压与输出电压同相的电路是________；反相的电路是________。

4-14 现有基本放大电路：① 共射电路，② 共集电路，③ 共源电路。分别按下列要求选择合适电路形式组成两级放大电路。

(1) 电压放大倍数 $|\dot{A}_u|\geq 4\,000$；

(2) 输入电阻 $R_i\geq 5$ MΩ，电压放大倍数 $|\dot{A}_u|\geq 400$；

(3) 输入电阻 $R_i\geq 5$ MΩ，输出电阻 $R_o\leq 200\ \Omega$，电压放大倍数 $|\dot{A}_u|\geq 10$；

(4) 输入电阻 $R_i\geq 100$ kΩ，电压放大倍数 $|\dot{A}_u|\geq 100$。

第5章　集成运算放大电路及其应用

内容提要

- 集成电路的基本知识
- 集成运放的内部组成及各部分的作用
- 理想运放的性能指标及工作特点
- 放大电路中的反馈，包括反馈的类别、判断方法和负反馈对放大电路的影响
- 集成运放应用电路举例

5.1　集成电路概述

前面几章介绍的都是**分立元件电路**。所谓分立元件电路是指由单个电阻、电容、二极管、三极管等元件连接起来组成的电路。由于分立元件电路中的元器件都裸露在外，因此体积大，工作可靠性差。

电子技术发展的一个重要方向和趋势就是实现集成化，因此集成放大电路是本书讨论的重点内容之一。本章首先介绍集成电路的一些基本知识，然后着重讨论模拟集成电路中发展最早、应用最广泛的集成运算放大器（简称**集成运放**或**运放**）及其应用电路。

5.1.1　集成电路及其发展

集成电路IC（Integrated Circuits），也叫芯片，是20世纪60年代初期发展起来的一种半导体器件。它是在半导体制造工艺的基础上，将电路的有源器件（三极管、场效应管等）、无源器件（电阻、电感、电容）及其布线集中制作在同一块半导体基片上，形成紧密联系的一个整体电路。

人们经常以电子器件的每一次重大变革作为衡量电子技术发展的标志。1904年出现的半导体器件（如真空三极管）称为第一代，1948年出现的半导体器件（如半导体三极管）称为第二代，1959年出现的集成电路称为第三代，而1974年出现的大规模集成电路，则称为第四代。可以预料，随着集成工艺的发展，电子技术将日益广泛地应用于人类社会的各个方面。

5.1.2　集成电路的特点及分类

与分立元件电路相比，集成电路具有突出特点：体积小，质量小；可靠性高，寿命长；速度高，功耗低；成本低。

按照不同的标准可将集成电路分成不同种类。

1）按制造工艺分类。按照集成电路的制造工艺不同可分为半导体集成电路（又分双极型

集成电路和MOS集成电路),薄膜集成电路和混合集成电路。

2) 按功能分类。集成电路按其功能的不同,可分为数字集成电路,模拟集成电路和微波集成电路。

3) 按集成规模分类。集成规模又称**集成度**,是指集成电路内所含元器件的个数。按集成度的大小,集成电路可分为小规模集成电路(SSI),内含元器件数小于100;中规模集成电路(MSI),内含元器件数为100～1 000个;大规模集成电路(LSI),元器件数为1 000～10 000个;超大规模集成电路(VLSI),元器件数为10 000～100 000个。集成电路的集成化程度仍在不断地提高,目前,已经出现了内含上亿个元器件的集成电路。

集成运放作为应用最广泛的模拟集成电路,了解其分类对于正确选取和使用是十分必要的。集成运放有四种分类方法,按供电电源分类,有双电源集成运放和单电源集成运放;按制作工艺分类,有双极型、单极型和双极-单极兼容型的集成运放;按级数分类,有单运放、双运放、三运放和四运放;按用途分类,有通用型和专用型两大类。下面简要介绍通用型和专用型集成运放。

(1) 通用型集成运放

通用型集成运放的参数指标比较均衡全面,适用于一般的工程设计。一般认为,在没有特殊参数要求情况下工作的集成运放均可列为通用型。由于通用型应用范围宽、产量大,因而价格便宜。作为一般应用,首先考虑选择通用型。

(2) 专用型集成运放

这类集成运放是为满足某些特殊要求而设计的,其参数中往往有一项或几项非常突出。可分为:低功耗或微功耗集成运放,电源电压在±15 V时,功耗小于6 mW或μW级;高速集成运放,在快速A/D和D/A转换器、视频放大器中必须使用高速运放;带宽集成运放,一般增益带宽积应大于10 MHz;高精度集成运放,特点是高增益、高共模抑制比、低偏流低温漂、低噪声等;高电压集成运放,正常输出电压U_o大于±22 V。此外,还有功率型集成运放、高输入阻抗集成运放、电流型集成运放、跨导型集成运放、程控型集成运放、低噪声集成运放、集成电压跟随器等。

5.1.3 集成电路制造工艺简介

在集成电路的生产过程中,在直径为3～10 mm的硅片上,同时制造几百甚至几千个电路。人们称这个硅晶片为基片,称每一块电路为管芯,如图5-1所示。

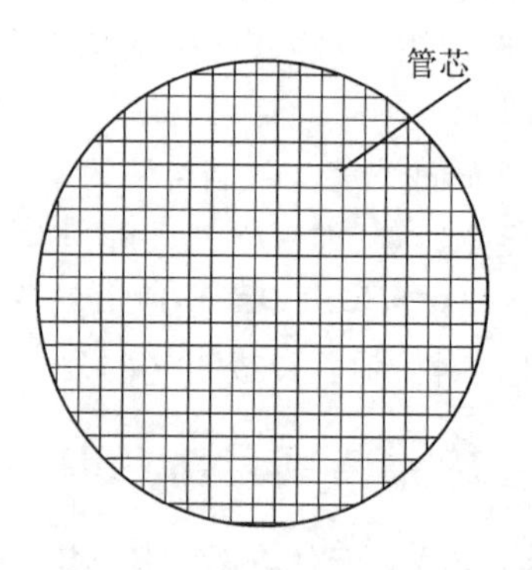

图5-1 基片与管芯图

基片制成后,再经划片、压焊、测试、封装后成为产品。图5-2(a)、(b)所示分别为圆壳式、双列直插式集成电路的外形及其剖面图。

1. 几个工艺名词

集成电路的制造工艺较为复杂,在制造过程中需要很多道工序,现将制造过程中的几个主要工艺名词介绍如下。

1) 氧化:在温度为800～1 200 ℃的氧气中使半导体表面形成SiO_2薄层,以防止外界杂质的污染。

2）光刻与掩模：制作过程中所需的版图称为掩模，利用照相制版技术将掩模刻在硅片上称为光刻。

3）扩散：在 1 000 ℃左右的炉温下，将磷、砷、或硼等元素的气体引入扩散炉，经一定时间形成杂质浓度一定的 N 型半导体或 P 型半导体。

每次扩散完毕都要进行一次氧化，以保护硅片的表面。

4）外延：在半导体基片上形成一个与基片结晶轴同晶向的半导体薄层，称为外延生长技术。所形成的薄层称为外延层，其作用是保证半导体表面性能均匀。

5）蒸铝：在真空中将铝蒸发，沉积在硅片表面，为制造连线或引线做准备。

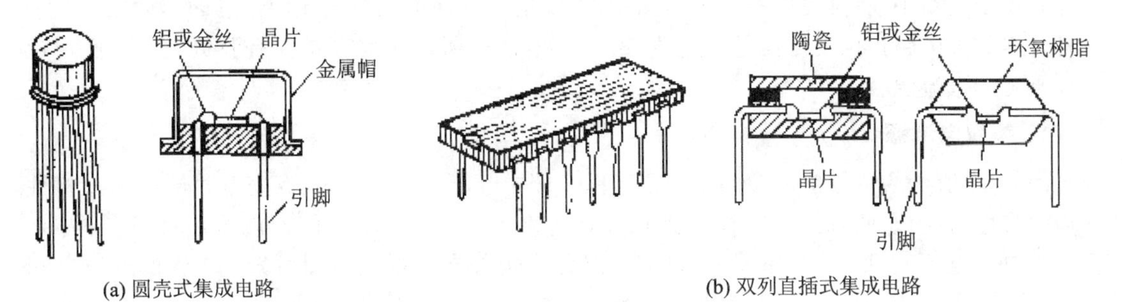

(a) 圆壳式集成电路　(b) 双列直插式集成电路

图 5－2　集成电路的外形及剖面图

2. 集成电路中元件的特点

与分立元件相比，集成电路中的元件有如下特点。

1）具有良好的对称性。由于元件在同一硅片上用相同的工艺制造，且因元件很密集而环境温度差别很小，所以元件的性能比较一致，而且同类元件温度对称性也较好。

2）电阻与电容的数值有一定的限制。由于集成电路中电阻和电容要占用硅片的面积，且数值越大，占用面积也越大。因而不易制造大电阻和大电容。电阻阻值范围为几十欧至几千欧，电容容量一般小于 100 pF。

3）用有源元件取代无源元件。由于纵向 NPN 管占用硅片面积小且性能好，而电阻和电容占用硅片面积大且取值范围窄，因此，在集成电路的设计中尽量多采用 NPN 型管，而少用电阻和电容。用 NPN 型管的发射结作为二极管和稳压管，用 NPN 型管基区体电阻作为电阻，用 PN 结势垒电容或 MOS 管栅极与沟道间等效电容作为电容等。

5.2　集成运放的基本组成及各部分的作用

从原理上说，集成运放的内部实质上是一个高放大倍数的直接耦合的多级放大电路。它通常包含 4 个基本组成部分，即**输入级**、**中间级**、**输出级**和**偏置电路**，如图 5－3 所示。输入级的作用是提供与输出端成同相和反相关系的两个输入端，通常采用差分放大电路，对其要求是温漂要小，输入电阻要大。中间级主要是完成电压放大任务，要求有较高的电压增益，一般采用带有源负载的共射电压放大电路。输出级是向负载提供一定的功率，属于功率放大，一般采用互补对称的功率放大器。偏置电路是向各级提供稳定的静态工作电流，一般采用电流源。下面分别介绍。

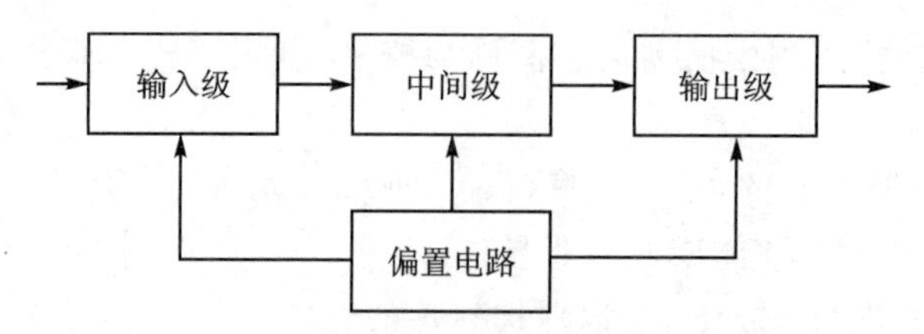

图 5-3　集成运放的基本组成部分

5.2.1　偏置电路——电流源

在电子电路中,特别是模拟集成电路中,广泛使用不同类型的电流源。它的用途之一是为各种基本放大电路提供稳定的偏置电流;第二个用途是用作放大电路的有源负载。下面讨论几种常见的电流源。

1. 镜像电流源

图 5-4 所示为镜像电流源的结构原理图。图中 T_1 管和 T_2 管具有完全相同的输入特性和输出特性,且由于两管的 b、e 极分别相连,$U_{BE1}=U_{BE2}$,$I_{B1}=I_{B2}$,因而就像照镜子一样,T_2 管的集电极电流和 T_1 管的相等,所以该电路称为**镜像电流源**。由图可知,T_1 管的 b、c 极相连,T_1 管处于临界放大状态,电阻 R 中电流 I_R 为基准电流,表达式为

$$I_R=\frac{V_{CC}-U_{BEQ}}{R} \tag{5-1}$$

且 $I_R=I_{C1}+I_{B1}+I_{B2}=I_{C2}+2I_{B2}=(1+2/\beta)I_{C2}$,所以当 $\beta\gg 2$ 时,有

$$I_{C2}\approx I_R=\frac{V_{CC}-U_{BEQ}}{R} \tag{5-2}$$

可见,只要电源 V_{CC} 和电阻 R 确定,则 I_{C2} 就确定。恒定的 I_{C2} 可作为提供给某个放大级的静态偏置电流。另外,在镜像电流源中,T_1 的发射结对 T_2 具有温度补偿作用,可有效地抑制 I_{C2} 的温漂。例如当温度升高使 T_2 的 I_{C2} 增大的同时,也使 T_1 的 I_{C1} 增大,从而使 $U_{BE1}(U_{BE2})$ 减小,致使 I_{B2} 减小,从而抑制了 I_{C2} 的增大。

2. 微电流源

图 5-5 所示是模拟集成电路中常用的一种电流源。与镜像电流源相比,在 T_2 的射极电路接入电阻 R_E,当基准电流 I_R 一定时,I_{C2} 可确定如下,由于

$$U_{BE1}-U_{BE2}=\Delta U_{BE}=I_{E2}R_E$$

所以

$$I_{C2}\approx I_{E2}=\frac{\Delta U_{BE}}{R_E} \tag{5-3}$$

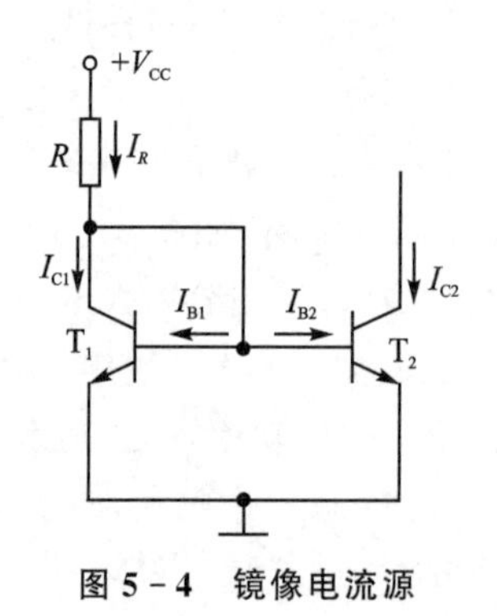

图 5-4　镜像电流源

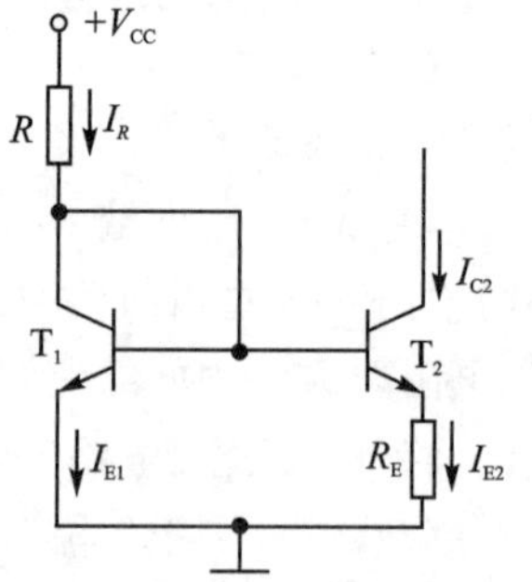

图 5-5　微电流源

由式(5-3)可知,利用两管发射结电压差 ΔU_{BE} 可以控制输出电流 I_{C2}。由于 ΔU_{BE} 的数值较小,这样,用阻值不大的 R_E 即可获得微小的工作电流,故称此电流源为**微电流源**。该电路由于 T_1、T_2 是对管,两管基极又连在一起,当 V_{CC}、R 和 R_E 为已知时,基准电流 $I_R \approx V_{CC}/R$,在 U_{BE1}、U_{BE2} 为一定时,I_{C2} 也就确定了;在电路中,当电源电压 V_{CC} 发生变化时,I_R 以及 ΔU_{BE} 也将发生变化,由于 R_E 的值一般为数千欧,使 $U_{BE2} \ll U_{BE1}$,以致 T_2 的 U_{BE2} 值很小而工作在输入特性的弯曲部分,则 I_{C2} 的变化远小于 I_R 的变化,故电源电压波动对工作电流 I_{C2} 的影响不大。

5.2.2　输入级——差分放大电路

集成运放的输入级采用**差分放大电路**(也称**差动放大电路**),就其功能来说,是放大两个输入信号之差。

由于集成运放的内部实质上是一个高放大倍数的直接耦合的多级放大电路,因此必须解决零漂问题,电路才能实用。虽然集成电路中元器件参数分散性大,但是相邻元器件参数的对称性却比较好。差分放大电路就是利用这一特点,采用参数相同的三极管来进行补偿,从而有效地抑制零漂。差分放大电路常见的形式有 3 种:基本形式、长尾式和恒流源式。

1. 基本形式差分放大电路

(1) 输入信号类型

将两个电路结构、参数均相同的单管放大电路组合在一起,就成为差分放大电路的基本形式,如图 5-6 所示。

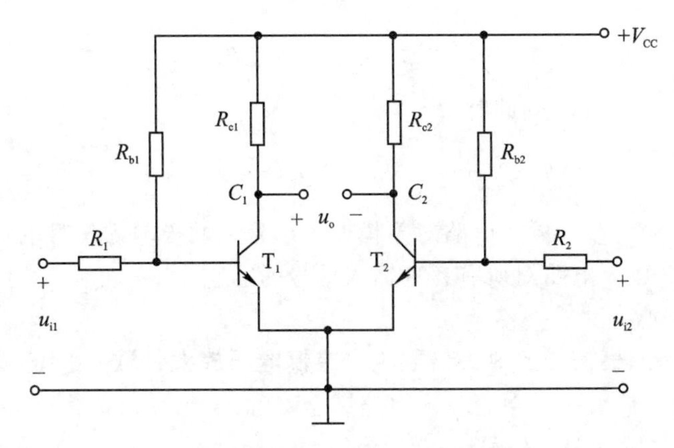

图 5-6　基本形式差分放大电路

差分放大电路的两个输入端,可以分别加上两个输入电压信号 u_{i1} 和 u_{i2}。如果两个输入电压大小相等,极性相反,即 $u_{i1}=-u_{i2}$,这样的输入电压称为**差模输入电压**,用 u_{id} 表示,u_{id} 等于两输入端输入电压之差,即

$$u_{id}=u_{i1}-u_{i2} \tag{5-4}$$

或者

$$u_{i1}=-u_{i2}=\frac{1}{2}u_{id} \tag{5-5}$$

差模输入电路如图 5-7 所示。

在差分放大电路的两个输入端分别加上大小相等、极性相同的信号,即 $u_{i1}=u_{i2}$,这样的输入电压称为**共模输入电压**,用 u_{ic} 表示。u_{ic} 与两输入端的输入电压有以下关系

$$u_{ic} = u_{i1} = u_{i2} \tag{5-6}$$

共模输入电路如图5-8所示。

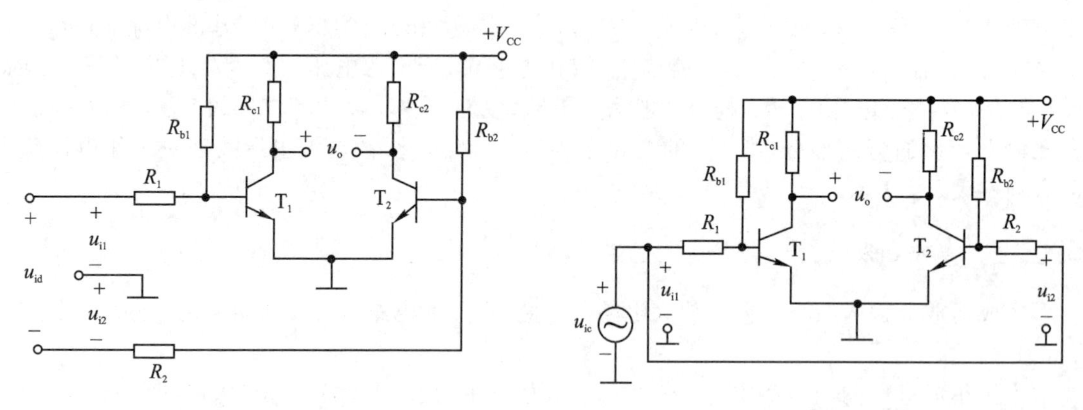

图5-7 差模输入电路　　　　图5-8 共模输入电路

实际上,在差分放大电路的两个输入端加上任意大小、任意极性的输入电压 u_{i1} 和 u_{i2},都可以将它们认为是某个差模输入电压与某个共模输入电压的组合,其中差模输入电压 u_{id} 和共模输入电压 u_{ic} 的值分别为

$$u_{id} = u_{i1} - u_{i2}, \qquad u_{ic} = \frac{u_{i1} + u_{i2}}{2} \tag{5-7}$$

于是,加在两输入端上的信号可分解为

$$u_{i1} = u_{ic} + \frac{u_{id}}{2}, \qquad u_{i2} = u_{ic} - \frac{u_{id}}{2} \tag{5-8}$$

例如,$u_{i1} = 8\ \text{mV}$,$u_{i2} = 2\ \text{mV}$,则此时

$$u_{id} = u_{i1} - u_{i2} = 8\ \text{mV} - 2\ \text{mV} = 6\ \text{mV}, \qquad u_{ic} = \frac{u_{i1} + u_{i2}}{2} = \frac{8\text{mV} + 2\text{mV}}{2} = 5\ \text{mV}$$

因此,只要分析清楚差分放大电路对差模输入信号和共模输入信号的响应,利用叠加定理即可完整地描述差分放大电路对所有各种输入信号的响应。

(2) 电压放大倍数

差分放大电路对差模信号的放大倍数叫作**差模电压放大倍数**,用 A_{ud} 表示,以图5-7所示差模输入电路为例,假设两边单管放大电路完全对称,且每一边单管放大电路的电压放大倍数为 A_{u1},可以推出当输入差模信号时,A_{ud} 为

$$A_{ud} = \frac{u_o}{u_{id}} = \frac{u_{C1} - u_{C2}}{u_{i1} - u_{i2}} = \frac{2u_{C1}}{2u_{i1}} = \frac{u_{C1}}{u_{i1}} = A_{u1} \tag{5-9}$$

式(5-9)表明,差分放大电路的差模电压放大倍数和单管放大电路的电压放大倍数相同。差分放大电路的特点是:多用一个放大管后,虽然电压放大倍数没有增加,但是换来了对零漂的抑制。

差分放大电路对共模信号的放大倍数叫作**共模电压放大倍数**,用 A_{uc} 表示,以图5-8所示共模输入电路为例,可以推出,当输入共模信号时,A_{uc} 为

$$A_{uc} = \frac{u_o}{u_{ic}} = \frac{u_{c1} - u_{c2}}{u_{i1}} = \frac{0}{u_{i1}} = 0 \tag{5-10}$$

式(5-10)表明,差分放大电路对共模信号没有放大作用。因为共模信号就是由于外界干

扰而产生的有害信号，如零漂信号，必须加以抑制。这里可以这样解释，差分放大电路具有对称结构，当有外界干扰时，例如温度变化，对两只管子的影响完全相同，因此在两输入端产生的输入信号也完全相同，这就是共模输入信号。

综上所述，差分放大电路对有效的差模信号有放大作用，而对无效的共模信号有抑制作用，也就是说，要想放大输入信号，必须使两输入端的信号有差别，正所谓"输入有差别，输出才有变动"，差动放大电路由此得名。

(3) 共模抑制比

差分放大电路的**共模抑制比**用符号 K_{CMR} 表示，它定义为差模电压放大倍数与共模电压放大倍数之比，一般用对数表示，单位为分贝(dB)，即

$$K_{CMR}=20\lg\left|\frac{A_{ud}}{A_{uc}}\right| \tag{5-11}$$

共模抑制比描述差分放大电路对共模信号(即零漂)的抑制能力。K_{CMR} 越大，说明抑制零漂的能力越强。在理想情况下，差分放大电路两侧的参数完全对称，两管输出端的零漂完全抵消，则共模电压放大倍数 $A_{uc}=0$，共模抑制比 $K_{CMR}=\infty$。

对于基本形式的差分放大电路而言，由于内部参数不可能绝对匹配，所以输出电压 u_o 仍然存在零点漂移，共模抑制比很低。而且从每个三极管的集电极对地电压来看，其零漂与单管放大电路相同，丝毫没有改善。因此，在实际工作中一般不采用这种基本形式的差分放大电路，而是在此基础上稍加改进，组成了**长尾式差分放大电路**。

2. 长尾式差分放大电路

(1) 电路组成

在图 5-6 所示的基本差分电路的基础上，在两个放大管的发射极接入一个发射极电阻 R_e，如图 5-9 所示。这个电阻像一条"长尾"，所以这种电路称为长尾式差分放大电路。

长尾电阻 R_e 对共模信号具有抑制作用。假设在电路输入端加上正的共模信号，则两个管子的集电极电流 i_{C1}、i_{C2} 同时增加，使流过发射极电阻 R_e 的电流 i_E 增加，于是发射极电位 u_E 升高，从而两管的 u_{BE1}、u_{BE2} 降低，进而限制了 i_{C1}、i_{C2} 的增加。

但是对于差模输入信号，由于两管的输入信号幅度相等而极性相反，所以 i_{C1} 增加多少，i_{C2} 就减少同样的数量，因而流过 R_e 的电流总量为零，即 $\Delta u_E=0$，所以 R_e 的接入对差模输入信号无影响。

由以上分析可知，长尾电阻 R_e 的接入使共模放大倍数减小，降低了每个管子的零点漂移，但对差模放大倍数没有影响，因此提高了电路的共模抑制比。R_e 越大，抑制零漂的效果越好。但是，随着 R_e 的增大，R_e 上的直流压降将越来越大。为此，在电路中引入一个负电源 V_{EE} 来补偿 R_e 上的直流压降，以免输出电压变化范围太小。引入 V_{EE} 后，静态基极电流可由 V_{EE} 提供，因此可以不接基极电阻 R_b，如图 5-9 所示。

(2) 静态分析

当输入电压等于 0 时，由于电路结构对称，故设 $I_{BQ1}=I_{BQ2}=I_{BQ}$，$I_{CQ1}=I_{CQ2}=I_{CQ}$，$U_{BEQ1}=U_{BEQ2}=U_{BEQ}$，$U_{CQ1}=U_{CQ2}=U_{CQ}$，$\beta_1=\beta_2=\beta$。由三极管的基极回路可得

$$I_{BQ}R+U_{BEQ}+2I_{EQ}R_e=V_{EE}$$

则静态基极电流为

$$I_{BQ}=\frac{V_{EE}-U_{BEQ}}{R+2(1+\beta)R_e} \tag{5-12}$$

静态集电极电流和电位为

$$I_{CQ} \approx \beta I_{BQ} \tag{5-13}$$

$$U_{CQ} = V_{CC} - I_{CQ}R_c \text{(对地)} \tag{5-14}$$

静态基极电位为

$$U_{BQ} = -I_{BQ}R \quad \text{(对地)} \tag{5-15}$$

(3) 动态分析

当输入差模信号时,由于两管的输入电压大小相等、方向相反,流过两管的电流也大小相等、方向也相反,结果使得长尾电阻 R_e 上的电流变化为 0,则 $u_E=0$。可以认为 R_e 对差模信号呈短路状态。图 5-10(a)所示为长尾式差分放大电路的交流通路,图 5-10(b)所示为对应的交流微变等效电路。

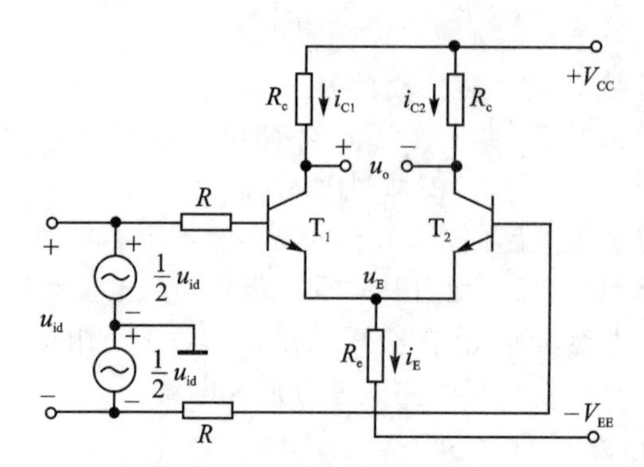

图 5-9 长尾式差分放大电路

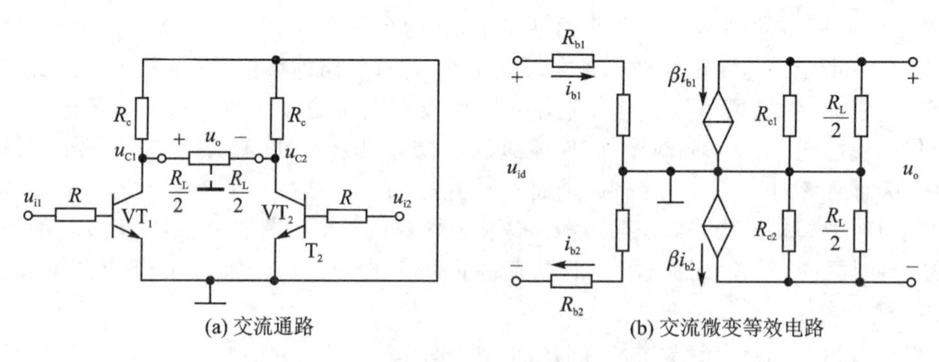

(a) 交流通路　　(b) 交流微变等效电路

图 5-10 长尾式差分放大电路的交流通路

图 5-10 中 R_L 为接在两个三极管集电极之间的负载电阻。当输入差模信号时,一管集电极电位降低,另一管集电极电位升高,而且升高与降低的数值相等,于是可以认为 R_L 中点处的电位为 0。也就是说,在 $R_L/2$ 处相当于交流接地。

根据交流通路可得差模电压放大倍数为

$$A_{ud} = \frac{u_o}{u_{id}} = \frac{u_{C1} - u_{C2}}{u_{i1} - u_{i2}} = \frac{2u_{C1}}{2u_{i1}} = A_{u1} = -\frac{\beta R'_L}{r_{be} + R} \tag{5-16}$$

其中,$R'_L = R_c /\!/ (R_L/2)$。

从两管输入端向里看,差模输入电阻为

$$R_{id} = 2(R + r_{be}) \tag{5-17}$$

两管集电极之间的输出电阻为

$$R_o = 2R_c \tag{5-18}$$

在长尾式差分放大电路中，为了在两参数不完全对称的情况下能使静态时的 u_o 为 0，常常在两管发射极之间接入调零电位器 R_P。

3. 恒流源式差分放大电路

在长尾式差分放大电路中，R_e 越大，抑制零漂的能力越强。但 R_e 的增大是有限的，原因有两个：一是在集成电路中难于制作大电阻；二是在同样的工作电流下 R_e 越大，所需 V_{EE} 将越高。为此，可以考虑采用一个三极管代替原来的长尾电阻 R_e。

在三极管输出特性的恒流区，当集电极电压有一个较大的变化量 Δu_{CE} 时，集电极电流 i_C 基本不变。此时三极管 C－E 之间的等效电阻 $r_{CE}=\dfrac{\Delta u_{CE}}{\Delta i_C}$ 的值很大。用恒流三极管充当一个阻值很大的长尾电阻 R_e，既可在不用大电阻的条件下有效地抑制零漂，又适合集成电路制造工艺中用三极管代替大电阻的特点，因此，这种方法在集成运放中被广泛采用。

恒流源式差分放大电路如图 5－11 所示。由图可见，恒流管 T_3 的基极电位由 R_{b1}、R_{b2} 分压后得到，可认为基本不受温度变化的影响，则当温度变化时，T_3 的发射极电位和发射极电流也基本保持稳定，而两个放大管的集电极电流 i_{C1} 和 i_{C2} 之和近似等于 i_{C3}，所以 i_{C1} 和 i_{C2} 将不会因温度的变化而同时增大或减小。可见，接入恒流三极管后，抑制了共模信号的变化。

有时，为了简化起见，常常不把恒流源式差分放大电路中恒流管 T_3 的具体电路画出，而采用一个简化的恒流源符号来表示，如图 5－12 所示。

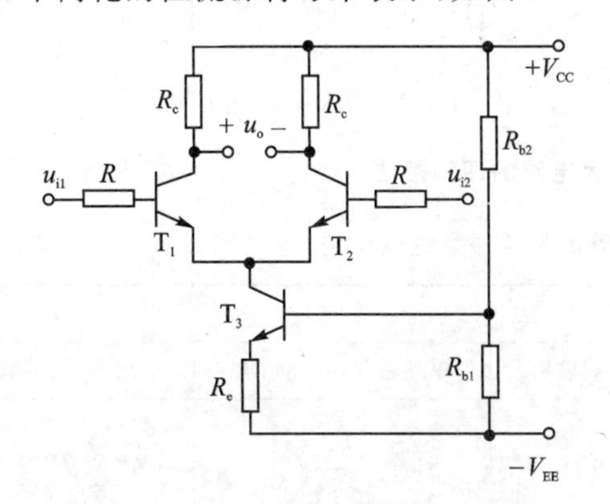

图 5－11　恒流源式差动放大电路

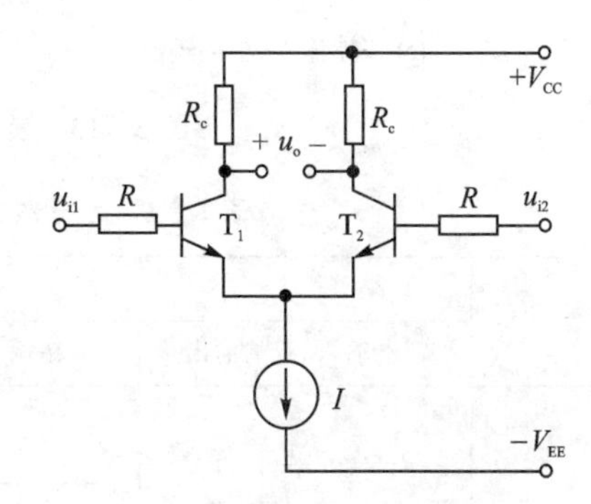

图 5－12　图 5－11 的简化画法

4. 差分放大电路的四种输入、输出接法

差分放大电路有两个放大三极管，它们的基极和集电极分别是放大电路的两个输入端和两个输出端。差分放大电路的输入、输出端可以有 4 种不同的接法，即双端输入-双端输出、双端输入-单端输出，单端输入-双端输出、单端输入-单端输出。当采用单端输入时，一个输入端（基极）加输入信号，另一个输入端（基极）通过电阻接地；当采用单端输出时，一个输出端（集电极）负责输出电压信号，而另一个输出端（集电极）悬空即可。图 5－13 所示是长尾式差分放大电路的 4 种接法。

根据前面对长尾式差分放大电路双端输入、双端输出的分析，读者可自行分析其他 3 种接法的差分电路。当输入、输出的接法不同时，放大电路的性能、特点也不尽相同。其性能比较如表 5－1 所列。

由表 5-1 可以看出,差分放大电路的主要性能指标仅与输出方式有关,而与输入方式无关。差分放大电路双端输出时的差模电压放大倍数就是半边差模等效电路的电压放大倍数,而单端输出时,则是半边差模等效电路电压放大倍数的一半(不接负载电阻)。差模输入电阻不管是双端输入还是单端输入方式,都是半边差模等效电路输入电阻的两倍。而输出电阻在单端输出时,$R_o=R_c$;在双端输出时,$R_o=2R_c$。

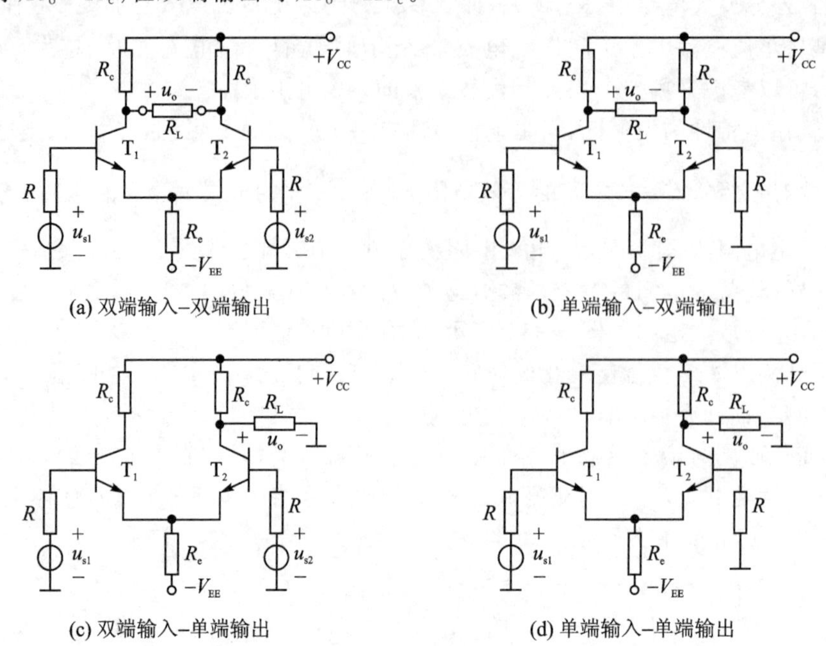

(a) 双端输入–双端输出　(b) 单端输入–双端输出

(c) 双端输入–单端输出　(d) 单端输入–单端输出

图 5-13　差分放大电路的四种接法

表 5-1　差分放大电路四种接法之性能比较

性能	接　法			
	双端输入、双端输出	双端输入、单端输出	单端输入、双端输出	单端输入、单端输出
A_{ud}	$-\dfrac{\beta\left(R_c /\!/ \dfrac{R_L}{2}\right)}{r_{be}+R}$	$\dfrac{1}{2}\dfrac{\beta(R_c /\!/ R_L)}{r_{be}+R}$	$-\dfrac{\beta\left(R_c /\!/ \dfrac{R_L}{2}\right)}{r_{be}+R}$	$\dfrac{1}{2}\dfrac{\beta(R_c /\!/ R_L)}{r_{be}+R}$
R_{id}	$2(R+r_{be})$	$2(R+r_{be})$	$\approx 2(R+r_{be})$	$\approx 2(R+r_{be})$
R_o	$2R_c$	R_c	$2R_c$	R_c
K_{CMR}	很高	较高	很高	较高
特点	A_{ud} 与单管放大电路的 A_u 基本相同;适用于输入信号和负载的两端均不接地的情况	A_{ud} 约为双端输出时的一半;适用于将双端输入转换为单端输出	A_{ud} 与单管放大电路的 A_u 基本相同;适用于将单端输入转换为双端输出	A_{ud} 约为双端输出时的一半;适用于输入、输出均要求接地的情况;选择从不同的管子输出,可使输出、输入电压反相或同相

5.2.3　中间级——采用有源负载的共射放大电路

中间级的主要任务是提供足够大的电压放大倍数，为此，不仅要求中间级本身具有较高的电压增益，同时为了减少对前级的影响，还应具有较高的输入电阻。共射放大电路（或共源放大电路，此处以共射放大电路为例）具有较高的电压放大倍数，而且为了提高电压放大倍数，比较有效的方法是增大集电极电阻 R_c。然而，一方面集成电路的工艺不便于制造大电阻；另一方面，为了维持放大管的静态电流不变，在增大 R_c 的同时必须提高电源电压，当电源电压增大到一定程度时，电路的设计就变得不合理了。由前面对恒流源式差分放大电路的介绍可知，当三极管工作在放大区（也称恒流区）时，c－e 之间的等效电阻 r_{ce} 的值很大。因此，在集成运放中，常采用由三极管构成的电流源取代 R_c，这样在电源电压不变的情况下，既可获得合适的静态电流，对于交流信号，又可得到很大的 R_c。由于三极管和场效应管均为有源器件，而上述电路中又以它们作为负载，故称之为**有源负载**。

另外，中间级的放大管有时采用**复合管**的结构形式，这样不仅可以得到很高的电流放大系数 β，以便提高本级的电压放大倍数，而且能够大大提高本级的输入电阻，以免对前级放大倍数产生不良的影响，特别是在前级采用有源负载时，其效果是提高了集成运放总的电压放大倍数。

1. 复合管的接法及其 $\boldsymbol{\beta}$ 和 $\boldsymbol{r_{be}}$

复合管可由两个或两个以上三极管组合而成，也可由三极管和场效应管组合而成，此处以复合三极管为例。复合管的接法有多种，它们可以由相同类型的三极管组成，也可以由不同类型的三极管组成。例如在图 5－14 中，图 5－14(a)和(b)分别由两个同为 NPN 型或同为 PNP 型的三极管组成，但图 5－14(c)和(d)中的复合管却由不同类型的三极管组成。

由相同或不同类型的三极管组成复合管，首先，在前后两个三极管的连接关系上，应保证前级三极管的输出电流与后级三极管的输入电流的实际方向一致，以便形成适当的电流通路，否则电路不能形成通路，复合管无法正常工作。其次，为了实现电流放大，应将前级管的集电极电流或发射极电流作为后级管的基极电流，外加电压的极性应保证前后两个三极管均为发射结正向偏置，集电结反向偏置，使两管都工作在放大区。

例如在图 5－14(a)和(b)中，前级的 i_{E1} 就是后级的 i_{B2}，二者的实际方向一致。而在图 5－14(c)和(d)中，前级的 i_{C1} 就是后级的 i_{B2}，二者的实际方向也一致。至于基极回路和集电极回路的外加电压，应为图中括号内所示的正、负极性，则前后两个三极管均工作在放大区。

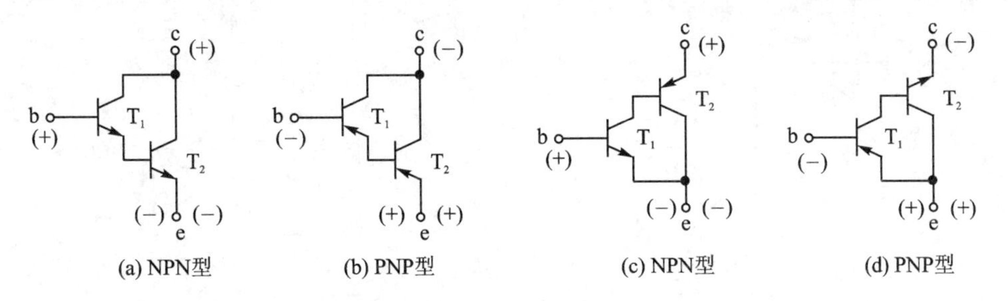

图 5－14　复合管的接法

综合图 5－14 所示的几种复合管，可以得出以下结论。

1）由两个相同类型的三极管组成的复合管，其类型与原来相同。复合管的 $\beta \approx \beta_1\beta_2$，复合

管的 $r_{be}=r_{be1}+(1+\beta_1)r_{be2}$。

2）由两个不同类型的三极管组成的复合管，其类型与前级三极管相同。复合管的 $\beta=\beta_1(1+\beta_2)\approx\beta_1\beta_2$，复合管的 $r_{be}=r_{be1}$。

通过介绍可以看出，复合管与单个三极管相比，其电流放大系数 β 大大提高，因此，复合管常用于运放的中间级，以提高整个电路的电压放大倍数，不仅如此，复合管也常常用于输入级和输出级。

2. 由复合管构成的有源负载共射放大电路

图 5－15 所示为利用复合管构成的**有源负载共射放大电路**。其中三极管 T_1 和 T_2 组成的 NPN 型复合管是放大管，T_3 管是复合管的有源负载。T_3 与 T_4 组成镜像电流源，作为偏置电路，负责为放大管提供合适的集电极直流偏置电流 I_{CQ}。由图 5－15 可知，基准电流 I_{REF} 由 V_{CC}、T_4 和 R 支路产生，其表达式为

$$I_{REF}=\frac{V_{CC}-U_{BE4}}{R}$$

根据基准电流 I_{REF}，即可确定放大管的集电极静态电流 I_{CQ}。当 $\beta\gg2$ 时，$I_{CQ}\approx I_{REF}$。

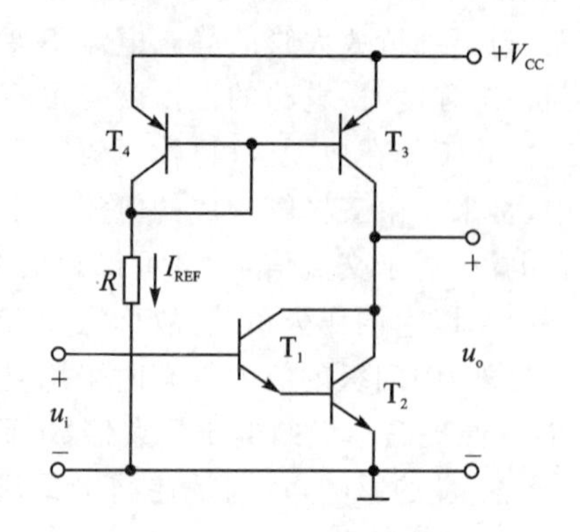

图 5－15　由复合管构成的有源负载共射放大电路

5.2.4　输出级——功率放大电路

在多级放大电路中，输出级输出的信号往往都是送到负载并驱动负载工作的。例如，使扬声器音圈振动发出声音；推动电动机旋转；使继电器或记录仪表动作等。这就要求多级放大电路的输出级能够给负载提供足够大的信号功率，即输出级不但要输出足够高的电压，同时还要输出足够大的电流。这种用来放大功率的放大电路称为**功率放大电路**，也叫**功率放大器**，简称**功放**，常采用**互补对称式的功率放大电路**的结构形式。

图 5－16(a)所示为无输出电容(Output Capacitorless，OCL)的甲乙类互补对称功率放大电路，该电路由双电源供电。图 5－16(b)所示为无输出变压器(Output Transformless，OTL)的甲乙类互补对称功率放大电路，该电路由单电源供电。甲乙类是功放中三极管的一种工作状态，在这种状态下，三极管的导通时间大于信号的半个周期，且小于一个周期。目前常用的

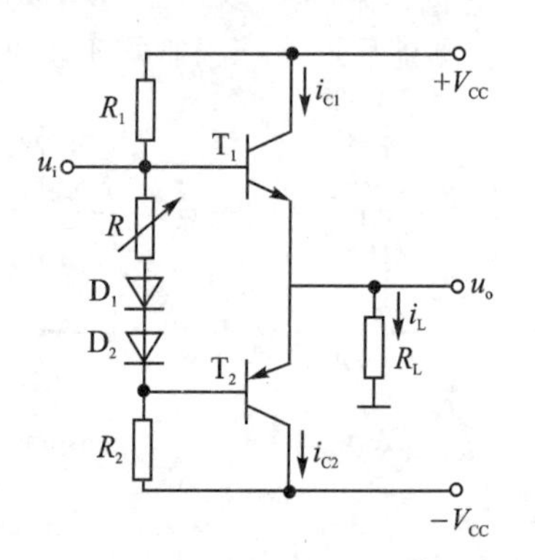

(a) OCL甲乙类互补对称功率放大电路

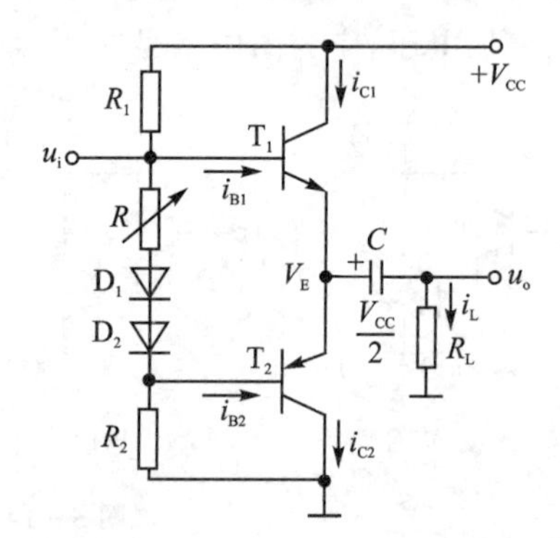

(b) OTL甲乙类互补对称功率放大电路

图 5－16　功率放大电路

音频功率放大电路中，功放管多数是工作在甲乙类放大状态的。这种电路的效率略低于乙类(三极管的只放大信号的半个周期)功放电路，但它克服了乙类放大电路产生的失真问题，目前使用较广泛。

OTL 电路与 OCL 电路的区别除了是用单电源方式外，它在电路的输出端是通过较大的耦合电容 C 与负载相连的。该电容一方面传递信号，另一方面起到了在信号负半周时向负载供电的作用。

5.3　集成运放的性能指标

集成运放性能的好坏，可用其性能指标来衡量。为了合理正确地选择和使用运放，必须明确其性能指标的意义。

(1) 开环差模电压增益 A_{od}

开环差模电压增益 A_{od} 是指运放在无外加反馈情况下的直流差模增益，一般用对数表示，单位为分贝(dB)。它是频率的函数，也是影响运算精度的重要参数。一般运放的 A_{od} 为 60～120 dB，性能较好的运放 $A_{od}>140$ dB。

(2) 共模抑制比

共模抑制比是指运放的差模电压增益 A_{ud} 与共模电压增益 A_{uc} 之比，一般也用对数表示。一般运放的 K_{CMR} 为 80 ～160 dB。该指标用以衡量集成运放抑制零漂的能力。

(3) 差模输入电阻 R_{id}

差模输入电阻 R_{id} 是指开环情况下，输入差模信号时运放的输入电阻。其定义为差模输入电压 U_{id} 与相应的输入电流 I_{id} 的变化量之比。R_{id} 用以衡量集成运放向信号源索取电流的大小。该指标越大越好，一般运放的 R_{id} 为 $10\sim3\times10^6$ kΩ。

(4) 输入失调电压 U_{io}

输入失调电压 U_{io} 的定义是，为了使运放在零输入时零输出，在输入端所需要加的补偿电压。U_{io} 实际上就是输出失调电压折合到输入端电压的负值，其大小反映了运放电路的对称程度。U_{io} 越小越好，一般为±(0.1～10)mV。

(5) 最大差模输入电压 $U_{id,m}$

最大差模输入电压 $U_{id,m}$ 是集成运放反相输入端与同相输入端之间能够承受的最大电压。若超过这个限度，输入级差分对管中的一个管子的发射结可能被反向击穿。若输入级由 NPN 管构成，则其 $U_{id,m}$ 约为±5 V；若输入级含有横向 PNP 管，则 $U_{id,m}$ 可达±30 V 以上。

(6) 单位增益带宽 BW_G 和开环带宽 BW_{Hf}

单位增益带宽 BW_G 指开环差模电压增益 A_{od} 下降到 0 dB(即 $A_{od}=1$)时的信号频率，它与三极管的特征频率相类似。BW_G 用来衡量运放的一项重要品质因素——增益带宽积的大小。BW_{Hf} 则指 A_{od} 下降 3 dB 时的信号频率。BW_{Hf} 一般不高，约几十赫兹至几百千赫兹，低的只有几赫兹。

除上述指标外，还有转换速率 S_R、输入偏置电流 I_{iB}、静态功耗 P_C、最大输出电压 $U_{o,max}$ 等，这里不再一一介绍。

5.4　放大电路中的反馈

在集成运放的各种应用电路中，几乎无一例外地引用了反馈。反馈不仅是改善放大电路性能的重要手段,也是电子技术和自动调节原理中一个基本概念。在介绍反馈之前,首先介绍理想运放的概念和特点。

5.4.1 理想运放的概念及工作特点

1. 理想运放的概念

在分析集成运放的各种应用电路时,常常将其中的集成运放看成是一个理想的运算放大器。所谓**理想运放**就是将集成运放的各项技术指标理想化,即认为集成运放的各项指标为

1) 开环差模电压增益 $A_{od}=\infty$;

2) 差模输入电阻 $R_{id}=\infty$;

3) 输出电阻 $R_o=0$;

4) 共模抑制比 $K_{CMR}=\infty$;

5) 输入失调电压、失调电流以及它们的零漂均为0。

实际的集成运放当然达不到上述理想化的技术指标。但由于集成运放工艺水平的不断提高,集成运放产品的各项性能指标越来越好。因此,一般情况下,在分析估算集成运放的应用电路时,将实际运放看成理想运放所造成的误差,在工程上是允许的。后面的分析中,如无特别说明,均将集成运放作为理想运放进行讨论。

2. 理想运放的两种工作状态及其重要特性

在各种应用电路中,集成运放的工作状态有**线性**状态和**非线性**状态两种,在其传输特性曲线上对应两个区域,即**线性区**和**非线性区**。集成运放的电路符号和**电压传输特性**分别如图5-17(a)和(b)所示。

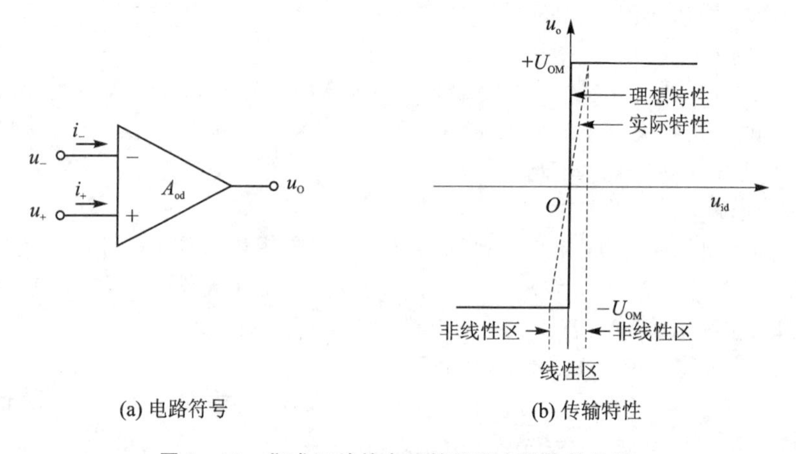

(a) 电路符号　(b) 传输特性

图5-17　集成运放的电路符号及电压传输特性

由图5-17(a)所示的电路符号可以看出,运放有同相和反相两个输入端,分别对应其内部差分输入级的两个输入端,u_+代表同相输入端电压,u_-代表反相输入端电压,输出电压u_o与u_+具有同相关系,与u_-具有反相关系。运放的差模输入电压 $u_{id}=(u_+-u_-)$。在图5-17(b)中,虚线代表实际运放的传输特性,实线代表理想运放的传输特性。可以看出,线性工作区非常窄,当输入端电压的幅度稍有增加时,运放的工作范围将超出线性放大区而到达非线性区。运放工作在不同状态下,其表现出的特性也不同,下面分别讨论。

(1) 线性工作状态

当运放工作在线性状态时，运放的输出电压与两个输入端电压之间存在着线性放大关系，即

$$u_o = A_{od}u_{id} = A_{od}(u_+ - u_-) \tag{5-19}$$

理想运放工作在线性状态时有两个重要特性。

① 理想运放的差模输入电压 u_{id} 约等于 0。由于运放工作在线性区，故输出、输入电压之间符合式(5-19)。而且，因理想运放的 $A_{od}=\infty$，所以由式(5-19)可得

$$u_{id} = u_+ - u_- = u_o/A_{od} \approx 0$$

即

$$u_{id} \approx 0 \quad 或 \quad u_+ \approx u_- \tag{5-20}$$

式(5-20)表明，同相输入端与反相输入端的电位相等，如同将该两点短路一样，但实际上该两点并未真正被短路，因此常将此特点简称为**虚短**。

实际集成运放的 $A_{od} \neq \infty$，因此 u_+ 与 u_- 不可能完全相等。但是当 A_{od} 足够大时，集成运放的差模输入电压($u_+ - u_-$)的值很小，可以忽略。例如，在线性区内，当 $u_o = 10$ V 时，若 $A_{od} = 10^5$，则 $u_+ - u_- = 0.1$ mV；若 $A_{od} = 10^7$，则 $u_+ - u_- = 1$ μV。可见，在一定的 u_o 值下，集成运放的 A_{od} 越大，则 u_+ 与 u_- 的差值越小，将两点视为短路所带来的误差也越小。

② 理想运放的输入电流约等于 0。由于理想运放的差模输入电阻 $R_{id}=\infty$，因此在其两个输入端均没有电流，即在图 5-17(a)中，有

$$i_+ = i_- \approx 0 \tag{5-21}$$

此时运放的同相输入端和反相输入端的电流都等于 0，如同该两点间被断开一样，将此特点简称为**虚断**。

虚短和**虚断**是理想运放工作在线性区时的两个重要特点。这两个特点常常作为今后分析运放线性应用电路的重要依据，因此必须牢固掌握。

(2) 非线性工作状态

如果运放的工作信号超出了线性放大的范围，则输出电压与输入电压不再满足式(5-19)，即 u_o 不再随差模输入电压 u_{id} 线性增长，u_o 将达到饱和，如图 5-17(b)中所示的非线性工作区。

理想运放工作在非线性状态时，也有两个重要特点。

① 理想运放的输出电压只有两种取值，即

$$\left.\begin{aligned} 当 u_+ > u_- 时，u_o = +U_{OM} \\ 当 u_+ < u_- 时，u_o = -U_{OM} \end{aligned}\right\} \tag{5-22}$$

在非线性工作状态内，运放的差模输入电压 u_{id} 可能很大，即 $u_+ \neq u_-$。也就是说，此时**虚短**现象不复存在。

② 理想运放的输入电流约等于 0。因为理想运放的 $R_{id}=\infty$，故在非线性区仍满足输入电流等于 0，即 $i_+ = i_- \approx 0$ 对非线性工作区仍然成立。

如上所述，理想运放工作在不同状态时，其表现出的特点也不相同。因此，在分析各种应用电路时，首先必须判断其中的集成运放究竟工作在哪种状态下。

集成运放的开环差模电压增益 A_{od} 通常很大，如不采取适当措施，即使在输入端加一个很小的电压，仍有可能使集成运放超出线性工作范围。为了保证运放工作在线性区，一般情况下，必须在电路中引入深度负反馈，以减小直接施加在运放两个输入端的净输入电压。

5.4.2 反馈的基本概念及判别方法

1. 反馈的基本概念

在第 4 章介绍分压式工作点稳定电路时曾经提出过反馈的概念。在该电路中引入反馈起到稳定静态工作点的作用。

所谓**反馈**,就是将放大电路的输出量(电压或电流)的一部分或全部,通过一定的电路形式(反馈网络)引回到它的输入端来影响输入量(电压或电流)的连接方式。

为了更好地理解反馈的概念,将引入反馈的放大电路用一个方框图表示,如图 5-18 所示。为了表示一般情况,将图 5-18 所示方框图中的输入信号、输出信号和反馈信号都用正弦相量表示,它们可能是电压量,也可能是电流量。其中,上面一个方框表示**放大网络**,无反馈时放大网络的放大倍数为 $\dot{A}$,下面一个方框表示能够把输出信号的一部分或者全部送回到输入端的电路,称为**反馈网络**,**反馈系数**用 $\dot{F}$ 表示;箭头线表示信号传输方向,信号在放大网络中为正向传递,在反馈网络中为反向传递;符号⊗表示信号叠加,输入信号 $\dot{X}_i$ 由前级电路提供;反馈信号 $\dot{X}_f$ 是反馈网络从输出端取样后送回到输入端的信号;$\dot{X}'_i$ 是输入信号 $\dot{X}_i$ 与反馈信号 $\dot{X}_f$ 在输入端叠加后的净输入信号,"+"和"-"表示 $\dot{X}_i$ 和 $\dot{X}_f$ 参与叠加时的规定正方向,即 $\dot{X}_i-\dot{X}_f=\dot{X}'_i$;$\dot{X}_o$ 为输出信号。通常,从输出端取出信号的过程称为取样;把 $\dot{X}_i$ 与 $\dot{X}_f$ 的叠加过程称为比较。

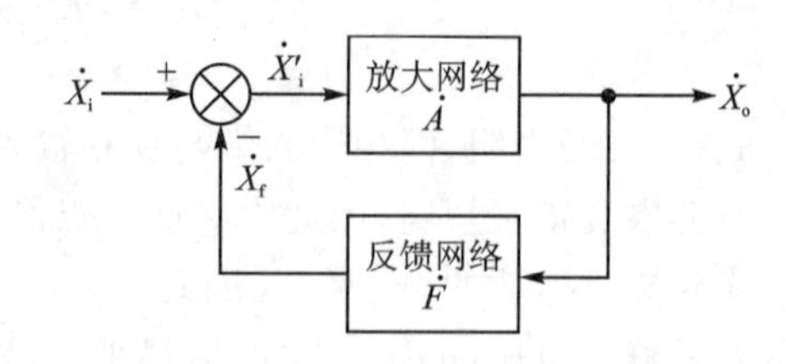

图 5-18 反馈放大电路的方框图

引入反馈后,放大电路与反馈网络构成一个闭合环路,所以有时把引入了反馈的放大电路叫作闭环放大电路(或称**闭环系统**),而未引入反馈的放大电路叫作开环放大电路(或称**开环系统**)。

2. 反馈的分类及判别方法

介绍反馈的分类之前,首先应搞清如何判断电路中是否引入了反馈。

若放大电路中存在将输出回路与输入回路相连接的通路,即反馈电路,并由此影响了放大电路的净输入量,则表明电路中引入了反馈;否则电路中便没有反馈。

在图 5-19(a)所示的电路中,集成运放的输出端与同相输入端、反向输入端均无通路,故电路中没有反馈。在图 5-19(b)所示的电路中,电阻 R_2 将集成运放的输出端与反相输入端相连接,因而集成运放的净输入量不仅决定于输入信号,还与输出信号有关,所以该电路中引入了反馈。在图 5-19(c)所示的电路中,虽然电阻 R 跨接在集成运放的输出端与同相输入端之间,但是由于同相输入端接地,所以 R 只不过是集成运放的负载,而不会使 u_o 作用于输入回路,可见电路中没有引入反馈。

由以上分析可知,寻找电路中有无反馈通路是判断电路中是否引入反馈的主要方法。只有首先判断出电路中存在反馈,继而才能进一步分析反馈的类型。

(1) 正反馈和负反馈

按照反馈量极性分类,有正反馈和负反馈。以图 5-18 为例,如果反馈量 X_f 增强了净输

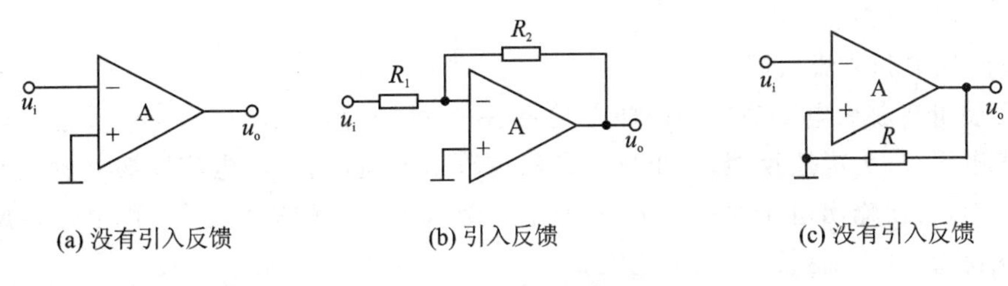

图 5-19　有无反馈判断

入量 X_i'，使输出量有所增大，称为**正反馈**。反之，如果反馈量 X_f 削弱了净输入量 X_i'，使输出量有所减小，则称为**负反馈**。

判断正、负反馈，一般用**瞬时极性法**。具体方法如下：

① 首先假设输入信号某一时刻的瞬时极性为正(用“＋”表示)或负(用“－”表示)，“＋”号表示该瞬间信号有增大的趋势，“－”则表示有减小的趋势。

② 根据输入信号与输出信号的相位关系，逐步推断电路有关各点此时的极性，最终确定输出信号和反馈信号的瞬时极性。

③ 再根据反馈信号与输入信号的连接(串联或并联)情况，分析净输入量的变化，如果反馈信号使净输入量增强，即为正反馈，反之为负反馈。

例如图 5-20(a)、(b)所示为由集成运放构成的闭环系统，其中图 5-20(a)中通过电阻 R_2 和 R_1 在运放的反相输入端引入了负反馈；图 5-20(b)中通过电阻 R_2 和 R_1 在运放的同相输入端引入了正反馈。由此可知，对于单个集成运放，若通过纯电阻网络将反馈引到反相输入端，则为负反馈；引到同相输入端，则为正反馈。图 5-20(c)所示为由分立元件构成的闭环系统，根据瞬时极性法，假设交流信号源 u_S 瞬时极性为“＋”，则基极电位也瞬时为“＋”，i_b 电流如图中虚线所示，集电极电位对地瞬时为“－”，所以 u_o 在电阻 R_F 上产生的电流 i_f 的方向是从基极流向集电极的，且有增大的趋势，而净输入电流 $i_b = i_i - i_f$，显然反馈的结果使净输入电流减小，所以此电路引入的是负反馈。

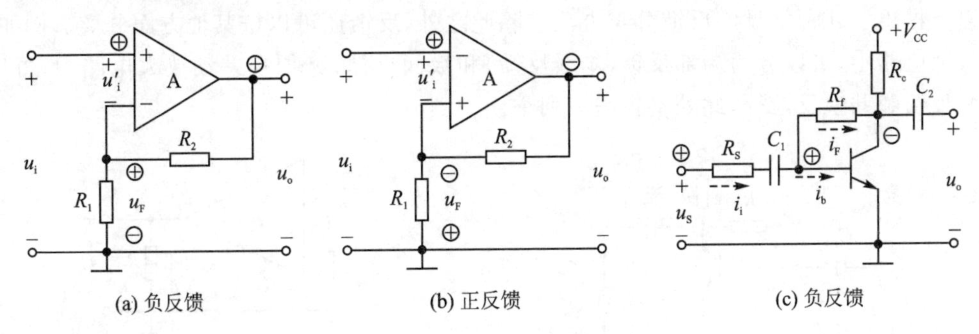

图 5-20　正负反馈的判断

(2) 直流反馈和交流反馈

按照反馈量中包含交、直流的成分的不同，有直流反馈和交流反馈之分。如果反馈量中只含有直流成分，称为**直流反馈**。如果反馈量中只含交流成分，称为**交流反馈**。在集成运放反馈电路中，往往是两者兼有。直流负反馈的主要作用是稳定静态工作点；交流负反馈则改善电路的动态性能。

关于交、直流反馈的判断方法，主要看交流通路或直流通路中有无反馈通路，若存在反馈通路,必有对应的反馈。

(3) 电压反馈和电流反馈

按照反馈量在放大电路输出端取样方式的不同,可分为电压反馈和电流反馈。如果反馈量取自输出电压,称为**电压反馈**;如果反馈量取自输出电流,则称为**电流反馈**。放大电路中引入电压负反馈,将使输出电压保持稳定,其效果是降低了电路的输出电阻;而电流负反馈将使输出电流保持稳定,因而提高了输出电阻。

判断电压、电流反馈主要看取样端反馈信号是取自输出电压还是输出电流。通常有两种判断方法:

① 输出端短路法。将反馈放大器的负载短路(即令输出电压 $u_o=0$),观察此时是否仍有反馈信号。如果反馈信号不复存在,则为电压反馈,否则就是电流反馈。

② 根据电路结构判定。在交流通路中,若放大器的输出端和反馈网络的取样端处在同一个放大器件的同一个电极上,则为电压反馈,否则是电流反馈。

按上述方法可以判定,图 5-21(a)所示的放大电路引入的是电压反馈,图 5-20(b)中引入的是电流反馈(注意,该图中反馈网络是发射极电阻 R_e 构成的)。

(4) 串联反馈和并联反馈

串联反馈和并联反馈是指反馈信号在放大电路的输入端和输入信号的连接形式。

反馈信号可以是电压形式或电流形式;输入信号也可以是电压形式或电流形式。如果反馈信号和输入信号都是以电压形式出现,那么它们在输入回路必定以串联的方式连接,这就是**串联反馈**;如果反馈信号和输入信号都是以电流形式出现,那么它们在输入回路必定以并联的方式连接,这就是**并联反馈**。

判断串、并联反馈的方法是:对于交流分量而言,如果输入信号和反馈信号分别接到同一放大器件的同一个电极上,则为并联反馈;如果两个信号接到不同电极上,则为串联反馈。按此方法可以判定,图 5-21(a)所示的放大电路引入的是并联反馈,图 5-21(b)中引入的是串联反馈。

以上提出了几种常见的反馈分类方法。除此之外,反馈还可以按其他方面分类。例如,在多级放大电路中,可以分为局部反馈(本级反馈)和级间反馈;又如在差动放大电路中,可以分为差模反馈和共模反馈等,此处不再一一列举。

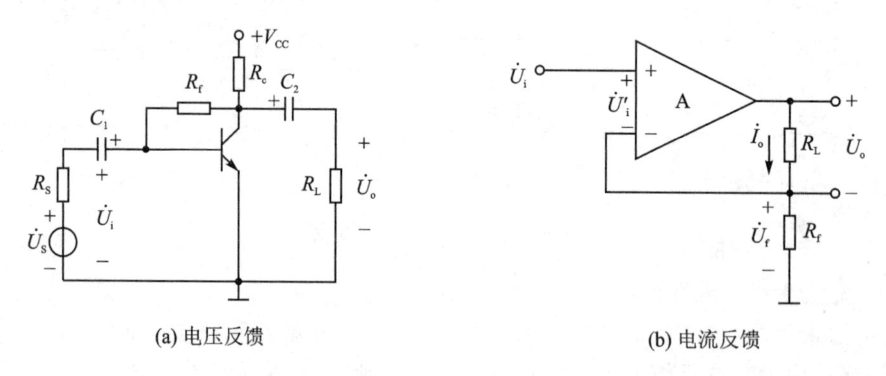

图 5-21 反馈电路举例

根据以上分析可知,实际放大电路中的反馈形式是多种多样的,本章将着重分析各种形式的交流负反馈。对于交流负反馈来说,根据反馈信号在输出端取样方式以及在输入回路中叠加形式的不同,共有**4 种组态**,分别是:**电压串联负反馈**、**电压并联负反馈**、**电流串联负反馈**、**电流并联负反馈**。

由于反馈放大电路中,输入信号 $\dot{X}_i$、输出信号 $\dot{X}_o$、反馈信号 $\dot{X}_f$ 以及净输入信号 $\dot{X}_i'$,都可能是电压量,也可能是电流量,因此对于不同组态的反馈,其开环放大倍数 $\dot{A}\left(\dot{A}=\dfrac{\dot{X}_o}{\dot{X}_i'}\right)$、反馈系数 $\dot{F}\left(\dot{F}=\dfrac{\dot{X}_f}{\dot{X}_o}\right)$ 和闭环放大倍数 $\dot{A}_f\left(\dot{A}_f=\dfrac{\dot{X}_o}{\dot{X}_i}\right)$ 的物理意义及量纲也不同。为了便于比较和记忆,现将 4 种交流负反馈组态进行比较并列于表 5-2 中。

表 5-2　4 种组态交流负反馈比较

反馈组态	$\dot{X}_i\dot{X}_f\dot{X}_i'$	$\dot{X}_o$	$\dot{A}$	$\dot{F}$	$\dot{A}_f$	功　能
电压串联	$\dot{U}_i\dot{U}_f\dot{U}_i'$	$\dot{U}_o$	$\dot{A}_{uu}=\dfrac{\dot{U}_o}{\dot{U}_i'}$	$\dot{F}_{uu}=\dfrac{\dot{U}_f}{\dot{U}_o}$	$\dot{A}_{uuf}=\dfrac{\dot{U}_o}{\dot{U}_i}$	$\dot{U}_i$ 控制 $\dot{U}_o$,电压放大
电流串联	$\dot{U}_i\dot{U}_f\dot{U}_i'$	$\dot{I}_o$	$\dot{A}_{iu}=\dfrac{\dot{I}_o}{\dot{U}_i'}$	$\dot{F}_{ui}=\dfrac{\dot{U}_f}{\dot{I}_o}$	$\dot{A}_{iuf}=\dfrac{\dot{I}_o}{\dot{U}_i}$	$\dot{U}_i$ 控制 $\dot{I}_o$,电压转换成电流
电压并联	$\dot{I}_i\dot{I}_f\dot{I}_i'$	$\dot{U}_o$	$\dot{A}_{ui}=\dfrac{\dot{U}_o}{\dot{I}_i'}$	$\dot{F}_{iu}=\dfrac{\dot{I}_f}{\dot{U}_o}$	$\dot{A}_{uif}=\dfrac{\dot{U}_o}{\dot{I}_i}$	$\dot{I}_i$ 控制 $\dot{U}_o$,电流转换成电压
电流并联	$\dot{I}_i\dot{I}_f\dot{I}_i'$	$\dot{I}_o$	$\dot{A}_{ii}=\dfrac{\dot{I}_o}{\dot{I}_i'}$	$\dot{F}_{ii}=\dfrac{\dot{I}_f}{\dot{I}_o}$	$\dot{A}_{iif}=\dfrac{\dot{I}_o}{\dot{I}_i}$	$\dot{I}_i$ 控制 $\dot{I}_o$,电流放大

例 5-1　试分析图 5-22 所示的电路中引入的反馈的极性和组态。

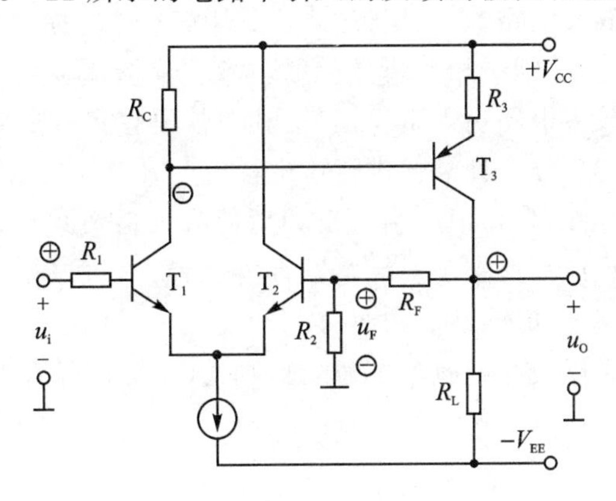

图 5-22　例 5-1 图

解: 根据瞬时极性法,假设输入端电压 u_i 瞬时极性为"+",依次可判断出电路中相关各点电位的瞬时极性如图 5-22 中所标注的那样,最终在电阻 R_2 上获得的反馈电压 u_F 为"+",即 u_F 有增大的趋势,这个增大的趋势将会使电路的净输入电压 u_i'(即差模输入电压 $u_{id}=u_i-u_F$)变小,故电路中引入的是负反馈。

接下来判断反馈的组态。令输出电压 $u_o=0$,即将 T_3 管的集电极接地,这将使反馈电压 $u_F=0$,故引入的是电压反馈。又因为输入电压 u_i 是从 T_1 管的基极输入的,而反馈电压 u_F 接

的是 T_2 管的基极,两者的接入端不是同一个电极,因此是串联反馈。

综上判断可知,该电路中引入的是电压串联负反馈。

5.4.3 负反馈放大电路的一般表达式和分析计算

1. 负反馈放大电路的一般表达式

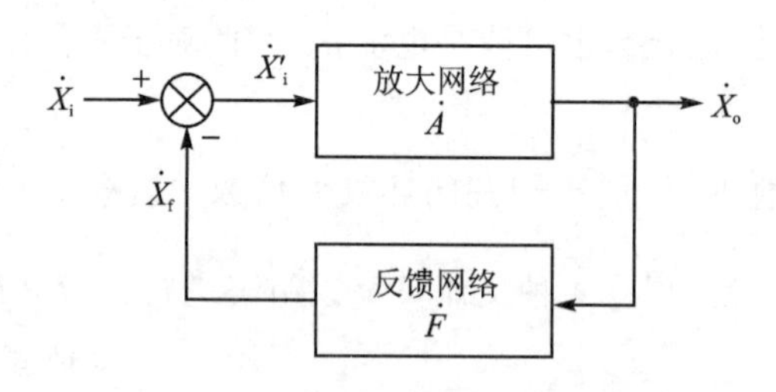

图 5-23 反馈放大电路的方框图

下面借助反馈放大电路的一般方框图(见图 5-23),进一步分析放大电路中反馈的一般规律,并写出反馈放大电路的一般表达式。方框图中各物理量的含义前面已经作了说明,此处为了分析和书写方便,假定放大电路工作在中频段,并且反馈网络中无电抗元件,则图 5-23 中各物理量均为实数。现在来分析引入反馈后放大电路中各变量之间的关系。

由图 5-23 方框图可以得出,放大网络的放大倍数A(又叫**开环放大倍数**)和反馈网络的**反馈系数 F** 分别为

$$A=\frac{X_o}{X'_i},\qquad F=\frac{X_f}{X_o} \tag{5-23}$$

又因为净输入信号 $X'_i=X_i-X_f$,由以上各式可推出输出信号为

$$X_o=AX'_i=A(X_i-X_f)=A(X_i-FX_o)$$

整理上式可以得到反馈放大电路的放大倍数,即**闭环放大倍数**的一般表达式为

$$A_f=\frac{X_o}{X_i}=\frac{A}{1+AF} \tag{5-24}$$

式(5-24)即为反馈放大电路的一般表达式。其中,$1+AF$ 称为**反馈深度**,表示引入反馈后放大电路的放大倍数与无反馈时相比所变化的倍数。反馈深度是一个非常重要的参数,通过后面的分析将会看到,放大电路引入负反馈后,其中各项性能的改善程度,皆与 $1+AF$ 的大小有关。下面针对式(5-24)分 3 种情况进行讨论:

1) 若$(1+AF)>1$,则 $A_f<A$,说明引入反馈后使放大倍数减小,即引入的是负反馈。负反馈虽然降低了放大倍数,但却换来了放大电路性能的稳定,可以说,负反馈放大电路是以牺牲放大倍数作为代价换来整个电路性能的改善。

在负反馈情况下,如果反馈深度$(1+AF)\gg1$,则式(5-24)可简化为

$$A_f\approx\frac{1}{F} \tag{5-25}$$

式(5-25)表明,当反馈深度$(1+AF)\gg1$ 时,闭环放大倍数 A_f 基本上等于反馈系数 F 的倒数,而与放大电路的放大倍数 A 无关。因而,即使由于温度等因素变化而导致放大网络的放大倍数 A 发生变化,只要 F 的值一定,就能保证闭环放大倍数 A_f 稳定,这是深度负反馈放大电路的一个突出优点。实际的反馈网络常由电阻等元件组成,反馈系数 F 通常决定于某些电阻值之比,基本上不受温度的影响。实际在设计放大电路时,为了提高稳定性,往往选用开环电压增益 A_{od} 很高的集成运放,以便引入**深度负反馈**。

2) 若$(1+AF)<1$,则 $A_f>A$,即引入反馈后放大倍数比原来增大,即引入的是正反馈。正反馈虽然可以提高增益,但使放大电路的性能不稳定,所以很少使用。

3）若$(1+AF)=0$，即$AF=-1$，则$A_f\to\infty$。说明当$X_i=0$时，$X_o\neq 0$，此时放大电路虽然没有外加输入信号，但有一定的输出信号。放大电路的这种状态称为**自激振荡**。当反馈放大电路发生自激振荡时，输出信号将不受输入信号的控制，也就是说，放大电路失去了放大作用。但是，有时为了产生正弦波或其他波形信号，有意识在放大电路中引入一个正反馈，并使之满足自激振荡的条件。

2. 负反馈放大电路的分析计算

本节讨论负反馈放大电路的分析计算，主要是近似估算其闭环电压放大倍数，即输出电压U_o与输入电压U_i的比值。然而，根据反馈的分类可以知道，闭环放大系统中的输入、输出及反馈量均可以是电压或电流，这就使得闭环放大倍数$A_f=X_o/X_i\approx 1/F$只是广义的放大倍数。因此A_f的含义和量纲与反馈组态有关，并非专指电压放大倍数。

由表5-2可知，只有电压串联负反馈，其闭环放大倍数A_f才代表闭环电压放大倍数，即A_{uuf}。而对于电压串联负反馈以外的其他3种负反馈组态，即电压并联式、电流串联式、电流并联式负反馈，它们的闭环放大倍数$A_f=X_o/X_i$分别是A_{uif}、A_{iuf}和A_{iif}，它们的物理意义分别表示负反馈放大电路的闭环转移电阻、闭环转移电导和闭环电流放大倍数。

为此，在分析估算负反馈放大电路的闭环电压放大倍数时，应采取以下两种不同的方法。

1）对于电压串联负反馈，直接利用关系式$A_f\approx\dfrac{1}{F}$估算闭环电压放大倍数。此时，$A_f\approx\dfrac{1}{F}$的具体含义是$A_{uuf}\approx\dfrac{1}{F_{uu}}$，因此，只要求出$F_{uu}$，即可得到$A_{uuf}$。

2）对于电压串联负反馈以外的其他3种负反馈组态，可利用关系式$X_i\approx X_f$估算闭环电压放大倍数。这是因为$A_f=X_o/X_i$，$F=X_f/X_o$，在深度负反馈时$A_f\approx 1/F$，由此可以得到$X_i\approx X_f$。$X_i\approx X_f$又可分别表示为以下两种形式：

① 对于深度串联负反馈电路，净输入电压近似为0，即可认为$U_i\approx U_f$；

② 对于深度并联负反馈电路，净输入电流近似为0，即可认为$I_i\approx I_f$。

由此可知，在估算闭环电压放大倍数之前，首先须判断负反馈组态是串联反馈还是并联负反馈，以便在式$U_i\approx U_f$和式$I_i\approx I_f$中选择其中一个，再根据反馈放大电路的具体结构，列出U_i和U_f（或I_i和I_f）的表达式，并令其相等，即可估算出闭环电压放大倍数。

例5-2　假设图5-24中的集成运放均为理想运放，并设各电路均满足深度负反馈条件，试估算各电路的闭环电压放大倍数。

解：为了估算闭环电压放大倍数，首先应判断各电路的组态。

图5-24(a)所示电路引入的是电压并联负反馈。根据**虚短**和**虚断**两个特点，可认为其反相输入端的电压等于0，则由电路可分别求得$\dot{I}_i=\dfrac{\dot{U}_i}{R_1}$，$I_f=-\dfrac{\dot{U}_o}{R_F}$。由于$\dot{I}_i\approx\dot{I}_f$，可得$-\dfrac{\dot{U}_o}{R_F}=\dfrac{\dot{U}_i}{R_1}$。则闭环电压放大倍数为

$$\dot{A}_{uuf}=\frac{\dot{U}_o}{\dot{U}_i}\approx-\frac{R_F}{R_1}=-\frac{2.2}{20}=-0.11$$

图5-24(b)所示电路中引入的是电压串联负反馈。可先求出反馈系数$\dot{F}_{uu}$，然后根据式$\dot{A}_{uuf}$

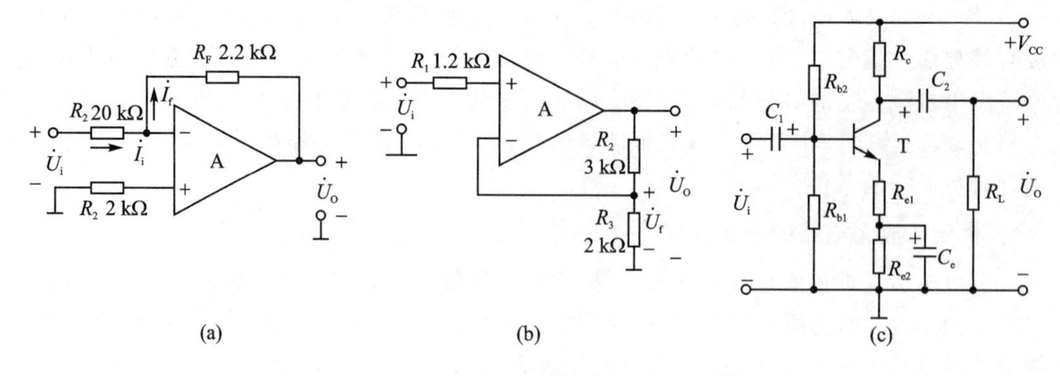

图 5-24　例 5-2 图

$\approx 1/\dot{F}_{uu}$ 直接估算闭环电压放大倍数。分析电路结构可以得到 $\dot{U}_f=\dfrac{R_3}{R_2+R_3}\dot{U}_o$，则 $\dot{F}_{uu}=\dfrac{\dot{U}_f}{\dot{U}_o}=\dfrac{R_3}{R_2+R_3}$。所以

$$\dot{A}_{uuf}\approx\frac{1}{\dot{F}_{uu}}=1+\frac{R_2}{R_3}=1+\frac{3}{2}=2.5$$

图 5-24(c)所示电路中负反馈组态为电流串联式，故 $\dot{U}_i\approx\dot{U}_f$。由电路图可得 $\dot{U}_f=\dot{I}_eR_{e1}\approx\dot{I}_cR_{e1}\approx\dot{U}_i$，而输出电压 $\dot{U}_o=-\dot{I}_cR'_L$（其中 $R'_L=R_c/\!/R_L$），所以电压放大倍数为

$$\dot{A}_{uuf}=\frac{\dot{U}_o}{\dot{U}_i}\approx\frac{-\dot{I}_cR'_L}{\dot{I}_cR_{e1}}=-\frac{R'_L}{R_{e1}}$$

5.4.4　负反馈对放大电路性能的影响

负反馈对放大电路性能的影响，主要表现在以下几个方面。

1. 提高放大倍数的稳定性

交流负反馈可以提高放大倍数的稳定性，稳定程度可用式“$\dfrac{dA_f}{A_f}=\dfrac{1}{1+AF}\cdot\dfrac{dA}{A}$”表示。此式表明，闭环放大倍数 A_f 的相对变化量 $\dfrac{dA_f}{A_f}$ 仅为其开环放大电路放大倍数 A 的相对变化量 $\dfrac{dA}{A}$ 的 $1/(1+AF)$，也就是说 A_f 的稳定性是 A 的 $(1+AF)$ 倍。例如，当 A 变化 10%时，若 $1+AF=100$，则 A_f 仅变化 0.1%。

应当指出，A_f 的稳定性是以损失放大倍数作为代价的，即 A_f 减小到 A 的 $1/(1+AF)$，才使其稳定性提高到 A 的 $(1+AF)$ 倍。

2. 改善非线性失真

可以证明，在输出信号基波不变的情况下，引入负反馈后，电路的非线性失真减小到原来的 $1/(1+AF)$。

例如，在图 5-25(a)所示电路中，放大电路无反馈，当输入信号为正弦波时，由于放大电

路的非线性，使输出信号幅值出现上大下小、正半周与负半周不对称的失真波形。但是，当电路中引入负反馈后，由于反馈信号取自输出信号，所以也呈上大下小的波形，这样，净输入信号就会呈现上小下大的波形(因为净输入信号 $X_i' = X_i - X_f$)，如图 5-25(b)所示；经过放大电路非线性的校正，使得输出信号幅值正、负半周趋于对称，近似为正弦波，即改善了输出波形。

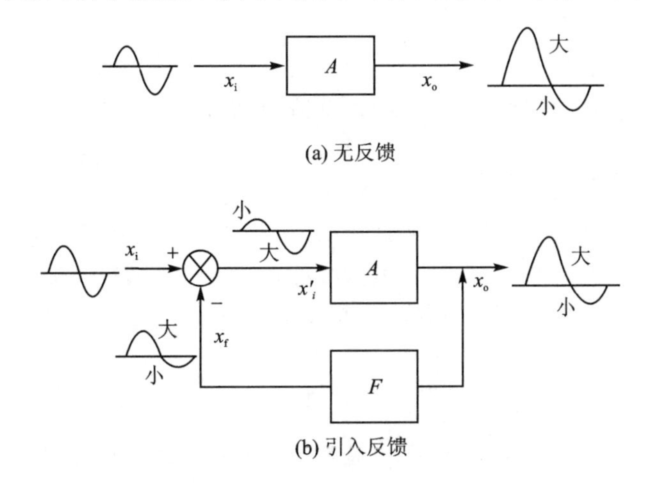

图 5-25 利用负反馈减小非线性失真

3. 展宽频带

引入负反馈后，电压放大倍数下降几分之一，通频带就展宽几倍。可见，引入负反馈可以展宽通频带，但这也是以降低放大倍数作为代价的。

4. 改变输入、输出电阻

1) 串联负反馈使输入电阻增大。在串联负反馈中，由于在放大电路的输入端反馈网络和基本放大电路是串联的，输入电阻的增加是不难理解的。通过分析可知，串联负反馈放大电路的输入电阻 $R_{if} = (1+AF)R_i$。

2) 并联负反馈使输入电阻减小。在并联负反馈中，由于在放大电路的输入端反馈网络和基本放大电路是并联的，因而势必造成输入电阻的减小。通过分析可得，并联负反馈放大电路的输入电阻 $R_{if} = \frac{1}{1+AF}R_i$。

3) 电压负反馈使输出电阻减小。电压负反馈具有稳定输出电压的作用，即当负载变化时，输出电压的变化很小，这意味着电压负反馈放大电路的输出电阻减小了。若基本放大电路的输出电阻为 R_o，可以证明，电压负反馈放大电路的输出电阻 $R_{of} = \frac{R_o}{1+AF}$。

4) 电流负反馈使输出电阻增大。电流负反馈具有稳定输出电流的作用，即当负载变化时，输出电流的变化很小，这意味着电流负反馈放大电路的输出电阻增大了。若基本放大电路的输出电阻为 R_o，可以证明，电流负反馈放大电路的输出电阻 $R_{of} = (1+AF)R_o$。

5.5 集成运放的应用

集成运放作为通用性器件，它的应用十分广泛。以集成运放为核心部件，在其外围加上一定形式的外接电路,即可构成各种功能的电路,例如运算电路,滤波电路、比较电路以及波形产生和变换电路等。

在5.4节已经讨论过,集成运放有线性和非线性两种工作状态,因此在分析具体的集成运放应用电路时,首先判断运放工作在线性状态还是非线性状态,再运用线性状态和非线性状态的特点分析电路的工作原理。

一般而言,判断运放工作状态的最直接的方法是看电路中引入反馈的极性,若为负反馈,则工作在线性状态;若为正反馈或者没有引入反馈(开环状态),则运放工作在非线性状态。

5.5.1 模拟信号运算电路

集成运算放大器加入负反馈,可以实现比例、加法、减法、积分、微分、对数、指数、乘法、除法等数学运算功能,实现这些运算功能的电路统称为模拟信号运算电路,简称运算电路。在运算电路中,运放工作在线性区,在分析各种运算电路时,要注意输入方式,利用**虚短**和**虚断**的特点进行工作原理的分析。

1. 比例运算电路

比例电路是最基本的运算电路,它是构成其他各种运算电路的基础。本章随后将介绍的各种运算电路,都是在比例电路的基础上,加以扩展或演变以后得到的。

根据输入信号接法的不同,比例电路有3种基本形式:反相输入、同相输入以及差分输入比例电路。

(1) 反相比例运算电路

图5-26所示为反相比例运算电路。输入电压 u_i 通过电阻 R_1 接入运放的反相输入端。R_F 为反馈电阻,引入了电压并联负反馈。同相输入端电阻 R_2 接地,为保证运放输入级差分放大电路的对称性,要求 $R_2=R_1/\!/R_F$。

根据前面的分析,该电路的运放工作在线性状态,并具有**虚短**和**虚断**的特点。由于虚断,故 $i_+=0$,即 R_2 上没有压降,则 $u_+=0$;又因虚短,可得 $u_+=u_-=0$,这说明在反相比例运算电路中,运放的反相输入端与同相输入端的电位不仅相等,而且均等于0,这种现象称为反相端**虚地**。反相输入端虚地是反相比例运算电路的一个重要特点,据此可以使得加在运放输入端的共模输入电压很小。

由于 $i_-=0$,则 $i_1=i_F$,即 $\dfrac{u_i-u_-}{R_1}=\dfrac{u_--u_o}{R_F}$,则输出电压与输入电压的关系为

$$u_o=-\frac{R_F}{R_1}u_i \tag{5-26}$$

由式(5-26)可以看出,u_o 与 u_i 的比值总为负,表示输出电压与输入电压反相。另外,该比值的绝对值可以大于、等于1或小于1。若 $R_F=R_1$,则 $u_o=-u_i$,输出电压与输入电压大小相等,相位相反。这时,反相比例电路只起反相作用,称为**反相器**。

由于反相输入端虚地,故该电路的输入电阻为 $R_{if}=R_1$。反相比例电路的输入电阻不高,这是由于电路中接入了电压并联负反馈的缘故。反相比例运算电路中引入了深度的电压并联负反馈,该电路输出电阻很小,具有很强的带负载能力。

(2) 同相比例运算电路

图5-27所示是同相比例运算电路,运放的反相输入端通过电阻 R_1 接地,同相输入端则通过

补偿电阻 R_2 接输入信号，$R_2=R_1 /\!/ R_F$。电路通过电阻 R_F 引入了电压串联负反馈，运放工作在线性状态。同样根据**虚短**和**虚断**的特点可知，$i_+=i_-=0$，故 $u_-=\frac{R_1}{R_1+R_F}u_o$，而且 $u_+=u_-=u_i$。由此可得同相比例运算电路输出电压与输入电压的关系为

$$u_o=(1+\frac{R_F}{R_1})u_i \tag{5-27}$$

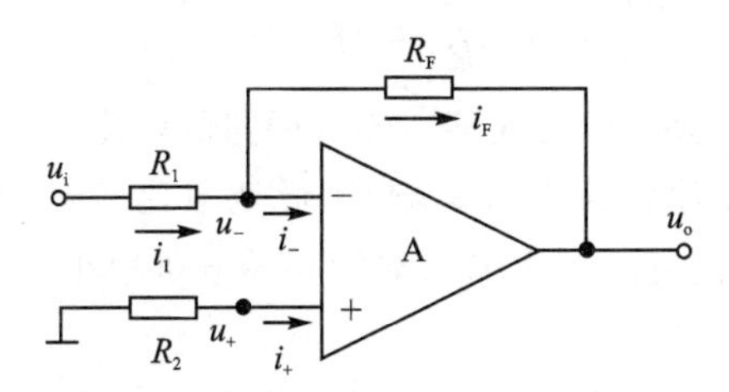

图 5-26　反相比例运算电路

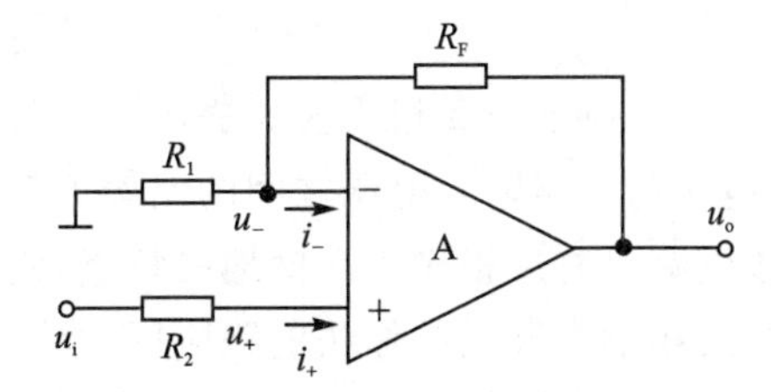

图 5-27　同相比例运算电路

由式(5-27)可以看出，u_o 与 u_i 的比值总为正，表示输出电压与输入电压同相。另外，该比值总是大于或等于 1，不可能小于 1。如果 $R_F=0$，从式(5-27)可知 u_o-u_i，输出电压与输入电压不仅大小相等，而且相位相同，具有电压跟随的特点，故称这一电路为**电压跟随器**。理想运放的开环差模增益为无穷大，因而电压跟随器具有比射极输出器好得多的跟随特性。

集成电压跟随器具有多方面的优良性能。例如型号为 AD9620 的芯片，电压增益为 0.994，输入电阻为 0.8 MΩ，输出电阻为 40 Ω，带宽为 600 MHz，转换速率为 2 000 V/μs。

同相比例运算电路引入的是电压串联负反馈，具有较高的输入电阻和很低的输出电阻，这是这种电路的主要优点。

(3) 差分比例运算电路

前面介绍的反相和同相比例运算电路，都是单端输入放大电路，差分比例运算电路属于双端输入放大电路，其电路如图 5-28 所示。为了保证运放两个输入端对地的电阻平衡，同时为了避免降低共模抑制比，通常要求 $R_1=R_2$，$R_F=R'_F$。根据叠加定理以及**虚短**和**虚断**的特点，可以推得输出电压与输入电压关系式为

$$u_o=-\frac{R_F}{R_1}(u_{i1}-u_{i2}) \tag{5-28}$$

在电路元件参数对称的条件下，差分比例运算电路的差模输入电阻为 $R_{if}=2R_1$。

由以上分析可见，差分比例运算电路的输出电压与两个输入电压之差成正比，实现了差分比例运算，或者说实现了减法运算。

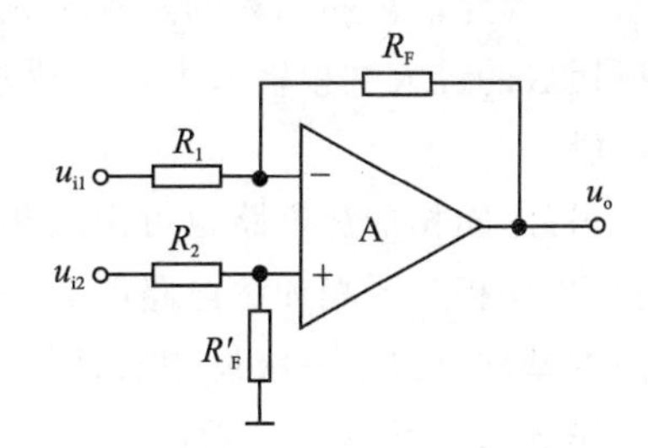

图 5-28　差分比例运算电路

2. 加减运算电路

实现多个输入信号按各自不同的比例求和或求差的电路统称为加减运算电路。若所有输入信号均作用于集成运放的同一个输入端，则实现加法运算；若一部分输入信号作用于集成运放的同相输入端，而另一部分输入信号作用于反相输入端，则实现加减运算。

(1) 加法运算电路

加法运算电路的输出信号反映多个模拟输入信号相加的结果。用运放实现加法运算时，可以采用反相输入方式，也可采用同相输入方式。

① 反相加法运算电路。图5-29所示为反相加法运算电路，图中 $R'=R_1/\!/R_2/\!/R_3/\!/R_F$。由**虚短**和**虚断**的概念可以推得输出电压与输入电压的关系式为

$$u_o=-i_FR_F=-\left(\frac{R_F}{R_1}u_{i1}+\frac{R_F}{R_2}u_{i2}+\frac{R_F}{R_3}u_{i3}\right) \tag{5-29}$$

图5-29所示的反相输入加法运算电路的优点是：当改变某一输入回路的电阻时，仅仅改变输出电压与该路输入电压之间的比例关系，对其他各路没有影响，因此调节比较灵活方便。另外，该电路具有反相输入端**虚地**的特点，使得加在集成运放输入端的共模电压很小。在实际工作中，反相输入方式的加法电路应用比较广泛。

② 同相加法运算电路。图5-30所示为同相加法运算电路，各输入电压加在集成运放的同相输入端。同样利用理想运放线性工作区的两个特点，可以推出输出电压与各输入电压之间的关系为

$$u_o=\left(1+\frac{R_F}{R_1}\right)\left(\frac{R_+}{R_1'}u_{i1}+\frac{R_+}{R_2'}u_{i2}+\frac{R_+}{R_3'}u_{i3}\right) \tag{5-30}$$

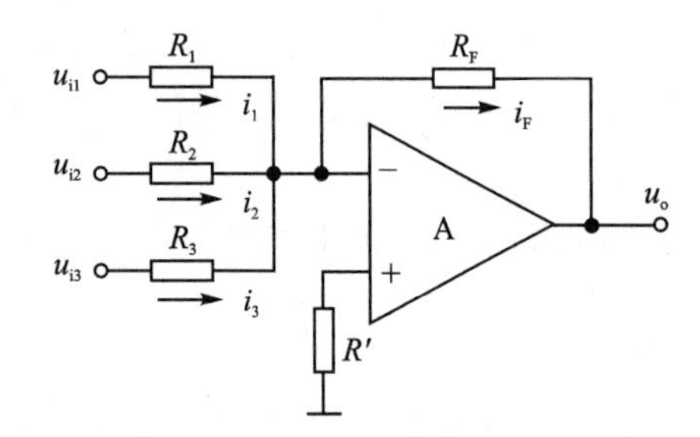

图5-29　反相输入加法运算电路

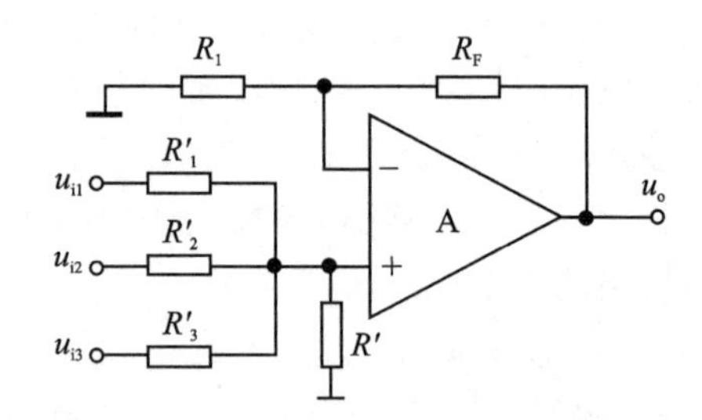

图5-30　同相输入加法运算电路

式(5-30)中 $R_+=R_1'/\!/R_2'/\!/R_3'/\!/R'$。也就是说，$R_+$ 与接在运放同相输入端所有各路的输入电阻以及反馈电阻有关，如欲改变某一路输入电压与输出电压的比例关系，则当调节该路输入端电阻时，同时也将改变其他各路的比例关系，故常常需要反复调整，才能最后确定电路的参数，因此估算和调整的过程不太方便。另外，由于集成运放两个输入端不"虚地"，所以对集成运放的最大共模输入电压的要求比较高。在实际工作中，同相加法不如反相加法电路应用广泛。

另外，同相加法电路也可由反相加法电路与反相比例电路共同实现。通过前面的分析可以看出，反相与同相加法电路的 u_o 表达式只差一个负号，因此，若在图5-29所示的反相加法电路的基础上再加一级反相器，则可消除负号，变为同相加法电路。

例5-3　假设一个控制系统中的温度、压力和速度等物理量经传感器后分别转换成为模拟电压量 u_{i1}、u_{i2}、u_{i3}，要求该系统的输出电压与上述各物理量之间的关系为

$$u_o=-3u_{i1}-10u_{i2}-0.53u_{i3}$$

试设计出实现该表达式的电路图，并选取合适的元件参数以满足上式要求。

解：由已知表达式可知，输出电压 u_o 与各输入电压之间实现的是反相加法运算，故可采

用图 5-29 所示的电路结构加以实现。将以上给定的关系式与式(5-29)比较，可得$\frac{R_F}{R_1}=3$，$\frac{R_F}{R_2}=10$，$\frac{R_F}{R_3}=0.53$。为了避免电路中的电阻值过大或过小，可先选 $R_F=100\ \mathrm{k\Omega}$，则

$$R_1=\frac{R_F}{3}=\frac{100}{3}=33.3\ \mathrm{k\Omega},\qquad R_2=\frac{R_F}{10}=\frac{100}{10}=10\ \mathrm{k\Omega}$$

$$R_3=\frac{R_F}{0.53}=\frac{100}{0.53}=188.7\ \mathrm{k\Omega},\qquad R'=R_1\ /\!/\ R_2\ /\!/\ R_3\ /\!/\ R_F$$

为了保证精度，以上电阻应选用精密电阻。

(2) 加减运算电路

前面介绍的差分比例运算电路实际上就是一个简单的加减运算电路。如果在差分比例运算电路的同相输入端和反相输入端各输入多个信号，就变成了一般的加减运算电路，如图 5-31 所示，它综合了反相加法运算电路和同相加法运算电路的特点，所以也可称为双端输入求和运算电路。令 $R_N=R_1/\!/R_2/\!/R_F$，$R_P=R_3/\!/R_4/\!/R_5$，取 $R_N=R_P$，使电路参数对称，利用叠加定理可以推得输出电压与输入电压的运算关系式为

$$u_o=\frac{R_F}{R_3}u_{i3}+\frac{R_F}{R_4}u_{i4}-\frac{R_F}{R_1}u_{i1}-\frac{R_F}{R_2}u_{i2} \tag{5-31}$$

利用图 5-31 实现加减运算，要保证 $R_N=R_P$，有时选择参数比较困难，这时可考虑用两级电路实现。图 5-32 所示便是采用两级反相加法电路实现的加减运算电路。根据式(5-29)可以推得图 5-32 所示电路输出电压的表达式为

$$u_o=\frac{R_{F2}}{R_4}\left(\frac{R_{F1}}{R_1}u_{i1}+\frac{R_{F1}}{R_2}u_{i2}\right)-\frac{R_{F2}}{R_3}u_{i3}$$

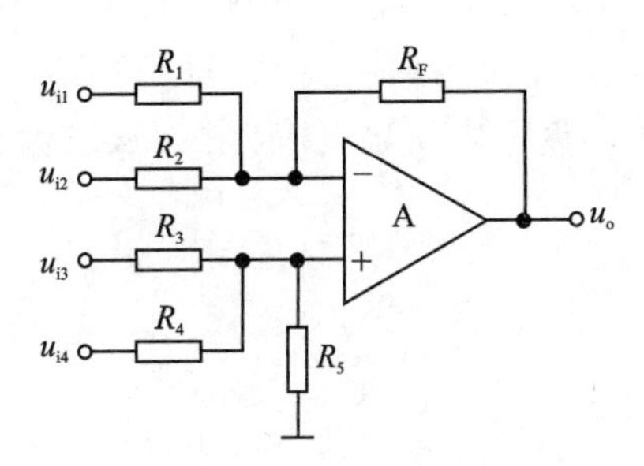

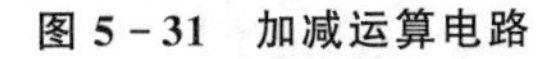
图 5-31　加减运算电路

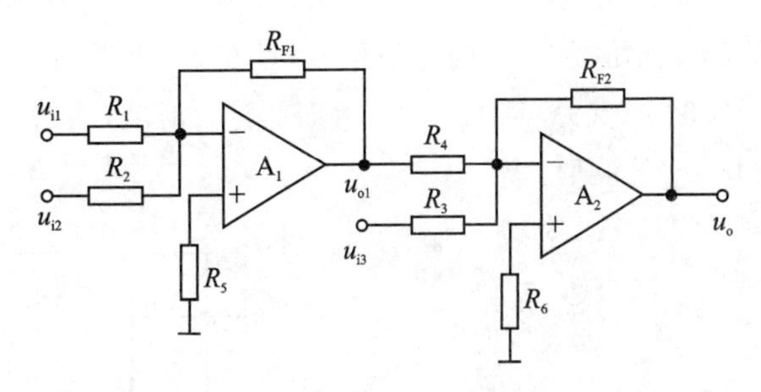

图 5-32　采用两级反相加法电路实现的加减电路

3. 积分和微分运算电路

由于电容元件的电压和电流之间满足微分或积分关系，因此，以集成运放作为放大电路，利用电阻和电容作为反馈网络，即可实现积分和微分这两种运算电路。

(1) 积分运算电路

积分电路如图 5-33 所示，由**虚断**和**虚短**的概念可得 $i_i=i_C=u_i/R$，所以输出电压 u_o 为

$$u_o=-u_C=-\frac{1}{C}\int i_C\mathrm{d}t=-\frac{1}{RC}\int u_i\mathrm{d}t \tag{5-32}$$

从而实现了输入电压与输出电压之间的积分运算。通常将上式中电阻 R 与电容 C 的乘积称为**积分时间常数**，用符号“τ”表示。

当求解 t_1 到 t_2 时间段的积分值时，输出电压为

$$u_o = -\frac{1}{RC}\int_{t_1}^{t_2} u_i \mathrm{d}t + u_o(t_1) \qquad (5-33)$$

式中，$u_o(t_1)$为积分起始时刻的输出电压。

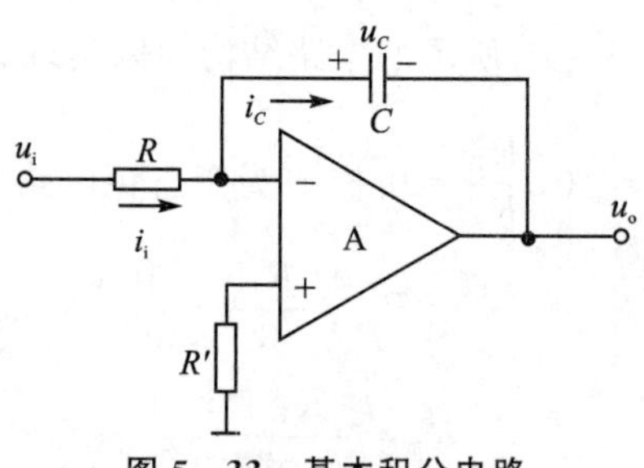

图 5-33 基本积分电路

积分运算电路的用途很多，例如，在自动控制系统中用以延缓过渡过程的冲击，使被控制的电动机外加电压缓慢上升，避免其机械转矩猛增，造成传动机械的损坏。此外，积分电路还可用作波形变换，如图 5-34 所示。当输入为阶跃信号时，若 t_0 时刻电容上的电压为 0，则输出电压波形如图 5-34(a)所示。当输入为方波和正弦波时，输出电压分别如图 5-34(b)和(c)所示。

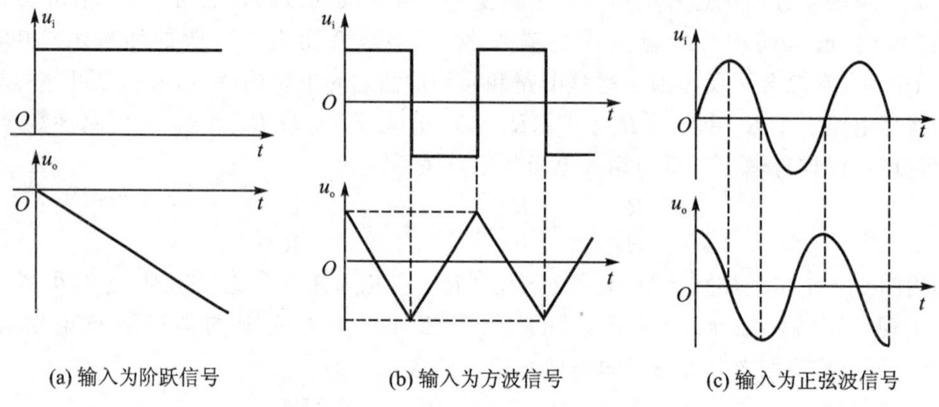

图 5-34 积分电路的波形变换作用

例 5-4 在图 5-33 所示积分电路中，已知电阻 $R=10\ \mathrm{k\Omega}$，电容 $C=0.05\ \mu\mathrm{F}$，输入电压是周期为 4 ms、幅值为 3 V 的方波信号，且在 $t=0$ 时 $u_i=-3$ V，$t=1$ ms 时 u_i 跃变为 $+3$ V，$t=3$ ms 时 u_i 又跃变为 -3 V，后面类推，如图 5-35(a)所示。设电容初始电压为 0。试求输出电压 u_o 的波形。

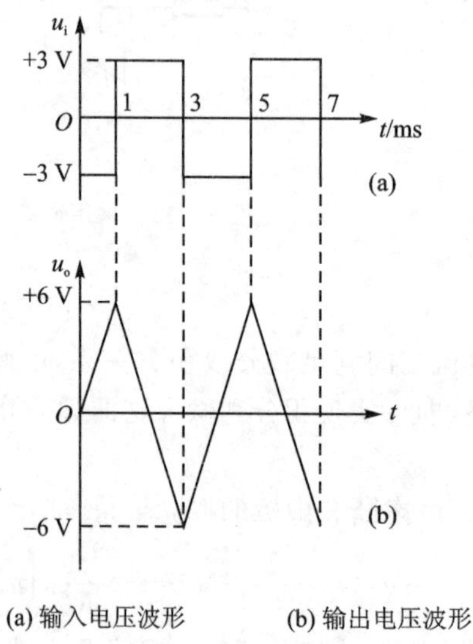

图 5-35 例 5-4 图

解：在 $t=(0\sim1)$ms 期间，$u_i=-3$ V，且 $t_0=0$ 时，输出电压的初始值 $U_o(t_0)=0$，则输出电压为

$$u_o=-\frac{1}{RC}U_i(t-t_0)+U_o(t_0)=\left[-\frac{-3}{10\times10^3\times0.05\times10^{-6}}t\right]\ \text{V}=(6\ 000t)\ \text{V}$$

即 u_o 以 6 000 V/s 的速度，从零开始向正方向增长，当 $t=1$ ms 时，$u_o=6\ 000\times10^{-3}=6$ V

在 $t=(1\sim3)$ms 期间，$u_i=+3$ V，$t_0=1$ ms，$U_o(t_0)=6$ V，则

$$\begin{aligned}u_o&=-\frac{1}{RC}U_i(t-t_0)+U_o(t_0)\\&=\left[-\frac{3}{1\times10^3\times0.05\times10^{-6}}(t-0.001)+6\right]\text{V}\\&=[-6\ 000(t-0.001)+6]V\end{aligned}$$

即 u_o 以 6 000 V/s 的速度，从 +6 V 开始向负方向增长，当 $t=3$ ms 时，$u_o=[-6\ 000(3\times10^{-3}-0.001)+6]\text{V}=-6$ V

在 $t=(3\sim5)$ms 期间，$u_i=-3$ V，u_o 从 −6 V 开始，又以 6 000 V/s 的速度，向正方向增长。之后重复上述过程。u_o 的波形如图 5-35(b)所示。

由例 5-4 可知，输入端的方波变成了输出端的三角波，积分运算电路实现了波形变换。

(2) 微分运算电路

微分是积分的逆运算。将积分电路中 R 和 C 的位置互换，即可组成基本微分电路，如图 5-36 所示。由**虚断**和**虚短**的概念可得 $i_C=i_R$，则输出电压为

$$u_o=-i_RR=-i_CR=-RC\frac{\mathrm{d}u_C}{\mathrm{d}t}=-RC\frac{\mathrm{d}u_i}{\mathrm{d}t}\tag{5-34}$$

可见，输出电压正比于输入电压的微分。

微分电路的波形变换作用如图 5-37 所示，可将矩形波变成尖脉冲输出。微分电路在自动控制系统中可用作加速环节，例如电动机出现短路故障时，起加速保护作用，迅速降低其供电电压。

工程上，常把比例(Proportion)、积分(Integration)和微分(Differentiation)电路结合起来构成 PID 校正电路，用作自动控制系统中的信号调节，如图 5-38 所示。PID 校正电路也叫 PID 调节器，它实际上是一个运算控制器，在自动控制系统中实现对输入信号进行比例(P)、积分(I)和微分(D)的控制运算，比例积分运算用来提高调节精度，微分运算用来加速过渡过程。

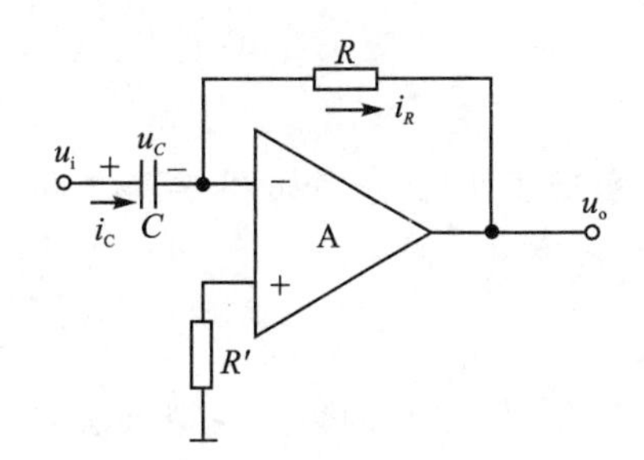

图 5-36　基本微分电路

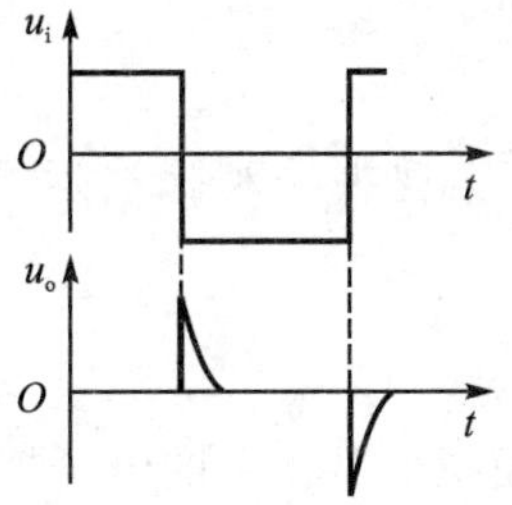

u_i
O
t
u_o
O
t

图 5-37　微分电路的波形变换作用

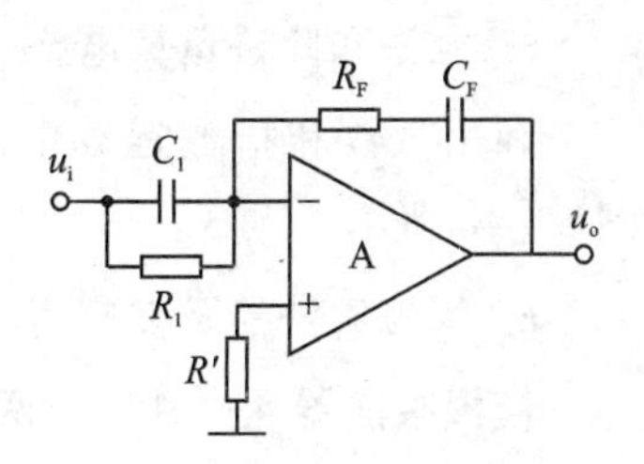

图 5-38　PID 校正电路

4. 对数和指数运算电路

通过第3章学习知道,半导体二极管在一定条件下,其电流与电压之间存在对数或指数运算关系,为此将二极管或三极管接入集成运放的反馈回路和输入回路,即可构成对数和指数运算电路。

(1) 对数运算电路

图5-39所示为采用二极管构成的对数运算电路,为使二极管正偏导通,输入电压u_i应大于0。根据**虚短**和**虚断**的概念可得

$$u_o = -u_D \approx -U_T \ln \frac{i_D}{I_S} = -U_T \ln \frac{i_R}{I_S} = -U_T \ln \frac{u_i}{I_S R} \tag{5-35}$$

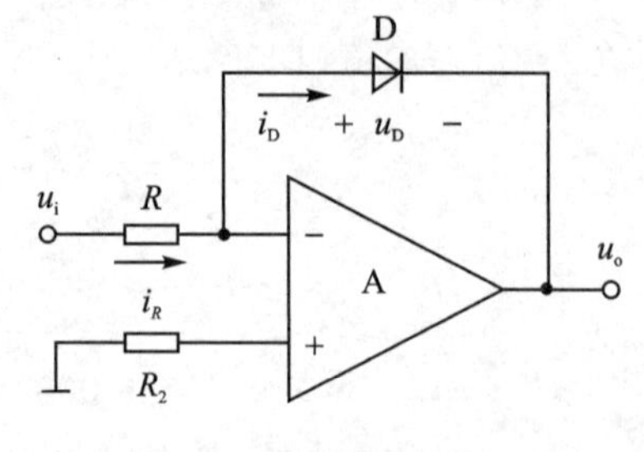

图5-39 采用二极管的对数运算电路

即输出电压与输入电压之间满足对数运算关系。

图5-39所示的电路仅在一定电流范围内才能实现指数运算关系。为了扩大输入电压的动态范围,实际中常用三极管取代二极管。图5-40便是利用三极管构成的对数运算电路,该电路同样能实现式(5-35)的对数运算关系。

(2) 指数运算电路

指数与对数互为逆运算。只需将对数运算电路中的二极管(或三极管)与电阻R的位置互换,即可构成指数运算电路,如图5-41所示,图中仍需满足输入电压u_i大于0。根据**虚短**和**虚断**的特点,可以推得

$$u_o = -i_R R = -I_S R e^{\frac{u_i}{U_T}} \tag{5-36}$$

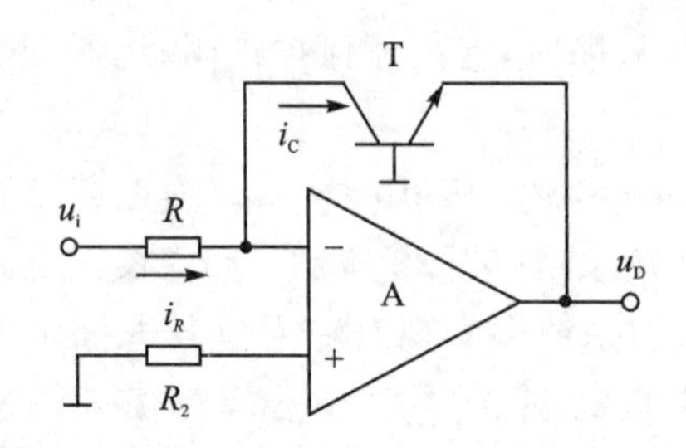

图5-40 采用三极管的对数运算电路

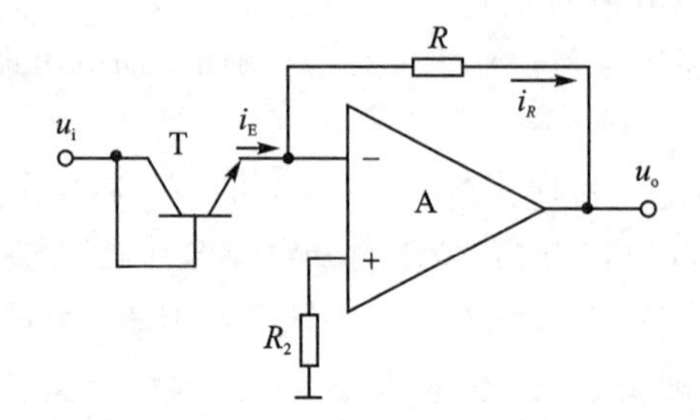

图5-41 指数运算电路

5. 乘法和除法运算电路

利用对数和指数运算电路可实现乘法和除法运算,其实现方框图分别如图5-42和图5-43所示。

6. 模拟乘法器及其应用

模拟乘法器是一种完成两个模拟信号相乘的电子器件。近年来,单片的集成模拟乘法器发展十分迅速。由于技术性能不断提高,而价格比较低廉,使用比较方便,所以应用十分广泛,不仅用于模拟信号的运算,而且已经扩展到电子测量仪表、无线电通信等各个领域。

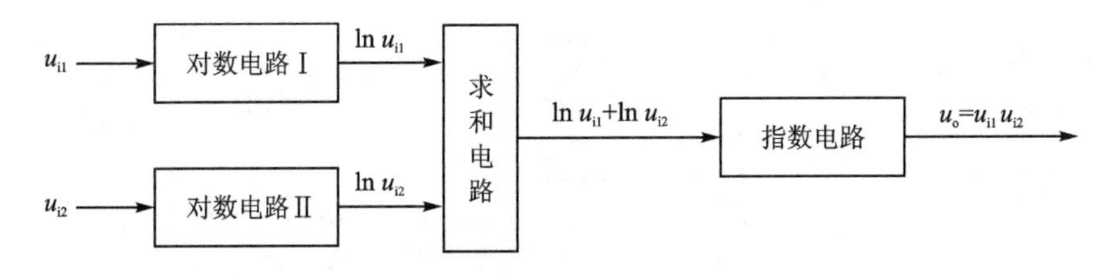

图 5-42　由对数和指数电路实现的乘法电路方框图

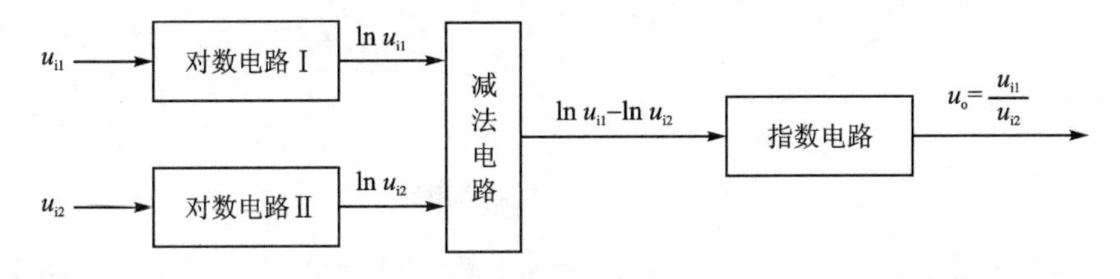

图 5-43　由对数和指数电路实现的除法电路方框图

(1) 模拟乘法器的电路符号和运算关系

模拟乘法器的电路符号如图 5-44 所示，它有两个输入电压信号 u_X、u_Y 和一个输出电压信号 u_o。对于一个理想的电压乘法器，其输出端的电压 u_o 仅与两个输入端的电压 u_X、u_Y 的乘积成正比，故乘法器的输出与输入关系为

$$u_o=ku_Xu_Y \tag{5-37}$$

其中，k 是比例系数，其值可正可负，若 k 大于 0 则为同相乘法器；若 k 值小于 0 则为反相乘法器。k 值通常为 $+0.1\ \text{V}^{-1}$ 或 $-0.1\ \text{V}^{-1}$。

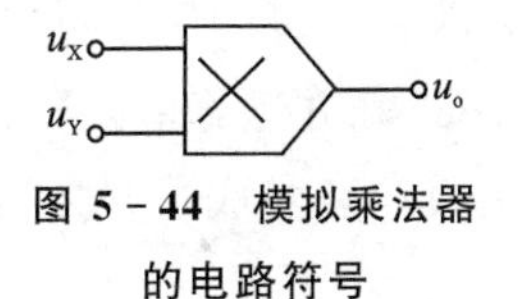

图 5-44　模拟乘法器的电路符号

模拟乘法器的两个输入电压 u_X 和 u_Y 的极性可以有正负不同的组合，在 u_X 和 u_Y 的坐标平面上分为 4 个区域，即 4 个象限。如果允许两个输入电压均可有正负两种极性，则乘法器可以在 4 个象限内工作，称为四象限乘法器。如果只允许其中一个输入电压有两种极性，而另一个输入电压只允许为某一种单极性，则乘法器只能在两个象限内工作，称为二象限乘法器。如果两个输入电压都分别只允许为某一种单极性，则乘法器只能在某一个象限内工作，称为单象限乘法器。

(2) 模拟乘法器的应用

模拟乘法器的用途十分广泛，除了用于模拟信号的运算，如乘法、平方、除法及开方等运算以外，还在电子测量及无线电通讯等领域用于振幅调制、混频、倍频、同步检测、鉴相、鉴频、自动增益控制及功率测量等方面。下面举几个例子。

① 乘方运算电路。从理论上讲，可以用多个模拟乘法器串联组成 u_i 的任意次幂的运算电路，图 5-45(a)～(c)所示分别为平方、3 次方和 4 次方运算电路，其表达式分别为

$$u_{o1}=ku_i^2,\qquad u_{o2}=k^2u_i^3,\qquad u_{o3}=k^4u_i^4$$

但是实际上，当串联的模拟乘法器超过 3 个时，运算误差的积累会使得电路的精密程度变差，在要求较高的场合将不适用。因此，在实现高次幂的乘方运算时，可以考虑采用模拟乘法器与集成对数运算电路和指数运算电路组合而成，如图 5-46 所示。

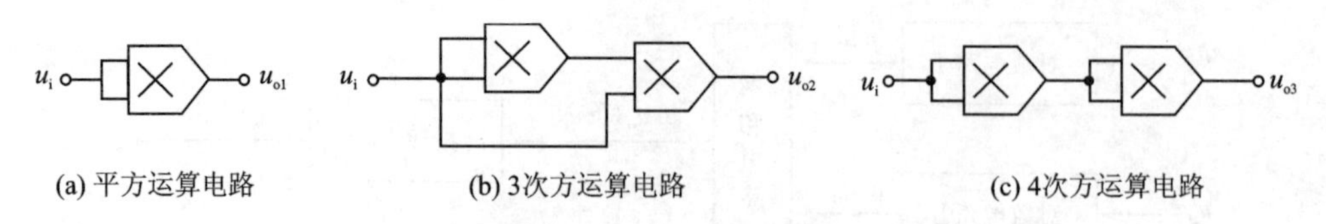

图 5-45 乘方运算电路

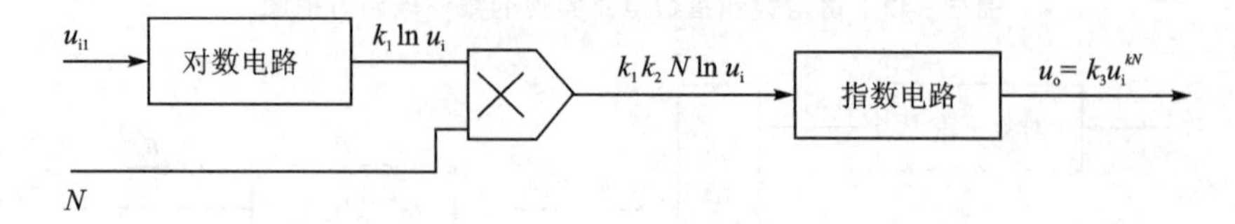

图 5-46 高次幂运算电路

② 除法运算电路。图 5-47 所示为除法运算电路,模拟乘法器放在反馈回路中,并形成深度负反馈。可以推得

$$u_o = -\frac{R_2}{kR_1} \cdot \frac{u_{i1}}{u_{i2}} \tag{5-38}$$

从而实现了 u_{i1} 对 u_{i2} 的除法运算,$-\frac{1}{k}$是其比例系数。

必须指出,u_{i1} 和 u_{o1} 极性必须相反,才能保证运放工作于深度负反馈状态,因此要求 u_{i2} 必须为正,u_{i1} 的极性可以是任意的,故图 5-47 所示电路属二象限除法运算电路。

③ 开方运算电路。在图 5-47 所示的除法运算电路中,如果将 u_{i2} 端也接到 u_o 端,则除法运算电路变成了开方运算电路,如图 5-48 所示。由图可得

$$u_o = \sqrt{-\frac{u_i}{k}} \tag{5-39}$$

由式(5-39)可以看出,只有当输入信号 u_i 为负值,才能满足负反馈条件。图 5-48 中二极管的作用是防止出现当 u_i 因受干扰等原因变为正值时,u_o 为负值的情况,而且 u_{o1} 与 u_i 都为正值,运算放大电路变为正反馈,电路不能正常工作,将出现锁定现象,加了二极管后,即可避免锁定现象的发生。

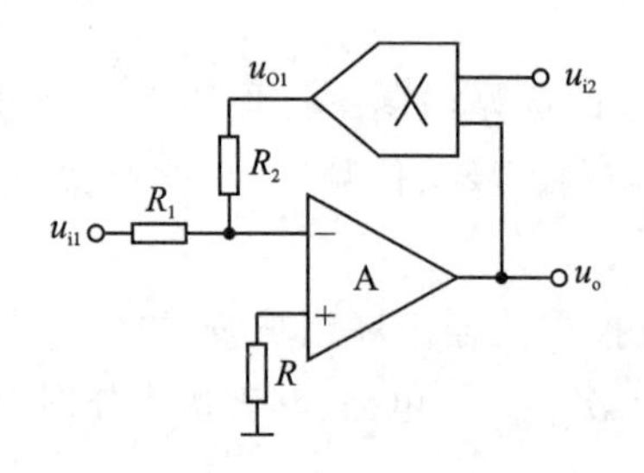

图 5-47 除法运算电路

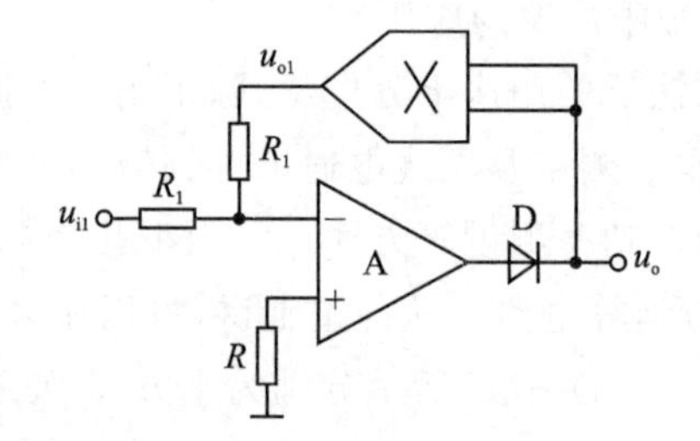

图 5-48 平方根运算电路

以上是模拟乘法器在信号运算方面的应用举例。此外,模拟乘法器在电子测量和无线通信等领域也有广泛的应用,例如用模拟乘法器可以构成倍频电路、功率测量电路、自动增益控制电路等。

5.5.2　有源滤波器

滤波器是一种信号处理电路，有源滤波器是以集成运放为核心构成的一种滤波器，在有源滤波器中集成运放工作在线性工作区。

1. 滤波的概念及滤波器的分类

在电子电路传输的信号中，往往包含多种频率的正弦波分量，其中除有用频率分量外，还有无用的甚至是对电子电路工作有害的频率分量，如高频干扰和噪声。滤波器的作用就是，允许一定频率范围内的信号顺利通过，而抑制或削弱那些不需要的频率分量，即实现**滤波**。

能够实现滤波功能的电路称为**滤波器**。根据滤波器输出信号中所保留的频率成分的不同，可将滤波器分为低通滤波器（LPF）、高通滤波器（HPF）、带通滤波器（BPF）和带阻滤波器（BEF）四大类。它们的幅频特性如图5-49所示，被保留的频段称为**通带**，被抑制的频段称为**阻带**。图5-49中虚线所示为实际滤波特性，实线为理想滤波特性。

滤波电路的理想特性是：1）通带范围内信号无衰减地通过，阻带范围内无信号输出；2）通带与阻带之间的过渡为0。

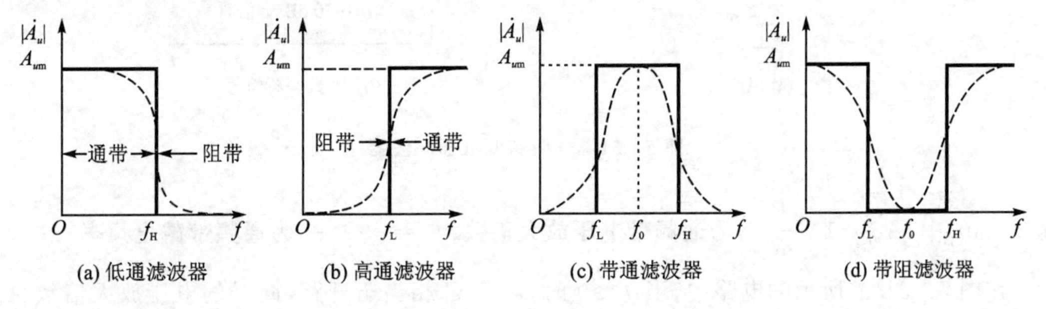

图5-49　滤波器的幅频特性

2. 无源滤波器

图5-50所示的RC电路就是一个简单的**无源滤波器**。在图5-50(a)所示的电路中，电容C上的电压为输出电压，对输入信号中的高频信号，电容的容抗X_C很小，则输出电压中的高频信号幅值很小，受到抑制，为低通滤波电路。在图5-50(b)所示的电路中，电阻R上的电压为输出电压，由于高频时容抗很小，则高频信号能顺利通过，而低频信号被抑制，因此为高通滤波电路。其幅频特性如图5-49(a)、(b)所示。

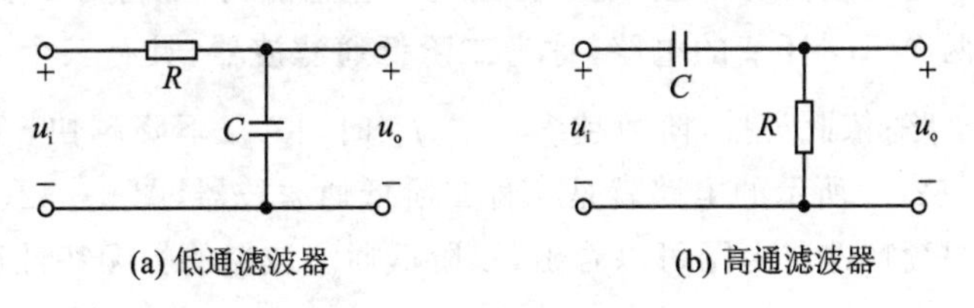

图5-50　无源滤波器

无源滤波电路结构简单，但存在诸多缺点，如通带电压放大倍数低、带负载能力差、滤波特性受负载影响、过滤带较宽、幅频特性不理想等。

为了克服无源滤波器的缺点，可将RC无源滤波器接到集成运放的同相输入端。因为集成运放为有源元件,故称这种滤波电路为**有源滤波器**。

3. 有源滤波器

(1) 有源低通滤波器

图 5-51(a)所示的电路为有源低通滤波器,RC 为无源低通滤波电路,输入信号通过它加到同相比例运算电路的输入端,即集成运放的同相输入端,因而电路中引入了深度电压负反馈。图 5-51(a)所示电路的电压放大倍数为

$$\dot{A}_u=\frac{\dot{U}_o}{\dot{U}_i}=\left(1+\frac{R_F}{R_1}\right)\frac{\dot{U}_+}{\dot{U}_i}=\frac{1+\dfrac{R_F}{R_1}}{1+j\dfrac{f}{f_0}}=\frac{A_{up}}{1+j\dfrac{f}{f_0}} \tag{5-40}$$

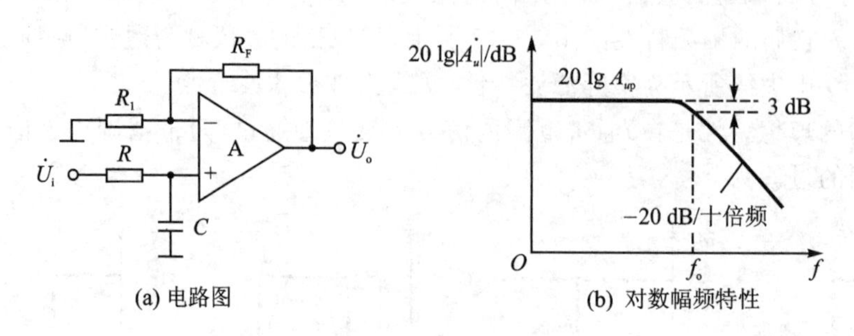

图 5-51 一阶有源低通滤波器

式(5-40)中,$A_{up}=1+\dfrac{R_F}{R_1}$,为**通频带电压放大倍数**;$f_0=\dfrac{1}{2\pi RC}$,为**通频带截止频率**。

在图 5-51(a)所示的电路中,当 $f=0$ 时,电容 C 相当于开路,此时的电压放大倍数 A_{up} 即为同相比例运算电路的电压放大倍数。一般情况下,$A_{up}>1$,所以与无源滤波器相比,合理选择 R_1 和 R_F 就可得到所需的放大倍数。由于电路引入了深度电压负反馈,输出电阻近似为 0,因此电路带负载后,$\dot{U}_o$ 与 $\dot{U}_i$ 关系不变,即 R_L 不影响电路的频率特性。当信号频率 f 为通带截止频率f_0 时,$|\dot{A}_u|=A_{up}/\sqrt{2}$;因此在图 5-51(b)所示的对数幅频特性中,当 $f=f_0$ 时的增益比通带增益 20lg A_{up} 下降 3 dB。当 $f>f_0$ 时,增益以 −20 dB/十倍频的斜率下降,这是**一阶低通滤波器**的特点。而理想的低通滤波器则在 $f>f_0$ 时,增益立刻降到 0。

为了改善一阶低通滤波器的特性,使之更接近于理想情况,可利用多个 RC 环节构成多阶低通滤波器。具有两个 RC 环节的电路,称为**二阶低通滤波器**;具有三个 RC 环节的电路,称为**三阶低通滤波器**电路;依此类推,阶数越多,$f>f_0$ 时,$|\dot{A}_u|$ 下降越快,$\dot{A}_u$ 的频率特性越接近理想情况。图 5-52(a)所示的电路就是一种二阶低通滤波器,图 5-52(b)所示是其不同 Q(品质因数)值下的幅频特性。由图可以看出,二阶低通滤波器的幅频特性比一阶的好。

(2) 有源高通滤波器

将图 5-51(a)所示的一阶低通滤波器中 R 和 C 的位置调换,就成为**一阶有源高通滤波器**,如图 5-53(a)所示。在图中,滤波电容接在集成运放输入端,它将阻隔、衰减低频信号,而让高频信号顺利通过。

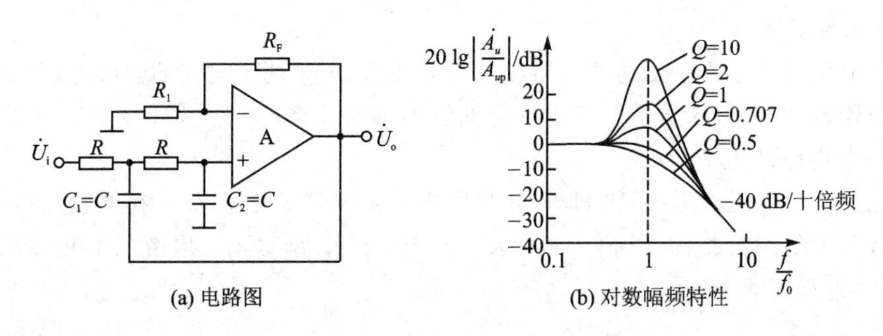

(a) 电路图　　(b) 对数幅频特性

图 5－52　二阶有源低通滤波器

同低通滤波器的分析类似，可以得出高通滤波器的下限截止频率为 $f_0=1/(2\pi RC)$，对于低于截止频率的低频信号，$|A_u|<0.707|A_{um}|$。

一阶有源高通滤波器的带负载能力强，并能补偿 RC 网络上压降对通带增益的损失，但存在过渡带较宽、滤波性能较差的特点。采用二阶高通滤波，可以明显改善滤波性能。将图 5－52(a)所示的二阶低通滤波器中 R 和 C 的位置调换，就成为二阶有源高通滤波电路，如图 5－53(b)所示。

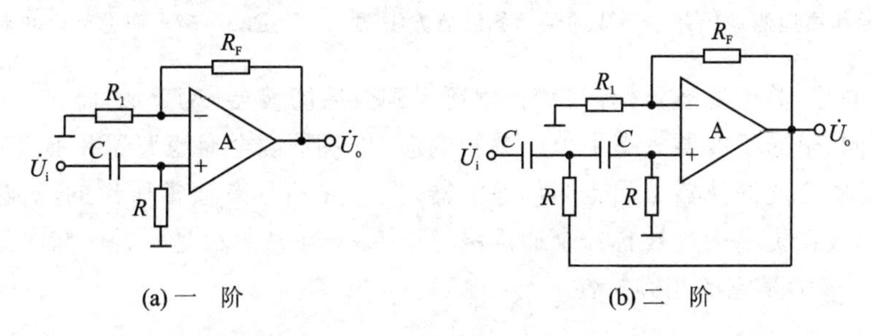

(a) 一　阶　　(b) 二　阶

图 5－53　有源高通滤波器

(3) 有源带通滤波器

将低通滤波器和高通滤波器串联，如图 5－54 所示，就可得到**带通滤波器**。设前者的截止频率为 f_{01}，后者的截止频率为 f_{02}，f_{02} 应小于 f_{01}，则通频带为($f_{01}-f_{02}$)。实用电路中也常采用单个集成运放构成压控电压源二阶带通滤波电路，如图 5－55(a)所示，图 5－55(b)是它的幅频特性。Q 值越大，通带放大倍数数值越大，频带越窄，选频特性越好。调整电路的 A_{up} 能够改变频带宽度。

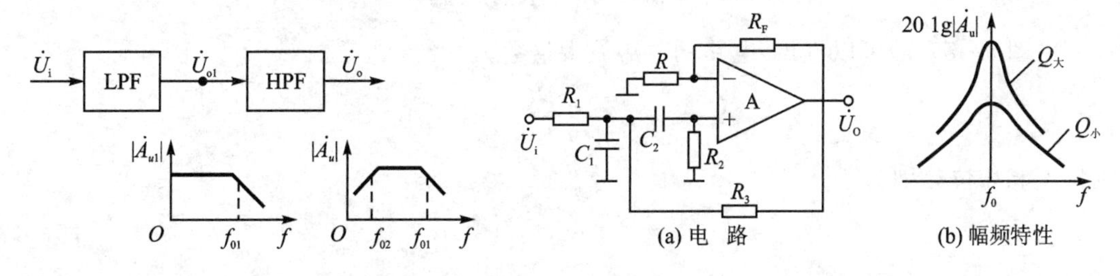

(a) 电　路　　(b) 幅频特性

图 5－54　由低通和高通滤波器串联组成的带通滤波器　　**图 5－55　压控电压源二阶带通滤波器**

(4) 有源带阻滤波器

将输入电压同时作用于低通滤波器和高通滤波器,再将两个电路的输出电压求和,就可得到**带阻滤波器**,如图 5-56 所示。其中低通滤波器的截止频率 f_{01} 应小于高通滤波器的截止频率 f_{02},因此电路的阻带为($f_{02}-f_{01}$)。

实用电路常利用无源 LPF 和 HPF 并联构成无源带阻滤波器,然后接同相比例运算电路,从而得到有源带阻滤波器,如图 5-57 所示。由于两个无源滤波器均由三个元件构成英文字母 T,故称之为双 T 网络。

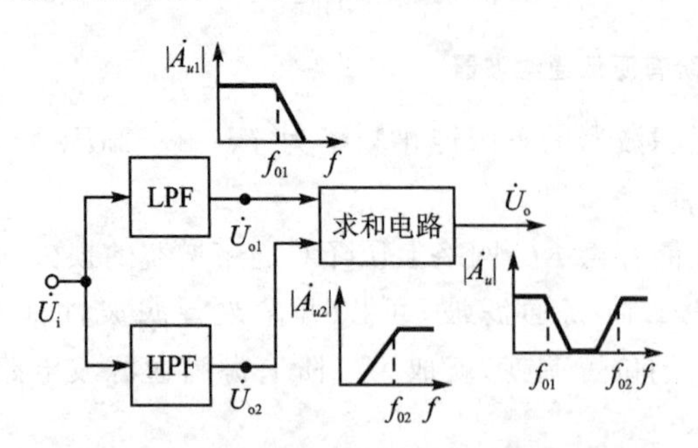

图 5-56　由低通和高通滤波器并联组成的带阻滤波器方框图

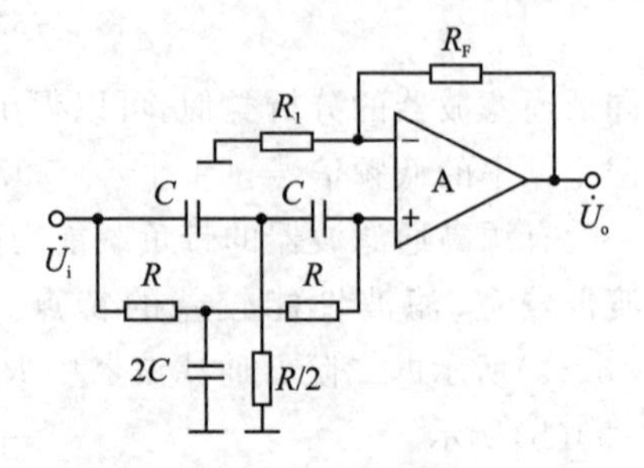

图 5-57　有源带阻滤波器

需要说明的是,关于滤波器,有些教材中还提到**全通滤波器**(APF)的概念。与前面介绍的四种滤波器不同,全通滤波器具有平坦的幅频响应,也就是说全通滤波器并不衰减任何频率的信号。由此可见,全通滤波器虽然也叫作滤波器,但它并不具有通常所说的滤波作用,也正因为如此,全通滤波器更多的是被称作全通网络。图 5-58(a)所示是一种一阶全通滤波器的电路结构,图 5-58(b)是它的相频特性。

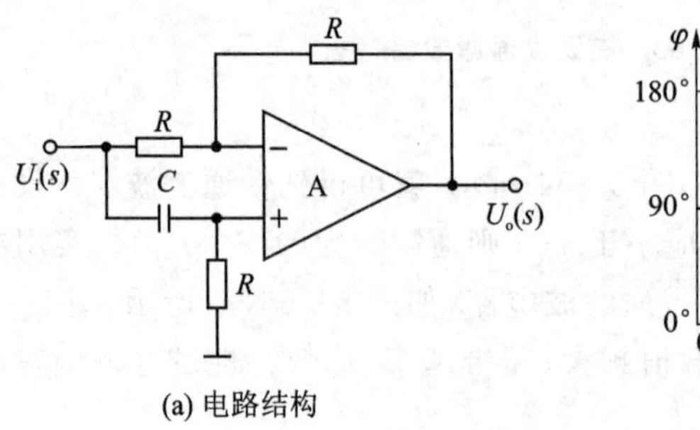

(a) 电路结构

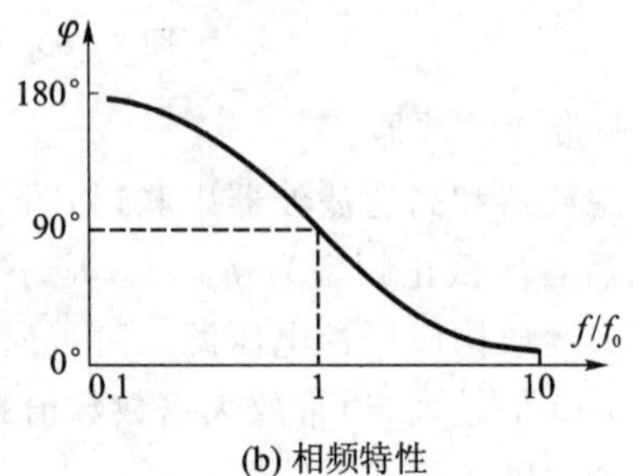

(b) 相频特性

图 5-58　全通滤波器

由图 5-58(a)可以推得,电路的电压放大倍数为

$$\dot{A}_u=-\frac{1-\mathrm{j}\omega RC}{1+\mathrm{j}\omega RC}=|\dot{A}_u|\angle\varphi \tag{5-41}$$

则幅度和相位分别为

$$|\dot{A}_u|=1 \tag{5-42a}$$

$$\varphi=180^\circ-2\arctan\frac{f}{f_0} \tag{5-42b}$$

由相频特性可以看出,当 $f=f_0$ 时,$\varphi=90^\circ$;f 趋于零时,φ 趋于 180°;f 趋于无穷大时,φ 趋于

0°。也就是说，全通滤波器虽然不改变输入信号的幅度，但它会改变输入信号的相位。利用这个特性，全通滤波器可以用作延时器、延迟均衡器等。实际上，前面介绍的四种常规滤波器也能改变输入信号的相位，但其幅频特性和相频特性很难兼顾，从而很难使两者同时满足。全通滤波器和其他滤波器组合起来使用，能够很方便地解决这个问题。

在通信系统中，尤其是数字通信领域，延迟均衡是非常重要的。可以说，没有延迟均衡器，就没有现在广泛使用的宽带数字网络。延迟均衡是全通滤波器最主要的用途，全通滤波器产品中，估计有超过90%的用于相位校正。

5.5.3　电压比较器

电压比较器(简称**比较器**)是信号处理电路，其功能是比较输入端两个电压的大小，通过输出电压的高电平或低电平，表示两个输入电压的大小关系。在自动控制和电子测量中，常用于限幅、模数转换、各种非正弦波形的产生和变换电路中。

电压比较器的输入信号通常是两个模拟量，一般情况下，其中一个输入信号是固定不变的参考电压U_{REF}，另一个输入信号则是变化的模拟电压信号u_i。输出只有两种可能的状态：正饱和值$+U_{OM}$或负饱和值$-U_{OM}$。可以认为，比较器的输入信号是连续变化的模拟量，而输出信号则是数字量，即0或1。

电压比较器中集成运放通常工作在非线性区，即满足：当$u_-<u_+$时，$U_o=+U_{OM}$，正向饱和；当$u_->u_+$时，$U_o=-U_{OM}$，负向饱和；当$u_-=u_+$时，$-U_{OM}<U_o<+U_{OM}$，状态不定。

上述关系表明，工作在非线性区的运放，当$u_-<u_+$或$u_->u_+$时，其输出状态都保持不变，只有当$u_-=u_+$时，输出状态才能够发生跳变。反之，若输出状态发生跳变，必定发生在$u_-=u_+$的时刻。这是分析比较器的重要依据。通常把比较器的输出状态发生跳变的时刻所对应的输入电压值叫作**阈值电压**，简称**阈值**或**门限电平**，也可简称为门限，记作U_T。

常用的比较器有单限比较器、滞回比较器和双限比较器。

1. 单限电压比较器

单限电压比较器只有一个阈值电压，输入电压变化(增大或减小)经过阈值电压时，输出电压发生跃变。单限电压比较器的基本电路如图5-59(a)所示，集成运放处于开环状态，工作在非线性区，输入信号u_i加在反相端，参考电压U_{REF}接在同相端。当$u_i>U_{REF}$，即$u_->u_+$时，$U_o=-U_{OM}$；当$u_i<U_{REF}$，即$u_-<u_+$时，$U_o=+U_{OM}$。传输特性如图5-59(b)所示。

若希望当$u_i>U_{REF}$时，$U_o=+U_{OM}$，只需将u_i输入端与U_{REF}输入端调换即可，如图5-59(c)所示。如果输入电压过零时，输出电压发生跳变，就称为**过零电压比较器**，如图5-59(e)所示，特性曲线如图5-59(f)所示。过零电压比较器可将正弦波转换为方波。

图5-60(a)所示是具有输出限幅的单限电压比较器，其输出端接有背靠背的稳压管二极管，可以对运放的输出电压起限幅作用。稳压管的稳定电压U_z小于运放的输出饱和值U_{OM}。当运放输出为高电平时，下面的稳压管起稳压作用，输出电压$u_o=+U_z$；当运放输出为低电平时，上面的稳压管起稳压作用，输出电压$u_o=-U_z$。

根据图5-60(a)所示的电路，令$u_-=u_+$，求出此时的输入电压u_i就是阈值电压，即$U_T=-\dfrac{R_2}{R_1}U_{REF}$。此式表明，只要改变参考电压的大小和极性，或者改变电阻R_1和R_2的阻值，就可以改变阈值电压的大小和极性。因此说，图5-60(a)所示的电路实际上是一个阈值电压可

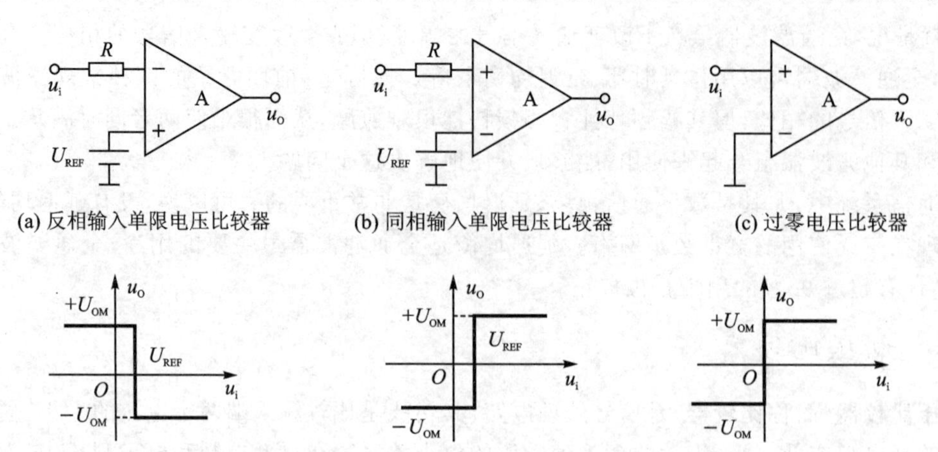

图 5-59　单限电压比较器及其传输特性

调的单限电压比较器,图 5-60(b)是图 5-60(a)电路的电压传输特性。

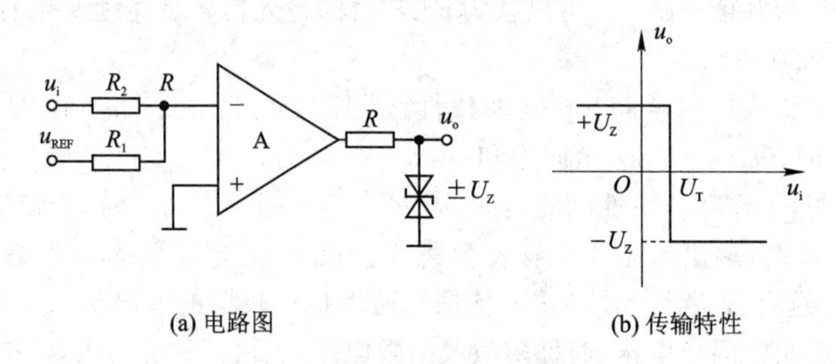

(a) 电路图　　(b) 传输特性

图 5-60　具有输出限幅的单限比较器

2. 滞回电压比较器

单限电压比较器只有一个阈值电压,只要输入电压经过阈值电压,输出电压就产生跃变。若输入电压受到干扰或噪声的影响在阈值电压上下波动,即使其幅值很小,输出电压也会在正、负饱和值之间反复跃变。若发生在自动控制系统中,这种过分灵敏的动作将会对执行机构产生不利的影响,甚至干扰其他设备,使之不能正常工作。为了克服这个缺点,可将比较器的输出端与输入端之间引入由 R_F 和 R_2 构成的电压串联正反馈,使得运放同相输入端的电压随着输出电压而改变;输入电压接在运放的反相输入端,参考电压经 R_2 接在运放的同相输入端,构成**滞回电压比较器**,电路如图 5-61(a)所示,图 5-61(b)是其电压传输特性。滞回比较器也称**施密特触发器**。

在图 5-61(a)所示的滞回比较器电路中,D_Z 是两只制作在一起的稳压管,稳定电压分别为 $\pm U_Z$(该稳压值应小于运放的最大输出电压 U_{OM}),起输出限幅作用。当运放输出 $+U_{OM}$ 时,下面的稳压管起稳压作用,此时 $u_o=+U_Z$;反之当运放输出 $-U_{OM}$ 时,上面那只稳压管进行稳压,输出 $u_o=-U_Z$。

下面求图 5-61(a)所示电路的阈值电压。首先利用叠加定理,可求出同相输入端的电压为

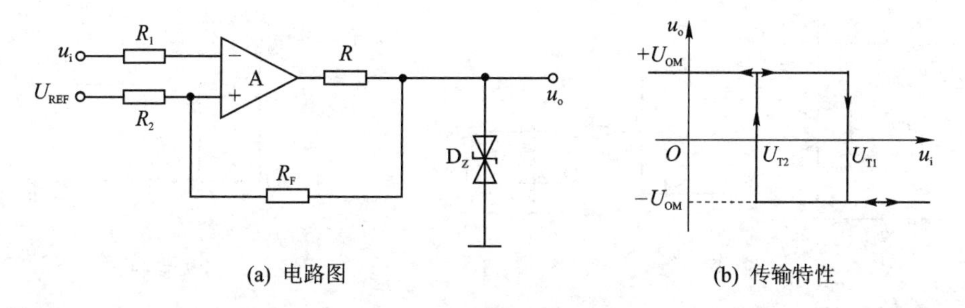

(a) 电路图　　(b) 传输特性

图 5-61　滞回电压比较器

$$u_+=\frac{R_F}{R_2+R_F}U_{REF}\pm\frac{R_2}{R_2+R_F}U_Z$$

由于 $u_+=u_-$ 为输出电压的跳变条件，临界条件可用**虚短**和**虚断**的概念，所以可得 $u_-=u_i$。令 $u_+=u_-$，求出的 u_i 就是阈值电压，因此得出

$$\left.\begin{aligned}U_{T1}&=\frac{R_F}{R_2+R_F}U_{REF}+\frac{R_2}{R_2+R_F}U_Z\\U_{T2}&=\frac{R_F}{R_2+R_F}U_{REF}-\frac{R_2}{R_2+R_F}U_Z\end{aligned}\right\}\tag{5-43}$$

若原来 $u_o=+U_Z$，当 u_i 逐渐增大时，使 u_o 从 $+U_Z$ 跳变为 $-U_Z$ 所需的门限电平是 U_{T1}；若原来 $u_o=-U_Z$，当 u_i 逐渐减小时，使 u_o 从 $-U_Z$ 跳变为 $+U_Z$ 所需的门限电平是 U_{T2}。据此画出图 5-61(a)所示电路的电压传输特性如图 5-61(b)所示。

滞回比较器的两个门限电平之差称为**门限宽度**或**回差**，用符号 ΔU_T 表示，由以上两式可求得

$$\Delta U_T=U_{T1}-U_{T2}=\frac{2R_2}{R_2+R_F}U_Z\tag{5-44}$$

由式(5-44)可以看出，门限宽度 ΔU_T 的值取决于稳压管的稳定电压 U_Z 以及电阻 R_2 和 R_F 的值，而与参考电压 U_{REF} 无关。改变 U_{REF} 的大小可以同时调节两个门限电平 U_{T1} 和 U_{T2} 的大小，但二者之差 ΔU_T 不变。也就是说，当 U_{REF} 增大或减小时，滞回比较器的传输特性平行地左移或右移，式(5-43)中两个式子的第一项即是曲线在横轴左移或右移的距离，而 U_{REF} 的极性可改变曲线平移的方向。为使电压传输特性曲线上、下平移，则应改变稳压管的稳定电压。

门限宽度 ΔU_T 越大，比较器抗干扰的能力越强，但分辨率随之下降。

3. 双限电压比较器

单限比较器和滞回比较器在输入电压单一方向变化时，输出电压只跃变一次，因而不能检测出输入电压是否在两个给定电压之间，而**双限比较器**具有这一功能。图 5-62(a)所示为一种双限比较器，它由两个运放 A_1 和 A_2 组成。输入电压分别接到 A_1 的同相端和 A_2 的反相端，两个参考电压 U_{REFH} 和 U_{REFL} 分别接到 A_1 的反相端和 A_2 的同相端，并且 $U_{REFH}>U_{REFL}$，这两个参考电压就是比较器的两个阈值电压 U_{T1} 和 U_{T2}，$U_{T1}=U_{REFH}$，$U_{T2}=U_{REFL}$。电阻 R 和稳压管 D_Z 构成限幅电路。图 5-62(b)所示是电压传输特性。

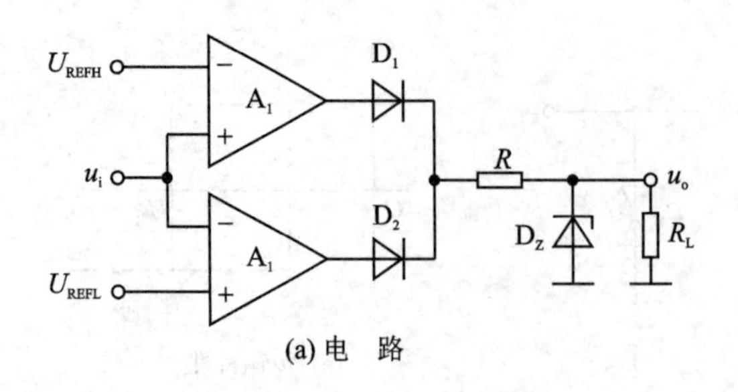

(a) 电 路

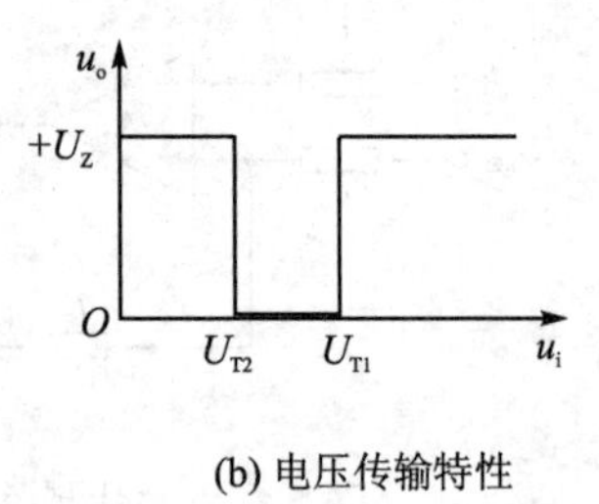

(b) 电压传输特性

图 5-62 双限电压比较器

本章小结

1. 利用半导体工艺将各种元器件集成在同一硅片上组成的电路就是集成电路。集成电路具有体积小、成本低、可靠性高等优点,是现代电子系统中常见的器件之一。

2. 集成运放的内部实质上是一个高放大倍数的多级直接耦合放大电路。它的内部通常包含4个基本组成部分,即输入级、中间级、输出级和偏置电路。为了有效地抑制零漂,运放的输入极常采用差分放大电路。集成运放的输出级基本上都采用各种形式的互补对称电路,以降低输出电阻,提高电路的带负载能力。同时,也希望有较高的输入电阻,以免影响中间级共射电路的电压放大倍数。

3. 在各种放大电路中普遍采用了负反馈。按照不同的分类标准,反馈可分为正、负反馈,交、直流反馈,串、并联反馈和电压、电流反馈。负反馈有4种组态。负反馈虽然降低了放大电路的增益,但却提高了放大电路增益的稳定性,展宽了通频带,减小了非线性失真,改变了放大电路的输入、输出电阻。

4. 在分析集成运放的各种应用电路时,常常将其中的集成运放看成是一个理想的运算放大器。理想运放有两种工作状态,即线性和非线性工作状态,在其传输特性曲线上对应两个工作区域。当运放工作在线性区时,满足虚短和虚断特点。

5. 集成运放作为通用性的器件,它的应用十分广泛。其优越性在于,以集成运放为核心,在其外围接上由不同的阻容元件,就可构成不同功能的电子电路。例如,模拟信号的运算电路、滤波电路、电压比较电路、波形振荡电路、稳压电路等。

习题 5

5-1 选择填空

(1) 电路的 A_{ud} 越大表示________,A_{uc} 越大表示________,K_{CMR} 越大表示________。

A. 温漂越大　　B. 抑制温漂能力越强　　C. 对差模信号的放大能力越强

(2) 集成运放有________个输入端和________个输出端。

A. 1　　B. 2　　C. 3

(3) 复合管组成的电路可以________。

A. 展宽频带　　B. 提高电流放大系数　　C. 减小温漂　　D. 改变管子类型

(4) ① 为了稳定输出电压,应在放大电路中引入________。

② 为了稳定输出电流，应在放大电路中引入________。

③ 为了减小输出电阻，应在放大电路中引入________。

④ 为了增大输出电阻，应在放大电路中引入________。

⑤ 为了展宽频带，应在放大电路中引入________。

⑥ 为了稳定静态工作点，应在放大电路中引入________。

A. 直流负反馈　　B. 交流负反馈　　C. 电压负反馈

D. 电流负反馈　　E. 串联负反馈　　F. 并联负反馈

(5) 集成运放引入正反馈后将工作在________区，若 $U_+ < U_-$，则 $U_o=$________；若 $U_+ > U_-$，则 $U_o=$________。

A. 线性　　B. 非线性　　C. $+U_{OM}$　　D. $-U_{OM}$

5-2　在题图 5-2 所示电路中，试说明存在哪些反馈支路，并判断哪些是正反馈，哪些是负反馈，哪些是直流反馈，哪些是交流反馈。如为交流负反馈，请判断反馈的组态。

5-3　在题图 5-3 电路中：

(1) 电路中共有哪些反馈（包括级间反馈和局部反馈）？分别说明它们的极性和组态。

(2) 如果要求 R_{F1} 只引入交流反馈，R_{F2} 只引入直流反馈，应该如何改变？请画在图上。

(3) 在第(2)小题情况下，上述两路反馈各对电路产生什么影响？

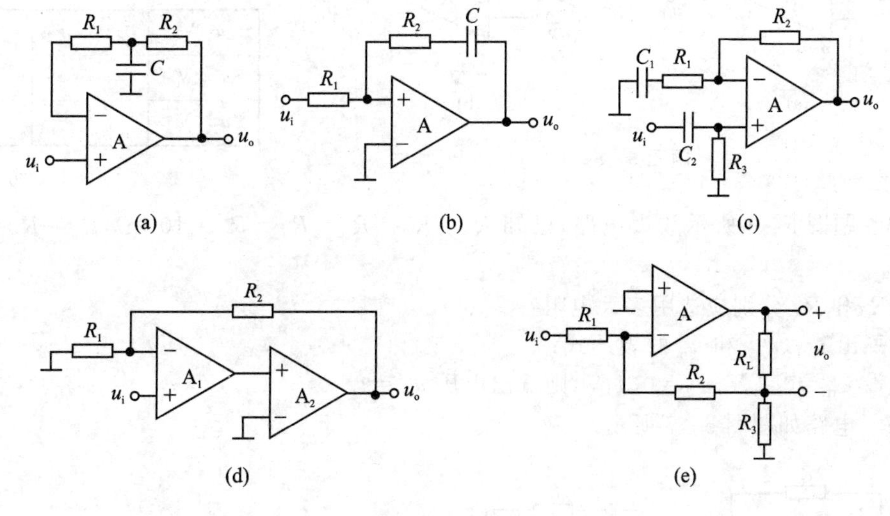

题图 5-2

5-4　在题图 5-4 电路中要求达到以下效果，应该引入什么反馈？

(1) 提高从 b_1 端看进去的输入电阻：应接 R_F 从________到________；

(2) 减小输出电阻：应接 R_F 从________到________；

(3) 希望 R_{c3} 改变时，其上的 I_o（在给定 U_i 情况下的输出交流电流有效值）基本不变：应接 R_F 从________到________；

(4) 希望各级静态工作点基本稳定：应接 R_F 从________到________；

(5) 希望在输出端接上负载电阻 R_L 后，U_o（在给定 U_i 情况下的输出交流电压有效值）基本不变，应接 R_F 从________到________。

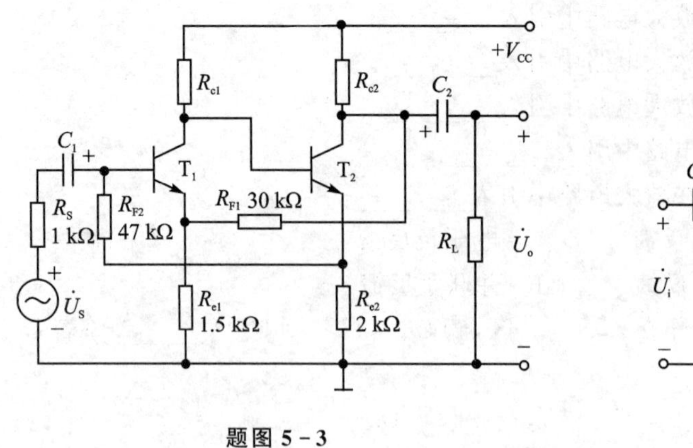

题图 5-3

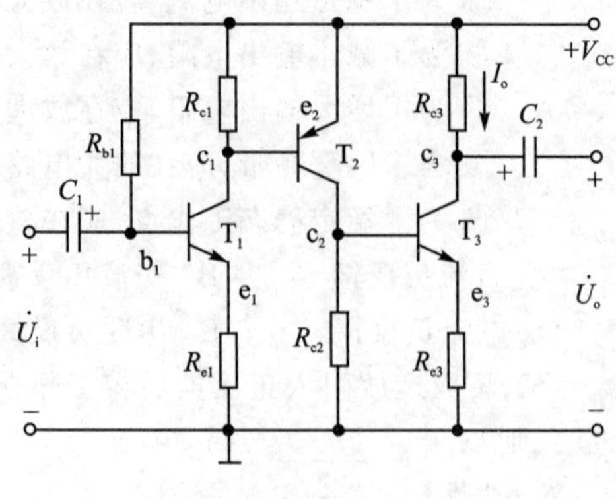

题图 5-4

5-5 电路如题图 5-5 所示,已知集成运放输出电压的最大幅值为+14 V,试填题表 5-5。

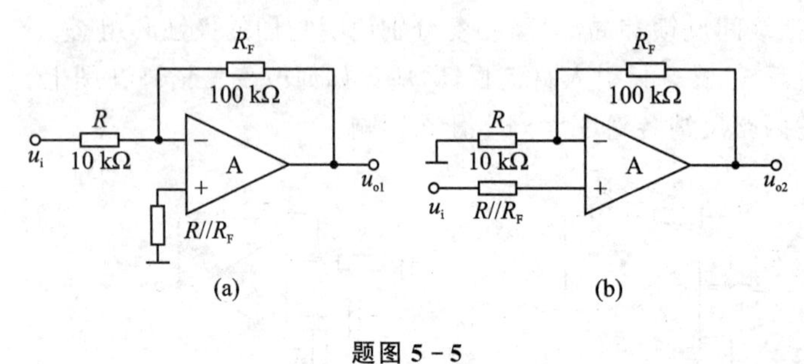

题图 5-5

题表 5-5

u_i/V	0.1	0.5	1.0	1.5
u_{o1}/V				
u_{o2}/V				

5-6 题图 5-6 所示放大电路,已知 $R_1=R_2=R_5=R_7=R_8=10\ \text{k}\Omega$,$R_6=R_9=R_{10}=20\ \text{k}\Omega$。

(1) R_3 和 R_4 分别应选用多大电阻?

(2) 列出 u_{o1}、u_{o2} 和 u_o 的表达式;

(3) 设 $u_{i1}=0.3$ V,$u_{i2}=0.1$ V,则输出电压 $u_o=$?

5-7 电路如题图 5-7 所示。

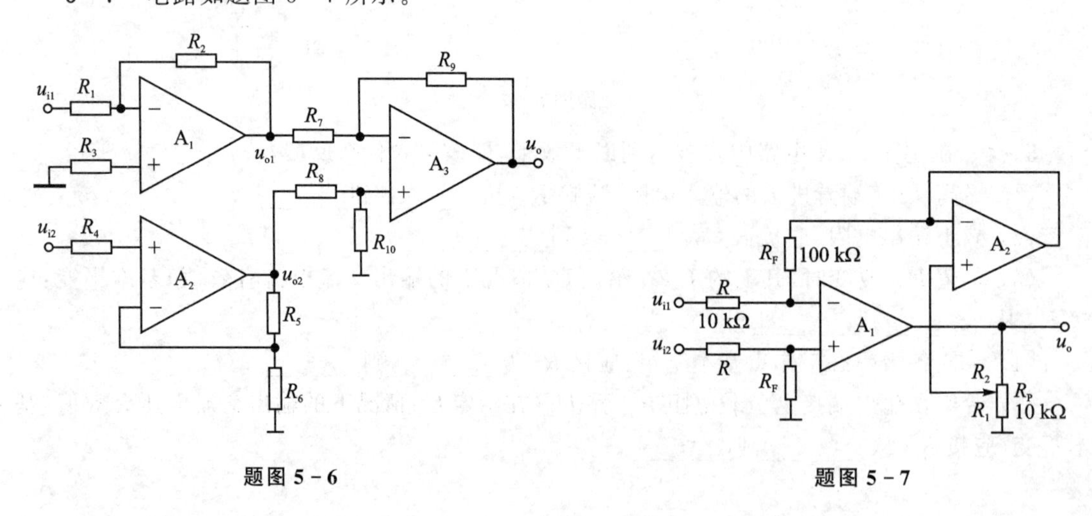

题图 5-6

题图 5-7

（1）写出 u_o 与 u_{i1}、u_{i2} 的运算关系式；

（2）当 R_P 滑动端在最上端时，若 $u_{i1}=10\ \text{mV}$，$u_{i2}=20\ \text{mV}$，则 $u_o=?$

（3）若 u_o 的最大幅值为 $\pm 14\ \text{V}$，输入电压最大值 $u_{i1,\max}=10\ \text{mV}$，$u_{i2,\max}=20\ \text{mV}$，最小值均为 0 V，则为了保证集成运放工作在线性区，R_2 的最大值为多少？

扫码查看
题 5-7 讲解

5-8 试求题图 5-8 所示各电路输出电压与输入电压的运算关系式。

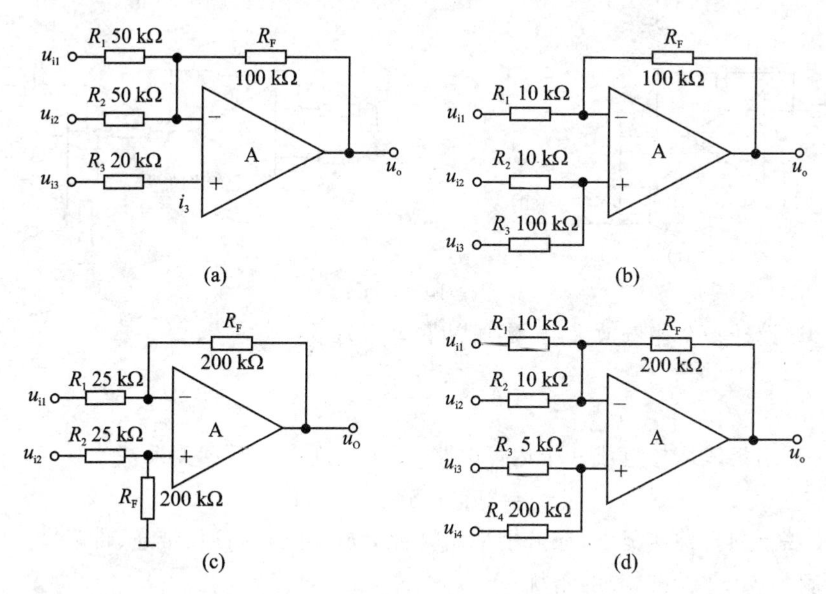

题图 5-8

5-9 电路如题图 5-9 所示，已知集成运放为理想运放，最大输出电压幅值为 +14 V。填空：

电路引入了________（填反馈组态）交流负反馈，电路的输入电阻趋近于________，电压放大倍数 $A_{uf}=\Delta u_o/\Delta u_i=$________。设 $u_i=1\ \text{V}$，则 $u_o=$________ V；若 R_1 开路，则 u_o 变为________ V；若 R_1 短路，则 u_o 变为________ V；若 R_2 开路，则 u_o 变为________ V；若 R_2 短路，则 u_o 变为________ V。

5-10 在题图 5-10(a) 所示电路中，已知输入电压 u_i 的波形如题图 5-10(b) 所示，当 $t=0$ 时 $u_o=0$。试画出输出电压 u_o 的波形。

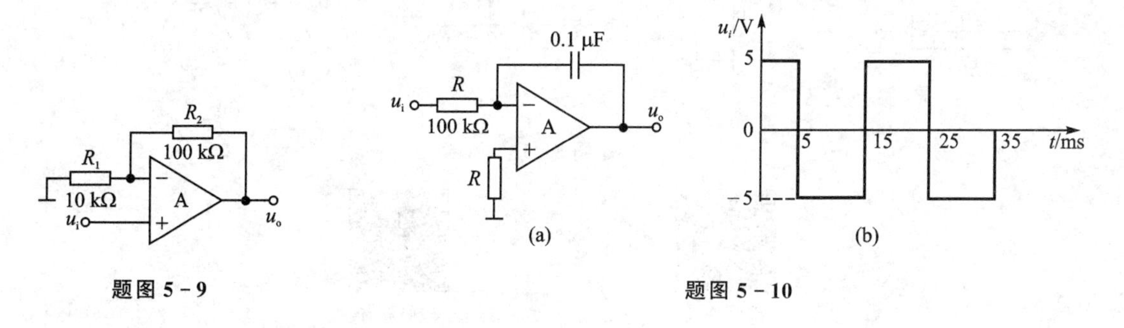

题图 5-9

题图 5-10

5-11 写出题图 5-11 所示各电路的输入输出关系。

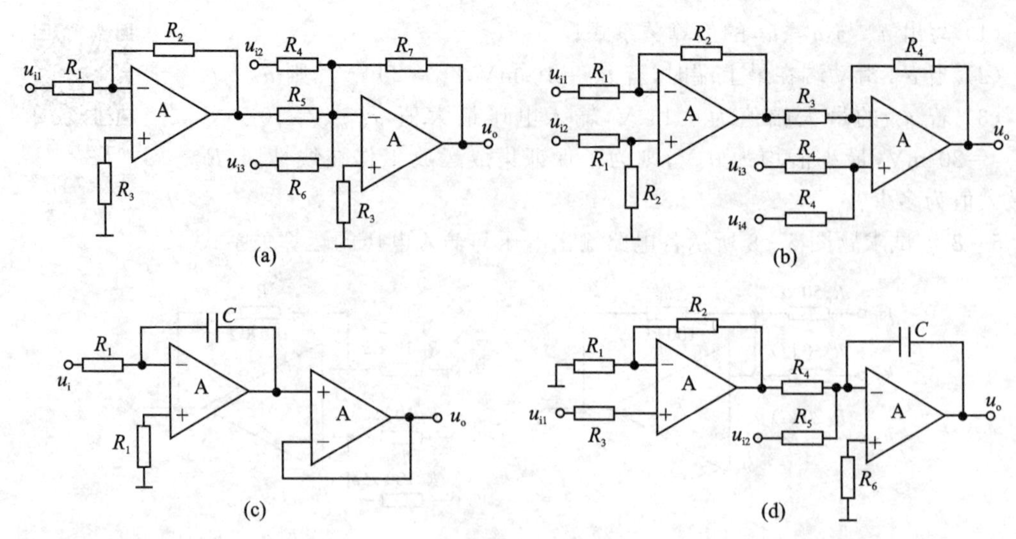

题图 5-11

5-12 试设计一个比例放大器，实现以下运算关系：

$$A_{uf}=\frac{u_o}{u_i}=0.5$$

5-13 试用集成运放组成一个运算电路，要求实现以下运算关系：

$$u_o=2u_{i1}-5u_{i2}+0.1u_{i3}$$

5-14 在下列各种情况下，应分别采用哪种类型(低通、高通、带通、带阻)的滤波器。

(1) 抑制 50 Hz 交流电源的干扰；

(2) 处理具有 1 Hz 固定频率的有用信号；

(3) 从输入信号中取出低于 2 kHz 的信号；

(4) 抑制频率为 100 kHz 以上的高频干扰。

5-15 设一阶 LPF 和二阶 HPF 的通带放大倍数均为 2，通带截止频率分别为 2 kHz 和 100 Hz。试用它们构成一个带通滤波器，并画出幅频特性。

5-16 已知单限比较器、滞回比较器和双限比较器的电压传输特性如题图 5-16(a)所示，它们的输入均为图 5-16(b)所示三角波，试画出 u_{o1}、u_{o2}、u_{o3} 的波形。

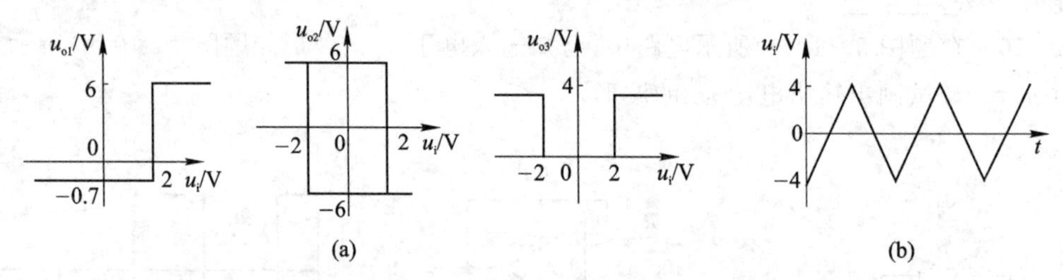

题图 5-16

扫码查看

题 5-16 讲解

扫码查看

补充例题讲解

第三篇　数字电子技术

第6章　逻辑代数基础

内容提要

- 常用数制及其转换
- 码制及常用代码
- 逻辑门电路
- 逻辑代数的基本公式及逻辑函数的化简

6.1　数字电路概述

6.1.1　模拟信号和数字信号

“信号”一词在人们的日常生活和社会活动中并不陌生，例如时钟报时、汽车喇叭声、交叉路口的红绿灯、战场上的信号弹、计算机内部以及它和外围设备之间联络的电信号等，都是人们熟悉的信号。**信号**就是表示消息的物理量，它是运载消息的工具，是消息的载体。在作为信号的众多物理量中，电是应用最广泛的物理量，因为它容易产生、传输和控制，也容易实现与其他物理量的相互转换。因此，通常所指的信号主要是**电信号**。

非电信号（如声音、压力、光强、流量、速度等信号）可以通过各种传感器较容易地转换成电信号。电信号是指随时间而变化的电压 u 或电流 i，在数学描述上可将其表示为时间 t 的函数，并可画出其随时间变化的波形。

电子电路中的信号均为电信号（以下简称信号），就其变化规律的特点而言，不外乎有两大类：模拟信号和数字信号。

1. 模拟信号

模拟信号是指信号波形模拟着信息的实际变化过程，其主要特征是幅度是连续的，可取无限多个值；而在时间上则可连续，也可不连续。其数学表达式较复杂，例如正弦函数、指数函数等。图 6-1(a)所示为典型的模拟信号。

传输、处理模拟信号的电路称为模拟电子线路，简称**模拟电路**。在模拟电路中主要关心输入、输出信号间的大小、相位、失真等方面的问题，这在第二篇中已经讨论过。

2. 数字信号

电子系统中一般均含有模拟和数字两种构件。模拟电路是系统中必需的组成部分。但是,为了便于存储、分析或传输信号,数字电路更具优越性。

数字信号是指时间和数值上都是不连续变化的信号,即数字信号具有离散性,如图6-1(b)所示。交通信号灯控制电路、智力竞赛抢答电路以及计算机键盘输入电路中的信号,都是数字信号。对数字信号进行传输、处理的电子线路称为数字电子线路,简称**数字电路**。在数字电路中主要关心输入、输出之间的逻辑关系。

数字电路又叫开关电路或逻辑电路,它利用半导体器件的开关特性使电路输出高、低两种电平,从而控制事物相反的两种状态,如灯的亮和灭、开关的开和关、电机的转动和停转等。数字电路中的信号只有高、低两种电平,分别用二进制数字1和0表示,即数字信号都是由0、1组成的一串二进制代码。

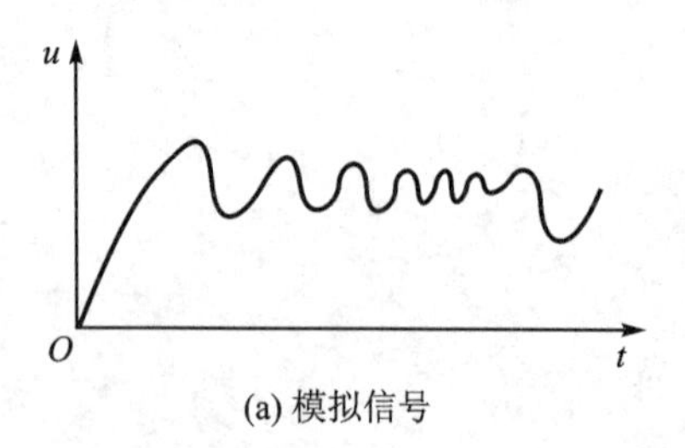

(a) 模拟信号

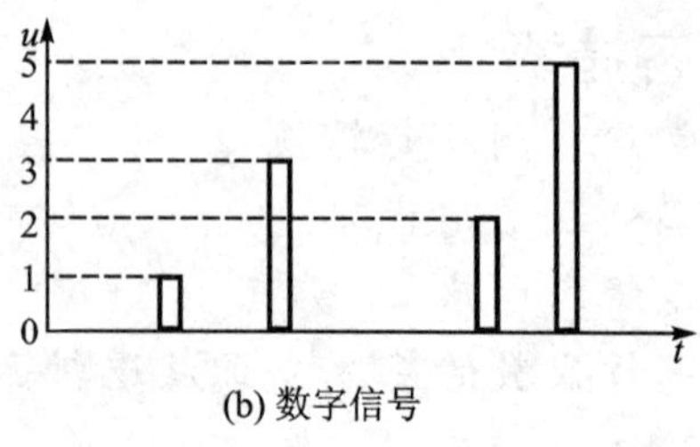

(b) 数字信号

图6-1 模拟信号与数字信号

6.1.2 数字电路的特点及分类

1. 数字电路的特点

1)数字电路中的工作信号是不连续的数字信号,反映在电路上只有高电平和低电平两种状态,因此在分析数字电路时采用二进制数码0和1来表示电路中的高、低两种电平状态。

2)与模拟电路相同,数字电路也是由半导体器件如二极管、三极管、场效应管组成,但不同电路中器件的工作状态不同。数字电路在稳态情况下,半导体器件工作于开、关状态,这种开关状态是利用器件的导通和截止来实现的,器件的导通和截止反映在电路上就是电流的有无、电压的高低,这种有和无、高和低相对立的两种状态,正好可用二进制数码0和1来表示。因此,数字电路中的信号采用的是二进制表示,二进制数码0和1在此只代表两种不同的状态,没有数量的大小。例如,用0和1分别表示一件事的是与非、真与假、一盏灯的亮与灭、一个开关的开通与断开等。

3)数字电路对元件的精度要求不高,允许有较大的误差,只要在工作时能够可靠地区分0和1两种状态就可以了。因此,数字电路便于集成化、系列化生产。它具有使用方便、可靠性高、价格低廉等特点。

4)与模拟电路不同,数字电路讨论的是输入与输出之间抽象的逻辑关系,使用的主要方法是逻辑分析和逻辑设计,主要工具是逻辑代数,所以数字电路又称逻辑代数。

5)数字电路能够对数字信号进行各种逻辑运算和算术运算,因此广泛应用于数控装置、智能仪表以及计算机中。

2. 数字电路的分类

数字电路按其组成的结构不同可分为**分立元件电路**和**集成数字电路**两大类。分立元件电路是最基本的电路,它由二极管、三极管、电阻、电容等元器件组成,并且所有元件都裸露在外,没有封装。随着集成电路的飞速发展，分立元件电路已逐步被取代。

集成数字电路按照所用元器件的不同，可分为双极型和单极型两类。其中双极型电路又有TTL、DTL、ECL、IIL、HTL等多种；单极型电路有JFET、NMOS、PMOS、CMOS四种。按照应用的角度可分为通用型和专用型两大类，通用型是已被定型的标准化、系列化的产品，适用于不同的数字设备；专用型是指为某种特殊用途专门设计，具有特定的复杂而完整功能的功能块型产品，只适用于专用的数字设备。按照逻辑功能的不同特点，又分为组合逻辑电路和时序逻辑电路两大类。

6.1.3　数字电路的应用

数字电路较模拟电路具有更多的优点，如有较强的稳定性、可靠性和抗干扰能力，精确度较高，具有算术运算和逻辑运算能力，可进行逻辑推理和逻辑判断，电路结构简单，便于制造和集成等。因此，数字电路的应用领域越来越广泛。

在数字通信系统中，可以用若干个0和1编成各种代码，分别代表不同的含义，用以实现信息的传送。

利用数字电路的逻辑推理和判断功能，可以设计出各式各样的数控装置，用来实现对生产和过程的自动控制。其工作过程是：首先用传感器在现场采集受控对象的数据，求出它们与设定数据的偏差，接着由数字电路进行计算、判断，然后产生相应的控制信号，驱动伺服装置对受控对象进行控制或调整。这样不仅能通过连续监控提高生产的安全性和自动化水平，同时也提高了产品的质量，降低了成本，减轻了劳动强度。

在数字电子技术基础上发展起来的数字电子计算机，是当代科学技术最杰出的成就之一。今天，电子计算机不仅成了近代自动控制系统中不可缺少的一个重要组成部分，而且已经渗透到了国民经济和人民生活的各个领域，成为人们工作、生活、学习不可或缺的重要组成部分，并在许多方面产生了根本性的变革。尤其是计算机网络技术的飞速发展，使人们获取信息、享受网络服务更为便捷。

然而，数字电路的应用也具有它的局限性。前面已提到，在自动控制和测量系统中，被控制和被测量的对象往往是一些连续变化的物理量，即模拟信号，而模拟信号不能直接为数字电路所接收，这就给数字电路的使用带来很大的不便。为了用数字电路处理这些模拟信号，必须用专门的电路将它们转换为数字信号(称为模-数转换)；而经数字电路分析、处理输出的数字量往往还要通过专门的电路转换成相应的模拟信号(称为数-模转换)才能为执行机构所接收。这样一来，不但导致了整个设备的复杂化，而且也使信号的精度受到影响，数字电路本身可以达到的高精度也因此失去了意义。因此，在使用数字电路时，应具体情况具体分析，以便于操作、提高生产效率为目的。

6.2　数制与码制

6.2.1　数制及其转换

1. 各种数制

数制即计数体制，是按照一定规则表示数值大小的计数方法。日常生活中最常用的计数体制是十进制(Decimal),数字电路中常用的是二进制(Binary),有时也采用八进制(Octal)和十六进制(Hexadecimal)。对于任何一个数,可以用不同的进制来表示。

在数字电路中,应用最广的是二进制。二进制数中只有0、1两个数字符号,所以运算规则是“逢二进一,借一当二”,各位的权为 2^{i-1}。将二进制数转换为十进制数时,只要将二进制数的各位按权展开,然后相加即可。例如二进制数101.11转换为十进制数的方法是

$$(101.11)_2 = 1\times2^2 + 0\times2^1 + 1\times2^0 + 1\times2^{-1} + 1\times2^{-2} = (5.75)_{10}$$

计算机内采用的是二进制表示,采用二进制具有以下优点:

1) 二进制只有0和1两个代码,因此,在数字系统中,可用电子器件的两种不同状态来表示这两个代码,实现起来非常方便。所以,二进制数的物理实现简单、易行、可靠,并且存储和传送也方便。

2) 二进制运算规则简单,有利于简化计算机的内部结构,提高运算速度。

二进制数的缺点是书写位数太多,不便记忆。为此数字系统通常用八进制和十六进制。八进制有0,1,2,3,4,5,6,7八个数码,基数为8,它的运算规则是“逢八进一,借一当八”。十六进制数采用16个数码,而且“逢十六进一,借一当十六”。这16个数码是0,1,2,3,4,5,6,7,8,9,A(对应于十进制数中的10),B(11),C(12),D(13),E(14),F(15)。十六进制数的基数是16。

2. 各种数制之间的转换

1) 非十进制数转换为十进制数。二进制、八进制、十六进制数转换为十进制时,先按权展开为多项式,然后按十进制数进行计算,结果便是十进制数。在转换过程中要注意各位权的幂不要写错,系数为0的那些项可以不写。

2) 十进制数转换成非十进制数。十进制数转换成非十进制数的方法是:

① 整数部分用“除基数取余”的方法进行转换,转换结果为“先余为低,后余为高”;

② 小数部分用“乘基数取整“的方法进行转换,转换结果为“先整为高,后整为低”。

需要注意的是,从二进制、八进制、十六进制转换为十进制,或十进制转换为二进制整数,都能做到完全准确。但把十进制小数转换为其他进制小数时,除少数可以完全准确外,大多数存在误差,这时就要根据精度的要求进行“四舍五入”,请看下面例题。

例6-1 把十进制小数0.39转换成二进制小数。要求:

(1) 误差不大于 2^{-7};

(2) 误差不大于0.2%。

解:(1)要求误差不大于 2^{-7},只需保留至小数点后7位,计算过程如下:

$$0.39\times2=0.78\cdots\cdots0$$
$$0.78\times2=1.56\cdots\cdots1$$
$$0.56\times2=1.12\cdots\cdots1$$
$$0.12\times2=0.24\cdots\cdots0$$
$$0.24\times2=0.48\cdots\cdots0$$
$$0.48\times2=0.96\cdots\cdots0$$
$$0.96\times2=1.92\cdots\cdots1$$

因此,$(0.39)_{10}\approx(0.0110001)_2$

(2) 由于$\frac{1}{2^8}=\frac{1}{256}>0.2\%$，$\frac{1}{2^9}=\frac{1}{512}<0.2\%$，因此要求误差不大于 0.2%，只需保留至小数点后 9 位。接(1)的计算过程有

$$0.92\times2=1.84\cdots\cdots1$$

$$0.84\times2=1.68\cdots\cdots1$$

因此，$(0.39)_{10}\approx(0.011000111)_2$

3) 二进制数与八进制、十六进制数的相互转换。由于 1 位八进制数有 0～7 八个数码，3 位二进制数正好有000～111 八种组合，按照按权展开的方法，它们之间有以下对应关系

八进制数	0	1	2	3	4	5	6	7
二进制数	000	001	010	011	100	101	110	111

利用这种对应关系，可以很方便地在八进制数与二进制数之间进行转换。

将二进制数转换为八进制数的方法是：以小数点为界，将二进制数的整数部分从低位开始，小数部分从高位开始，每 3 位分成一组，头尾不足 3 位的补0，然后将每组 3 位二进制数转换为 1 位八进制数。反之，将八进制数转换为二进制数时，只需将每一位八进制数码用相应的 3 位二进制数表示即可。

同理，由于 1 位十六进制数有 16 个代码，而 4 位二进制数正好有0000～1111 十六种组合，它们之间也存在简单的对应关系。利用这种对应关系，可以很方便地在十六进制数与二进制数之间进行转换。转换方法与二、八进制数的转换类似，只是将二进制数中 3 位一组改为 4 位一组。

3. 二进制正、负数的表示法

在十进制数中，可以在数字前面加上"+""−"号来表示正、负数，显然数字电路不能直接识别"+""−"号。因此，在数字电路中把一个数的最高位作为符号位，并用0 表示"+"号，用1 表示"−"号，像这样符号也数码化的二进制数称为机器数。原来带有"+""−"号的数称为真值。例如：

十进制数	+67	−67
二进制数(真值)	+1000011	−1000011
计算机内(机器数)	01000011	11000011

通常，二进制正、负数(机器数)有 3 种表示方法：**原码**、**反码**和**补码**。

1. 原　码

用首位表示数的符号，0 表示正，1 表示负，其他位则为数的真值的绝对值，这样表示的数就是数的原码。

例 6-2　求$(+105)_{10}$和$(-105)_{10}$的原码。

解：$[(+105)_{10}]_{原}=[(+1101001)_2]_{原}=(01101001)_2$

$[(-105)_{10}]_{原}=[(-1101001)_2]_{原}=(11101001)_2$

0 的原码有两种，即

$$[+0]_{原}=(00000000)_2$$

$$[-0]_{原}=(10000000)_2$$

原码简单易懂，与真值转换起来很方便。但若是两个异号的数相加或两个同号的数相减

就要做减法,做减法就必须判别这两个数哪一个绝对值大,用绝对值大的数减去绝对值小的数,运算结果的符号就是绝对值大的那个数的符号,这样操作比较麻烦,运算的逻辑电路也较难实现。于是,为了将加法和减法运算统一成只做加法运算,就引入了反码和补码表示。

2. 反　码

反码用得较少,它只是求补码的一种过渡。

正数的反码与其原码相同,负数的反码是这样求的:先求出该负数的原码,然后原码的符号位不变,其余各位按位取反,即0变1,1变0。

例 6-3　求$(+65)_{10}$和$(-65)_{10}$的反码。

解: $[(+65)_{10}]_{原}=(01000001)_2$　　$[(-65)_{10}]_{原}=(11000001)_2$

则　$[(+65)_{10}]_{反}=(01000001)_2$　　$[(-65)_{10}]_{反}=(10111110)_2$

很容易验证:一个数反码的反码就是这个数本身。

3. 补　码

正数的补码与其原码相同,负数的补码是它的反码加1。

例 6-4　求$(+63)_{10}$和$(-63)_{10}$的补码。

解: $[(+63)_{10}]_{原}=(00111111)_2$　　$[(+63)_{10}]_{反}=(00111111)_2$

则　$[(+63)_{10}]_{补}=(00111111)_2$

$[(-63)_{10}]_{原}=(10111111)_2$　　$[(-63)_{10}]_{反}=(11000000)_2$

则　$[(-63)_{10}]_{补}=(11000001)_2$

同样可以验证:一个数的补码的补码就是其原码。

引入了补码以后,两个数的加减法运算就可以统一用加法运算来实现,此时两数的符号位也当成数值直接参加运算,并且有这样一个结论:两数和的补码等于两数补码的和,所以在数字系统中一般用补码来表示带符号的数。

例 6-5　用二进制补码运算求出14+10、14−10、−14+10和−14−10。

解: 由于14+10和−14−10的绝对值为24,所以必须用有效数字为5位的二进制数才能表示,再加上一位符号位,就得到6位的二进制补码。

根据前述计算补码的方法可知,+14的二进制补码应为001110(最高位为符号位),−14的二进制补码为110010,+10的二进制补码为001010,−10的二进制补码为110110。计算结果分别为

```
 +14       0  01110        +14        0  01110
 +10      +0  01010        −10       +1  10110
 ----     ----------       ----     -----------
 +24       0  11000        +4      (1)0  00100

 −14       1  10010        −14        1  10010
 +10      +0  01010        −10       +1  10110
 ----     ----------       ----     -----------
 −4        1  11100        −24     (1)1  01000
```

从例6-5可以看出,若将两个加数的符号位和来自最高有效数字位的进位相加,得到的结果(舍弃产生的进位)就是和的符号。

需要指出的是,在两个同符号数相加时,它们的绝对值之和不可超过有效数字位所能表示的最大值,否则会得出错误的计算结果。

6.2.2 码 制

一般地说，用文字、符号或者数字表示特定事物的过程都可以叫作**编码**。在数字设备中，任何数据和信息都要用二进制代码表示。对同一事物的编码方案通常不止一种，不同的编码方案叫作**码制**。

1. 二-十进制编码(BCD 码)

二一十进制编码是一种用 4 位二进制代码表示 1 位十进制数的编码，简称 BCD(Binary Coded Decimal)码。1 位十进制数有 0～9 十个数码，而 4 位二进制数有 16 种组态，指定其中的任意 10 种组态来表示十进制的 10 个数，因此 BCD 编码方案有很多，常用的有 8421 码、余 3 码、2421 码、5421 码、格雷码等，如表 6-1 所列。

表 6-1 几种常见的 BCD 代码

十进制数	编码种类				
	8421 码	余 3 码	2421 码	5421 码	格雷码
0	0 0 0 0	0 0 1 1	0 0 0 0	0 0 0 0	0 0 0 0
1	0 0 0 1	0 1 0 0	0 0 0 1	0 0 0 1	0 0 0 1
2	0 0 1 0	0 1 0 1	0 0 1 0	0 0 1 0	0 0 1 1
3	0 0 1 1	0 1 1 0	0 0 1 1	0 0 1 1	0 0 1 0
4	0 1 0 0	0 1 1 1	0 1 0 0	0 1 0 0	0 1 1 0
5	0 1 0 1	1 0 0 0	1 0 1 1	1 0 0 0	0 1 1 1
6	0 1 1 0	1 0 0 1	1 1 0 0	1 0 0 1	0 1 0 1
7	0 1 1 1	1 0 1 0	1 1 0 1	1 0 1 0	0 1 0 0
8	1 0 0 0	1 0 1 1	1 1 1 0	1 0 1 1	1 1 0 0
9	1 0 0 1	1 1 0 0	1 1 1 1	1 1 0 0	1 1 0 1
权	8421		2421	5421	

8421BCD 码是最常用的一种 BCD 码，属于有权码，它和自然二进制码的组成相似，4 位的权值从高到低依次是 8,4,2,1。但不同的是，它只选取了 4 位自然二进制码 16 个组合中的前 10 个组合，即**0000～1001**，分别用来表示 0～9 十个十进制数，称为有效码，剩下的 6 个组合 **1010～1111** 没有采用，称为无效码。8421BCD 码与十进制数之间的转换只要直接按位转换即可。例如：

$$(509.37)_{10}=(\mathbf{0101\quad 0000\quad 1001\ .\ 0011\quad 0111})_{8421BCD}$$

$$(\mathbf{0111\quad 0100\quad 1000\ .\ 0001\quad 0110})_{8421BCD}=(748.16)_{10}$$

余 3BCD 码由 8421 码加 3(**0011**)得到。或者说是选取了 4 位自然二进制码 16 个组合中的中间 10 个，而舍弃头、尾 3 个组合而形成。

2421BCD 码和 5421BCD 码都是有权码，从高位到低位的权值依次为 2,4,2,1 和 5,4,2,1，这两种码的编码方案都不是唯一的，表 6-1 中给出的是其中一种方案。

5421BCD 码较明显的一个特点是：最高位连续 5 个**0** 后又连续五个**1**。若计数器采用该种代码进行编码，在最高位可产生对称方波输出。

2. 可靠性编码

代码在产生和传输过程中，难免发生错误，为减少错误发生，或者在发生错误时能迅速地发现和纠正,在工程应用中普遍采用了可靠性编码。利用该技术编出的代码叫可靠性代码,**格雷码**和**奇偶校验码**是其中最常用的两种。

(1) 格雷码

格雷码有多种编码形式,但所有格雷码都有两个显著的特点:一是相邻性,二是循环性。相邻性是指任意两个相邻的代码间仅有1位的状态不同;循环性是指首尾的两个代码也具有相邻性。因此,格雷码也称循环码。表6-2列出了典型的格雷码与十进制码及二进制码的对应关系。

表6-2 典型格雷码

十进制码	二进制码	格雷码
0	**0000**	**0000**
1	**0001**	**0001**
2	**0010**	**0011**
3	**0011**	**0010**
4	**0100**	**0110**
5	**0101**	**0111**
6	**0110**	**0101**
7	**0111**	**0100**
8	**1000**	**1100**
9	**1001**	**1101**
10	**1010**	**1111**
11	**1011**	**1110**
12	**1100**	**1010**
13	**1101**	**1011**
14	**1110**	**1001**
15	**1111**	**1000**

由于格雷码具有以上特点,因此时序电路中采用格雷码编码时,能防止波形出现"毛刺",并可提高工作速度。这是因为,其他编码方法表示的数码,在递增或递减过程中可能发生多位数码的变化。例如,8421BCD码表示的十进制数,从7(0111)递增到8(1000)时,4位数码均发生了变化。但事实上数字电路(如计数器)的各位输出不可能完全同时变化,这样在变化过程中就可能出现其他代码,造成严重错误。如第1位先变为1,然后再其他位变为0,就会出现从0111变到1111的错误。而格雷码由于其任何两个代码(包括首尾两个)之间仅有1位状态不同,所以用格雷码表示的数在递增或递减过程中不易产生差错。

(2) 奇偶校验码

数码在传输、处理过程中,难免发生一些错误,即有的1错成0,有的0错成1。奇偶校验码是一种能够检验出这种差错的可靠性编码。

奇偶校验码由信息位和校验位两部分组成,信息位是要传输的原始信息,校验位是根据规定算法求得并添加在信息位后的冗余位。奇偶校验码分奇校验和偶校验两种。以奇校验为例，校验位产生的规则是：若信息位中有奇数个1，校验位为0；若信息位中有偶数个1，校验位为1 。偶校验正好相反。也就是说，通过调节校验位的0 或1 使传输出去的代码中1 的个数恒为奇数或偶数。

接收方对收到的加有校验位的代码进行校验。信息位和校验位中1 的个数的奇偶性符合约定的规则，则认为信息没有发生差错，否则可以确定信息已经出错。

这种奇偶校验只能发现错误，但不能确定是哪一位出错，而且只能发现代码的 1 位出错，不能发现 2 位或更多位出错。但由于其实现起来容易，信息传送效率也高，而且由于 2 位或 2 位以上出错的概率相当小，所以奇偶校验码用来检测代码在传送过程中的出错是相当有效的，被广泛应用于数字系统中。

奇偶校验码只能发现 1 位出错，但不能定位错误，因而也就不能纠错。汉明校验码就是一种既能发现又能定位错误的可靠性编码，汉明校验的基础是奇偶校验，可以看成是多重的奇偶校验码。

3. 字符码

字符码是对字母、符号等编码的代码。目前使用比较广泛的是**ASCII 码**，它是美国信息交换标准码(American Standard Code for Information Interchange)的简称。ASCII 码用 7 位二进制数编码，可以表示 128($2^7=128$)个字符，其中 95 个可打印字符，33 个不可打印和显示的控制字符，如表 6 - 3 所列。

可以看出，数字和英文字母都是按顺序排列的，只要知道其中一个数字或字母的 ASCII 码，就可以求出其他数字或字母的 ASCII 码。具体特点为：数字 0～9 的 ASCII 码表示成十六进制数为 30H～39H，即任一数字字符的 ASCII 码等于该数字值加上＋30H；字母的 ASCII 码中，小写字母 a～z 的 ASCII 码表示成十六进制数为 61H～7AH，而大写字母 A～Z 的 ASCII 码表示成十六进制数为 41H～5AH，同一字母的大小写其 ASCII 码不同，且小写字母的 ASCII 码比大写字母的 ASCII 码大 20H。

为了使用更多的字符，大部分系统采用扩充的 ASCII 码。扩充 ASCII 码用 8 位二进制数编码。共可表示 256($2^8=256$)个符号。其中编码范围在00000000～01111111 之间编码所对应的符号与标准 ASCII 码相同，而10000000～11111111 之间的编码定义了另外 128 个图形符号。

表 6 - 3　标准 ASCII 编码表

$B_6B_5B_4$ / $B_3B_2B_1B_0$		0	1	2	3	4	5	6	7
		000	**001**	**010**	**011**	**100**	**101**	**110**	**111**
0	**0000**	NUL	DLE	SP	0	@	P	’	p
1	**0001**	SOH	DC1	!	1	A	Q	a	q
2	**0010**	STX	DC2	"	2	B	R	b	r
3	**0011**	ETX	DC3	#	3	C	S	c	s
4	**0100**	EOT	DC4	$	4	D	T	d	t
5	**0101**	ENG	NAK	%	5	E	U	e	u
6	**0110**	ACK	SYN	&	6	F	V	f	v
7	**0111**	BEL	ETB	′	7	G	W	g	w
8	**1000**	BS	CAN	(	8	H	X	h	x

续表 6-3

$B_3B_2B_1B_0$ \ $B_6B_5B_4$		0	1	2	3	4	5	6	7
		000	**001**	**010**	**011**	**100**	**101**	**110**	**111**
9	**1001**	HT	EM	)	9	I	Y	i	y
A	**1010**	LF	SUB	*	:	J	Z	j	z
B	**1011**	VT	ESC	+	;	K	[	k	{
C	**1100**	FF	FS	,	<	L	\	l	|
D	**1101**	CR	GS	-	=	M	]	m	}
E	**1110**	SO	RS	、	>	N	↑	n	~
F	**1111**	SI	VS	/	?	O	←	o	DEL

6.3 逻辑代数

6.3.1 逻辑变量与逻辑函数

1849年,英国数学家乔治·布尔(George Boole)首先提出了描述客观事物逻辑关系的数学方法——**布尔代数**。因为布尔代数广泛用于解决开关电路及数字逻辑电路的分析设计上,故又把布尔代数称为开关代数或**逻辑代数**。值得注意的是,逻辑代数与数学中的普通代数是不同的,尽管有些运算在形式上是一样的,但其含义不同,在学习过程中,一定要加以区别。

逻辑代数中,也用字母来表示变量,这种变量叫作**逻辑变量**。逻辑变量的取值只有0和1两个,这里的0和1不再表示数量的大小,只表示两种不同的逻辑状态,如是和非、开和关、高和低等。

在研究事件的因果关系时,决定事件变化的条件因素称为逻辑自变量,对应事件的结果称为逻辑因变量,也叫逻辑结果,以某种形式表示逻辑自变量与逻辑结果之间的函数关系称为**逻辑函数**。例如,当逻辑自变量$A,B,C,D\cdots$的取值确定后,逻辑因变量Y的取值也就唯一确定了,则称Y是$A,B,C,D\cdots$的逻辑函数,即

$$Y=f(A,B,C,D\cdots)$$

在数字系统中,逻辑自变量通常就是输入信号变量,逻辑因变量(即逻辑结果)就是输出信号变量。数字电路讨论的重点就是输出变量与输入变量之间的逻辑关系。

6.3.2 基本逻辑运算

逻辑代数中有3种基本的逻辑关系,即**与**(AND)逻辑关系、**或**(OR)逻辑关系和**非**(NOT)逻辑关系。与之相对应,有3种基本的逻辑运算,分别是**与**、**或**、**非**逻辑运算。

1. 与运算

实际生活中**与**逻辑关系的例子很多。例如,在图6-2(a)所示的电路中,电源U_S通过开关A和B给灯泡Y供电,只有当开关A和B全部闭合时,灯泡Y才会亮,若有一个或两个开关断开,灯泡Y都不会亮。从这个电路可以总结出这样的逻辑关系:"只有当一件事(灯亮)的几个条件(开关A与B都接通)全部具备时,这件事才发生",这种关系称为**与**逻辑。这一关系

可以用表 6－4 所列的功能来表示。

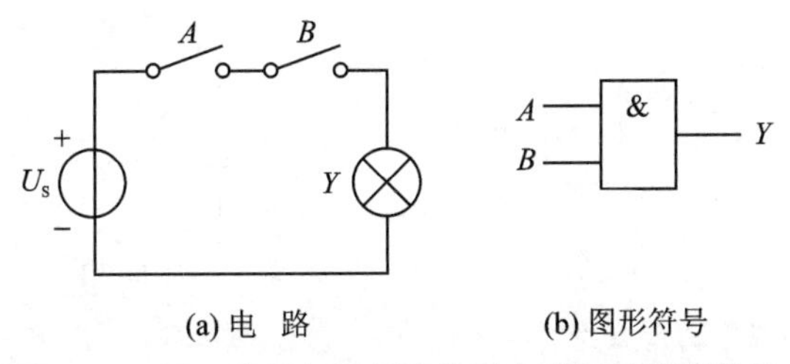

(a) 电　路　　　　(b) 图形符号

图 6－2　用于说明与逻辑运算的电路及其图形符号

若用二值逻辑0 和1 来表示图 6－2(a)所示电路的逻辑关系，把开关和灯分别用字母 A、B 和 Y 表示，并用0 表示开关断开和灯灭，用1 表示开关闭合和灯亮，这种用字母表示开关和灯的过程称为**设定变量**，用二进制代码0 和1 表示开关和灯有关状态的过程称为**状态赋值**。经过状态赋值得到的反映开关状态和电灯亮灭之间逻辑关系的表格称为**真值表**(truth table)，如表 6－5 所列。

表 6－4　图 6－2(a)电路的功能表

开关 A	开关 B	灯 Y
断开	断开	灭
断开	闭合	灭
闭合	断开	灭
闭合	闭合	亮

表 6－5　与逻辑运算的真值表

A　B	Y
0　0	0
0　1	0
1　0	0
1　1	1

若用逻辑表达式来描述上面的关系，则可写为

$$Y = A \cdot B \tag{6-1}$$

式中，“·”表示 A 和 B 的**与**运算，读作“**与**”，也叫作逻辑乘。在不致引起混淆的前提下，“·”可省略。图 6－2(b)所示是**与**运算的图形符号。

2. 或运算

实际生活中**或**逻辑关系的例子也很多，在图 6－3(a)所示的电路中，当开关 A 和 B 中至少有一个闭合时，灯泡 Y 就会亮。由此可总结出另一种逻辑关系：“当一件事情的几个条件中只要有一个条件得到满足，这件事就会发生”，这种逻辑关系称为**或**逻辑。

在同上的状态赋值条件下，**或**运算的逻辑表达式和真值表分别如式(6－2)和表 6－6 所列。

$$Y = A + B \tag{6-2}$$

式中，符号“＋”表示 A 和 B 的**或**运算，读作**或**，也叫作逻辑加。图 6－3(b)所示是**或**运算的图形符号。

3. 非运算

在图 6－4(a)所示的开关电路中，当开关 A 闭合时，灯泡 Y 不亮；只有当开关 A 断开时，灯泡 Y 才会亮。由此可总结出第三种逻辑关系，即“一件事情的发生是以其相反的条件为依据”，这种逻辑关系称为**非**逻辑。**非**就是相反，就是否定。**非**运算的逻辑表达式和真值表分别如式(6－3)和表 6－7 所列。

$$Y = \overline{A} \tag{6-3}$$

式中，字母上方的“—”表示**非**运算，读作**非**或**反**。图 6－4(b)所示是**非**运算的图形符号。

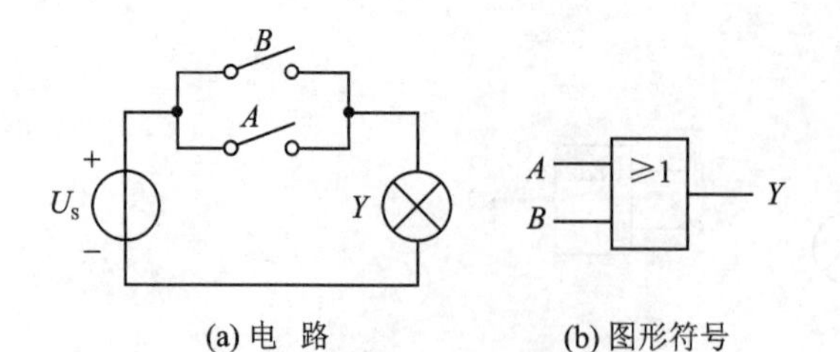

(a) 电 路　　(b) 图形符号

图 6-3　用于说明或逻辑运算的电路及其图形符号

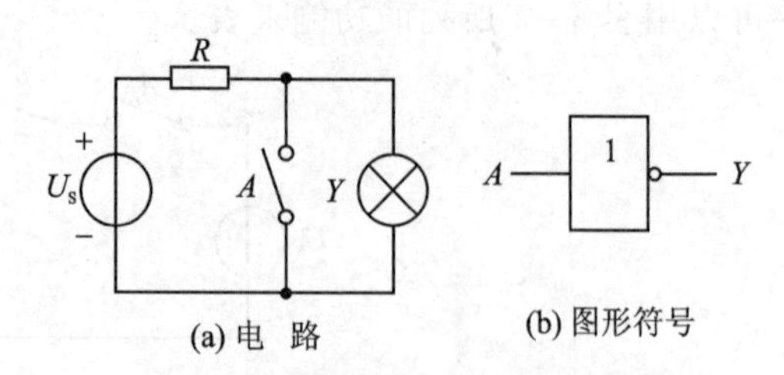

(a) 电 路　　(b) 图形符号

图 6-4　用于说明非逻辑运算的电路及其图形符号

表 6-6　或逻辑运算的真值表

A B	Y
0 0	0
0 1	1
1 0	1
1 1	1

表 6-7　非逻辑运算的真值表

A	Y
0	1
1	0

6.3.3　复合逻辑运算

与、**或**、**非**是逻辑代数中的3种基本运算，实际的逻辑问题往往比**与**、**或**、**非**复杂得多，不过这些复杂的逻辑运算都可以通过3种基本的逻辑运算组合而成。最常见的复合逻辑运算有：**与非**运算、**或非**运算、**异或**运算、**同或**运算以及**与或非**运算，其逻辑表达式、图形符号、真值表如表6-8所列。**与或非**运算的真值表请读者自行列出。

用以实现基本逻辑运算和复合逻辑运算的单元电路称为**逻辑门电路**，简称**门**。例如，用以实现**与**逻辑运算的电路称为**与门**，此外，还有**或门**、**非门**、**与非门**、**异或门**等。各种逻辑运算的图形符号即为对应门电路的图形符号。关于门电路的知识将在本书第7章学习。

表 6-8　几种常见的复合运算

逻辑关系		与非	或非	异或	同或	与或非
逻辑表达式		$Y=\overline{A\cdot B}$	$Y=\overline{A+B}$	$Y=\overline{A}B+A\overline{B}=A\oplus B$	$Y=AB+\overline{A}\,\overline{B}=A\odot B$	$Y=\overline{AB+CD}$
图形符号		A, B — & — Y	A, B — ≥1 — Y	A, B — =1 — Y	A, B — = — Y	A, B, C, D — & ≥1 — Y
真值表	输入 A B	输出 Y	输出 Y	输出 Y	输出 Y	
	0 0	1	1	0	1	
	0 1	1	0	1	0	
	1 0	1	0	1	0	
	1 1	0	0	0	1	

说明两点：

1) 逻辑**非**的运算符号尚无统一的标准。除了本书中采用"—"表示**非**运算以外，目前在国内外的某些电子技术教材和EDA软件中，也有采用A'、$\sim A$、$\neg A$表示变量A的**非**运算。

2）关于**与**、**或**、**非**三种基本逻辑运算以及几种复合逻辑运算的图形符号，以上给出的是国标符号。此外，还有一种符号是目前国外教材和EDA软件中使用比较多的特定逻辑符号（见图6-5），在此一并给读者列出，以便对照和学习。

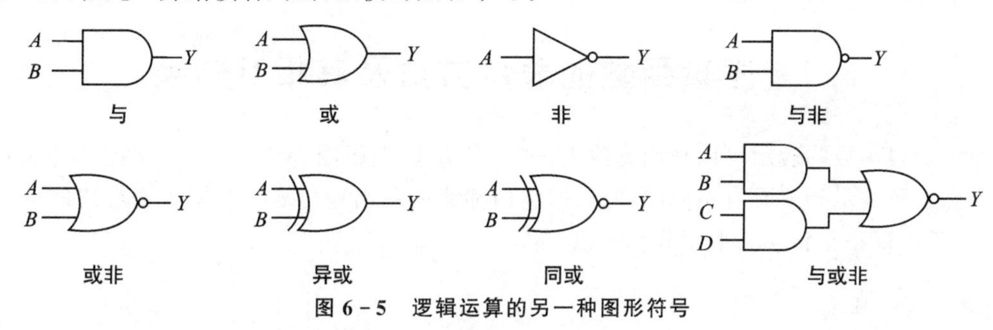

图6-5 逻辑运算的另一种图形符号

6.3.4 高低电平与正负逻辑

1. 高、低电平的概念

前面已多次提到高、低电平的概念，今后还要经常用到。这里“电平”就是“电位”，单位是伏特（V）。在数字电路中，人们习惯于用高、低电平来描述电位的高低。高电平（V_H）、低电平（V_L）是两种不同的状态，它们表示的都是一定的电压范围，而不是一个固定不变的数值。例如，在集成TTL电路中，常规定高电平的额定值为3V，低电平的额定值为0.2V，而从0～0.8 V都算作低电平，从1.8～5 V都算作高电平。如果超出规定的范围（V_L高于上限值和V_H低于下限值时），不仅会破坏电路的逻辑功能，而且还可能造成器件性能下降甚至损坏。

2. 正、负逻辑的概念

数字电路是以二进制数码0和1来表示输入和输出高、低电平的。若规定用逻辑1表示高电平，用逻辑0表示低电平，这种规定称为正逻辑赋值，简称**正逻辑**。反之，若规定用逻辑0表示高电平，用逻辑1表示低电平，这种规定称为负逻辑赋值，简称**负逻辑**。前面讨论各种逻辑运算时，都采用的是正逻辑。

值得注意的是，同一门电路，可以采用正逻辑，也可以采用负逻辑。正逻辑与负逻辑的规定不涉及逻辑电路本身的结构与性能好坏，但不同的规定可使同一电路具有不同的逻辑功能。

例如，假定某逻辑门电路的输入、输出电平关系如表6-9所列。按正逻辑规定可得到表6-10所列的真值表，由真值表可知，该电路是一个**与**门；按负逻辑规定可得到表6-11所列的真值表，由真值表可知，该电路是一个**或**门。

表6-9 输入、输出电平关系

输入		输出
A	B	F
L	L	L
L	H	L
H	L	L
H	H	H

表6-10 正逻辑真值表

输入		输出
A	B	F
0	0	0
0	1	0
1	0	0
1	1	1

表6-11 负逻辑真值表

输入		输出
A	B	F
1	1	1
1	0	1
0	1	1
0	0	0

由此可知,正逻辑**与**门等价于负逻辑**或**门。同理,正逻辑的**或**门等价于负逻辑的**与**门;正逻辑的**与非**门等价于负逻辑的**或非**门;正逻辑的**或非**门等价于负逻辑的**与非**门。但是对于**非**门电路来说,不管是正逻辑还是负逻辑,其逻辑功能不变。

本书所涉及的逻辑电路,如无特别说明,采用的都是正逻辑。

6.4 逻辑函数的表示方法及其相互转换

一个逻辑函数的表示可以采用真值表、逻辑表达式、逻辑图、波形图和卡诺图 5 种表示形式。虽然各种表示形式具有不同的特点,但它们都能表示出输出变量与输入变量之间的逻辑关系,并且可以相互转换。下面分别介绍。

6.4.1 真值表

真值表也叫逻辑真值表,它是将输入、输出变量之间各种取值的逻辑关系经过状态赋值后用0、1 两个数字符号列成的表格。

在图 6-6 所示的电灯控制电路中,若设开关 A、B 接到 S_1 用1 表示,接到 S_0 用0 表示;电灯亮用1 表示,不亮用0 表示,可以得到反映开关 A、B 和电灯 Y 状态关系的真值表,如表 6-12 所列。

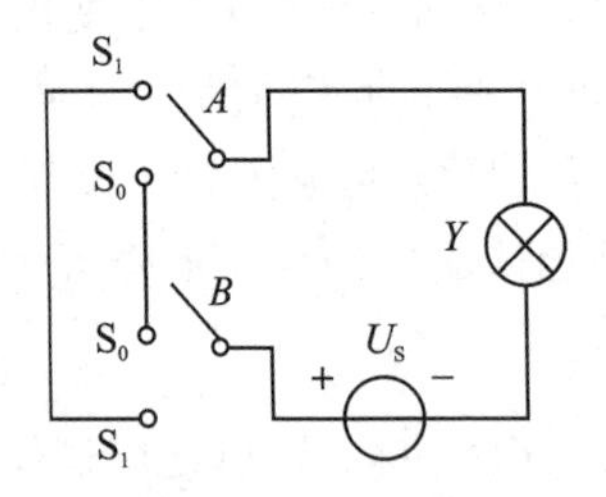

图 6-6　电灯控制电路

表 6-12　电灯控制电路真值表

A	B	Y
0	0	1
0	1	0
1	0	0
1	1	1

真值表的优点是:能够直观明了地反映输入变量与输出变量之间的取值对应关系,而且当把一个实际问题抽象为逻辑问题时,使用真值表最为方便,所以在数字电路的逻辑设计中,首先就是根据要求列出真值表。

真值表的主要缺点是:不能进行运算,而且当变量比较多时,真值表就会变得比较复杂。一个确定的逻辑函数,只有一个真值表,因此真值表具有唯一性。

6.4.2 逻辑表达式

逻辑表达式是用**与**、**或**、**非**3 种基本运算组合而成的表示逻辑关系的一种数学表示形式。

1. 标准与或式

由真值表可以方便地写出逻辑表达式,其方法如下:在真值表中,找出那些使函数值为1 的变量取值组合,在变量取值组合中,变量值为1 的写成原变量(字母上无**非**号的变量),为0 的写成反变量(字母上带**非**号的变量),这样对应于使函数值为1 的每一种变量取值组合,都可写出唯一的乘积项(也叫**与**项)。只要将这些乘积项加(**或**)起来,即可得到函数的逻辑表达式。显然从表 6-12 中不难得到图 6-6 电路中开关与灯泡之间的逻辑表达式为

$$Y=\overline{A}\overline{B}+AB=A\odot B$$

将输入变量 A、B 的 4 种取值组合分别代入这个表达式进行计算，然后与真值表进行比较，即可验证该表达式的正确性。

这样得到的表达式即为逻辑函数的**标准与或式**。之所以叫作标准**与或**式，是因为表达式中的乘积项具有标准的形式，即所有的变量均以原变量或反变量的形式在乘积项中出现一次。这种标准的乘积项，称之为逻辑函数的**最小项**。因此，标准**与或**式又可称作**最小项之和表达式**。

2. 最小项

最小项是逻辑代数中一个重要的概念。一个 n 变量的逻辑函数共有 2^n 种取值组合，而每一种取值组合又对应唯一的最小项，因此一个 n 变量的逻辑函数也就有 2^n 个最小项。例如，对于图 6-6 所示电路，灯泡受到两个开关的控制，属于两变量的逻辑函数，共有 4 种取值组合 00、01、10 和11，其对应的 4 个最小项分别为 $\overline{A}\overline{B}$、$\overline{A}B$、$A\overline{B}$ 和 AB。同样，对于三变量逻辑函数，共有 8 种取值组合000，001，010，011，100，101，110，111，与之对应的 8 个最小项分别是 $\overline{A}\overline{B}\overline{C}$，$\overline{A}\overline{B}C$，$\overline{A}B\overline{C}$，$\overline{A}BC$，$A\overline{B}\overline{C}$，$A\overline{B}C$，$AB\overline{C}$，$ABC$。

通常，对于两个最小项，若它们只有 1 个因子不同，则称其为逻辑相邻的最小项，简称**逻辑相邻项**。例如对于三变量函数的最小项 $\overline{A}B\overline{C}$ 和 $AB\overline{C}$，就是逻辑相邻项，$\overline{A}BC$ 和 ABC 也是逻辑相邻项。两个逻辑相邻项可以合并成 1 项，并且消去 1 个因子。例如，$\overline{A}B\overline{C}+AB\overline{C}=B\overline{C}$。这一特性正是卡诺图化简逻辑函数的依据。

由以上对最小项的介绍可知，当输入变量取某一种组合时：① 仅有 1 个最小项的值为1；② 全体最小项之和恒为1；③ 任意两个最小项的乘积为0。这正是最小项的重要性质。

今后，为了叙述方便，给每个最小项编上号，用 m_i 表示。例如，三变量逻辑函数的最小项 $\overline{A}\overline{B}\overline{C}$，$\overline{A}\overline{B}C$，$\overline{A}B\overline{C}$，…，$ABC$ 分别用 m_0，m_1，m_2，…，m_7 表示。最小项的序号就是其对应变量取值组合当成二进制数时所对应的十进制数。

任一逻辑函数都能化成唯一的最小项之和形式。方法是：首先将给定的逻辑函数式化为若干乘积项之和的**与或**形式，然后再利用基本公式 $A+\overline{A}=1$（见 6.5 节）将每个乘积项中缺少的因子补全，这样就可以将**与或**的形式化为最小项之和的标准形式。这种标准形式在逻辑函数的化简以及计算机辅助分析和设计中得到了广泛的应用。

例 6-6　写出函数 $Y=(A+\overline{B})(\overline{A}+C)$ 的最小项之和形式。

解：
$$\begin{aligned}Y&=(A+\overline{B})(\overline{A}+C)=AC+\overline{A}\overline{B}+\overline{B}C=AC(B+\overline{B})+\overline{A}\overline{B}(C+\overline{C})+\overline{B}C(A+\overline{A})\\&=ABC+A\overline{B}C+\overline{A}\overline{B}C+\overline{A}\overline{B}\overline{C}+A\overline{B}C+\overline{A}\overline{B}C=ABC+A\overline{B}C+\overline{A}\overline{B}C+\overline{A}\overline{B}\overline{C}\\&=m_7+m_5+m_1+m_0=\sum m(0,1,5,7)\end{aligned}$$

顺便指出：如果把真值表中使函数值为0 的那些变量取值组合所对应的最小项加起来，则可得到逻辑函数的反函数的标准**与或**式。

3. 最大项

在 n 变量逻辑函数中，若 M 为 n 个变量之和，而且这 n 个变量均以原变量或反变量的形式在 M 中出现一次，则称 M 为该组变量的最大项。例如，对于三变量函数，其 8 种取值组合 000、001、010、001、100、101、110、111 所对应的 8 个最大项分别是：$(A+B+C)$、$(A+B+\overline{C})$、

$(A+\bar{B}+C)$、$(A+\bar{B}+\bar{C})$、$(\bar{A}+B+C)$、$(\bar{A}+B+\bar{C})$、$(\bar{A}+\bar{B}+C)$、$(\bar{A}+\bar{B}+\bar{C})$。可见,一个 n 变量的逻辑函数共有 2^n 个最大项,其数目与最小项是相等的。

今后,为了叙述方便,给每个最大项编上号,用 M_i 表示。例如最大项$(\bar{A}+B+\bar{C})$可记作 M_5。

根据最大项的定义同样可以得到它的重要性质,即当输入变量取某一种组合时:① 仅有1个最大项的值为0;② 全体最大项之积恒为0;③ 任意两个最大项之和为1;④ 只有一个变量不同的两个最大项的乘积等于各相同变量之和。

根据最大项和最小项的定义和性质不难发现,最大项和最小项之间存在关系 $M_i=\overline{m_i}$。

任一逻辑函数同样可以化成唯一的**最大项之积形式**(即**标准或与式**)。方法是:首先把函数式化成若干多项式相乘的**或与**形式(亦称"和之积"形式)。然后利用基本公式 $A\bar{A}=0$(见6.5节)将每个多项式中缺少的变量补齐,就可以将函数式的**或与**形式化成最大项之积的形式了。

逻辑表达式表示逻辑函数的特点是:书写方便,形式简洁,不会因为变量数目的增多而变得复杂;便于运算和演变,也便于用相应的逻辑符号来实现。不足之处是,在反映输入变量与输出变量的取值对应关系时不够直观。

6.4.3 逻辑图

逻辑图也叫逻辑电路图,是用图形符号表示逻辑关系的图形表示方法。与表达式 $Y=\bar{A}\bar{B}+AB$ 对应的逻辑图如图6-7所示。

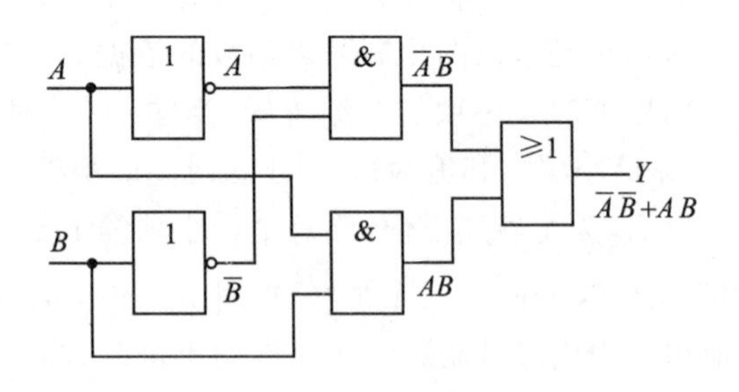

图6-7 图6-6的逻辑图

逻辑图的优点比较突出。逻辑图中的图形符号和实际使用的电路器件有着明显的对应关系,所以它比较接近于工程实际。在工作中,要了解某个数字系统或者数控装置的逻辑功能时,都要用到逻辑图,因为它可以把许多繁杂的实际电路的逻辑功能层次分明地表示出来。在制作数字设备时,首先也要通过逻辑设计画出逻辑图,再把逻辑图变成实际电路。

6.4.4 波形图

波形图也叫**时序图**,它是由输入变量的所有可能取值组合的高、低电平及其对应的输出变量的高、低电平所构成的图形。它是用变量随时间变化的波形来反映输入、输出间对应关系的一种图形表示法。

画波形图时要特别注意,横坐标是时间轴,纵坐标是变量取值(高、低电平或二进制代码1和0),由于时间轴相同,变量取值又十分简单,所以在波形图中可略去坐标轴。具体画波形时,还要注意务必将输出与输入变量的波形在时间上对应起来,以体现输出决定于输入。根据表6-12和给定的 A、B 波形对应画出 Y 的波形如图6-8所示。

此外,可以利用示波器对电路的输入、输出波形进行测试、观察,以判断电路的输入、输出是否满足给定的逻辑关系。因此，波形图的优点是便于电路的调试和检测，实用性强，在描述输出与输入变量的取值对应关系上也比较直观。在计算机硬件课程中，通常用波形图来分析计算机内部各部件之间的工作关系。

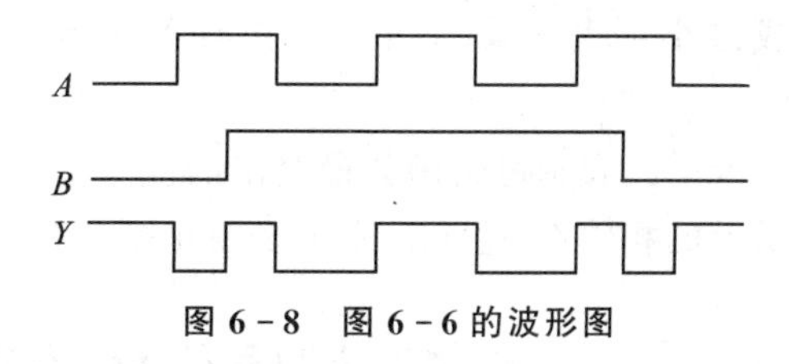

图 6-8　图 6-6 的波形图

6.4.5　卡诺图

卡诺图是一种最小项方格图，它是由美国工程师卡诺（Karnaugh）设计的，每一个小方格对应一个最小项，n 变量逻辑函数有 2^n 个最小项，因此 n 变量卡诺图中共有 2^n 个小方格。另外，小方格在排列时，应保证几何位置相邻的小方格，在逻辑上也相邻。所谓**几何相邻**，是指空间位置上的相邻，包括紧挨着的以及相对的（卡诺图中某一行或某一列的两头）。

画卡诺图时，根据函数中变量数目 n，将图形分成 2^n 个方格，方格的编号和最小项的编号相同，由方格外面行变量和列变量的取值决定。图 6-9(a)～(c)分别是三变量、四变量和五变量的卡诺图，图中，A 和 B 是行变量，C 和 D 是列变量。约定：

① 写方格编号时，以行变量为高位组，列变量为低位组（当然也可用相反的约定）。例如，图 6-9(b)中，$AB=10$，$CD=01$ 的方格对应编号为 m_9（1001=9）的最小项，那么就可以在对应的方格中填上 m_9，或只简单地填上序号 9。

② 行、列变量取值顺序一定按循环码排列，例如图 6-9(b)中 AB 和 CD 都是按照00，01，11，10 的顺序排列的。这样标注可以保证几何相邻的最小项必定也是逻辑相邻的最小项。循环码可由二进制数码推导出来。若设 $B_3B_2B_1B_0$ 是一组 4 位二进制数码，则对应的 4 位循环码 $G_3G_2G_1G_0$ 可用公式 $G_i=B_{i+1}\oplus B_i$ 求出。

③ 用卡诺图表示逻辑函数。根据逻辑函数最小项表达式画卡诺图时，式中有哪些最小项，就在相应的方格中填1，而其余的方格填0（0 也可以省略不填）。若不是最小项之和形式，可先化成最小项之和形式。

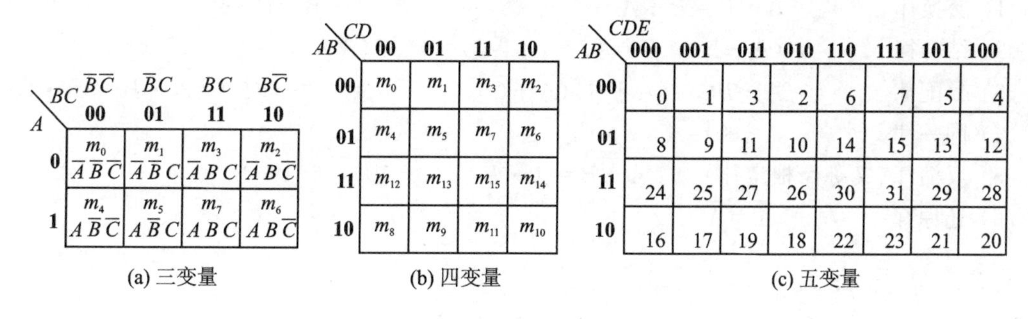

图 6-9　变量卡诺图

例 6-7　画出逻辑函数 $Y=A\bar{B}C+\bar{A}BC+AB$ 的卡诺图。

解：式中 $A\bar{B}C$、$\bar{A}BC$ 已是最小项。含有**与**项 AB 的最小项有两个：ABC 和 $AB\bar{C}$。故在 m_3、m_5、m_6、m_7 相应的小方格填1，如图 6-10 所示。

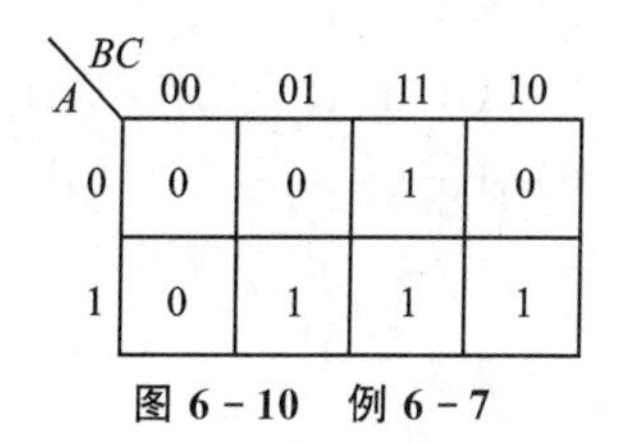

图 6-10　例 6-7

若逻辑函数不是**与或**式，应先变换成**与或**式（不必变换成最小项表达式),然后把含有各个**与**项的最小项在对应小方格内填1,即得函数的卡诺图。

卡诺图表示逻辑函数最突出的优点是:用几何位置相邻表达了构成函数的各个最小项在逻辑上的相邻性,这也是用卡诺图化简逻辑函数的依据。

6.5 逻辑代数的基本公式、定律和规则

根据逻辑变量的取值只有0和1,以及逻辑变量的**与**、**或**、**非**三种基本运算法则,可以推导出逻辑运算的基本公式和定理。这些公式的证明,最直接的方法是列出等号两边函数的真值表,看看是否完全相同。也可利用已知的公式来证明其他公式。

6.5.1 基本公式

1. 常量之间的关系

$$\mathbf{0}\cdot\mathbf{0}=\mathbf{0} \qquad \mathbf{1}+\mathbf{1}=\mathbf{1}$$

$$\mathbf{0}\cdot\mathbf{1}=\mathbf{0} \qquad \mathbf{1}+\mathbf{0}=\mathbf{1}$$

$$\mathbf{1}\cdot\mathbf{1}=\mathbf{1} \qquad \mathbf{0}+\mathbf{0}=\mathbf{0}$$

$$\overline{\mathbf{0}}=\mathbf{1} \qquad \overline{\mathbf{1}}=\mathbf{0}$$

2. 变量和常量之间的关系

$$A\cdot\mathbf{1}=A \qquad A+\mathbf{0}=A$$

$$A\cdot\mathbf{0}=\mathbf{0} \qquad A+\mathbf{1}=\mathbf{1}$$

$$A\cdot\overline{A}=\mathbf{0} \qquad A+\overline{A}=\mathbf{1}$$

6.5.2 基本定律

1) 交换律 $A+B=B+A$ $A\cdot B=B\cdot A$

2) 结合律 $(A+B)+C=A+(B+C)$ $(A\cdot B)\cdot C=A\cdot(B\cdot C)$

3) 分配律 $A+BC=(A+B)(A+C)$ $A\cdot(B+C)=A\cdot B+A\cdot C$

4) 同一律 $A+A=A$ $A\cdot A=A$

5) 反演律(又称摩根定律) $\overline{A+B}=\overline{A}\cdot\overline{B}$ $\overline{A\cdot B}=\overline{A}+\overline{B}$

6) 还原律 $\overline{\overline{A}}=A$

6.5.3 常用公式

1) $A+AB=A$ 2) $A+\overline{A}B=A+B$

3) $AB+A\overline{B}=A$ 4) $A(A+B)=A$

5) $AB+\overline{A}C+BC=AB+\overline{A}C$

6) $A\oplus 1=\overline{A}$ $A\oplus 0=A$ $A\oplus A=0$ $A\oplus\overline{A}=1$

6.5.4　基本规则

1. 代入规则

在任何一个包含变量 A 的逻辑等式中(变量 A 在此是泛指),若以另外一个逻辑式代入式中所有 A 的位置,则等式仍成立,这就是所谓的代入规则。例如,已知 $\overline{A\cdot B}=\bar{A}+\bar{B}$,若用 $Y=BC$ 代替式中的 B,则 $\overline{A\cdot BC}=\bar{A}+\overline{BC}=\bar{A}+\bar{B}+\bar{C}$。依此类推,$\overline{A\cdot B\cdot C\cdot\cdots}=\bar{A}+\bar{B}+\bar{C}+\cdots$,此即多个变量的反演律。可见,代入规则可以扩大公式的使用范围。

2. 反演规则

对于任何一个逻辑表达式 Y,若将式中所有的"·"换成"+","+"换成"· ",0 换成1,1 换成0,原变量换成反变量,反变量换成原变量,这样得到的逻辑函数就是原函数的反函数 $\bar{Y}$,称这一规则为反演规则。运用反演规则可以直接求得一个逻辑函数 Y 的反函数 $\bar{Y}$。例如,运用反演规则可求得逻辑函数 $F=\overline{ABC+\overline{AB}}(A+BC)$的反函数为 $\bar{F}=(\bar{A}+\bar{B}+\bar{C})\cdot\overline{\overline{\bar{A}+\bar{B}}+\bar{A}\cdot(\bar{B}+\bar{C})}$。

注意:运用反演规则求反函数时,不是一个变量上的反号应保持不变;而且要特别注意运算符号的优先顺序——先算括号,再算乘积,最后算加。

3. 对偶规则

若两逻辑式相等,则它们的对偶式也相等,这就是对偶规则。所谓**对偶式**是这样定义的:对于任何一个逻辑式 Y,若将其中所有的"·"换成"+","+"换成"·",0 换成1,1 换成0,则得到一个新的逻辑式 Y',这个 Y'就称为 Y 的对偶式,或者说 Y 和 Y'互为对偶式。例如逻辑函数 $F=\overline{\overline{AB}+C+D+E}$ 的对偶式为 $F'=\overline{\overline{A+B}\cdot C\cdot D\cdot E}$。

对偶规则的意义在于:如果两个函数式相等,则它们的对偶式也相等。前面介绍的基本公式和定律中,左右两列等式之间的关系即利用了对偶规则。显然,利用对偶规则,可以使要证明的公式数目减少一半。

运用对偶规则时,同样要注意反演规则中提到的两点注意事项。

6.6　逻辑函数的化简

通过前面的学习可以知道,逻辑函数表达式越简单,实现这个逻辑函数的逻辑电路所需要的门电路数目就越少,这样一来,不但降低了成本,还提高了电路的工作速度和可靠性。因此,在设计逻辑电路时,化简逻辑函数是很必要的。

6.6.1　"最简"的概念及最简表达式的几种形式

所谓逻辑函数的最简表达式,必须同时满足以下两个条件:

1) **与**项(乘积项)的个数最少,这样可以保证所需门电路的数目最少;

2) 在**与**项个数最少的前提下,每个**与**项中包含的因子数最少,这样可以保证每个门电路输入端的个数最少。

一个逻辑函数的最简表达式,常按照式中变量之间运算关系的不同,分成最简**与或**式、最简**与非**-**与非**式、最简**或与**式、最间**或非**-**或非**式、最简**与或非**式。例如,某一逻辑函数 Y,其最简表达式可表示成如下几种形式:

1) **与或**式: $Y=A\bar{B}+BC$

2) **与非**-**与非**式: $Y=\overline{\overline{A\bar{B}}\cdot\overline{BC}}$

3) **或与**式: $Y=(A+B)\cdot(\bar{B}+C)$

4) **或非**-**或非**式: $Y=\overline{\overline{A+B}+\overline{B+C}}$

5) **与或非**式: $Y=\overline{\bar{A}\bar{B}+B\bar{C}}$

不同的表达式将用不同的门电路来实现,而且各种表达形式之间可以相互转换。应当指出,最简**与或**式是最基本的表达形式,由最简**与或**式可以转换成其他各种形式。

例 6-8 已知 $Y=A\bar{B}+BC$,求其最简**与非**-**与非**式。

解: 由**与或**式转换成**与非**-**与非**式,通常采用两次求反的方法。

$$Y=\bar{\bar{Y}}=\overline{\overline{A\bar{B}+BC}}=\overline{\overline{A\bar{B}}\cdot\overline{BC}}$$

例 6-9 已知 $Y=AB+\bar{A}C$,求其最简**或与**式。

解: 求最简**或与**式的方法,是在反函数最简**与或**式的基础上取反,再用反演律去掉反号,便可得到函数的最简**与或**式。

利用反演规则可求得 Y 的反函数为

$$\bar{Y}=(\bar{A}+\bar{B})(A+\bar{C})=\bar{A}\cdot\bar{C}+A\bar{B}+\bar{B}\cdot\bar{C}=\bar{A}\cdot\bar{C}+A\bar{B}$$

于是可得 $$Y=\bar{\bar{Y}}=\overline{\bar{A}\cdot\bar{C}+A\bar{B}}=\overline{\bar{A}\cdot\bar{C}}\cdot\overline{A\bar{B}}=(A+C)\cdot(\bar{A}+B)$$

例 6-10 已知 $Y=AB+\bar{A}C$,求其最简**或非**-**或非**式。

解: 在最简**或与**式的基础上,两次取反,再用反演律去掉下面的**非**号,所得到的便是函数的最简**或非**-**或非**式。

$$Y=AB+\bar{A}C=AB+\bar{A}C+BC=(A+C)\cdot(\bar{A}+B)$$

$$=\overline{\overline{(A+C)(\bar{A}+B)}}=\overline{\overline{A+C}+\overline{\bar{A}+B}}$$

例 6-11 已知 $Y=AB+\bar{A}C$,求其最简**与或非**式。

解: 在最简**或非**-**或非**式的基础上,利用反演律,即可得到最简**与或非**式。

$$Y=AB+\bar{A}C=\overline{\overline{A+C}+\overline{\bar{A}+B}}$$

$$=\overline{\bar{A}\cdot\bar{C}+A\bar{B}}$$

从以上几个例子不难看出,只要有了函数的最简**与或**式,再用反演律进行适当变换,就可以得到其他几种形式的最简式。

6.6.2 逻辑函数的公式化简法

逻辑函数的化简有**公式法**和**卡诺图法**等。公式化简法实际上就是应用逻辑代数的公式、定律,对逻辑函数进行运算和变换,以求得逻辑函数的最简形式。常用的方法有

(1) 并项法

根据 $AB+A\bar{B}=A$ 可以把两项合并为一项,保留相同因子,消去互为相反的因子。例如

$$Y=AB+ACD+\overline{A}B+\overline{A}CD=(A+\overline{A})B+(A+\overline{A})CD=B+CD$$

(2) 吸收法

根据 $A+AB=A$ 可将 AB 项消去。A 和 B 可代表任何复杂的逻辑式。例如

$$Y=AB+AB\overline{C}+ABD=AB$$

(3) 消项法

根据 $AB+\overline{A}C+BC=AB+\overline{A}C$ 可将 BC 项消去。A、B 和 C 可代表任何复杂的逻辑式。例如

$$Y=A\overline{C}+\overline{A}\overline{B}+\overline{B}\overline{C}=A\overline{C}+\overline{A}\overline{B}$$

(4) 消因子法

根据 $A+\overline{A}B=A+B$ 可将 $\overline{A}B$ 中的因子 $\overline{A}$ 消去。A 和 B 可代表任何复杂的逻辑式。例如

$$Y=AC+\overline{A}B+B\overline{C}=AC+B\overline{AC}=AC+B$$

(5) 配项法

根据 $A+A+\cdots=A$ 可以在逻辑函数式中重复写入某一项,以获得更加简单的化简结果。例如

$$\begin{aligned}Y&=\overline{A}B\overline{C}+\overline{A}BC+ABC=\overline{A}B\overline{C}+\overline{A}BC+(ABC+\overline{A}BC)\\&=\overline{A}B(\overline{C}+C)+BC(\overline{A}+A)=\overline{A}B+BC\end{aligned}$$

例 6-12 用公式法化简下列逻辑函数。

(1) $F=A(B+\overline{C})+A\overline{C}+\overline{B}C+B\overline{C}+B\overline{D}+\overline{B}D+ADE$;

(2) $F=(A\oplus B)C+ABC+\overline{A}\cdot\overline{B}C$;

(3) $F=AC+\overline{B}C+B\overline{D}+C\overline{D}+A(B+\overline{C})+\overline{A}BC\overline{D}+A\overline{B}DE$。

解: (1)
$$\begin{aligned}F&=A(B+\overline{C})+A\overline{C}+\overline{B}C+B\overline{C}+B\overline{D}+\overline{B}D+ADE\\&=(A\overline{\overline{B}C}+\overline{B}C)+B\overline{C}+B\overline{D}+\overline{B}D+ADE=A+\overline{B}C+B\overline{C}+B\overline{D}+\overline{B}D+ADE\\&=(A+ADE)+\overline{B}C+B\overline{D}+B\overline{C}+\overline{B}D=A+\overline{B}C+B\overline{D}+B\overline{C}+\overline{B}D\\&=A+B\overline{C}+\overline{B}D+\overline{D}C\end{aligned}$$

(2)
$$\begin{aligned}F&=(A\oplus B)C+ABC+\overline{A}\cdot\overline{B}C\\&=(A\oplus B)C+(AB+\overline{A}\cdot\overline{B})C\\&=C[(A\oplus B)+\overline{A\oplus B}]=C\end{aligned}$$

(3)
$$\begin{aligned}F&=AC+\overline{B}C+B\overline{D}+C\overline{D}+A(B+\overline{C})+\overline{A}BC\overline{D}+A\overline{B}DE\\&=AC+\overline{B}C+B\overline{D}+C\overline{D}+A\overline{\overline{B}C}+A\overline{B}DE=AC+\overline{B}C+B\overline{D}+C\overline{D}+A+A\overline{B}DE\\&=A+\overline{B}C+B\overline{D}+C\overline{D}=A+\overline{B}C+B\overline{D}\end{aligned}$$

用公式法化简逻辑函数,需要对逻辑代数的基本公式和常用公式比较熟悉,它没有固定的规律,适于化简变量比较多的逻辑函数。

6.6.3 逻辑函数的卡诺图化简法

由于卡诺图中几何位置相邻的最小项也具有逻辑相邻性,而逻辑函数化简的实质就是合并逻辑相邻的最小项,因此,直接在卡诺图中合并几何相邻的最小项即可,合并的具体方法是:将所有几何相邻的最小项圈在一起进行合并。这里所说的几何相邻有两方面的含义,一是指

紧挨着的,二是指卡诺图中某一行或某一列两头。

卡诺图化简逻辑函数的一般步骤如下:

1)画出逻辑函数的卡诺图。画逻辑函数的卡诺图就是在卡诺图中将函数所包含的最小项方格内填1,其余方格填0(0也可不填);

2)合并几何相邻的最小项。实际上是将几何相邻的填有1的方格(简称"1格")圈在一起进行合并,保留相同的变量,消去不同的变量。每圈一个圈,就得到一个**与**项;

3)将所有的**与**项相加,即可得到函数的最简**与或**式。

以上三步中,第一步是基础,第二步是难点,为了正确化简逻辑函数,圈出几何相邻的"1格"最关键。下面给出圈"1格"的注意事项:

1)每个圈中只能包含 2^n 个"1格",并且可消掉 n 个变量,被合并的"1格"应该排成正方或矩形;

2)圈的个数应尽量少,圈越少,**与**项越少;

3)圈应尽量大,圈越大,消去的变量越多;

4)有些"1格"可以多次被圈,但每个圈中应至少有一个"1格"只被圈过一次;

5)要保证所有"1格"全部圈完,无几何相邻项的"1格",独立构成一个圈;

6)圈"1格"的方法不止一种,因此化简的结果也就不同,但它们之间可以转换。

最后需要注意一点:卡诺图中4个角上的最小项也是几何相邻最小项,可以圈在一起合并。

例 6-13 用卡诺图化简函数 $Y=\sum_m(1,4,5,6,8,12,13,15)$。

解:①画出 Y 的卡诺图,如图6-11所示。

② 合并"1格"。图中画了1个"四格组"的圈,4个"两格组"的圈,但这种方案是错误的,因为"四格组"圈中所有"1格"都被圈过两次。正确方案是只保留图中4个"两格组"的圈。

③ 写出最简**与或**式

$$Y=\overline{A}\overline{C}D+\overline{A}B\overline{D}+A\overline{C}\overline{D}+ABD$$

例 6-14 利用卡诺图化简函数 $Y=\overline{A}\overline{C}+AC+A\overline{B}\overline{C}\overline{D}+\overline{A}\overline{B}C\overline{D}$

解:① 画出 Y 的卡诺图,如图6-12所示。

② 合并"1格"。注意4个角上的"1格"应圈在一起进行合并。

③ 写出最简**与或**式

$$Y=\overline{A}\overline{C}+AC+\overline{B}\overline{D}$$

注意:在卡诺图中合并"0格",将得到反函数的最简**与或**式。

例 6-15 函数 $Y=AB+BC+CA$,用卡诺图求出 $\overline{Y}$ 的最简**与或**式。

解:① 画出 Y 的卡诺图,如图6-13所示。

② 合并"0格"。

③ 写出 $\overline{Y}$ 的最简**与或**式

$$\overline{Y}=\overline{A}\overline{B}+\overline{B}\overline{C}+\overline{A}\overline{C}$$

与公式化简法相比,卡诺图化简逻辑函数具有直观、简便、易于掌握化简结果的准确程度等优点,因而广泛应用于数字电路的分析和设计过程中。

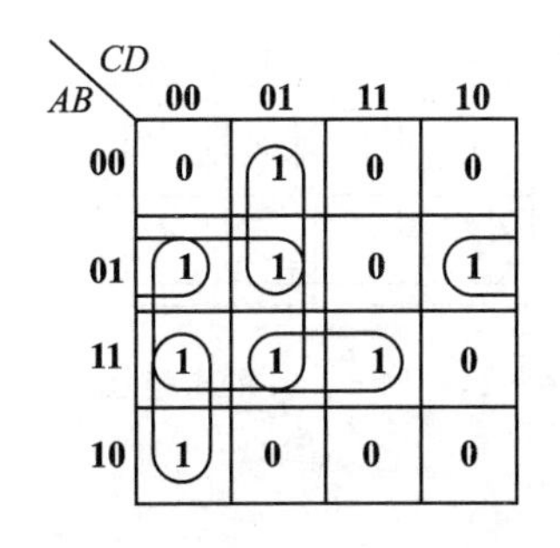

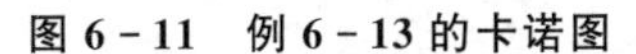
图 6-11　例 6-13 的卡诺图

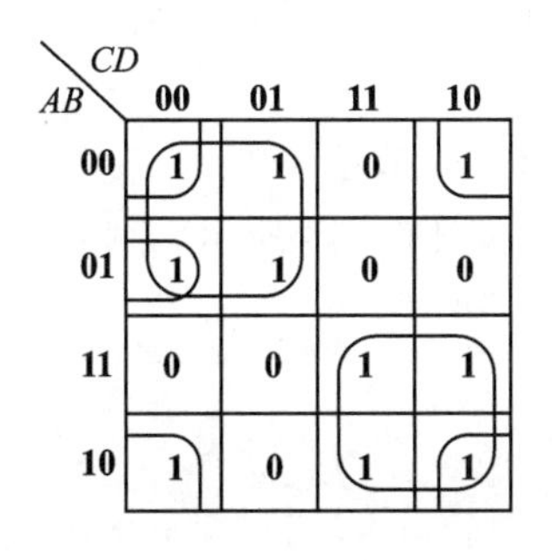

图 6-12　例 6-14 的卡诺图

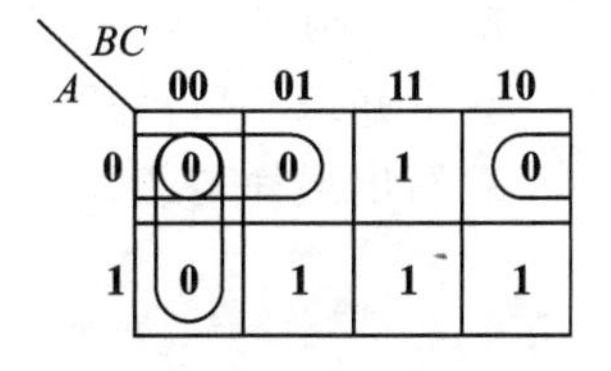

图 6-13　例 6-15 的卡诺图

6.6.4　具有无关项的逻辑函数的化简

1. 约束项、任意项和逻辑函数中的无关项

在分析某些逻辑函数时，经常会遇到输入变量的取值不是任意的。对输入变量的取值所加的限制称为约束，把这一组变量称为具有约束的一组变量。

例如，有三个变量 A、B、C，它们分别表示一台电动机的正转、反转和停止命令，$A=1$ 表示正转，$B=1$ 表示反转，$C=1$ 表示停止。因为电机任何时候只能执行其中的一个命令，所以不允许两个或两个以上的变量同时为1。A、B、C 的取值可能是001、010、100 当中的某一种，而不能是000、011、101、110、111 中的任何一种。因此，A、B、C 是一组具有约束的变量。

约束项：逻辑函数中不会出现的变量取值组合所对应的最小项称为约束项。

任意项：有些逻辑函数，当变量取某些组合时，函数的值可以任意，既可以为0，也可以为1，这样的变量取值组合所对应的最小项称为任意项。

无关项：把约束项和任意项统称为逻辑函数的无关项。

由最小项的性质知道，只有对应变量取值出现时，最小项的值才会为1。而约束项对应的是不会出现的变量取值，任意项对应的取值一般也不会出现，所以无关项的值总等于0。

约束条件：由无关项加起来所构成的值为0 的逻辑表达式称为约束条件。因为无关项的值恒为0，而无论多少个0 加起来还是0，所以约束条件是一个值恒为0 的条件等式。上例中的约束条件可表示为

$$\overline{A}\overline{B}\overline{C} + \overline{A}BC + A\overline{B}C + AB\overline{C} + ABC = 0$$

2. 具有无关项逻辑函数的化简

在真值表和卡诺图中，无关项所对应的函数值往往用符号“×”表示。在逻辑表达式中，通常用字母 d 表示无关项。化简具有无关项的逻辑函数时，如果能合理地利用这些无关项，一般都可以得到更加简单的化简结果。具体做法是：在公式法化简中，可以根据化简的需要加上或去掉约束条件。因为在逻辑表达式中，加上或去掉0，函数是不会受影响的。在卡诺图化简法中，可以根据化简的需要包含或去掉无关项。因为合并最小项时，如果圈中包含了约束项，则相当于在相应的乘积项上加上了该约束项，而约束项的值恒为0，显然函数不会受影响。

例 6-16 用卡诺图法化简具有约束的逻辑函数 $Y=\overline{A}\overline{B}C+\overline{A}B\overline{C}+A\overline{B}\overline{C}$。

约束条件：$\overline{A}BC+AB\overline{C}+A\overline{B}C+ABC=0$

解： ① 画出函数 Y 的卡诺图，如图 6-14 所示。

② 合并最小项，约束项均当作1处理。

③ 写出最简**与或**表达式

$$Y=A+B+C$$

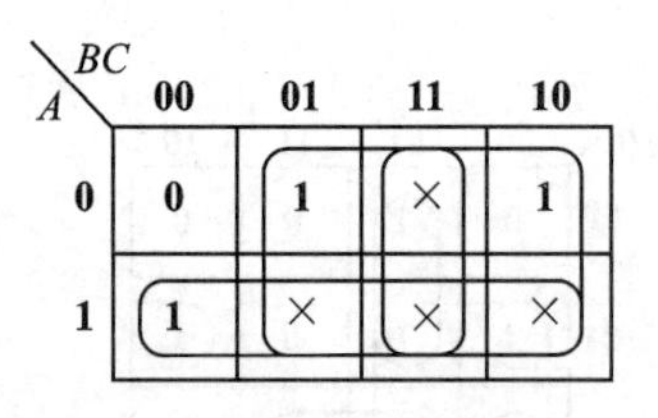

图 6-14　例 6-16 的卡诺图

本章小结

1. 数字电路研究的主要问题是输入变量与输出函数间的逻辑关系，它的工作信号在时间和数值上是离散的，用二值量0、1表示。

2. 二进制是数字电路的基本计数体制；十六进制有 16 个数字符号，4 位二进制数可表示 1 位十六进制数。常用的码制为 8421BCD 码。

3. 逻辑代数有 3 种基本的逻辑运算(关系)——**与**、**或**、**非**，由它们可组合或演变成几种复合逻辑运算——**与非**、**或非**、**异或**、**同或**和**与或非**等。

4. 逻辑函数有 5 种常用的表示方法——真值表、逻辑表达式、逻辑图、波形图、卡诺图。它们虽然各具特点，但都能表示输出函数与输入变量之间的取值对应关系。5 种表示方法可以相互转换，其转换方法是分析和设计数字电路的必要工具，在实际中可根据需要选用。

5. 逻辑函数的化简是分析、设计数字电路的重要环节。实现同样的功能，电路越简单，成本就越低，且工作越可靠。化简逻辑函数有两种方法，公式法和卡诺图法各有所长，又各有不足，应熟练掌握。

6. 在实际逻辑问题中，输入变量之间常存在一定的制约关系，称为约束；把表明约束关系的等式称为约束条件。在逻辑函数的化简中，充分利用约束条件可使逻辑表达式更加简化。

习题 6

6-1　填空题

(1) 逻辑函数 $L=A\overline{B}+\overline{A}C$ 的对偶式为 $L'=$________，最简**或与**式为 $L=$________。

(2) $(174)_{10}=(\quad)_2=(\quad)_{8421BCD}$

(3) $(37.483)_{10}=(\quad)_2=(\quad)_{16}$

(4) $(101110.011)_2=(\quad)_{10}$

(5) $(254.76)_{10}=(\quad)_8$

(6) $(4DE.C8)_{16}=(\quad)_{10}$

(7) $(23F.45)_{16}=(\quad)_2$

(8) 将 $Y(A,B,C)=\sum_m(3,5,6,7)$ 的最大项表示为________。

6-2　选择题

(1) 同模拟信号相比，数字信号的特点是它的。一个数字信号只有________种取值，分别表示为________和________。

A. 连续性，2，0，1；　　　　B. 数字性，2，0，1；

C. 对偶性，2，0，1；　　　　D. 离散性，2，0，1；

(2) 以下说法正确的是(　　)。

A. 数字信号在大小上部连续，时间上连续，模拟信号则相反；

B. 数字信号在大小上连续，时间上部连续，模拟信号则相反；

C. 数字信号在大小和时间上均连续，模拟信号则相反；

D. 数字信号在大小和时间上均不连续，模拟信号则相反。

(3) 下列几种说法中与 BCD 码的性质不符的是(　　)。

A. 一组 4 位二进制数组成的 BCD 码只能表示 1 位十进制数；

B. BCD 码是一种人为选定的 0～9 的十个数字的代码；

C. BCD 码是一组 4 位二进制数，能表示 16 以内的任何一个十进制数；

D. BCD 码有多种。

(4) 若将一**异或**门(输入端为 A，B)当作反相器使用，则 A，B 端应按(　　)连接。

A. A 或 B 中有一个接1；　　B. A 或 B 中有一个接0；

C. A 和 B 并联使用；　　D. 不能实现。

(5) 已知逻辑门电路的输入信号 A，B 和输出信号 Y 的波形如题图 6－2(a)所示，则该电路实现(　　)逻辑功能。

A. **与非**　　B. **异或**　　C. **或**　　D. 无法判断

(6) 已知逻辑门电路的输入信号 A，B 和输出信号 Y 的波形如题图 6－2(b)所示，则该电路实现(　　)逻辑功能。

A. **与非**　　B. **异或**　　C. **或**　　D. 无法判断

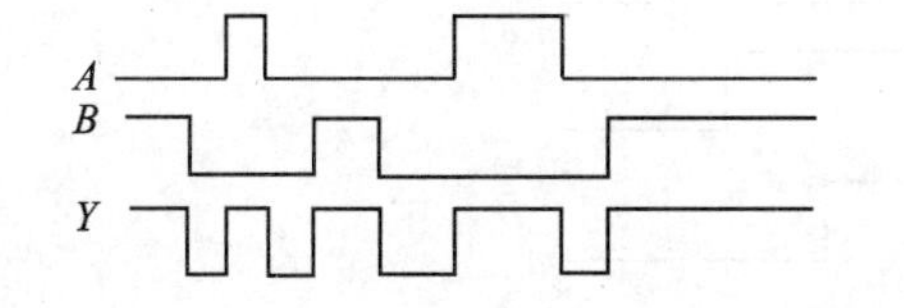

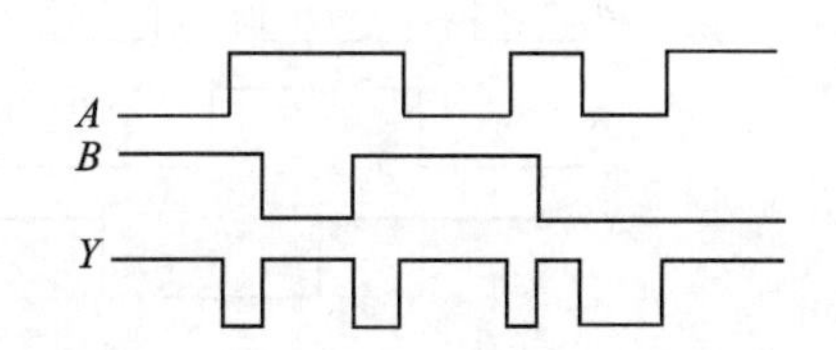

题图 6－2

(7) 下列一组数中的最大数为(　　)。

A. $(11)_{10}$　　B. $(10110)_2$　　C. $(10010001)_{8421BCD}$　　D. $(110)_8$

(8) 已知有 4 个逻辑变量，它们能组成的最大项的个数为(　　　)，这 4 个逻辑变量的任意两个最小项之积恒为(　　　)。

6－3　写出下列二进制数的原码、反码和补码。

(1) $(+1110)_2$　　(2) $(+10110)_2$　　(3) $(-1110)_2$　　(4) $(-10110)_2$

6－4　试用 8 位二进制补码计算下列各式，并用十进制数表示结果。

(1) 12＋9　　(2) 11－3　　(3) －29－25　　(4) －120＋30

6－5　根据反演规则和对偶规则，直接写出下列函数的反函数和对偶式。

(1) $W=\bar{A}\cdot\bar{B}+A\bar{C}+BC$　　(2) $X=\bar{A}C+\overline{\bar{B}C+A(\bar{B}+\overline{CD})}$

6－6　列出下列各函数的真值表。

(1) $Y(A、B、C)=AC+A\bar{B}$　　(2) $Y(A、B、C)=A\oplus B\oplus C$

6-7 试用真值表证明下列等式成立

(1) $(A+B)(\bar{A}+C)(B+C)=(A+B)(\bar{A}+C)$　　　(2) $AB(A\oplus B\oplus C)=ABC$

6-8 电路如题图 6-8 所示。设开关闭合表示为1,断开表示为0;灯亮表示为1,灯灭表示为0。试分别列出(a)、(b)、(c)各电路中灯泡 Y 与开关 A、B、C 关系的真值表,写出函数表达式,并画出相应的逻辑符号。

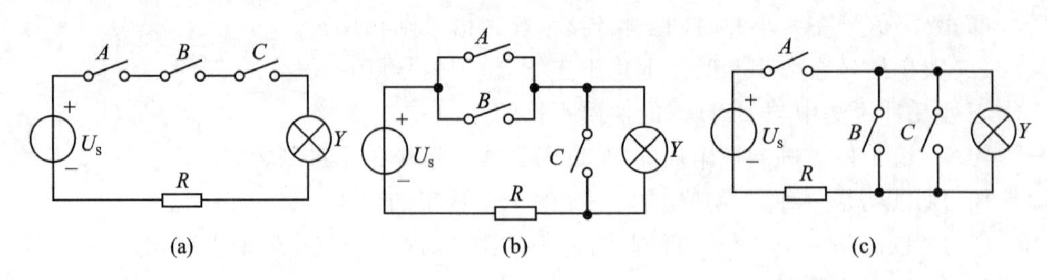

题图 6-8

6-9 将下列各式展开成最小项之和的形式。

(1) $F=A+B\bar{C}+\bar{A}C$　　　(2) $F=B(A+\bar{C})(A+\bar{B}+C)$

6-10 根据题图 6-10 中所给的输入变量 A、B、C 的波形,分别画出输出 $Y_1\sim Y_4$ 的波形。

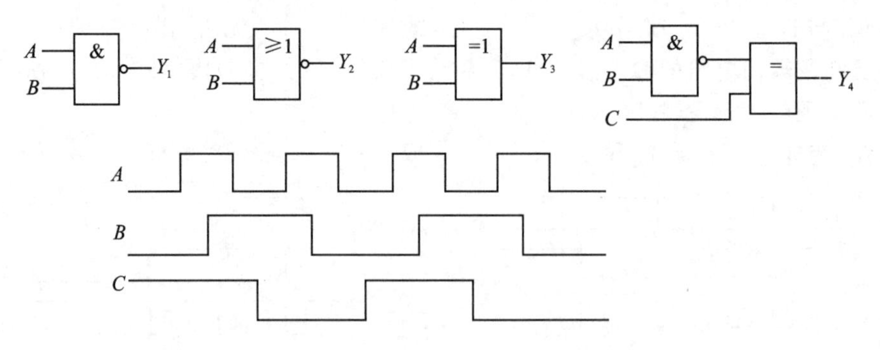

题图 6-10

6-11 将逻辑函数 $F=A\oplus B$ 变换为以下形式,并分别画出对应的电路图。

(1) **与或**式;　(2)**与非**式;　(3)**或与**式;　(4)**或非**式;　(5)**与或非**式。

6-12 试写出题图 6-12 所示各逻辑图输出变量的逻辑表达式。

6-13 用公式法化简下列逻辑函数为最简**与或**表达式。

(1) $Y_1=A\bar{B}(C+D)+B\bar{C}+\bar{A}\cdot\bar{B}+\bar{A}C+BC+\bar{B}\cdot\bar{C}\cdot\bar{D}$ ________

(2) $Y_2=A(\bar{B}+C+D)(B+\bar{D})$

(3) $Y_3=A+A\bar{B}\bar{C}+\bar{A}CD+\bar{C}E+\bar{D}E$

(4) $Y_4=A\bar{B}C\bar{D}+A\bar{B}\bar{D}+B\bar{C}D+A\bar{B}C+\bar{B}\bar{D}+B\bar{C}$

(5) $Y_5=A\overline{BC}+A\bar{B}C$

(6) $Y_6=A+B+C+\bar{A}\bar{B}\bar{C}$

(7) $Y_7=(B+\bar{B}C)(A+AD+B)$

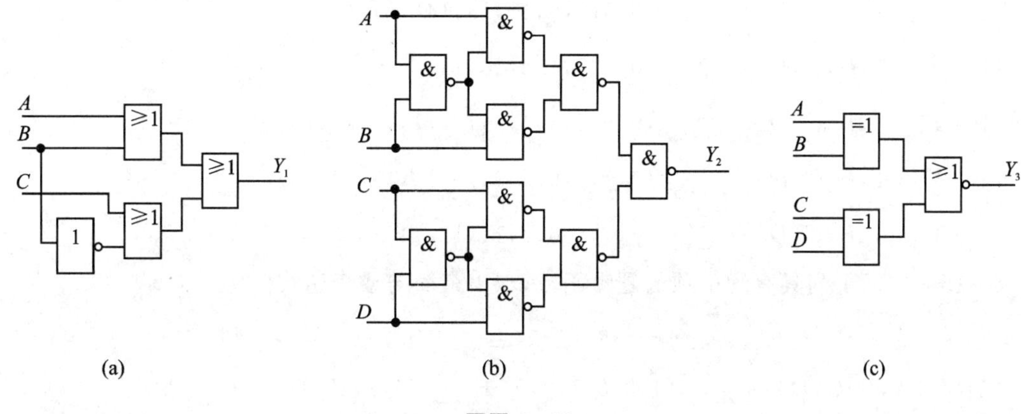

题图 6-12

(8) $Y_8=(A+B+C)(\bar{A}+\bar{B}+\bar{C})$

(9) $Y_9=A\bar{D}+A\bar{C}+C\bar{D}+AD$

(10) $Y_{10}=\overline{A\bar{C}}B+\overline{A\bar{C}+B}+BC$

(11) $Y_{11}=A\bar{B}+B\bar{C}+\bar{A}B+AC$

(12) $Y_{12}=A\bar{B}+\bar{A}+B+\bar{C}+AC$

(13) $Y_{13}=AB(C+D)+(\bar{A}+\bar{B})\cdot\overline{\bar{C}\cdot\bar{D}}+\overline{C\oplus D}\cdot\bar{D}$

(14) $Y_{14}=AD+AB+\bar{A}C+A\bar{D}+BD+A\bar{B}EF+\bar{B}EF$

(15) $Y_{15}=\overline{A\oplus C\cdot\overline{\bar{B}(A\bar{C}\cdot\bar{D}+\bar{A}C\bar{D})}}$

6-14　用卡诺图法化简下列逻辑函数为最简**与或**表达式。

(1) $Y_1=A\bar{B}D+\bar{A}BD+\bar{A}\bar{B}\bar{C}+\bar{A}CD+\bar{A}\bar{B}\bar{D}$

(2) $Y_2=\bar{A}\bar{B}\bar{C}+\bar{A}\bar{C}\bar{D}+\bar{A}BC+ABD+\bar{A}C\bar{D}+AC\bar{D}$

(3) $Y_3=A\bar{B}+B\bar{C}+\overline{\bar{A}\bar{B}\cdot\bar{C}}+\bar{A}BC$

(4) $Y_4=A\bar{B}+B\bar{C}+C\bar{D}+\bar{A}D+AC+A\bar{C}$

(5) $Y_5=A\bar{B}CD+\bar{B}\bar{C}D+(A+C)B\bar{D}$

(6) $Y_6(A,B,C)=\sum_m(0,1,2,5)$

(7) $Y_7(A,B,C)=\sum_m(0,2,4,6,7)$

(8) $Y_8(A,B,C)=\sum_m(0,1,2,3,4,5,6)$

(9) $Y_9(A,B,C)=\sum_m(0,1,2,3,6,7)$

(10) $Y_{10}(A,B,C,D)=\sum_m(0,1,8,9,10)$

(11) $Y_{11}(A,B,C,D)=\sum_m(0,1,2,3,4,9,10,12,13,14,15)$

(12) $Y_{12}(A,B,C,D)=\sum_m(0,4,6,8,10,12,14)$

(13) $Y_{13}(A,B,C,D)=\sum_m(1,3,8,9,10,11,14,15)$

(14) $Y_{14}(A,B,C,D)=\sum_m(3,5,8,9,11,13,14,15)$

(15) $Y_{15}(A,B,C,D)=\sum_m(0,2,3,4,8,10,11)$

(16) $Y_{16}(A,B,C,D)=\sum_m(0,1,2,3,4,9,10,11,12,13,14,15)$

(17) $Y_{17}(A,B,C,D)=\sum_m(0,1,4,6,8,9,10,12,13,14,15)$

(18) $Y_{18}(A,B,C,D)=\sum_m(2,4,5,6,7,11,12,14,15)$

6-15 化简下列具有约束项的逻辑函数,求出最简**与或**表达式。

(1) $Y_1(A,B,C,D)=\sum_m(3,4,5,6)+\sum_d(10,11,12,13,14,15)$

(2) $Y_2(A,B,C,D)=\sum_m(1,3,5,7,8,9)+\sum_d(11,12,13,15)$

(3) $Y_3(A,B,C,D)=\sum_m(0,2,6,7,8,10,12)+\sum_d(5,11)$

(4) $Y_4(A,B,C,D)=\sum_m(0,1,8,10)+\sum_d(2,3,4,5,11)$

(5) $Y_5(A,B,C,D)=\sum_m(0,2,7,8,13,15)+\sum_d(1,5,6,9,10,11,12)$

(6) $Y_6(A,B,C,D)=\sum_m(2,4,6,7,12,15)+\sum_d(0,1,3,8,9,11)$

(7) $Y_7(A,B,C,D)=\sum_m(1,2,4,12,14)+\sum_d(5,6,7,8,9,10)$

(8) $Y_8(A,B,C,D)=\sum_m(0,2,3,4,5,6,11,12)+\sum_d(8,9,10,13,14,15)$

(9) $\begin{cases}Y_9=\overline{A}\overline{C}D+\overline{A}BCD+\overline{A}\overline{B}D\\AB+AC=0\end{cases}$

(10) $\begin{cases}Y_{10}=AB\overline{C}+\overline{A}BC\overline{D}+\overline{A}\overline{B}CD\\AB+AC=0\end{cases}$

(11) $\begin{cases}Y_{11}=\overline{B}\overline{C}\overline{D}+B\overline{C}D+\overline{A}\overline{B}C+\overline{A}\overline{B}\overline{D}\\AC+BC=0\end{cases}$

第7章　逻辑门电路

内容提要

- 半导体二极管、三极管、场效应管的开关特性
- 二极管**与**门、二极管**或**门、三极管**非**门
- TTL集成门电路的工作特性、型号、参数及使用
- CMOS集成门电路的工作特性、型号、参数及使用
- TTL与CMOS之间的接口电路

常用的门电路按逻辑功能分有**与**门、**或**门、**非**门、**与非**门、**或非**门、**异或**门、**同或**门、**与或非**门等。构成门电路的核心元件是半导体元器件，如二极管、三极管、场效应管等。这些半导体器件在电路中起到开关的作用，称为**电子开关**。为此，本章首先介绍各种半导体器件的开关特性，然后讨论各种门电路，包括分立元件门电路和集成门电路，主要讨论它们的内部结构、工作原理及使用等。

7.1　半导体器件的开关特性

理想情况下，开、关状态的转换是瞬间完成的，但实际中这种理想开关是不存在的。

7.1.1　半导体二极管的开关特性

二极管具有单向导电性。当其正偏电压为高电平，即 $u_i = U_{iH} = 5$ V时，如图7－1(a)所示，二极管导通，且有0.7 V的压降，其等效电路如图7-1(b)所示，理想情况下，二极管可看成短路，相当于开关闭合。若 $u_i = U_{iL} = -2$ V，如图7-1(c)所示，此时二极管反偏截止，等效电路如图7-1(d)所示，二极管相当于开关断开。

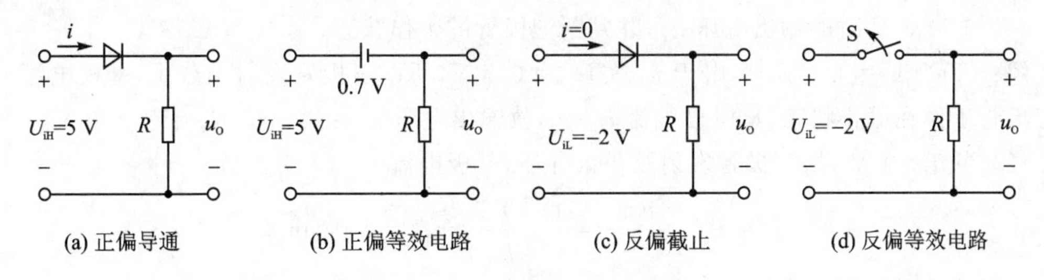

图7-1　二极管的开关特性

7.1.2　半导体三极管的开关特性

图7-2所示分别为三极管的开关电路和开关等效电路。当输入电压小于发射结的开启

电压,即 $u_{\mathrm{i}}<U_{\mathrm{on}}$ 时,三极管因发射结截止而工作在截止状态。此时,$i_{\mathrm{B}}\approx 0$,$i_{\mathrm{C}}\approx 0$,c-e 间相当于开关断开,$u_{\mathrm{o}}\approx V_{\mathrm{CC}}$。三极管截止时的等效电路如图 7-2(b)所示,三个电极如同断开的开关。

当输入电压大于发射结的开启电压,即 $u_{\mathrm{i}}>U_{\mathrm{on}}$ 且 $u_{\mathrm{BC}}<0$ V 时,三极管因发射结正偏、集电结反偏而处于放大状态,此时,$i_{\mathrm{C}}=\beta i_{\mathrm{B}}$,$i_{\mathrm{C}}$ 受 i_{B} 的控制,三极管 c-e 间等效为一个受控电流源,$u_{\mathrm{CE}}=V_{\mathrm{CC}}-i_{\mathrm{C}}R_{\mathrm{c}}$。

当输入电压 u_{i} 继续增大时,发射结依然正偏,但是 i_{B} 随之增大,$i_{\mathrm{C}}=\beta i_{\mathrm{B}}$ 也随之增大,u_{CE} 则随之减小,当 u_{CE} 减小至与 u_{BE}(0.7V)相同时,管子进入饱和状态。通常认为 $u_{\mathrm{CE}}=U_{\mathrm{BE}}$ 的状态为**临界饱和状态**。临界饱和状态下三极管的基极电流、集电极电流和管压降可表示为 I_{BS}、I_{CS} 和 U_{CES},此时仍满足 $I_{\mathrm{CS}}=\beta I_{\mathrm{BS}}$ 的关系。若输入电压继续增大,管子的基极电流 i_{B} 将大于 I_{BS},三极管进入饱和状态,此时,$u_{\mathrm{o}}=U_{\mathrm{CES}}\leqslant 0.3$ V(硅管),三极管 c-e 间相当于一个小于 0.3V 压降的闭合开关,其等效电路如图 7-2(c)所示。实际的 i_{B} 与 I_{BS} 相比越大,则 U_{CES} 越小。

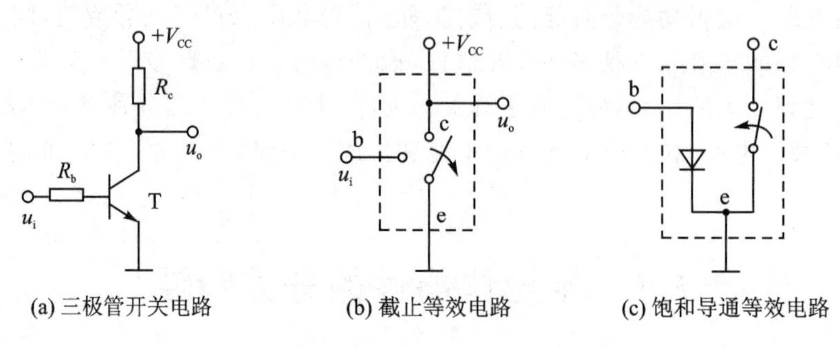

(a) 三极管开关电路　　(b) 截止等效电路　　(c) 饱和导通等效电路

图 7-2　三极管及其开关等效电路

由以上分析可知,当判断出三极管发射结正偏导通时,管子有可能工作在放大状态,也有可能工作在饱和状态,此时,需要根据基极电流 i_{B} 与临界饱和状态下的基极电流 I_{BS} 进行比较来判断。若 $0<i_{\mathrm{B}}<I_{\mathrm{BS}}$,则管子工作在放大状态;反之,若 $i_{\mathrm{B}}>I_{\mathrm{BS}}$,则管子工作在饱和状态。请看下面例题。

例 7-1　在图 7-2(a)所示的电路中,已知 $R_{\mathrm{c}}=1\ \mathrm{k\Omega}$,$R_{\mathrm{b}}=10\ \mathrm{k\Omega}$,$V_{\mathrm{CC}}=5$ V,$\beta=50$,三极管发射结的开启电压 $U_{\mathrm{on}}=0.5$ V,饱和时的 $u_{\mathrm{BE}}=0.7$ V,$U_{\mathrm{CES}}=0.3$ V。分别求当输入电压 $u_{\mathrm{i}}=0.3$ V、1 V、3 V 时的输出电压 u_{o},并判断三极管的工作状态。

解: (1)当 $u_{\mathrm{i}}=0.3$ V 时,由于 $u_{\mathrm{BE}}<U_{\mathrm{on}}=0.5$ V,所以三极管发射结截止,基极电流 $i_{\mathrm{B}}\approx 0$,三极管工作在截止状态,集电极电流 $i_{\mathrm{C}}\approx 0$,故输出电压 $u_{\mathrm{o}}=V_{\mathrm{CC}}-i_{\mathrm{C}}R_{\mathrm{c}}=V_{\mathrm{CC}}=5$ V。

(2) 当 $u_{\mathrm{i}}=1$ V 时,三极管发射结正偏导通,基极电流

$$i_{\mathrm{B}}=\frac{u_{\mathrm{i}}-u_{\mathrm{BE}}}{R_{\mathrm{b}}}=\frac{1-0.7}{10}\ \mathrm{mA}=0.03\ \mathrm{mA}$$

三极管临界饱和时的基极电流

$$I_{\mathrm{BS}}=\frac{V_{\mathrm{CC}}-U_{\mathrm{CES}}}{\beta R_{\mathrm{c}}}=\frac{5-0.3}{50\times 1}\ \mathrm{mA}=0.094\ \mathrm{mA}$$

显然 $0<i_{\mathrm{B}}<I_{\mathrm{BS}}$,所以三极管工作在放大状态。此时,$i_{\mathrm{C}}=\beta i_{\mathrm{B}}=1.5$ mA,输出电压 $u_{\mathrm{o}}=u_{\mathrm{CE}}=V_{\mathrm{CC}}-i_{\mathrm{C}}R_{\mathrm{c}}=3.5$ V。

(3) 当 $u_i=3$ V 时，三极管导通，基极电流

$$i_B=\frac{u_i-u_{BE}}{R_b}=\frac{3-0.7}{10}\ \text{mA}=0.23\ \text{mA}$$

三极管临界饱和时的基极电流

$$I_{BS}=\frac{V_{CC}-U_{CES}}{\beta R_c}=\frac{5-0.3}{50\times 1}\ \text{mA}=0.094\ \text{mA}$$

显然 $i_B>I_{BS}$，所以三极管工作在饱和状态。此时输出电压 $u_o=U_{CES}=0.3$ V。

7.1.3　MOS 管的开关特性

图 7-3(a)、(b)分别为 NMOS 管和 PMOS 管的开关电路。

MOS 管的开关特性与三极管类似。以 NMOS 管为例，当其栅-源电压小于开启电压 U_{TN}，即 $u_{GS}<U_{TN}$ 时，管子截止，此时漏-源间的电阻 r_d 极高，约大于 $10^9\ \Omega$，因此 D-S 间相当于开关断开。当 $u_{GS}\geqslant U_{TN}$ 时，MOS 管导通，漏-源间内阻 r_{on} 很小，此时 D-S 间如同开关闭合。NMOS 管开关电路的等效电路如图 7-4 所示。

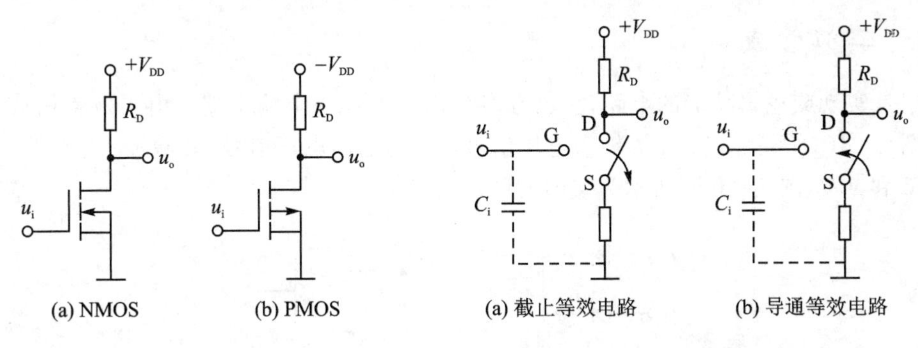

图 7-3　MOS 管开关电路　　　　图 7-4　NMOS 管的开关等效电路

7.2　分立元件门电路

尽管现在很少使用分立元件门电路，但所有集成门电路都是在分立元件门电路的基础上发展、演变而得到的。因此，在学习集成门电路之前，有必要学习有关分立元件门电路一些简单的工作原理。

7.2.1　二极管与门

与门是实现**与**逻辑功能的电路，它有多个输入端和一个输出端。由二极管构成的**与**门电路如图 7-5(a)所示，u_A、u_B 为输入电压信号，u_Y 为输出电压信号。图 7-5(b)为**与**门的图形符号，其中 A、B 为输入变量，分别表示图 7-5(a)中的输入电压 u_A 和 u_B；Y 为输出变量，表示图 7-5(a)中的输出电压 u_Y。

1) 当输入电压 u_A、u_B 均为低电平 0V 时，二极管 D_1、D_2 均导通。若将二极管视为理想开关，则输出电压 u_Y 为低电平 0 V。

2) 当输入电压 u_A、u_B 中有一个为低电平 0V 时，设 u_A 为低电平 0 V，u_B 为高电平 3 V，

则二极管 D_1 抢先导通，D_2 因此而截止，输出电压 u_Y 为低电平 0 V。

3）当输入电压 u_A、u_B 均为高电平 3 V 时，二极管 D_1、D_2 均导通，输出电压 u_Y 为高电平 3 V。

将上述输入、输出电平值列于表 7-1 中，按正逻辑赋值得到该电路逻辑真值表如表 7-2 所列，从中可以看出，电路的输入信号只要有一个为低电平，输出便是低电平；只有输入全为高电平时，输出才是高电平，即实现**与**逻辑功能。

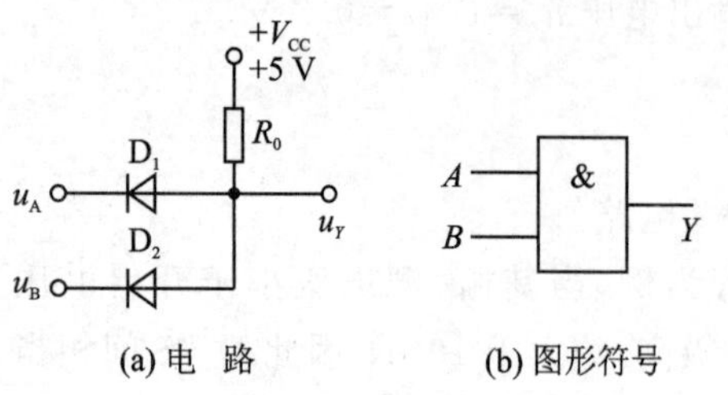

(a) 电　路　　(b) 图形符号

图 7-5　二极管与门

表 7-1　与门电压关系表

u_A/V	u_B/V	D_1	D_2	u_Y/V
0	0	导通	导通	0
0	3	导通	截止	0
3	0	截止	导通	0
3	3	导通	导通	3

表 7-2　与门真值表

A	B	Y
0	0	0
0	1	0
1	0	0
1	1	1

7.2.2　二极管或门

或门是实现**或**逻辑功能的电路，它也有多个输入端和一个输出端。由二极管构成的**或**门电路如图 7-6(a)所示，u_A、u_B 为输入电压信号，u_Y 为输出电压信号，其输入信号的高、低电平仍取 3 V 和 0 V，图 7-6(b)所示为**或**门的图形符号。

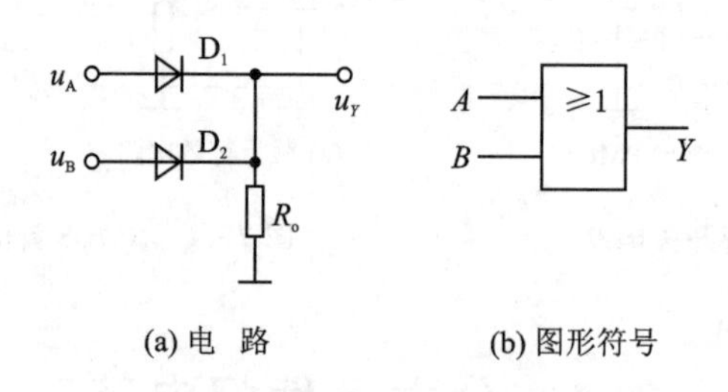

(a) 电　路　　(b) 图形符号

图 7-6　二极管或门

或门工作原理的分析和**与**门类似，这里不再赘述，请读者自行分析。

7.2.3　三极管非门(反相器)

实现**非**逻辑功能的电路是**非**门电路，也称**反相器**。利用三极管的开关特性，可以实现**非**逻辑运算。图 7-7(a)是三极管**非**门电路，图 7-7(b)为**非**门的图形符号，其中 A 为输入变量，表示图 7-7(a)中的输入电压 u_A；Y 为输出变量，表示图 7-7(a)中的输出电压 u_Y。

当 $u_i=U_{iL}=0$ V 时，三极管截止，$i_B=i_C\approx0$，所以 $u_o=V_{CC}=5$ V 为高电平。

当 $u_i=U_{iH}=3$ V 时，发射结正偏，此时三极管 T 是否工作于饱和导通状态，需要进行如下判断：

基极电流　$$i_B=\frac{U_{iH}-u_{BE}}{R_b}=\frac{3-0.7}{4.3}\ \text{mA}\approx0.54\ \text{mA}$$

基极临界饱和电流　$$I_{BS}\approx\frac{V_{CC}}{\beta R_c}=\frac{5}{30\times1}\ \text{mA}\approx0.17\ \text{mA}$$

由于 $i_B > I_{BS}$，所以 T 饱和导通，故有 $u_o = U_{CES} \leqslant 0.3$ V 为低电平。

将输入、输出电平值列于表 7－3 中，按正逻辑赋值得到该电路逻辑真值表如表 7－4 所列。可以看出，输出与输入逻辑正好相反，实现了**非**逻辑功能。

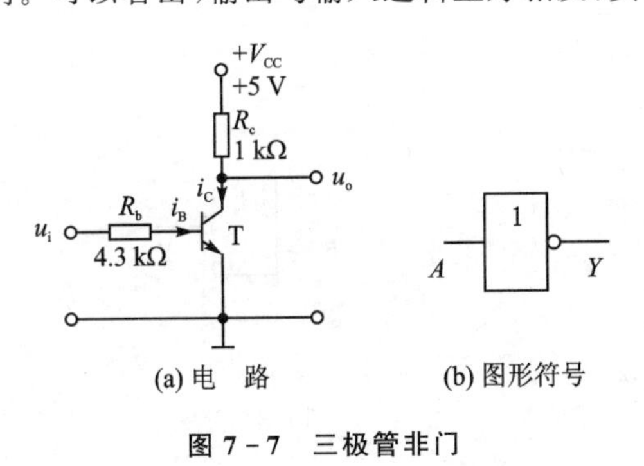

图 7－7　三极管非门

表 7－3　非门电压关系表

u_i/V	u_o/V
0	5
3	0.3

表 7－4　非门真值表

A	Y
0	**1**
1	**0**

7.3　集成门电路

现代数字电路广泛采用了集成电路。根据半导体器件的类型，数字集成门电路分为 MOS 集成门电路和双极型(晶体三极管)集成门电路。MOS 集成门电路中，使用最多的是**CMOS** 集成门电路。双极型集成门电路中，使用最多的是 TTL 集成门电路。TTL 门电路的输入、输出都是由晶体三极管组成，所以人们称它为晶体管-晶体管逻辑门电路(Transistor Transistor Logic)，简称**TTL 门**。

7.3.1　TTL 集成门电路

1. TTL 集成与非门

(1) 电路组成

TTL 门电路的基本形式是**与非**门，图 7－8(a)、(b)分别为 TTL **与非**门的基本电路及图形符号。

图 7－8(a)所示的**与非**门电路，可将其内部分为三级。

① 输入级：由多发射极三极管 T_1 和电阻 R_1 组成，多发射极三极管 T_1 有多个发射极，作为门电路的输入端。D_1、D_2 是输入端保护二极管，为抑制输入电压负向过低而设置的。

② 中间放大级：由 T_2、R_2、R_3 组成，T_2 集电极输出驱动 T_3，发射极输出驱动 T_4。

③ 输出级：由 T_3、T_4、D_3 和 R_4 组成。

(2) 工作原理

在图 7－8(a)中，若输入电压 u_A、u_B 中至少有一个是低电平 0 V，则 T_1 管基极电位 $u_{B1} = 0.7$ V，这 0.7 V 电压不能使 T_1 集电结、T_2 发射结、T_4 发射结三个 PN 结导通，所以 T_2、T_4 截止。此时，V_{CC} 通过 R_2 使 T_3 导通，输出电压 $u_Y = V_{CC} - I_{B3}R_2 - u_{BE3} - u_{D3} \approx V_{CC} - u_{BE3} - u_{D3} \approx 5 - 0.7 - 0.7 = 3.6$ V，输出为高电平 U_{OH}。

当输入信号 u_A、u_B 均为高电平 3 V 时，T_1 基极电位升高，足以使 T_1 集电结、T_2 发射结、T_4 发射结三个 PN 结导通，三个 PN 结一旦导通，T_1 基极电位即被钳位于 2.1 V。T_1 的发射结反偏，集电结正偏，处于倒置工作状态，T_1 失去电流放大作用。三极管 T_2、T_4 导通后，进入

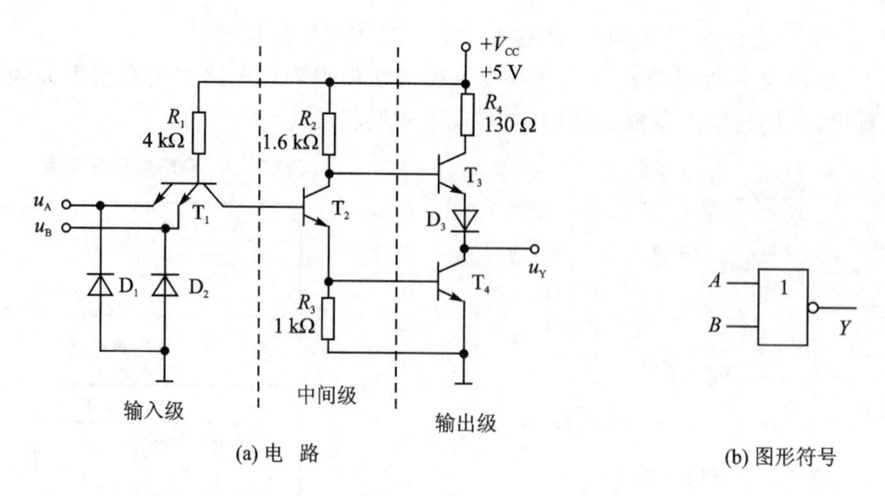

(a) 电 路　　　　(b) 图形符号

图 7-8　TTL 与非门

饱和区,$u_Y=U_{CES4}=0.3$ V,输出为低电平 U_{OL}。

由此可见,只要输入电压有一个为低电平,则输出为高电平;只有输入电压全为高电平时,输出才为低电平,所以图 7-8(a)电路实现的是**与非**逻辑关系。

图 7-9 所示是两种 TTL 集成**与非**门 74LS00 和 74LS20 的引脚排列图。74LS00 内部集成了四个完全相同的 2 输入**与非**门,故简称为四—2 输入**与非**门;74LS20 为二—4 输入**与非**门。

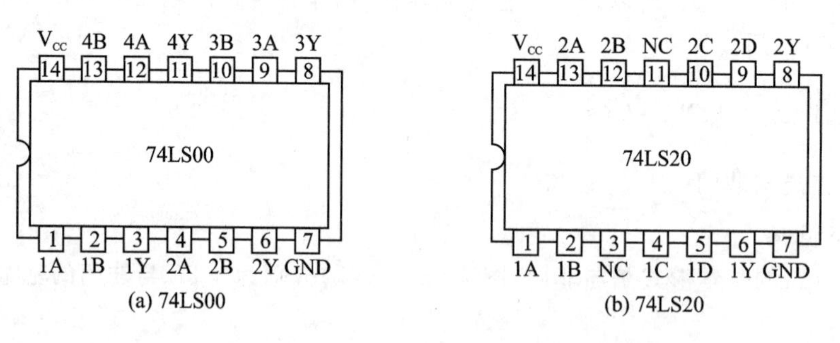

(a) 74LS00　　　　(b) 74LS20

图 7-9　TTL 与非门 74LS00 和 74LS20 的引脚排列图

(3) 主要技术参数

① 输入、输出的高低电平。在手册中规定,TTL **与非**门的输出高电平 $U_{OH}=3$ V、输出低电平 $U_{OL}=0.35$ V 作为标准的逻辑高、低电平。在保证输出为额定高电平(+3 V)的 90%的条件下,允许的最大输入低电平值,称为**关门电平 U_{OFF}**;在保证输出为额定低电平(+0.35 V)的条件下,允许的最小输入高电平值,称为**开门电平 U_{ON}**,一般 $U_{OFF}\geqslant 0.8$ V,$U_{ON}\leqslant 1.8$ V。它们是门电路的重要参数。

由于不同类型的 TTL 器件,其 u_i-u_o 特性各不相同,因而其输入和输出高、低电压也各异。

② 噪声容限。当门电路的输入电压受到的干扰超过一定值时,会引起输出电平发生转换,产生逻辑错误。电路的抗干扰能力是指保持输出电平在规定范围内,允许输入端叠加上干扰电压的最大范围,用**噪声容限**来表示。由于输入低电平和高电平时,其抗干扰能力不同,故有**低电平噪声容限**和**高电平噪声容限**。

噪声容限越大，表明门电路的抗干扰能力越强。

在实际的数字系统中，往往前一级电路的输出就是后一级电路的输入。若假设前级输出高电平的最小值为$U_{OH,min}$，后级输入高电平的最小值为$U_{IH,min}$，则它们的差值称为高电平噪声容限，用U_{NH}表示，即

$$U_{NH}=U_{OH,min}-U_{iH,min} \tag{7-1}$$

若假设前级输出低电平的最大值为$U_{OL,max}$，后级输入低电平的最大值为$U_{iL,max}$，则它们的差值称为低电平噪声容限，用U_{NL}表示，即

$$U_{NL}=U_{IL,max}-U_{OL,max} \tag{7-2}$$

7400系列门电路高电平噪声容限U_{NH}和低电平噪声容限U_{NL}一般均为0.4 V。

③ 扇入、扇出系数。TTL门电路的**扇入系数**取决于它的输入端的个数，例如一个3输入的**与非**门，其扇入系数$N_i=3$。

扇出系数的情况则稍复杂。由于实际应用中，门电路输出端一般总接有一个或几个门（这里以TTL**与非**门带同类门作为负载为例来讨论）。承受前级门输出信号的后级门称为前级门的**负载门**；带动负载门的前级门称为**驱动门**。驱动门输出的电流称为驱动电流；流经驱动门又流经负载门的电流称为负载电流。

负载电流又有两种情况，一种是负载门电流灌入驱动门输出端，这种负载叫作**灌电流负载**，如图7-10(a)所示，此时，驱动门输出为低电平U_{OL}，为了保证输出U_{OL}不高于规定值(0.4V)，要求负载门的个数不能无限制地增加。在输出为低电平的情况下，所能驱动同类门的个数由式(7-3)决定

$$N_{OL}=\frac{I_{OL}}{I_{IL}} \tag{7-3}$$

式中，I_{OL}为驱动门的输出端电流：I_{IL}为负载门输入端电流；N_{OL}即为输出为低电平时的扇出系数。

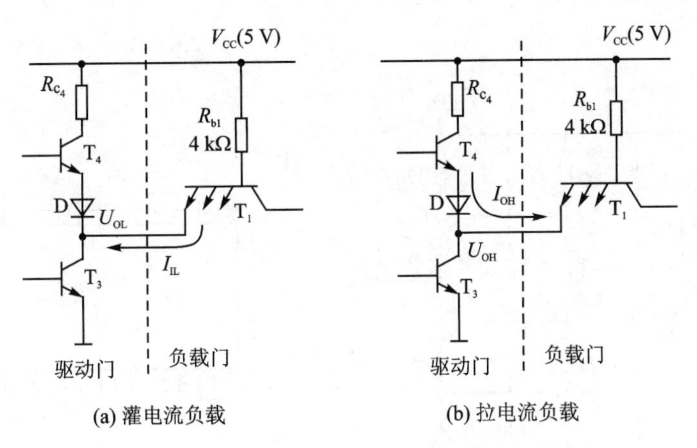

图7-10　与非门的带负载能力

另一种情况是，负载门电流是从驱动级中拉出来的，这种负载叫**拉电流负载**，如图7-10(b)所示，此时，驱动门输出为高电平U_{OH}，同样，输出高电平U_{OH}也不能低于规定值(2.4 V)。这样，输出为高电平时的扇出系数为

$$N_{OH}=\frac{I_{OH}}{I_{IH}} \tag{7-4}$$

式中,I_{OH} 为驱动门的输出端电流;I_{IH} 为负载门输入端电流。

扇出系数用来表征门电路的带负载能力,其值越大,带负载能力越强。一般 TTL 器件的数据手册中,并不给出扇出系数,而须用计算或实验的方法求得,并注意在设计时要留有余地,以保证数字电路或系统能正常运行。

通常,输出低电平电流 I_{OL} 大于输出高电平电流 I_{OH},$N_{OL}\neq N_{OH}$,因而,在实际的工程设计中,常取二者中的较小者。

④ 传输延迟时间。**传输延迟时间**是表征门电路开关速度的参数。由于门电路中的开关元件(二极管、三极管、场效应管)在状态转换过程中都需要一定的时间,且电路中有寄生电容的影响,因此,门电路从接收信号到输出响应会有一定的延迟。

传输延迟时间是决定开关速度的重要参数,通常根据该参数的大小将门电路划分为低速门、中速门、高速门。普通 TTL **与非**门的传输延迟时间为 6~15 ns。

2. TTL 集成非门、或非门、集电极开路门和三态门

(1) TTL **非**门(反相器)

图 7-11(a)是 TTL **非**门的基本电路,除了输入级 T_1 由多发射极三极管改为单发射极三极管外,其余部分和图 7-8(a)所示的**与非**门完全一样。图 7-11(b)所示为集成反相器 74LS04 的引脚排列图,74LS04 中包含 6 个相互独立的反相器。

当输入电压 $u_i=U_{iL}=0$ V 时,T_1 基极电流 i_{B1} 流入发射极,即由**非**门输入端流出,因此 $i_{B2}=0$,T_2 截止,显然 T_4 基极也没有电流,也截止。而 T_3 和 D 将导通,输出电压 $u_o=U_{OH}=3.6$ V,输出为高电平。当输入电压 $u_i=U_{iH}=3.6$ V 时,T_1 倒置,i_{B1} 流入 T_2 基极,使 T_2 饱和导通,进而使 T_4 饱和导通,而 T_3 和 D 将截止,$u_o=U_{OL}\leqslant 0.3$ V,输出为低电平。于是,电路实现了**非**逻辑关系。

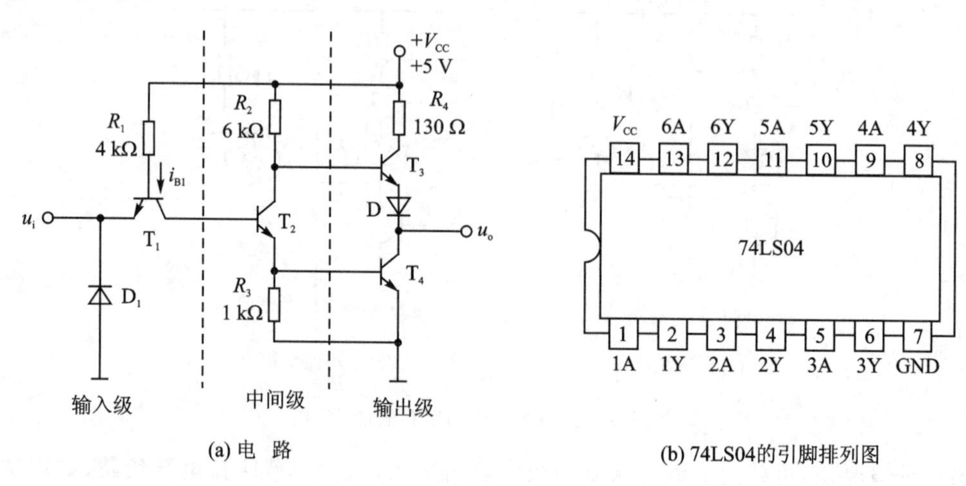

图 7-11 TTL 非门

(2) TTL **或非**门

图 7-12(a)所示是 TTL **或非**门的电路图,R_1、T_1、R_1'、T_1' 构成输入级;T_2、T_2' 和 R_2、R_3 构

成中间级；R_4、T_3、D、T_4 构成输出级。图 7-12(b)所示为集成 TTL **或非**门 74LS02 的引脚排列图，74LS02 中包含 4 个相互独立的**或非**门。

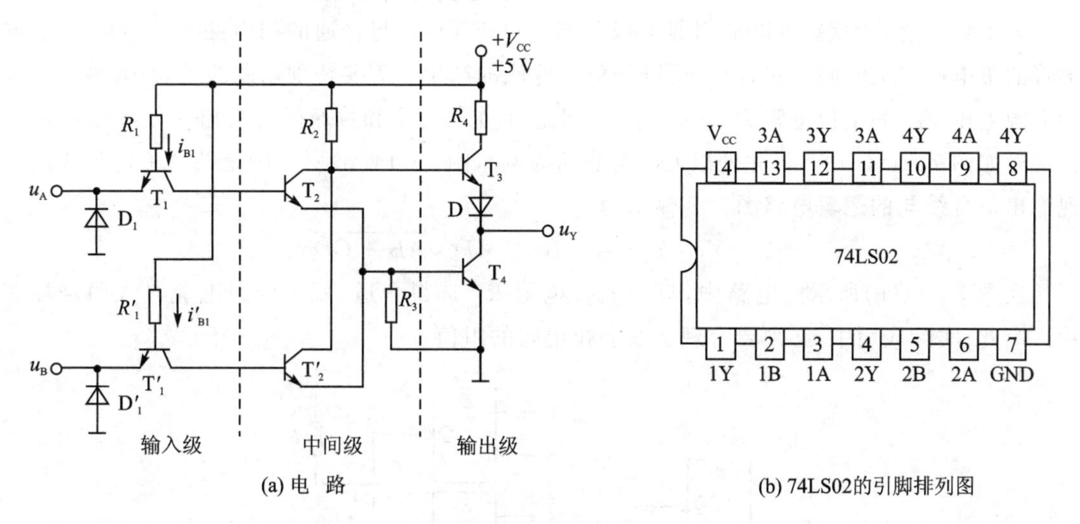

(a) 电 路

(b) 74LS02的引脚排列图

图 7-12 TTL 或非门

当输入信号 u_A、u_B 中只要有一个为高电平，例如 $u_A = U_{iH} = 3.6$ V，那么 i_{B1} 就会经过 T_1 集电结流入 T_2 基极，使 T_2、T_4 饱和导通，使得输出 $u_Y = U_{OL} \leqslant 0.3$ V，为低电平。只有当输入信号 u_A、u_B 全为低电平时，i_{B1}、i'_{B1} 均分别流入 T_1、T'_1 发射极，T_2、T'_2 均截止，T_4 也截止，T_3、D 导通，输出为高电平，即电路实现的是**或非**逻辑功能。

此外，还有 TTL **与**门、TTL **或**门、TTL **与或非**门等，它们的电路结构都是在 TTL **与非**门的基础上稍加变化得到，此处不再介绍。图 7-13 给出了几种 TTL 集成门电路的引脚排列图，图 7-13(a)所示是 TTL **与或非**门 74LS51 的引脚排列图，74LS51 中集成了两个相互独立的**与或非**门，其中 $1Y = \overline{1A \cdot 1B + 1C \cdot 1D}$，$2Y = \overline{2A \cdot 2B \cdot 2C + 2D \cdot 2E \cdot 2F}$；图 7-13(b)所示是 TTL **异或**门 74LS86 的引脚排列图，74LS86 中包含 4 个相互独立的**异或**门。

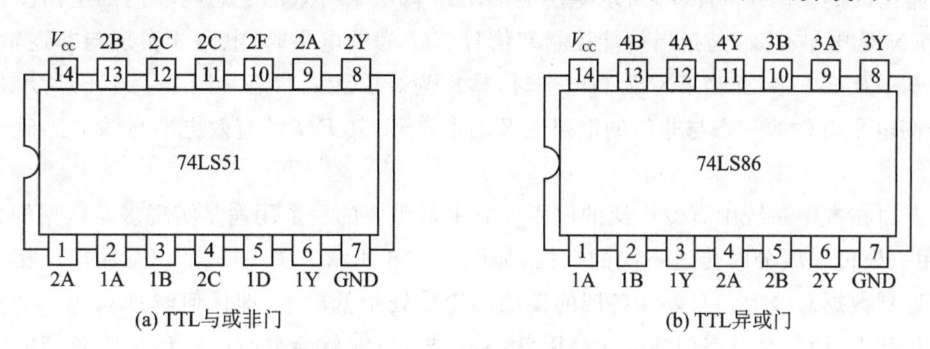

(a) TTL与或非门

(b) TTL异或门

图 7-13 TTL 门电路的引脚排列图

(3) 集电极开路门(OC 门)

在工程实践中，往往需要将两个或多个逻辑门的输出端并联，以实现输出信号之间**与**的逻辑功能，称为**线与**。然而，前面介绍的 TTL 门电路，其输出端不允许并联使用，也就无法实现**线与**功能。这是因为，对于一般的 TTL 门电路，若将两个(或多个)门的输出端直接相连，将会产生较大的电流从一个门流经另一个门,然后流入参考点,该电流值将远远超出器件的额定值,很容易将器件损坏。

为了解决这一问题,可以采用**集电极开路门**(**OC门**)。与普通的门电路相比,OC门中输出管的集电极与电源间开路,因此可以避免大电流的产生。需要特别强调的是,只有输出端外接电源电压 V_{CC} 和上拉电阻 R_L,OC门才能正常工作。为了和普通门电路相区分,OC门的逻辑符号如图7-14(a)所示(此处以OC**与非**门为例),图7-14(b)所示的是两个OC**与非**门实现输出信号**线与**的逻辑电路图。其输出为

$$Y=Y_1\cdot Y_2=\overline{A\cdot B}\cdot\overline{C\cdot D}=\overline{AB+CD}$$

在图7-14(b)所示的电路中,只要上拉电阻 R_L 选得合适,就不会因电流过大而烧坏芯片。因此,实际应用中,必须要合理选取上拉电阻的阻值。

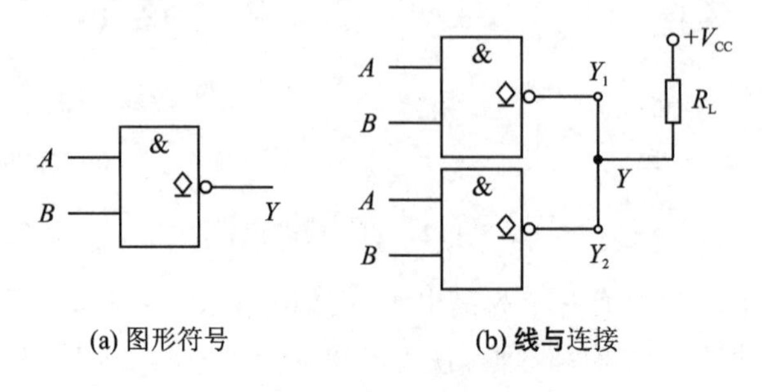

图7-14 集电极开路门

(4) 三态门(TSL门)

普通的TTL门电路,其输出有两种状态:高电平和低电平。无论哪种输出,门电路的直流输出电阻都很小,都是低阻输出。

TTL三态门又称TS门,它有三种输出状态,分别是高电平、低电平和**高阻态**(禁止态)。其中,在高阻状态下,输出端相当于开路。三态门是在普通门的基础上,加上使能控制信号和控制电路构成的。图7-15(a)所示是使能端 $\overline{EN}$ 低电平有效的三态**与非**门的电路图及图形符号,“$\overline{EN}$ 低电平有效”是指当使能控制端信号 $\overline{EN}$ 为低电平时,电路才实现**与非**逻辑功能,输出高电平及低电平;而当 $\overline{EN}$ 为高电平时,输出为高阻无效状态。图7-15(b)所示是使能端 EN 高电平有效的三态**与非**门的电路图及图形符号,其 EN 的有效电平与图7-15(a)正好相反。

三态门在数字系统中有着广泛的应用。其中最重要的一个用途是实现多路数据的分时传送,即用一根传输线分时传送不同的数据,如图7-16所示。图中,n 个三态输出反相器的输出端都连到数据总线上。只要让各门的使能端轮流处于低电平,即任何时刻只让一个三态门处于工作状态,而其余三态门均处于高阻状态,这样,总线就会分时(轮流)传输各门的输出信号。这种用总线来传送数据的方法,在计算机中被广泛采用。

3. 改进型TTL门电路——抗饱和TTL门电路

晶体三极管的开关时间限制了TTL门的开关速度。为了提高TTL门电路的开关速度,人们在三极管的基极和集电极间跨接肖特基二极管,如图7-17(b)所示,以缩短三极管的开关时间。肖特基二极管也称快速恢复二极管,它的导通电压较低,为0.4~0.5 V,因此开关速

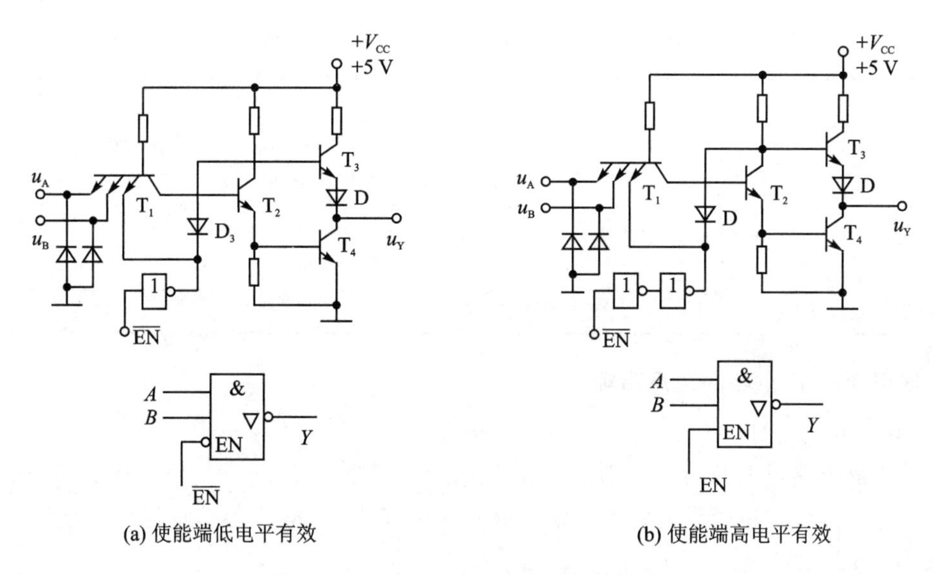

(a) 使能端低电平有效　　(b) 使能端高电平有效

图 7 - 15　三态与非门的电路图及图形符号

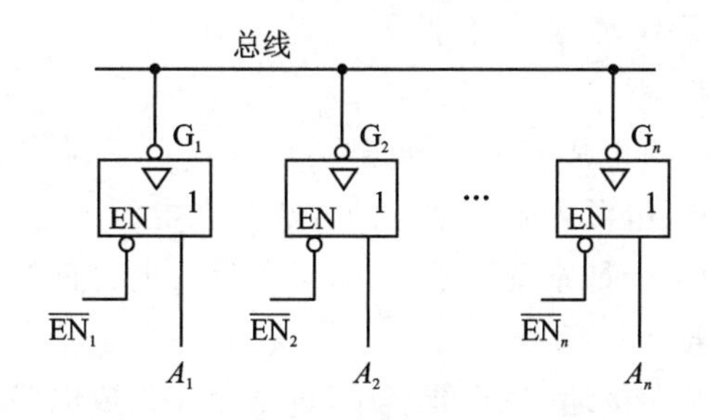

图 7 - 16　三态门在数据总线中的应用

度极短，可实现 1ns 以下的高速度，其电路符号如图 7 - 17(a)所示。加接了肖特基二极管的三极管称为肖特基三极管，其电路符号如图 7 - 17(c)所示。由肖特基三极管组成的门电路称作肖特基 TTL 门，即 STTL 门，它的传输延迟时间在 10 ns 以内。除典型的肖特基型(即 STTL 型)外，还有低功耗肖特基型(LSTTL)、先进的肖特基型(ASTTL)、先进的低功耗型(ALST-TL)等，它们的技术参数各有特点，是在 TTL 工艺的发展过程中逐步形成的。

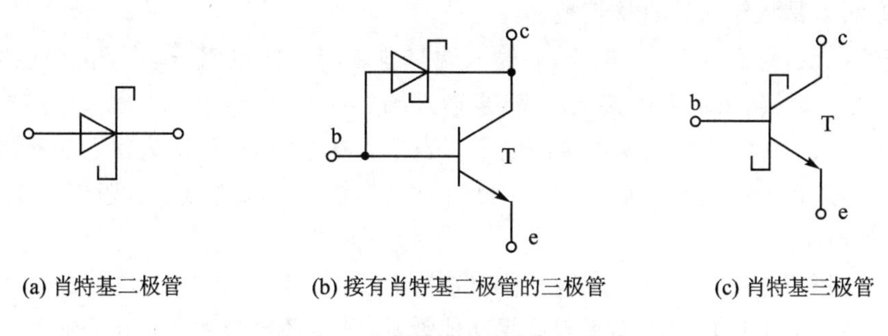

(a) 肖特基二极管　　(b) 接有肖特基二极管的三极管　　(c) 肖特基三极管

图 7 - 17　肖特基二极管及三极管

下面将基本 TTL 门和肖特基 TTL 门电路的性能进行比较，列于表 7 - 5 中。

表 7-5 TTL 门电路各种系列的性能比较

参数	类型			
	通用 TTL(74 系列)	高速 TTL(74H 系列)	肖特基 TTL(74S 系列)	低功耗肖特基 TTL(74LS 系列)
传输时延(t_{pd}/ns)	10	6	3	9
功耗(P_D/mW)	10	22	20	2
延迟-功耗积(DP/pJ)	100	80	60	18

4. 使用 TTL 门电路的注意事项

(1) 电源电压范围

TTL 集成电路对电源的要求比较严格,当电源电压超过 5.5 V 时,将损坏器件;若电源电压低于 4.5 V,器件的逻辑功能将不正常。因此在以 TTL 门电路为基本器件的系统中,电源电压应满足(5±0.5) V。

(2) 对输入信号的要求

输入信号的电平不能高于+5.5 V 和低于 0 V。

(3) 消除动态尖峰电流

尖峰电流要干扰门电路的正常工作,严重时会造成逻辑错误。降低尖峰电流应注意布线时尽量减小分布电容,并降低电源内阻。常用的方法是在电源与地线之间接入 0.01~0.1 μF 的高频滤波电容。同时,为了保证系统正常工作,必须保证电路良好接地。

(4) 电路外引线脚的连接

正确判别电路的电源端和接地端,不能接反,否则会使集成电路烧坏。输出端应通过电阻与低内阻电源连接。除 OC 门和三态门外,其他门电路的输出端不允许直接并联使用。

(5) 门电路多余输入端的处理

TTL **与**系列门(包括**与**门、**与非**门、**与或非**门等)的多余输入端应"置1",实现"置1"的方法可以直接将输入端悬空,从理论上分析相当于接高电平输入,但这样容易使电路受到外界干扰而产生错误动作。因此对于这类电路,多余输入端最好接一个固定高电平以达到"置1"的目的,例如接电源 V_{CC} 的方法。TTL **或**系列门(包括**或**门、**或非**门等)的多余输入端应"置0",实现"置0"的方法就是将输入端直接接地。

特别需要说明,对于 TTL 门电路,当输入端与地之间所接电阻 R 小于关门电阻 R_{OFF}(典型值为 0.91 kΩ)时,认为输入端接低电平;当输入端与地之间所接电阻 R 大于开门电阻 R_{ON}(典型值为 1.93 kΩ)时,认为输入端接高电平。当输入端悬空时,可认为输入端所接电阻趋于无穷大,所以输入也为高电平。而对于 CMOS 门电路,输入端无论接多大阻值的电阻接地,都相当于输入低电平。

此外,在使用门电路时,还应注意功耗与散热问题。正常工作时,门电路的功耗不可超过其最大功耗,否则会出现热失控而引起逻辑功能紊乱,甚至还会导致集成电路损坏。

7.3.2 CMOS 集成门电路

MOS 集成门电路是数字集成电路的一个重要系列,它具有低功耗、抗干扰性强、制造工艺简单、易于大规模集成等优点，因此得到广泛应用。MOS集成电路有N沟道MOS管构成的NMOS集成电路、P沟道MOS管构成的PMOS集成电路，以及N沟道MOS管和P沟道MOS管共同组成的CMOS集成电路。CMOS是"互补金属-氧化物-半导体"(Complementary Metal Oxide Semiconductor)的英文缩写。由于CMOS电路中巧妙地利用了N沟道增强型MOS管和P沟道增强型MOS管特性的互补性，因而不仅电路结构简单，而且在电气特性上也有突出的优点。正因为如此，CMOS电路的制作工艺在数字集成电路中得到了广泛应用。

1. 各种CMOS集成门电路

(1) CMOS反相器

在CMOS逻辑电路中，**CMOS反相器**(**非**门)和**CMOS传输门**是最基本的两种电路单元。各种逻辑功能的门电路和很多更加复杂的逻辑电路都是在这两种单元的基础上组合而成的。

CMOS反相器电路如图7-18所示，G_1为NMOS管，G_2为PMOS管，且$V_{DD}>|U_{TP}|+U_{TN}$，U_{TP}为PMOS管的阈值电压，U_{TN}为NMOS管的阈值电压，G_1、G_2栅极连在一起作为输入端，漏极连在一起作为输出端。

当输入电压$u_A=V_{DD}=10$ V高电平时，G_1导通，G_2截止，输出低电平；当输入$u_A=0$ V低电平时，G_1截止，G_2导通，输出为高电平。因此电路实现了**非**逻辑运算，是**非**门(反相器)。

(2) CMOS**与非**门

CMOS**与非**门电路如图7-19所示，T_{N1}、T_{N2}是串联的驱动管，T_{P1}、T_{P2}是并联的负载管。当输入电压u_A、u_B同时为高电平时，T_{N1}、T_{N2}导通，T_{P1}、T_{P2}截止，输出电压u_Y为低电平；当输入电压u_A、u_B中有一个为低电平时，T_{N1}、T_{N2}中必有一个截止，T_{P1}、T_{P2}中必有一个导通，输出电压u_Y为高电平。因此该电路实现了**与非**逻辑功能。

(3) CMOS**或非**门

CMOS**或非**门电路如图7-20所示，T_{N1}、T_{N2}是并联的驱动管，T_{P1}、T_{P2}是串联的负载管。当输入电压u_A、u_B中有一个为高电平时，T_{N1}、T_{N2}中必有一个导通，相应的T_{P1}、T_{P2}中必有一个截止，输出电压u_Y为低电平；当输入电压u_A、u_B全为低电平时，T_{N1}、T_{N2}截止，T_{P1}、T_{P2}导通，输出电压u_Y为高电平。电路实现了**或非**逻辑功能。

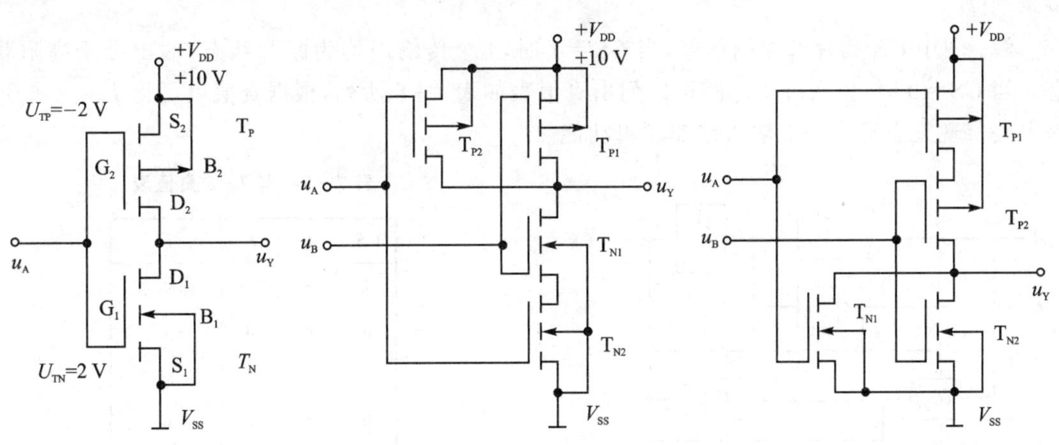

图7-18　CMOS反相器　　**图7-19　CMOS与非门**　　**图7-20　CMOS或非门**

(4) CMOS传输门

图7-21(a)所示是CMOS传输门电路，图7-21(b)是它的图形符号。图中T_N、T_P分别

是 NMOS 管和 PMOS 管,它们的结构和参数均对称。两管的栅极引出端分别接高、低电平不同的控制信号 C 和 $\overline{C}$,源极相连作输入端,漏极相连作输出端。

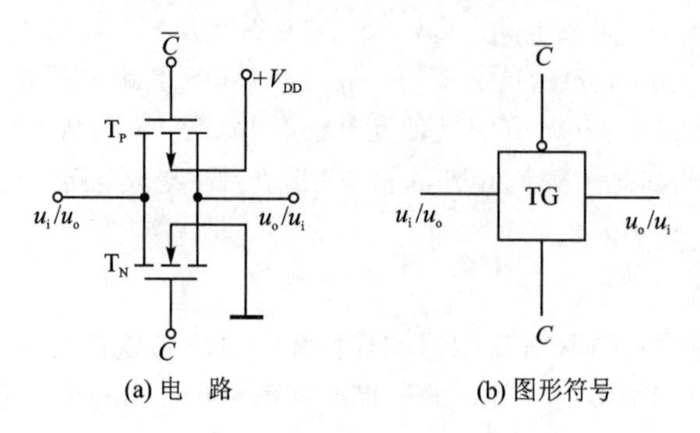

图 7-21　CMOS 传输门

设控制信号的高、低电平分别为 V_{DD} 和 0 V,$U_{TN}=|U_{TP}|$ 且 $V_{DD}>2U_{TN}$。

当控制信号 $U_C=0$、$U_{\overline{C}}=V_{DD}$(即 $C=\mathbf{0}$、$\overline{C}=\mathbf{1}$)时,在输入信号 u_i 为 0 V~V_{DD} 的范围内,$U_{GSN}<U_{TN}$、$U_{GSP}>U_{TP}$,两管均截止,输入和输出之间是断开的。

当控制信号 $U_C=V_{DD}$、$U_{\overline{C}}=0$(即 $C=\mathbf{1}$、$\overline{C}=\mathbf{0}$)时,在输入信号 u_i 为 0 V~V_{DD} 的范围内,至少有一只管子导通。即当 u_i 在 0 V~$(V_{DD}-U_{TN})$间变化时,NMOS 管导通,当 u_i 在$|U_{TP}|$~V_{DD} 间变化时,PMOS 管导通。因此,当 $C=\mathbf{1}$、$\overline{C}=\mathbf{0}$ 时,输入电压在 0 V~V_{DD} 范围内变化,都将传输到输出端,即 $u_o=u_i|_{C=1}$。

综上所述,通过控制 C、$\overline{C}$ 端的电平值,即可控制传输门的通断。另外,由于 MOS 管具有对称结构,源极和漏极可以互换,所以 CMOS 传输门的输入端、输出端可以互换,因此传输门是一个双向开关。

顺便指出,图 7-21(a)中 u_i 和 u_o 可以是模拟信号,这时 CMOS 传输门作为模拟开关。

例 7-2　由 CMOS 传输门构成的电路如图 7-22 所示,试列出其真值表,说明该电路的逻辑功能。

解: 图中 CS 为片选控制信号,当 $CS=\mathbf{1}$ 时,4 个传输门均为断开状态,输出处于高阻状态。当 $CS=\mathbf{0}$ 时,依次分析电路可以列出真值表如表 7-6 所列,根据真值表可得 $L=\overline{A+B}$。该电路实现三态输出的 2 输入**或非**逻辑功能。

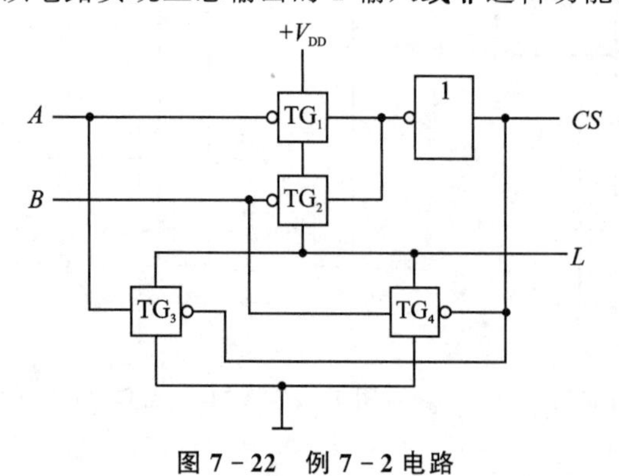

图 7-22　例 7-2 电路

表 7-6　例 7-6 真值表

CS	A	B	L
1	×	×	高阻态
0	0	0	1
0	0	1	0
0	1	0	0
0	1	1	0

2. 使用 CMOS 门电路的注意事项

国产 CMOS 系列数字集成电路主要有 C000 和 CC4000 两个系列。C000 系列是我国早期的 CMOS 集成电路产品，工作电压为 7～15 V。CC4000(CC14000)系列与国际上 CD4000(MC14000)系列对应工作电压为 3～18 V，能与 TTL 电路共用电源，也便于连接，是目前发展较快，应用较普遍的 CMOS 器件。高速 CMOS 电路 CC74HC××系列与国际上 MM74××系列相对应。

CMOS 集成门电路在使用时应注意以下问题：

1) 对电源的要求。CMOS 电路可以在很宽的电源电压范围内提供正常的逻辑功能，如 C000 系列为 7～15 V，CC4000 系列为 3～18 V。V_{DD} 与 V_{SS}(接地端)绝对不允许接反，否则无论是保护电路或内部电路都可能因过大电流而损坏。

2) 对输入端的要求。为保护输入级 MOS 管的氧化层不被击穿，一般 CMOS 电路输入端都有二极管保护网络，这就给电路的应用带来一些限制：其一，输入信号必须在 V_{DD}～V_{SS} 之间取值，以防二极管因正偏电流过大而烧坏，一般 $V_{SS} \leqslant U_{IL} \leqslant 0.3V_{DD}$；$0.7V_{DD} \leqslant U_{IH} \leqslant V_{DD}$。$u_i$ 的极限值为$(V_{SS}-0.5\ V)$～$(V_{DD}+0.5\ V)$。其二，每个输入端的典型输入电流为 10 pA。输入电流以不超过 1 mA 为佳。

多余输入端一般不允许悬空。**与**门及**与非**门的多余输入端应接至 V_{DD} 或高电平，**或**门和**或非**门的多余输入端应接至 V_{SS} 或低电平。与 TTL 门电路不同，对于 CMOS 门电路，无论其输入端通过多大的电阻接地，输入端都相当于低电平。

3) 对输出端的要求。集成 CMOS 电路的输出端不允许直接接 V_{DD} 或 V_{SS}，否则将导致器件损坏。一般情况下不允许输出端并联。因为不同的器件参数不一致，有可能导致 NMOS 和 PMOS 同时导通，形成大电流。但为了增加驱动能力，可以将同一芯片上相同门电路的输入端、输出端分别并联使用。

7.3.3　TTL 与 CMOS 门电路之间的接口技术

集成 CMOS 电路与集成 TTL 电路相比，CMOS 电路比 TTL 电路功耗低，抗干扰能力强，电源电压适用范围宽，扇出能力强；TTL 电路比 CMOS 电路延迟时间短、工作频率高。在使用时，可根据电路的要求及门电路的特点进行选用。

在数字系统中，常遇到不同类型集成电路混合使用的情况。由于输入输出电平、带负载能力等参数的不同，不同类型的集成电路相互连接时，需要合适的接口电路。下面介绍 TTL 与 MOS 门电路之间的接口技术。

1. TTL 门电路驱动 CMOS 门电路

1) 当 $V_{CC}=V_{DD}=+5\ V$ 时。TTL 电路一般可以直接驱动 CMOS 电路。由于 CMOS 输入高电平时要求 $U_{IH}>3.5\ V$，而 TTL 输出高电平下限 $U_{OH(min)}=2\ V$，因此通常在 TTL 输出端加上一个上拉电阻 R，如图 7-23(a)所示。

2) 当 $V_{DD}=+3$～$18\ V$ 时。可采用将 TTL 电路改用 OC 门，如图 7-23(b)所示，或采用具有电平移动功能的 CMOS 电路作为接口电路的方法，如图 7-23(c)所示。

2. CMOS 门电路驱动 TTL 门电路

1）当 $V_{DD}=V_{CC}=+5$ V 时，CMOS 电路一般可以直接驱动一个 TTL 门，当被驱动的门数量较多时，由于 CMOS 输出低电平吸收负载电流的能力较小，而 TTL 输入低电平时 $|I_{IL}|$ 较大，可以采用以下方法，如图 7-24 所示。图 7-24(a)所示是在同一芯片上将 CMOS 门并接使用，以提高驱动电路的带负载能力；图 7-24(b)所示是增加了一级 CMOS 驱动电路。另外，还有采用增加漏极开路门驱动的方法。

2）当 $V_{DD}=+3\sim18$ V 时，宜采用 CMOS 缓冲器驱动器作接口电路，如图 7-23(c)所示。

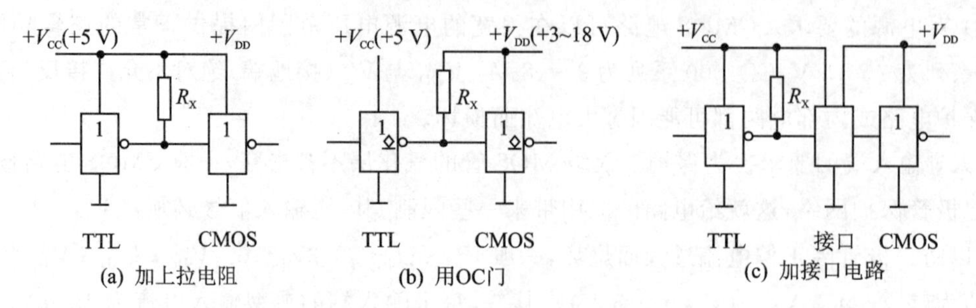

图 7-23　TTL 驱动 CMOS

应该指出，TTL 与 CMOS 门电路之间的接口电路形式多种多样，实用中应根据情况进行选择。

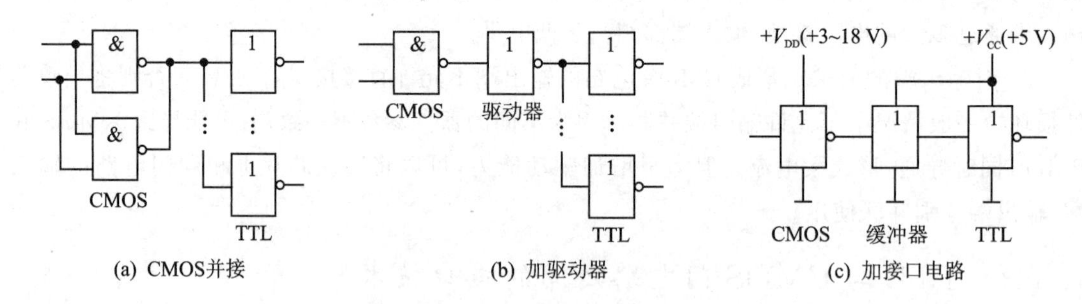

图 7-24　CMOS 电路驱动 TTL 电路

本章小结

1. 半导体二极管、三极管和场效应管在数字电路中通常工作在开关状态，它们是组成基本门电路的核心元件。

2. 分立元件门电路是组成逻辑门的基本形式，虽然目前已被集成电路所取代，但它有助于理解门电路的一些基本工作原理和分析方法。

3. 集成门电路分为 TTL 和 CMOS 两大类，是目前广泛被采用的两种集成电路。TTL 门电路具有工作速度高、带负载能力强等优点，也一直是数字系统普遍采用的器件；CMOS 门电路具有功耗低、集成度高、工作电源范围宽、抗干扰能力强等优点。

4. TTL、CMOS 门电路在使用时，要遵循一定的规则。TTL 门与 CMOS 门之间连接时，需要适当的接口电路

习题 7

7-1　指出下列情况下,TTL **与非**门输入端的逻辑状态。

(1) 输入端接地;

(2) 输入端接电压低于+0.8 V 的电源;

(3) 输入端接前级门的输出低电平+0.3 V;

(4) 输入端接电源电压 V_{CC}=+5 V;

(5) 输入端悬空;

(6) 输入端接前级门的输出高电平 2.7～3.6 V;

(7) 输入端接高于+1.8 V 的电压。

7-2　二极管门电路如题图 7-2 所示,试写出 Y_1 和 Y_2 的表达式。

7-3　分立元件**非**门如题图 7-3 所示。

(1) 试求使三极管截止的最大输入电压值;

(2) 试求使三极管饱和导通的最小输入电压值;

(3) 试判断在输入电压分别为 0 V、3 V、5 V 时,三极管的工作状态,并求解输出电压的值;

(4) 为使输入高电平时三极管深度饱和,可采用哪些措施?

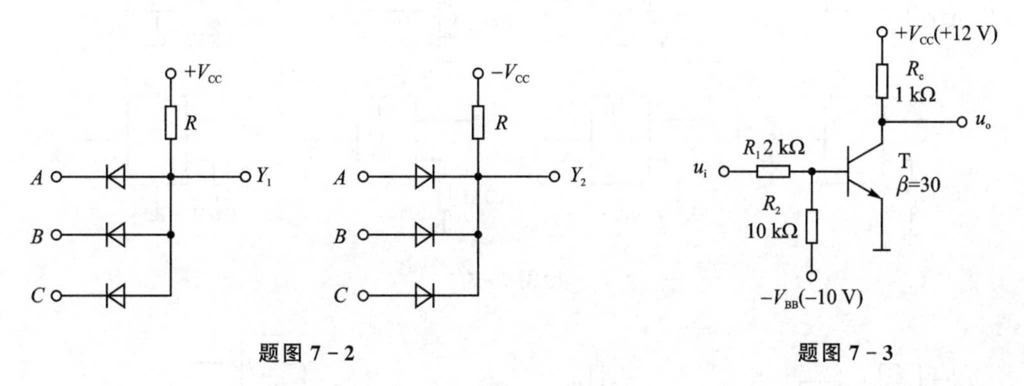

题图 7-2　　　　**题图 7-3**

7-4　TTL 电路如题图 7-4 所示。试根据逻辑表达式所示功能检查电路有无错误,若有则改正。

7-5　说明题图 7-5 所示的各个集成 TTL 门电路输出端的逻辑状态,写出相应输出信号的逻辑表达式。

7-6　集成门电路如题图 7-6 所示,写出 Y_1～Y_5 的逻辑表达式,并根据所给输入信号 A、B、C 的波形画出输出信号 Y_1～Y_5 的波形。

7-7　现有一片四-2 输入**与非**门(74LS00),欲实现 $Y=\overline{AB+CD}$,电路应如何连接?画出逻辑图及芯片引脚连线图。

7-8　题图 7-8 给出了一个由 TTL **与非**门组合而成的**与或非**电路,若只用了 A、B 及 C、D 四个输入端,那么 E、F 端应如何处理,可以悬空吗?若只用了 A、B 及 C、D 和 E 端,那么 F 端应如何处理?

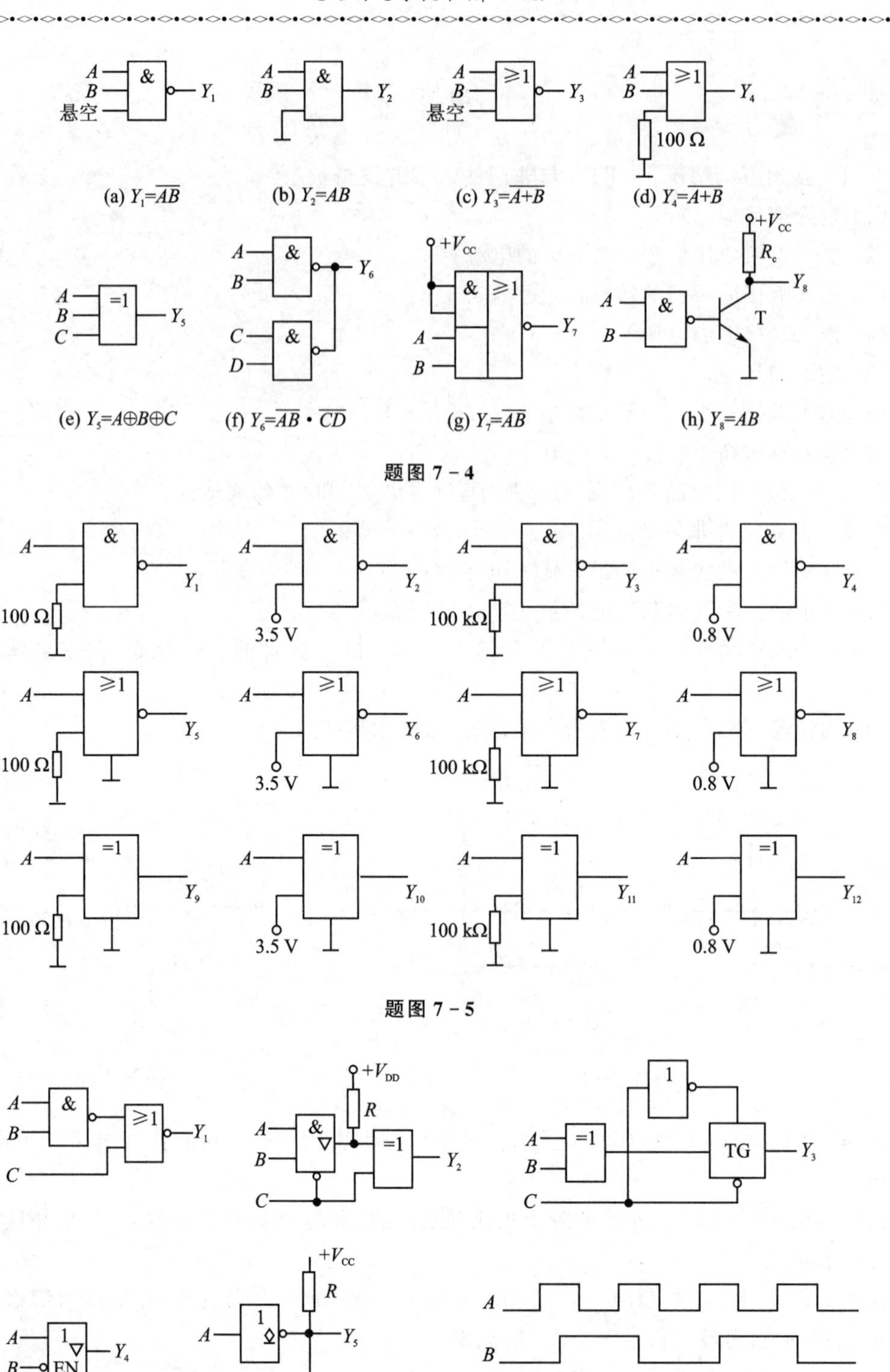

题图 7-4

题图 7-5

题图 7-6

7-9 **与非**门电路如题图7-9所示。A为控制端,B为信号输入端,输入信号为一串矩形脉冲,当6个脉冲过后,**与非**门就关闭,问控制端A的信号应如何连接?并画出用**与**门、**或**门、**或非**门代替**与非**门作门控电路时的波形图。

7-10 试用题图7-10所示的电路控制一指示灯,设F=1时灯亮,F=0时灯灭,U_1和U_2为控制端信号,静态时U_1和U_2均为0。

(1) U_1=0,U_2加入一正阶跃信号时灯亮,问U_2信号消失后灯是否保持亮?为什么?

(2) 灯亮后,要使它熄灭,控制端的信号应如何安排?

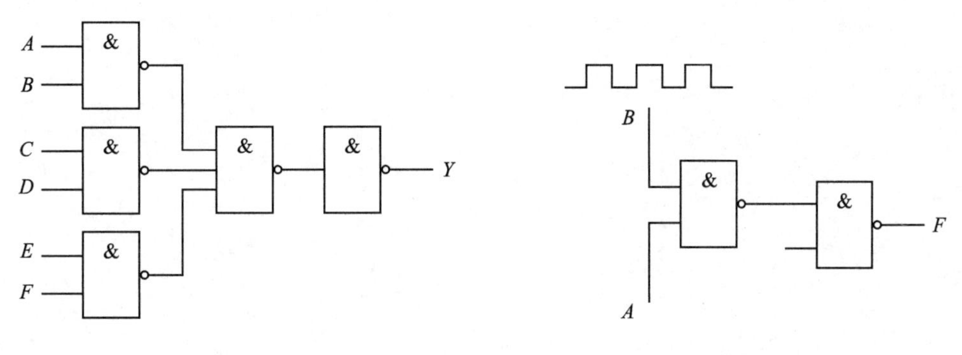

题图7-8　　　　题图7-9

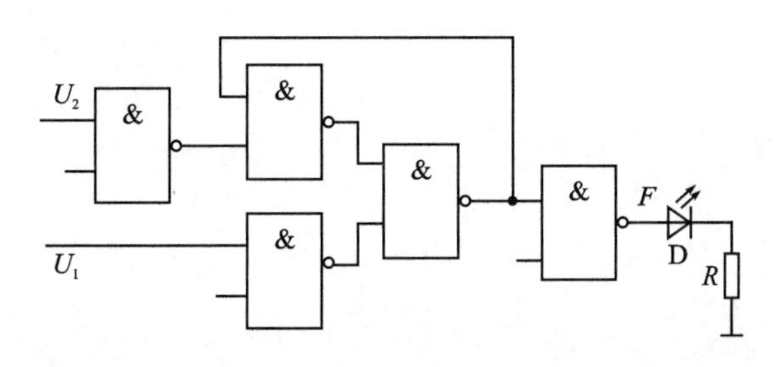

题图7-10

7-11 题图7-11所示为几种TTL电路驱动CMOS电路和CMOS电路驱动TTL电路的连接图。试检查电路连接方式是否正确,若有错误则改正,并简述理由。

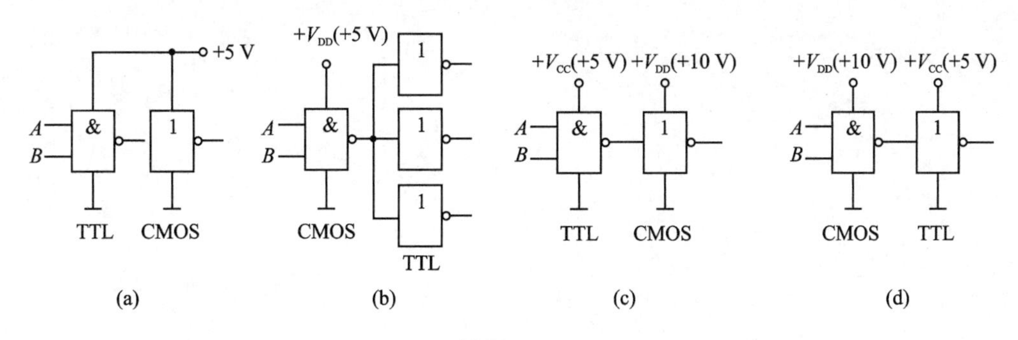

题图7-11

7-12 已知题图7-12所示各电路的逻辑表达式分别为:$Y_1=\overline{A+B}$,$Y_2=\overline{AB}$,$Y_3=AB$,$Y_4=A$,试将多余输入端C进行适当处理。

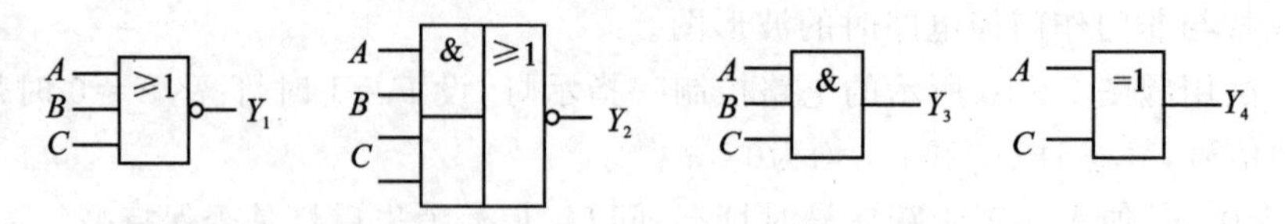

题图7-12

第 8 章　组合逻辑电路

内容提要

- 组合逻辑电路的结构特点及功能特点
- 组合逻辑电路的分析方法与设计方法
- 编码器、译码器、加法器、数据选择器、数据分配器的工作原理及使用方法
- 组合电路中的竞争—冒险现象及消除方法

数字电路按照逻辑功能的不同分为两大类：一类是**组合逻辑电路**，简称**组合电路**；另一类是**时序逻辑电路**，简称**时序电路**。本章讨论组合电路，首先介绍组合电路的结构和功能特点、一般分析方法和设计方法，然后以编码器、译码器、加法器、数值比较器、数据选择器和数据分配器为例重点讲述常用中规模集成组合电路的组成、工作原理及典型应用。

8.1　组合逻辑电路的特点及分析设计方法

8.1.1　组合电路的特点

1. 功能特点

组合电路在任意时刻的输出仅仅取决于该时刻输入信号的状态，而与该时刻之前电路的状态无关。简而言之，组合电路“无记忆性”。

图 8-1 所示是一个有多输入端和多输出端的组合电路框图，其中 $A_1,A_2,\cdots,A_m$ 为输入逻辑变量，$Y_1,Y_2,\cdots,Y_n$ 为输出逻辑变量，输出与输入之间的关系表示为

$$\begin{cases} Y_1=f_1(A_1,A_2,\cdots,A_m) \\ Y_2=f_2(A_1,A_2,\cdots,A_m) \\ \quad\vdots \qquad \vdots \\ Y_n=f_n(A_1,A_2,\cdots,A_m) \end{cases} \tag{8-1}$$

A_1 A_2 ⋮ A_m 组合逻辑电路 Y_1 Y_2 ⋮ Y_n

图 8-1　组合电路框图

2. 结构特点

组合电路之所以具有以上功能特点，归根结底是由于结构上满足以下特点：

1) 不包含记忆(存储)元件；

2) 不存在输出到输入的反馈回路。

需要指出的是，在第 7 章介绍的各种门电路均属于组合电路，它们是构成复杂组合电路的单元电路。

8.1.2 组合电路的一般分析方法

分析组合电路，就是根据已知的逻辑图，找出输出变量与输入变量之间的逻辑关系，从而确定电路的逻辑功能。分析组合电路，通常遵循以下步骤：

1) 根据给定逻辑图写出输出变量的逻辑表达式；

2) 用公式法或卡诺图法化简逻辑表达式；

3) 根据化简后的表达式列出真值表；

4) 根据真值表所反映的输出与输入变量的取值对应关系，说明电路的逻辑功能。

以上步骤中，化简不是必须的，写输出变量表达式的目的只是为了列真值表，有了真值表，逻辑功能也就一目了然了。因此，只要方便列真值表，表达式不化简也可，下面举例说明。

例 8-1 试分析图 8-2 所示电路的逻辑功能。

解：(1)写出各门电路输出信号的逻辑表达式：

$$L_1=\overline{AB} \qquad L_2=A+B \qquad L_3=\overline{L_2 \cdot C}$$

$$F=\overline{L_1 \cdot L_3}=\overline{\overline{AB} \cdot \overline{(A+B) \cdot C}}$$

(2) 列出逻辑函数真值表，如表 8-1 所示。

(3) 逻辑功能分析

由真值表可知，当 A、B、C 中有多数个为1时，F 即为1。因此，图 8-2 所示电路具有多数表决的功能，是一个多数表决电路。

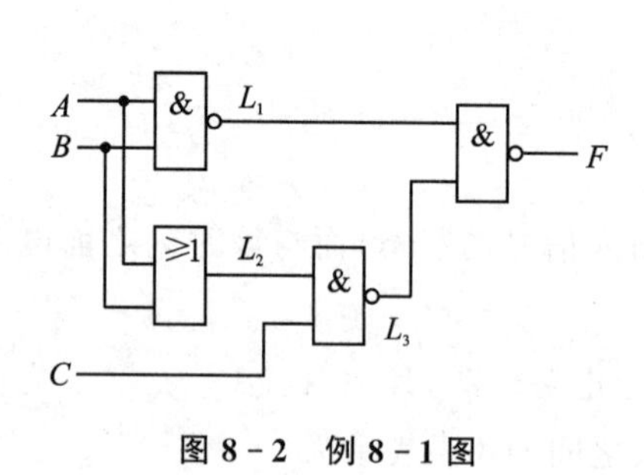

图 8-2 例 8-1 图

表 8-1 例 8-1 真值表

A	B	C	F
0	0	0	0
0	0	1	0
0	1	0	0
0	1	1	1
1	0	0	0
1	0	1	1
1	1	0	1
1	1	1	1

例 8-2 分析图 8-3 所示电路的逻辑功能。

解：(1)写逻辑表达式。

$$L=\overline{A \cdot \overline{ABC}}, \qquad M=\overline{B \cdot \overline{ABC}}, \qquad N=\overline{C \cdot \overline{ABC}}, \qquad Y=\overline{LMN}=\overline{L}+\overline{M}+\overline{N}$$

(2) 化简。

$$Y=\overline{LMN}=\overline{L}+\overline{M}+\overline{N}=A(\overline{A}+\overline{B}+\overline{C})+B(\overline{A}+\overline{B}+\overline{C})+C(\overline{A}+\overline{B}+\overline{C})$$

$$=A\overline{B}+A\overline{C}+B\overline{A}+B\overline{C}+\overline{A}C+\overline{B}C=\overline{A}B+\overline{B}C+\overline{C}A(\text{或}=A\overline{B}+B\overline{C}+C\overline{A})$$

(3) 由化简后的表达式列出真值表如表 8-2 所列。

(4) 分析逻辑功能。由真值表可知，只要 A、B、C 的取值不一样，输出 Y 就为1；否则，当 A、B、C 取值一样时，Y 为0。所以，这是一个三变量的非一致电路。

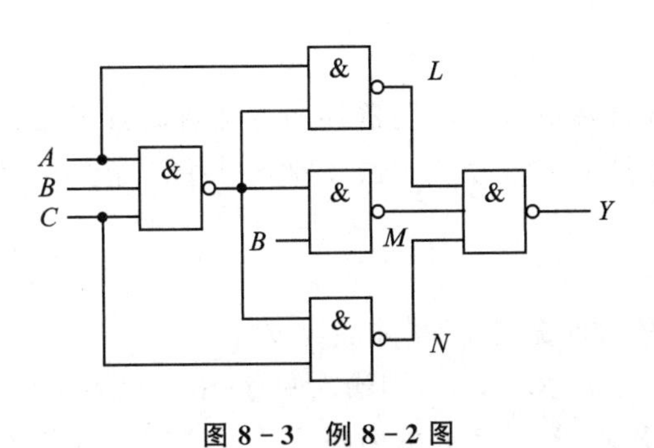

图8-3　例8-2图

表8-2　例8-2真值表

A	B	C	Y
0	0	0	0
0	0	1	1
0	1	0	1
0	1	1	1
1	0	0	1
1	0	1	1
1	1	0	1
1	1	1	0

例8-3　试分析图8-4所示电路的逻辑功能。

解：(1)写出图8-4的逻辑表达式。

$$Y=A\oplus B\oplus C\oplus D$$

(2) 由逻辑表达式得真值表如表8-3所列。

(3) 分析逻辑功能。由真值表可知，当4个输入变量中有奇数个1时，输出为1；否则，输入变量中有偶数个1时，输出为0，这样根据输出结果就可以校验输入1的个数是否为奇数，因此图8-4所示电路是一个4输入变量的**奇校验电路**。

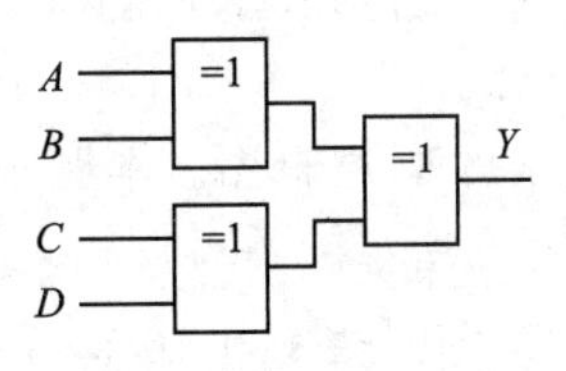

图8-4　例8-3图

表8-3　例8-3真值表

A	B	C	D	Y	A	B	C	D	Y
0	0	0	0	0	1	0	0	0	1
0	0	0	1	1	1	0	0	1	0
0	0	1	0	1	1	0	1	0	0
0	0	1	1	0	1	0	1	1	1
0	1	0	0	1	1	1	0	0	0
0	1	0	1	0	1	1	0	1	1
0	1	1	0	0	1	1	1	0	1
0	1	1	1	1	1	1	1	1	0

8.1.3　组合电路的一般设计方法

组合电路的设计与分析过程相反，它是根据已知的逻辑问题，首先列出真值表，然后求出逻辑函数的最简表达式，继而画出逻辑图。组合电路的设计通常以电路简单、所用器件最少为目标。前面介绍的用公式法和卡诺图法化简逻辑函数，就是为了获得最简表达式，以便使用最少的门电路组合成逻辑电路。但是由于在设计中普遍采用中、小规模集成电路，一片集成电路包括几个至几十个同一类型的门电路，因此应根据具体情况，尽可能减少所用器件的数目和种类，这样可以使组装好的电路结构紧凑，达到工作可靠的目的。

组合电路的设计可遵循以下步骤：

1）设定输入、输出变量并进行状态赋值；

2）根据功能要求列出真值表；

3）根据真值表写出逻辑表达式并化成最简，如果题目对所用器件的种类有附加的限制（例如只允许用单一类型的**与非**门实现），则还应将表达式变换成与器件种类相对应的形式（例如将逻辑表达式化作**与非-与非**形式）；

4）根据最简表达式画出逻辑图。

例 8-4　设计一个三人表决电路，实现大多数人同意时，结果才能通过。

解：（1）设定变量并进行状态赋值。用 A、B、C 表示三个人，即输入变量；用 Y 代表结果，即输出变量。且采用正逻辑赋值，A、B、C 为1 表示同意，为0 表示不同意；Y 为1 表示结果通过，为0 表示不通过。

（2）根据题目要求列真值表，如表 8-4 所列。

（3）由真值表写出逻辑表达式并化简。

$$Y=\bar{A}BC+A\bar{B}C+AB\bar{C}+ABC=AB+BC+AC$$

（4）画逻辑图。本题未限制门电路的种类，则由最简表达式直接画出逻辑图即可，如图 8-5 所示。

表 8-4　例 8-4 真值表

A	B	C	Y
0	0	0	0
0	0	1	0
0	1	0	0
0	1	1	1
1	0	0	0
1	0	1	1
1	1	0	1
1	1	1	1

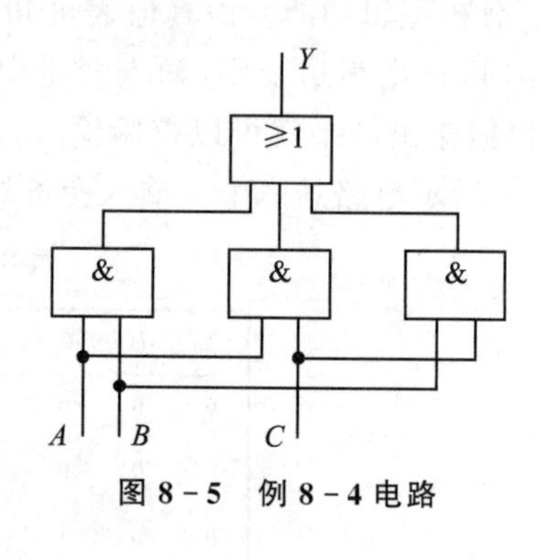

图 8-5　例 8-4 电路

例 8-5　设计一个燃油锅炉自动报警器。要求燃油喷嘴在开启状态下，如锅炉水温或压力过高则发出报警信号。要求用**与非**门实现。

解：（1）设定变量并进行状态赋值。将喷嘴开关、锅炉水温、压力分别用 A、B、C 表示；$A=1$ 表示喷嘴开关打开，$A=0$ 表示喷嘴开关关闭；B、C 为1 表示温度、压力过高，为0 表示温度、压力正常。报警信号作为输出变量用 F 表示，$F=0$ 表示正常，$F=1$ 报警。

（2）根据题意列真值表，如表 8-5 所列。

（3）根据真值表写表达式并化为最简。

$$F=A\bar{B}C+AB\bar{C}+ABC=AB+AC$$

由于要求用**与非**门实现，所以须将表达式变换成**与非-与非**式。即

$$F=AB+AC=\overline{\overline{AB+AC}}=\overline{\overline{AB}\cdot\overline{AC}}$$

（4）画逻辑图。用**与非**门实现的逻辑图如图 8-6 所示。

表 8-5　例 8-5 真值表

A	B	C	F
0	0	0	0
0	0	1	0
0	1	0	0
0	1	1	0
1	0	0	0
1	0	1	1
1	1	0	1
1	1	1	1

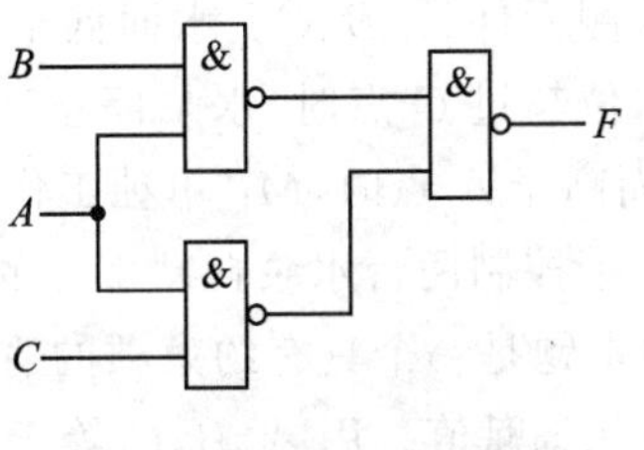

图 8-6　例 8-5 电路

例 8-6　设 A、B、C 为某保密锁的 3 个按键，当 A 键单独按下时，锁既不打开也不报警；只有当 A、B、C 或者 A、B 或者 A、C 分别同时按下时，锁才能被打开，当不符合上述组合状态时，将发出报警信息，试分别用**与非**门和**或非**门设计此保密锁的逻辑电路。

解：(1) 设定变量并进行状态赋值。A、B、C 为三个按键，按下为1，不按为0。设 F 和 G 分别为开锁信号和报警信号，开锁为1，不开锁为0，报警为1，不报警为0。

(2) 根据题意列真值表，如表 8-6 所列。

(3) 根据真值表写表达式并化为最简。

$$F = A\bar{B}C + AB\bar{C} + ABC = AB + AC$$

$$G = \bar{A}\cdot\bar{B}C + \bar{A}B\bar{C} + \bar{A}BC = \bar{A}B + \bar{A}C$$

表 8-6　例 8-6 真值表

A	B	C	F	G
0	0	0	0	0
0	0	1	0	1
0	1	0	0	1
0	1	1	0	1
1	0	0	0	0
1	0	1	1	0
1	1	0	1	0
1	1	1	1	0

若用**与非**门实现，须将表达式变换成**与非-与非**式。即

$$F = AB + AC = \overline{\overline{AB + AC}} = \overline{\overline{AB}\cdot\overline{AC}}$$

$$G = \bar{A}B + \bar{A}C = \overline{\overline{\bar{A}B + \bar{A}C}} = \overline{\overline{\bar{A}B}\cdot\overline{\bar{A}C}}$$

若用**或非**门实现，需将表达式变换成**或非-或非**式。根据第 6 章介绍的求**或非-或非**式的方法，可得

$$F = AB + AC = \overline{\bar{A} + \overline{B + C}}$$

$$G = \bar{A}B + \bar{A}C = \overline{A + \overline{B + C}}$$

(4) 画逻辑图。用**与非**门和**或非**门实现的逻辑图分别如图 8-7 和图 8-8 所示。

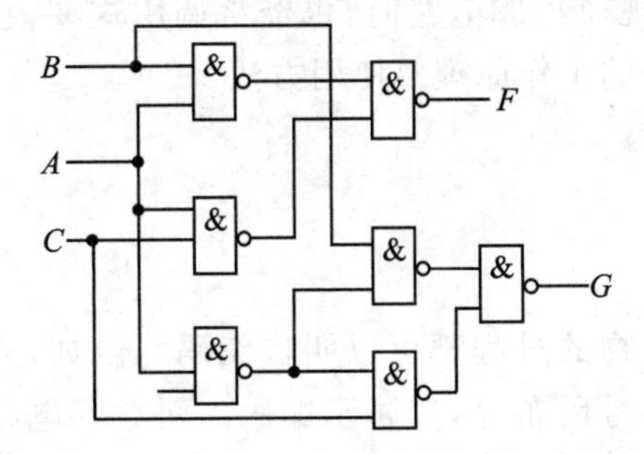

图 8-7　例 8-6 用与非门实现的电路

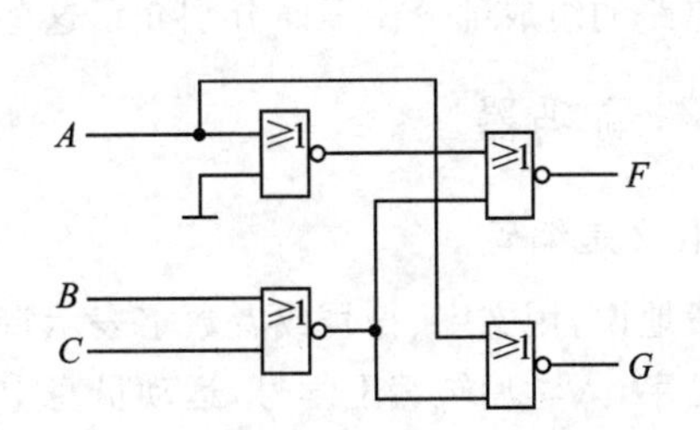

图 8-8　例 8-6 用或非门实现的电路

例 8-7 有一水箱由大、小两台水泵 M_L 和 M_S 供水,如图 8-9 所示。水箱中设置了 3 个水位检测元件 A、B、C。水面低于检测元件时,检测元件给出高电平;反之给出低电平。现要求当水位超过 C 点时,水泵停止工作;水位低于 C 点而高于 B 点时,M_S 单独工作;水位低于 B 点而高于 A 点时,M_L 单独工作;水位低于 A 点时,M_L 和 M_S 同时工作。试根据以上要求设计一个控制两台水泵自动工作的电路。

解: 本题是一个具有约束项的逻辑函数问题,设计时需要注意。

(1) 状态赋值。用 A、B、C 等于1 分别表示检测元件 A、B、C 给出高电平,用 A、B、C 等于0 分别表示检测元件 A、B、C 给出低电平;用 $M_L=1$、$M_S=1$ 分别表示水泵 M_L 和 M_S 工作,用 $M_L=0$、$M_S=0$ 分别表示水泵 M_L 和 M_S 停止工作。

(2) 根据题意得真值表如表 8-7 所列。

(3) 根据真值表写表达式并用卡诺图化简得

$$M_S=A+\bar{B}C,\qquad M_L=B$$

(4) 由最简表达式可得逻辑图如图 8-10 所示。

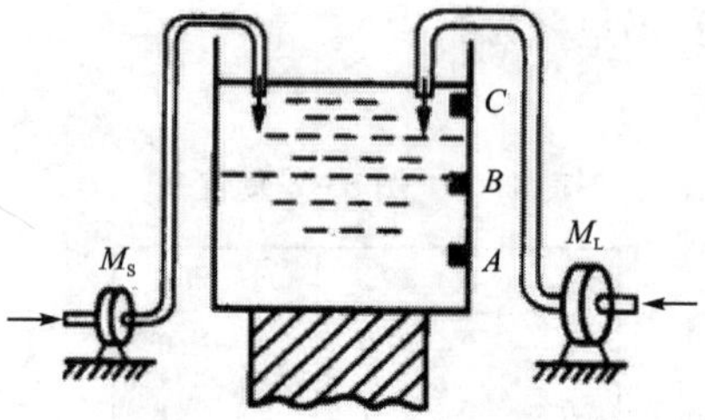

图 8-9 例 8-7 用图

表 8-7 例 8-7 真值表

A B C	M_S M_L
0 0 0	0 0
0 0 1	1 0
0 1 0	× ×
0 1 1	0 1
1 0 0	× ×
1 0 1	× ×
1 1 1	× ×
1 1 1	1 1

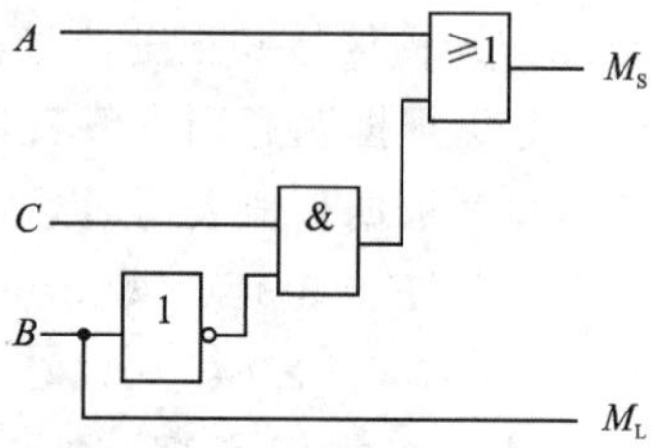

图 8-10 例 8-7 电路

8.2 常用组合逻辑电路介绍

编码器、译码器、加法器、数据选择器、数值比较器、数据分配器、函数发生器等电路是常用的组合逻辑电路,它们经常、大量地出现在各种数字系统中。为了使用方便,已经将这些逻辑电路制成了中、小规模集成电路产品。在设计大规模集成电路时,也经常调用这些模块,作为所设计电路的组成部分。下面分别介绍这些电路的工作原理及使用方法。

8.2.1 编码器

1. 什么是编码

一般地说,用文字、符号或者数字表示特定事物的过程都可以叫作**编码**。例如,人一出生就要起名字,入学后被编上学号,运动员身上带的号码布等,都属于编码。而数字电路中的编码,是指用二进制代码表示不同的事物。能够实现编码功能的电路称作**编码器**(Encoder)。

n 位二进制代码可以组成 2^n 种不同的状态，也就可以表示 2^n 个不同的信息。若要对 N 个输入信息进行编码，须满足 $N \leqslant 2^n$，n 为二进制代码的位数，也即输入变量的个数。当 $N=2^n$ 时，是利用了 n 个输入变量的全部组合进行的编码，称为**全编码**，实现全编码的电路叫作全编码器（或称二进制编码器）；当 $N<2^n$ 时，是利用了 n 个输入变量的部分状态进行的编码，称为**部分编码**。

2. 二进制编码器

二进制编码器也叫全编码器，其框图如图 8-11 所示。框图中，输入信号 I_1、$I_2 \cdots I_{2^n}$ 为 2^n 个有待于编码的信息，输出信号 Y_n、$Y_{n-1} \cdots Y_1$ 为 n 位二进制代码，其中 Y_n 为代码的最高位，Y_1 为最低位。例如，当 $n=3$ 时，称为 3 位二进制编码器；当 $n=4$ 时，称为 4 位二进制编码器。

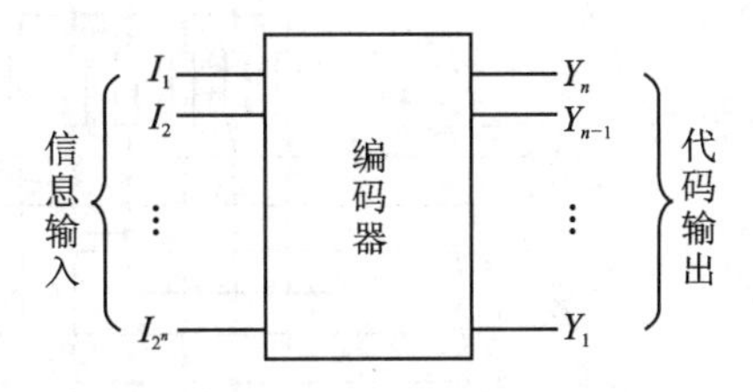

图 8-11　二进制编码器框图

对于编码器而言，在编码过程中，一次只能有一个输入信号被编码，被编码的信号必须输入的是有效电平，有效电平可能是高电平，也有可能是低电平，这与电路设计有关，不同编码器，其有效电平可能不同。例如，某个编码器的输入有效电平是高电平，表明只有当输入信号为高电平时才能被编码，而输入为低电平时不能被编码。对于输出的二进制代码来说，可能是原码，也有可能是反码，这也取决于电路设计中所选取的门电路的种类。例如，十进制数“9”的 8421BCD 原码是**1001**，反码是**0110**。

二进制编码器又分为普通编码器和优先编码器。

(1) 普通编码器

以 3 位二进制普通编码器为例。表 8-8 是该编码器的真值表，可以看出：

表 8-8　3 位二进制编码器真值表

$\overline{I}_7$	$\overline{I}_6$	$\overline{I}_5$	$\overline{I}_4$	$\overline{I}_3$	$\overline{I}_2$	$\overline{I}_1$	$\overline{I}_0$	Y_2	Y_1	Y_0
0	1	1	1	1	1	1	1	1	1	1
1	0	1	1	1	1	1	1	1	1	0
1	1	0	1	1	1	1	1	1	0	1
1	1	1	0	1	1	1	1	1	0	0
1	1	1	1	0	1	1	1	0	1	1
1	1	1	1	1	0	1	1	0	1	0
1	1	1	1	1	1	0	1	0	0	1
1	1	1	1	1	1	1	0	0	0	0

① 输入信号为低电平有效，因此输入信号“I”上面带有**非**号；

② 输入信号之间互相排斥，即不允许有两个或两个以上输入信号同时为有效电平，因此这种普通编码器又称作**互斥编码器**。

③ 输出信号为原码，所以“Y”上面没有**非**号，这种二进制编码器又可称作 8 线—3 线（8/3 线）编码器。

根据真值表写出输出变量 Y_2、Y_1、Y_0 的表达式并整理得

$$Y_2=\overline{\overline{I}_7 \cdot \overline{I}_6 \cdot \overline{I}_5 \cdot \overline{I}_4},\qquad Y_1=\overline{\overline{I}_7 \cdot \overline{I}_6 \cdot \overline{I}_3 \cdot \overline{I}_2},\qquad Y_0=\overline{\overline{I}_7 \cdot \overline{I}_5 \cdot \overline{I}_3 \cdot \overline{I}_1}$$

需要说明的是,表 8－8 所列实际是一个八变量的逻辑函数(理论上共有 2^8 种不同的取值组合)。由于任何时刻 $I_0 \sim I_7$ 中仅有一个取值为1,即输入变量取值的组合仅有表中列出的 8 种状态,则输入变量为其他取值下输出等于1 的那些最小项均为约束项,利用这些约束项通过化简即可得到上面 Y_2、Y_1、Y_0 的最简表达式。

由表达式画出逻辑电路图如图 8－12(a)所示,图 8－12(b)是该 8/3 线互斥编码器的图形符号。

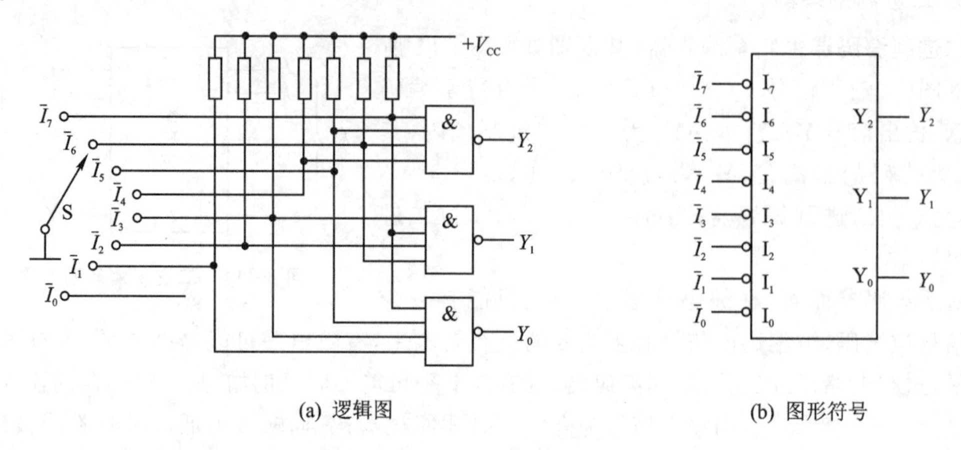

(a) 逻辑图　　(b) 图形符号

图 8－12　8 线－3 线普通编码器

(2) 优先编码器

与普通编码器不同,**优先编码器**(priority encoder)允许同时有几个输入信号为有效电平,但电路只能对其中优先级别最高的输入信号进行编码。

同样以 8/3 线优先编码器为例,设输入信号 $I_7 \sim I_0$ 为高电平有效("I"上不带**非**号),输出为原码(Y_2、Y_1、Y_0 上也没有**非**号)。若输入信号的优先级别依次为 $I_7, I_6, \cdots$、I_1, I_0,则可以得到表 8－9 所列的真值表(表中"×"表示取0 取1 均可)。显然,表中输入信号允许同时有多个为有效电平1。

由表 8－9 可分别写出 Y_2、Y_1、Y_0 的表达式如下:

$$Y_2 = I_7 + \bar{I}_7 I_6 + \bar{I}_7 \bar{I}_6 I_5 + \bar{I}_7 \bar{I}_6 \bar{I}_5 I_4 = I_7 + I_6 + I_5 + I_4$$

$$Y_1 = I_7 + \bar{I}_7 I_6 + \bar{I}_7 \bar{I}_6 \bar{I}_5 \bar{I}_4 I_3 + \bar{I}_7 \bar{I}_6 \bar{I}_5 \bar{I}_4 \bar{I}_3 I_2 = I_7 + I_6 + \bar{I}_5 \bar{I}_4 I_3 + \bar{I}_5 \bar{I}_4 I_2$$

$$Y_0 = I_7 + \bar{I}_7 \bar{I}_6 I_5 + \bar{I}_7 \bar{I}_6 \bar{I}_5 \bar{I}_4 I_3 + \bar{I}_7 \bar{I}_6 \bar{I}_5 \bar{I}_4 \bar{I}_3 \bar{I}_2 I_1 = I_7 + \bar{I}_6 I_5 + \bar{I}_6 \bar{I}_4 I_3 + \bar{I}_6 \bar{I}_4 \bar{I}_2 I_1$$

表 8－9　8 线－3 线优先编码器真值表

I_7	I_6	I_5	I_4	I_3	I_2	I_1	I_0	Y_2	Y_1	Y_0
1	×	×	×	×	×	×	×	1	1	1
0	1	×	×	×	×	×	×	1	1	0
0	0	1	×	×	×	×	×	1	0	1
0	0	0	1	×	×	×	×	1	0	0
0	0	0	0	1	×	×	×	0	1	1
0	0	0	0	0	1	×	×	0	1	0
0	0	0	0	0	0	1	×	0	0	1
0	0	0	0	0	0	0	1	0	0	0

若用**与或非**门实现且反码输出，即输出为 $\bar{Y}_2$、$\bar{Y}_1$、$\bar{Y}_0$，则上面的式子可写成

$$\bar{Y}_2=\overline{I_7+I_6+I_5+I_4}$$

$$\bar{Y}_1=\overline{I_7+I_6+\bar{I}_5\bar{I}_4I_3+\bar{I}_5\bar{I}_4I_2}$$

$$\bar{Y}_0=\overline{I_7+\bar{I}_6I_5+\bar{I}_6\bar{I}_4I_3+\bar{I}_6\bar{I}_4\bar{I}_2I_1}$$

如果输入为低电平有效，即 $\bar{I}_7\sim\bar{I}_0$ 以反变量输入，则根据 $\bar{Y}_2$、$\bar{Y}_1$、$\bar{Y}_0$ 的表达式可画出 8/3 线优先编码器的逻辑图，如图 8-13 所示。特别地，当输入低电平有效时，常将反相器的"o"画在输入端，如图中 $G_1\sim G_7$。另外注意，图中 $\bar{I}_0$ 为隐含码，即当输入信号 $\bar{I}_7\sim\bar{I}_1$ 均无输入时（即 $\bar{I}_7\sim\bar{I}_1$ 均为1），此时，$\bar{Y}_2$、$\bar{Y}_1$、$\bar{Y}_0$ 均为1，此即 $\bar{I}_0$ 的编码。

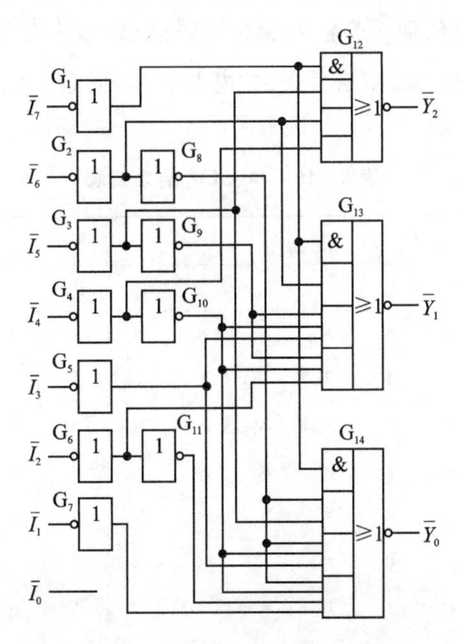

图 8-13　8 线-3 线优先编码器逻辑图

(3) 集成 8/3 线优先编码器

图 8-14(a)所示是 TTL 集成 8/3 线优先编码器 74LS148 的引脚排列图，图 8-14(b)是其图形符号。在理论分析中多采用集成电路的图形符号，引脚排列图多用于实际连线中。74LS148 的逻辑功能如表 8-10 所列。74LS148 除了具备表 8-9 所示的 8/3 线优先编码器的功能外，还增加了一些功能端 $\overline{ST}$、$\bar{Y}_S$ 和 $\bar{Y}_{EX}$。

$\overline{ST}$ 为使能端，也称选通输入端，低电平有效。只有当 $\overline{ST}=0$ 时，电路才处于正常工作状态，对输入信号进行编码；否则，当 $\overline{ST}=1$ 时，编码被禁止，所有的输出端均被封锁在高电平（即高阻态输出）。

$\bar{Y}_S$ 和 $\bar{Y}_{EX}$ 分别称作选通输出端和扩展输出端，它们均用于多个编码器芯片的级联扩展。在多个芯片级联应用时，将高位片的 $\bar{Y}_S$ 端与低位片的 $\overline{ST}$ 端连接起来，可以扩展编码器的功能。由表 8-10 可以看出，只有当所有编码输入都是无效电平高电平1 时（即没有编码输入），而且 $\overline{ST}=0$ 时，$\bar{Y}_S$ 才是低电平0。因此，$\bar{Y}_S$ 的低电平输出信号表示"电路工作，但无编码输

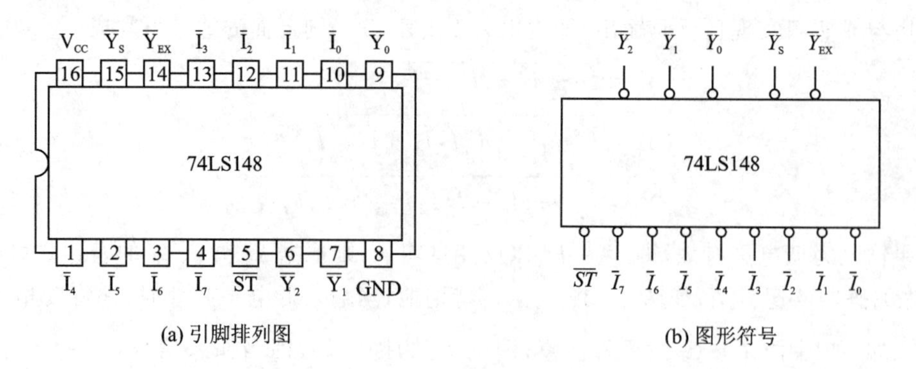

图 8-14 8线-3线优先编码器74LS148

入”。而 $\bar{Y}_{EX}$ 的作用是，只要任何一个输入端有编码请求(即为有效电平0)，且 $\overline{ST}=0$，$\bar{Y}_{EX}$ 即为低电平。因此，$\bar{Y}_{EX}$ 的低电平输出信号表示“电路工作，而且有编码输入”。$\bar{Y}_{EX}$ 在多个芯片级联应用时可作输出位的扩展端。

表 8-10 74LS148的功能表

输入									输出				
$\overline{ST}$	$\bar{I}_7$	$\bar{I}_6$	$\bar{I}_5$	$\bar{I}_4$	$\bar{I}_3$	$\bar{I}_2$	$\bar{I}_1$	$\bar{I}_0$	$\bar{Y}_2$	$\bar{Y}_1$	$\bar{Y}_0$	$\bar{Y}_{EX}$	$\bar{Y}_S$
1	×	×	×	×	×	×	×	×	1	1	1	1	1
0	1	1	1	1	1	1	1	1	1	1	1	1	0
0	0	×	×	×	×	×	×	×	0	0	0	0	1
0	1	0	×	×	×	×	×	×	0	0	1	0	1
0	1	1	0	×	×	×	×	×	0	1	0	0	1
0	1	1	1	0	×	×	×	×	0	1	1	0	1
0	1	1	1	1	0	×	×	×	1	0	0	0	1
0	1	1	1	1	1	0	×	×	1	0	1	0	1
0	1	1	1	1	1	1	0	×	1	1	0	0	1
0	1	1	1	1	1	1	1	0	1	1	1	0	1

例 8-8 试用两片8/3线优先编码器74LS148通过级联，接成16/4线编码器。

解： 级联电路如图8-15所示。$\bar{A}_{15}\sim\bar{A}_0$ 是编码输入信号，低电平有效，$\bar{A}_{15}$ 优先级别最高，$\bar{A}_0$ 优先级别最低；$\bar{Z}_3\sim\bar{Z}_0$ 组成4位二进制反码作为输出信号。当高位片无编码输入而低位片有编码输入时(即 $\bar{A}_{15}\sim\bar{A}_8$ 全为1，$\bar{A}_7\sim\bar{A}_0$ 中至少有一个为0时)，高位片的 $\bar{Y}_S=0$，低位片工作，$\bar{Z}_3=1$，输出为 $\bar{A}_7\sim\bar{A}_0$ 的编码1000～1111(反码)。当高位片有编码输入时(即 $\bar{A}_{15}\sim\bar{A}_8$ 中至少有一个为低电平时)，高位片的 $\bar{Y}_S=1$，低位片停止工作，$\bar{Z}_3=0$，输出为 $\bar{A}_{15}\sim\bar{A}_8$ 的编码0000～0111(反码)。

3. 十进制编码器

将10个输入信号 $I_9\sim I_0$ 分别编成对应的8421BCD码的电路称为十进制编码器，也称为

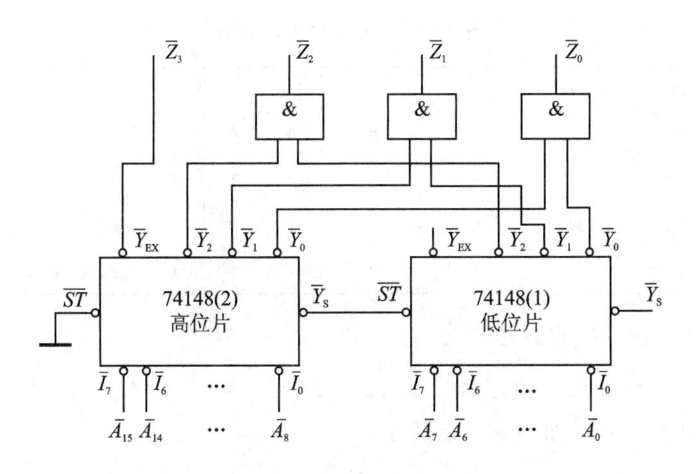

图 8-15　例 8-8 连线图

二-十进制编码器或 8421BCD 码编码器。

集成十进制编码器中，常见的是 10 线—4 线优先编码器 74LS147，图 8-16(a)所示为 74LS147 的引脚排列图，图 8-16(b)是它的图形符号。

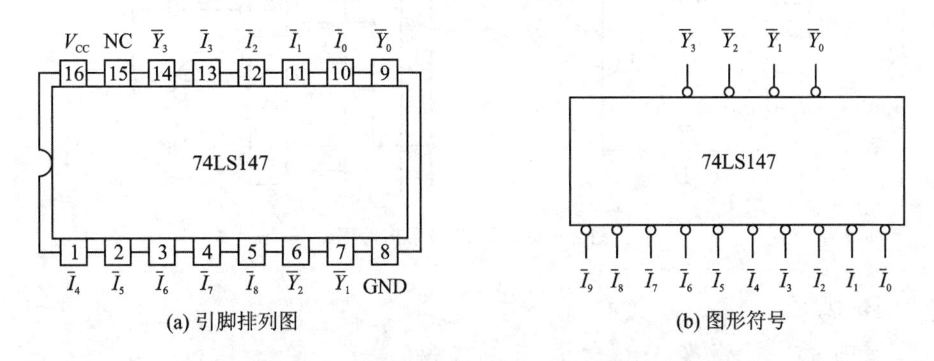

(a) 引脚排列图　　(b) 图形符号

图 8-16　10 线-4 线优先编码器 74LS147

74LS147 的输入端为 $\overline{I}_0 \sim \overline{I}_9$，低电平有效，优先权从 $\overline{I}_9$ 到 $\overline{I}_0$ 依次降低；输出端为 $\overline{Y}_3$、$\overline{Y}_2$、$\overline{Y}_1$、$\overline{Y}_0$，组成 4 位 8421BCD 码，$\overline{Y}_3$ 为最高位，$\overline{Y}_0$ 为最低位，且输出为反码。

例 8-9　某医院有一、二、三、四号病室，每室设有呼叫按钮，同时在护士值班室内对应地装有一、二、三、四号指示灯。现在的情况是，四个病室的按钮可以同时按下，但值班室一次只有一盏灯亮，一号病室的优先权最高，四号病室的优先权最低。试用优先编码器 74LS148 和门电路设计满足上述要求的控制电路。

解： 选取输入变量 B_1、B_2、B_3、B_4 分别表示一、二、三、四号病室的按钮，按下时变量为**0**，否则为**1**，即输入为低电平有效。用输出变量 L_1、L_2、L_3、L_4 分别表示一、二、三、四号指示灯，变量为**0** 表示灯亮，为**1** 表示灯灭。因只需控制 4 盏灯，故用两位输出即可。本设计可选用 74LS148 的低 4 位输入端 $\overline{I}_0 \sim \overline{I}_3$ 和低二位输出端 $\overline{Y}_1$、$\overline{Y}_0$。控制电路的功能可用表 8-11 来描述。

表 8-11 控制电路功能表

$B_1(\overline{I}_3)$	$B_2(\overline{I}_2)$	$B_3(\overline{I}_1)$	$B_4(\overline{I}_0)$	$\overline{Y}_1$	$\overline{Y}_0$	L_1	L_2	L_3	L_4
0	×	×	×	0	0	0	1	1	1
1	0	×	×	0	1	1	0	1	1
1	1	0	×	1	0	1	1	0	1
1	1	1	0	1	1	1	1	1	0

由真值表可得 $L_1 \sim L_4$ 的表达式为

$$L_1=\overline{Y_1 Y_0},\quad L_2=\overline{Y_1\overline{Y_0}},\quad L_3=\overline{\overline{Y_1}Y_0},\quad L_4=\overline{\overline{Y_1}\ \overline{Y_0}}$$

由表达式画出控制电路如图 8-17 所示。

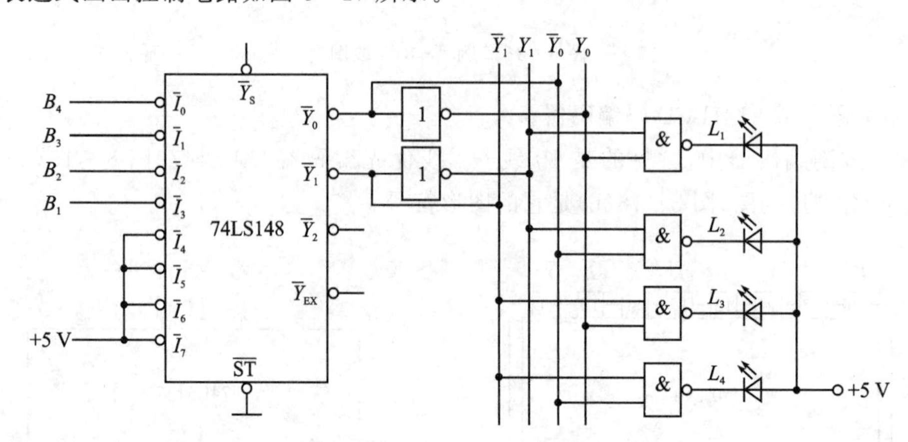

图 8-17 例 8-9 电路图

8.2.2 译码器

1. 什么是译码

译码是指将输入的二进制代码译成对应的输出高、低电平信号或另外一个代码的过程。能够实现译码功能的电路叫作**译码器**(Decoder)。译码是编码的逆过程。

编码器是将 N 个输入信号用 n 变量的不同二进制组合表示出来,而译码器则是将输入的 n 变量的不同二进制组合所表示的状态,以输出高电平或低电平的形式一一反映出来。若译码器有 n 个输入信号,N 个输出信号,则应有 $N \leqslant 2^n$。当 $N=2^n$ 时,称为**全译码器**,也叫**二进制译码器**;当 $N<2^n$ 时,称为**部分译码器**。

常用的译码器有二进制译码器、十进制译码器和显示译码器。

2. 二进制译码器

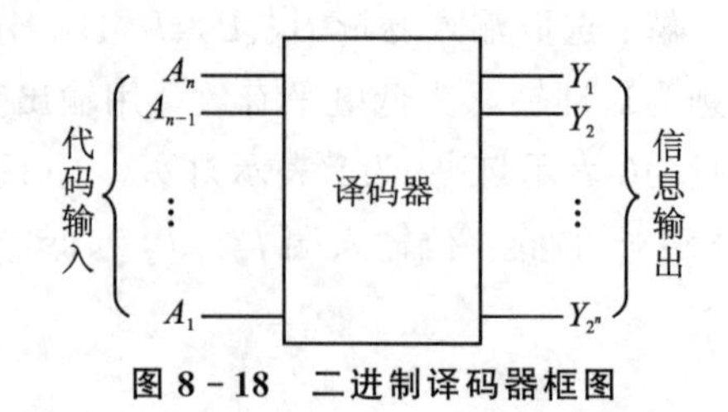

图 8-18 二进制译码器框图

图 8-18 是二进制译码器的框图。图中 $A_1 \sim A_n$ 是 n 个输入信号,组成 n 位二进制代码,A_n 是代码的最高位,A_1 是代码的最低位,代码可能是原码,也可能是反码,若为反码,则“A”字母上面要带**非**号。$Y_1 \sim Y_{2^n}$ 是输出信号,可能是高电平有效,也可能是低电平有

效，若为低电平有效，则“Y”字母上要带**非**号。

图 8－19 是集成 3/8 线译码器 74LS138 的逻辑图和引脚排列图，其逻辑功能如表 8－12 所列。

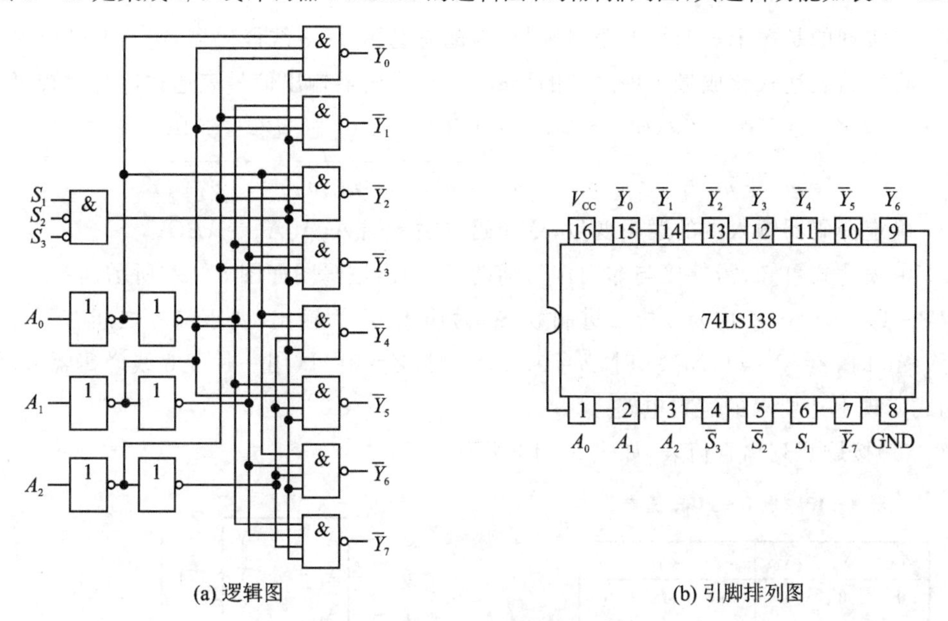

(a) 逻辑图　　(b) 引脚排列图

图 8－19　3 线－8 线译码器 74LS138

由 74LS138 的功能表可以看出，其输入的三位代码为原码，A_2 是代码最高位，A_0 是最低位；输出为低电平有效。74LS138 有 3 个附加的控制端 S_1、$\overline{S_2}$、$\overline{S_3}$，也叫使能端，只有当 $S_1=1$ 且 $\overline{S_2}=\overline{S_3}=0$ 时，译码器才工作，对应于输入代码 $A_2A_1\ A_0$ 的某一种取值组合，某一个输出端输出有效电平0；否则，译码器被禁止，所有的输出端被封锁在高电平。这 3 个控制端也称为“片选”输入端，利用片选的作用可以将多片级联起来以实现译码器的功能扩展。

74LS138 的功能显示，在译码器正常工作时，某一时刻一定只有一个输出为有效电平，且满足 $\overline{Y}_i=\overline{m}_i(i=0,1,2,\cdots,7)$，$m_i$ 为最小项。这一特点是全译码器所共有的。由于任何一个组合逻辑函数，都有唯一的最小项之和表达式与之对应，据此，我们可以用集成译码器实现组合逻辑函数。

表 8－12　74LS138 的功能表

输入					输出							
S_1	$\overline{S}_2+\overline{S}_3$	A_2	A_1	A_0	$\overline{Y}_0$	$\overline{Y}_1$	$\overline{Y}_2$	$\overline{Y}_3$	$\overline{Y}_4$	$\overline{Y}_5$	$\overline{Y}_6$	$\overline{Y}_7$
0	×	×	×	×	1	1	1	1	1	1	1	1
×	1	×	×	×	1	1	1	1	1	1	1	1
1	0	0	0	0	0	1	1	1	1	1	1	1
1	0	0	0	1	1	0	1	1	1	1	1	1
1	0	0	1	0	1	1	0	1	1	1	1	1
1	0	0	1	1	1	1	1	0	1	1	1	1
1	0	1	0	0	1	1	1	1	0	1	1	1
1	0	1	0	1	1	1	1	1	1	0	1	1
1	0	1	1	0	1	1	1	1	1	1	0	1
1	0	1	1	1	1	1	1	1	1	1	1	0

例 8-10 用集成译码器并辅以适当门电路实现下列组合逻辑函数

$$Y=\overline{A}\overline{B}+AB+\overline{B}C$$

解:要实现的是一个 3 变量的逻辑函数,因此应选用 3-8 线译码器,用 74LS138。

(1) 将所给表达式化成最小项之和的形式,并与译码器输出信号表达式进行比较可得

$$Y=\overline{A}\overline{B}+AB+\overline{B}C=\overline{A}\overline{B}\overline{C}+\overline{A}\overline{B}C+AB\overline{C}+ABC+A\overline{B}C$$

$$=m_0+m_1+m_5+m_6+m_7=\overline{\overline{m_0}\,\overline{m_1}\,\overline{m_5}\,\overline{m_6}\,\overline{m_7}}=\overline{\overline{Y}_0\overline{Y}_1\overline{Y}_5\overline{Y}_6\overline{Y}_7}$$

(2) 确定译码器输入端的逻辑变量,令译码器输入端 $A_2A_1A_0=ABC$。

(3) 由表达式可知,需外接**与非**门作为辅助门,画出逻辑图如图 8-20 所示。

例 8-11 设 X、Z 均为 3 位二进制数,X 为输入,Z 为输出,要求二者之间有下述关系:当 $3\leqslant X\leqslant 6$ 时,$Z=X+1$;$X<3$ 时,$Z=0$;$X>6$ 时,$Z=3$。试用一片 3/8 线译码器和适当门电路构成实现上述要求的逻辑电路。

解:(1)按题意列出真值表,如表 8-13 所列。

表 8-13 例 8-11 真值表

X_2	X_1	X_0	Z_2	Z_1	Z_0
0	0	0	0	0	0
0	0	1	0	0	0
0	1	0	0	0	0
0	1	1	1	0	0
1	0	0	1	0	1
1	0	1	1	1	0
1	1	0	1	1	1
1	1	1	0	1	1

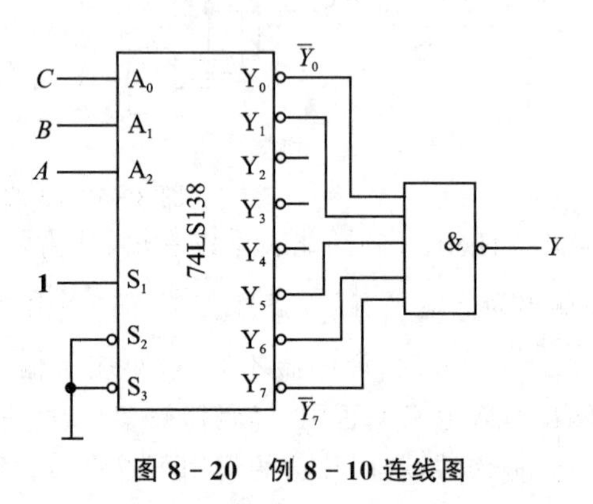

图 8-20 例 8-10 连线图

(2) 由真值表写出输出变量 Z 的表达式并化成最小项之和的形式,并与译码器输出信号表达式进行比较可得

$$Z_2=\overline{X_2}X_1X_0+X_2\overline{X_1}\cdot\overline{X_0}+X_2\overline{X_1}X_0+X_2X_1\overline{X_0}$$

$$=m_3+m_4+m_5+m_6=\overline{\overline{m_3}\cdot\overline{m_4}\cdot\overline{m_5}\cdot\overline{m_6}}=\overline{\overline{Y_3}\cdot\overline{Y_4}\cdot\overline{Y_5}\cdot\overline{Y_6}}$$

$$Z_1=X_2\overline{X_1}X_0+X_2X_1\overline{X_0}+X_2X_1X_0=m_5+m_6+m_7=\overline{\overline{m_5}\cdot\overline{m_6}\cdot\overline{m_7}}=\overline{\overline{Y_5}\cdot\overline{Y_6}\cdot\overline{Y_7}}$$

$$Z_0=X_2\overline{X_1}\cdot\overline{X_0}+X_2X_1\overline{X_0}+X_2X_1X_0=m_4+m_6+m_7=\overline{\overline{m_4}\cdot\overline{m_6}\cdot\overline{m_7}}=\overline{\overline{Y_4}\cdot\overline{Y_6}\cdot\overline{Y_7}}$$

(3) 确定译码器输入端的逻辑变量,令译码器输入端 $A_2A_1A_0=X_2X_1X_0$。

(4) 画出逻辑图如图 8-21 所示。

例 8-12 试用两片 3/8 线译码器 74LS138 通过有效级联,构成 4/16 线译码器。

解:级联图如图 8-22 所示。其中 $D_3D_2D_1D_0$ 为 4 位代码输入端,D_3 是最高位,当 $D_3=0$ 时,译码器(Ⅰ)工作,$D_3=1$ 时,译码器(Ⅱ)工作。因此,可用 D_3 作为选通信号,分别控制两个译码器轮流工作。

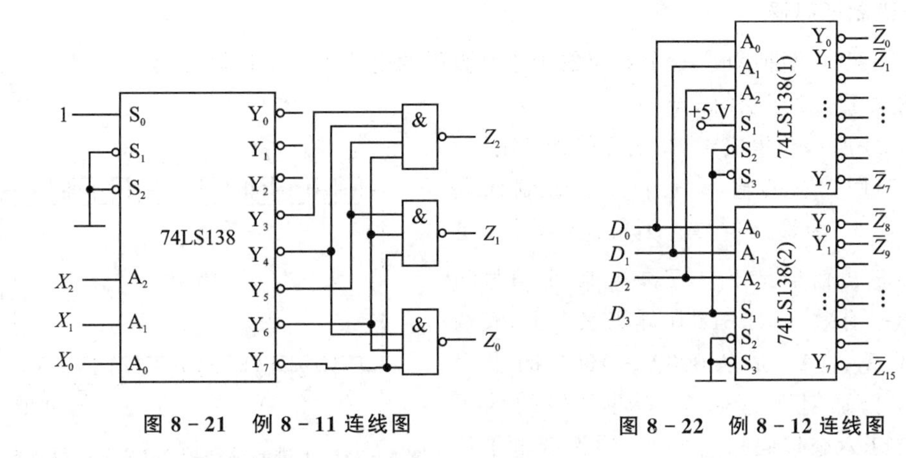

图 8-21 例 8-11 连线图　　图 8-22 例 8-12 连线图

图 8-23 所示是用 5 片 74LS138 组成的译码电路，能对 5 位二进制代码 $A_4A_3A_2A_1A_0$ 进行译码。由于对 5 位二进制代码进行译码，因而译码电路需要有 32 路输出。用 74LS138 组成 5 线—32 线译码器，需要用 5 片 74LS138 组成两级译码电路。用 1 片作为输入级，输入级一方面实现输入扩展，此外还起片选作用。用 4 片 74LS138 作输出级，实现 32 路输出。由图 8-23 可见，当使能端 $\overline{ST}=\mathbf{1}$ 时，5 片 74LS138 全被禁止，其输出均为高电平。当 $\overline{ST}=0$ 时，各片译码器工作。

74LS138 还是计算机微处理器电路中最常用的地址译码器。典型的 8 位微处理器 Intel8085A 或 Mototola6809 有 16 根地址线（$A_0 \sim A_{15}$），微处理器通过地址线 $A_0 \sim A_{15}$ 确定存储器的存储单元或外部设备，以达到交换数据的目的。

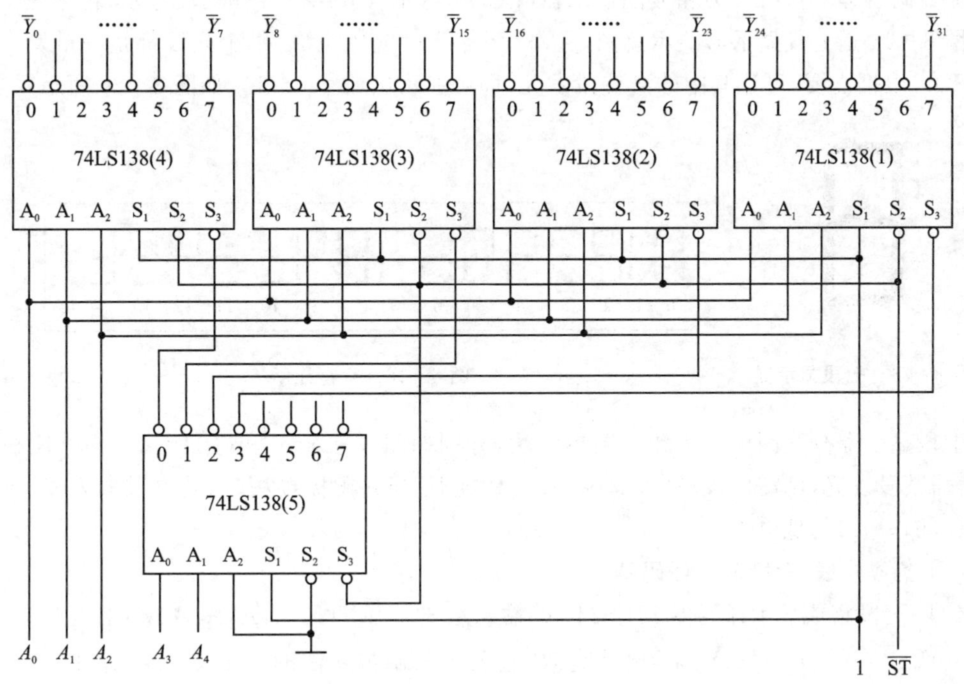

图 8-23 5 片 74LS138 级联扩展成 5 线-32 线译码器的连线图

3. 十进制译码器

将8421BCD码翻译成10个对应的十进制数码的电路称为十进制译码器,也叫二-十进制译码器,它属于4/10线译码器。

图8-24所示是集成4/10线译码器74LS42的引脚排列图。它的输入为4位二进制代码$A_3A_2A_1A_0$,A_3为最高位,A_0为最低位,并且是原码输入;输出信号是$\bar{Y}_0 \sim \bar{Y}_9$,共10个信号输出端,低电平有效。74LS42在译码状态下,其输入代码$A_3A_2A_1A_0$是从0000～1001的十个8421BCD码,而对于这十个代码以外的伪码(1010～1111六个代码),$\bar{Y}_0 \sim \bar{Y}_9$均无低电平信号产生,译码器拒绝"翻译",所以74LS42具有拒绝伪码的功能。

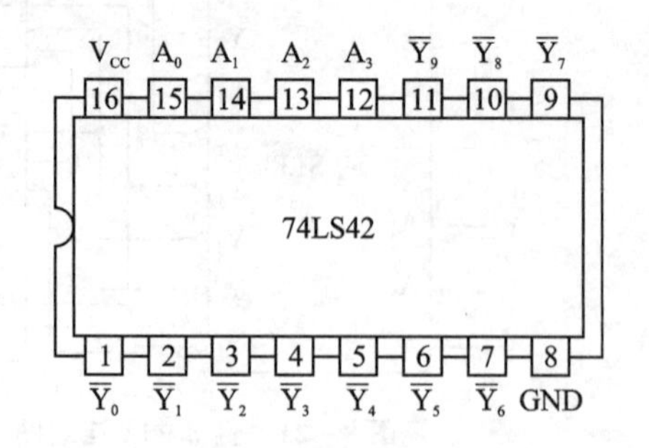

图8-24　十进制译码器74LS42的引脚排列图

4. 显示译码器

在实际中,被译出的信号经常需要直观地显示出来,这就需要显示译码器。显示译码器通常由译码电路、驱动电路和显示器等组成。常用的显示译码器将译码电路与驱动电路合于一身。

(1) 显示器

在数字系统中,广泛使用七段字符显示器,或称七段数码管显示器。常用的七段显示器有半导体数码管显示器(LED)和液晶显示器(LCD),这里仅介绍半导体七段显示器。

图8-25是七段显示器的示意图,它由$a \sim g$七个光段组成,每个光段都是一个发光二极管LED。根据需要,可让其中的某些段发光,即可显示出数字0～15,如图8-26所示。

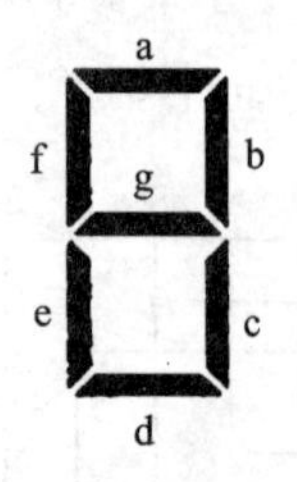

图8-25　七段显示器

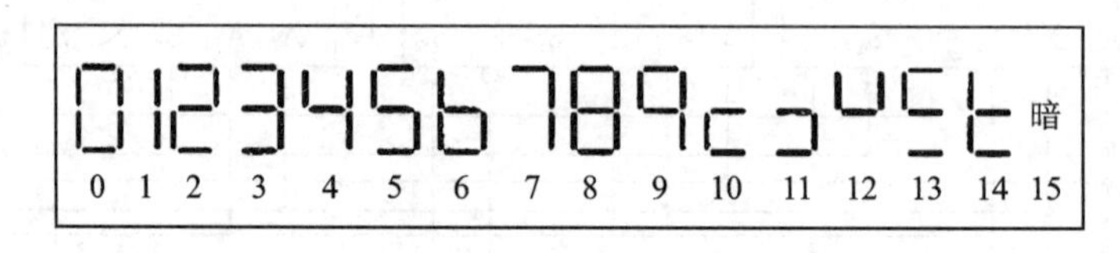

图8-26　字符显示

七段显示器分共阴极接法和共阳极接法,分别如图8-27(a)和(b)所示。当共阴极接法时,若需某段发光,则需使该段(a,b,…,g)为高电平;当共阳极接法时,若需某段发光,则需使该段(a,b,…,g)为低电平。

(2) 集成4线-七段显示译码器

4线-七段集成显示译码器74LS247的输入是8421BCD码$A_3A_2A_1A_0$,并且是原码;输出是$\bar{Y}_a$、$\bar{Y}_b$、$\bar{Y}_c$、$\bar{Y}_d$、$\bar{Y}_e$、$\bar{Y}_f$、$\bar{Y}_g$,低电平有效,它要与共阳极接法的显示器配合使用。表8-14和图8-28分别是74LS247的功能表和引脚排列图。下面对其中的几个功能端作简要介绍:

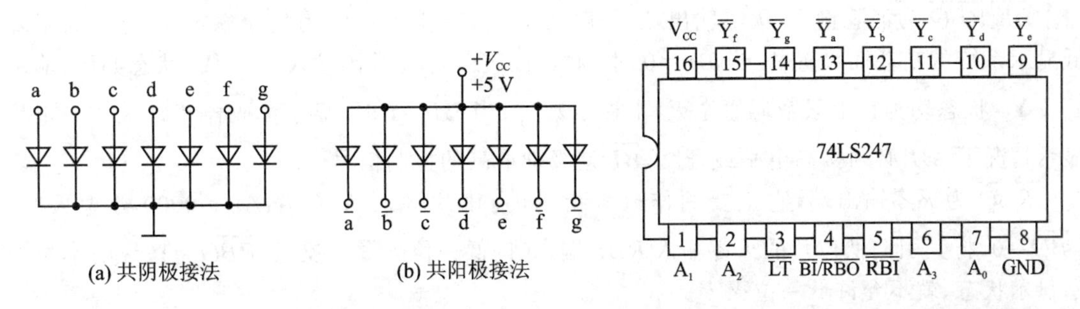

图 8-27　发光二极管的接法　　**图 8-28　74LS247 引脚排列图**

表 8-14　74LS247 功能表

输入							输出							字形
$\overline{LT}$	$\overline{RBI}$	A_3	A_2	A_1	A_0	$\overline{BI}/\overline{RBO}$	$\overline{Y}_a$	$\overline{Y}_b$	$\overline{Y}_c$	$\overline{Y}_d$	$\overline{Y}_e$	$\overline{Y}_f$	$\overline{Y}_g$	
1	1	0	0	0	0	1	0	0	0	0	0	0	1	0
1	×	0	0	0	1	1	1	0	0	1	1	1	1	1
1	×	0	0	1	0	1	0	0	1	0	0	1	0	2
1	×	0	0	1	1	1	0	0	0	0	1	1	0	3
1	×	0	1	0	0	1	1	0	0	1	1	0	0	4
1	×	0	1	0	1	1	0	1	0	0	1	0	0	5
1	×	0	1	1	0	1	1	1	0	0	0	0	0	6
1	×	0	1	1	1	1	0	0	0	1	1	1	1	7
1	×	1	0	0	0	1	0	0	0	0	0	0	0	8
1	×	1	0	0	1	1	0	0	0	1	1	0	0	9
1	×	1	0	1	0	1	1	1	1	0	0	1	0	⊏
1	×	1	0	1	1	1	1	0	0	0	1	1	0	⊐
1	×	1	1	0	0	1	1	0	1	1	1	0	0	⊔
1	×	1	1	0	1	1	0	1	1	0	1	0	0	⊆
1	×	1	1	1	0	1	1	1	1	0	0	0	0	⊢
1	×	1	1	1	1	1	1	1	1	1	1	1	1	全灭
×	×	×	×	×	×	0	1	1	1	1	1	1	1	全灭
1	0	0	0	0	0	0	1	1	1	1	1	1	1	全灭
0	×	×	×	×	×	1	0	0	0	0	0	0	0	全亮

$\overline{LT}$ 为灯测试输入端，低电平有效。当 $\overline{LT}=0$ 时，无论 $A_3 \sim A_0$ 为何种输入组合，$\overline{Y}_a \sim \overline{Y}_g$ 的状态均为0，七段数码管全部发光，用以检查七段显示器各字段是否能正常发光。

$\overline{RBI}$ 为灭零输入端，当 $\overline{RBI}=0$ 时，若 $A_3A_2A_1A_0=0000$，则所有光段均灭，用以熄灭不必要的零，以提高视读的清晰度。例如 03.20，前后的两个零是多余的，可以通过在对应位加灭零信号($\overline{RBI}=0$)的方法去掉多余的零。

$\overline{BI}/\overline{RBO}$ 为消隐输入/灭零输出端(一般共用一个引脚)。$\overline{BI}$ 为消隐输入端,它是为了降低显示系统的功耗而设置的,当 $\overline{BI}=0$ 时,无论 $\overline{LT}$、$\overline{RBI}$ 及数码输入 $A_3 \sim A_0$ 状态如何,输出 $\overline{Y}_a \sim \overline{Y}_g$ 状态均为1,七段数码管全灭,不显示数字;当 $\overline{BI}=1$ 时,显示译码器正常工作。正常显示情况下,$\overline{BI}$ 必须接高电平或开路,$\overline{BI}$ 是级别最高的控制信号。

$\overline{RBO}$ 为灭零输出端,它主要用作灭零指示,当该片输入 $A_3A_2A_1A_0=0000$ 并熄灭时,$\overline{RBO}=0$,将其引向低位片的灭零输入 $\overline{RBI}$ 端,允许低一位灭零。反之,$\overline{RBO}=1$,说明本位处于显示状态,就不允许低一位灭零。

将灭零输入端 $\overline{RBI}$ 和灭零输出端 $\overline{RBO}$ 配合使用,即可实现多位十进制数码显示系统的整数前和小数后的灭零控制。图 8-29 所示为灭零控制的连接方法,其整数部分是将高位的 $\overline{RBO}$ 与后一位的 $\overline{RBI}$ 相连,而小数部分是将低位的 $\overline{RBO}$ 与前一位的 $\overline{RBI}$ 相连。

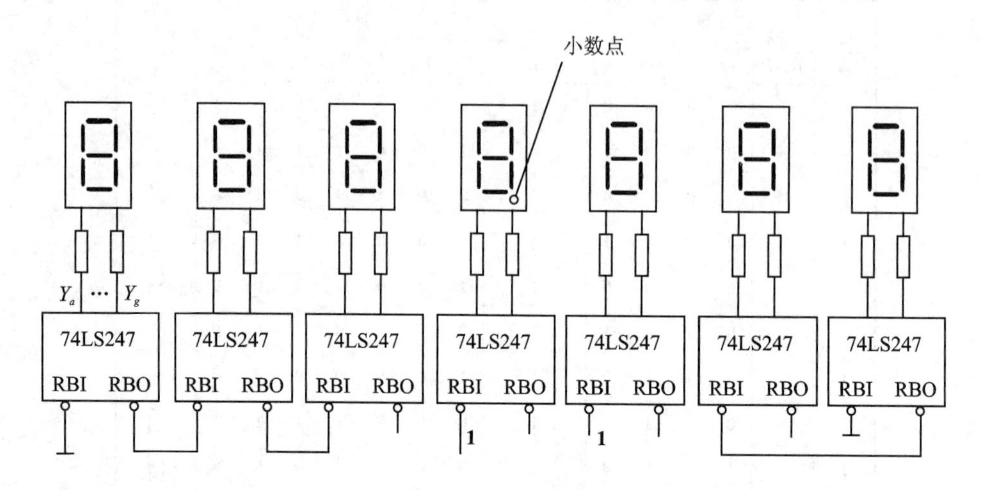

图 8-29 有灭零功能的数码显示系统

在图 8-29 所示电路的整数显示部分中,最高位译码器的 $\overline{RBI}$ 接地,$\overline{RBI}$ 端始终处于有效电平,一旦此位的输入为0,就将进行灭零操作,并通过 $\overline{RBO}$ 端将灭零输出的低电平向后一位传递,开启后一位的灭零功能。同样,在小数显示部分,最低位译码器的灭零输入端 $\overline{RBI}$ 端始终处于有效电平,一旦此位的输入为0,就将进行灭零操作,并通过 $\overline{RBO}$ 将灭零输出的低电平向前传递,开启前一位的灭零功能。依此方法,就可把整数前和小数后的多余的零灭掉。例如,若七位数为 0042.300,则显示 42.3;若为 9113.101 则显示 9113.101;若为 0513.072 则显示 513.072;若为 6103.140 则显示 6103.14。

8.2.3 加法器

在数字电路中,常需要进行加、减、乘、除等算术运算,而减法和乘、除运算均可化作若干步加法运算来实现。因此,加法器是构成算术运算的基本单元。

1. 半加器和全加器

加法器分**半加器**和**全加器**。所谓半加,是指两个 1 位二进制数相加,没有低位来的进位的加法运算,实现半加运算的电路称半加器。全加是指两个同位的加数和来自低位的进位 3 个数相加的运算,实现全加的电路叫全加器。例如,两个 4 位二进制数 $A=A_3A_2A_1A_0=1011$,

$B=B_3B_2B_1B_0=1110$ 相加，A、B 两数的最低位(最右边一位)进行的是半加运算，即只有 A_0 和 B_0 两个数相加，没有低位来进位；而高三位都是带进位的加法运算，都是三个数相加，是全加运算。

半加器和全加器的逻辑符号分别如图 8-30(a)、(b)所示。

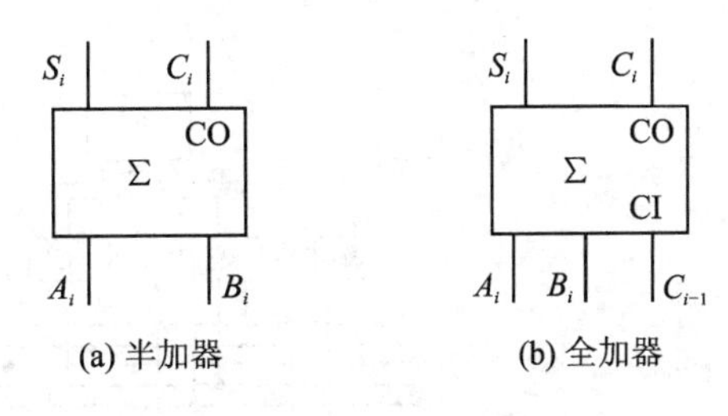

(a) 半加器　　(b) 全加器

图 8-30　加法器的图形符号

若用 A_i、B_i 表示 A、B 两个数的第 i 位，用 C_{i-1} 表示来自低位的进位，用 S_i 表示本位和，用 C_i 表示送给高位(第 $i+1$ 位)的进位，那么根据全加运算的规则便可以列出全加器的真值表，如表 8-15 所列。

根据真值表可得

$$S_i=\overline{A}_i\overline{B}_iC_{i-1}+\overline{A}_iB_i\overline{C}_{i-1}+A_i\overline{B}_i\overline{C}_{i-1}+A_iB_iC_{i-1}$$

$$C_i=\overline{A}_iB_iC_{i-1}+A_i\overline{B}_iC_i+A_iB_i\overline{C}_{i-1}+A_iB_iC_{i-1}=A_iB_i+A_iC_{i-1}+B_iC_{i-1}$$

表 8-15　全加真值表

A_i	B_i	C_{i-1}	S_i	C_i	A_i	B_i	C_{i-1}	S_i	C_i
0	0	0	0	0	1	0	0	1	0
0	0	1	1	0	1	0	1	0	1
0	1	0	1	0	1	1	0	0	1
0	1	1	0	1	1	1	1	1	1

若用**与**门、**或**门实现，则可根据上述 S_i 和 C_i 的表达式直接画出如图 8-31 所示的逻辑电路图。

若要用**与或非**门实现，则须先求出 $\overline{S}_i$ 和 $\overline{C}_i$ 的最简**与或**表达式，再取反得到最简**与或非**表达式，然后画出逻辑电路图。在表 8-15 中，合并函数值为0 的项并化简即可得到 $\overline{S}_i$ 和 $\overline{C}_i$ 的最简**与或**表达式

$$\overline{S}_i=\overline{A}_i\overline{B}_i\overline{C}_{i-1}+\overline{A}_iB_iC_{i-1}+A_iB_i\overline{C}_{i-1}+A_i\overline{B}_iC_{i-1}$$

$$\overline{C}_i=\overline{A}_i\overline{B}_i+\overline{A}_i\overline{C}_{i-1}+\overline{B}_i\overline{C}_{i-1}$$

再取反后，得

$$S_i=\overline{\overline{A}_i\overline{B}_i\overline{C}_{i-1}+\overline{A}_iB_iC_{i-1}+A_iB_i\overline{C}_{i-1}+A_i\overline{B}_iC_{i-1}}$$

$$C_i=\overline{\overline{A}_i\overline{B}_i+\overline{A}_i\overline{C}_{i-1}+\overline{B}_i\overline{C}_{i-1}}$$

用**与或非**门实现的逻辑电路图如图 8-32 所示。

2. 集成全加器及其应用

74H183、74LS183 是集成双全加器，它是在 1 个芯片中封装了两个功能相同且相互独立的全加器，功能表同表 8-15 所列，引脚排列图如图 8-33 所示，图中“NC”表示没有用的“空引脚”。

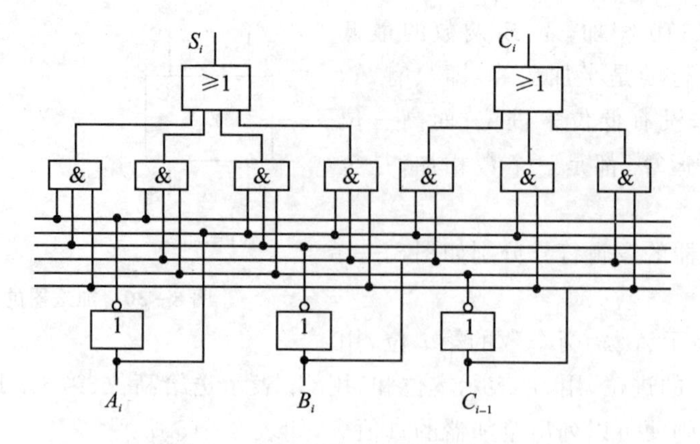

图 8-31　用与门、或门构成的全加器

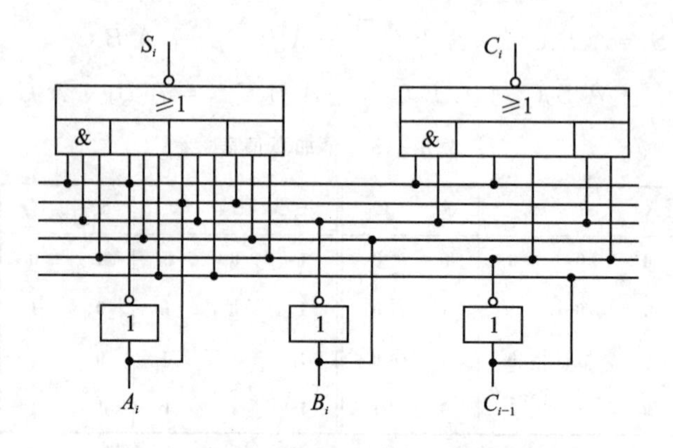

图 8-32　用与或非门和非门构成的全加器

把 4 个全加器(例如两片 74LS183)依次级联起来,便可构成 4 位串行进位加法器,如图 8-34 所示。串行进位加法器电路结构简单,工作过程的分析一目了然,但工作速度教低。为了提高工作速度,出现了超前进位加法器。超前进位加法器除含有求和电路之外,在内部还增加了超前进位电路,使之在做加法运算的同时,快速求出向高位的进位,因此,该电路运算速度较快。

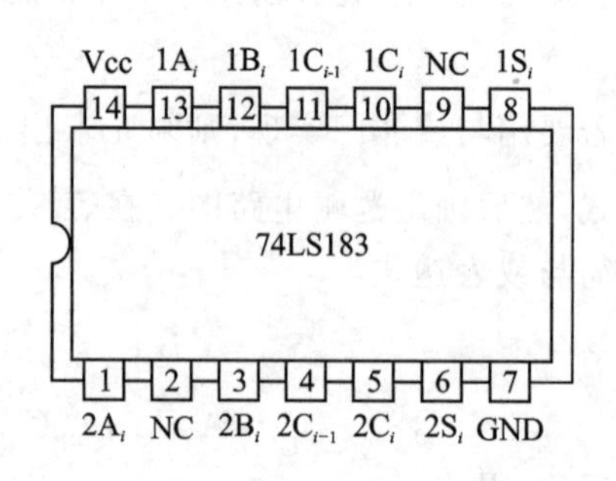

图 8-33　全加器 74LS183 的引脚排列图

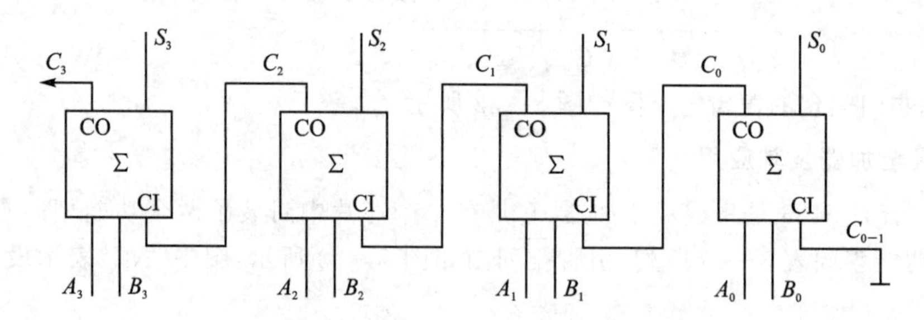

图 8-34　4 位串行进位加法器

与加法器类似，减法器也有半减器和全减器之分。表 8－16、表 8－17 分别是半减器和全减器的真值表，参照前面对全加器的讨论，读者可自行设计出半减器和全减器的逻辑电路图。

表 8－16　半减器真值表

被减数 A	减数 B	差 D	向高位的借位 V
0	0	0	0
0	1	1	1
1	0	1	0
1	1	0	0

表 8－17　全减器真值表

被减数 A	减数 B	来自低位的借位 C	差 D	向高位的借位 V
0	0	0	0	0
0	0	1	1	1
0	1	0	1	1
0	1	1	0	1
1	0	0	1	0
1	0	1	0	0
1	1	0	0	0
1	1	1	1	1

8.2.4　数值比较器

比较两个二进制数 A 和 B 大小关系的电路称为数值比较器。比较的结果有 3 种情况，$A>B$、$A=B$、$A<B$，分别通过 3 个输出端给以指示。

1. 1 位数值比较器

1 位数值比较器是比较两个 1 位二进制数大小关系的电路。它有两个输入端 A 和 B，3 个输出端 $Y_{0(A>B)}$、$Y_{1(A=B)}$ 和 $Y_{2(A<B)}$。根据 1 位数值比较器的定义，可列出真值表如表 8－18 所列。

根据表 8－17 可得

$$Y_0=A\bar{B},\qquad Y_1=\overline{A}\overline{B}+AB,\qquad Y_2=\overline{A}B$$

画出逻辑图，如图 8－35 所示。

2. 4 位数值比较器

4 位数值比较器是比较两个 4 位二进制数大小关系的电路，一般由 4 个 1 位数值比较器组合而成。输入是两个相比较的 4 位二进制数 $A=A_3A_2A_1A_0$、$B=B_3B_2B_1B_0$，输出同 1 位

数值比较器,也是3个输出端。其真值表如表8-19所列。由真值表可以看出:

(1) 4位数值比较器实现比较运算是依照“高位数大则该数大,高位数小则该数小,高位相等看低位”的原则,从高位到低位依次进行比较而得到的。

(2) $I_{(A>B)}$、$I_{(A=B)}$、$I_{(A<B)}$是级联输入端,应用级联输入端可以扩展比较器的位数,方法是将低位片的输出$Y_{0(A>B)}$、$Y_{1(A=B)}$和$Y_{2(A<B)}$分别与高位片的级联输入端$I_{(A>B)}$、$I_{(A=B)}$、$I_{(A<B)}$相连。不难理解,只有当高位数相等时,低4位比较的结果才对输出起决定性的作用。

表8-18 1位数值比较器真值表

A	B	$Y_{0(A>B)}$	$Y_{1(A=B)}$	$Y_{2(A<B)}$
0	0	0	1	0
0	1	0	0	1
1	0	1	0	0
1	1	0	1	0

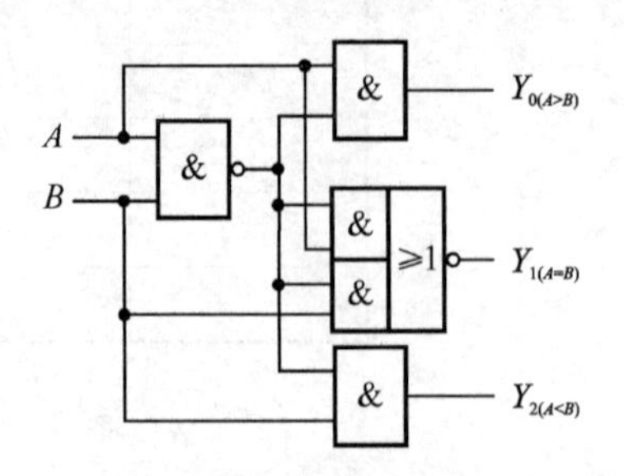

图8-35 1位数值比较器逻辑图

表8-19 4位集成数值比较器的真值表

比较输入				级联输入			输出		
A_3 B_3	A_2 B_2	A_1 B_1	A_0 B_0	$I_{(A<B)}$	$I_{(A=B)}$	$I_{(A>B)}$	$Y_{2(A<B)}$	$Y_{1(A=B)}$	$Y_{0(A>B)}$
$A_3>B_3$	×	×	×	×	×	×	0	0	1
$A_3=B_3$	$A_2>B_2$	×	×	×	×	×	0	0	1
$A_3=B_3$	$A_2=B_2$	$A_1>B_1$	×	×	×	×	0	0	1
$A_3=B_3$	$A_2=B_2$	$A_1=B_1$	$A_0>B_0$	×	×	×	0	0	1
$A_3=B_3$	$A_2=B_2$	$A_1=B_1$	$A_0=B_0$	0	0	1	0	0	1
$A_3=B_3$	$A_2=B_2$	$A_1=B_1$	$A_0=B_0$	0	1	0	0	1	0
$A_3=B_3$	$A_2=B_2$	$A_1=B_1$	$A_0=B_0$	1	0	0	1	0	0
$A_3<B_3$	×	×	×	×	×	×	1	0	0
$A_3=B_3$	$A_2<B_2$	×	×	×	×	×	1	0	0
$A_3=B_3$	$A_2=B_2$	$A_1<B_1$	×	×	×	×	1	0	0
$A_3=B_3$	$A_2=B_2$	$A_1=B_1$	$A_0<B_0$	×	×	×	1	0	0

3. 集成数值比较器及其应用

74LS85(74HC85)是集成4位数值比较器,图8-36是它的引脚排列图。用多片数值比较器级联,可以实现更多位数的数值比较器,即实现功能扩展。图8-37所示是用两片4位数值比较器74LS85组成的8位数值比较器。根据以上分析,两片数值比较器级联,只要将低位片的输出$Y_{0(A>B)}$、$Y_{1(A=B)}$和$Y_{2(A<B)}$分别与高位片的级联输入端$I_{(A>B)}$、$I_{(A=B)}$、$I_{(A<B)}$相连,再将低位片的$I_{(A>B)}$、$I_{(A<B)}$接地,$I_{(A=B)}$接高电平即可。

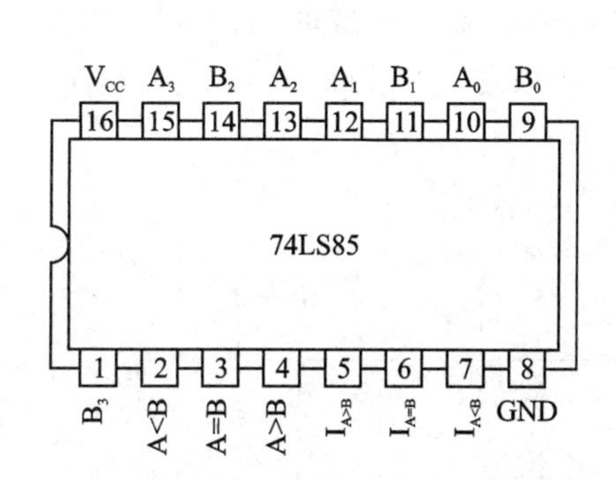

图 8－36　74LS85 的引脚排列图

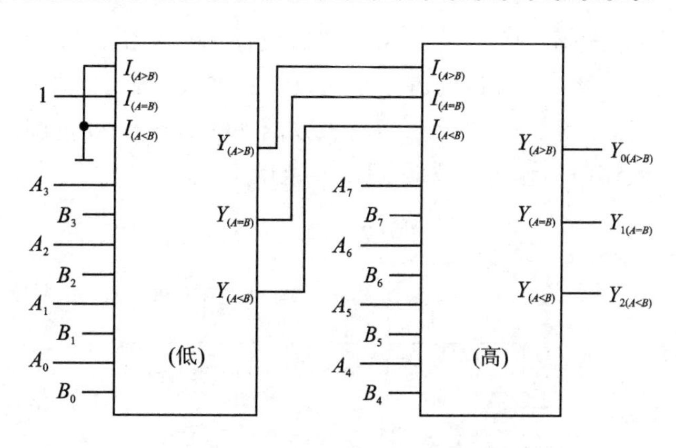

图 8－37　数值比较器级联图

图 8－37 实际是采用串联方式扩展数值比较器的位数，当位数较多且要满足一定的速度要求时，可以采取并联方式。图 8－38 所示为 16 位数值比较器的原理图。比较方法是：采用两级比较方式，将 16 位数按高低位次序分成 4 组，每组 4 位，各组的比较是并行进行的。将每组的比较结果再经 4 位比较器进行比较后得出结果。显然，从数据输入到稳定输出只需两倍的 4 位比较器的延迟时间，若用串联方式，则 16 位的数值比较器从输入到稳定输出需要 4 倍的 4 位比较器的延迟时间。

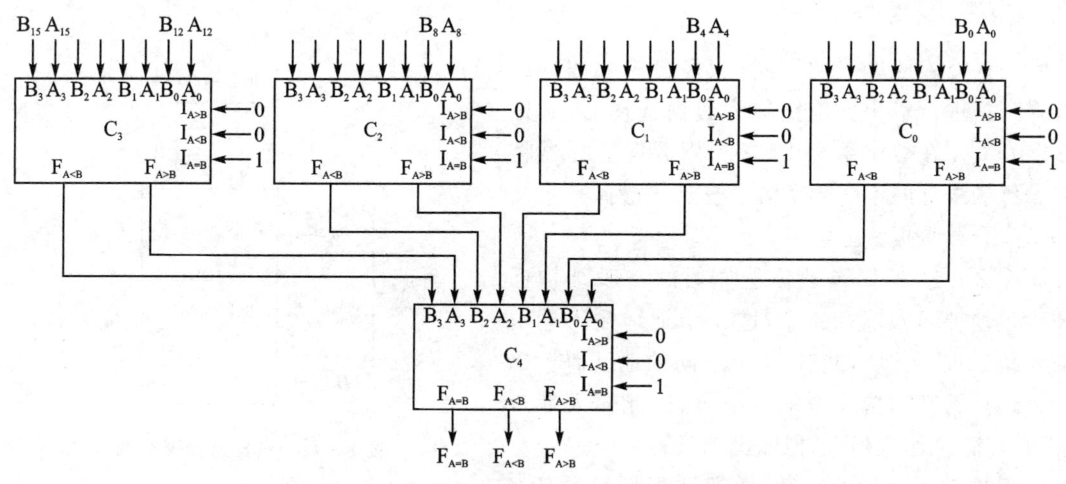

图 8－38　并联方式扩展数值比较器的位数

例 8－13　试用数值比较器 74HC85 设计个 8421BCD 码有效性测试电路，当输入为 8421BCD 码时，输出为1，否则为0。

解：8421BCD 码的范围是0000～1001，即所有有效的 8421BCD 码均小于1010。用 74HC85 构成的测试电路如图 8－39 所示，当输入的 8421BCD 码小于1010 时，$F_{A<B}$ 输出为1，否则为0。

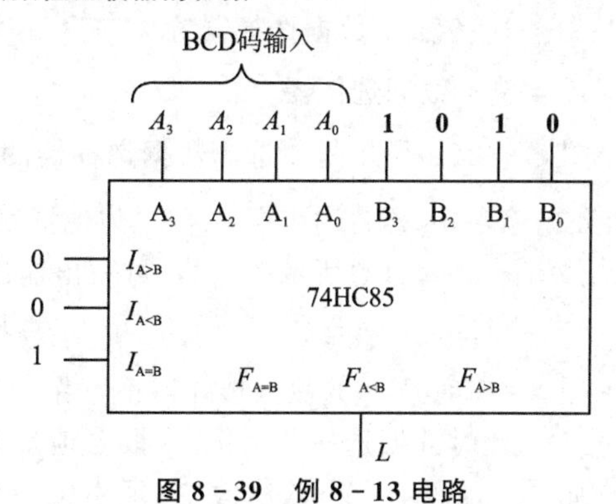

图 8－39　例 8－13 电路

例 8－14　试用数值比较器 74HC85 和必

要的逻辑门设计一个余3码有效性测试电路,当输入为余3码时,输出为1,否则为0。

解: 余3码的范围是0011～1100。因此,需要用两片74HC85和一个**或非**门构成测试电路,如图8-40所示,当输入数码在0011～1100范围内,片(1)的$F_{A>B}$和片(2)的$F_{A<B}$均为0,**或非**门的输出L为1,超出此范围L为0。

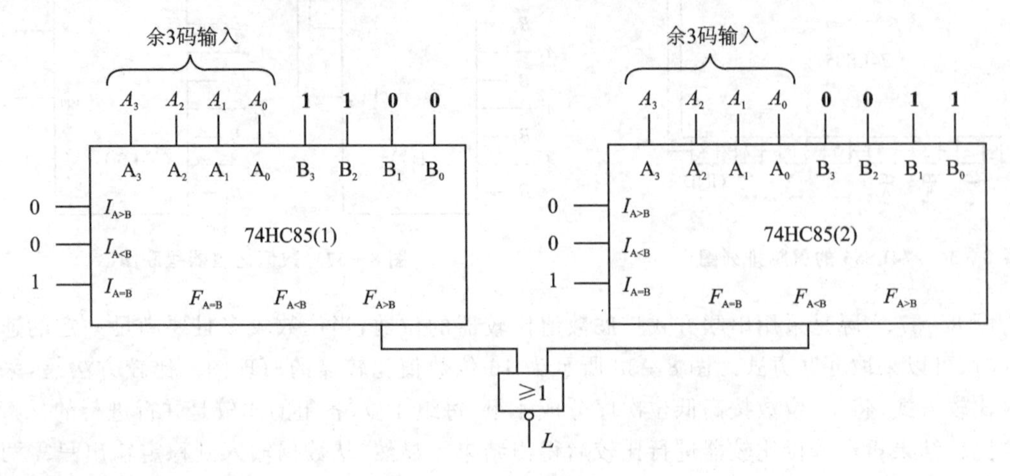

图8-40　例8-14电路

8.2.5　数据选择器

根据输入地址码的不同,从多路输入数据中选择一路进行输出的电路称为数据选择器,又称多路开关。在数字系统中,常利用数据选择器将多条传输线上的不同数字信号按要求选择其中之一送到公共数据线上。

图8-41所示是数据选择器的一般结构框图。设地址输入端有n个,这n个地址输入端组成n位二进制代码,共有2^n个不同的地址码。每一个地址码都对应一个输入信号,因此输入端最多可有2^n个输入信号,但输出端只有一个。

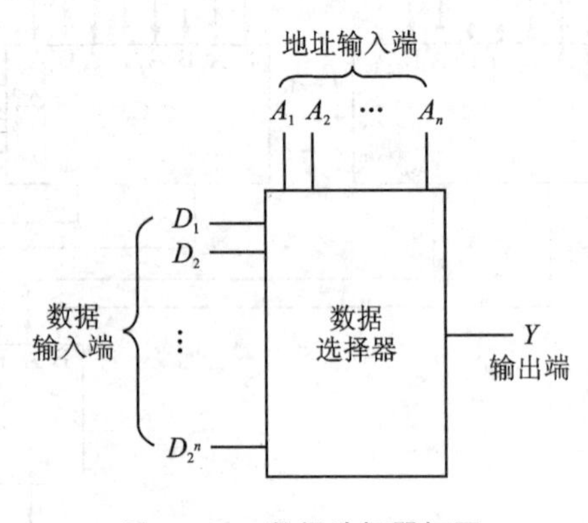

图8-41　数据选择器框图

根据输入信号的个数,数据选择器可分为4选1、8选1、16选1数据选择器等。

1. 4选1数据选择器

图8-42(a)所示是4选1数据选择器的逻辑图,图8-42(b)是其框图。图中D_0～D_3为4个数据输入端,Y为输出端,A_1A_0为地址输入端,$\bar{S}$为选通(使能)输入端,低电平有效。

分析图8-42(a)所示的电路,可写出输出信号Y的表达式为

$$Y=(\bar{A}_1\bar{A}_0D_0+\bar{A}_1A_0D_1+A_1\bar{A}_0D_2+A_1A_0D_3)\bar{\bar{S}}$$

当$\bar{S}=1$时,$Y=0$,数据选择器不工作;当$\bar{S}=0$时,$Y=\bar{A}_1\bar{A}_0D_0+\bar{A}_1A_0D_1+A_1\bar{A}_0D_2+A_1A_0D_3$,此时数据选择器工作,将根据地址码$A_1A_0$的不同,从$D_0$～$D_3$中选出1个数据输出。如果地址码$A_1A_0$依次改变,即由00→01→10→11,则输出端将依次输出D_0、D_1、D_2、

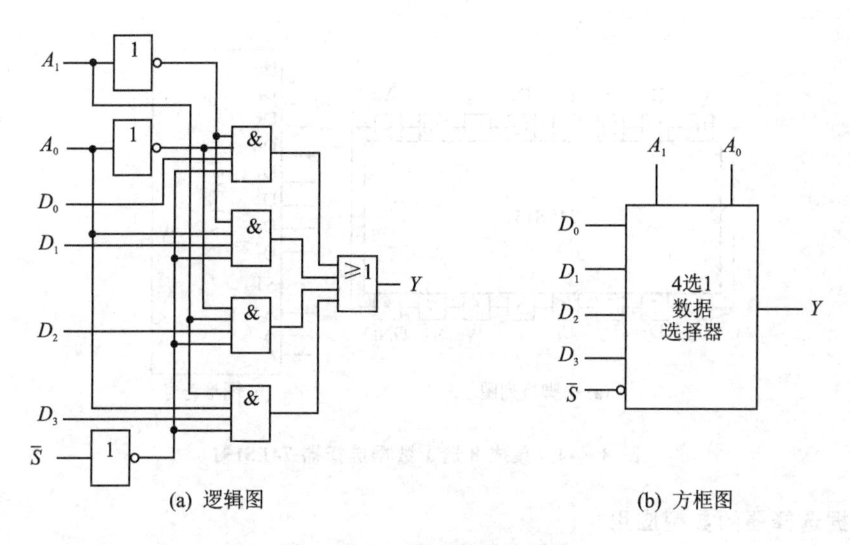

(a) 逻辑图　　(b) 方框图

图 8-42　4 选 1 数据选择器

D_3，这样就可以将并行输入变为串行输出。

4 选 1 数据选择器的典型电路是 74LS153。74LS153 实际上是双 4 选 1 数据选择器，其内部有两片功能完全相同的 4 选 1 数据选择器，表 8-20 是它的真值表。$\overline{ST}$ 是选通输入端，低电平有效。

74LS153 的引脚排列图和图形符号分别如图 8-43(a)、(b)所示。

表 8-20　74LS153 的功能表

输入							输出
$\overline{ST}$	A_1	A_0	D_0	D_1	D_2	D_3	Y
1	×	×	×	×	×	×	**0**
0	**0**	**0**	D_0	×	×	×	D_0
0	**0**	**1**	×	D_1	×	×	D_1
0	**1**	**0**	×	×	D_2	×	D_2
0	**1**	**1**	×	×	×	D_3	D_3

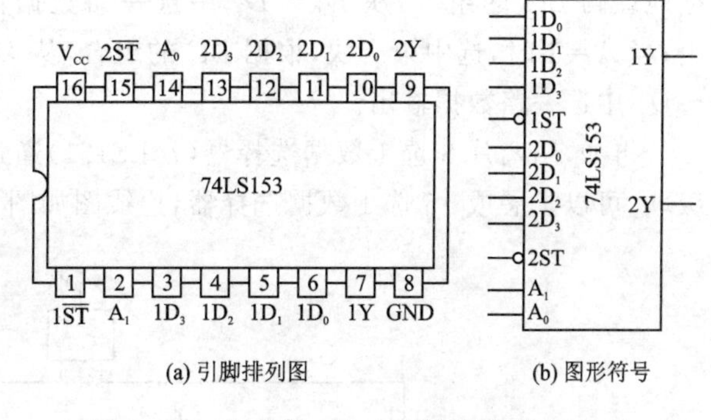

(a) 引脚排列图　　(b) 图形符号

图 8-43　集成双 4 选 1 数据选择器 74LS153

2. 8 选 1 数据选择器

集成 8 选 1 数据选择器 74LS151 也有一个使能端 $\overline{ST}$，低电平有效；两个互补输出端 Y 和 $\overline{W}$，其输出信号相反。其表达式可写为

$$Y=(\overline{A}_2\overline{A}_1\overline{A}_0D_0+\overline{A}_2\overline{A}_1A_0D_1+\overline{A}_2A_1\overline{A}_0D_2+\overline{A}_2A_1A_0D_3$$
$$+A_2\overline{A}_1\overline{A}_0D_4+A_2\overline{A}_1A_0D_5+A_2A_1\overline{A}_0D_6+A_2A_1A_0D_7)\overline{\overline{ST}}$$

当 $\overline{ST}=1$ 时，$Y=0$，数据选择器不工作；当 $\overline{ST}=0$ 时，根据地址码 $A_2A_1A_0$ 的不同，将从 $D_0\sim D_7$ 中选出一个数据输出。图 8-44 所示为 74LS151 的引脚排列图和图形符号。

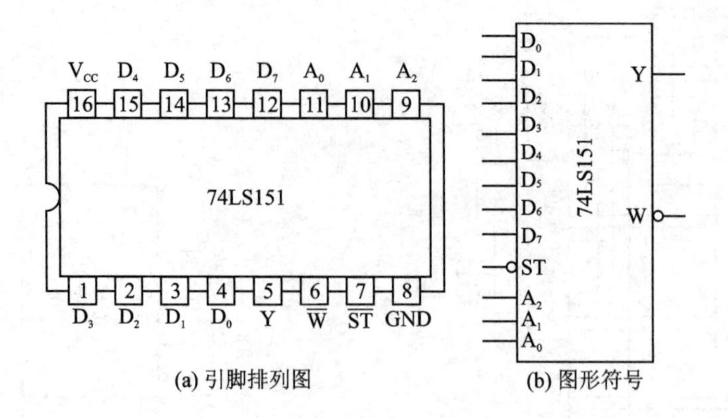

(a) 引脚排列图　　(b) 图形符号

图 8-44　集成 8 选 1 数据选择器 74LS151

3. 数据选择器的典型应用

(1) 数据选择器的功能扩展

利用选通端及外加辅助门电路可以实现数据选择器的功能扩展,以达到扩展通道的目的。例如,用两个 4 选 1 数据选择器(可选 1 片 74LS153)通过级联,构成 8 选 1 数据选择器,其连线图如图 8-45 所示。当 $A=0$ 时,选中第一块 4 选 1 数据选择器,根据地址码 BC 的组合,从 $D_0\sim D_3$ 中选一路数据输出;当 $A=1$ 时,选中第二块,根据 BC 的组合,从 $D_4\sim D_7$ 中选一路数据输出。

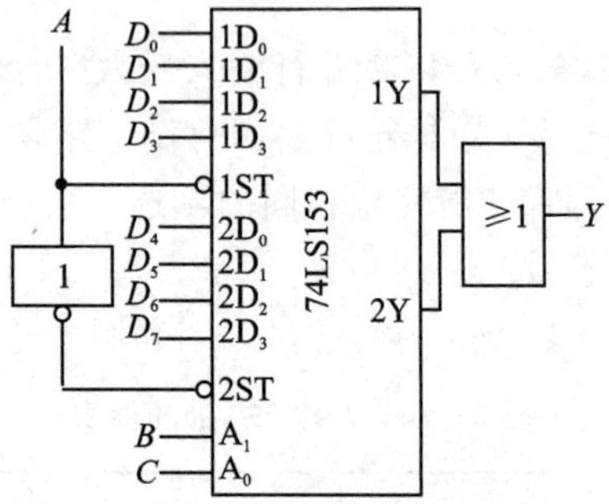

图 8-45　8 选 1 数据器的连线图

再如,用两片 8 选 1 数据选择器(74LS151)通过级联,可以扩展成 16 选 1 数据选择器,连线图如图 8-46 所示。

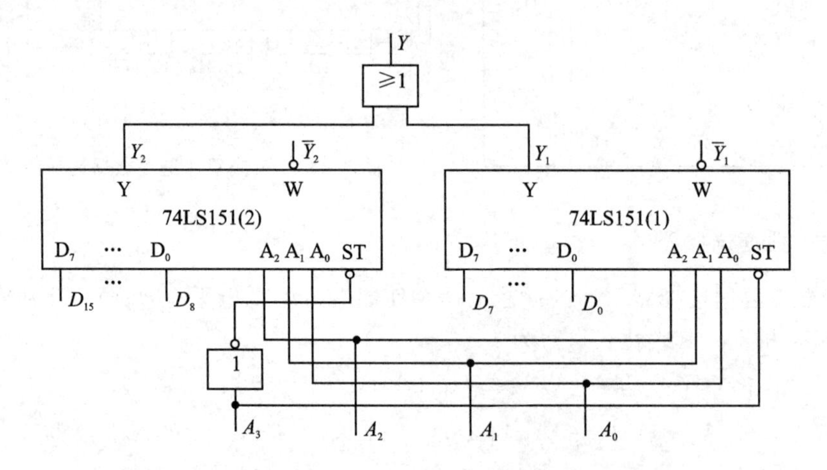

图 8-46　16 选 1 数据器的连线图

(2) 实现逻辑函数

用数据选择器也可以实现组合逻辑函数,这是因为数据选择器输出信号逻辑表达式具有以下特点：① 具有标准**与或**表达式的形式；② 提供了地址变量的全部最小项；③ 一般情况下，输入信号 D_i 可以当成一个变量处理。而且已知任何组合逻辑函数都可以写成唯一的最小项之和表达式的形式，因此，从原理上讲，应用对照比较的方法，用数据选择器可以不受限制地实现任何组合逻辑函数。如果函数的变量数为 k，那么应选用地址变量数为 $n=k$ 或 $n=k-1$ 的数据选择器。

例 8-15　用数据选择器实现下列函数

$$F=\overline{A}\overline{B}\overline{C}\overline{D}+\overline{A}\overline{B}CD+\overline{A}B\overline{C}\overline{D}+\overline{A}B\overline{C}D+A\overline{B}\overline{C}D+A\overline{B}C\overline{D}+AB\overline{C}\overline{D}+AB\overline{C}D$$

解： 函数变量个数为 4，则可选用地址变量为 3 的 8 选 1 数据选择器实现，这里选用 74LS151。将函数 F 的前 3 个变量 A、B、C 作为 8 选 1 数据选择器的地址码 $A_2A_1A_0$，剩下一个变量 D 作为数据选择器的输入数据。已知 8 选 1 数据选择器的逻辑表达式为

$$\begin{aligned}Y=&\overline{A}_2\overline{A}_1\overline{A}_0D_0+\overline{A}_2\overline{A}_1A_0D_1+\overline{A}_2A_1\overline{A}_0D_2+\overline{A}_2A_1A_0D_3\\&+A_2\overline{A}_1\overline{A}_0D_4+A_2\overline{A}_1A_0D_5+A_2A_1\overline{A}_0D_6+A_2A_1A_0D_7\end{aligned}$$

比较 Y 与 F 的表达式可知：

$$D_0=\overline{D},\quad D_1=D,\quad D_2=1,\quad D_3=0,\quad D_4=D,\quad D_5=\overline{D},\quad D_6=1,\quad D_7=0$$

根据以上结果画出连线图，如图 8-47 所示。

用 74LS151 也可实现 3 变量逻辑函数。

例 8-16　试用数据选择器实现逻辑函数 $F=AB+BC+AC$。

解： 将函数表达式 F 整理成最小项之和形式

$$\begin{aligned}F&=AB+BC+AC=AB(C+\overline{C})+BC(A+\overline{A})+AC(B+\overline{B})\\&=\overline{A}BC+A\overline{B}C+AB\overline{C}+ABC\end{aligned}$$

比较逻辑表达式 F 和 8 选 1 数据选择器的逻辑表达式 Y，最小项的对应关系为 $F=Y$，则 $A=A_2$，$B=A_1$，$C=A_0$，Y 中包含 F 的最小项时，函数 $D_n=\mathbf{1}$，未包含最小项时，$D_n=\mathbf{0}$。于是可得

$$D_0=D_1=D_2=D_4=\mathbf{0}\,,\qquad D_3=D_5=D_6=D_7=\mathbf{1}$$

根据上面分析的结果，画出连线图，如图 8-48 所示。

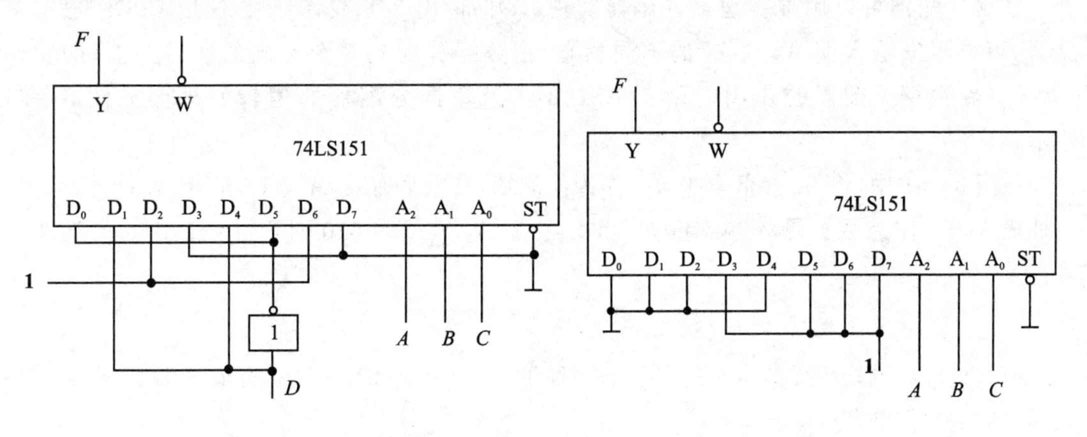

图 8-47　例 8-15 连线图　　　　图 8-48　例 8-16 连线图

8.2.6 数据分配器

根据输入地址码的不同,将一个数据源输入的数据传送到多个不同输出通道的电路称为数据分配器,又叫多路分配器。如一台计算机的数据要分时传送到打印机、绘图仪和监控终端中去,就要用到数据分配器。

根据输出端的个数,数据分配器可分为1路—4路、1路—8路、1路—16路数据分配器等。下面以1路—4路数据分配器为例介绍。

图8-49所示为1路—4路数据分配器的结构框图。其中,1个输入数据用D表示;两个地址输入端用A_1A_0表示;4个数据输出端,用Y_0、Y_1、Y_2、Y_3表示。

令$A_1A_0=00$时,选中输出端Y_0,即$Y_0=D$;$A_1A_0=01$时,选中输出端Y_1,即$Y_1=D$;$A_1A_0=10$时,选中输出端Y_2,即$Y_2=D$;$A_1A_0=11$时,选中输出端Y_3,即$Y_3=D$。根据此约定,可列出真值表如表8-21所列。

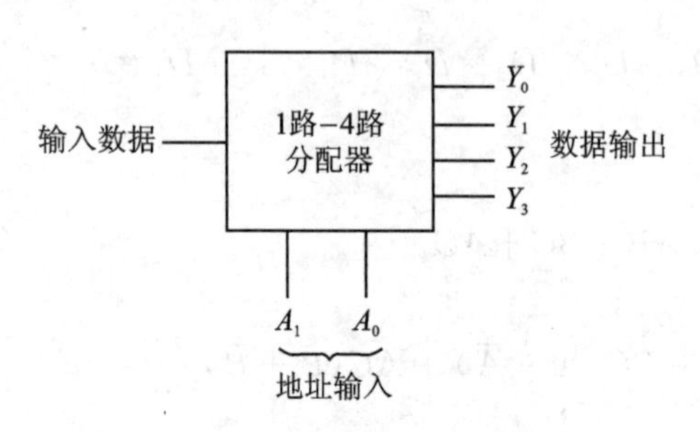

图8-49 1路-4路数据分配器示意框图

表8-21 1路-4路数据分配器的真值表

输入			输出			
	A_1	A_0	Y_0	Y_1	Y_2	Y_3
D	0	0	D	0	0	0
	0	1	0	D	0	0
	1	0	0	0	D	0
	1	1	0	0	0	D

由表8-21所列的真值表可直接得到

$$Y_0=D\overline{A}_1\overline{A}_0,\qquad Y_1=D\overline{A}_1A_0,\qquad Y_2=DA_1\overline{A}_0,\qquad Y_3=DA_1A_0$$

根据上式可画出如图8-50所示1路—4路数据分配器的逻辑电路图。

数据分配器可以用唯一地址译码器实现。例如,用3/8线译码器74LS138作数据分配器,可以根据输入端$A_2A_1A_0$的不同状态,把数据分配到8个不同的通道上去,即实现1路—8路数据分配器的作用。用74LS138作为数据分配器的逻辑原理图如图8-51所示。

在图8-51中,将S_3接低电平,S_1作为使能端,高电平有效,A_2、A_1和A_0作为选择通道地址输入,S_2作为数据输入端。例如,当$S_1=1$,$A_2A_1A_0=010$时,由74LS138的功能表可得

$$Y_2=\overline{(S_1\cdot\overline{S_2}\cdot\overline{S_3})\cdot\overline{A_2}\cdot A_1\cdot\overline{A_0}}=S_2$$

而其他输出端均为无效电平1。因此,当地址$A_2A_1A_0=010$时,只有输出端Y_2得到与输入端相同的数据波形。

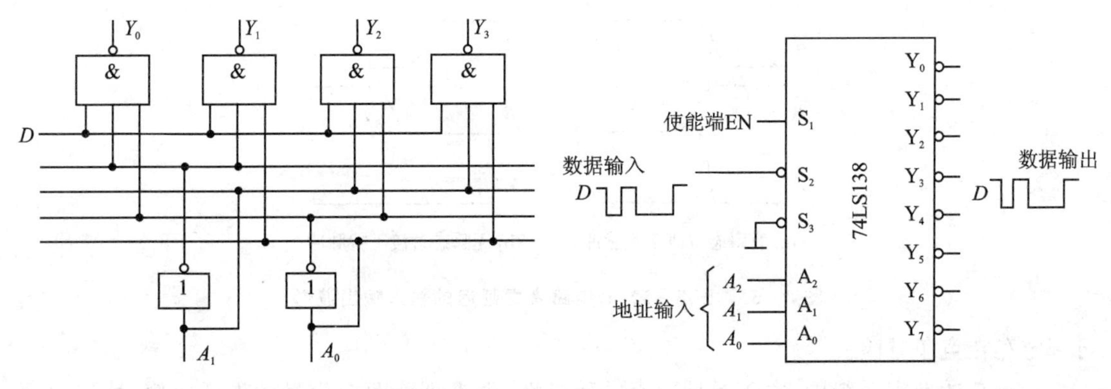

图 8-50　1 路-4 路分配器逻辑图　　图 8-51　用 74LS138 作为数据分配器

8.3　组合电路中的竞争冒险

在前面各节讨论组合电路时，没有考虑门电路的传输延迟时间。但实际中，由于门电路传输延迟的影响，会导致电路在某些情况下，在输出端产生错误信号。

8.3.1　竞争冒险的概念及产生原因

产生竞争冒险的原因之一是电路中存在着由反相器产生的互补信号。在图 8-52(a)所示的电路中，输出信号 $Y=A\overline{A}$，若输入信号 A、B(即 $\overline{A}$)的波形分别如图 8-52(b)和(c)所示，理想情况下，输出 Y 的波形分别如图 8-52(b)和(c)所示，$Y=0$。

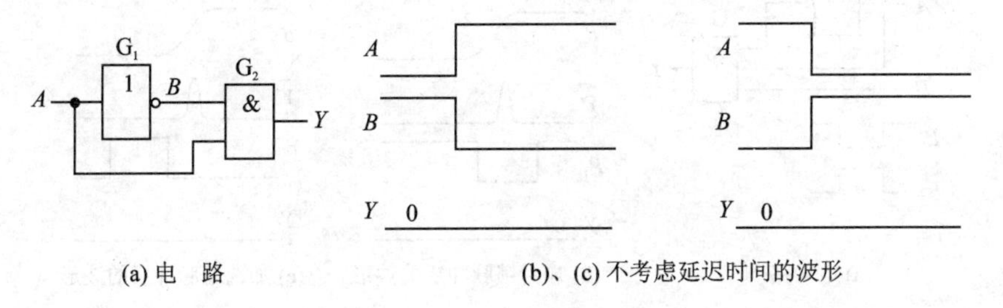

(a) 电　路　　(b)、(c) 不考虑延迟时间的波形

图 8-52　电路及波形

但是，实际门电路是有延迟的。当输入信号 A 经反相器 G_1 成为 B 信号时，这个过程需要经过 G_1 的传输延迟时间，B 信号的变化落后于 A 信号的变化，当 A 由低电平变为高电平时，B 还处于高电平状态，这一瞬间，Y 出现了过渡干扰脉冲(又称毛刺)，如图 8-53(a)所示。一般来说，当有关门的输入有两个或两个以上信号发生改变时，由于这些信号是经过不同路径传输来的，使得它们状态改变的时刻有先有后，这种时差引起的现象称为**竞争**。

但是，有竞争现象的电路不一定产生毛刺，仍是图 8-52(a)所示的电路，若信号 A、B 的变化如图 8-53(b)所示，虽然两个信号同时向相反方向变化、门 G_1、G_2 具有同样的延迟时间、B 信号的变化同样落后于 A 信号的变化，但由图 8-53(b)可以看出，并没有产生过渡干扰脉冲，即没产生毛刺。可见，电路中有竞争现象只是存在产生干扰脉冲的危险而已，故称之为**竞争冒险**。一般来说，只要输出端的逻辑函数在一定条件下能简化成 $Y=A\overline{A}$ 或 $Y=A+\overline{A}$，则

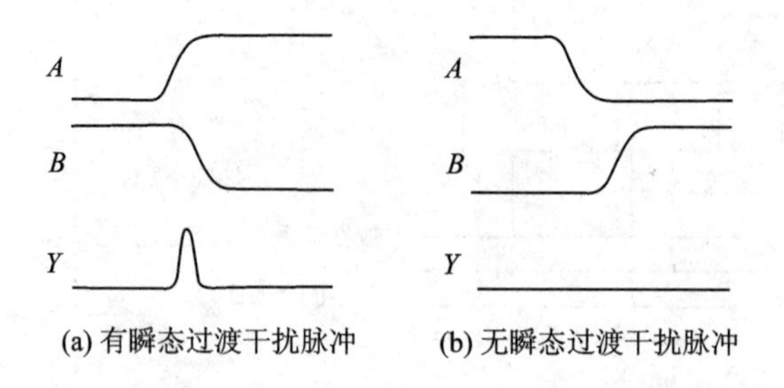

(a) 有瞬态过渡干扰脉冲　(b) 无瞬态过渡干扰脉冲

图 8-53　图 8-52(a)电路考虑延迟的输入输出波形

可判定存在竞争冒险。

在复杂的数字系统中，由于各种因素的随机性，很难判断两个信号的先后次序，所以只要有竞争现象，就有产生干扰信号的可能，严重时会使电路产生误动作造成逻辑上的错误。

8.3.2　竞争冒险的消除方法

为了消除竞争冒险现象，常用的方法有以下几种。

1. 引入封锁脉冲

引入封锁脉冲就是在电路中引入一个负脉冲，使得在输入信号发生竞争的时间内，把可能产生干扰脉冲的门封住，图 8-54(a)中的负脉冲 P_1 就是这样的封锁脉冲。当 A、B 同时变化时，$P_1=0$，封住**与**门 G_2，因而消除了干扰脉冲。值得注意，封锁脉冲 P_1 必须要与信号转换时间同步且脉冲宽度大于电路状态转换过程的过渡时间。

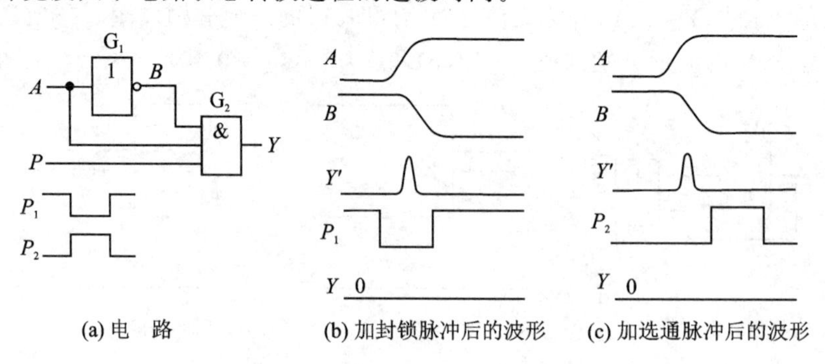

(a) 电　路　(b) 加封锁脉冲后的波形　(c) 加选通脉冲后的波形

图 8-54　加封锁脉冲或选通脉冲

2. 引入选通脉冲

图 8-54(a)中的正脉冲 P_2 即是引入的选通脉冲。在一般情况下使 $P_2=0$，**与**门 G_2 处于封闭状态，将可能产生竞争冒险现象出现干扰脉冲的时间控制在此范围内；只有当 $P_2=1$ 时，电路才处于使能(选通)状态，才按输入信号输出，从而抑制了干扰脉冲。需要注意，引入选通脉冲后的组合电路，输出信号在 $P_2=1$ 时有效，因此要注意加入选通脉冲的时间。

3. 接入滤波电容

在干扰脉冲比较窄且负载对尖峰脉冲不很敏感的条件下，可采用在输出端并接滤波电容的方法来解决。接入滤波电容后，由于电容 C 充放电需要一定的时间，因而必然影响电路的工作速度，所以 C 的取值应尽可能小。

4. 修改逻辑设计，增加冗余项

在逻辑函数中增加冗余项，既可使函数的逻辑关系不变，又保证了在两个输入信号的状态向相反方向变化可能出现竞争冒险现象时，因增加的冗余项的状态是确定的而抑制了干扰信号的产生。例如，在图 8-55(a)所示的 2 选 1 数据选择器中，输出信号为

$$Y=AD_1+\overline{A}D_0$$

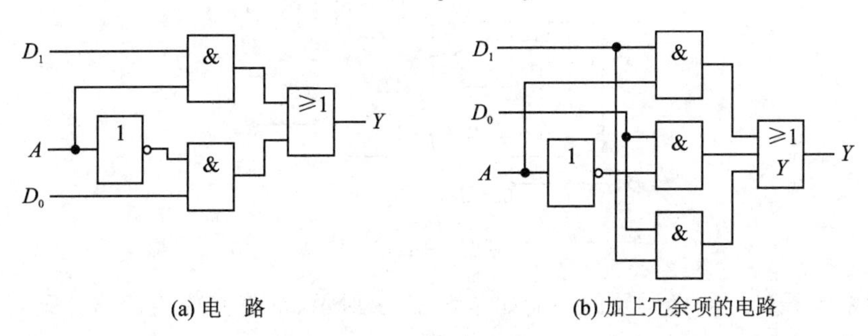

(a) 电　路　　(b) 加上冗余项的电路

图 8-55　修改逻辑设计

当 $D_1=D_0=1$ 时，$Y=A+\overline{A}$，易产生竞争冒险现象。若将上式加上冗余项 D_1D_0，则

$$Y=AD_1+\overline{A}D_0+D_1D_0$$

当 $D_1=D_0=1$ 时，$Y=1$，电路如图 8-55(b)所示。

本章小结

1. 组合电路是数字电路的两大分支之一，本章涉及的内容是本课程的重点。组合电路的输出仅仅取决于该时刻输入信号的状态，而与该时刻之前电路的状态无关。因此电路中不包含具有记忆功能的电路，它是以门电路作为基本单元组成的电路。

2. 组合电路的分析是根据已知的逻辑图，找出输出变量与输入变量的逻辑关系，从而确定出电路的逻辑功能。

3. 组合电路的设计是分析的逆过程，它是根据已知逻辑功能设计出能够实现该逻辑功能的逻辑图。

4. 组合逻辑电路的种类很多，常见的有编码器、译码器、加法器、数值比较器、数据选择数据和数据分配器等。本章对以上各类组合电路的功能、特点、用途进行了讨论，并介绍了一些常见的集成电路芯片，学习时要注意掌握各控制端的作用、逻辑功能及用途。

5. 组合电路存在竞争冒险现象，要掌握其产生的原因及消除方法。

习题 8

8-1　填空题

(1) 一个 4 输入端的**或非**门，使其输出为1 的输入变量取值组合有________种。

(2) 组合逻辑电路的输出只与当时的________状态有关，而与电路________的状态无关。它的基本电路单元是________。

(3) 同一个逻辑门电路,如果在正逻辑定义下实现**与非**功能,那么,在负逻辑定义下却实现________功能。如果在负逻辑定义下实现**同或**功能,那么,在正逻辑定义下则实现________功能。

(4) 题图 8-1(a)所示电路,F_1 的表达式是________,F_2 的表达式是________。

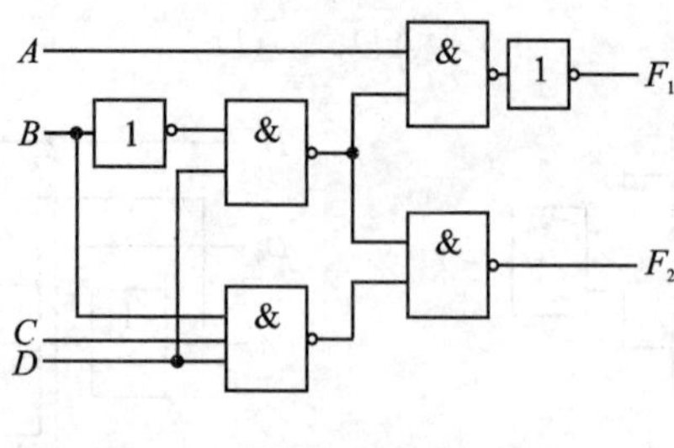

题图 8-1(a)

(5) 2 线-4 线二进制译码器的功能如题表 8-1 所示,欲将其改为四路分配器使用,应将使能端 EI 接________,而数据输入端 A、B 作为________端。

(6) 4 选 1 数据选择器,当 $\overline{EI}=0$ 时,如果 $AB=00$,$Y=$ ________;$AB=10$,$Y=$ ________。

(7) 由加法器构成的代码变换电路如题图 8-1(b)所示,若输入信号 b_3、b_2、b_1、b_0 为 8421BCD 码,则输出端 S_3、S_2、S_1、S_0 是________代码。

题表 8-1

$\overline{EI}$	A	B	Y_0	Y_1	Y_2	Y_3
1	×	×	0	0	0	0
0	0	0	1	0	0	0
0	0	1	0	1	0	0
0	1	0	0	0	1	0
0	1	1	0	0	0	1

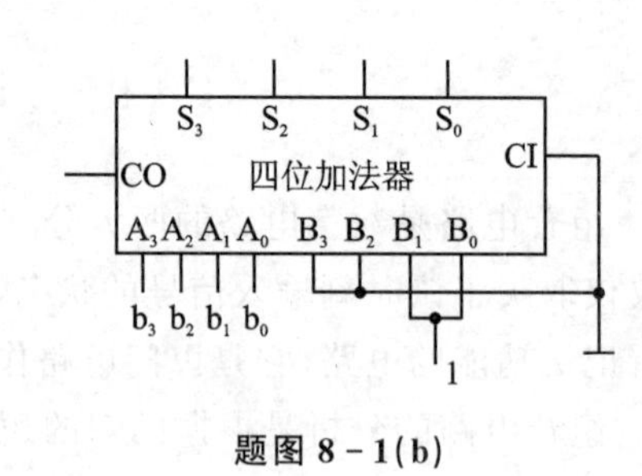

题图 8-1(b)

(8) 为了使 3/8 线译码器 74LS138 的输出端 $\overline{Y_5}=0$,则要求使能输入端 $S_1\overline{S_2}\cdot\overline{S_3}=$ ________,代码输入端 $A_2A_1A_0=$ ________。

(9) 3/8 线译码器 74LS138 有________个代码输入端,________个输出端,输入的二进制代码为________码,输出信号为________电平有效。

(10) 实现将输入信号编成一个对应的二进制代码的逻辑功能是________。

8-2 选择题

(1) 在题图 8-2(a)所示的组合电路中,其函数表达式为____。

A. $F=\sum_m(0,4,5,7,8,12,13,14,15)$　　B. $F=\sum_m(1,2,3,6,9,10,11)$

C. $F=\sum_m(0,8,12,14,15)$　　D. $F=AB+BD+\overline{C}\cdot\overline{D}$

(2) 已知 MSI(中规模集成)优先编码器 74148 的输入 $\overline{I_1}=\overline{I_2}=\overline{I_3}=0$,则输出端 $\overline{Y_2}\cdot\overline{Y_1}\cdot\overline{Y_0}$ 的值是________。

A. 000　　B. 100　　C. 101　　D. 111

(3) 要使 3/8 线译码器 74LS138 工作，使能控制端 $S_1\overline{S_2}\cdot\overline{S_3}$ 的电平信号是________。

A. 100　　B. 111　　C. 011　　D. 001

(4) 双向数据总线可以采用________构成。

A. 译码器　　B. 三态门　　C. 与非门　　D. 多路选择器

(5) 8 路数据分配器，其地址输入（选择控制端）有________个。

A. 1　　B. 2　　C. 3　　D. 8

(6) 由 8 选 1 数据选择器 74LS151 组成的电路如题图 8－2(b)所示，则该电路的输出为________。

A. $Y=A\overline{B}\cdot\overline{C}+A\overline{B}C+\overline{A}\cdot\overline{B}C$

B. $Y=\sum_m(6,7,9,13)$

C. $Y=\sum_m(6,7,13,14)$

D. $Y=\sum_m(6,7,8,9,13,14)$

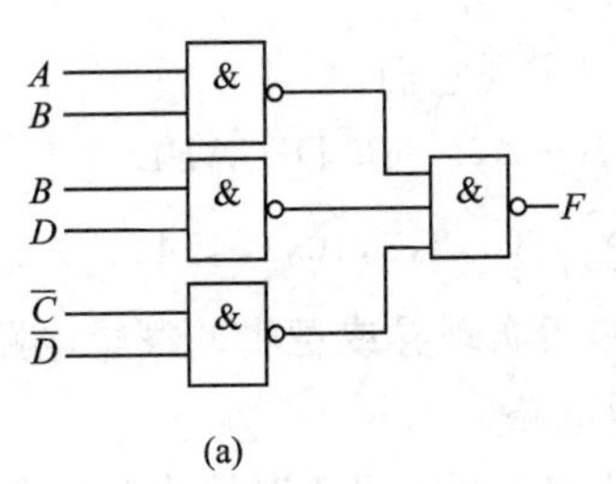

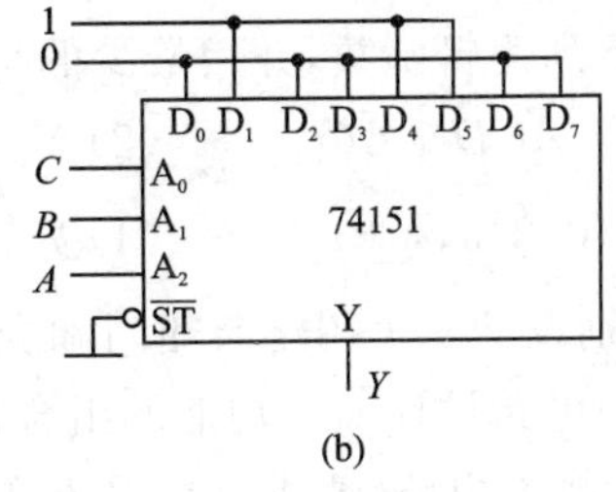

题图 8－2

(7) 下列电路中，属于组合逻辑电路的是________。

A. 计数器　　B. 寄存器　　C. 数据选择器　　D. 触发器

(8) 在编码器中，输入的是________，输出的是________。

A. 代码　　B. 某个特定的字符或信息　　C. 二进制数

(9) 组合逻辑电路主要是由____组成的。

A. 触发器　　B. 门电路　　C. 计数器　　D. 寄存器

8－3　电路如题图 8－3 所示，试写出输出变量 Y 的表达式，列出真值表，并说明各电路的逻辑功能。

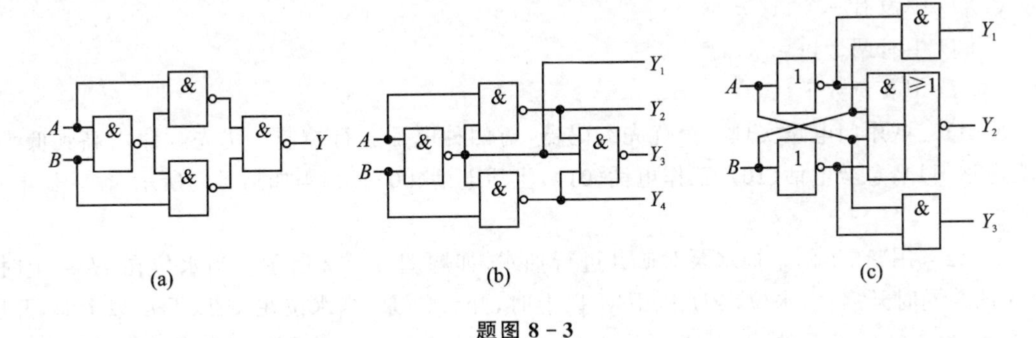

题图 8－3

8－4　某同学设计的代码转换电路如题图 8－4 所示。当 $K=1$ 时，输入二进制码转换成循环码；当 $K=0$ 时，输入循环码转换成二进制码。二进制码和循环码关系如题表 8－4 所列。

(1) 分别求解两种情况下输出函数的逻辑表达式；

(2) 检查电路有无错误，若有则改正。

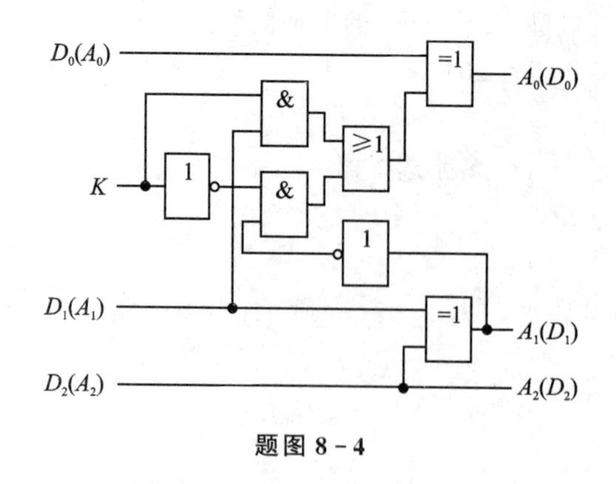

题图 8-4

题表 8-4　二进制码和循环码的对应关系

二进制码			循环码		
D_2	D_1	D_0	A_2	A_1	A_0
0	0	0	0	0	0
0	0	1	0	0	1
0	1	0	0	1	1
0	1	1	0	1	0
1	0	0	1	1	0
1	0	1	1	1	1
1	1	0	1	0	1
1	1	1	1	0	0

8-5　化简下列逻辑函数，并用最少的**与非**门实现它们。

(1) $Y_1=A\overline{B}+A\overline{C}D+\overline{A}C$　　(2) $Y_2=A\overline{B}+\overline{A}C+B\overline{C}\overline{D}+ABD$

(3) $Y_3=\sum_m(0,2,3,4,6)$　　(4) $Y_4=\sum_m(0,2,8,10,12,14,15)$

8-6　试分别设计一个用全**与非**门和全**或非**门实现**异或**逻辑的逻辑电路。

8-7　试用门电路设计如下功能的组合逻辑电路。

(1) 三变量的判奇电路，要求三个输入变量中有奇数个为1时输出为1，否则为0；

(2) 四变量多数表决电路，要求四个输入变量中有多数个为1时输出为1，否则为0；

(3) 2位二进制数的乘法运算电路，其输入为 A_1、A_0，B_1、B_0，输出为四位二进制数 $D_3D_2D_1D_0$。

8-8　设计一个路灯控制电路，要求实现的功能是：当总电源开关闭合时，安装在3个不同地方的3个开关都能独立地将灯打开或熄灭；当总电源开关断开时，路灯不亮。

8-9　设计一个举重裁判裁决电路，要求分别用译码器和数据选择器实现。

8-10　设计一个组合电路，其输入是4位二进制数 $D=D_3D_2D_1D_0$，要求能判断下列三种情况：

(1) D 中没有一个1；

(2) D 中有两个1；

(3) D 中有奇数个1。

8-11　试用门电路实现一个优先编码器，对四种电话进行控制。优先顺序由高到低为：火警电话(11)，急救电话(10)，工作电话(01)，生活电话(00)。编码如括号内所示，输入低电平有效。

8-12　用 A、B 两个抽水泵对矿井进行抽水，如题图 8-12 所示。当水位在 H 以上时，A、B 两泵同时开启；当水位在 H 以下 M 以上时，开启 A 泵；当水位在 M 以下 L 以上时，开启 B 泵；而水位在 L 以下时，A、B 两泵均不开启。试列写控制 A、B 两泵动作的真值表。

8-13　试用两片2/4线译码器(见题图 8-13)构成一个3/8线译码器。

8-14　用集成译码器74LS138和**与非**门实现下列逻辑函数。

(1) $Y=A\overline{B}C+\overline{A}B$

(2) $Y=\overline{(A+B)(\overline{A}+\overline{C})}$

(3) $Y=\sum_{m}(3,4,5,6)$

(4) $Y=\sum_{m}(0,2,3,4,7)$

8-15　试用集成译码器 74LS138 和**与非**门实现全加器。

8-16　试用集成译码器 74LS138 和**与非**门实现全减器。

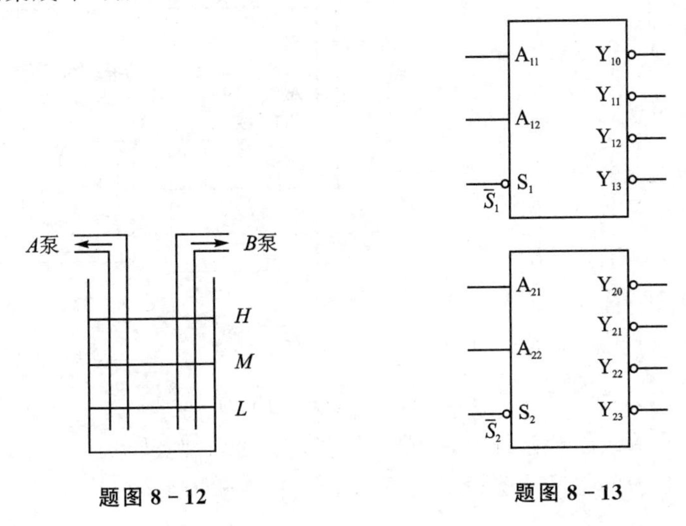

题图 8-12　　　　**题图 8-13**

8-17　用二—十进制编码器、译码器，七段数码管显示器组成一个 1 位数码显示电路。当 0～9 十个输入端中有一个接地时，显示相应数码。选择合适的器件，画出连线图。

8-18　试用两个半加器和一个**或**门构成一个全加器。

(1) 写出 S_i 和 C_i 的逻辑表达式；

(2) 画出逻辑图。

8-19　试用 1 片双 4 选 1 数据选择器(74LS153)和尽可能少的门电路实现两个判断功能，要求输入信号 A、B、C 中有奇数个为**1** 时输出 Y_1 为**1**，否则 Y_1 为**0**；输入信号 A、B、C 中有多数个为**1** 时输出 Y_2 为**1**，否则 Y_2 为**0**。

8-20　用数据选择器 74LS151 实现下列逻辑函数

(1) $Y=\sum_{m}(0,2,3,5,6,8,10,12)$

(2) $Y=\sum_{m}(0,2,4,5,6,7,8,9,14,15)$

(3) $Y=A\overline{B}C+\overline{A}B+\overline{A}\overline{C}$

8-21　写出题图 8-21 所示电路的 Z_1、Z_2 的逻辑表达式，并列出逻辑真值表。

8-22　写出题图 8-22 所示电路中输出信号 Y 的逻辑表达式。

8-23　题图 8-23 所示是用两个 4 选 1 数据选择器组成的逻辑电路，试写出输出变量 F 与输入 M、N、P、Q 之间的逻辑表达式。

8-24　人的血型有 A、B、AB 和 O 四种，试用数据选择器设计一个逻辑电路，要求判断供血者和受血者关系是否符合题图 8-24 的关系。(提示：可用两个变量的四种组合表示供血者的血型，用另外两个变量的四种组合表示受血者的血型，用 Y 表示判断的结果)。

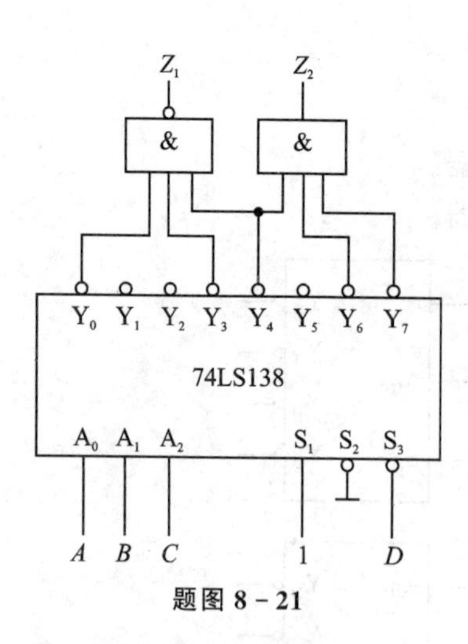

题图 8-21

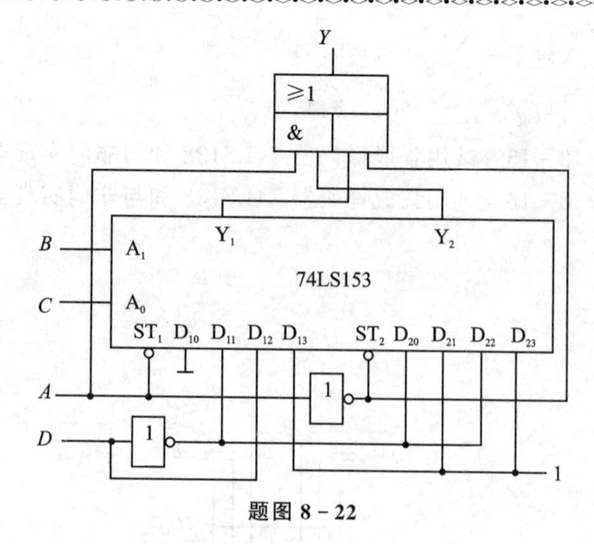

题图 8-22

8-25　已知逻辑函数式为

$$F=\bar{A}B+AD+\bar{B}\bar{C}\bar{D}$$

(1) 判断在哪些输入组合条件下,电路可能存在竞争-冒险现象?

(2) 用增加冗余项的方法消除逻辑竞争-冒险,并用与非门实现。

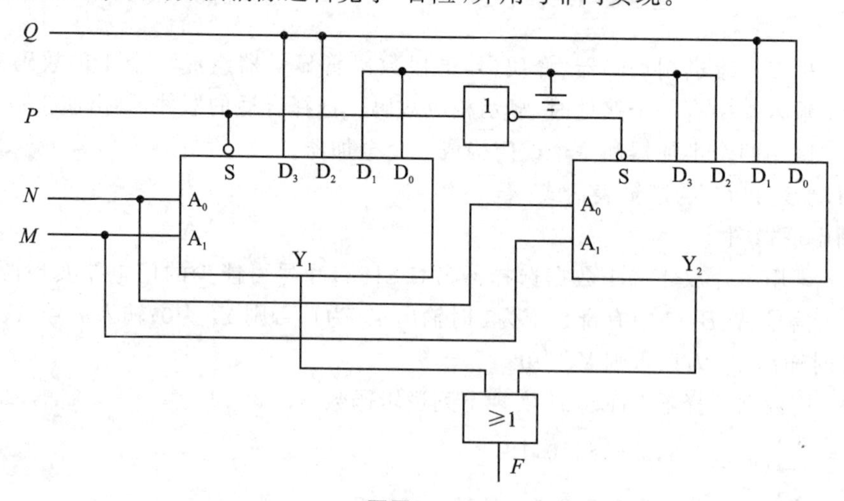

题图 8-23

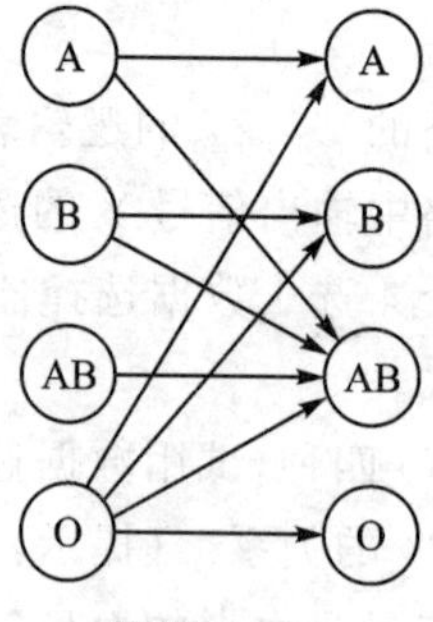

题图 8-24

第9章　触发器和时序逻辑电路

内容提要

- 触发器的特点、分类及逻辑功能
- 时序逻辑电路的特点及逻辑功能描述方法
- 计数器的组成、工作原理、分析方法及应用
- 寄存器的结构、工作特点及应用
- 时序电路的设计方法
- 555定时器及其应用电路

时序逻辑电路简称**时序电路**，它的逻辑功能与组合电路有所不同，究其原因是因为时序电路的结构中包含具有记忆(存储)功能的基本逻辑单元——**触发器**(Flip－Flop)，而组合电路中不包含触发器。本章首先介绍触发器的特点、分类及逻辑功能；其次讨论时序电路的特点、时序电路的分析方法和设计方法；最后重点介绍两种典型的时序电路——**计数器**和**寄存器**。

9.1　触发器

9.1.1　触发器的功能特点

在复杂的数字电路中，要连续进行各种复杂的运算和控制，就必须将曾经输入过的信号以及运算的结果暂时保存起来，以便与新的输入信号进一步运算，共同确定电路新的输出状态。这样，就要求数字电路中必须包含具有记忆功能的电路单元，这种电路单元通常具有两种稳定的逻辑状态，0状态和1状态，触发器就是具有记忆1位二进制代码的基本单元。

为了实现记忆1位二值信号的功能，触发器必须具备以下功能特点：

1) 有两个稳定状态——0状态和1状态，因此也称作**双稳态触发器**，它能存储1位二进制信息。

2) 如果外加输入信号为有效电平，触发器将发生状态转换，即从一种稳态翻转到另一种新的稳态。

为便于描述，今后把触发器原来所处的稳态用 Q^n 表示，称为**现态**；而将转换之后的新的稳态用 Q^{n+1} 表示，称为**次态**。分析触发器的逻辑功能，主要就是分析当输入信号为某一种取值组合时，输出信号的次态 Q^{n+1} 的值。

3) 当输入信号有效电平消失后，触发器能保持新的稳态。因此说触发器具有记忆功能，是存储信息的基本单元。

触发器是构成时序逻辑电路必不可少的基本部件。

9.1.2 触发器的分类及逻辑功能描述方法

触发器的种类较多,根据逻辑功能可划分为RS触发器、D触发器、JK触发器、T触发器和T′触发器;根据触发方式的不同可划分为电平触发型和边沿触发型触发器;从结构上可划分为基本触发器、同步触发器、主从触发器和边沿触发器,其中,同步触发器、主从触发器、边沿触发器又统称为**时钟触发器**。

本节重点之一是分析不同触发器的逻辑功能,在分析逻辑功能时,常用的分析方法有:特性表、特性方程、工作波形图(时序图)等。

9.1.3 基本RS触发器

1. 电路组成及逻辑符号

将两个**与非**门首尾交叉相连,就组成一个基本RS触发器,如图9-1(a)所示。其中$\bar{R}$、$\bar{S}$是两个输入信号,低电平有效。Q、$\bar{Q}$是两个互补输出端,其输出信号相反,触发器正常工作时,要求这两个互补输出端的输出电平必须相反。通常规定Q端的输出状态为触发器的存储状态,例如,当$Q=0$,$\bar{Q}=1$时,称触发器存储0状态;当$Q=1$,$\bar{Q}=0$时,称触发器存储1状态。图9-1(b)是基本RS触发器的图形符号。

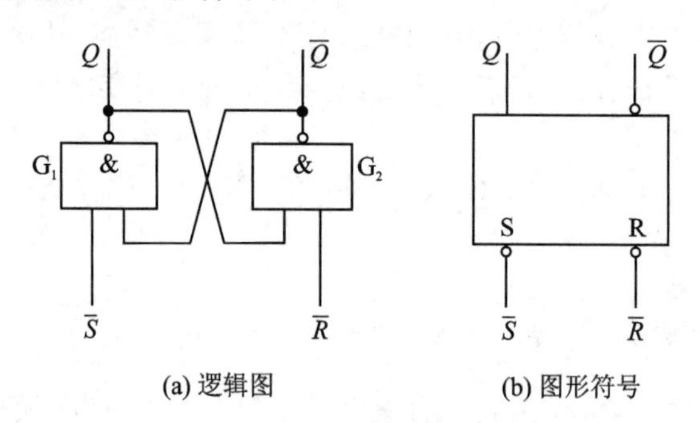

图9-1 由与非门构成的基本RS触发器

2. 逻辑功能分析

下面分析基本RS触发器的逻辑功能。

1) $\bar{R}=1$,$\bar{S}=1$时,输入信号均为无效电平,由逻辑图不难分析出,此时触发器将保持原来的状态不变,即$Q^{n+1}=Q^n$。

2) $\bar{R}=0$,$\bar{S}=1$时,G_2门的输出$\bar{Q}=1$,因而G_1门的输入全为1,则$Q=0$,触发器为0态,即$Q^{n+1}=0$,且与原来状态无关,这种功能称为触发器**置0**,又称**复位**。由于置0是输入信号$\bar{R}$为有效电平0所致,因此$\bar{R}$端叫作**置0端**,又叫**复位端**。

3) $\bar{R}=1$,$\bar{S}=0$时,G_1门的输出$Q=1$,因而G_2门的两个输入均为1,则$\bar{Q}=0$,触发器为1态,即$Q^{n+1}=1$,同样与原状态无关,这种功能称为触发器**置1**,又称**置位**。由于置1是输入信号$\bar{S}$为有效电平0所致,因此$\bar{S}$端叫作**置1端**,又叫**置位端**。

4) $\bar{R}=0$,$\bar{S}=0$时,输入信号均为有效电平,这种情况是不允许的。因为,其一,$\bar{R}=0$,$\bar{S}$

$=0$ 破坏了 Q 与 $\bar{Q}$ 互补的约定；其二，当 $\bar{R}$、$\bar{S}$ 的低电平有效信号同时消失后，Q 与 $\bar{Q}$ 的状态将是不确定的。顺便指出，如果 $\bar{R}$、$\bar{S}$ 的有效电平不同时撤销，即不同时由0变1，则触发器状态由后变的信号决定。例如，若 $\bar{S}=0$ 的有效电平晚于 $\bar{R}$ 变化，则当 $\bar{R}$ 首先由0变1时，此时 $\bar{S}$ 仍为0，这时触发器将被置1。

3. 逻辑功能描述

综合以上对基本 RS 触发器逻辑功能的分析结果，下面分别用特性表、特性方程、工作波形图将其功能进行描述。

(1) 特性表

通过前面的分析可以看出，触发器的次态 Q^{n+1} 不仅与输入信号 $\bar{R}$、$\bar{S}$ 有关，还与触发器的现态 Q^n 有关，这正体现了触发器的记忆功能。因此，特性表中，自变量共有 3 个：$\bar{R}$、$\bar{S}$ 和 Q^n，函数是次态 Q^{n+1}，如表 9-1 所列，表 9-2 是简化特性表。表中"×"表示触发器输出状态不定。

表 9-1　基本 RS 触发器特性表

$\bar{R}$	$\bar{S}$	Q^n	Q^{n+1}	说　明
0	0	0	×	不允许
0	0	1	×	
0	1	0	0	置 0
0	1	1	0	
1	0	0	1	置 1
1	0	1	1	
1	1	0	0	保持
1	1	1	1	

表 9-2　简化特性表

$\bar{R}$	$\bar{S}$	Q^{n+1}	说　明
0	0	×	不允许
0	1	0	置 0
1	0	1	置 1
1	1	Q^n	保持

(2) 特性方程

根据基本 RS 触发器的特性表，如表 9-1 所列，可以画出卡诺图，如图 9-2 所示。合并最小项得到基本 RS 触发器的特性方程为

$$\begin{cases} Q^{n+1}=S+\bar{R}Q^n \\ \bar{R}+\bar{S}=1 \end{cases} \tag{9-1}$$

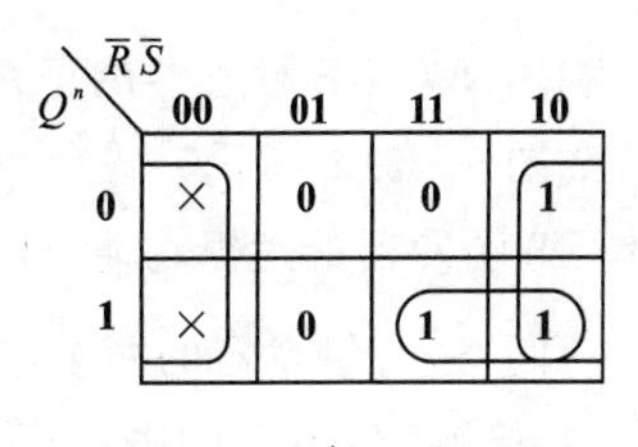

图 9-2　Q^{n+1} 的卡诺图

式(9-1)是基本 RS 触发器的特性方程。其中，$\bar{R}+\bar{S}=1$ 表示两个输入信号之间必须满足的约束条件。

(3) 波形图

触发器的状态也可用工作波形图表示，下面通过一道例题说明波形图的画法。

例 9-1　根据图 9-3 中所给 $\bar{R}$、$\bar{S}$ 的电压波形，画出图 9-1 基本 RS 触发器 Q 与 $\bar{Q}$ 端的电压波形。

解： 根据基本 RS 触发器的特性表，画出电压波形图如下：

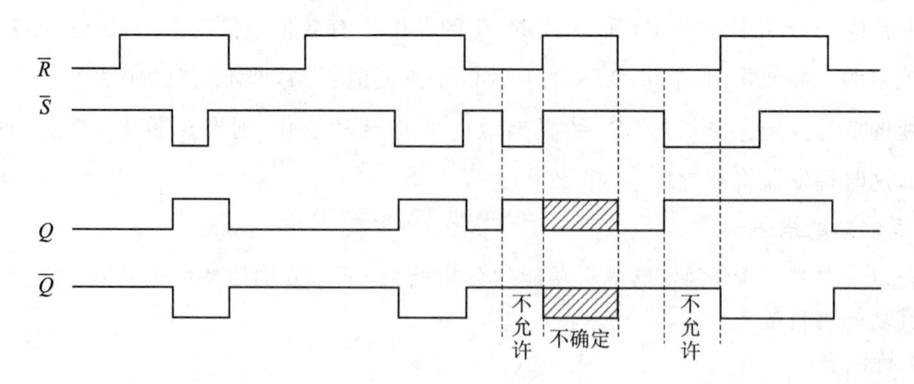

图 9-3　例 9-1 的波形图

4. 应用举例

在调试数字电路时,经常要用到脉冲信号。脉冲信号通常是利用机械开关接通产生的。由于机械开关触点的金属片有弹性,所以接通开关时触点常发生抖动,使产生的电压或电流波形产生“毛刺”,影响脉冲信号的质量,如图 9-4 所示。

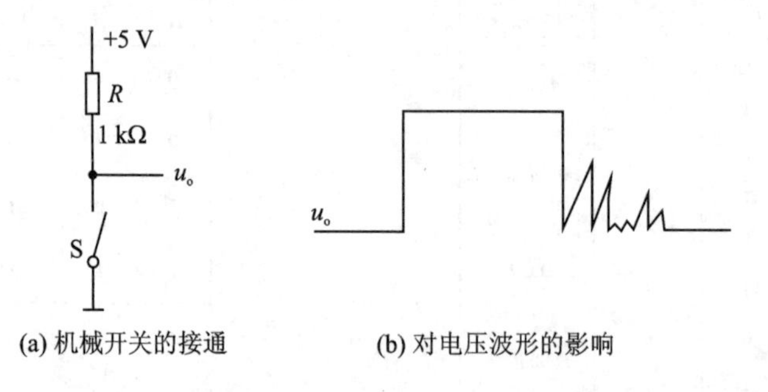

(a) 机械开关的接通　　(b) 对电压波形的影响

图 9-4　机械开关的工作情况

利用基本 RS 触发器的记忆作用可以消除上述开关振动所产生的影响,开关与触发器的连接如图 9-5(a)所示。设单刀双掷开关 S 原来与 B 点接触,触发器的输入信号 $\overline{R}=0$,根据基本 RS 触发器的逻辑功能,此时触发器的状态为0。当开关由 B 拨向 A 时,其中有一短暂的浮空时间,这时触发器的两个输入信号 $\overline{R}$、$\overline{S}$ 均为1,触发器保持原来的状态,仍为0。当中间触点与 A 接触时,A 点的电位由于振动而产生“毛刺”。但是,首先是 B 点已经为高电平($\overline{R}=1$),A 点一旦出现低电平($\overline{S}=0$),触发器的状态翻转为1,即使 A 点再出现高电平($\overline{S}=1$),也不会再改变触发器的状态,所以 Q 端的电压波形不会出现“毛刺”,如图 9-5(b)所示。

通过前面的分析,可以总结出基本 RS 触发器具有以下特点。

优点:电路结构简单,是构成其他复杂结构触发器的基础。具有置0、置1、保持三项功能。

缺点:存在**直接控制问题**。即在输入信号存在期间,输入信号直接控制输出端的状态,这将会使触发器的使用局限性增大;另外,输入信号 R、S 之间存在约束,这也会限制触发器逻辑功能的发挥。

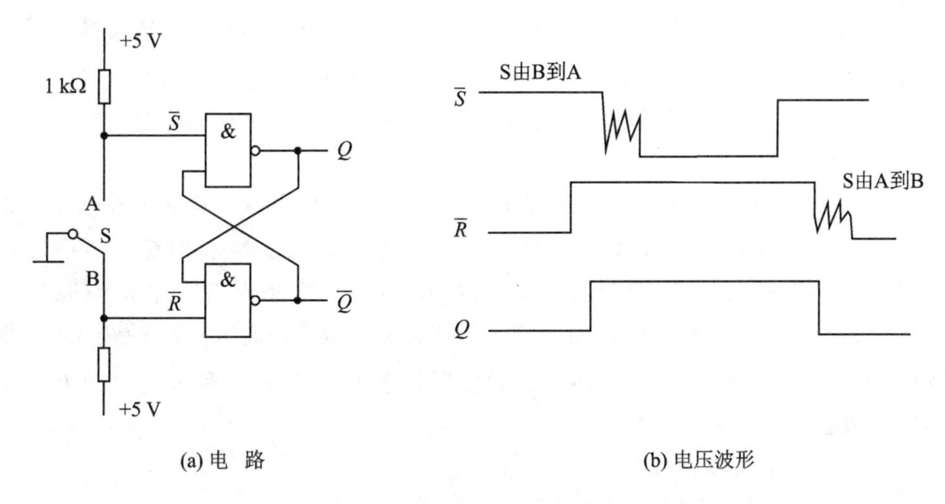

(a) 电　路　　　　(b) 电压波形

图 9-5　利用基本 RS 触发器消除机械开关振动的影响

9.1.4　同步触发器

基本 RS 触发器的输出状态无法从时间上加以控制，只要输入端有信号，触发器就立即做出相应的状态变化。而实际的数字系统，往往由多个触发器组成，这时常常需要各个触发器按一定的节拍同步动作，因此必须给电路加上一个统一的控制信号，用以协调各触发器的同步翻转，这个统一的控制信号叫作**时钟脉冲 *CP*** (Clock Pulse)信号。

本节主要介绍用 *CP* 作控制信号的触发器，称作**时钟触发器**，或者称为**同步触发器**。时钟触发器有 4 种触发方式。

1) $CP=\mathbf{1}$ 期间输入控制输出，称为高电平触发，记为"⎍"；
2) $CP=\mathbf{0}$ 期间输入控制输出，称为低电平触发，记为"⊔"；（以上两种为电平触发）
3) *CP* 由 **0** 变 **1** 瞬间输入控制输出，称为上升沿触发，记为"⎾"或"↑"；
4) *CP* 由 **1** 变 **0** 瞬间输入控制输出，称为下降沿触发，记为"⏋"或"↓"。（以上两种为边沿触发）

为区别上述 *CP* 的 4 种触发方式，常在触发器图形符号中 *CP* 端画以不同的标记，如图 9-6 所示。

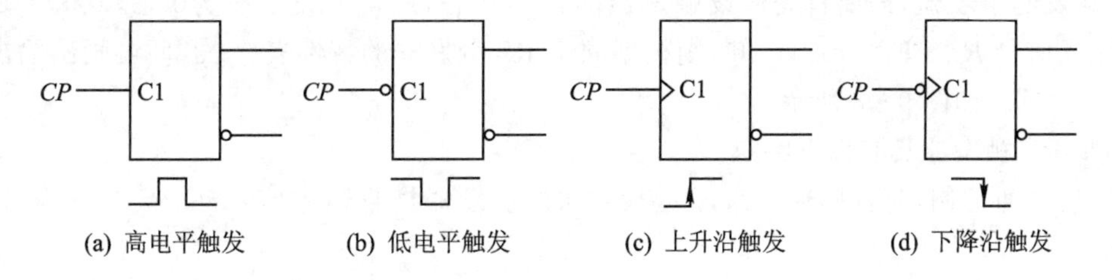

(a) 高电平触发　(b) 低电平触发　(c) 上升沿触发　(d) 下降沿触发

图 9-6　时钟触发器的触发方式

1. 同步 RS 触发器

在基本 RS 触发器的输入端加上两个导引门，就组成同步 RS 触发器，如图 9-7(a)所示。图中 $\bar{R}_D$、$\bar{S}_D$ 是直接置0(复位)端和直接置1(置位)端，低电平有效，只要两者当中有一个为有效电平(不能同时为有效电平)，触发器就被直接置0 或置1，不管此时 *CP* 和输入信号 *R*、*S* 为何值。也就是说,它们的作用优先于 CP,所以也称之为**异步复位端**和**异步置位端**。触发器在时钟信号 CP 控制下,正常工作时应使 $\bar{R}_D$ 和 $\bar{S}_D$ 均处于高电平。图 9-7(b)是图 9-7(a)的图形符号。在图形符号中,用框内的 C1 表示 CP 是编号为 1 的一个控制信号,1S 和 1R 表示受 C1 控制的两个输入信号。

当 $CP=0$ 时,控制门 G_3、G_4 被封锁,无论 R、S 如何变化,G_3、G_4 均输出高电平1,根据基本 RS 触发器的逻辑功能,此时同步 RS 触发器应保持原来的状态不变,即 $Q^{n+1}=Q^n$。

当 $CP=1$ 时,控制门 G_3、G_4 被打开,此时:若 $R=0$,$S=0$,触发器保持原来的状态,$Q^{n+1}=Q^n$;若 $R=0$,$S=1$,G_3 门输出0,从而使 $Q=1$,即触发器被置1;若 $R=1$,$S=0$,G_4 门输出0,从而使 $\bar{Q}=1$,触发器被置0;若 $R=1$,$S=1$,触发器状态不定,因此这种取值要避免。表 9-3 是同步 RS 触发器的特性表。

同步 RS 触发器的特性方程为

$$\left.\begin{aligned} &Q^{n+1}=S+\bar{R}Q^n \\ &RS=0 \end{aligned}\right\} \quad (CP=1\text{ 期间有效}) \tag{9-2}$$

其中,$RS=0$ 是同步 RS 触发器输入信号 R、S 之间的约束条件。

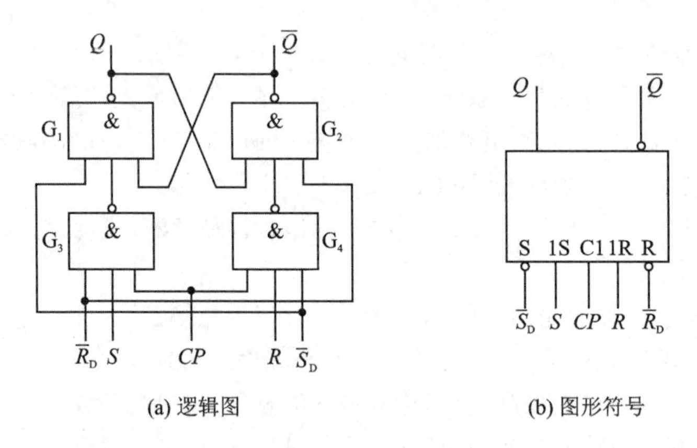

图 9-7 带异步控制端的同步 RS 触发器

图 9-8 所示是同步 RS 触发器的波形图,由于开始一段 CP 脉冲为低电平,所以对于 CP 高电平触发的触发器,需要首先假设触发器的初始状态,通常假设初态为0 态,既 $Q=0$,$\bar{Q}=1$。若输入信号 R、S 的波形也已知,则根据同步 RS 触发器的特性表 9-3,便可画出输出信号 Q 及 $\bar{Q}$ 的波形,如图 9-8 所示。

同步 RS 触发器具有以下特点。

优点:选通控制,时钟脉冲到来即 $CP=1$ 时,触发器接收输入信号,$CP=0$ 时,触发器保持原态。

缺点:$CP=1$ 期间,输入信号仍然直接控制触发器输出端的状态;R、S 之间仍有约束。后者可以利用 D 锁存器的连接方式解决。

2. 同步 D 触发器

同步 D 触发器又称 D 锁存器,简称**锁存器**,其电路结构及图形符号如图 9-9 所示。它是在同步 RS 触发器的基础上,将 G_3 门的输出反馈到 G_4 门作为 R 输入信号,S 输入端改为 D 而构成的。显然,在 $CP=1$ 期间,电路总有 $R\neq S$ 成立,从而克服了输入信号存在约束的问题。

表 9-3　同步 RS 触发器特性表

（$CP=1$ 期间有效）

R	S	Q^{n+1}	说　明
0	0	Q^n	保持
0	1	1	置 1
1	0	0	置 0
1	1	×	不定

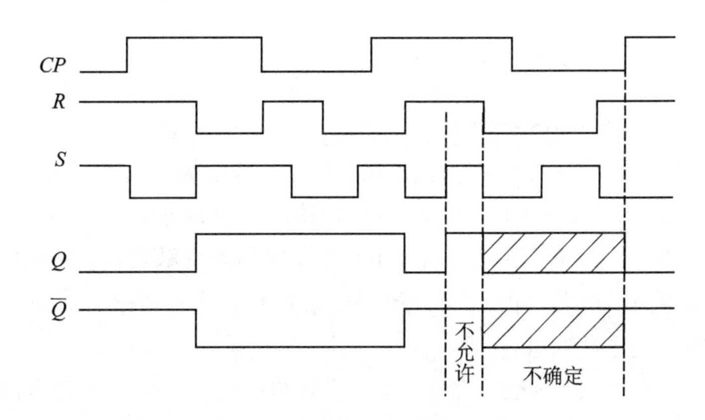

图 9-8　同步 RS 触发器的波形图

当 $CP=0$ 时，门 G_3、G_4 被封锁，触发器保持原来的状态。当 $CP=1$ 时，门 G_3、G_4 打开，此时，若 $D=0$，则 G_3 门输出高电平，G_4 门输出低电平，触发器被置0；若 $D=1$，则 G_3 门输出低电平，G_4 门输出高电平，触发器被置1。也就是说，D 是什么状态，触发器就被置成什么状态，所以特性方程为

$$Q^{n+1}=D(CP=1\text{ 期间有效})\tag{9-3}$$

其特性表如表 9-4 所列。可见，D 触发器只有置0 和置1 两项功能。

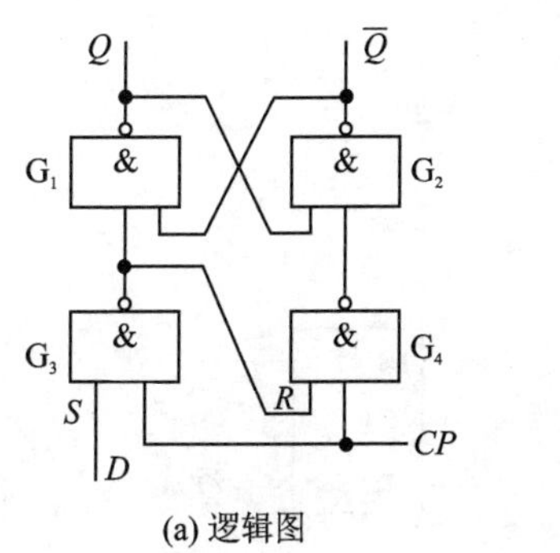

(a) 逻辑图

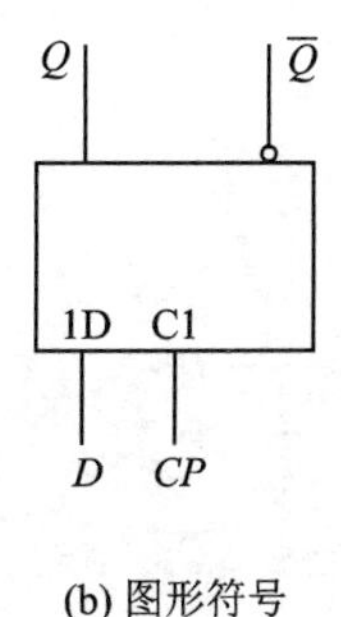

(b) 图形符号

图 9-9　同步 D 触发器

表 9-4　同步 D 触发器特性表

（$CP=1$ 期间有效）

D	Q^{n+1}	说　明
0	0	置 0
1	1	置 1

图 9-10 所示是在给定 CP 和 D 信号波形的基础上画出的图 9-9 所示同步 D 触发器 Q 端的电压波形（设触发器初始状态为0 态）。

通过以上分析，可以总结出同步 D 触发器具有以下特点。

优点：同步 D 触发器除具有同步 RS 触发器的优点外，还解决了输入信号之间存在约束的问题。

缺点：仍存在直接控制问题。即 $CP=0$ 时，触发器不接收输入信号，保持原态；但是在整个 $CP=1$ 期间，触发器都能接收输入信号，其输出状态仍然随输入信号的变化而变化。为了从根本上解决电平直接控制问题，人们在同步触发器基础上设计出了**主从出发器**。

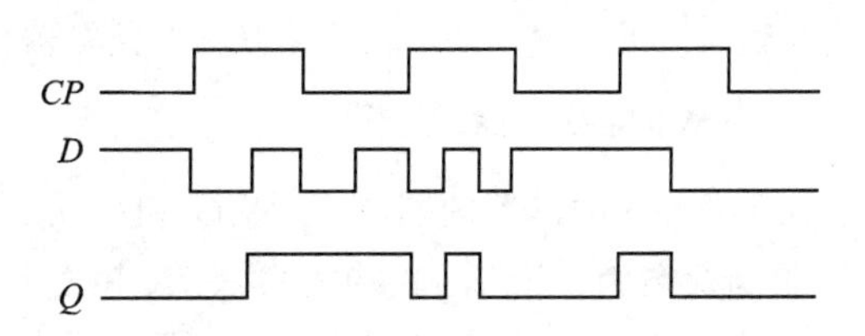

图 9-10　同步 D 触发器的波形图

9.1.5 主从触发器

1. 主从 RS 触发器

将两个同步 RS 触发器串联起来就可组成主从 RS 触发器,如图 9-11(a)所示。虚线右边由 $G_1 \sim G_4$ 组成的同步 RS 触发器称为**从触发器**,从触发器的状态是整个触发器的状态。虚线左边由 $G_5 \sim G_8$ 组成的同步 RS 触发器称为**主触发器**,主触发器能够接收并存储输入信号,是触发导引电路。门 G_9 是反相器,由它产生的 $\overline{CP}$ 作为从触发器的脉冲信号,从而使主从触发器的工作分别进行。

在主从 RS 触发器中,接收信号和输出信号是分成两步进行的,其工作原理如下:

1) 当 $CP=1$ 时,主触发器的状态仅取决于 R、S 输入信号。Q' 和 R、S 之间的逻辑关系就是同步 RS 触发器的逻辑关系。此时,$\overline{CP}=0$,G_3、G_4 被封锁,从而使从触发器维持原态不变。也就是说,当 $CP=1$ 时,G_7、G_8 门打开,G_3、G_4 门被封锁,R、S 输入信号仅存放在主触发器中,不影响从触发器状态。

2) CP 由1变为0后,G_7、G_8 门被封锁,主触发器维持已置成的状态不变,不再受 R、S 输入信号影响。此时,$\overline{CP}=1$,G_3、G_4 门打开,从触发器接收主触发器的状态信号 Q' 和 $\overline{Q}'$ 从而使从触发器的输出状态 $Q=Q'$,$\overline{Q}=\overline{Q}'$。也就是说,$CP$ 由1变为0后,主触发器的状态维持不变,从触发器接收主触发器存储的信息。

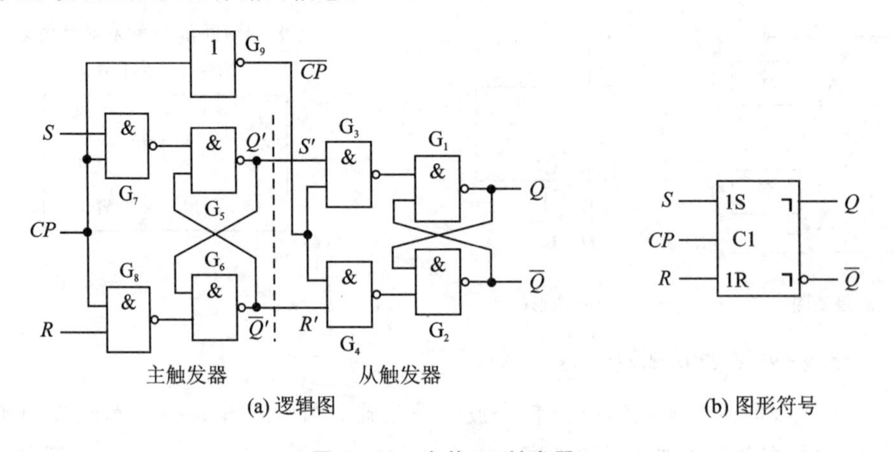

(a) 逻辑图　　(b) 图形符号

图 9-11 主从 RS 触发器

因此,在图 9-11(b)所示的主从 RS 触发器的逻辑符号中,用框内的“┓”表示“延迟输出”,即 CP 回到低电平(有效电平消失)以后,输出状态才改变。

对于主从 RS 触发器,当 $R=S=1$ 时,触发器的状态不定,为了避免这种情况,把主从 RS 触发器做进一步改进,就得到了主从 JK 触发器。

2. 主从 JK 触发器

在主从 RS 触发器的基础上,将 Q 和 $\overline{Q}$ 分别反馈到 G_8、G_7 门的输入端,并将原输入信号 S、R 重新命名为 J 和 K,就构成主从 JK 触发器,如图 9-12(a)所示,图 9-12(b)所示为它的图形符号。将主从 JK 与主从 RS 触发器的逻辑图进行比较可以看出,其触发信号的关系为 $S=J\overline{Q^n}$,$R=KQ^n$。下面分析图 9-12(a)所示的主从 JK 触发器的逻辑功能。

1）当 $J=0,K=0$ 时，此时门 G_7、G_8 被封锁，CP 脉冲到来后，触发器的状态并不翻转，保持原来状态，即 $Q^{n+1}=Q^n$；

2）当 $J=1,K=1$ 时，此时，若 $Q^n=1$，则对比主从 RS 触发器，相当于 $S=J\overline{Q^n}=0,R=KQ^n=1$，故触发器被置0；若 $Q^n=0$，则 $S=J\overline{Q^n}=1,R=KQ^n=0$，触发器被置1。可见，$J=1$，$K=1$ 时，触发器总要发生状态翻转，即 $Q^{n+1}=\overline{Q^n}$。

3）当 $J=1,K=0$ 时，若触发器原态为0，即 $Q^n=0,\overline{Q^n}=1$，那么在 $CP=1$ 时，主触发器的 $Q'^{n+1}=1$。当 CP 由1变0，即下降沿到来后，主触发器状态转存到从触发器中，电路状态由0翻转到1，$Q^{n+1}=1$。若触发器原态为1，即 $Q^n=1,\overline{Q^n}=0$，门 G_7、G_8 被封锁，CP 脉冲到来后，触发器的状态不变，保持1态，$Q^{n+1}=1$。综上所述，只要 $J=1,K=0$，不论触发器原来为何状态，CP 脉冲到来后，就有 $Q^{n+1}=1$，即触发器被置1。

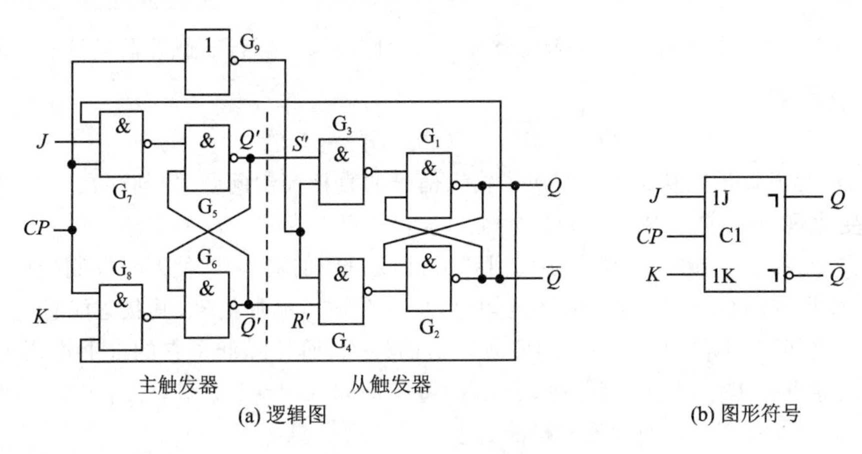

(a) 逻辑图　　(b) 图形符号

图 9－12　主从 JK 触发器

4）当 $J=0,K=1$ 时，同前分析，此时，触发器被置0，即 $Q^{n+1}=0$。

根据以上分析，可以得到主从 JK 触发器的特性表如表 9－5 所列。主从 JK 触发器的特性方程可根据同步 RS 触发器推导得到，即

$$Q^{n+1}=S+\bar{R}Q^n=J\overline{Q^n}+\bar{K}Q^n \qquad (CP\text{ 下降沿有效}) \tag{9-4}$$

主从 JK 触发器的波形图如图 9－13 所示。

表 9－5　主从 JK 触发器特性表

（CP 下降沿有效）

J	K	Q^{n+1}	说　明
0	0	Q^n	保持
0	1	0	置 0
1	0	1	置 1
1	1	$\bar{Q}^n$	翻转

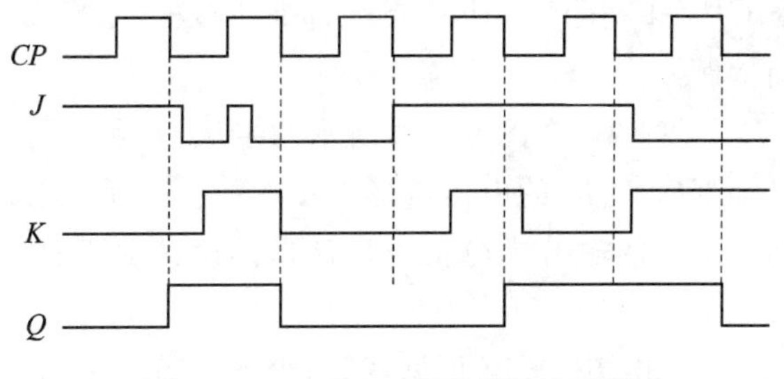

图 9－13　主从 JK 触发器的波形图

3. 主从T触发器和主从T′触发器

在图9-12中,若将主从JK触发器的两个输入端连接在一起变成一个输入端T,便构成T触发器。据此,只需令$J=K=T$,代入JK触发器的特性方程中,便可得到T触发器的特性方程为

$$Q^{n+1}=T\overline{Q^n}+\bar{T}Q^n=T\oplus Q^n \qquad (CP\text{下降沿有效}) \tag{9-5}$$

式(9-5)中,当$T=0$时,$Q^{n+1}=Q^n$,触发器保持原态;当$T=1$时,$Q^{n+1}=\overline{Q^n}$,触发器处于翻转状态,触发器翻转的次数,可以用来统计送入到触发器CP脉冲的个数,因此翻转状态通常也称为计数状态。T触发器的特性表如表9-6所列。

表9-6 T触发器特性表

(CP下降沿到来时有效)

T	Q^{n+1}	说　明
0	Q^n	保持
1	$\bar{Q}^n$	翻转(计数)

在T触发器中,令$T=1$,则T触发器变为T′触发器。显然,T′触发器只具有翻转计数功能,其特性方程为

$$Q^{n+1}=\overline{Q^n} \qquad (CP\text{下降沿有效}) \tag{9-6}$$

主从JK触发器虽然从根本上解决了输入信号的直接控制问题,但却存在一次变化现象。所谓**一次变化现象**,是指$CP=1$期间,主触发器能且只能翻转一次的现象。产生一次变化现象的原因在于:状态互补的Q、$\bar{Q}$分别引回到了门G_8、G_7的输入端,使两个控制门中总有一个是被封的,而根据同步RS触发器的性能知道,从一个输入端加信号,其状态能且只能改变一次。一次变化问题,不仅限制了主从JK触发器的使用,而且降低了它的抗干扰能力。因此,为保证触发器可靠工作,J、K信号在CP脉冲持续期间($CP=1$时)应保持不变,且信号的前沿应略超前于CP的前沿,而后沿应略滞后于CP的后沿。

不难理解,CP脉冲越窄,触发器受干扰的可能性越小。因此,使用脉宽较小的窄脉冲作控制信号,有利于提高触发器的抗干扰能力。

通常,一个同步RS触发器翻转完毕需要$3t_{pd}$,整个主从触发器翻转完毕需要$6t_{pd}$,所以主从触发器的最高工作频率为

$$f_{max}\leqslant 1/6t_{pd}$$

由此可知,在使用主从结构触发器时必须注意:只有在$CP=1$的全部时间里输入状态始终未变的条件下,用CP下降沿到达时输入的状态决定触发器的次态才是对的。否则,必须考虑$CP=1$期间输入状态的全部变化过程,才能确定CP下降沿到达时触发器的次态。请看下面例题。

例9-2　在图9-12所示的主从JK触发器中,已知CP、J、K的电压波形如图9-14所示,试画出与之对应的输出端Q的电压波形。设触发器的初始状态为$Q=0$。

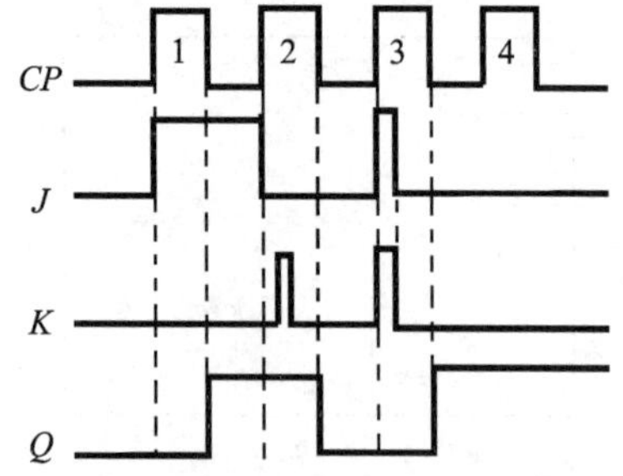

图9-14　例9-2波形图

解: 由图9-14可见,第一个CP高电平期间始终为$J=1$、$K=0$,CP下降沿到达后触发器置1。

第二个CP的高电平期间K端状态发生过变化,因而不能简单地以CP下降沿到达时J、K的状

态来确定触发器的次态。因为在 CP 高电平期间出现过短时的 $J=0$、$K=1$ 状态，此时主触发器便被置0，所以虽然 CP 下降沿达到时输入状态回到了 $J=K=0$，但从触发器仍按主触发器的状态被置0，即 $Q^{n+1}=0$。

第三个 CP 下降沿到达时 $J=0$、$K=0$。如果以这时的输入状态决定触发器次态，应保持 $Q^{n+1}=0$。但由于 CP 高电平期间曾出现过 $J=K=1$ 状态，CP 下降沿到达之前主触发器已由0 翻转到1，所以 CP 下降沿到达后从触发器的状态为1。

为了解决主从 JK 触发器的一次变化问题，增强电路工作的可靠性，便出现了边沿触发器。

9.1.6　边沿触发器

边沿触发器的具体电路结构形式较多，但边沿触发或控制的特点却是相同的，下面以边沿 JK 触发器为例，来说明电路的结构和主要特点。

图 9－15(a)所示为边沿 JK 触发器的逻辑电路图。从图中可以看出，该触发器由两个同步 D 触发器外加 G_1、G_2、G_3 三个门电路组成。输出信号 Q 反馈回 G_1、G_3 门。图 9－15(b)所示为边沿 JK 触发器的图形符号，CP 端的小圆圈表示电路是下降沿触发的边沿 JK 触发器。在逻辑符号中，用 CP 输入端处框内的“Λ”表示触发器为边沿触发方式。

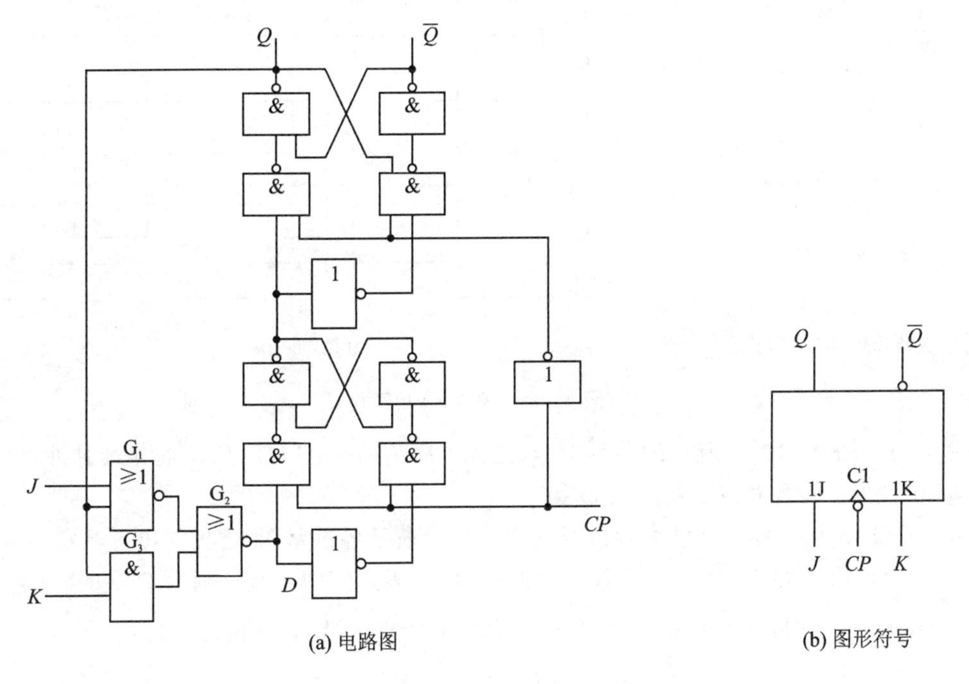

(a) 电路图　　(b) 图形符号

图 9－15　边沿 JK 触发器

参照前面对主从触发器工作原理的分析，读者可以自行分析图 9－15(a)所示边沿 JK 触发器的工作原理。不难看出，该触发器是在 CP 上升沿到来前接收输入信号的，CP 上升沿到来时刻翻转，上升沿结束后输入即被封锁，三步都是在上升沿前后完成的，所以有边沿触发器之称。

到此，图 9－15(a)所示边沿结构的触发器，真正实现了 CP 脉冲的边沿控制，彻底解决了触发器的直接控制问题,并且消除了一次变化现象。所以说,在所有结构的触发器中,边沿触发器功能最完善,得到广泛应用。其中的边沿JK触发器是最具典型的触发器,其产品居多。边沿JK触发器主要有以下特点:

1)时钟脉冲边沿控制。在CP上升沿或下降沿瞬间,加在J端和K端的信号才会被接收。也称为边沿触发。

2)抗干扰能力极强,工作速度很高。因为只要在CP触发沿瞬间J、K的值是稳定的,触发器就能可靠地按照特性方程的规定更新状态,在其他时间里,J、K不起作用。由于是边沿控制,需要的输入信号建立时间和保持时间都极短,所以工作速度可以很高。

3)功能齐全,使用灵活方便。在CP边沿控制下,根据J、K取值的不同,边沿JK触发器具有保持、置0、置1、翻转四项功能,对于触发器来说,它是一种全功能型电路。

例9-3 图9-16(a)所示为带有异步控制端的边沿JK触发器,其CP、$\bar{R}_D$、$\bar{S}_D$以及J、K的电压波形如图9-16(b)所示,试画出输出端Q电压波形。

解: 画波形时需注意两点:(1)该触发器为CP脉冲下降沿触发;(2)异步控制端的控制权最高。

根据以上两点以及JK触发器的特性表,可画出输出端Q的波形如图9-16(b)所示。

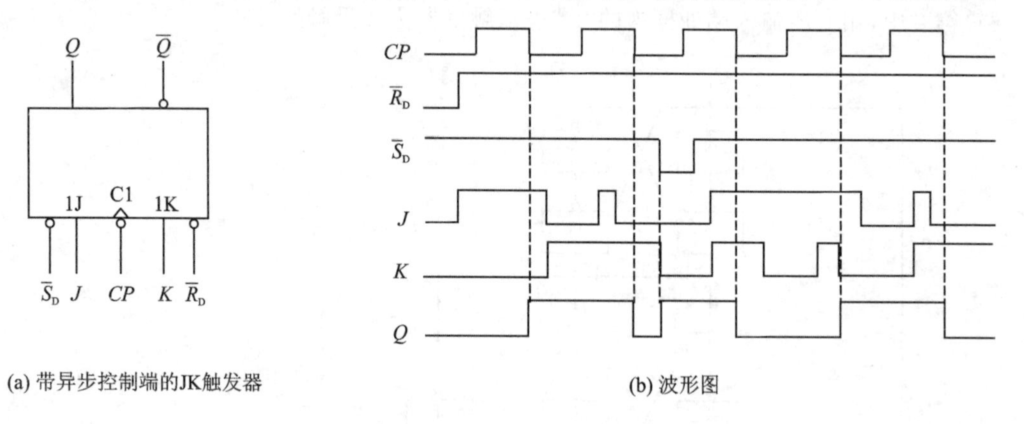

(a) 带异步控制端的JK触发器

(b) 波形图

图9-16 例9-3用图

例9-4 图9-17(a)所示的各触发器,已知CP为图9-17(b)所示的连续脉冲,试画出$Q_1 \sim Q_4$的波形。设各触发器初态为$Q=0$。

解: 根据JK触发器的特性方程以及图9-17(a)所示各电路图,首先写出各触发器的输出信号表达式(即次态Q^{n+1}的表达式),然后根据Q^{n+1}表达式即可直接画出Q端的波形。

由JK触发器的特性方程$Q^{n+1}=J\overline{Q^n}+\overline{K}Q^n$($CP$有效沿到来时有效)可得

$$Q_1^{n+1}=J_1\overline{Q_1^n}+\overline{K_1}Q_1^n=\overline{Q_1^n}\cdot\overline{Q_1^n}+0=\overline{Q_1^n}$$

$$Q_2^{n+1}=J_2{}^n\overline{Q_2}+\overline{K_2}Q_2^n=Q_2^n\cdot\overline{Q_2^n}+0=0$$

$$Q_3^{n+1}=J_3\overline{Q_3^n}+\overline{K_3}Q_3^n=1\cdot\overline{Q_3^n}+0=\overline{Q_3^n}$$

$$Q_4^{n+1}=J_4\overline{Q_4^n}+\overline{K_4}Q_4^n=1\cdot\overline{Q_4^n}+\overline{\overline{Q_4^n}}\cdot Q_4^n=\overline{Q_4^n}+Q_4^n=1$$

根据$Q_1 \sim Q_4$的次态表达式,可直接画出电压波形,如图9-17(b)所示。

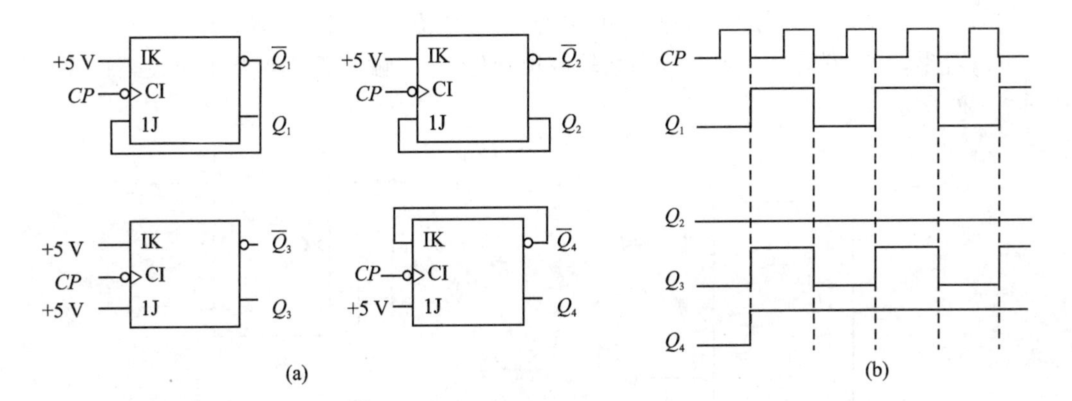

图 9-17　例 9-4 用图

9.1.7　不同类型时钟触发器间的转换

由于实际生产的集成时钟触发器，只有 JK 和 D 两种功能，当需要其他功能触发器时，可以考虑将这两种功能的触发器经过改变或附加一些门电路，转换为所需功能的触发器。下面仅以 JK 转其他功能触发器为例介绍。

1. JK 触发器→D 触发器

D 触发器的逻辑功能为：在 CP 控制下，输出信号 Q 与输入信号 D 的状态完全相同，即 $Q^{n+1}=D$，这就是 D 触发器的特性方程。为了将 JK 转换为 D 触发器，需要将 D 触发器的特性方程作以下变换

$$Q^{n+1}=D=D(\overline{Q^n}+Q^n)=D\overline{Q^n}+DQ^n$$

与 JK 触发器的特性方程对比后可知，若令 $J=D,K=\bar{D}$，便能得到 D 触发器。转换逻辑图如图 9-18 所示。

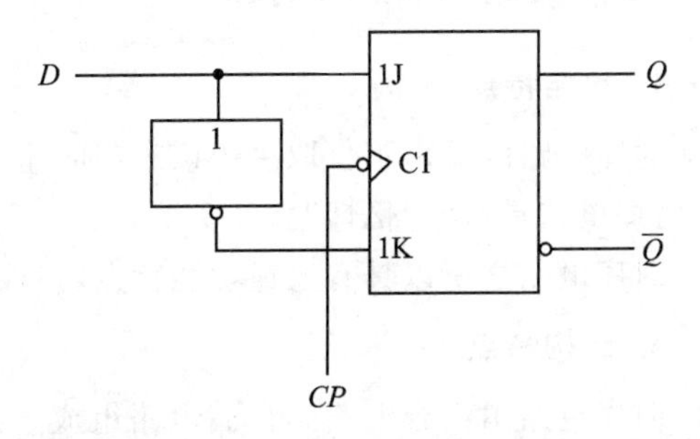

图 9-18　JK 触发器转换成 D 触发器

2. JK 触发器→RS 触发器

将 RS 触发器的特性方程作以下变换：

$$Q^{n+1}=S+\bar{R}Q^n=S(\overline{Q^n}+Q^n)+\bar{R}Q^n=S\overline{Q^n}+SQ^n+\bar{R}Q^n$$

$$=S\overline{Q^n}+\bar{R}Q^n+SQ^n(\bar{R}+R)=S\overline{Q^n}+\bar{R}Q^n+\bar{R}SQ^n+RSQ^n$$

$\bar{R}SQ^n$ 可被 RQ^n 吸收，RSQ^n 是约束项应去掉，从而得到

$$Q^{n+1}=S\overline{Q^n}+\bar{R}Q^n$$

将上式与 JK 触发器的特性方程进行对比可知，若令 $J=S,K=R$，便能得到 RS 触发器。转换逻辑图如图 9-19 所示。

3. JK 触发器→T 触发器

对于 JK 触发器，令 $J=K=T$，即得到 T 触发器。因此得到 T 触发器的特性方程为

$$Q^{n+1}=T\overline{Q^n}+\bar{T}Q^n=T\oplus Q^n \quad (CP\ \text{有效沿到来后有效})$$

可以看出,T 触发器只具有保持和翻转两项功能。JK 触发器转换为 T 触发器的逻辑图如图 9-20 所示。

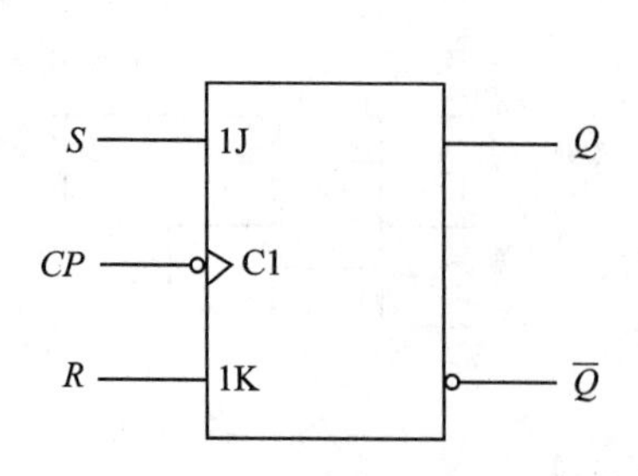

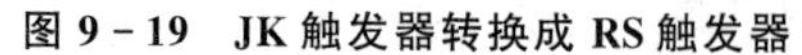

图 9-19　JK 触发器转换成 RS 触发器

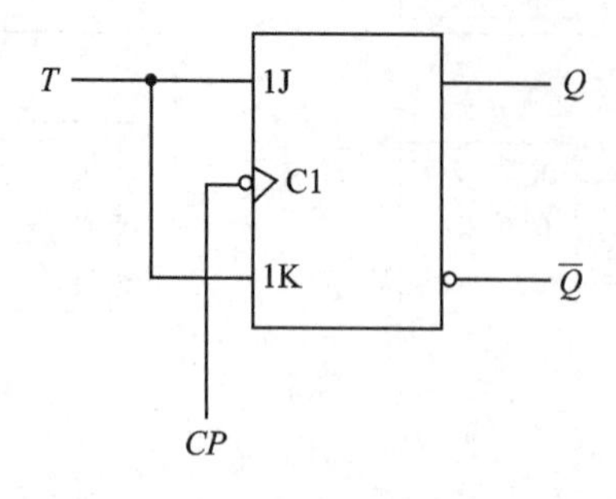

图 9-20　JK 触发器转换成 T 触发器

9.2　时序电路概述

9.2.1　时序电路的特点

1. 功能特点

时序电路的输出不仅取决于该时刻的输入信号,而且还与电路原来的状态有关。简而言之,时序电路具有"记忆性"。

时序电路之所以具有上述功能特点,归根到底是由电路结构决定的。

2. 结构特点

时序电路由组合电路和存储电路组成。而存储电路由具有记忆功能的触发器构成。图 9-21 所示为时序电路的结构方框图,图中 X 为输入信号,CP 为时钟脉冲,Y 为输出信号,Q 为存储电路的状态输出,W 为存储电路的输入信号。在实用的时序电路中,有时可能没有输入信号 X,并且可能以存储电路的状态作为整个电路的输出。

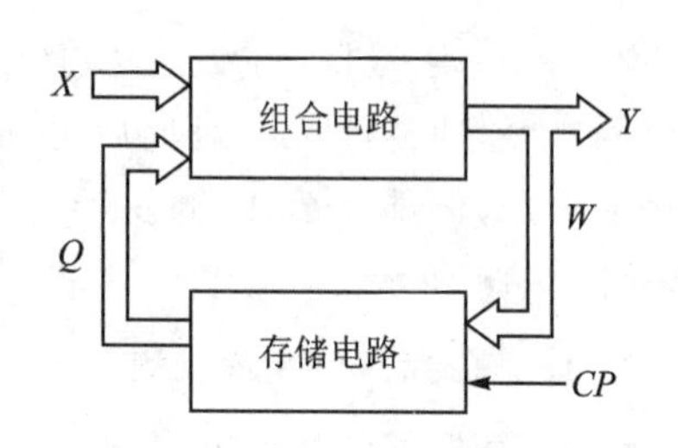

图 9-21　时序电路的方框图

根据图 9-21 中信号传递的方向可知,输出信号 Y 是输入信号 X 和存储状态 Q 的函数;存储电路的输入信号 W 是输入信号 X 和存储状态 Q 的函数,而存储电路的状态 Q^{n+1} 是 W 的函数,也就是输入信号 X 和存储电路原状态 Q^n 的函数。可见,在整个时序电路中,存储电路是核心部分,它是由时钟控制的触发器组成的,所以只有当触发器的触发沿到来时,存储电路的状态才会改变。

9.2.2　时序电路逻辑功能的描述方法

为了准确描述时序电路的逻辑功能,常采用逻辑方程、状态转换表、状态转换图、时序图等方法,几种方法各有特点,相互补充。在实际使用中,可根据具体情况选用。

1. 逻辑方程

逻辑方程通常包括时序电路的输出方程、时钟方程、存储电路的驱动方程(也称激励方程)、存储电路的状态方程。

2. 状态转换表

状态转换表简称**状态表**,它是用列表格的方法描述时序电路从现态到次态的转换情况。状态表应该包含在 CP 脉冲连续作用并且输入变量 X 的所有取值组合下,触发器输出状态变化的规律,以及输出信号变化情况。列写状态表时,应该依次设置存储电路的初态 Q^n 及输入 X,然后求出次态 Q^{n+1} 及输出信号 Y,直到包含了在输入变量 X 的所有取值组合下存储电路可能出现的所有状态,并将其列成表,具体方法将在下一节介绍。

3. 状态转换图

状态转换图简称**状态图**,它是用画图的方法描述时序电路现态到次态的转换情况。将上面状态表中的内容用图形的方式画出,即为状态图。状态图比状态表更加形象。

4. 时序图

时序图是用波形图的形式来描述输入和输出之间的关系,它非常直观。

9.2.3　时序电路的一般分析方法

分析时序电路就是根据已知的逻辑图,求出电路所实现的功能。其分析目的与组合电路一样。具体分析步骤如下。

1) 写方程。根据已知逻辑图写出各类方程,包括:存储电路的驱动方程(即触发器输入信号表达式)、时序电路的时钟方程(即时钟信号 CP 的表达式)、时序电路的输出方程(即输出信号 Y 的表达式,没有输出信号时可不用写)。

2) 求状态方程。将驱动方程代入触发器的特性方程,求出触发器的状态方程(状态方程实际上就是触发器次态 Q^{n+1} 的表达式)。

3) 列状态表。具体方法是:根据触发器的状态方程,求出对应每一个 CP 脉冲有效沿到来时的次态 Q^{n+1} 与现态 Q^n 的取值对应关系,并将该关系列成状态表。

4) 根据状态表画出状态图。

5) 画出时序图。

6) 根据状态表、状态图以及时序图,总结时序电路的逻辑功能。

以上分析步骤可根据需要选择其中的几步或全部,目的是能方便求得电路的逻辑功能。

注意:时序电路的分析主要以计数器为例进行,因此有关这方面的例题将在计数器部分介绍。

在数字系统中,最常用的时序电路是各种类型的计数器和寄存器。计数器用于统计输入的计数脉冲的个数,有同步和异步、二进制和十进制、加法和减法等之分。寄存器包含数码寄存器和移位寄存器,前者用于存储数字信号,后者随移位脉冲的作用将存储的数字信号自低位向高位或自高位向低位逐位移动。本章将重点介绍计数器和寄存器的种类、电路组成、工作原理、主要功能;对于集成计数器和寄存器,常用功能表来描述其逻辑功能,本章也将介绍功能表的阅读方法。

9.3 计数器

数字电路中使用最多的时序电路就是计数器。计数器的应用十分广泛,从小型数字仪表到大型电子数字计算机,几乎无所不在,是任何现代数字系统中不可缺少的组成部分。计数器不仅能用于记录时钟脉冲的个数,还可用于分频、定时、产生节拍脉冲和脉冲序列等,并且利用计数器可以实现其他一些时序电路。

9.3.1 计数器的分类

对计数器通常按照以下3个标准进行分类。

1. 同步计数器和异步计数器

按照计数器中各个触发器状态更新(翻转)情况的不同可分成两大类:一类叫**同步计数器**,另一类叫**异步计数器**。在同步计数器中,各个触发器都受同一个时钟脉冲(此处也可称为输入计数脉冲)CP 的控制,因此它们状态的更新是同步的。异步计数器则不同,其中各个触发器的控制脉冲源不同,有的触发器直接受输入计数脉冲 CP 的控制,有的则是把其他触发器的输出用作时钟脉冲,因此它们状态的更新有先有后,是异步的。

2. N 进制计数器

计数器以触发器作为基本单元电路。假设计数器由 M 个触发器构成,虽然最多可以记录 2^M 个状态,但是往往不是所有的状态都有定义,凡有定义的状态均称为有效状态,凡无定义的状态均称为无效状态。计数器有效状态的个数称为计数器的**计数长度**,也叫计数器的**计数容量**或**模长**。计数长度为 N 的计数器称为 N 进制计数器,N 进制计数器的 N 个有效状态构成的循环,称为有效循环。每来1个计数脉冲,电路将按一定规律从一个有效状态翻转到另一个有效状态,当 N 个计数脉冲过后,计数器便在 N 个有效状态之间循环了一次,也即统计了 N 个脉冲。对于由 M 个触发器构成的计数器,倘若所有 2^M 个状态全部有定义,都用于了计数,即 2^M 个状态全部为有效状态,没有无效状态,这种计数器称为**二进制计数器**;若触发器所有 2^M 个状态中仅采用了其中的10个,也就是仅有10个有效状态,这种计数器称为**十进制计数器**,可见十进制计数器中至少应包含4个触发器。常见的十进制计数器按8421BCD码计数。

3. 加法计数器和减法计数器

按照在输入计数脉冲作用下,计数器中数值增、减情况的不同,可分为加法、减法和可逆计数器3种类型。随着计数脉冲的输入做递增计数的叫**加法计数器**,简称加计数器;做递减计数的叫**减法计数器**,简称减计数器;而有增有减的称为**可逆计数器**。有些计数器有效状态的转换规律不按计数器中数值的增减排列,因而也就无所谓加法计数器或减法计数器了。

对于任何计数器,至少应说明它是由哪种触发器构成的,是同步计数器还是异步计数器,是几进制计数器，是加法计数器还是减法计数器（或计数过程中状态的变化规律）。

9.3.2　同步计数器

1. 计数器的计数原理

图 9－22 所示的 3 位二进制同步加法计数器是由 3 个 JK 触发器组成的。下面分析在计数脉冲 CP 输入时，计数器的计数原理和计数过程。

每输入一个计数脉冲 CP，最低位触发器 FF_0 的状态就改变一次。而其他触发器是否翻转，将取决于比它低的各触发器的状态。比如在计数器中，第三个触发器 FF_2 是否翻转，由 FF_1、FF_0 是否都为1 态决定。都为1 态，则图中**与**门输出1，使 $J_2=K_2=1$，则 FF_2 翻转；否则保持原状态不变。

计数过程如下：

计数前应首先清零，即将每个触发器置0（复位），使计数器初始状态 $Q_2Q_1Q_0=000$。

当第一个计数脉冲 CP 到来后，FF_0 的状态由0 变1，而 J_1、K_1，J_2、K_2 均为0，所以 FF_1、FF_2 保持0 态不变，此时计数器的计数状态为 $Q_2Q_1Q_0=001$。同时，$J_1=K_1=Q_0=1$，$J_2=K_2=Q_1Q_0=0$。

当第二个 CP 脉冲到来后，FF_0 的状态由1 变0，FF_1 的状态由0 变1，而 FF_2 保持0 态。此时计数器的状态为 $Q_2Q_1Q_0=010$，而且，$J_1=K_1=0$，$J_2=K_2=Q_1Q_0=0$。

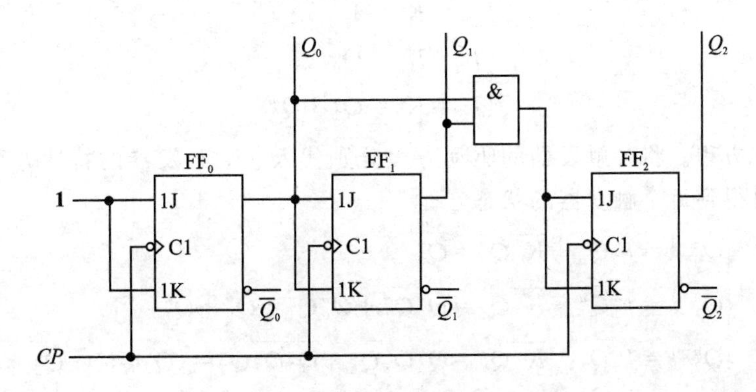

图 9－22　3 位二进制同步加计数器

当第三个 CP 脉冲到来后，只有 FF_0 翻转到1，而 FF_1、FF_2 都保持原态不变，计数状态为 $Q_2Q_1Q_0=011$。同时，$J_1=K_1=1$，$J_2=K_2=Q_1Q_0=1$。

于是，当第四个计数脉冲到来后，三个触发器均翻转，计数状态为 $Q_2Q_1Q_0=100$。对后面计数过程的分析，读者可自行完成。在第七个计数脉冲 CP 到来后，计数状态变为111，再送入一个 CP 脉冲（即第八个），计数器恢复到000 态。至此，计数器便完成了一个计数循环，因此该计数器的计数长度为 $2^3=8$，属 3 位二进制（模八）计数器。

通过以上分析可以看出，计数器计数的实质是利用各个触发器状态的翻转进行的。而且同步计数器中各个触发器的状态转换是与输入计数脉冲同步的，具有计数速度快的特点。

2. 同步计数器的分析

在数字系统中广泛使用各式各样的计数器，学会分析它们的逻辑功能是非常重要的，下面通过几道例题说明计数器的分析方法。

例9-5 分析图9-23所示时序电路的逻辑功能。要求:列出状态表,画出状态图和时序图,说明其逻辑功能。

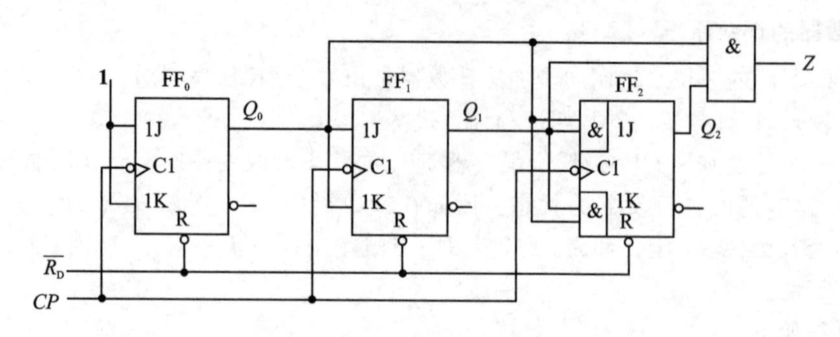

图9-23 例9-5逻辑图

解:(1)写方程。

时钟方程
$$CP_0=CP_1=CP_2=CP$$

显然,图9-23所示是一个同步时序电路。对于同步时序电路,各个触发器的时钟脉冲都相同,因此时钟方程可以省去不写。

输出方程
$$Z=Q_2^n\cdot Q_1^n\cdot Q_0^n$$

驱动方程
$$\begin{cases}J_0=K_0=1\\J_1=K_1=Q_0^n\\J_2=K_2=Q_1^n\cdot Q_0^n\end{cases}$$

(2) 求状态方程。将各触发器的驱动方程分别代入 JK 触发器的特性方程 $Q^{n+1}=J\,\overline{Q^n}+\overline{K}Q^n$ 中,即可得到每个触发器的状态方程

$$\begin{cases}Q_0^{n+1}=J_0\overline{Q_0^n}+\overline{K_0}Q_0^n=\overline{Q_0^n}\\Q_1^{n+1}=J_1\overline{Q_1^n}+\overline{K_1}Q_1^n=Q_0^n\overline{Q_1^n}+\overline{Q_0^n}Q_1^n=Q_0^n\oplus Q_1^n\\Q_2^{n+1}=J_2\overline{Q_2^n}+\overline{K_2}Q_2^n=Q_0^nQ_1^n\overline{Q_2^n}+\overline{Q_0^nQ_1^n}Q_2^n=(Q_0^nQ_1^n)\oplus Q_2^n\end{cases}$$

(3) 列状态表。从 $Q_2^nQ_1^nQ_0^n=000$ 开始,依次代入状态方程和输出方程进行计算,结果如表9-7所列。

(4) 画状态图和时序图。根据表9-7中现态到次态的转换关系和输出 Z 的值即可画出状态图,如图9-24(a)所示。在状态转换图中,以圆圈表示电路的各个状态,以箭头表示状态转换的方向。同时,还在箭头旁注明了状态转换前的输入变量取值和输出值。通常将输入变量取值写在斜线以上,将输出值写在斜线以下。因为图9-23所示的电路没有输入逻辑变量,所以斜线上方没有数字。根据状态图画出时序图如图9-24(b)所示。

值得注意的是:每当电路由现态转换到次态后,该次态又变成了新的现态,然后应在表中左边栏内找出这新的现态,再根据规定去确定新的次态,照此不断地做下去,直到一切可能出现的状态都毫无遗漏地画出来之后,得到的才是反映电路全面工作情况的状态图。

表 9-7　例 9-5 的状态表

Q_2^n	Q_1^n	Q_0^n	Q_2^{n+1}	Q_1^{n+1}	Q_0^{n+1}	Z
0	0	0	0	0	1	0
0	0	1	0	1	0	0
0	1	0	0	1	1	0
0	1	1	1	0	0	0
1	0	0	1	0	1	0
1	0	1	1	1	0	0
1	1	0	1	1	1	0
1	1	1	0	0	0	1

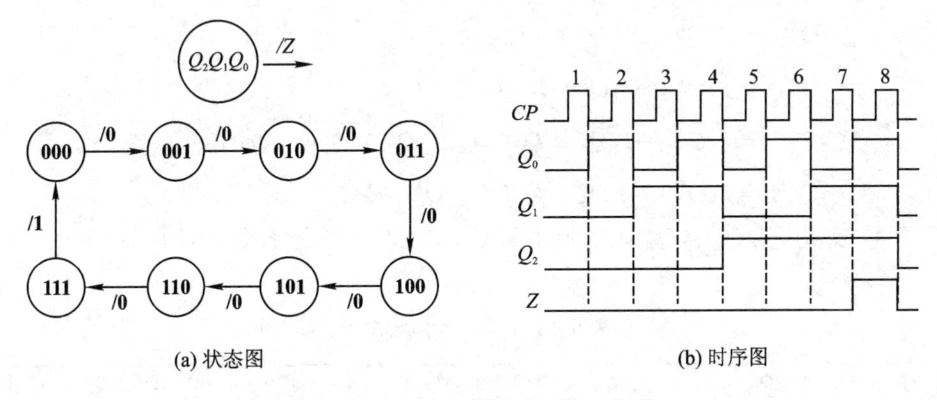

(a) 状态图　　(b) 时序图

图 9-24　例 9-5 的状态图和时序图

(5) 确定逻辑功能。由状态图和时序图可以看出，该时序电路有 8 个有效状态，构成了有效循环，没有无效状态，因此，图 9-23 所示的时序电路是一个 3 位二进制(模八)同步加法计数器。

由时序图还可看出，若输入计数脉冲的频率为 f_{CP}，则触发器输出端 Q_0、Q_1、Q_2 的脉冲频率依次为 $\frac{1}{2}f_{CP}$、$\frac{1}{4}f_{CP}$ 和 $\frac{1}{8}f_{CP}$，即计数器具有分频功能，分别实现了对 f_{CP} 的二分频、四分频和八分频，所以图 9-23 所示的电路也是一个**分频器**电路。

例 9-6　分析图 9-25 所示时序电路的逻辑功能。

解：(1)写方程。

输出方程　$C=Q_3^n\cdot Q_0^n$

驱动方程
$$\begin{cases}J_0=K_0=1\\J_1=\overline{Q_3^n}\cdot Q_0^n & K_1=Q_0^n\\J_2=K_2=Q_1^n\cdot Q_0^n\\J_3=Q_2^n\cdot Q_1^n\cdot Q_0^n & K_3=Q_0^n\end{cases}$$

(2) 求状态方程。将各触发器的驱动方程分别代入 JK 触发器的特性方程 $Q^{n+1}=J\overline{Q^n}+\overline{K}Q^n$ 中，即可得到每个触发器的状态方程

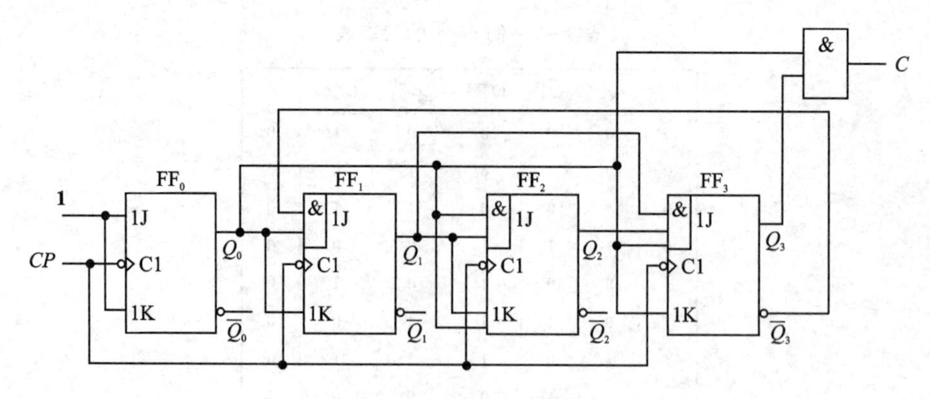

图 9-25　例 9-6 逻辑图

$$\begin{cases} Q_0^{n+1}=J_0\overline{Q_0^n}+\overline{K}_0Q_0^n=\overline{Q_0^n} \\ Q_1^{n+1}=J_1\overline{Q_1^n}+\overline{K}_1Q_1^n=\overline{Q_3^n}Q_0^n\overline{Q_1^n}+\overline{Q_0^n}Q_1^n \\ Q_2^{n+1}=J_2\overline{Q_2^n}+\overline{K}_2Q_2^n=Q_1^nQ_0^n\overline{Q_2^n}+\overline{Q_1^nQ_0^n}Q_2^n=(Q_1^nQ_0^n)\oplus Q_2^n \\ Q_3^{n+1}=J_3\overline{Q_3^n}+\overline{K}_3Q_3^n=Q_2^nQ_1^nQ_0^n\overline{Q_3^n}+\overline{Q_0^n}Q_3^n \end{cases}$$

(3) 列状态表。从 $Q_3^nQ_2^nQ_1^nQ_0^n=0000$ 开始,依次代入状态方程和输出方程进行计算,结果如表 9-8 所列。

表 9-8　例 9-6 的状态表

Q_3^n	Q_2^n	Q_1^n	Q_0^n	Q_3^{n+1}	Q_2^{n+1}	Q_1^{n+1}	Q_0^{n+1}	C	Q_3^n	Q_2^n	Q_1^n	Q_0^n	Q_3^{n+1}	Q_2^{n+1}	Q_1^{n+1}	Q_0^{n+1}	C
0	0	0	0	0	0	0	1	0	1	0	0	0	1	0	0	1	0
0	0	0	1	0	0	1	0	0	1	0	0	1	0	0	0	0	1
0	0	1	0	0	0	1	1	0	1	0	1	0	1	0	1	1	0
0	0	1	1	0	1	0	0	0	1	0	1	1	0	1	0	0	1
0	1	0	0	0	1	0	1	0	1	1	0	0	1	1	0	1	0
0	1	0	1	0	1	1	0	0	1	1	0	1	0	1	0	0	1
0	1	1	0	0	1	1	1	0	1	1	1	0	1	1	1	1	0
0	1	1	1	1	0	0	0	0	1	1	1	1	0	0	0	0	1

(4) 画状态图。根据表 9-8 中由现态到次态的转换关系和输出信号 C 的值即可画出状态图,如图 9-26 所示。

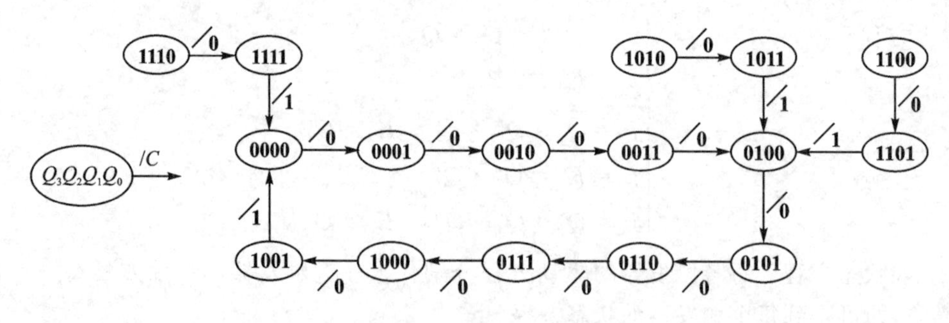

图 9-26　例 9-6 的状态图

(5) 确定逻辑功能并判断电路能否自启动。在计数器的分类中已讲过，计数过程中使用的代码状态叫作有效状态，没有使用的状态叫作无效状态。在图 9-26 中，1010～1111 即是无效状态。

计数器在输入计数脉冲的作用下，总是循环工作的，在正常情况下，周而复始地在有效状态中的循环叫作有效循环，而在无效状态中的循环称为无效循环。电路因为某种原因而落入无效状态时，如果在 CP 脉冲操作下可以返回到有效状态，则称为**能自启动**。凡是不能自启动的电路，肯定存在着无效循环。

由图 9-26 所示的状态图可知，图 9-25 所示的时序电路是一个 8421 编码的同步十进制(模十)加法计数器，且能够自启动。

需要注意的是，今后在描述计数器的逻辑功能时，除二进制计数器外，都要说明其能否自启动。

例 9-7　试分析图 9-27 所示时序电路的逻辑功能。A 为输入逻辑变量。

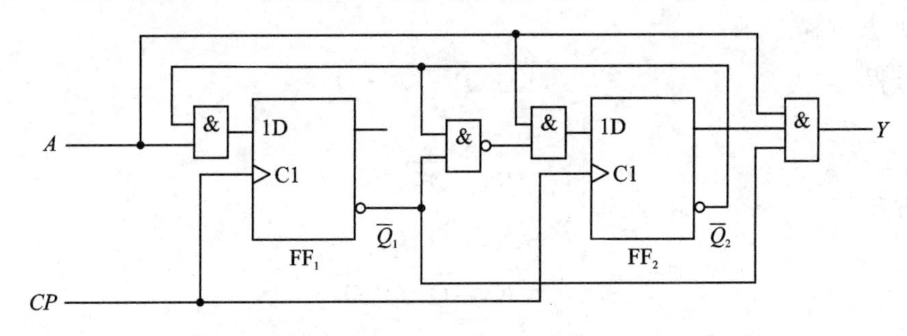

图 9-27　例 9-7 逻辑图

解：(1)写方程。

输出方程
$$Y=A\overline{Q_1^n}Q_2^n$$

驱动方程
$$\begin{cases}D_1=A\overline{Q_2^n}\\ D_2=A\overline{\overline{Q_1^n}\cdot\overline{Q_2^n}}=A(Q_1^n+Q_2^n)\end{cases}$$

(2) 求状态方程。将各触发器的驱动方程分别代入 D 触发器的特性方程 $Q^{n+1}=D$ 中，即可得到每个触发器的状态方程

$$\begin{cases}Q_1^{n+1}=A\overline{Q_2^n}\\ Q_2^{n+1}=A(Q_1^n+Q_2^n)\end{cases}$$

(3) 列状态表。从 $Q_2^nQ_1^n=00$ 开始，依次代入状态方程和输出方程进行计算，结果如表 9-9 所列。

(4) 画状态图。根据表 9-9 中输入变量 A 取不同值时由现态到次态的转换关系和输出信号 Y 的值即可画出状态图，如图 9-28 所示。

(5) 确定逻辑功能并判断电路能否自启动。由图 9-28 可以看出，图 9-27 所示的时序电路，当输入变量 $A=0$ 时，是一个模一计数器，有效状态是00，无效态是01、10、11，且能够自启动。当 $A=1$ 时，也是一个模一计数器，此时的有效状态是10，无效态是00、01、11，也能够自启动。

表 9-9　例 9-7 的状态表

$Q_2^{n+1}Q_1^{n+1}/Y$		$Q_2^nQ_1^n$			
		00	01	11	10
A	0	00/0	00/0	00/0	00/0
	1	01/0	11/0	10/0	10/1

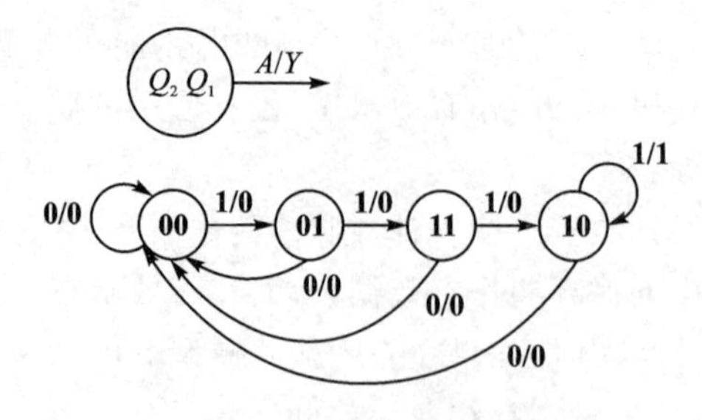

图 9-28　例 9-7 的状态图

前面列举的例子基本上是加法计数器,如果将加法计数器中接 Q_0、Q_1、Q_2…的线,改接到 $\overline{Q_0}$、$\overline{Q_1}$、$\overline{Q_2}$…上,就构成了减计数器,请看下面例题。

例 9-8　分析图 9-29 所示时序电路的逻辑功能。要求:列出状态表,画出状态图,说明其逻辑功能。

解:(1)写方程。

输出方程　　$C=\overline{Q_3^n}\cdot\overline{Q_2^n}\cdot\overline{Q_1^n}\cdot\overline{Q_0^n}$

驱动方程

$$\begin{cases}J_0=K_0=1\\ J_1=K_1=\overline{Q_0^n}\\ J_2=K_2=\overline{Q_0^n}\,\overline{Q_1^n}\\ J_3=K_3=\overline{Q_2^n}\,\overline{Q_1^n}\,\overline{Q_0^n}\end{cases}$$

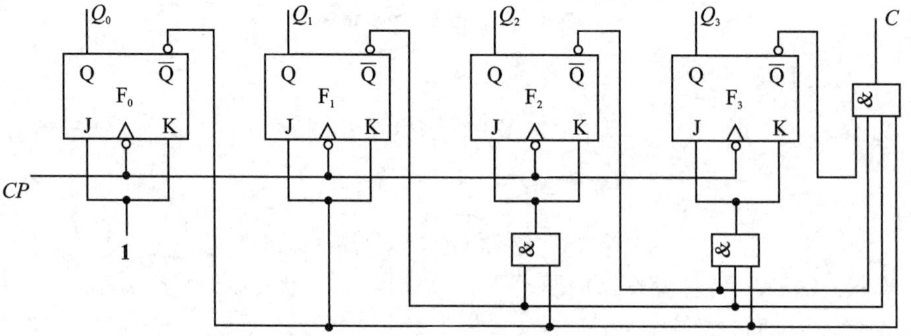

图 9-29　例 9-8 逻辑图

(2) 求状态方程。将各触发器的驱动方程分别代入 JK 触发器的特性方程 $Q^{n+1}=J\overline{Q^n}+\overline{K}Q^n$ 中,即可得到每个触发器的状态方程

$$\begin{cases}Q_0^{n+1}=J_0\overline{Q_0^n}+\overline{K_0}Q_0^n=\overline{Q_0^n}\\ Q_1^{n+1}=J_1\overline{Q_1^n}+\overline{K_1}Q_1^n=\overline{Q_1^n}\ \overline{Q_0^n}+Q_1^nQ_0^n=Q_1^n\odot Q_0^n\\ Q_2^{n+1}=J_2\overline{Q_2^n}+\overline{K_2}Q_2^n=\overline{Q_2^n}\ \overline{Q_1^n}\ \overline{Q_0^n}+Q_2^n\cdot\overline{\overline{Q_1^n}\cdot\overline{Q_0^n}}\\ Q_3^{n+1}=J_3\overline{Q_3^n}+\overline{K_3}Q_3^n=\overline{Q_3^n}\cdot\overline{Q_2^n}\cdot\overline{Q_1^n}\cdot\overline{Q_0^n}+Q_3^n\cdot\overline{\overline{Q_2^n}\cdot\overline{Q_1^n}\cdot\overline{Q_0^n}}\end{cases}$$

(3) 列状态表。从 $Q_3^nQ_2^nQ_1^nQ_0^n=0000$ 开始,依次代入状态方程和输出方程进行计算,结果如表 9-10 所列。

表 9-10　例 9-8 的状态表

Q_3^n	Q_2^n	Q_1^n	Q_0^n	Q_3^{n+1}	Q_2^{n+1}	Q_1^{n+1}	Q_0^{n+1}	C
0	0	0	0	1	1	1	1	1
1	1	1	1	1	1	1	0	0
1	1	1	0	1	1	0	1	0
1	1	0	1	1	1	0	0	0
1	1	0	0	1	0	1	1	0
1	0	1	1	1	0	1	0	0
1	0	1	0	1	0	0	1	0
1	0	0	1	1	0	0	0	0
1	0	0	0	0	1	1	1	0
0	1	1	1	0	1	1	0	0
0	1	1	0	0	1	0	1	0
0	1	0	1	0	1	0	0	0
0	1	0	0	0	0	1	1	0
0	0	1	1	0	0	1	0	0
0	0	1	0	0	0	0	1	0
0	0	0	1	0	0	0	0	0

(4) 画状态图和时序图。根据表 9-10 中现态到次态的转换关系和输出 C 的值即可画出状态图，如图 9-30 所示。

(5) 确定逻辑功能。由图 9-30 可以看出，该时序电路有 16 个有效状态，构成了有效循环，没有无效循环，在计数过程中按照递减规律进行计数。因此，图 9-29 所示的时序电路是一个 4 位二进制(模十六)同步减法计数器。

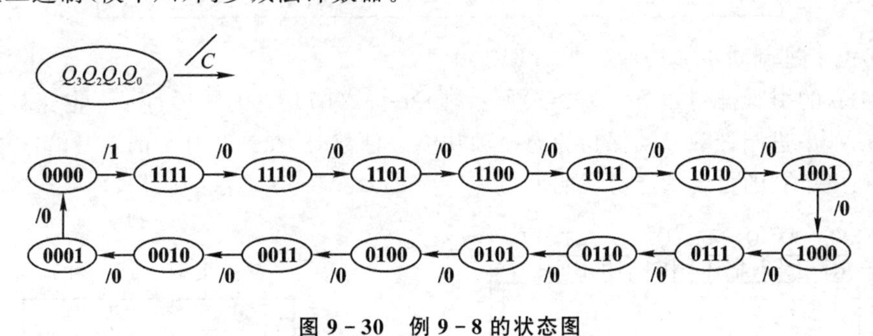

图 9-30　例 9-8 的状态图

3. 集成同步计数器

(1) 4 位二进制同步可逆计数器 74LS193

74LS193 是 4 位同步可逆计数器，它具有异步清零、异步置数、加减可逆的同步计数功能，应用十分便利。

图 9-31 所示是 74LS193 的引脚排列图。其中 $Q_3 \sim Q_0$ 是数码输出端，$D_3 \sim D_0$ 是并行数据输入端(D_0 为最低位，D_3 为最高位)。$\overline{BO}$ 是借位输出端(减法计数下溢时，输出低电平脉冲)，$\overline{CO}$ 是进位输出端(加法计数上溢时，输出低电平脉冲)。CP_+ 是加法计数时计数脉冲

输入端，CP_- 是减法计数时计数脉冲输入端。CR 为**清零端**，高电平有效。$\overline{LD}$ 为**置数控制端**，低电平有效。表9-11是它的功能表，简要说明如下。

① $CR=1$ 时，不论 CP_+、CP_-、$D_3 \sim D_0$ 为何种状态，计数器清零。由于清零时不需要 CP 脉冲有效沿的作用，因此属于异步清零方式。

② $CR=0$ 时，计数器的工作状态由 $\overline{LD}$、CP_+、CP_- 决定，具体而言：

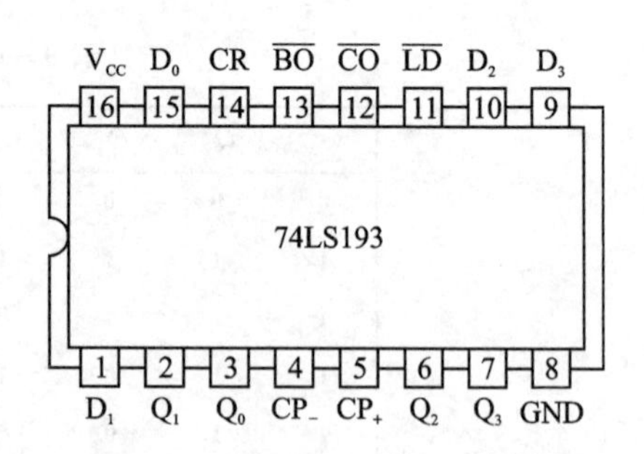

图9-31 74LS193的引脚排列图

当 $\overline{LD}=0$ 时，不论 CP_+、CP_- 的状态如何，计数器进行置数操作，输出端 $Q_3 \sim Q_0$ 的状态与数据输入端 $D_3 \sim D_0$ 的状态相同，即 $Q_3Q_2Q_1Q_0 = d_3d_2d_1d_0$，从而达到预置数码的目的。由于在置数过程中不需要 CP 脉冲有效沿的作用，因此属异步置数方式。

当 $\overline{LD}=1$ 时，若计数脉冲从 CP_+ 输入，计数器进行加法计数；若计数脉冲从 CP_- 输入，计数器进行减法计数。可见，74LS193具有加减可逆计数功能。无论哪种方式计数，都是同步进行的。

表9-11 74LS193的功能表

输入								输出				注
CR	$\overline{LD}$	CP_+	CP_-	D_3	D_2	D_1	D_0	Q_3^{n+1}	Q_2^{n+1}	Q_1^{n+1}	Q_0^{n+1}	
1	×	×	×	×	×	×	×	0	0	0	0	异步清零
0	0	×	×	d_3	d_2	d_1	d_0	d_3	d_2	d_1	d_0	异步置数
0	1	↑	1	×	×	×	×	加法计数				
0	1	1	↑	×	×	×	×	减法计数				
0	1	1	1	×	×	×	×	保持				

(2) 4位十进制同步加法计数器74LS160

74LS160的引脚排列如图9-32(a)所示，图9-32(b)是它的图形符号。电路具有异步清零、同步置数、十进制计数以及保持原态4项功能。计数时，在计数脉冲的上升沿作用下有效。表9-12列出了它的主要功能。说明如下。

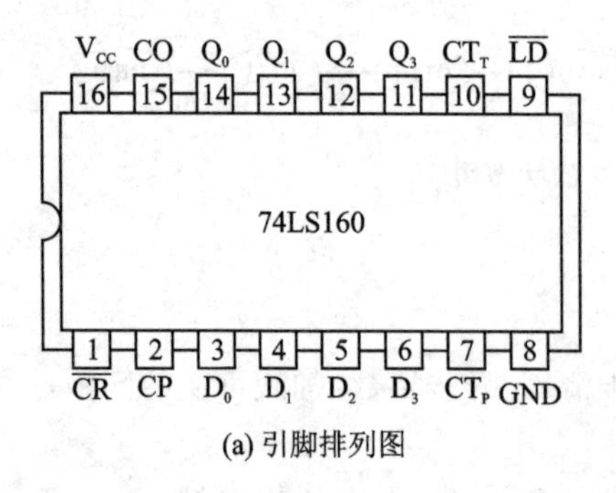

(a) 引脚排列图

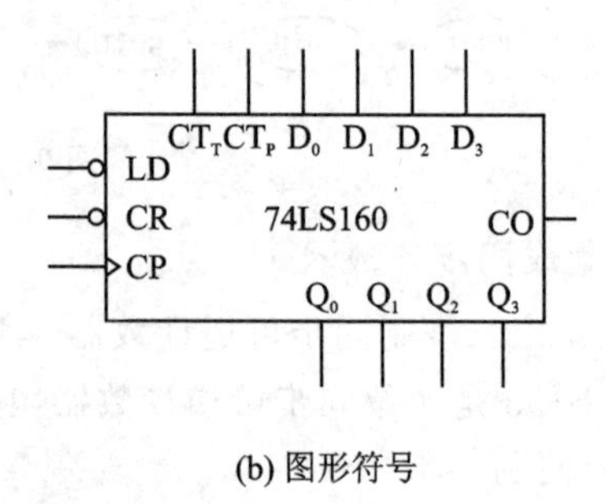

(b) 图形符号

图9-32 集成计数器74LS160

表 9-12　74LS160 的功能表

输入									输出				注
$\overline{CR}$	$\overline{LD}$	CT_P	CT_T	CP	D_3	D_2	D_1	D_0	Q_3^{n+1}	Q_2^{n+1}	Q_1^{n+1}	Q_0^{n+1}	
0	×	×	×	×	×	×	×	×	0	0	0	0	异步清零
1	0	×	×	↑	d_3	d_2	d_1	d_0	d_3	d_2	d_1	d_0	同步置数
1	1	1	1	↑	×	×	×	×	加法计数				
1	1	0	×	×	×	×	×	×	保　持				
1	1	×	0	×	×	×	×	×	保　持				

① $\overline{CR}=0$ 时，计数器清零，使 $Q_3Q_2Q_1Q_0=0000$。

② $\overline{CR}=1$，$\overline{LD}=0$ 时，完成预置数码的功能，数据输入端的数据 $d_3 \sim d_0$，在 CP 脉冲上升沿作用下，并行存入计数器中，使 $Q_3Q_2Q_1Q_0=d_3d_2d_1d_0$，达到预置数据的目的。由于在置数过程中必须要有 CP 脉冲有效沿的作用，因此属同步置数方式。

③ 当 $\overline{CR}=\overline{LD}=1$，$CT_P=CT_T=1$ 时，计数器进行加法计数。计数满十，从 CO 端送出正跳变进位脉冲。

④ 当 $\overline{CR}=\overline{LD}=1$，且 $CT_P \cdot CT_T=0$ 时，不论其余各输入端的状态如何，计数器将保持原状态不变。

(3) 4 位二进制同步加法计数器 74LS161

74LS161 与 74LS160 的功能端基本相同，也是异步清零、同步置数，$\overline{CR}$、$\overline{LD}$ 也是低电平有效，而且 $CT_P \cdot CT_T=1$ 时进行计数，CP 为上升沿触发。不同之处在于，74LS161 是 4 位二进制计数器，计数长度是 16，共有0000～1111 十六个有效状态，没有无效状态，而 74LS160 是 4 位十进制计数器，计数长度是 10，有0000～1001 十个有效状态和1010～1111 六个无效状态。

此外，常用的还有 4 位二进制同步加法计数器 74LS163，它与 74LS161 唯一的区别就在于，74LS163 是同步清零。

9.3.3　异步计数器

1. 异步计数器逻辑功能分析

异步计数器中各级触发器的时钟脉冲并不都来源于计数脉冲 CP，各级触发器的状态转换不是同步的，因此，在分析异步计数器时，要注意各级触发器的时钟信号，以确定其状态转换时刻。下面通过例题说明异步计数器的分析方法和计数原理。

例 9-9　分析图 9-33 所示时序电路的逻辑功能。

解：(1)写方程。

时钟方程　　$CP_0=CP_2=CP$，　$CP_1=\overline{Q_0^n}$

与同步计数器不同，异步计数器的时钟信号来源不同，因此其时钟方程不可省略。

驱动方程
$$\begin{cases} D_0=\overline{Q_2^n}\ \overline{Q_0^n} \\ D_1=\overline{Q_1^n} \\ D_2=Q_1^nQ_0^n \end{cases}$$

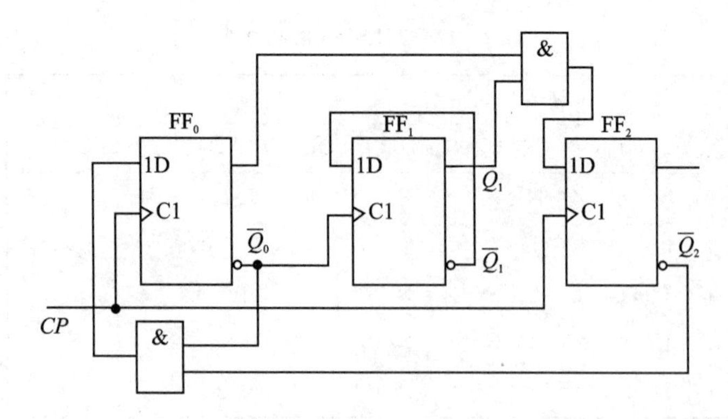

图 9-33 例 9-9 逻辑图

(2) 求状态方程。将各触发器的驱动方程分别代入 D 触发器的特性方程 $Q^{n+1}=D$ 中,即可得到每个触发器的状态方程

$$\begin{cases} Q_0^{n+1}=\overline{Q_2^n}\ \overline{Q_0^n} & (CP\text{ 上升沿时刻有效}) \\ Q_1^{n+1}=\overline{Q_1^n} & (\overline{Q_0}\text{ 上升沿时刻有效}) \\ Q_2^{n+1}=Q_1^nQ_0^n & (CP\text{ 上升沿时刻有效}) \end{cases}$$

与同步时序电路不同,对于异步时序电路中不同触发器的状态方程,必须注明其有效的时钟脉冲条件。

(3) 列状态表。从 $Q_2^nQ_1^nQ_0^n=000$ 开始,依次代入状态方程进行计算,结果如表 9-13 所列。

表 9-13 例 9-9 的状态表

Q_2^n	Q_1^n	Q_0^n	Q_2^{n+1}	Q_1^{n+1}	Q_0^{n+1}
0	0	0	0	0	1
0	0	1	0	1	0
0	1	0	0	1	1
0	1	1	1	0	0
1	0	0	0	0	0
1	0	1	0	1	0
1	1	0	0	1	0
1	1	1	1	0	0

(4) 画状态图。根据表 9-13 中现态到次态的转换关系即可画出状态图,如图 9-34 所示。

(5) 画时序图。在图 9-35 所示的时序图中,把 $\overline{Q_0}$ 的波形也画出来了,以便能更清晰地反映 FF_1 翻转与否完全取决于 $\overline{Q_0}$ 的上升沿。另外,画时序图时,无效状态一般不画出来。

注意:在分析时序电路的逻辑功能时,时序图可以不必画出,本题画出的目的是让读者进一步熟悉时序电路时序图的画法。

(6) 确定逻辑功能。从图 9-34 所示的状态图可以清楚地看出,图 9-33 所示的时序电路是一个 3 位异步五进制(模五)加法计数器,而且能够自启动。

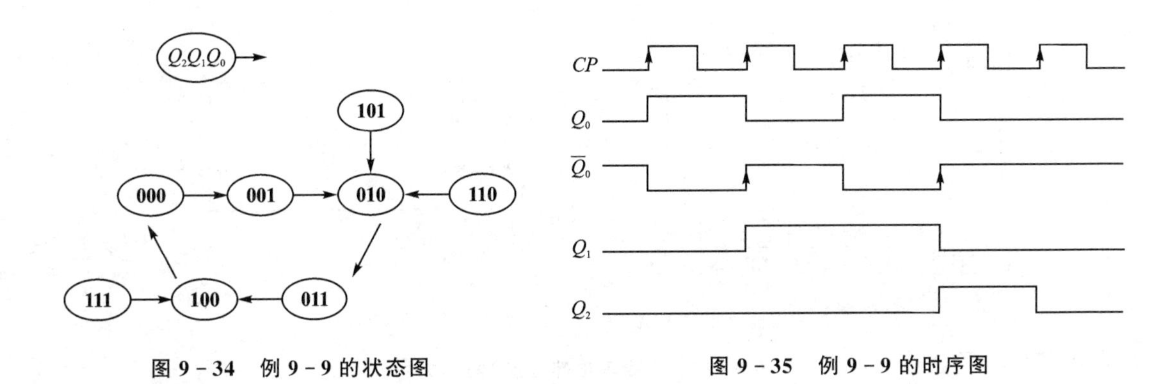

图 9 - 34　例 9 - 9 的状态图

图 9 - 35　例 9 - 9 的时序图

2. 集成异步计数器

(1) 集成 4 位二进制异步计数器 74LS293

图 9 - 36 所示是 74LS293 的引脚排列图。其中 $Q_3 \sim Q_0$ 是输出端，R_{OA}、R_{OB} 为复位端，NC 为空脚。表 9 - 14 是它的功能表。当 $R_{OA}=R_{OB}=1$ 时，不论 $\overline{CP_0}$、$\overline{CP_1}$ 为何种状态，$Q_3Q_2Q_1Q_0=0000$，计数器清零。当 $R_{OA}=0$，或者 $R_{OB}=0$ 时，电路在 $\overline{CP_0}$、$\overline{CP_1}$ 的脉冲下降沿作用下，进行计数操作，若将 $\overline{CP_1}$ 与 Q_0 相连，则计数脉冲从 $\overline{CP_0}$ 端输入，数据从 Q_3、Q_2、Q_1、Q_0 端输出，电路为 4 位异步二进制加法计数器；计数脉冲从 $\overline{CP_1}$ 端输入，数据从 Q_3、Q_2、Q_1 端输出，电路为 3 位异步二进制加法计数器。

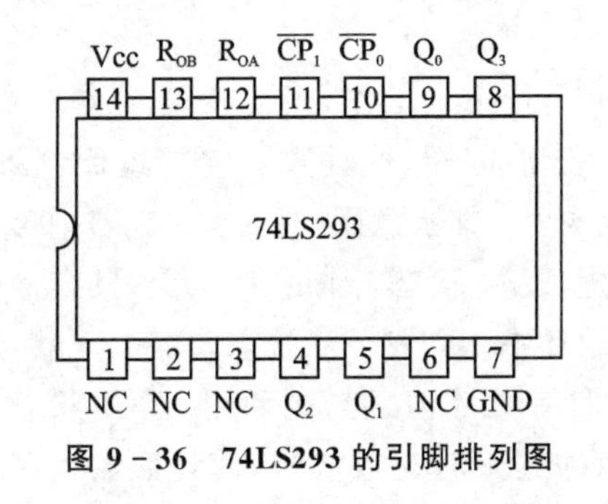

图 9 - 36　74LS293 的引脚排列图

表 9 - 14　74LS293 的功能表

输　入			输　出			
R_{OA}	R_{OB}	CP	Q_3^{n+1}	Q_2^{n+1}	Q_1^{n+1}	Q_0^{n+1}
1	1	×	0	0	0	0
0	×	↓	加法计数			
×	0	↓	加法计数			

(2) 集成 4 位二进制异步计数器 74LS197

图 9 - 37(a)和(b)所示为集成 4 位二进制异步计数器 74LS197 的引脚排列图和图形符号。$\overline{CR}$ 是异步清零端，$CT/\overline{LD}$ 是计数和置数控制端，CP_0 是触发器 FF_0 的时钟输入端，CP_1 是触发器 FF_1 的时钟输入端，$D_0 \sim D_3$ 是并行数据输入端，$Q_0 \sim Q_3$ 是计数器状态输出端。

通过前面的分析可以看出，异步计数器的结构简单，但由于各触发器异步翻转，所以工作速度低；同步计数器电路结构复杂，但工作速度快。

9.3.4　集成计数器构成任意 M 进制计数器的方法

目前，尽管各种不同逻辑功能的计数器已经做成中规模集成电路，并逐步取代了触发器组成的计数器，但不可能做到任一进制的计数器都有其对应的集成产品。中规模集成计数器常用的定型产品有 4 位二进制计数器、十进制计数器等。在需要其他任意进制计数器时，可用已有的计数器产品外加适当反馈电路连接而成。

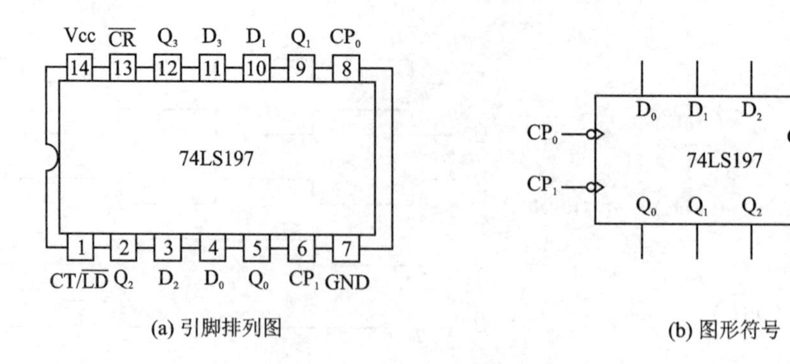

(a) 引脚排列图　　(b) 图形符号

图 9-37　集成异步计数器 74LS197

用现有的 N 进制集成计数器构成 M 进制计数器时,如果 $N>M$,则只需一片 N 进制计数器;如果 $N<M$,则要多片 N 进制计数器。

1. $M<N$

在 N 进制计数器的顺序计数过程中,设法使之跳过$(N-M)$个状态,只在 M 个状态中循环就可以了。实现 M 进制计数器的基本方法有两种:**反馈清零法**和**反馈置数法**。

(1) 反馈清零法

反馈清零法也称反馈复位法,该方法适用于有"清零"输入端的集成计数器。这种方法的基本思想是:计数器从输出状态中的全"0"状态 S_0 开始计数,计满 M 个状态后产生清零信号反馈给清零端,使计数器恢复到初态 S_0。反馈清零法的计数初始状态一定是已有 N 进制计数器输出状态中的全"0"状态。

对异步清零的计数器,计数器在 $S_0 \sim S_{M-1}$ 共 M 个状态中工作,当计数器进入 S_M 状态时,利用 S_M 状态进行译码产生清零信号,并反馈到异步清零端,使计数器立即返回到 S_0 状态,这样就可以跳过$(N-M)$个状态而得到 M 进制计数器,其示意图如图 9-38(a)中虚线所示。由于是异步清零,只要 S_M 状态一出现便立即被置成 S_0 状态,因此 S_M 状态只在极短的瞬间出现,通常称它为**过渡态**。在计数器的稳定状态循环中不包括 S_M 状态。

对同步清零的计数器(即清零信号和时钟信号同时有效才清零),则利用 S_{M-1} 状态译码产生清零信号,并反馈到同步清零端,到下一个 CP 脉冲到来时完成清零,使计数器返回到初态 S_0。可见,同步清零没有过渡状态,其示意图如图 9-38(a)中实线所示。

(2) 反馈置数法

反馈置数法适用于有预置数功能的集成计数器。置数法和清零法不同,对于置数法,计数器不一定从全"0"状态 S_0 开始计数,可以通过预置数功能使计数器从某个预置状态 S_i 开始计数,计满 M 个状态后产生置数信号并反馈给置数端,使计数器又进入预置状态 S_i,然后重复上述过程,其示意图如图 9-38(b)所示。反馈置数法的计数初始状态可以是已有 N 进制计数器输出状态中的任意一个状态。

对异步预置数功能的计数器,计数信号应从 S_{i+M} 状态一出现,置数信号有效,立即就将输入端的预置数置入计数器,它不受 CP 脉冲的控制,所以 S_{i+M} 状态只在极短的时间出现,稳定状态循环中不包含 S_{i+M} 状态,即 S_{i+M} 状态也是过渡态,其示意图如图 9-38(b)中虚线所示。

对同步预置数功能的计数器,置数信号应从 S_{i+M-1} 状态中译出,等下一个 CP 脉冲到来时，才将输入端的预置数置入计数器，其示意图如图 9－38(b)中实线所示。

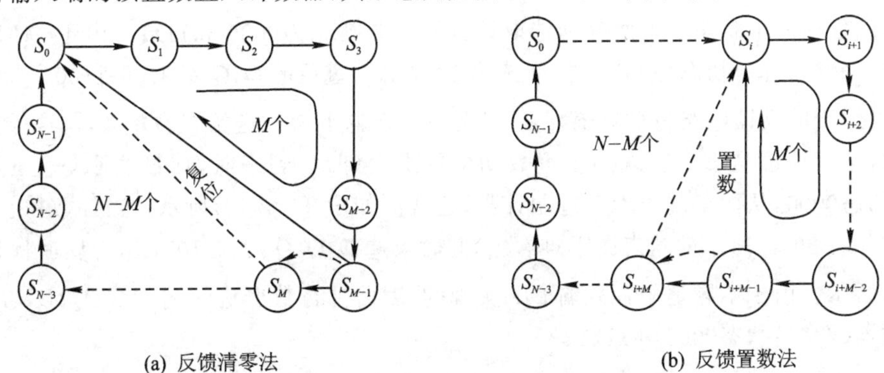

(a) 反馈清零法　　(b) 反馈置数法

图 9－38　实现任意进制计数器的两种方法

例 9－10　试用同步 4 位二进制计数器 74LS161 实现十三进制加法计数器(提示：74LS161 为异步清零、同步置数)。

扫码查看知识点解析

解： 用反馈法实现任意进制计数器时，最好对照状态转换图，这样会比较清晰。下面分别采用反馈清零法和反馈置数法两种方法实现本题要求的十三进制计数器。

(1) 用反馈清零法实现。首先画出 74LS161 的状态转换图如图 9－39(a)所示。由于 74LS161 是异步清零，因此从计数初态0000(反馈清零法的计数初态一定是0000)开始，当计到第 13 个 CP 脉冲时，此时 $Q_3Q_2Q_1Q_0$＝**1101**，就把**1101** 作为反馈状态，并通过适当的反馈电路将此状态唯一变成一个低电平信号送给清零端 $\overline{CR}$(因为 74LS161 的清零端低电平有效)，使得在第 14 个 CP 脉冲到来之前，计数器完成清零，回到初态0000，从而完成一次计数循环，如图 9－39(a)所示。在这个计数循环中，计数器刚好统计了 13 个脉冲。同时，可以用最高位输出端 Q_3 作为进位输出端，当第 13 个脉冲过后，Q_3 由**1** 变为**0**，出现一个下降沿，这样就可以用输出端 Q_3 出现一个下降沿来完成计数器计数满一个循环(13 个脉冲)，电路连线如图 9－39(b)所示。由于本题是用清零端 $\overline{CR}$ 实现的，因此并行数据输入端 D_3、D_2、D_1、D_0 没有用上，将其悬空即可，如图 9－39(b)所示。

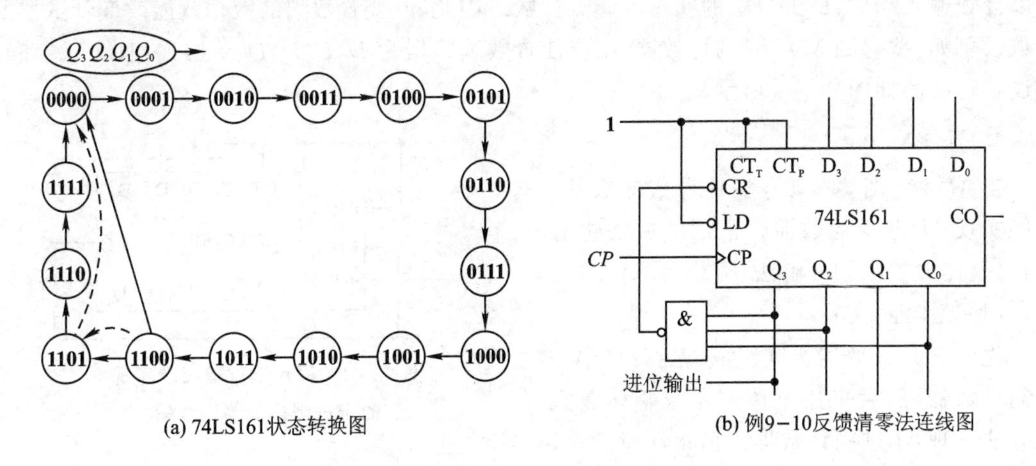

(a) 74LS161状态转换图　　(b) 例9－10反馈清零法连线图

图 9－39　例 9－10 反馈清零法用图

(2) 用反馈置数法实现。因为用反馈置数法实现时，计数初态可以是 $Q_3Q_2Q_1Q_0$ 从0000～1111 中的任何一个状态。下面分别选取计数器计数初态为0000 和1111。由于 74LS161 是同步置数，因此当计数初态为0000 时，应选第 12 个脉冲过后的 $Q_3Q_2Q_1Q_0=1100$ 作为反馈状态，并通过适当的反馈电路将此状态唯一变成一个低电平信号送给置数端 $\overline{LD}$，这样当第 13 个脉冲(这个脉冲也是 $\overline{LD}$ 实现同步置数功能的那个脉冲)到来时，计数器刚好完成置数功能，回到初态0000，从而实现了十三进制计数，连线图如图 9－40(a)所示。当计数初态为1111 时，利用图 9－39(a)所示的状态图不难看出，此时应选 $Q_3Q_2Q_1Q_0=1011$ 作为反馈状态，如图 9－40(b)所示。由于本题是用置数端 $\overline{LD}$ 实现的，因此并行数据输入端 D_3、D_2、D_1、D_0 这时要接计数器的初始状态0000 和1111。

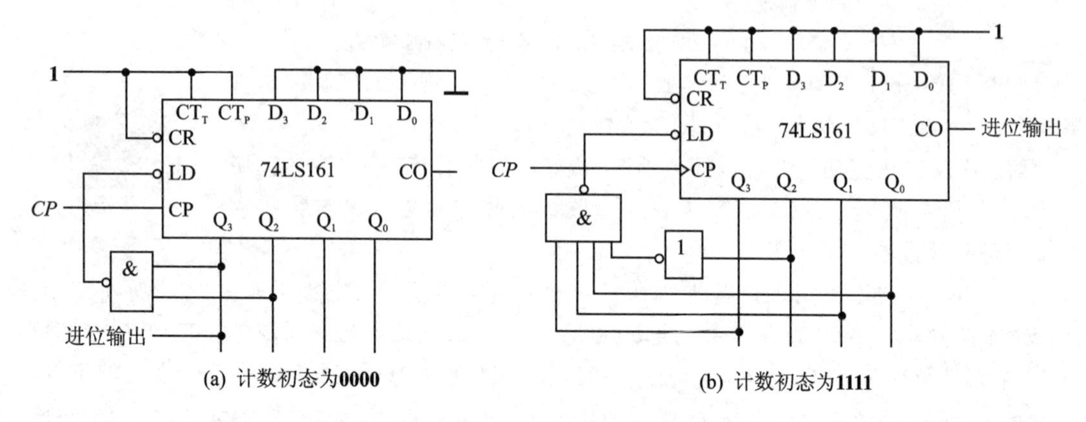

图 9－40　例 9－10 反馈置数法的连线图

此外，采用置数法实现 M 进制计数器时，也可直接从计数器的进位输出端引回反馈信号，并将反馈信号送给置数端 $\overline{LD}$。还是以 4 位二进制计数器 74LS161 为例，由于 74LS161 设置了进位输出端 CO，当计数器计到 $Q_3Q_2Q_1Q_0=1111$ 时，进位输出端 $CO=1$。如果将 CO 信号反相后反馈到 $\overline{LD}$ 端，那么当计数器输出为全“1”时，$\overline{LD}$ 端必为低电平。在下一个计数脉冲到来时，计数器将被置成置数端($D_3D_2D_1D_0$)数据的状态。然后，在连续计数脉冲的作用下，再以计数输入端 $D_3D_2D_1D_0$ 的状态为起点计数。因此，改变置数端的数据就能改变计数器的模数。例如，欲得到 $M=10$ 的计数器，则应使置数端数据为 $D_3D_2D_1D_0=0110$(16－10＝6)，其逻辑连线图如图 9－41 所示。

2. $M>N$

当 $M>N$ 时，必须将多片计数器级联，才能实现 M 进制计数器。常用的方法也有两种：整体置数法和分解法。

(1) 整体置数法

先将 n 片计数器级联组成 N^n($N^n>M$)进制计数器，然后采用整体清零或整体置数的方法实现 M 进制计数器。值得注意的是，多片计数器级联时，其总的计数容量为各级计数容量的乘积。

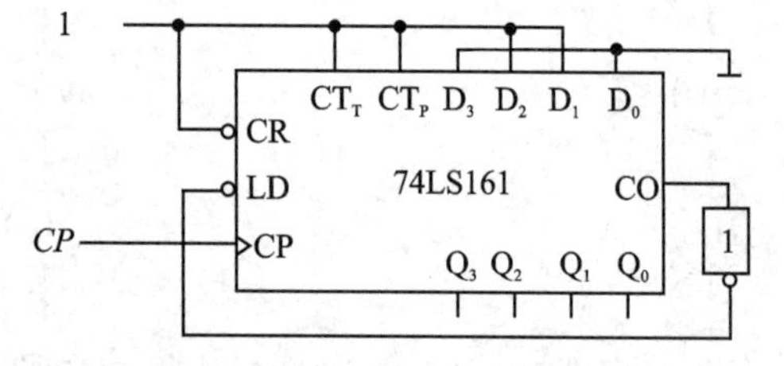

图 9－41　采用进位输出端实现的十进制计数器连线图

(2) 分解法

将 M 分解为 $M=M_1\times M_2\times\cdots\times M_n$，其中，$M_1,M_2,\cdots,M_n$ 均不大于 N，用 n 片计数器分别组成 $M_1,M_2,\cdots,M_n$ 进制的计数器，然后再将它们级联构成 M 进制计数器。

芯片之间的级联有串行进位方式和并行进位方式。在串行进位方式中，以低位片的进位输出信号作为高位片的时钟输入信号。在并行进位方式中，以低位片的进位输出信号作为高位片的工作状态控制信号。

例 9－11　试用 4 位同步十进制加法计数器 74LS160 构成百进制计数器(提示：74LS160 是异步清零。同步置数)。

解： 由题目可知，$M=100$，$N=10$，因为 $M>N$，且 $100=10\times10$，所以用两片 74LS160 即可构成百进制计数器。图 9－42(a)是串行进位方式连接的计数器，其中片(1)的进位输出信号 C 经反向器后作为片(2)的计数脉冲 CP_2，显然这样连接构成的是异步计数器。虽然两片的 CT_T、CT_P 都为1，都工作在计数状态，但是只有当片(1)由1001 变为0000 状态，使进位信号 C 由1 变为0(CP_2 由0 变为1)，片(2)才能计入一个脉冲，其他情况下，片(2)都将保持原来状态不变。

图 9－42(b)是并行进位方式连接的计数器。两片的 CP 端均与计数脉冲相连，所以是同步计数器。低位片(1)的 CT_T、CT_P 都为1，因而它总是处于计数状态，进位输出 CO 作为高位片(2)的 CT_T 和 CT_P 输入，每当片(1)计成1001(十进制数 9)时 CO 变为1，片(2)才能处于计数状态，下一个计数脉冲 CP 作用后，片(2)计入 1 个脉冲，同时片(1)由1001(9)状态变成0000(十进制数 0)状态，它的 CO 端信号也随之变成0，使片(2)停止计数。

例 9－12　试用两片 74LS160 接成五十四进制计数器。

解： (1)整体置数法。本例中 $M=54$。图 9－43(a)是整体置数法实现的五十四进制计数器连接电路图。首先将两片 74LS160 级联成百进制计数器，在此基础上再用置数法连成五十四进制计数器。

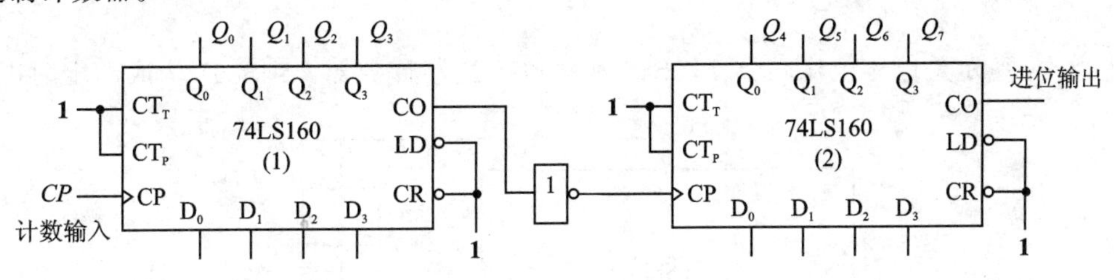

(a) 串行进位方式

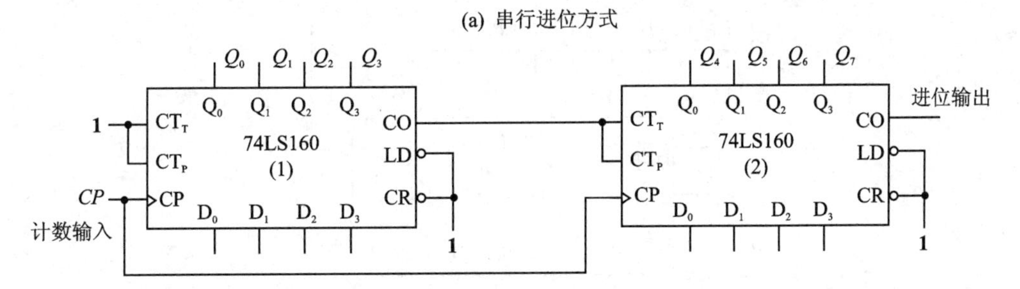

(b) 并行进位方式

图 9－42　例 9－11 的连接图

(2) 分解法。将 M 分解为 $54=6\times9$,用两片 74LS160 分别组成六进制和九进制计数器,然后级联组成 $M=54$ 进制计数器,其逻辑图如图 9-43(b)所示。

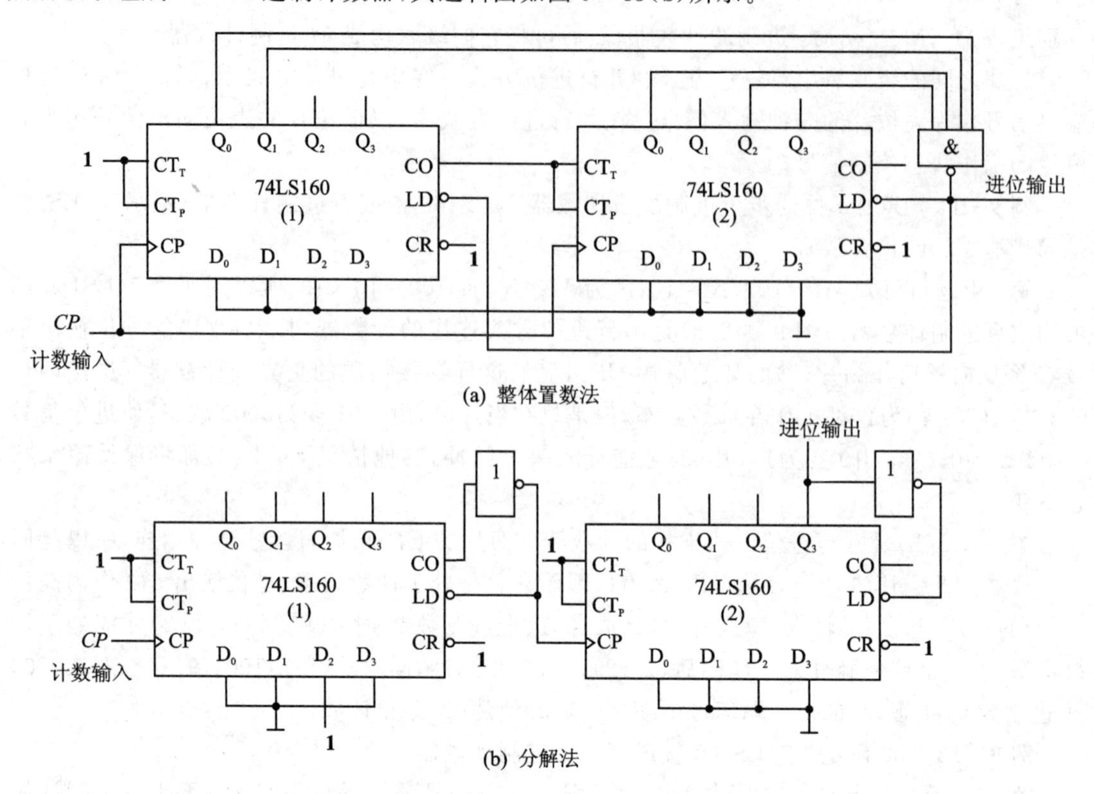

图 9-43 例 9-12 的连接图

9.3.5 计数器应用电路举例

图 9-44 所示是由 4 位比较器 74LS85 和 4 位二进制计数器 74LS161 构成的定时电路。

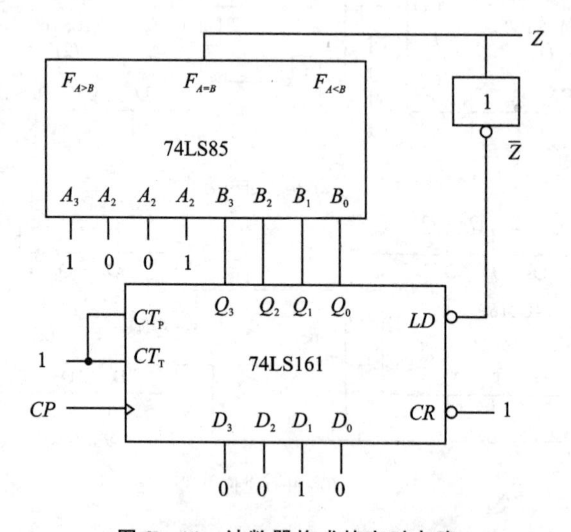

图 9-44 计数器构成的定时电路

Z 为输出端，设比较器的输入端 $A_3A_2A_1A_0$ 接固定电平1001；计数器的数据输入端 $D_3D_2D_1D_0$ 预置在0010。根据电路结构分析可知，当计数器的状态为1001（状态 9）时，$Z=1$，$\overline{LD}=\bar{Z}=0$，在下一个 CP 脉冲作用下，计数器进入0010（状态 2）。故知计数器的工作状态为状态 2～状态 9，共有 8 个状态。每次状态转换都需要一个 CP 脉冲触发，故知在一个 Z 脉冲周期内包含 8 个 CP 脉冲周期，从而完成定时功能。

若将 $\bar{Z}$ 改接在 $\overline{CR}$ 端（$\overline{LD}$ 端改接为高电平），试求一个 Z 脉冲周期内包含多少个 CP 脉冲周期。请读者自行分析。

9.4 寄存器

在数字系统中常常需要将二进制代码表示的信息暂时存放起来，等待处理，能够完成暂时存放数据的逻辑部件称为寄存器。寄存器是一种重要的数字逻辑部件，一个触发器就是一个能存放 1 位二进制数码的寄存器。存放 n 位二进制数码就需要 n 个触发器，从而构成 n 位寄存器。

寄存器由触发器和门电路组成，具有接收数据、存放数据和输出数据的功能，只有在接到指令（即时钟脉冲）时，寄存器才能接收要寄存的数据。

寄存器按逻辑功能分为**数码寄存器**（也称基本寄存器）和**移位寄存器**，还可以按照位数以及输入、输出方式等分成若干类。

9.4.1 数码寄存器

数码寄存器可以接收、暂存数码，它是在时钟脉冲 CP 作用下，将数据存入对应的触发器。由于 D 触发器的特性方程是 $Q^{n+1}=D$，因此以 D 作为数据输入端组成寄存器最为方便。图 9-45 所示是由 4 个边沿 D 触发器组成的四位数码寄存器 74LS175 的逻辑图，D_3～D_0 是并行数码输入端，$\overline{CR}$ 是清零端，CP 是时钟脉冲输入端，Q_3～Q_0 是并行数码输出端。

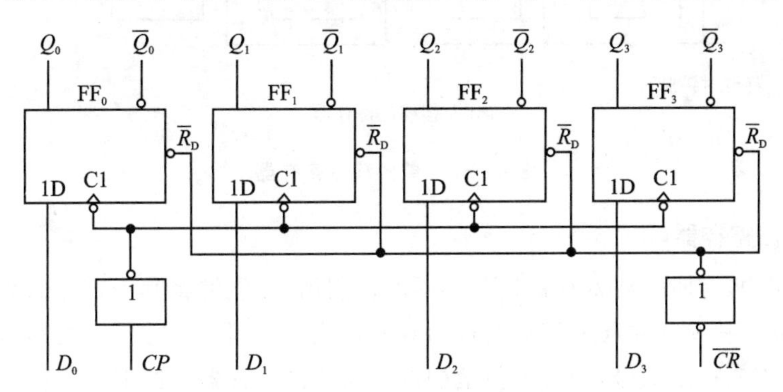

图 9-45 四位数码寄存器 74LS175 的逻辑图

当 $\overline{CR}=0$ 时，实现异步清零，即通过异步输入端 $\bar{R}_D$ 将 4 个边沿 D 触发器复位到0 状态。当 $\overline{CR}=1$ 时，CP 上升沿送数。只要送数控制脉冲 CP 上升沿到来，加在并行数码输入端的数码 d_3～d_0 就立即被送进寄存器中，使并行输出端 $Q_3Q_2Q_1Q_0=d_3d_2d_1d_0$，从而完成接收并寄存数码的功能。而在 $\overline{CR}=1$、CP 上升沿以外的时间，寄存器保持内容不变。由于寄存器能同时输入 4 位数码，同时输出 4 位数码，故称为并行输入、并行输出寄存器。

9.4.2 移位寄存器

移位寄存器既可存放数码,又可使数码在寄存器中逐位左移或右移。按照在移位脉冲 CP 操作下移位情况的不同,移位寄存器又可分为**单向移位寄存器**和**双向移位寄存器**。

1. 单向移位寄存器

图 9-46 所示是用边沿 D 触发器构成的单向移位寄存器,图 9-46(a)为**右移移位寄存器**,图 9-46(b)为**左移移位寄存器**。以右移寄存器为例,假设从输入端 D_i 连续输入 4 个**1**,D_i 经 FF_0 在 CP 上升沿操作下,依次被移入寄存器中,即经过 4 个 CP 脉冲,寄存器输出状态为 $Q_3Q_2Q_1Q_0$=**1111**,变成全**1** 状态,即 4 个**1** 右移输入完毕。假设再连续输入**0**,再经过 4 个 CP 脉冲之后,寄存器变成全**0** 状态。图 9-46(b)所示的左移移位寄存器,其工作原理与右移移位寄存器并无本质区别,只是因为连接反了,所以移位方向也由此变成从右向左。

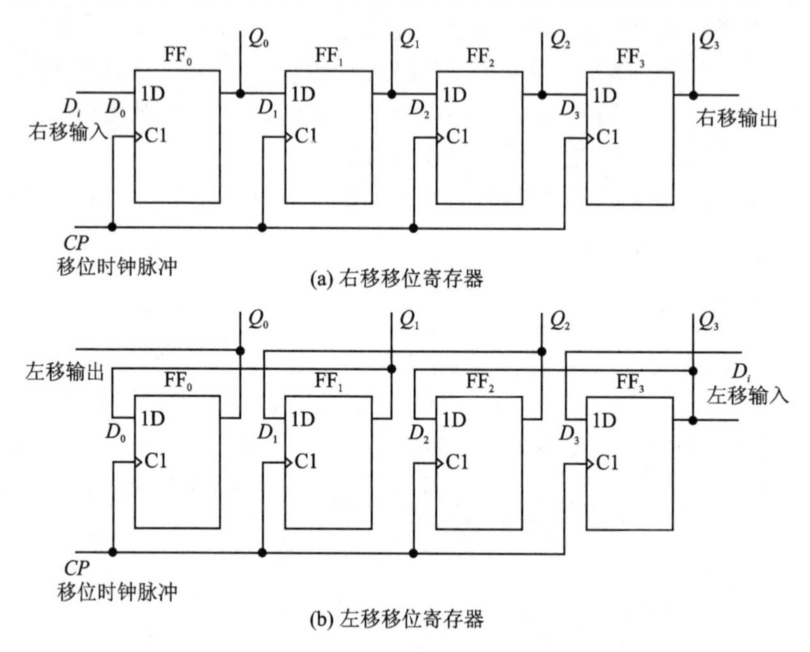

图 9-46 单向移位寄存器

2. 双向移位寄存器

在数字电路中,有时需要寄存器按照不同的控制信号,能够将其中存放的数码向左或向右移位。这种既能右移又能左移的寄存器称为双向移位寄存器。把左移和右移移位寄存器组合起来,加上移位方向控制信号,便可方便地构成双向移位寄存器。图 9-47 所示是基本的四位双向移位寄存器,M 是移位方向控制端,D_{IR} 是右移串行输入端,D_{IL} 是左移串行输入端,Q_0~Q_3 是并行输出端,CP 是移位时钟脉冲。图 9-47 中,4 个**与或**门构成了 4 个 2 选 1 数据选择器。

3. 集成移位寄存器

集成双向移位寄存器 74LS194 的引脚排列图如图 9-48 所示。图中 M_1、M_0 为工作方式控制端,它们的不同取值,决定寄存器的不同功能:保持、右移、左移及并行输入。D_{IR} 为右移

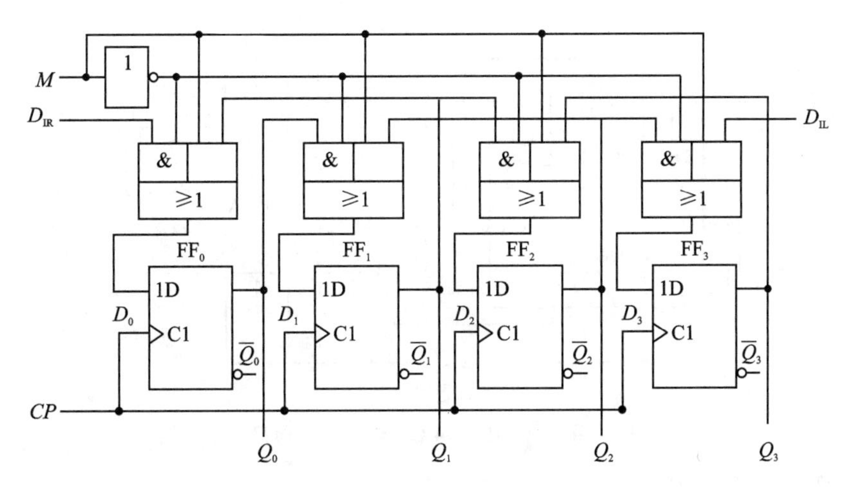

图 9-47　基本四位双向移位寄存器

串行输入端，D_{IL} 为左移串行输入端，$\overline{CR}$ 是清零端，$\overline{CR}=0$ 时寄存器被清零。寄存器工作时，$\overline{CR}$ 应为高电平。这时寄存器工作方式由 M_1、M_0 的状态决定，如表 9-15 所列。

引脚	名称	引脚	名称
1	$\overline{CR}$	16	V_{CC}
2	D_{IR}	15	Q_0
3	D_0	14	Q_1
4	D_1	13	Q_2
5	D_2	12	Q_3
6	D_3	11	CP
7	D_{IL}	10	M_1
8	GND	9	M_0

74LS194A

图 9-48　74LS194 的引脚排列图

表 9-15　74LS194A 的功能表

$\overline{CR}$	M_1	M_0	CP	功　能
0	×	×	×	清零
1	0	0	↑	保持
1	0	1	↑	右移
1	1	0	↑	左移
1	1	1	↑	并行输入

用多片 74LS194A 通过级联，可以构成多位双向移位寄存器。图 9-49 所示是用两片 74LS194A 接成 8 位双向移位寄存器的连接图。这时只需将其中一片的 Q_3 接至另一片的 D_{IR} 端，而另一片的 Q_0 接到这一片的 D_{IL}，同时把两片的 M_1、M_0、CP 和 $\overline{CR}$ 分别并联就行了。

例 9-13　试分析图 9-50(a)所示电路的逻辑功能，并指出在图 9-50(b)所示的时钟信号及 M_1、M_0 状态作用下，t_4 时刻以后输出 Y 与两组并行输入的二进制数 M、N 在数值上的关系。假定 M、N 的状态始终未变。

解： 该电路由 2 片 4 位加法器 74283 和 4 片 74LS194A 组成。2 片 74283 接成一个 8 位并行加法器，4 片 74LS194A 分别接成了两个 8 位的单向移位寄存器。由于两个 8 位移位寄存器的输出分别加到了 8 位并行加法器的两组输入端，所以图 9-50(a)所示电路是将两个 8 位移位寄存器里的内容相加的运算电路。

由图 9-50(b)可见，当 $t=t_1$ 时，CP_1 和 CP_2 的第一个上升沿同时到达，因为这时 $M_1=M_0=1$，所以移位寄存器处在数据并行输入工作状态，M、N 的数值便分别存入两个移位寄存

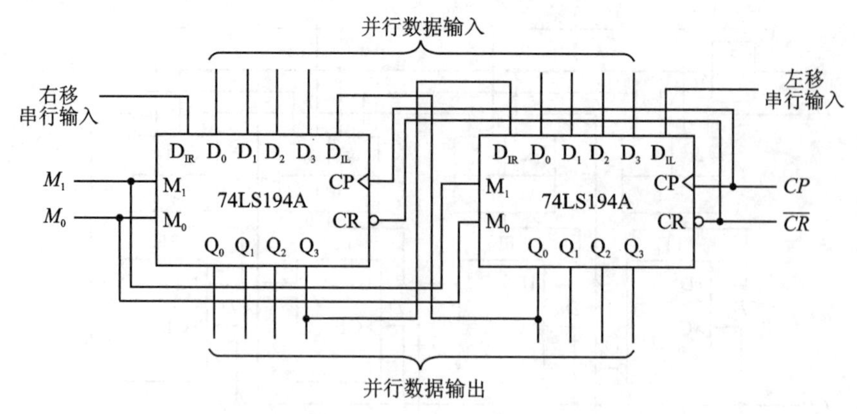

图 9-49 用两片 74LS194A 接成 8 位双向移位寄存器

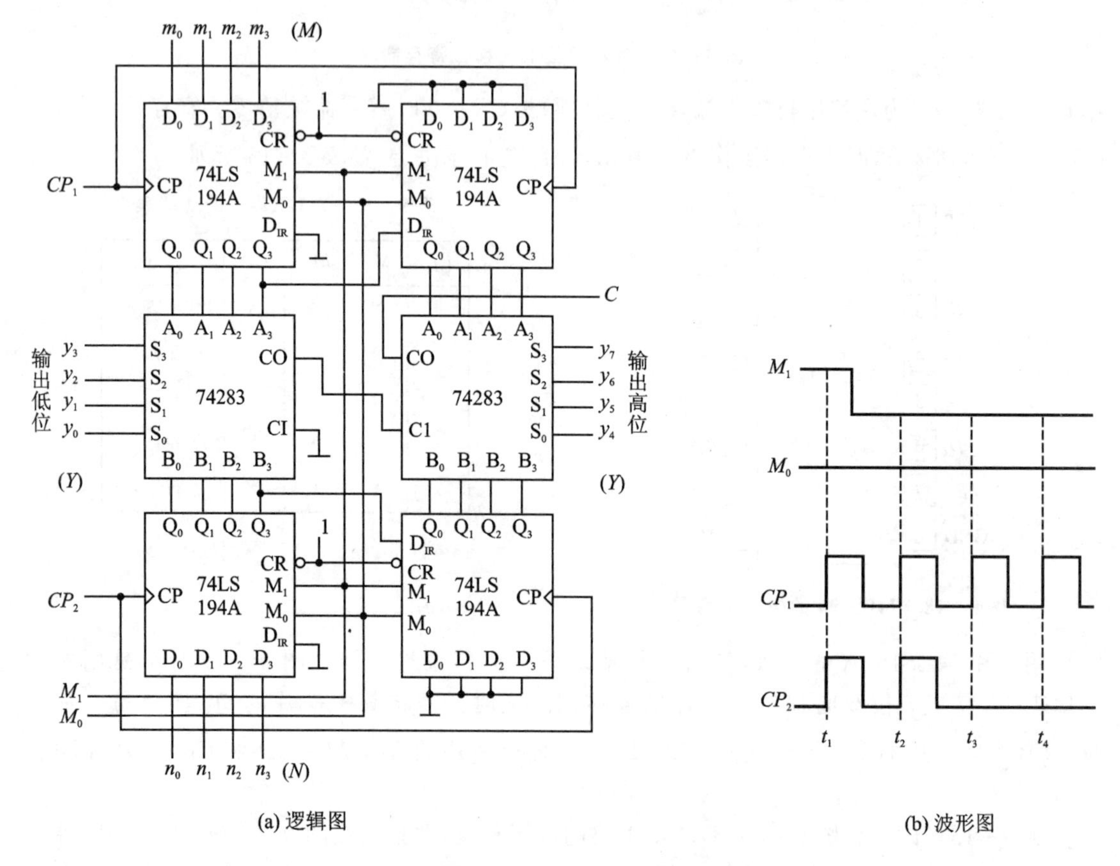

(a) 逻辑图　　(b) 波形图

图 9-50 例 9-13 用图

器中。

$t=t_2$ 以后,M、N 同时右移 1 位。若 m_0、n_0 是 M、N 的最低位,则右移 1 位相当于两数各乘以 2。

至 $t=t_4$ 时,M 又右移了 2 位,所以这时上面一个移位寄存器里的数为 $M\times8$,下面一个移位寄存器里的数为 $N\times2$。两数经加法器相加后得到

$$Y=M\times8+N\times2$$

9.4.3 寄存器的应用

移位寄存器的应用十分广泛，如可以将信息代码进行串、并行转换以及构成计数器等。

1. 数码的串-并行转换

在数字系统中，数字信息多半是用串行方式在线路上逐位传送，而在收发端则以并行方式对数据进行存放和处理。这就需要将信息进行串——并行转换。前面介绍的单向右移移位寄存器即可实现数码的串行变并行功能。当要求将并行输入的代码变为串行输出时，可采用图9-51所示的逻辑电路。

将数据 D_3、D_2、D_1、D_0 加到各触发器的异步置1端 $\bar{S}_D$，在写入脉冲控制下送入各触发器的 Q_3、Q_2、Q_1、Q_0（事先要清零），再在时钟脉冲控制下逐位右移，这就是并入——串出方式。图9-51所示电路也可以按串入-并出、串入-串出、并入-并出方式工作。

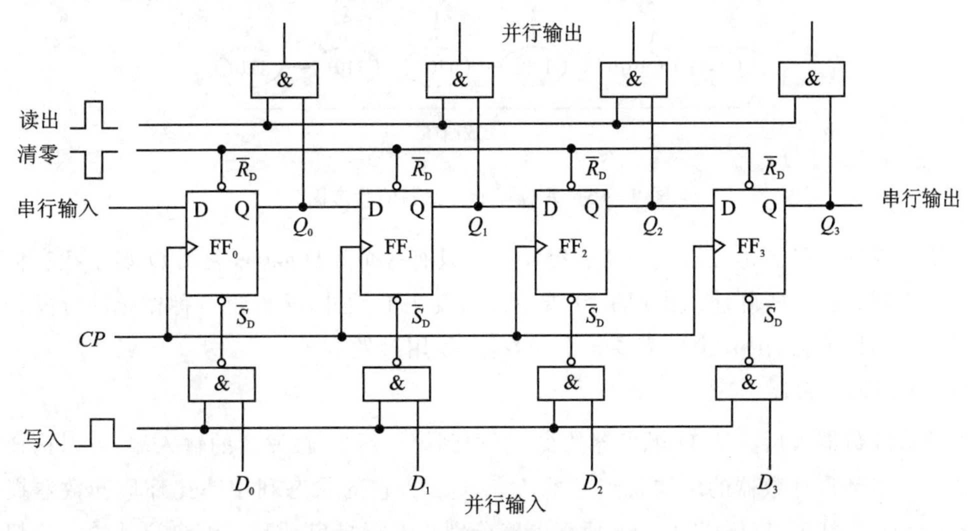

图9-51 并行输入变串行输出

2. 移位寄存器型计数器

(1) 环形计数器

如果将移位寄存器的最后一级输出 Q^n 直接反馈到第一级 D 触发器的输入端，就得到一个自循环的移位寄存器，也是一种最简单的移位寄存器型计数器，通常称为**环形计数器**，如图9-52所示。

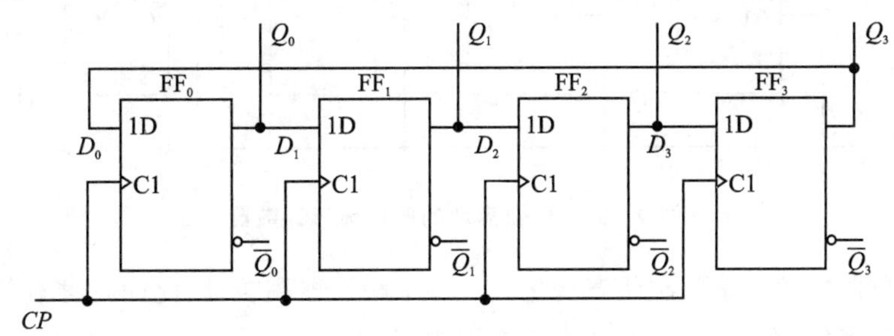

图9-52 四位环形计数器

环形计数器的特点是取 $D_0=Q_{n-1}^n$，可以在 CP 作用下循环移位一个1，也可以循环移位一个0。图 9-53 所示是四位环形计数器的状态图，如果选用循环一个1，则有效状态是1000、0100、0010、0001。工作时应先用启动脉冲将计数器置入有效状态，例如1000，然后才能加 CP 脉冲。由图 9-53 可知，图 9-52 所示的电路不能自启动，如果将其改为图 9-54 的形式，就可自启动了，读者可自行分析，画出其状态图。

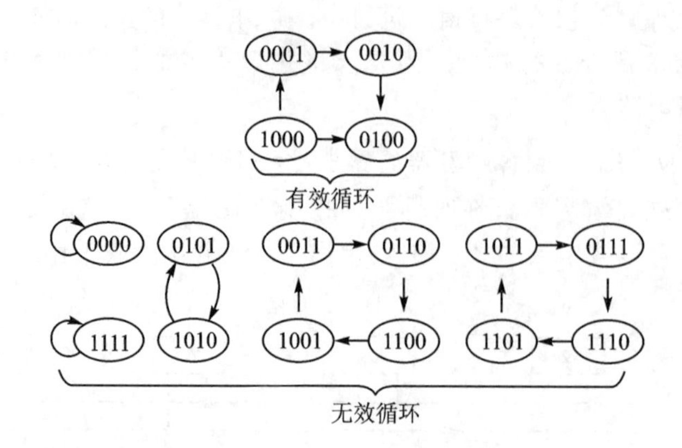

图 9-53　四位环形计数器的状态图

环型计数器的优点是可以实现所有触发器中只有一个为1(或0)，利用 Q 端作状态输出不需要加译码器。在 CP 脉冲的作用下 Q 端轮流出现矩形脉冲，所以也可称作脉冲分配器。其缺点是状态利用率低，记 n 个数需要 n 个触发器，使用触发器多。

(2) 扭环形计数器

将环形计数器最后一级 D 触发器的 $\bar{Q}^n$ 反馈到第一级 D 触发器的输入端，可以构成扭环形计数器。扭环形计数器的结构特点是取 $D_0=\bar{Q}_{n-1}^n$，它的状态利用率比环形计数器提高一倍，即 $N=2n$。图 9-55 和图 9-56 所示电路分别是不能自启动和能够自启动的 4 位扭环形计数器及其状态图。

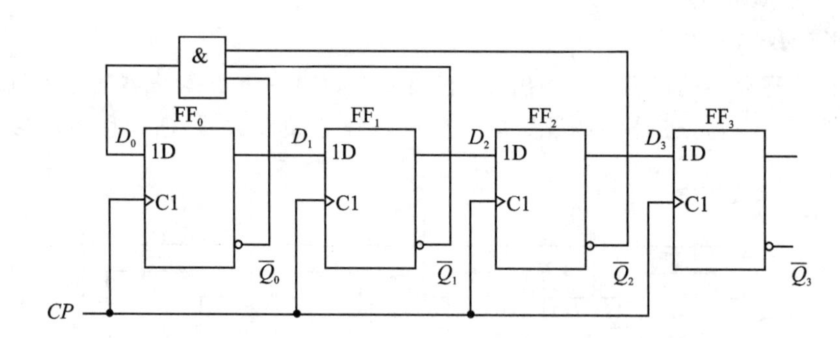

图 9-54　能自启动的四位环形计数器

扭环形计数器的优点是每次状态变化只有一个触发器翻转，因此译码时不存在竞争冒险。缺点是状态利用率低，有 2^n-2n 个状态没有被利用。

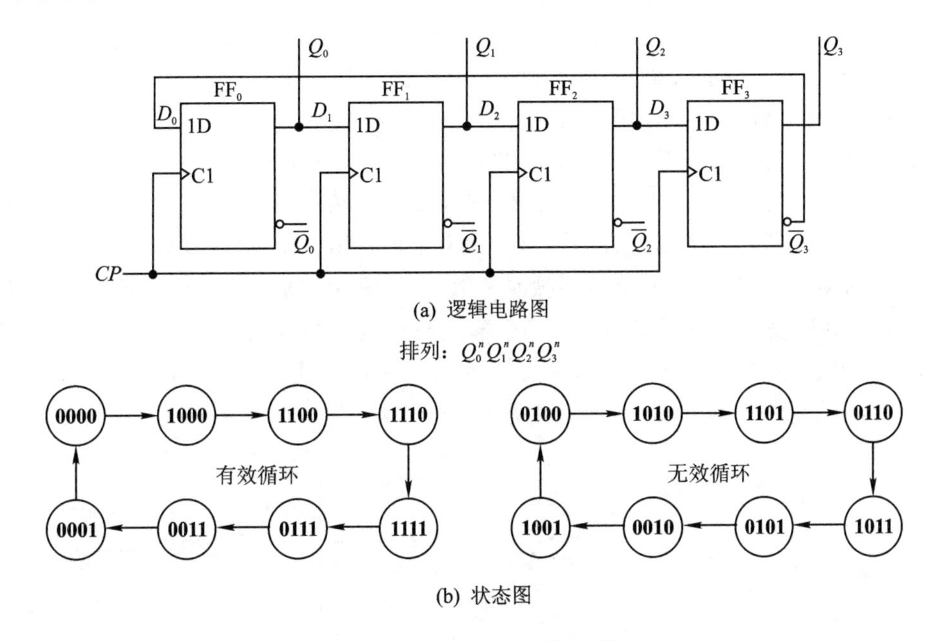

(a) 逻辑电路图

(b) 状态图

图 9-55　四位扭环形计数器

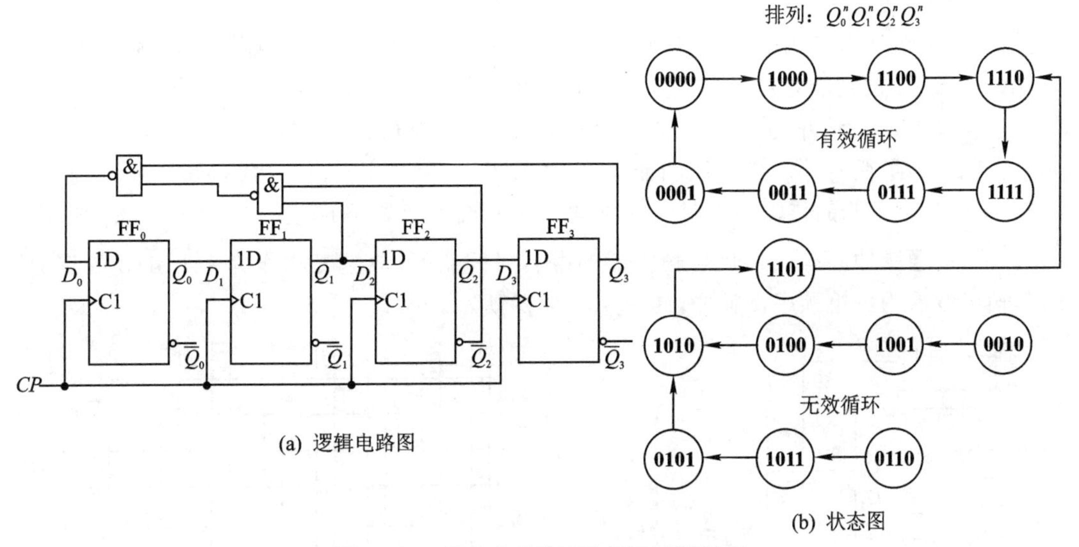

(a) 逻辑电路图

(b) 状态图

图 9-56　能自启动的四位扭环形计数器

9.5　顺序脉冲发生器

在数字系统中，常常要求系统按照规定的时间顺序进行一系列的操作，这就要求系统的控制部分能给出在时间上有一定先后顺序的脉冲信号，再用这组脉冲形成所需要的各种控制信号。这种能产生顺序脉冲信号的电路称为**顺序脉冲发生器**，也称节拍脉冲发生器，它是一种重要的时序逻辑电路，也是计数器的应用电路。

顺序脉冲发生器的方框图如图 9-57 所示，它输入时钟脉冲 CP，输出 $Y_1 \sim Y_N$ 路脉冲。

在连续脉冲 CP 的作用下,$Y_1 \sim Y_N$ 依次产生宽度等于 CP 周期的脉冲信号,也称之为 N 节拍顺序脉冲发生器。若 CP 的周期为 T_{CP},则 $Y_1 \sim Y_N$ 的周期均为 NT_{CP}。$Y_1 \sim Y_N$ 分别送到整个系统的各个部分起着不同的作用,如作为计数脉冲、移位脉冲等。

前面介绍的环形计数器,若工作在有效状态中只有一个1的循环状态时,它就是一个顺序脉冲发生器。所以可以用环形计数器或移位寄存器构成顺序脉冲发生器。当顺序脉冲较多时,还可以利用计数器和译码器组合成顺序脉冲发生器。用一个 N 进制计数器和一个与之相匹配的译码器,便可以组成 N 节拍顺序脉冲发生器,如图 9-58 所示。译码器将 N 进制计数器的 N 个状态译码输出,因此译码器的 N 个输出与计数器的 N 个状态一一对应。对应于计数器的每个有效状态,N 个输出中只有一个为有效电平。因此,当 CP 为周期性连续脉冲时,N 个输出就会按计数规律依次出现有效电平,也就顺序产生宽度等于 CP 周期的脉冲信号。

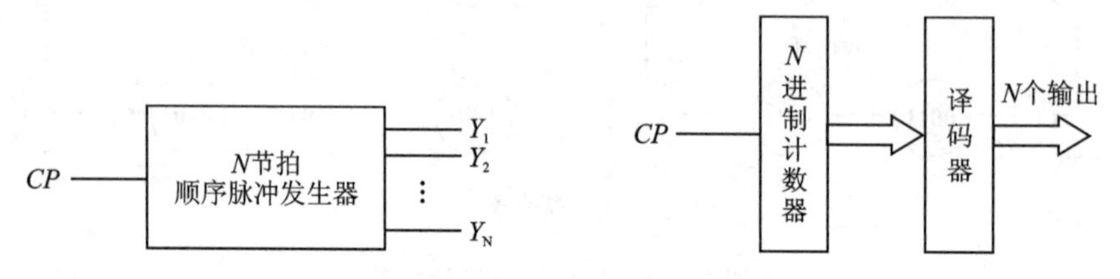

图 9-57　顺序脉冲发生器方框图　　图 9-58　计数器和译码器组成的顺序脉冲发生器

图 9-59(a)所示是用 74LS161 和 74LS138 构成的 8 个顺序脉冲输出的顺序脉冲发生器。

由 74LS161 的功能表可知,为使电路工作在计数状态,$\overline{CR}$、$\overline{LD}$、CT_T、CT_P 均应接高电平,在连续输入计数脉冲的情况下,$Q_3Q_2Q_1Q_0$ 的状态按0000～1111 的顺序循环,低 3 位按 000～111 的顺序循环,所以可以将低 3 位的输出作为 74LS138 的代码输入。为了避免 74LS161 中各触发器的传输延迟时间的不同而引起的竞争冒险现象,在 74LS138 的 S_1 端加选通脉冲,选通脉冲的有效时间与触发器的翻转时间错开,故选 $\overline{CP}$ 作为 74LS138 的选通脉冲,其输出波形为一组顺序负脉冲,如图 9-59(b)所示。

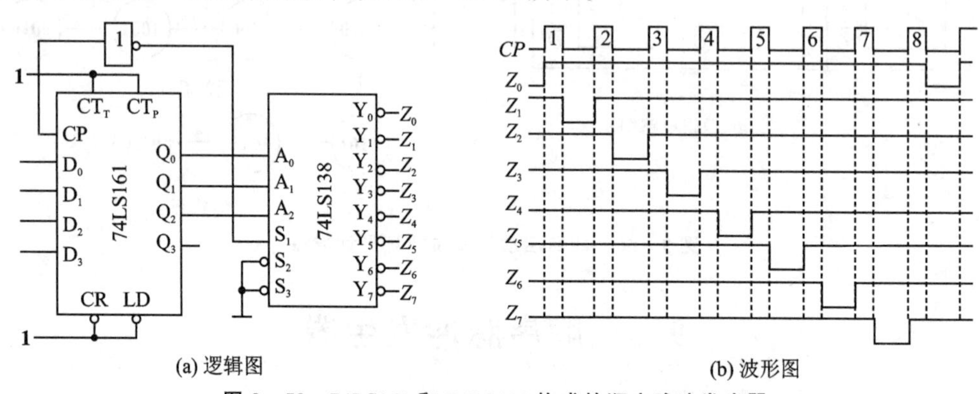

(a) 逻辑图　　(b) 波形图

图 9-59　74LS161 和 74LS138 构成的顺序脉冲发生器

9.6　序列信号发生器

在数字信号的传输和数字系统的测试中,有时需要用到一组特定的串行数字信号,如“00010111”等,这种串行数字信号叫作序列信号。产生序列信号的电路称为**序列信号发生器**。

序列信号发生器的构成方法有多种。一种比较简单、直观的方法是用“计数器+数据选择器”组成。例如，需要产生一个 8 位的序列信号00010111（时间顺序为自左而右），则可用一个八进制计数器和一个 8 选 1 数据选择器组成，如图 9－60 所示。其中八进制计数器取自 74LS161 的低 3 位。74LS152 是 8 选 1 数据选择器。

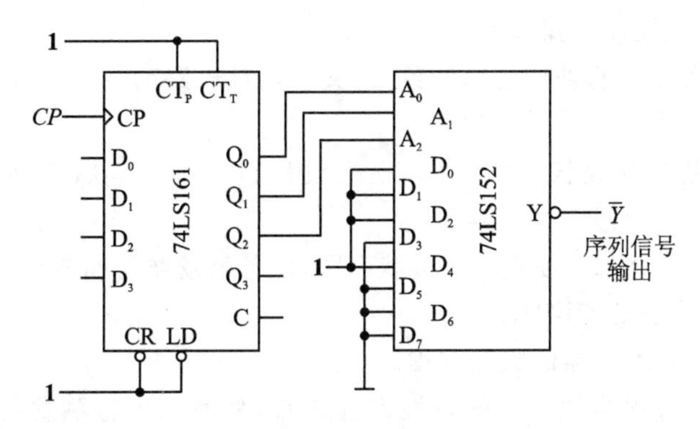

图 9－60　用计数器和数据选择器组成的序列信号发生器

当 CP 信号连续不断地加到计数器上时，$Q_2Q_1Q_0$ 的状态（也就是加到 74LS152 上的地址输入代码 $A_2A_1A_0$）按照自然二进制代码的顺序不断循环，$\overline{D_0}\sim\overline{D_7}$ 的状态就循环不断地依次出现在 $\bar{Y}$ 端。只要令 $D_0=D_1=D_2=D_4=\mathbf{1}$、$D_3=D_5=D_6=D_7=\mathbf{0}$，便可在 $\bar{Y}$ 端得到不断循环的序列信号00010111。在需要修改序列信号时，只要修改加到 $D_0\sim D_7$ 的高、低电平即可实现，而不需要对电路结构做任何改动。因此，使用这种电路既灵活又方便。

构成序列信号发生器的另一种常见的方法是采用带反馈逻辑电路的移位寄存器。如果序列信号的位数为 m，移位寄存器的位数为 n，则应取 $2^n\geqslant m$。例如，若仍然要求产生00010111 这样一组 8 位的序列信号，则可用 3 位的移位寄存器加上反馈逻辑电路构成所需要的序列信号发生器，如图 9－61 所示。移位寄存器从 Q_2 端输出的串行输出信号就应当是所要求的序列信号。

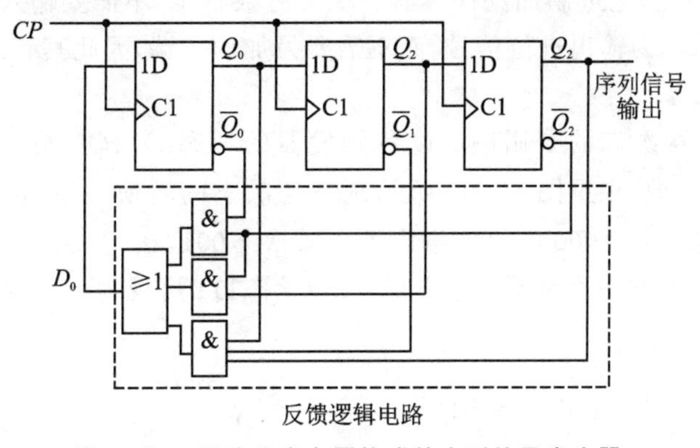

图 9－61　用移位寄存器构成的序列信号发生器

9.7　时序电路的设计

随着电子技术的发展，尤其是在系统可编程逻辑器件中的广泛应用，使得利用门电路和触发器设计时序逻辑电路的方法显得越来越重要，本节以计数器为例简单介绍同步时序电路的设计方法。

9.7.1 设计方法及步骤

时序电路的设计，就是根据给定的逻辑功能要求，选择适当的逻辑器件，设计出符合要求的时序逻辑电路。一般设计步骤如下：

1）将所设计的实际问题进行逻辑抽象，定义所设计电路的输入信号、输出信号和有效状态的物理意义。

2）定义所设计电路有效状态的编码，根据设计目标确定其状态转换真值表或状态转换图。

3）根据有效状态的状态转换真值表或状态图，以各触发器的现态 Q^n 为输入变量，以次态 Q^{n+1} 为函数，画出各次态的卡诺图。

4）由卡诺图求出各触发器的状态方程。

5）将求出的状态方程与触发器的特性方程比较，从而求出各触发器的驱动方程和输出方程。

6）根据各触发器的驱动方程和输出方程，画出逻辑电路图。

7）检验所设计的时序电路是否满足设计目标和要求。

需要指出的是，上述方法和步骤只是为读者提供一个思路，实际设计时可根据题目难易程度简化设计过程。

9.7.2 设计举例

例 9-14 试用JK触发器和尽可能少的门电路设计一个七进制同步加法计数器，并说明所设计的计数器是否能自启动。

解：(1)确定有效状态的状态转换图。组成七进制加法计数器应选用3个触发器，设它们为 FF_2、FF_1、FF_0。显然，七进制加法计数器有7个有效状态，不需要输入控制信号，且可利用最高位触发器的状态作为输出进位信号，而不需要另加输出端，因此其有效状态的状态转换图如图9-62所示。

(2) 画出各触发器次态的卡诺图。以各触发器的现态 Q_2^n、Q_1^n、Q_0^n 为输入变量，以次态 Q_2^{n+1}、Q_1^{n+1}、Q_0^{n+1} 为函数，根据图9-62所示现态与次态的转换关系，可将 Q_2^{n+1}、Q_1^{n+1}、Q_0^{n+1} 画成卡诺图。在 $Q_2^nQ_1^nQ_0^n=000$ 的小方格内填入其次态001，在 $Q_2^nQ_1^nQ_0^n=001$ 的小方格内填入其次态010，依照这个方法填完所有小方格，无效状态111可视为无关项，如图9-63所示。

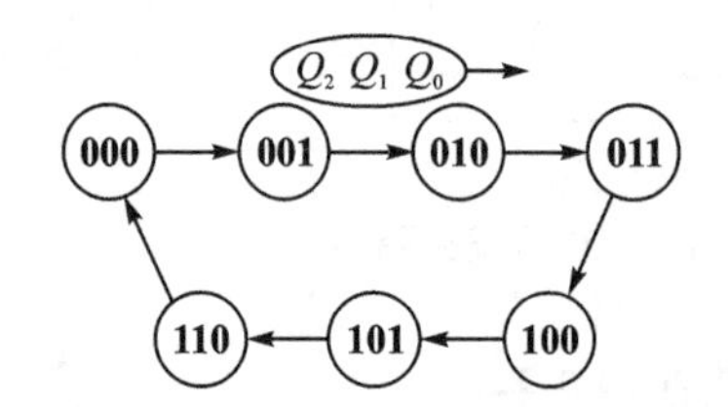

图 9-62 七进制加法计数器的有效循环

Q_2^n \ $Q_1^nQ_0^n$	00	01	11	10
0	001	010	100	011
1	101	110	×××	000

图 9-63 Q_2^{n+1},Q_1^{n+1},Q_0^{n+1} 的卡诺图

(3) 求状态方程。由图9-63所示的卡诺图可求出触发器的状态方程，为清晰起见，也可将图9-63所示的卡诺图分解为三个卡诺图，分别表示 Q_2^{n+1}、Q_1^{n+1}、Q_0^{n+1} 这三个逻辑函数。

由卡诺图得到各触发器的状态方程为

$$\begin{cases} Q_0^{n+1}=\overline{Q_2^n}\cdot\overline{Q_0^n}+\overline{Q_1^n}\cdot\overline{Q_0^n}=\overline{Q_2^nQ_1^n}\cdot\overline{Q_0^n} \\ Q_1^{n+1}=Q_0^n\cdot\overline{Q_1^n}+\overline{Q_2^n}\cdot\overline{Q_0^n}\cdot Q_1^n \\ Q_2^{n+1}=Q_1^n\cdot Q_0^n\cdot\overline{Q_2^n}+\overline{Q_1^n}\cdot Q_2^n \end{cases}$$

（4）求驱动方程。为了便于求出驱动方程，应将状态方程写成与特性方程 $Q^{n+1}=J\overline{Q^n}+\overline{K}Q^n$ 可类比的形式。例如，在第 i 个触发器的状态方程中，每一项均应含有 $\overline{Q_i^n}$ 或 Q_i^n，其中含有 $\overline{Q_i^n}$ 的项决定 J_i，含有 Q_i^n 的决定 K_i。据此写出的各触发器的驱动方程为

$$\begin{cases} J_0=\overline{Q_2^nQ_1^n} & K_0=1 \\ J_1=Q_0^n & K_1=\overline{\overline{Q_2^n}\cdot\overline{Q_0^n}} \\ J_2=Q_1^nQ_0^n & K_2=Q_1^n \end{cases}$$

（5）画出逻辑图。根据驱动方程，画出逻辑图如图 9－64 所示。

（6）根据时序电路的分析方法，画出图 9－64 所示计数器的状态转换图，如图 9－65 所示。可以看出，所设计的电路能够完成七进制加法计数功能，并且能够自启动。

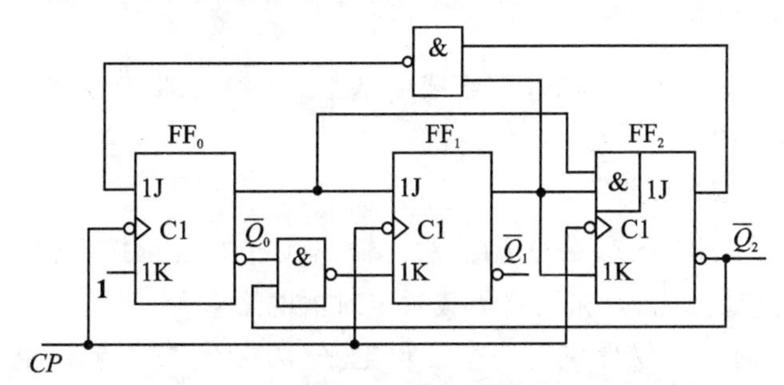

图 9－64　七进制加法计数器的逻辑图

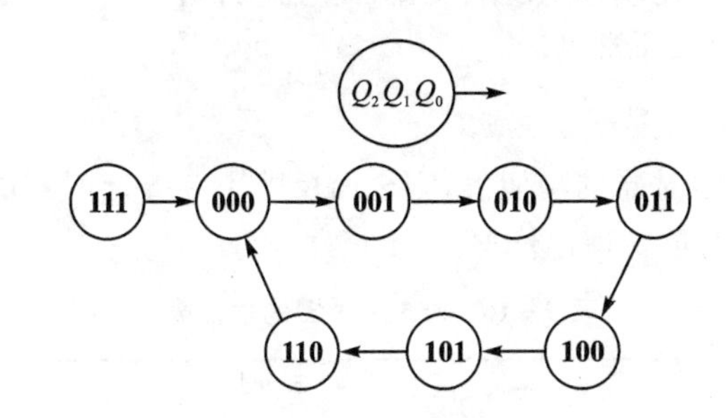

图 9－65　七进制加法计数器状态转换图

9.8　集成 555 定时器的原理及应用

555 定时器是一种中规模集成电路，以它为核心，在其外部配上少量阻容元件，就可构成多谐振荡器、施密特触发器、单稳态触发器等，这些触发器往往是数字系统中不可缺少的器件。由于使用灵活、方便，因此 555 定时器在波形的产生与变换、测量与控制、家用电器、电子玩具等许多领域中都得到应用。

数字系统中会经常遇到脉冲的产生、整形、延时等问题,实现这些作用的单元电路就是单稳态触发器、多谐振荡器、施密特触发器等,而这些单元电路都可由555定时器构成。

9.8.1 集成555定时器

1. 电路结构

图9-66(a)所示为555集成定时器的电路结构图,图9-66(b)是引脚排列图。其中,TH为电压比较器C_1的阈值输入端,$\overline{TR}$是电压比较器C_2的触发输入端。555集成定时器由五个部分组成:

(1) 分压器

三个阻值均为5 kΩ的电阻串联起来构成分压器(555因此得名),其作用是为后面的电压比较器C_1和C_2提供参考电压。如果在电压控制端CO另加控制电压,则可改变C_1、C_2的参考电压。不使用CO端时,一般都通过一个0.01 μF的电容接地,以旁路高频干扰。

(2) 电压比较器

C_1、C_2是由运放构成的电压比较器。两个输入端基本上不向外电路索取电流,即输入电阻趋于无穷大。

(3) 基本RS触发器

在电压比较器之后,是由两个**与非**门组成的基本RS触发器,$\bar{R}$是专门设置的可从外部进行置0的复位端,当$\bar{R}=0$时,使$Q=0$,$\bar{Q}=1$。

(4) 晶体管开关和输出缓冲器

晶体管T_D构成开关,其状态受$\bar{Q}$端控制。输出缓冲器就是接在输出端的反相器G_3,其作用是提高定时器的带负载能力和隔离负载对定时器的影响。

综上所述,555定时器不仅提供了一个复位电平(为$2V_{CC}/3$)、置位电平(为$V_{CC}/3$)、可通过$\bar{R}$端直接从外部进行置0的基本RS触发器,而且还给出了一个状态受该触发器$\bar{Q}$端控制的晶体管开关,因此使用起来非常灵活。

2. 工作原理

表9-16所列是555定时器的功能表,它全面反映了555定时器的基本功能,是后面分析555定时器各种应用电路的重要理论依据。

表9-16 555定时器的功能表

U_{TH}	$U_{\overline{TR}}$	$\bar{R}$	u_o	T_D的状态
×	×	**0**	U_{OL}	导通
$>2V_{CC}/3$	$>V_{CC}/3$	**1**	U_{OL}	导通
$<2V_{CC}/3$	$>V_{CC}/3$	**1**	不变	不变
$<2V_{CC}/3$	$<V_{CC}/3$	**1**	U_{OH}	截止

由555定时器的电路图和功能表可以看出:

1) 当$\bar{R}=0$时,$\bar{Q}=1$,输出电压$u_o=U_{OL}$为低电平,T_D饱和导通。

2) 当$\bar{R}=1$、$U_{TH}>2V_{CC}/3$、$U_{\overline{TR}}>V_{CC}/3$时,$C_1$输出低电平,$C_2$输出高电平,$\bar{Q}=1$,$Q=0$,

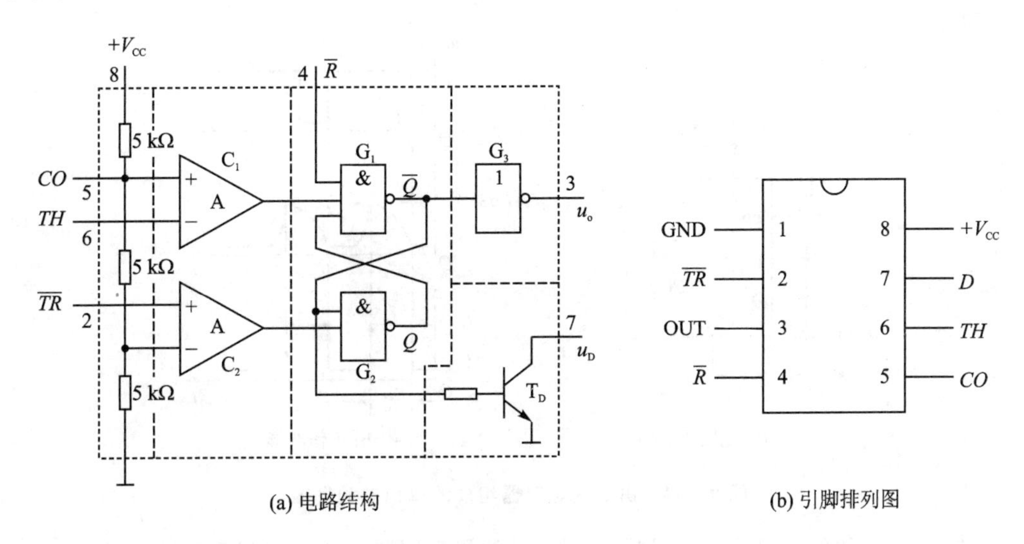

(a) 电路结构　　　　(b) 引脚排列图

图 9-66　555 集成定时器

$u_o = U_{OL}$，T_D 饱和导通。

3) 当 $\bar{R}=\mathbf{1}$、$U_{TH}<2V_{CC}/3$、$U_{\overline{TR}}>V_{CC}/3$ 时，C_1、C_2 输出均为高电平，基本 RS 触发器保持原来状态不变，因此 u_o、T_D 也保持原来状态不变。

4) 当 $\bar{R}=\mathbf{1}$、$U_{TH}<2V_{CC}/3$、$U_{\overline{TR}}<V_{CC}/3$ 时，C_1 输出高电平，C_2 输出低电平，$\bar{Q}=\mathbf{0}$，$Q=\mathbf{1}$，$u_o=U_{OH}$，T_D 截止。

9.8.2　由 555 定时器构成的单稳态触发器

单稳态触发器是一种常用的脉冲整形电路。与一般双稳态触发器不同的是，它有稳态和暂稳态两个不同的工作状态。暂稳态是一种不能长久保持的状态，这时电路的电压和电流会随着电容器的充电与放电发生变化，而稳态时电压和电流是不变的。

在单稳态触发器中，当没有外加触发信号时，电路始终处于稳态；只有当外加触发信号时，电路才从稳态翻转到暂稳态，经过一段时间后，又能自动返回到稳态。暂稳态持续时间的长短取决于电路自身参数，与外触发信号无关。

将 555 定时器高电平触发端 TH 与 D 端相连后接定时元件 R、C，从低电平触发端 $\overline{\mathrm{TR}}$ 加入触发信号 u_i，则构成单稳态触发器，如图 9-67(a)所示。

设输入信号 u_i 为高电平，且大于 $V_{CC}/3$，根据表 9-16，输出电压 u_o 为低电平，D 端接通，因而电容两端即使原来电压不为 0 也会放电至 0，即 $u_C=0$，电路处于稳态。

当 u_i 由高电平变为低电平且低于 $V_{CC}/3$ 时，u_o 由低电平跃变为高电平，D 端关断，电路进入暂态。此后，电源通过 R 对电容 C 充电，当充电至电容上电压 u_C（也就是高电平触发端的电压 U_{TH} 略大于 $2V_{CC}/3$）时，u_o 由高电平跃变为低电平，D 端接通，电容通过 D 端很快放电，电路自动返回稳态，等待下一个触发脉冲的到来。u_i、u_C、u_o 的波形如图 9-67(b)所示。

从以上分析可知，单稳态触发器触发脉冲的高电平应大于 $2V_{CC}/3$，低电平应小于 $V_{CC}/3$，且脉冲宽度应小于暂态时间。输出脉冲的宽度 t_W 为暂态时间，它等于电容 C 上电压从 0 开始充电到 $2V_{CC}/3$ 所需的时间，即

$$t_W \approx RC\ \ln 3 \approx 1.1RC \tag{9-7}$$

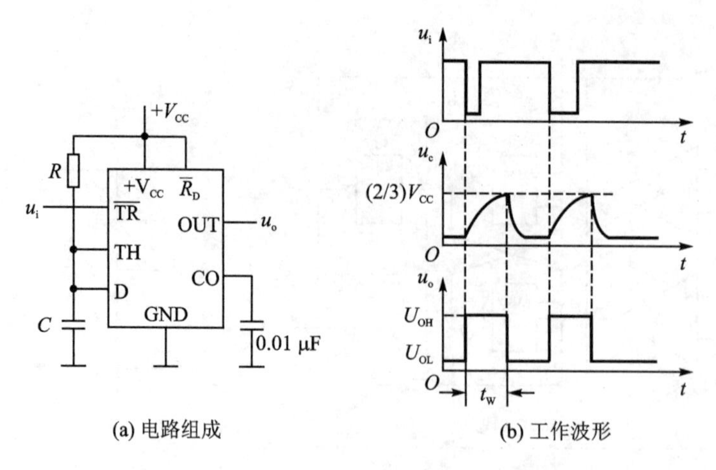

(a) 电路组成 (b) 工作波形

图 9-67 由 555 定时器组成的单稳态触发器

调节 R 和 C 的值可以改变脉冲宽度 t_W，t_W 的值可调范围从几秒到几分钟。

9.8.3 由 555 定时器构成的多谐振荡器

多谐振荡器是一种无稳态电路，在接通电源后，不需要外加触发信号，电路在两个暂稳态之间作交替变化，产生矩形波输出。由于矩形波中除基波外，包含了许多高次谐波，因此这类振荡器被称作多谐振荡器。多谐振荡器常用来作为时钟脉冲源。

将 555 定时器的 TH 端和 $\overline{TR}$ 端连在一起再外接电阻 R_1、R_2 和电容 C，便构成了多谐振荡器，如图 9-68(a)所示。该电路不需要外加触发信号，加电后就能产生周期性的矩形脉冲或方波。

接通电源，设电容电压 $u_C=0$，而两个电压比较器的阈值电压分别为 $2V_{CC}/3$ 和 $V_{CC}/3$，所以 $U_{TH}=U_{\overline{TR}}=0<V_{CC}/3$，根据表 9-16，$u_o=U_{OH}$，且 D 关断。电源对电容 C 充电，充电回路为

$$+V_{CC}\rightarrow R_1 \rightarrow R_2 \rightarrow C \rightarrow \text{地}$$

随着充电过程的进行，电容电压 u_C 上升，当上升到 $2V_{CC}/3$ 时，u_o 从 U_{OH} 跃变为 U_{OL}，且 D 导通。此后电容 C 放电，放电回路为

$$C\rightarrow R_2\rightarrow \text{放电管 D}\rightarrow \text{地}$$

随着放电过程的进行，u_C 下降；当 u_C 下降到 $V_{CC}/3$ 时，u_o 从 U_{OL} 跃变为 U_{OH}，且 D 再次关断，电容 C 又充电，充电到 $2V_{CC}/3$ 又放电，如此周而复始，电路形成自激振荡。输出电压为矩形波，波形如图 9-68(b)所示。

矩形波的周期取决于电容的充、放电时间常数 τ，其充电的时间常数为 $(R_1+R_2)C$，放电时间常数约为 R_2C，因而输出脉冲的周期约为

$$T\approx 0.7(R_1+2R_2)C$$

占空比(即脉宽占整个周期的比例)为

$$q=\frac{R_1+R_2}{R_1+2R_2} \tag{9-8}$$

若 $R_2\gg R_1$，$q\approx 1/2$，输出的矩形脉冲近似为对称方波。

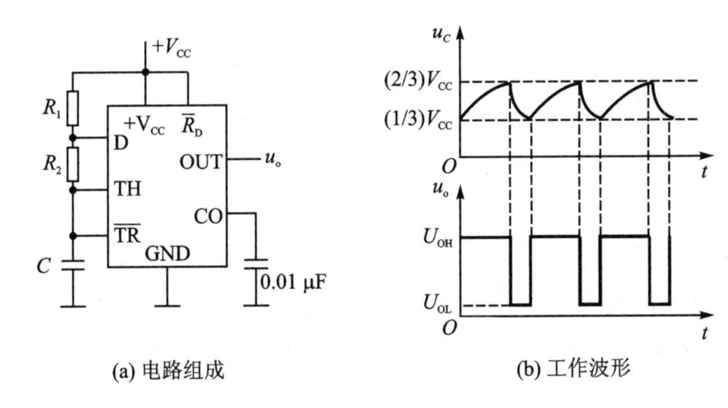

(a) 电路组成　　(b) 工作波形

图 9-68　由 555 定时器组成的多谐振荡器

9.8.4　由 555 定时器构成的施密特触发器

施密特触发器是另一种脉冲信号的整形电路，它能够将变化非常缓慢的输入脉冲波形，整形成为适合于数字电路需要的矩形脉冲，而且由于具有滞回特性，所以抗干扰能力也很强。施密特触发器在脉冲的产生和整形电路中应用很广。

将 555 定时器的 TH 端和 $\overline{TR}$ 端连在一起作为信号的输入端，便构成施密特触发器，如图 9-69 所示。

当 $u_i<V_{CC}/3$，即 $\overline{TR}$ 端电压 $U_{\overline{TR}}<V_{CC}/3$ 时，输出端 OUT 的电压 u_o 为高电平 U_{OH}，电路处于第一稳态。只有当 u_i 升高到略大于 $2V_{CC}/3$，使 $U_{TH}>2V_{CC}/3$ 且 $U_{\overline{TR}}>V_{CC}/3$ 时，输出端 OUT 的电压 u_o 才跃变为低电平 U_{OL}，电路进入第二稳态。此后，u_i 再升高，u_o 状态不变；只有当 u_i 下降到略小于 $V_{CC}/3$，即 $\overline{TR}$ 端电压小于 $V_{CC}/3$ 时，输出电压才又变为高电平，触发器回到第一稳态。可见，阈值电压和回差电压分别为

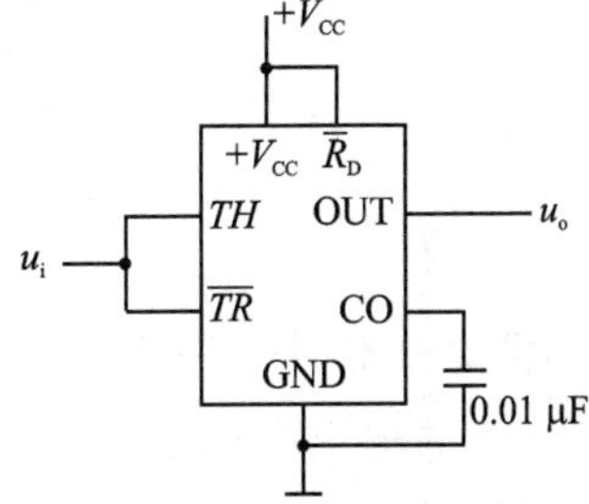

图 9-69　由 555 定时器组成的施密特触发器

$$\begin{cases} U_{T-}=V_{CC}/3 \\ U_{T+}=2V_{CC}/3 \\ \Delta U_T=U_{T+}-U_{T-}=V_{CC}/3 \end{cases}$$

若 u_i 为三角波，则 u_i 与 u_o 的波形如图 9-70(a)所示，说明施密特触发器可将非脉冲信

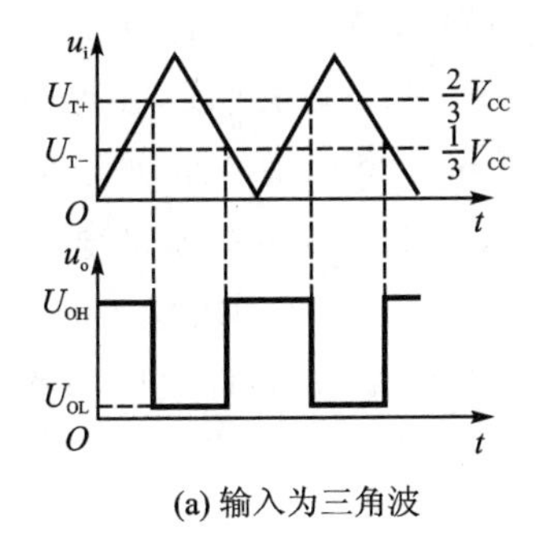

(a) 输入为三角波

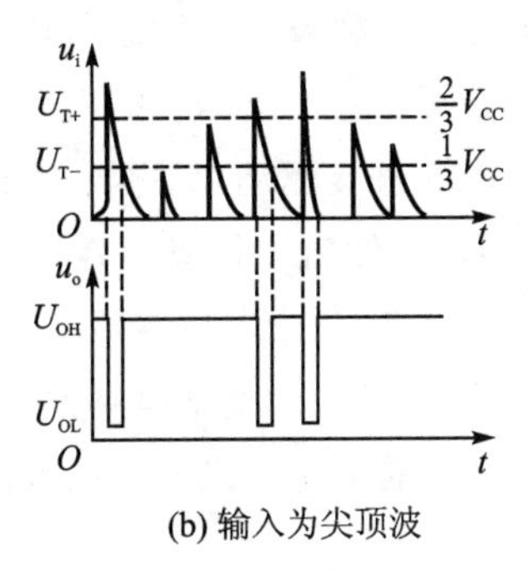

(b) 输入为尖顶波

图 9-70　施密特触发器输入、输出电压波形分析

号整形成标准幅值的脉冲信号;若 u_i 为幅值不等、宽度也不等的尖顶波,则 u_i 与 u_o 的波形如图 9-70(b)所示,说明施密特触发器可以作为鉴幅器,将幅值大于 $2V_{CC}/3$ 的尖顶波转换为标准幅值的矩形波。整形和鉴幅是施密特触发器的基本功能。

9.8.5 555 定时器应用电路举例

1. 555 触摸定时开关

555 触摸定时开关电路如图 9-71 所示。集成电路 IC_1 是一片 555 定时电路,在这里接成单稳态电路。由于触摸片 P 端无感应电压,电容 C_1 通过 555 的 7 脚放电完毕,3 脚输出为低电平,继电器 K 释放,电灯不亮。

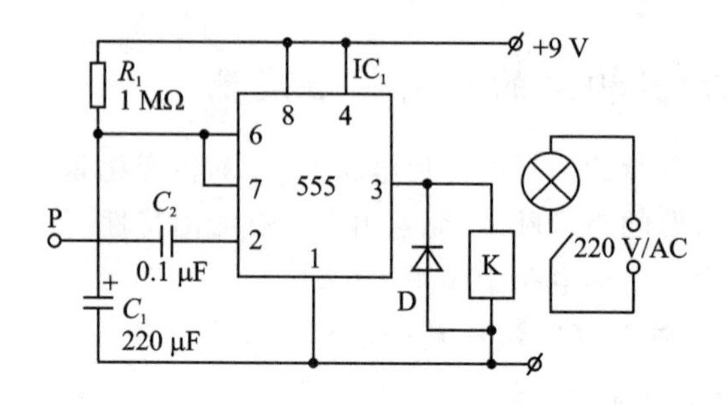

图 9-71 555 触摸定时开关电路

当需要开灯时,用手触碰一下金属片 P,人体感应的杂波信号电压由 C_2 加至 555 的触发端,使 555 的输出由低电平变成高电平,继电器 K 吸合,电灯点亮。同时,555 的 7 脚内部截止,电源便通过 R_1 给 C_1 充电,这就是定时的开始。

当电容 C_1 上的电压上升至电源电压的 2/3 时,555 的 7 脚接通使 C_1 放电,使 3 脚输出由高电平变回低电平,继电器释放,电灯熄灭,定时结束。

定时长短由 R_1、C_1 的大小决定,即 $T_1=1.1R_1C_1$。按图中所标数值,定时时间约为 4 min。二极管 D 可选用 1N4148 或 1N4001。

2. 直流电机调速控制电路

直流电机调速控制电路是一个占空比可调的脉冲振荡器,电机 M 是用它的输出脉冲驱动的。脉冲占空比越大,电机驱动电流就越小,转速减慢;脉冲占空比越小,电机驱动电流就越大,转速加快。因此调节电位器 R_P 的数值可以调整电机的速度,如电机驱动电流不大于 200 mA,则可用 CB555 直接驱动;如电流大于 200 mA,则应增加驱动级和功放级。

在图 9-72 中,D_3 是续流二极管。在功放管截止期间为电机驱动电流提供通路,既保证电机驱动电流的连续性,又防止电机线圈的自感反电动式损坏功放管。电容 C_2 和电阻 R_3 是补偿网络,可使负载呈电阻性。整个电路的脉冲频率在 3～5 kHz 之间。频率太低,电机会抖动;太高时,因占空比范围小使电机调速范围减小。

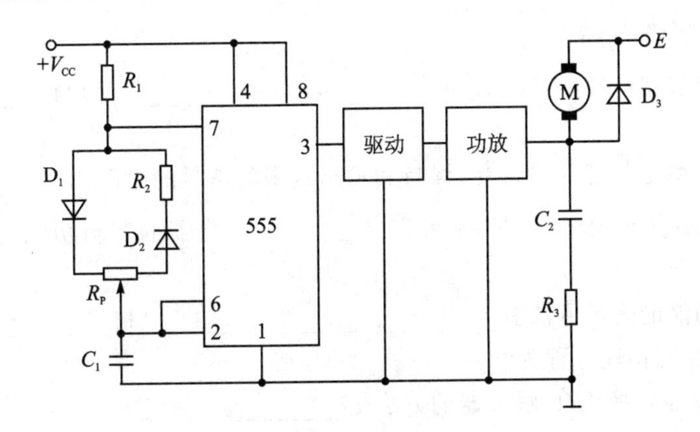

图 9 – 72　直流电机调速控制电路

本章小结

1. 触发器是数字电路中的一种基本逻辑单元，它有0 和1 两个稳态。触发器的种类很多，通常按照 3 个标准进行分类。从触发器逻辑功能上分类，有 RS 触发器、D 触发器、JK 触发器、T 触发器、T′触发器；从结构上分，有基本触发器、同步触发器、主从触发器、边沿触发器；从触发方式上分，有电平触发型和边沿触发型触发器。

2. 时序电路在任一时刻的输出，不仅与当时的输入信号有关，还与电路原来的状态有关。为了记忆原来的状态，时序电路不仅包含逻辑门电路，还包含具有记忆功能的触发器，这是时序电路结构上的特点。

3. 计数器能对输入脉冲做计数统计。目前集成计数器品种多，功能全，应用灵活，价格低廉，得到广泛应用。实用电路中除二进制计数器和十进制计数器外，还常用其他进制的计数器。以集成计数器作为基本器件，采用反馈法可以实现任意进制计数器。

4. 寄存器具有存储数码和信息的功能，它分为数码寄存器和移位寄存器两大类。一般寄存器都具有清零、接收、存储和输出的功能。用移位寄存器可构成环形和扭环形计数器。

5. 利用计数器和寄存器以及各种组合电路可以实现功能更多、更复杂的时序电路。顺序脉冲发生器由计数器和与之匹配的译码器组成，在连续 CP 脉冲作用下，它将输出多路宽度为 CP 周期的脉冲，用于协调数字系统有条不紊地工作。环形计数器可不需要译码器直接作为顺序脉冲发生器。

6. 利用触发器和门电路可以设计具有各种功能的时序逻辑电路，其关键是正确定义输入变量、输出变量及有效状态，准确求出所设计电路中各触发器的驱动方程和输出方程。

7. 555 定时器是一种中规模集成电路，以它为核心可方便构成多谐振荡器、施密特触发器、单稳态触发器等，这些触发器往往是数字系统中不可缺少的器件。

习题 9

9 – 1　填空题

(1) 触发器有________个稳态，一个触发器可记录________位二进制码，存储 8 位二进制信息需要________个触发器。

(2) 触发器异步置0时,需使 $\bar{S}_D=$________,$\bar{R}_D=$________。而与________和________无关。

(3) 具有两个稳定状态并能接受、保持和输出送来的信号的电路叫作________。

(4) 对于JK触发器,若 $J=K$,则可完成________触发器的逻辑功能;若 $K=\bar{J}$,则可完成触发器的逻辑功能。

(5) 触发器功能的表示方法有________、________、________和________。

(6) JK触发器的特性方程为________。

(7) 把D触发器转换成T′触发器的方法是________。

(8) 既克服了空翻现象,又无一次变化问题的常用集成触发器有________和________两种。

(9) 由**与非**门构成的基本RS触发器的约束条件是________。

(10) 边沿D触发器是 CP 的________触发,其特性方程为________。

(11) 任一时刻的稳定输出不仅决定于该时刻的输入,而且还与电路原来的状态有关的电路叫________。

(12) 时序逻辑电路由________和________两部分组成。

(13) 描述时序逻辑电路功能的方法需要三个方程,它们是________方程、________方程和________方程。

(14) 时序逻辑电路按触发器时钟端的连接方式分为________和________。

(15) 可用来暂时存放数据的器件叫________。

(16) 某寄存器由D触发器构成,有4位代码要存储,此寄存器必须有________个触发器。

(17) 一般而言,模值相同的同步计数器比异步计数器的结构________工作速度________。

(18) 一个五位二进制加法计数器,由00000状态开始,问经过169个输入脉冲后,此计数器的状态为________。

(19) N 级环形计数器的计数长度是________,N 级扭环形计数器的计数长度是________,N 级最大长度移位寄存器型计数器的计数长度是________。

(20) 由8级触发器构成的二进制计数器模值为________,由8级触发器构成的十进制计数器的模值为________。

(21) 通过级联方法,把两片4位二进制计数器74LS161连接成为8位二进制计数器后,其最大模值是________,将3片4位十进制计数器74160连接成为12位十进制计数器后,其最大模值是________。

9-2 选择题

(1) 已知 R、S 是由**或非**门构成的基本RS触发器的输入端,则约束条件为(　　)。

A. $RS=0$　　B. $R+S=0$　　C. $RS=1$　　D. $R+S=1$

(2) 用8级触发器可以记忆(　　)种不同的状态。

A. 8　　B. 16　　C. 128　　D. 256

(3) T触发器的特性方程是(　　)。

A. $Q^{n+1}=TQ^n+\overline{TQ^n}$　　B. $Q^{n+1}=T\overline{Q^n}$

C. $Q^{n+1}=T\overline{Q^n}+\bar{T}Q^n$　　D. $Q^{n+1}=\bar{T}Q^n$

(4) 在题图 9-2(a)所示的电路中，只有(　　)不能实现 $Q^{n+1}=\overline{Q^n}$。

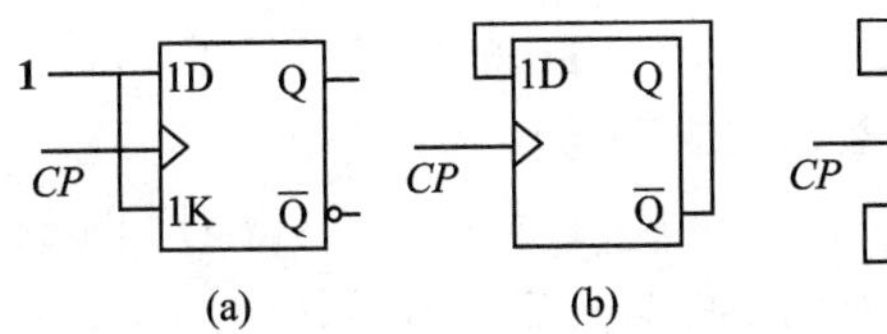

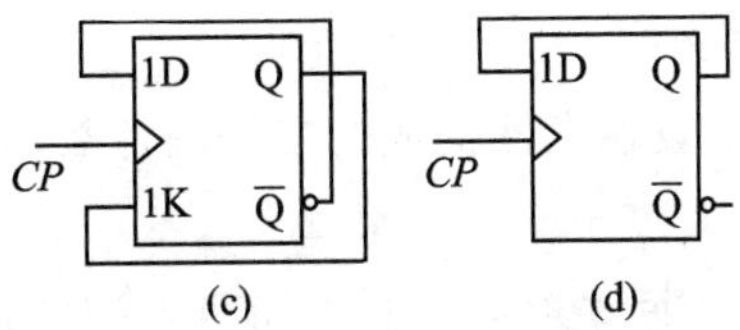

题图 9-2(a)

(5) 若 JK 触发器的现态为0，欲在 CP 作用后仍保持为0 状态，则驱动方程应为(　　)。

A. $J=K=1$　　B. $J=1, K=0$

C. $J=0, K=\times$　　D. $J=\times, K=\times$

(6) 已知 R、S 是由**与非**门构成的基本 RS 触发器的输入端，则约束条件为(　　)。

A. $R+S=1$　　B. $R+S=0$

C. $RS=1$　　D. $RS=0$

(7) 主从 JK 触发器是(　　)。

A. 在 CP 上升沿触发　　B. 在 CP 下降沿触发

C. 在 $CP=1$ 的稳态下触发　　D. 与 CP 无关

(8) 下列触发器中，没有约束条件的是(　　)。

A. 基本 RS 触发器　　B. 主从 RS 触发器

C. 时钟 RS 触发器　　D. 边沿 D 触发器

(9) 在题图 9-2(b)所示的各触发器电路中，能实现 $Q^{n+1}=\overline{Q^n}+A$ 功能的电路是(　　)。

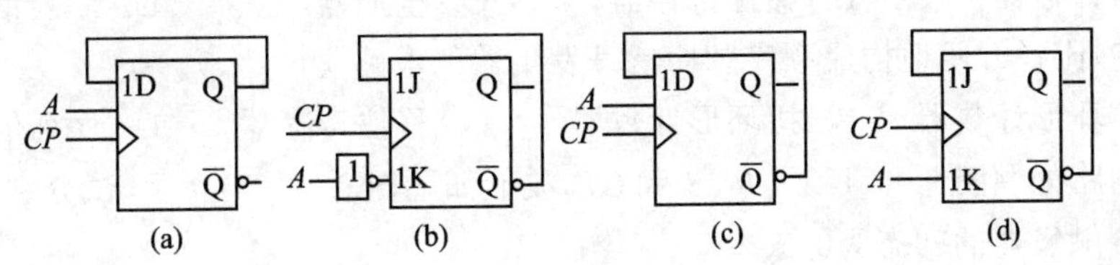

题图 9-2(b)

(10) 若将 D 触发器的 D 端连在 $\bar{Q}$ 端上，经 100 个脉冲作用后，它的次态 $Q(t+100)=0$，则现态 $Q(t)$ 应为(　　)。

A. $Q(t)=0$　　B. $Q(t)=1$　　C. 与现态 $Q(t)$ 无关

(11) 由 3 个触发器构成的环形和扭环形计数器的技术模值依次为(　　)。

A. 8 和 8　　B. 6 和 3　　C. 6 和 8　　D. 3 和 6

(12) 设计模值为 36 的计数器至少需要(　　)个触发器。

A. 3　　B. 4　　C. 5　　D. 6

(13) 同步计数器是指(　　)的计数器。

A. 由同类型的触发器构成

B. 各触发器时钟端连在一起，统一由系统时钟控制

C. 可用前级的输出做后级触发器的时钟

D. 可用后级的输出做前级触发器的时钟

(14) 一个4位移位寄存器原来的状态为0000,如果串行输入始终为1,则经过4个移位脉冲后寄存器的内容为(　　)。

A. 0001　　B. 0111　　C. 1110　　D. 1111

(15) 由10级触发器构成的二进制计数器,其模值为(　　)。

A. 10　　B. 20　　C. 1 000　　D. 1 024

(16) 在设计同步时序逻辑电路时,检查到不能自行启动时,则(　　)。

A. 只能用反馈复位法清零

B. 只能用修改驱动方程的方法

C. 必须用反馈复位法清零并修改驱动方程

D. 可以采用反馈复位法,也可以采用修改驱动方程的方法保证电路能自行启动。

(17) 若4位二进制加法计数器正常工作时,由0000状态开始计数,则经过43个输入计数脉冲后,计数器的状态应为(　　)。

A. 0011　　B. 1011　　C. 1101　　D. 1110

(18) 用反馈复位法来改变由8位二进制加法计数器的模值,可以实现(　　)模值范围的计数。

A. 1～15　　B. 1～16　　C. 1～32　　D. 1～256

(19) 异步计数器设计时,比同步计数器的设计多增加的设计步骤是(　　)。

A. 画原始状态转换图　　B. 进行状态编码

C. 求时钟方程　　D. 求驱动方程

(20) 在下列器件中,不属于时序逻辑电路的是(　　)。

A. 计数器　　B. 移位寄存器　　C. 全加器　　D. 序列信号检测器

(21) 能够比较方便地构成顺序脉冲信号发生器的电路是(　　)。

A. 环形计数器　　B. 扭环形计数器　　C. 移位寄存器　　D. 序列信号检测器

9-3 电路如题图9-3所示,R、S和CP波形如题图9-3(b)所示,试分别画出Q_1～Q_4的波形。设各触发器的初态为0态。

9-4 选择题图9-4所示FF_1～FF_{10}中的一个或多个触发器填入下面的横线上。

(1) 满足$Q^{n+1}=1$的触发器________;

(2) 满足$Q^{n+1}=Q^n$的触发器________;

(3) 满足$Q^{n+1}=\overline{Q^n}$的触发器________;

(4) 满足D触发器功能的是________;

(5) 满足T触发器功能的是________;

9-5 试分析题图9-5所示电路的逻辑功能,并列出真值表。

9-6 已知主从JK触发器输入端J、K及时钟脉冲CP的波形如题图9-6所示,试画出输出端Q的波形。

9-7 求题图9-7(a)所示各触发器输出端Q的表达式,并根据题图9-7(b)所示CP、A、B、C的波形画出Q_1～Q_4的波形。设各触发器的初态为0。

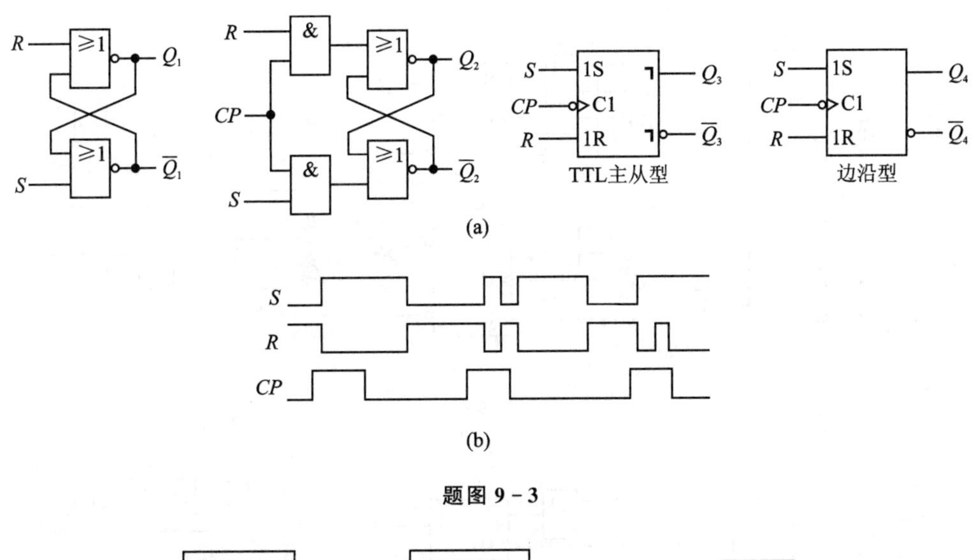

题图 9-3

题图 9-4

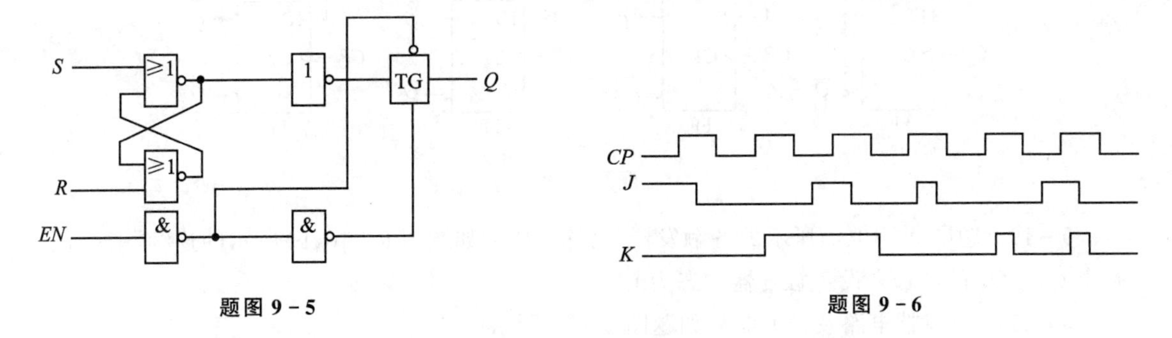

题图 9-5　　　　题图 9-6

9-8　电路如题图 9-8(a)所示,其中 $\overline{R}_D$ 为异步置0 端;输入信号 A、B、C 和触发脉冲 CP 的波形如题图 9-8(b)所示,试画出 Q_1 和 Q_2 的波形。

9-9　现有触发器如题图 9-9 所示。

(1) 设各触发器初态均为0,则在一个 CP 脉冲作用下次态变为1 的触发器有________;

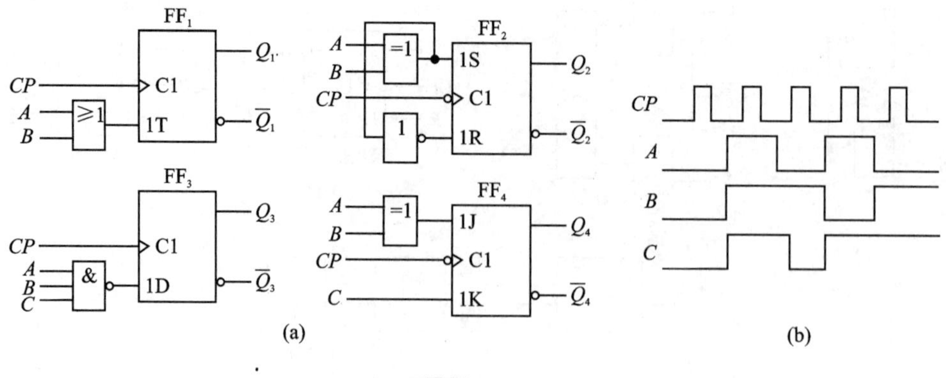

题图 9-7

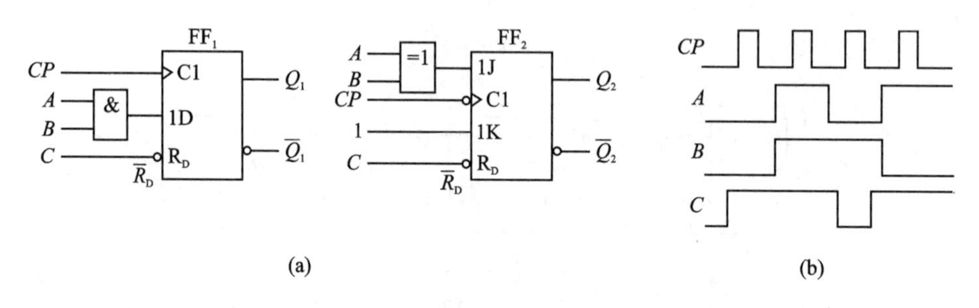

题图 9-8

(2) 设各触发器初态均为1,则在一个 CP 脉冲作用下次态变为0 的触发器有________;

(3) 次态方程 $Q^{n+1}=\overline{Q^n}$ 的触发器有________。

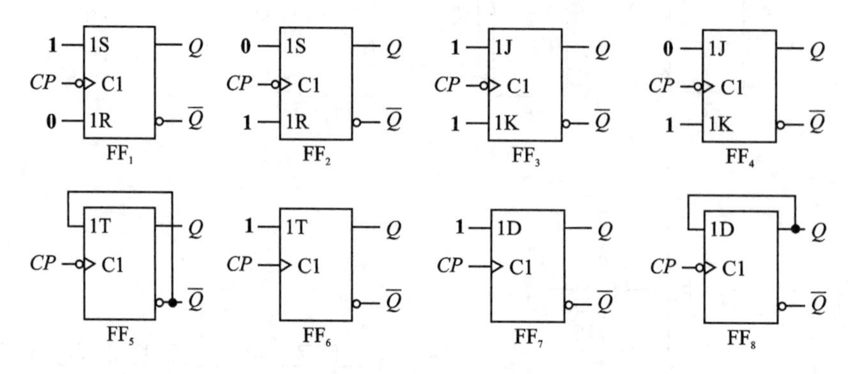

题图 9-9

9-10 题图 9-10(a)所示的各触发器,已知 CP 为如题图 9-10(b)所示的连续脉冲,试画出 Q_1~Q_4 的波形。设各触发器初态为0。

9-11 触发器电路及相关波形如题图 9-11 所示。

(1) 根据题图 9-11(a)所示电路写出该触发器的次态方程;

(2) 对应题图 9-11(b)给出的波形画出输出端 Q 的波形(设起始状态 $Q=0$)。

9-12 在题图 9-12(a)中,FF_1 是 D 触发器,FF_2 是 JK 触发器,CP 和 A 的波形如题图 9-12(b)所示,试画出 Q_1、Q_2 的波形。

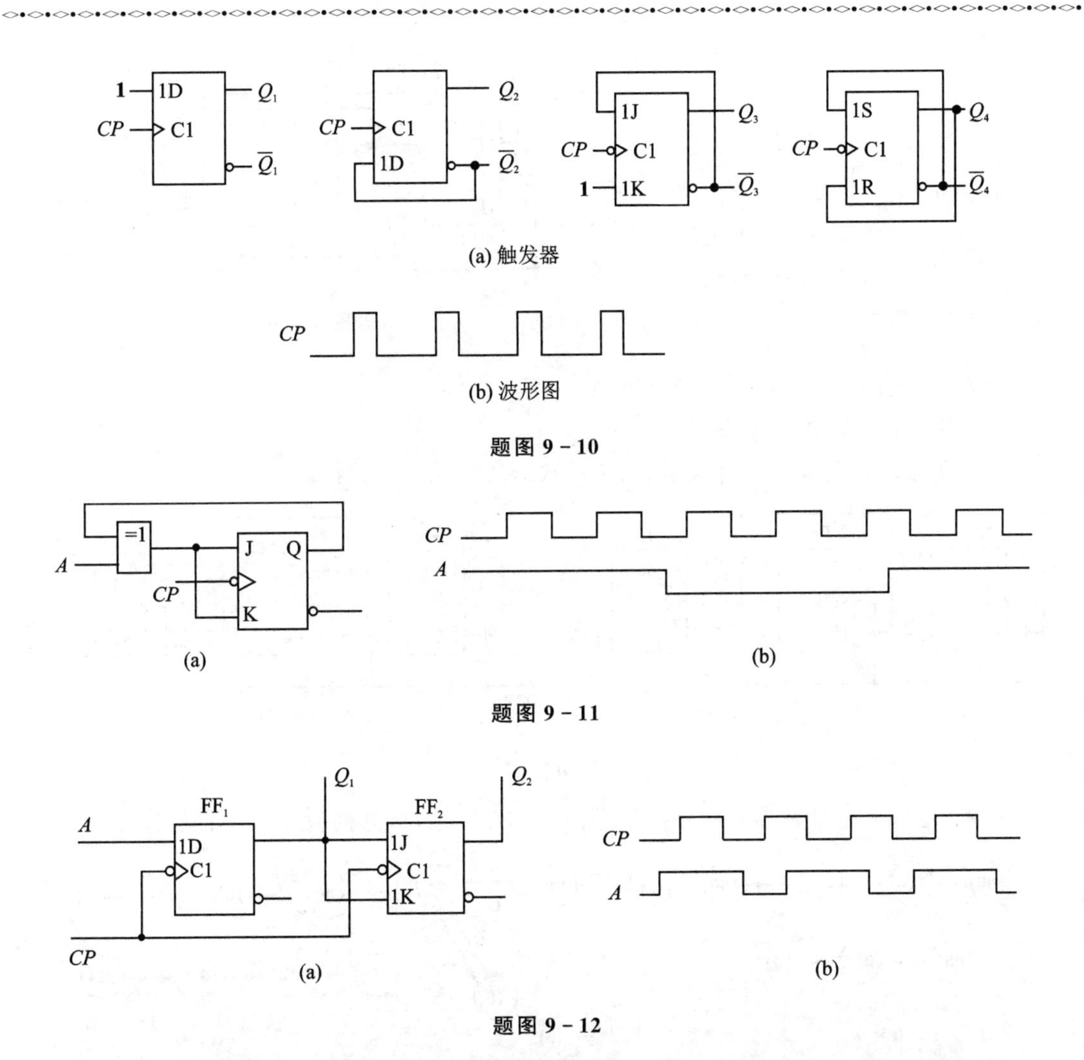

题图 9－10

题图 9－11

题图 9－12

9－13　分析题图 9－13 所示时序电路的逻辑功能。要求列出状态表，画出状态图。

9－14　画出题图 9－14 所示时序电路的状态图和时序图，并说明其逻辑功能。

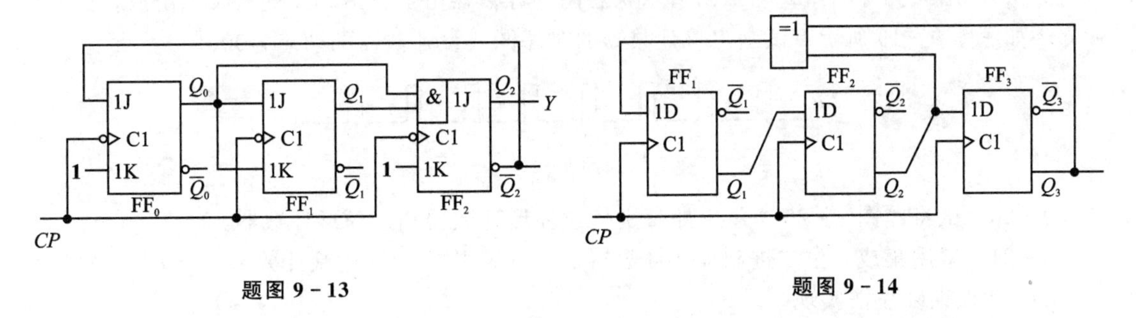

题图 9－13　　　　　　题图 9－14

9－15　计数器如题图 9－15 所示，试画出其状态图，并说明电路的逻辑功能。

9－16　电路如题图 9－16 所示，画出其状态图，并说明它是同步计数器还是异步计数器，是几进制计数器，是加法还是减法计数器，能否自启动。

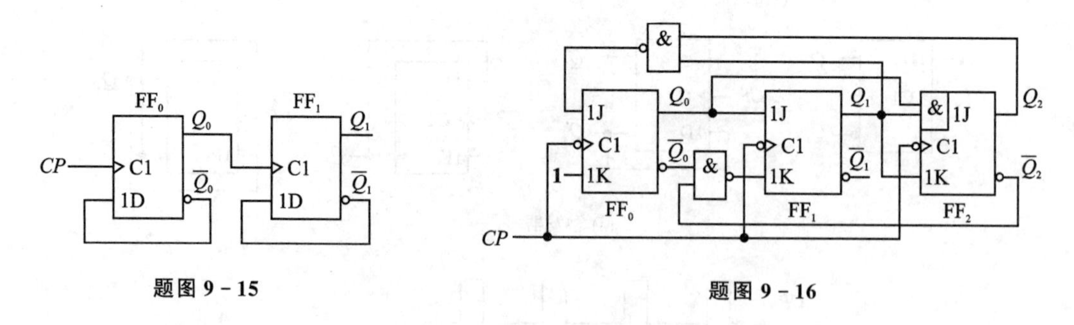

题图 9 - 15　　　　题图 9 - 16

9 - 17　如题图 9 - 17 所示两个计数器。

(1) 分别画出它们的状态图;

(2) 说明它们各为几进制计数器,加法计数器还是减法计数器。

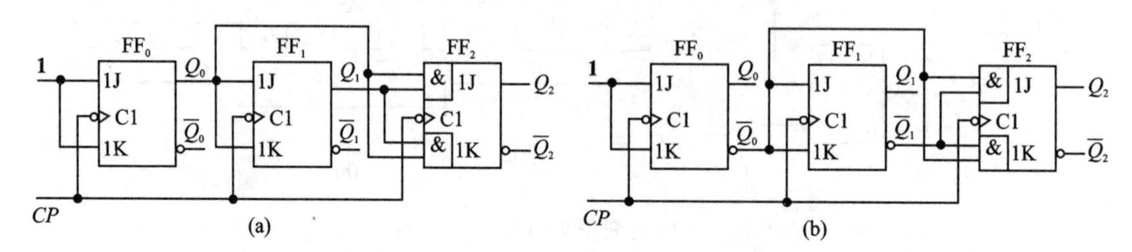

题图 9 - 17

9 - 18　已知几个计数器的状态图如题图 9 - 18 所示,试分别叙述它们的逻辑功能。

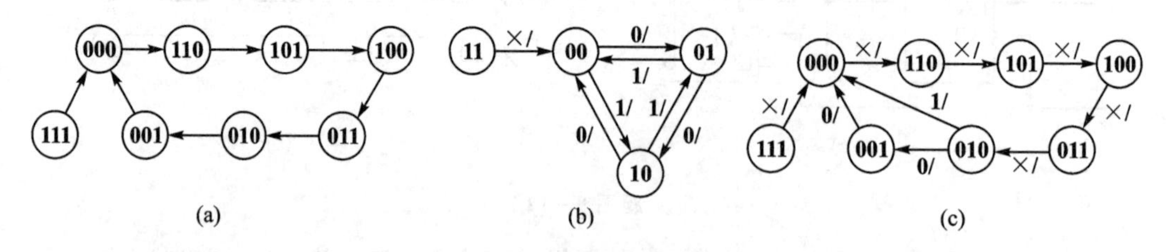

题图 9 - 18

9 - 19　已知具有题图 9 - 18(a)所示状态图的计数器由上升沿触发的触发器组成,计数脉冲 CP 如题图 9 - 19 所示。试画出该计数器的时序图。设计数器的初态为000。

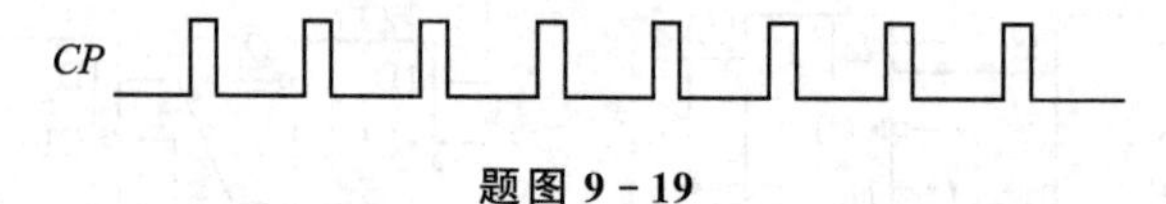

题图 9 - 19

9 - 20　试将题图 9 - 20 所示电路分别接成环形计数器和扭环形计数器。

9 - 21　试用集成 4 位二进制加法计数器 74LS161 构成十一进制计数器。

(1) 用反馈复位法实现。

(2) 用反馈置数法实现。

9 - 22　试采用反馈置数法实现九进制计数器,计数初态设为1000。分别用集成计数器 74LS160 和 74LS161 实现。

9 - 23　分析题图 9 - 23 所示的各电路,画出状态图和时序图,指出各是几进制计数器。

9 - 24　分析题图 9 - 24 所示的电路,指出是几进制计数器。

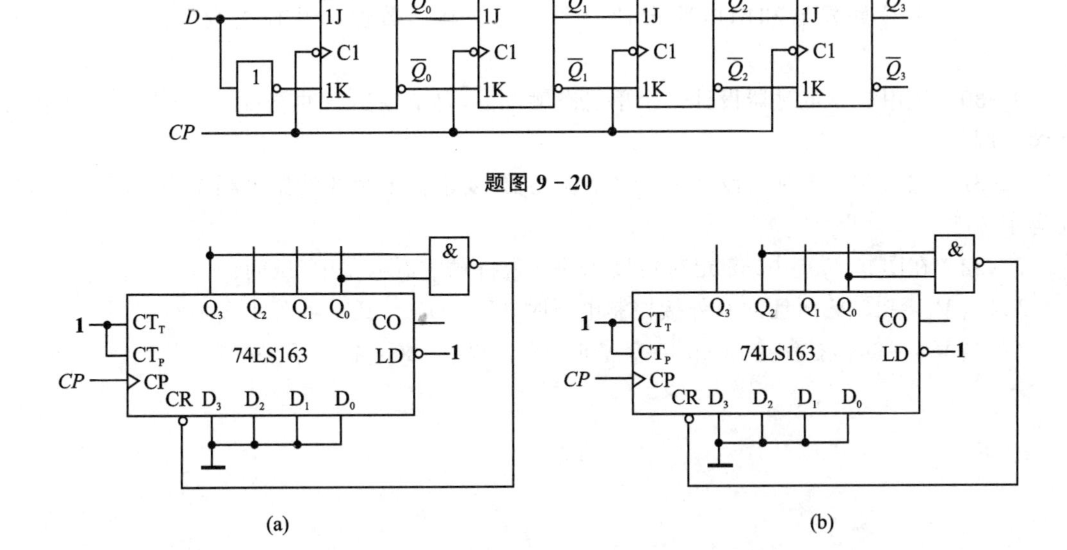

题图 9 - 20

题图 9 - 23

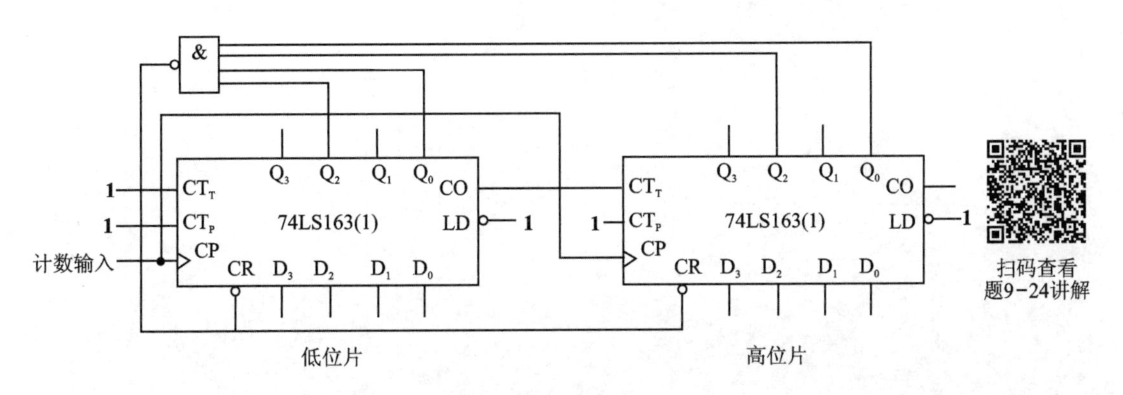

题图 9 - 24

9 - 25　在某个计数器输出端观察到的波形如题图 9 - 25 所示，试确定计数器的模。

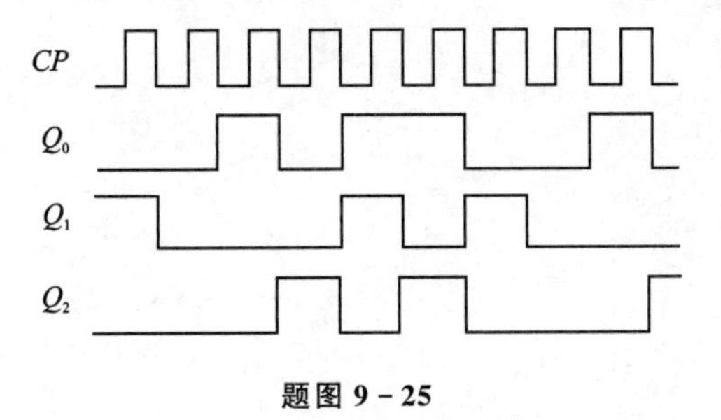

题图 9 - 25

9 - 26　试用 1 片集成 4 位二进制加法计数器 74LS161 和 1 片 3/8 线译码器 74LS138 组成一个五节拍顺序脉冲发生器。

9 - 27　试用 1 片 4 位二进制加法计数器 74LS161 和尽可能少的门电路设计一个时序电路。要求当控制信号 $C=0$ 时做二进制加法计数，$C=1$ 时做单向移位操作。

9-28 试用JK触发器和门电路设计一个同步七进制计数器。

9-29 用D触发器和门电路设计一个十一进制计数器,,并检查设计的电路能否自启动。

9-30 试用555定时器设计一个单稳态触发器,要求输出脉冲宽度在1～10 s的范围内连续可调。

9-31 试用555定时器设计一个多谐振荡器,要求输出脉冲的振荡频率为20 kHz,占空比等于25%。

9-32 在图9-69用555定时器接成的施密特触发器电路中,试问:

(1)当$V_{CC}=12$ V而且没有外接控制电压时,U_{T+}、U_{T-}、ΔU_T各等于多少?

(2)当$V_{CC}=9$ V,控制电压$U_{CO}=5$ V时,U_{T+}、U_{T-}、ΔU_T各等于多少?

第10章　存储器和可编程逻辑器件

内容提要

- 存储器的功能、分类及性能指标
- 存储器存储容量的扩展
- 可编程逻辑器件PLD的结构、工作原理及应用

10.1　概　述

10.1.1　存储器

通常评价存储器性能的主要指标有以下几种。

(1) 存储容量

衡量存储容量的单位有**位(b)**和**字节(B)**，其关系是1B=8b。其中字节(B)更为常用，此外还有千字节(KB)、兆字节(MB)和吉字节(GB)，它们之间的关系是：

$$1\ \text{KB}=2^{10}\text{B}=1\ 024\ \text{B}$$

$$1\ \text{MB}=2^{20}\text{B}=1\ 024\ \text{KB}=1\ 048\ 576\ \text{B}$$

$$1\ \text{GB}=2^{30}\text{B}=1\ 024\ \text{MB}=1\ 048\ 576\ \text{KB}=1\ 073\ 741\ 824\ \text{B}$$

存储器的最大容量可以由存储器地址码的位数确定，若地址码位数为 n，即可以产生 2^n 个不同的地址码，那么存储器的最大容量为 2^nB。一般来说，存储器容量越大，允许存放的程序和数据就越多，就越利于提高计算机的处理能力。

目前，一般用于办公的个人计算机的内存通常在几百兆字节左右，外存中的硬盘容量通常在几十吉字节左右。

(2) 存取时间

信息存入存储器的操作称为**写操作**，信息从存储器取出的操作称为**读操作**。存取时间是描述存储器读/写速度的重要参数，通常用 T_A 来表示。为了提高内存的工作速度，使之与CPU的速度匹配，总是希望存取时间越短越好。

读/写周期是指存储器完成一次存取操作所需的时间，即存储器进行两次连续独立地操作(读/写)所需的时间(读写操作时间)，通常也称为存储周期，用 T_M 表示；一般 T_M 比 T_A 稍大，原因是存储器进行读、写操作之后需要短暂的稳定时间，另外有些存储器电路刷新需要时间。

存取速度是指每秒从存储器读、写信息的数量，用 B_M 表示。设 W 为存储器传送的数据宽度(位或字节)，则有 $B_M=W/T_A$，单位为b/s或B/s。

在存储器中，一般用存取时间、读/写周期和存取速度等指标来衡量存储器的性能。

(3) 可靠性

存储器的可靠性是指在规定的时间内存储器无故障工作的情况,一般用平均无故障时间衡量。平均无故障时间(MTBF)越长,表示存储器的可靠性越好。

(4) 性能/价格比

性能/价格比,简称性/价比,是衡量存储器的综合性指标。通常要根据对存储器提出的不同用途、不同环境要求进行对比选择。

10.1.2 可编程逻辑器件

一个逻辑系统可以由标准逻辑电路组成,利用各种功能的集成芯片组合出需要的逻辑电路。用这种方法组成的逻辑系统,需要大量的逻辑芯片,设计烦琐且设计周期长,难以最优化设计。可编程逻辑器件的出现,使设计观念发生了改变,设计工作变得非常容易,因而得到迅速发展和应用。专用的逻辑集成电路可分为:可编程逻辑器件 PLD、门阵列逻辑电路 GAL、现场可编程门阵列逻辑电路 FPGA、标准单元逻辑电路 SCL 等。

10.2 存储器及其应用

存储器的种类很多,从存取功能上可分为**随机存取存储器 RAM**(Random Access Memory)和**只读存储器 ROM**(Read Only Memory)两大类。

10.2.1 随机存取存储器 RAM

随机存取存储器 RAM 又称读/写存储器,在计算机中是不可缺少的部分。RAM 在电路正常工作时可以随时读出数据,也可以随时改写数据,但停电后数据丢失。因此 RAM 的特点是使用灵活方便,但数据易丢失。它适用于需要对数据随时更新的场合,如用于存放计算机中各种现场的输入、输出数据,中间结果以及与外存交换信息等。

根据工作原理的不同,RAM 又分为**静态随机存储器 SRAM**(Static RAM)和动**态随机存储器 DRAM**(Dynamic RAM)两大类。它们的基本电路结构相同,差别仅在存储电路的构成。

SRAM 的存储电路以双稳态触发器为基础,状态稳定,只要不掉电,信息就不会丢失,其优点是不需要刷新(即每隔一定时间重写一次原信息),缺点是集成度低;DRAM 的存储电路以电容为基础,电路简单,集成度高,但也存在问题,电容中电荷由于漏电会逐渐丢失,因此 DRAM 需要定时刷新。下面以 SRAM 为例介绍 RAM 的基本结构和工作原理。

1. RAM 的基本结构及工作原理

随机存取存储器 RAM 的结构框图如图 10-1 所示,主要由**存储矩阵**、**地址译码器**和**读/写控制电路**三部分组成。

存储矩阵是整个电路的核心,它由许多存储单元排列而成。地址译码器根据输入地址码选择要访问的存储单元,通过读/写控制电路对其进行读/写操作。

地址译码器一般都分成行译码器和列译码器两部分。行地址译码器将输入地址代码的若干位译成某一条字线的输出高、低电平信号,从存储矩阵中选中一行存储单元;列地址译码器将输入地址代码的其余几位译成某一根输出线上的高、低电平信号,从字线选中的一行存储单元中再选一位(或几位),使这些被选中的单元与读/写控制电路、输入/输出端接通,以便对这

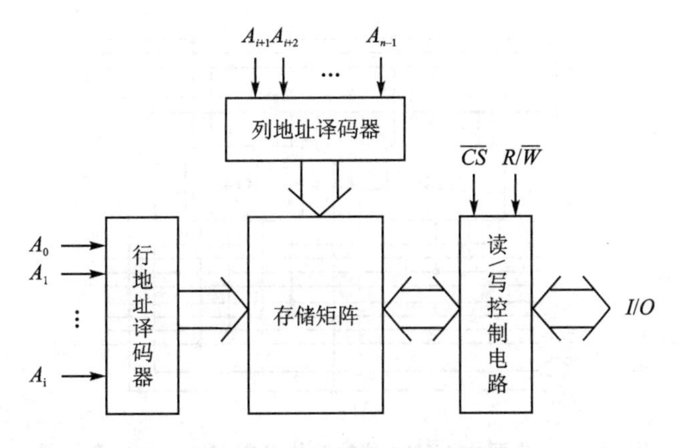

图 10－1　RAM 的结构框图

些单元进行读、写操作。

读/写控制电路用于控制电路的工作状态。当读/写控制信号 $R/\overline{W}=1$ 时，执行读操作，将存储单元里的数据送到输入/输出端上；当读/写控制信号 $R/\overline{W}=0$ 时，执行写操作，加到输入/输出端上的数据被写入存储单元中。

在读/写控制电路上均有片选输入 $\overline{CS}$：当 $\overline{CS}=0$ 时，RAM 处于工作状态；当 $\overline{CS}=1$ 时，所有的输入/输出端都为高阻状态，因而不能对 RAM 进行读/写操作。

2. RAM 存储容量的扩展

从前面的分析可知，若一片 RAM 的地址线个数为 n，数据线个数为 m，则在这片 RAM 中可以确定的字数(存储单元的个数)为 2^n，该片的存储容量为 $2^n\times m$(位)。单片 RAM 的容量是有限的，对于一个大容量的存储系统，则可将若干片 RAM 组合在一起扩展而成。扩展容量的方法分为**位扩展**和**字扩展**两种。

(1) 位扩展

位扩展是指增加存储字长，或者说增加数据位数。例如，以 2114 静态 RAM 为例，1 片 2114 的存储容量为 1K×4 位，则 2 片 2114 即可组成 1K×8 位的存储器，如图 10－2 所示。图中 2 片 2114 的地址线 $A_9\sim A_0$、$\overline{CS}$、$R/\overline{W}$ 都分别连在一起，其中一片的数据线作为高 4 位 $D_7\sim D_4$，另一片的数据线作为低 4 位 $D_3\sim D_0$。这样便构成了一个 1K×8 位的存储器。

(2) 字扩展

字扩展是指增加存储器字的数量，或者增加 RAM 内存储单元的个数。例如，用 2 片 1K×8 位的存储芯片，可组成一个 2K×8 位的存储器，即存储器字数增加了一倍，如图 10－3 所示。图中，将 A_{10} 用作片选信号。由于存储芯片的片选输入端要求低电平有效，故当 A_{10} 为低电平0 时，$\overline{CS}_0$ 有效，选中左边的 1K×8 位芯片；当 A_{10} 为高电平1 时，经反相器反相后 $\overline{CS}_1$ 有效，选中右边的 1K×8 位芯片。

(3) 字、位扩展

字、位扩展是指既增加存储字的数量，又增加存储字长。图 10－4 所示为用 8 片 1K×4 位的 RAM 芯片组成 4K×8 位的存储器。

由图 10－4 可见，每两片构成 1K×8 位的存储器，4 组两片便构成 4K×8 位的存储器。地址线 A_{11}、A_{10} 经片选译码器的 4 个片选信号 $\overline{CS}_0$、$\overline{CS}_1$、$\overline{CS}_2$、$\overline{CS}_3$ 分别选择其中 1K×8 位

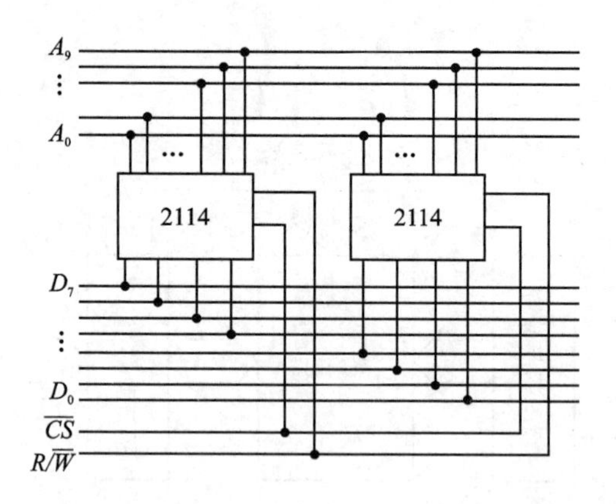

图 10-2 由两片 1K×4 位的芯片组成 1K×8 位的存储器

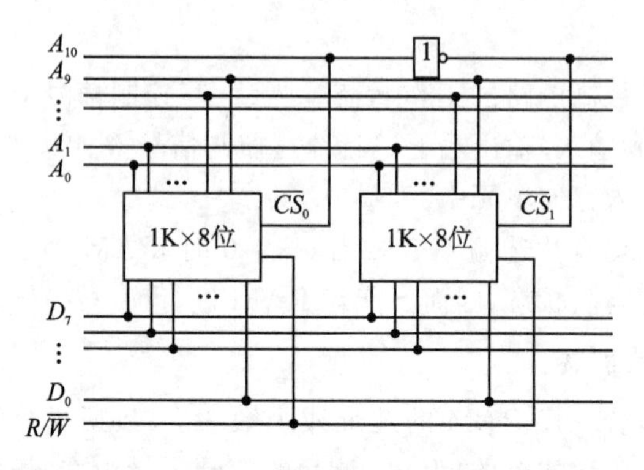

图 10-3 由两片 1K×8 位的芯片组成 2K×8 位的存储器

的存储芯片。$R/\overline{W}$ 为读/写控制信号。

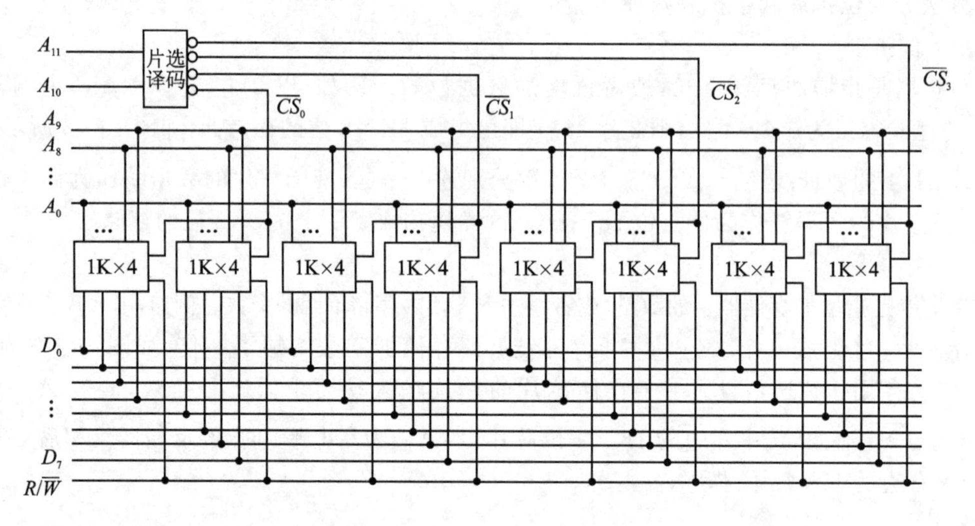

图 10-4 由 8 片 1K×4 位的芯片组成 4K×8 位的存储器

10.2.2 只读存储器 ROM

通常把使用时只读出不写入的存储器称为只读存储器(ROM)。ROM 中的信息一旦写入就不能进行修改，其信息在断电后仍然保留。一般用于存放微程序、固定子程序、字母符号阵列等系统及信息。

ROM 也需要地址译码器、数据读出电路等组成部分，但其电路比较简单。制作 ROM 的半导体材料有二极管、MOS 管和三极管等。因制造工艺和功能的不同，ROM 可分为掩膜 ROM、可编程 ROM（PROM）、可擦写可编程 ROM（EPROM）和电可擦可编程 ROM（E^2PROM）。

1. ROM 的结构及工作原理

一般的 ROM 是掩模 ROM。这类 ROM 由生产厂家做成，用户不能修改。ROM 由存储阵列、地址译码器、读出电路三部分构成，其结构框图如图 10-5 所示。

2. 可编程 ROM

在实际使用过程中，用户希望根据自己的需要填写 ROM 的内容，因此产生了可编程 ROM(Programmable ROM，PROM)。PROM 与一般 ROM 的主要区别是，PROM 在出厂时其内容均为0 或1，用户在使用时，按照自己的需要，将程序和数据利用工具(用光或电的方法)写入 PROM 中，一次写入后不可修改。PROM 相当于由用户完成 ROM 生产中的最后一道工序——向 ROM 中写入编码，但在工作状态下，仍然只能对其进行读操作。

图 10-6 所示是用双极型三极管和熔丝组成的一位存储单元。出厂时所有的熔丝都是连通的，所存内容全为1。在写入用户需要的内容时，只需将要改写为0 的单元通以足够大的电流，使熔丝烧断即可。可见，PROM 的内容一旦写入就无法再更改。由于在写入时与正常工作时的电流值不一样，因此在对它编程时需要专用的编程器。

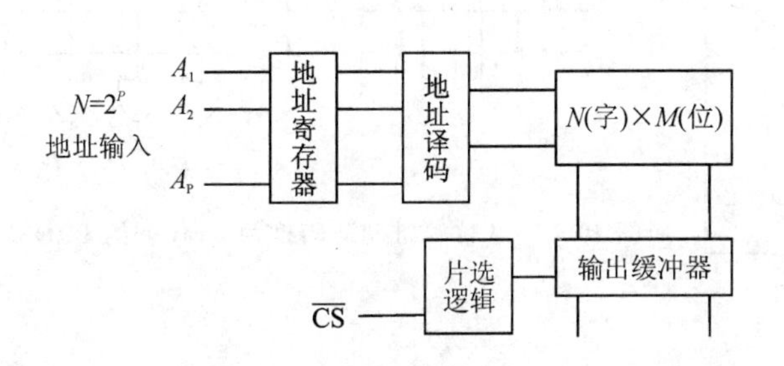

图 10-5　ROM 的结构框图

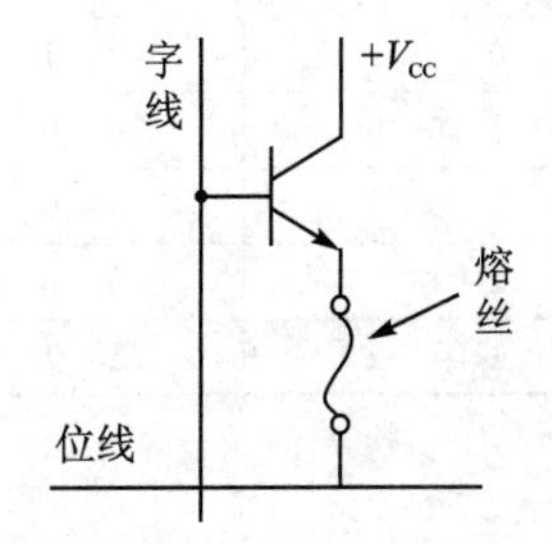

图 10-6　PROM 存储单元

3. 可改写 ROM

为了适应程序调试的要求，针对一般 PROM 的不可修改特性，设计出可以多次擦写的可编程 ROM(Erasable Programmable ROM，EPROM)，其特点是可以根据用户的要求用工具擦去 ROM 中存储的原有内容，重新写入新的编码。擦除和写入可以多次进行。同其他 ROM 一样，其中保存的信息不会因断电而丢失。

早期的 EPROM 是利用紫外线擦除的，即 UVEPROM(Ultra Violer EPROM)，其存储元件常用浮置栅型 MOS 管组成。出厂时全部置0 或1，由用户通过高压脉冲写入信息。擦除时通过其外部的一个石英玻璃窗口，利用紫外线的照射，使浮栅上的电荷获得高能而泄漏，恢复原有的全0 或全1 状态，允许用户重新写入信息。这种 EPROM 芯片，平时必须用不透明胶纸遮挡住石英窗口，以防因光线进入而造成信息流失。

目前,最常用的EPROM是通过电气方法擦除其中的已有内容的,通常称为电可擦除可编程ROM(Electrically EPROM,E^2PROM),擦除时间短且工作可靠是其最突出的特点,已逐渐替代了早期的EPROM。常用的EPROM有2716(2K×8位)、2732(4K×8位)、2764(8K×8位)、27128(16K×8位)、27256(32K×8位)等。

例10-1 试用PROM实现4位二进制码到Gray码的转换。

解: 4位二进制码到Gray码的码组转换真值表如表10-1所列。若将4位二进制码转换为Gray码,则$A_3 \sim A_0$为4个输入变量,$D_3 \sim D_0$为4个输出函数。很显然PROM的容量至少应为16×4位,由真值表可得PROM的阵列图如图10-7所示。

表10-1 4位二进制码到Gray码转换真值表

A_3 A_2 A_1 A_0	D_3 D_2 D_1 D_0
0 0 0 0	0 0 0 0
0 0 0 1	0 0 0 1
0 0 1 0	0 0 1 1
0 0 1 1	0 0 1 0
0 1 0 0	0 1 1 0
0 1 0 1	0 1 1 1
0 1 1 0	0 1 0 1
0 1 1 1	0 1 0 0
1 0 0 0	1 1 0 0
1 0 0 1	1 1 0 1
1 0 1 0	1 1 1 1
1 0 1 1	1 1 1 0
1 1 0 0	1 0 1 0
1 1 0 1	1 0 1 1
1 1 1 0	1 0 0 1
1 1 1 1	1 0 0 0

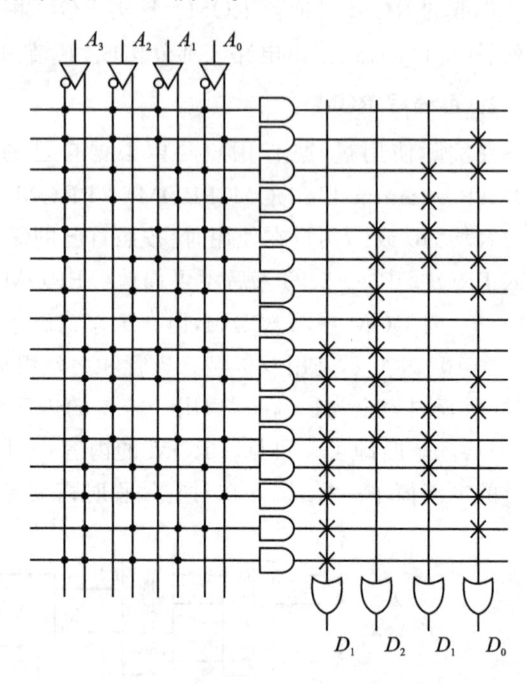

图10-7 4位二进制码转换为Gray码的PROM阵列图

10.3 可编程逻辑器件PLD

随着集成电路和计算机技术的发展,数字系统经历了分立元件、小规模集成SSI(Small-Scale Integration)、中规模集成MSI(Medium-Scale Integration)、大规模集成LSI(Large-Scale Integration)到VLSI(Very-Large-Scale Integration)的过程。继中小规模集成的通用器件之后发展起来的新器件——专用集成电路ASIC(Application Specific Integrated Circuit),是采用LSI和VLSI工艺制造的数字逻辑器件,它是专门为某一领域或为专门用户而设计、制造的集成电路。作为ASIC的一个分支,**可编程逻辑器件PLD**(Programmable Logic Device)在20世纪70年代出现,20世纪80年代后得到了迅速发展,它是一种用户可以配置的器件。设计人员可以根据自己的设计需要,利用EDA软件进行设计,最后把设计结果下载到PLD芯片上,完成一个数字电路或数字系统集成的设计,而不必请芯片制造厂商设计、制作专用集成电路芯片。

10.3.1　PLD 的基本结构

图 10－8 所示是 PLD 的基本结构示意图，其主体是由**与**门和**或**门构成的**与**阵列和**或**阵列。为了适应各种输入情况，**与**阵列的输入端（包括内部反馈信号的输入端）都设置有输入缓冲电路，从而使输入信号有足够的驱动能力，并产生互补的原变量和反变量。PLD 可以由**或**门阵列直接输出（组合方式），也可以通过寄存器输出（时序方式）。输出可以是高电平有效，也可以是低电平有效。输出端一般都采用三态电路，而且设置有内部通路，可把输出信号反馈到**与**阵列的输入端。

在绘制中、大规模集成电路时，为方便起见，常用图 10－9 所示的简化画法。图 10－9(a) 所示是输入缓冲器的画法。图 10－9(b) 所示是一个多输入端**与**门，竖线为一组输入信号，用与横线相交叉的点的状态表示相应输入信号是否接到了该门的输入端上。交叉点上画小圆点“·”者表示连上了并且为硬连接，不能通过编程改变；交叉点上画叉“×”者表示编程连接，可以通过编程将其断开；既无小圆点也无叉者表示断开。图 10－9(c) 是多输入端**或**门，交叉点状态的约定与多输入端**与**门相同。

因为任何组合逻辑函数都可变为**与或**表达式，可用由**与**门和**或**门构成的二级电路实现，任何时序逻辑电路都是由组合电路和触发器构成的，所以，利用 PLD 可以构成任何组合电路和时序电路。

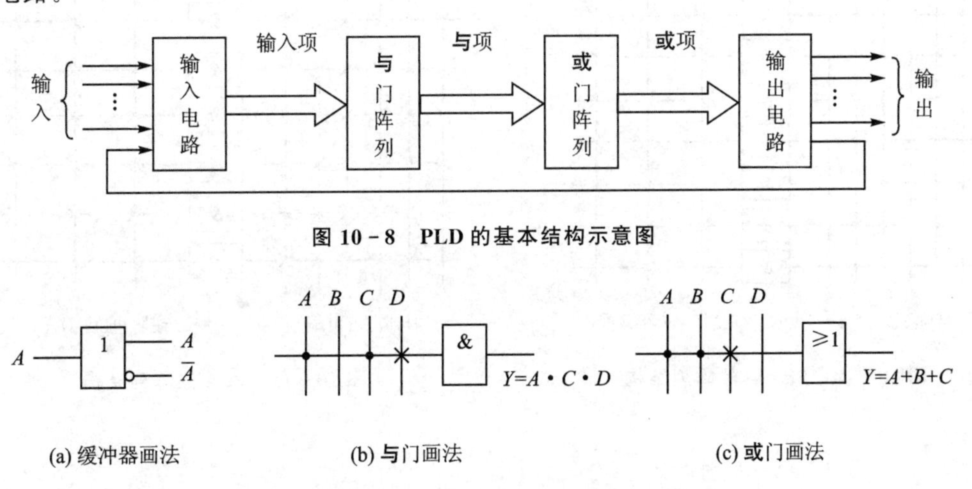

图 10－8　PLD 的基本结构示意图

(a) 缓冲器画法　(b) **与**门画法　(c) **或**门画法

图 10－9　门电路的简化画法

10.3.2　PLD 的分类

PLD 内部通常只有一部分或某些部分是可编程的，根据可编程情况可分为 4 类：可编程只读存储器 PROM、可编程逻辑阵列 PLA（Programmable Logic Array）、可编程阵列逻辑 PAL（Programmable Array Logic）和通用阵列逻辑 GAL（Generic Array Logic）。按可编程和改写方法分为：第一代 PLD，采用一次性掩膜编程方式；第二代 PLD，采用紫外线照射擦除方式；第三代 PLD，采用一种电擦除的可编程器件；第四代 PLD，是一种在系统可编程器件。

PROM 的电路组成和工作原理在上节已介绍过。PROM 的**或**阵列是可编程的，而**与**阵列是固定的，其阵列结构如图 10－10 所示。用 PROM 只能实现函数的标准**与或**式，不管所要实现的函数真正需要多少最小项,其**与**阵列必须产生全部 n 个变量的 2^n 个最小项,故利用率很低。所以,PROM 除了用来制作函数表电路和显示译码电路外,一般只作存储器用,ASIC 很少使用。

PLA 的**与**阵列和**或**阵列都是可编程的,其阵列结构如图 10-11 所示。PLA 可以实现函数的最简**与或**式,利用率比 PROM 高得多。但由于缺少高质量的支持软件和编程工具,价格较贵,门的利用率也不够高,使用仍不广泛。

PAL 的**或**阵列固定,**与**阵列可编程。PAL 速度高、价格低,其输出电路结构有好几种形式,可以借助编程器进行现场编程,很受用户欢迎。但其输出方式固定而不能重新组态,编程是一次性的,因此它的使用仍有较大的局限性。

GAL 的阵列结构与 PAL 相同,但其输出电路采用了逻辑宏单元结构,用户可根据需要对输出方式自行组态,因此功能更强,使用更灵活,应用更广泛。

在四类 PLD 中,PROM 和 PLA 属于组合逻辑电路,PAL 既有组合电路又有时序电路,GAL 则为时序电路,当然也可用 GAL 实现组合函数。

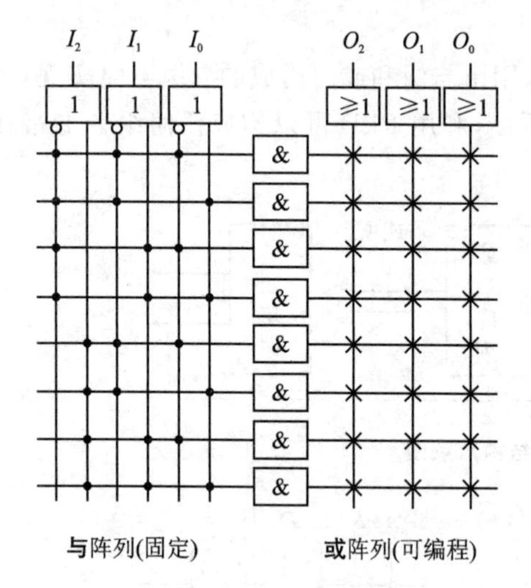

图 10-10　PROM 的阵列结构

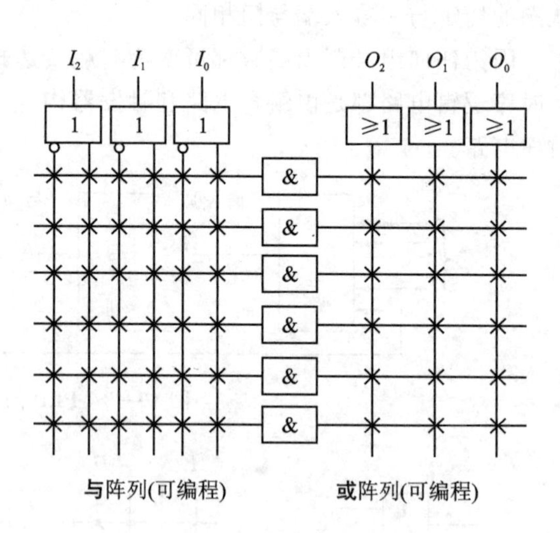

图 10-11　PLA 的阵列结构

10.3.3　PLD 的应用

1. PLA 的应用

用 PLA 实现逻辑函数时,首先需要将逻辑函数化为最简**与或**式,然后画出 PLA 的阵列图。

例 10-2　用 PLA 实现例 10-1 要求的 4 位二进制码到 Gray 码的转换。

解: 根据表 10-1 所给出的码组转换真值表,将多输出函数化简后得到最简式

$$\begin{cases} D_3 = A_3 \\ D_2 = A_3\overline{A}_2 + \overline{A}_3 A_2 \\ D_1 = A_2\overline{A}_1 + \overline{A}_2 A_1 \\ D_0 = A_1\overline{A}_0 + \overline{A}_1 A_0 \end{cases}$$

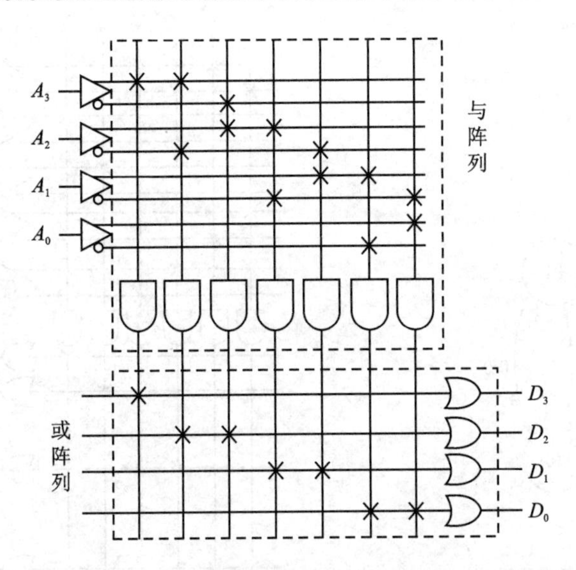

图 10-12　4 位二进制码转换为 Gray 码的 PLA 阵列图

化简后的多输出函数共有 7 个不同的乘积项和 4 个输出，因此编程后的 PLA 阵列图如图 10-12 所示。

从例 10-1 和例 10-2 不难看出，PROM 的容量是 16×4 位，而 PLA 需要的容量只有 7×4 位。

PLA 中的**与**阵列和**或**阵列只能构成组合逻辑电路，若在 PLA 中加入触发器便可构成时序型 PLA，它是完整的同步时序系统。

例 10-3　试用 PLA 和 JK 触发器实现 2 位二进制可逆计数器。当 $X=\mathbf{0}$ 时，进行加法计数；当 $X=\mathbf{1}$ 时，进行减法计数。

解：由题意可画出 2 位二进制可逆计数器的状态图如图 10-13(a)所示。

根据状态图可求得驱动方程和输出方程

$$\begin{cases} J_1=K_1=1 \\ J_2=K_2=X\bar{Q}_1+\bar{X}Q_1 \\ Y=X\bar{Q}_2\bar{Q}_1+\bar{X}Q_2Q_1 \end{cases}$$

由以上各式可画出时序 PLA 的阵列图如图 10-13(b)所示。

由于 PLA 的两个阵列可编程，所以使设计工作变得比较容易。尤其是当输出函数很相似，可充分利用共享的乘积项时，采用 PLA 特别有利。但 PLA 有两个缺点：一是制造工艺和编程比较复杂，二是缺乏好的开发软件。因而它没有像 PAL 和 GAL 那样得到广泛应用。

2. PAL 的应用

通过一个例子说明 PAL 在实现组合逻辑函数中的应用。

例 10-4　试用 PAL 实现逻辑函数 $\begin{cases} Y_1(A,B,C)=\sum_m(2,3,4,6) \\ Y_2(A,B,C)=\sum_m(1,2,3,4,5,6) \end{cases}$

解：首先对已知的逻辑函数进行化简得到其最简**与或**式为

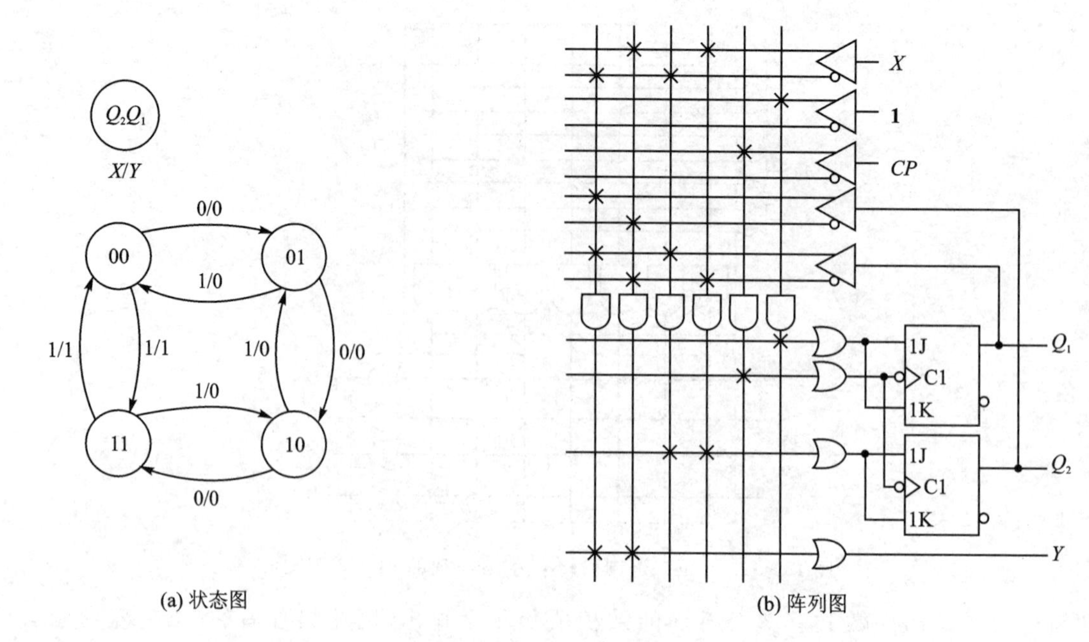

(a) 状态图　　(b) 阵列图

图 10-13　2 位二进制可逆计数器的状态图和阵列图

$$\begin{cases} Y_1 = \overline{A}B + A\overline{C} \\ Y_2 = A\overline{B} + B\overline{C} + C\overline{A} \end{cases}$$

根据输入变量的个数，以及每个逻辑函数所包含的乘积项的个数来选择合适的 PAL 器件。实现逻辑函数 Y_1、Y_2 的 PAL 阵列图如图 10-14 所示。

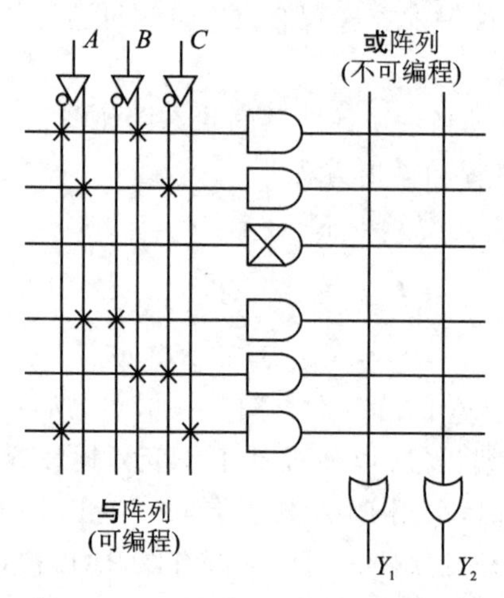

图 10-14　例 10-4 的 PAL 阵列图

本章小结

1. 存储器是组成计算机的五大部件之一，是计算机的记忆设备。现代计算机将程序和数据都存放在存储器中，运算中根据需要对这些程序和数据进行处理。以前计算机多用磁芯作为存储元件，随着集成电路技术的发展，半导体存储器得到了广泛的使用，在计算机系统中，半导体存储器已完全取代了磁芯存储器。

2. 按照不同的工作方式，可以将存储器分为随机存取存储器（RAM）和只读存储器（ROM）等。

3. 可编程逻辑器件是近年来迅速发展起来的一种新型逻辑器件，用户可以通过相应的编程器和软件，对这种芯片灵活地编写所需的逻辑程序。有的芯片具有可重复擦写、可重复编程以及可加密的功能，而且体积小，可靠性高，功耗低，可测试，它的灵活性和通用性使其成为研制和设计数字系统的最理想器件。

习题 10

10-1　随机存取存储器（RAM）由哪些主要部分构成？它的读/写控制端和片选控制端各起什么作用？

10-2　以 2114 静态 RAM 为例说明如何扩展其位线和字线。

10-3　只读存储器由哪几个主要部分构成？

10-4　ROM 的存储矩阵如何构成？

10-5　比较 ROM、PROM、EPROM、E^2PROM 在结构和功能上的联系和区别。

10-6　RAM 和 ROM 在电路结构和工作原理上有何不同？

10-7　试比较可编程逻辑器件 PROM、PLA、PAL 和 GAL 的主要特点。

10-8　说明下列电路中哪些含有存储单元电路，它们中哪些可独立实现组合逻辑函数，哪些可独立实现时序逻辑电路？

（1）只读存储器 PROM（包括 EPROM 和 E^2PROM）；

（2）PLA（可编程逻辑阵列）；

（3）PAL（可编程阵列逻辑）；

（4）GAL（通用阵列逻辑）；

（5）EPLD（可擦除/可编程逻辑器件）；

（6）FPGA（现场可编程门阵列）；

（7）ISP 器件（在系统可编程逻辑器件）。

10-9　若存储器的容量为 256 K×8 位，则地址码应取几位？

10-10　若存储器设置有 16 位地址线，8 位并行输入/输出端，试计算它的最大存储容量是多少？

10-11　试用 2 片 1024×8 位的 ROM 组成 1024×16 位的存储器。

10-12　试用 4 片 4 K×8 位的 RAM 组成 16 K×8 位的存储器。

10-13　试用 16 片 1024×4 位的 RAM 组成一个 8 K×8 位的 RAM。

10-14　试用 ROM 实现下列组合逻辑函数，写出 ROM 中应存入的数据表。

$$\begin{cases} Y_1 = A + B + C \\ Y_2 = A \oplus B \oplus C \\ Y_3 = \overline{AB} + ABC \\ Y_4 = \overline{A + B} \end{cases}$$

扫码查看
题 10-13 讲解

10-15 试用ROM实现下列组合逻辑函数,要求列表说明ROM中应存入的数据:

$$(1)\begin{cases}Y_1(A,B)=\sum_m(0,1,2)\\Y_2(A,B)=\sum_m(0,1,)\\Y_3(A,B)=\sum_m(1,2)\\Y_4(A,B)=\sum_m(0,3)\end{cases}$$

$$(2)\begin{cases}Y_1=\overline{A}B\\Y_2=\overline{A+B}\\Y_3=A\oplus B\\Y_4=A\overline{B}\end{cases}$$

$$(3)\begin{cases}Y_1=A\overline{B}\overline{C}+AB\overline{C}+\overline{A}BC+ABC\\Y_2=A\overline{B}\cdot\overline{C}+A\overline{B}C+AB\overline{C}+ABC\\Y_3=\overline{A}\cdot\overline{B}\cdot\overline{C}+\overline{A}\cdot\overline{B}C+\overline{A}B\overline{C}+\overline{A}BC\\Y_4=ABC\end{cases}$$

10-16 试用ROM实现代码转换电路,将8421码转换成余3码。8421码和余3码的对应关系表如题表10-16所列。

题表10-16

8421BCD码	余3码
0 0 0 0	0 0 1 1
0 0 0 1	0 1 0 0
0 0 1 0	0 1 0 1
0 0 1 1	0 1 1 0
0 1 0 0	0 1 1 1
0 1 0 1	1 0 0 0
0 1 1 0	1 0 0 1
0 1 1 1	1 0 1 0
1 0 0 0	1 0 1 1
1 0 0 1	1 1 0 0

10-17 选择题

可编程逻辑器件有以下几种:

A. 只读存储器PROM(包括EPROM和E^2PROM)

B. PLA(可编程逻辑阵列)

C. PAL(可编程阵列逻辑)

D. GAL(通用阵列逻辑)

E. EPLD(可擦除/可编程逻辑器件)

F. FPGA(现场可编程门阵列)

G. ISP 器件(在系统可编程逻辑器件)

选择具有下列特点的器件填入空内:

(1) 必须用编程器编程的器件是________,可以在线编程的器件是________。

(2) 可以时序组合逻辑函数的器件是________,可以实现时序逻辑函数的器件是________。

(3) 可以以远程方式改变其逻辑功能的器件是________。

(4) 所存信息是固定函数、程序等的器件是________。

(5) 断电后所存编程信息将丢失的器件是________。

(6) 能够构成较复杂大数字系统的器件是________。

第11章　数-模和模-数转换电路

内容提要

- D/A转换器的工作原理、技术指标及集成DAC0832
- A/D转换过程中的取样、保持、量化与编码
- 逐次渐近型A/D转换器的工作原理
- 双积分型A/D转换器的原理
- 集成ADC0809

数字系统，特别是计算机的应用范围越来越广，它们处理的都是不连续的0、1数字信号，处理后的结果也是数字信号。然而实际所遇到的许多物理量，如语音、温度、压力、流量、亮度、速度等都是在数值和时间上连续变化的模拟量，这些物理量经传感器转换后的电压或电流也是连续变化的模拟信号，这些模拟信号不能直接送入数字系统处理，需要把它们先转换成相应的数字信号，然后才能输入数字系统进行处理。处理后的数字信息也必须先转换成电模拟量，送到执行元件中才能对控制对象实行实时控制，进行必要的调整。这一过程如图11-1所示。

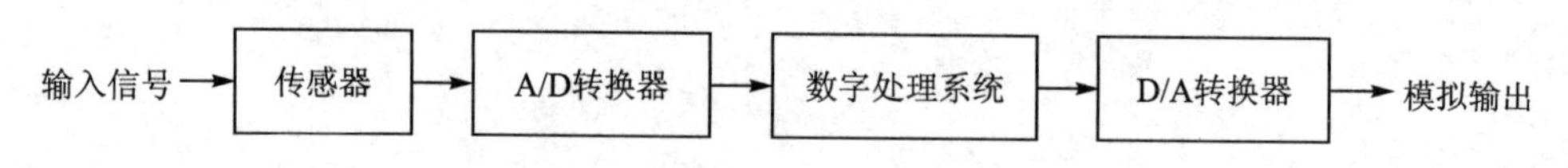

图11-1　典型的数字控制系统框图

在图11-1中，**A/D转换器**(Analog to Digital Converter，ADC)，就是把输入的模拟量转换成数字量的接口电路，而**D/A转换器**(Digital to Analog Converter，DAC)，就是把输入的数字量转换成模拟量(电压或电流)输出的接口电路。它们都是数字系统中必不可少的组成部分。

本章讨论DAC及ADC的组成及工作原理。

由于DAC有时也是ADC的一个重要组成部分，所以先讨论D/A转换，然后再讨论A/D转换。

11.1　D/A转换器

DAC是先把输入二进制码的每一位转换成与其成正比的电压或电流模拟量，然后将这些模拟量相加，即得与输入的数字信息成正比的模拟量。

11.1.1　权电阻网络D/A转换器

图11-2所示是4位权电阻网络D/A转换器的原理图，它由权电阻网络、电子开关、求和放大器组成。

S_3、S_2、S_1、S_0 是 4 个电子开关（见图 11-2），它们的状态分别受输入的数字信号代码 d_3、d_2、d_1、d_0 的取值控制，这里，d_3 是代码的最高有效位（Most Significant Bit，MSB），d_0 是代码的最低有效位（Least Significant Bit，LSB）。代码为1 时开关接到**参考电压**（也叫作基准电压）U_{REF} 上，代码为0 时开关接地。故 $d_i=1$ 时有支路电流 I_i 流向求和放大器，$d_i=0$ 时支路电流为0。

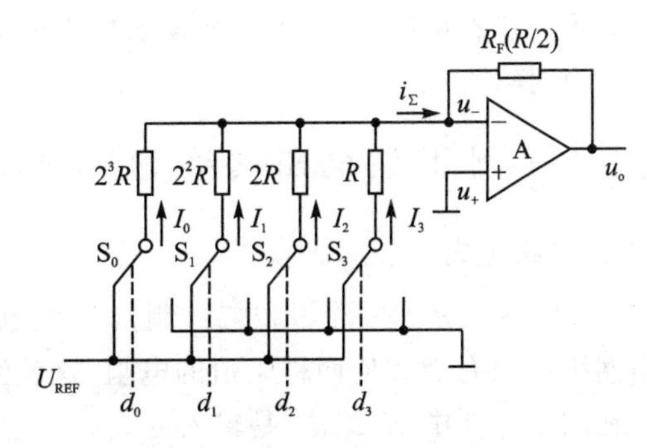

图 11-2　权电阻网络 D/A 转换器

求和放大器是一个接成负反馈的运算放大器，为了简化分析计算，可以把运算放大器近似看成是理想放大器，因而该运放工作在线性状态，满足**虚短**和**虚断**的特点。

根据**虚断**的特点，可以得到

$$u_o=-R_F i_\Sigma=-R_F(I_3+I_2+I_1+I_0) \tag{11-1}$$

又根据**虚短** $u_-\approx u_+=0$，可得各支路电流分别为

$$I_3=\frac{U_{REF}}{R}d_3 \left(d_3=1\text{ 时},I_3=\frac{U_{REF}}{R};d_3=0\text{ 时},I_3=0\right)$$

$$I_2=\frac{U_{REF}}{2R}d_2$$

$$I_1=\frac{U_{REF}}{2^2R}d_1$$

$$I_0=\frac{U_{REF}}{2^3R}d_0$$

将它们代入式(11-1)并取 $R_F=R/2$，则得到

$$u_o=-\frac{U_{REF}}{2^4}(d_3 2^3+d_2 2^2+d_1 2^1+d_0 2^0) \tag{11-2}$$

对于 n 位的权电阻网络 D/A 转换器，当反馈电阻取 $R/2$ 时，输出电压的计算公式可写成

$$u_o=-\frac{U_{REF}}{2^n}(d_{n-1}2^{n-1}+d_{n-2}2^{n-2}+\cdots+d_1 2^1+d_0 2^0)=-\frac{U_{REF}}{2^n}D_n \tag{11-3}$$

式(11-3)表明，输出的模拟电压正比于输入的数字量 D_n，从而实现了从数字量到模拟量的转换。

当 $D_n=0$ 时，$u_o=0$；当 $D_n=\mathbf{11\cdots11}$ 时，$u_o=-\frac{2^n-1}{2^n}U_{REF}$，故 u_o 的最大变化范围是 0～$-\frac{2^n-1}{2^n}U_{REF}$。在 U_{REF} 为正电压时输出电压 u_o 始终为负值。要想得到正的输出电压，可以将 U_{REF} 取为负值。

图 11-2 所示的权电阻网络 D/A 转换器的优点是结构比较简单，所用的电阻元件数很少。它的缺点是各个电阻的阻值相差较大，尤其在输入信号的位数较多时，这个问题就更加突出。要想在极为宽广的阻值范围内保证每个电阻都有很高的精度是十分困难的，尤其对制作集成电路更加不利。

为了克服权电阻网络D/A转换器中电阻阻值相差太大的缺点,提出一种倒T形电阻网络D/A转换器。

11.1.2 倒T型电阻网络D/A转换器

1. 电路组成

图11-3所示是一个3位二进制倒T型电阻网络D/A转换器的原理电路图。由图可见,电阻网络中只有R、$2R$两种阻值的电阻,这就给集成电路的设计和制作带来了很大的方便。

在图11-3中,$d_2d_1d_0$是输入的3位二进制数,它们控制着由N沟道增强型MOS管组成的3个电子开关S_2、S_1、S_0,R、$2R$组成倒T型电阻转换网络,运放完成求和运算,u_o是输出模拟电压,U_{REF}是参考电压。

S_2、S_1、S_0与d_2、d_1、d_0的对应关系是:当$d_2=1$为高电平时,$\bar{d}_2=0$为低电平,S_2右边的MOS导通,左边MOS管截止,将相应的$2R$电阻接到运放的反相输入端;反之若$d_2=0$,$\bar{d}_2=1$,S_2右边MOS管截止,左边MOS管导通,$2R$电阻接地。d_1、d_0对S_1、S_0的控制作用与d_2对S_2的控制作用相同。一般地说,输入n位二进制数中第i位$d_i=1$时,S_i就把网络中相应的$2R$电阻接到求和运放的反相输入端;反之$d_i=0$时,S_i则将$2R$电阻接地。

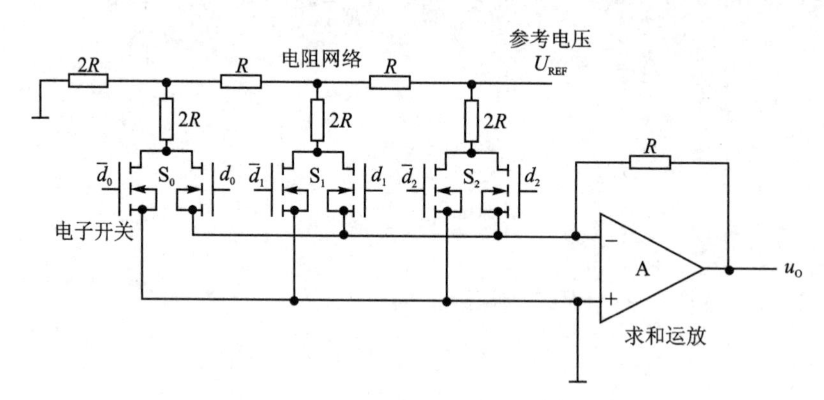

图11-3 倒T型电阻网络D/A转换器

2. 工作原理

下面通过具体例子进行说明。

1)当$d_2d_1d_0=100$时。图11-4所示是$d_2d_1d_0=100$时的等效电路。根据**虚短**,$u_-\approx u_+=0$,即运放的反相端**虚地**。据此不难看出,倒T型电阻网络中,无论是从AA端、BB端还是CC端向左看进去,其等效电阻均为R,因此,由参考电压提供的电流$\boldsymbol{I}=U_{REF}/R$。

当$d_2d_1d_0=100$时,由图11-4可得流入求和电路的电流为$\boldsymbol{I}/2$,输出电压为

$$U_o=-\frac{I}{2}\cdot R=-\frac{1}{2}\cdot\frac{U_{REF}}{R}\cdot R$$
$$=-\frac{U_{REF}}{2}=-\frac{U_{REF}}{2^3}(1\times 2^2+0\times 2^1+0\times 2^0)$$

2)当$d_2d_1d_0=110$时。图11-5所示是$d_2d_1d_0=110$时的等效电路,显然,流入求和电路的电流是$\boldsymbol{I}/2+\boldsymbol{I}/4$,输出电压为

$$U_o=-\left(\frac{I}{2}+\frac{I}{4}\right)\cdot R=-\left(\frac{1}{2}\cdot\frac{U_{REF}}{R}+\frac{1}{4}\cdot\frac{U_{REF}}{R}\right)\cdot R$$

$$=-\frac{U_{REF}}{2^3}(1\times2^2+1\times2^1+0\times2^0)$$

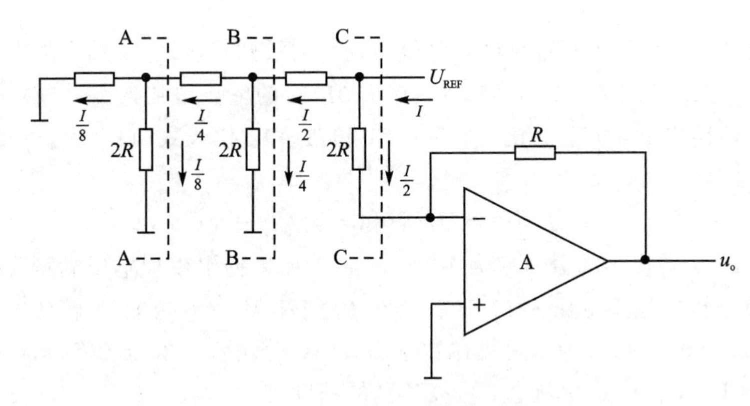

图 11-4　$d_2d_1d_0=100$ 时的等效电路

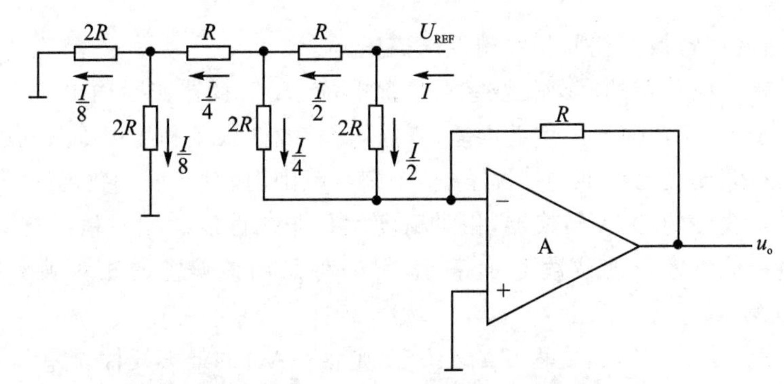

图 11-5　$d_2d_1d_0=110$ 时的等效电路

3）当 $d_2d_1d_0=111$ 时。利用类似方法可求得输出电压为

$$U_o=-\left(\frac{I}{2}+\frac{I}{4}+\frac{I}{8}\right)\cdot R-\left(\frac{1}{2}\cdot\frac{U_{REF}}{R}+\frac{1}{4}\cdot\frac{U_{REF}}{R}+\frac{1}{8}\cdot\frac{U_{REF}}{R}\right)\cdot R$$

$$=-\frac{U_{REF}}{2^3}(1\times2^2+1\times2^1+1\times2^0)$$

4）表达式的一般形式。根据 $d_2d_1d_0$ 为100、110、111 的分析结果，可推论得到 u_o 的一般表达形式为

$$U_o=-\frac{U_{REF}}{2^3}(d_2\times2^2+d_1\times2^1+d_0\times2^0) \tag{11-4}$$

式(11-4)表明，图 11-4 所示的电路可以将输入的 3 位二进制数 $d_2d_1d_0$ 转换成相应的模拟输出电压 u_o。

根据式(11-4)不难推出当输入数字量 $D=d_{n-1}d_{n-2}\cdots d_1\,d_0$，即为 n 位二进制数时，输出电压的表达式为

$$U_o=-\frac{U_{REF}}{2^n}(d_{n-1}\times2^{n-1}+d_{n-2}\times2^{n-2}+\cdots+d_1\times2^1+d_0\times2^0)=-\frac{U_{REF}}{2^n}\cdot D \tag{11-5}$$

11.1.3 D/A转换器的主要技术指标

衡量D/A转换器性能的参数主要有分辨率、转换精度和转换速度等。

1. 分辨率

分辨率用于描述D/A转换器对输入量微小变化的敏感程度,它是输入数字量在只有最低有效位(Least Significant Bit,LSB)为1(即为00…01)时的输出电压U_{LSB}与输入数字量全为1(即为11…11)时的输出电压U_M之比。将00…01和11…11代入式(11-5),可得U_{LSB}和U_M,因此对于n位的DAC

$$分辨率=U_{LSB}/U_M=1/(2^n-1) \qquad (11-6)$$

例如10位D/A转换器的分辨率为$1/(2^{10}-1)$。如果输出模拟电压满量程为10 V,那么10位DAC能够分辨的最小电压为$10/1023\approx0.009\,775$ V;而8位D/A转换器能够分辨的最小电压为$10/255\approx0.039215$ V。可见位数越高,DAC分辨输出电压的能力越强。

分辨率表示D/A转换器在理论上可以达到的精度。

2. 转换精度

通常,转换精度用转换误差和相对精度来描述。

转换误差是在对应给定的满刻度数字量情况下,D/A转换器实际输出与理论值之间的误差。该误差是由于D/A转换器的增益误差、零点误差、线性误差和噪声等共同引起的。

相对精度指在满刻度已校准的情况下,整个刻度范围内,对于任一数码的模拟量输出与其理论值之差。对于线性的D/A转换器,相对精度就是非线性度。相对精度有两种表示方法,一种是用数字量最低有效位的位数LSB表示,另一种是用该偏差的相对满刻度值的百分比表示。

某DAC精度为±0.1%,满量程$U_{FS}=10$ V,则该DAC的最大线性误差电压

$$U_E=\pm0.1\%\times10\text{ V}=\pm10\text{ mV}$$

对于n位DAC,精度为$\pm\frac{1}{2}$LSB,其最大可能的线性误差电压

$$U_E=\pm\frac{1}{2}\times\frac{1}{2^n}U_{FS}=\pm\frac{1}{2^{n+1}}U_{FS}$$

转换精度和分辨率是两个不同的概念,即使D/A转换器的分辨率很高,但由于电路的稳定性不好等原因,也可能使电路的转换精度不高。

3. 转换速度

转换速度由转换时间决定,转换时间是指数据变化量是满度值(输入由全0变为全1或全1变为全0)时,达到终值$\pm\frac{1}{2}$LSB时所需的时间。

11.1.4 集成DAC

集成DAC0832是用CMOS工艺制成的8位DAC转换芯片。数字输入端具有双重缓冲功能,可根据需要接成不同的工作方式,特别适用于要求几个模拟量同时输出的场合。它与微处理器接口很方便。

DAC0832 的引脚排列图如图 11-6 所示。各引脚的功能如下：

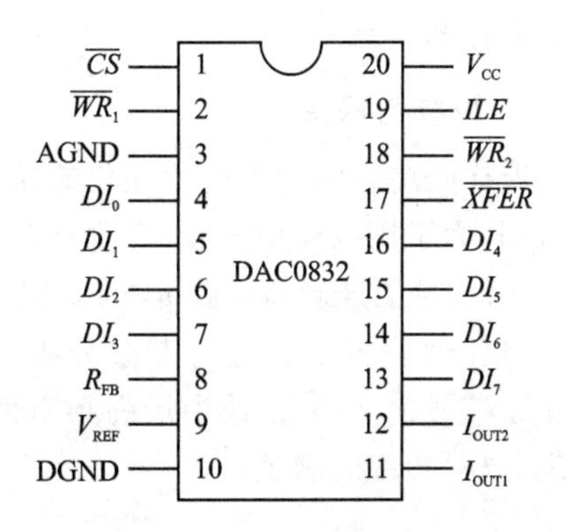

图 11-6　DAC0832 的引脚排列图

ILE：输入锁存允许信号，输入高电平有效。

$\overline{CS}$：片选信号，输入低电平有效。它与 ILE 结合起来可以控制 $\overline{WR}_1$ 是否起作用。

$\overline{WR}_1$：写信号 1，低电平有效。在 $\overline{CS}$ 和 ILE 为有效电平时，用它将数据输入并锁存于输入寄存器中。

$\overline{WR}_2$：写信号 2，输入低电平有效。在 $\overline{XFER}$ 为有效电平时，用它将输入寄存器中的数据传送到 8 位 DAC 寄存器中。

$\overline{XFER}$：传输控制信号，输入低电平有效。用它来控制 $\overline{WR}_2$ 是否起作用。在控制多个 DAC0832 同时输出时特别有用。

$DI_7 \sim DI_0$：8 位数字量输入端。

V_{REF}：基准（参考）电压输入端。一般此端外接一个精确、稳定的电压基准源。V_{REF} 可在 $-10 \sim +10$ V 范围内选择。

R_{FB}：反馈电阻。反馈电阻被制作在芯片内，用作外接运算放大器的反馈电阻，它与内部的 $R-2R$ 电阻相匹配。

I_{OUT1}：模拟电流输出 1，接运算放大器反相输入端。其大小与输入的数字量 $DI_7 \sim DI_0$ 成正比。

I_{OUT2}：模拟电流输出 2，接地。其大小与输入数字取反后的数字量 $DI_7 \sim DI_0$ 成正比，$I_{OUT1} + I_{OUT2} =$ 常数。

V_{CC}：电源输入端（一般为 $+5 \sim +15$ V）。

DGND：数字地。

AGND：模拟地。

11.2　A/D 转换器

A/D 转换器的功能是将输入的模拟电压量 u_i 转换成相应的数字量 D 输出，D 为 n 位二进制代码 $d_{n-1}d_{n-2}\cdots d_1 d_0$。

A/D 转换器的种类很多，按工作原理可分为直接型和间接型两大类。前者直接将模拟电压转换成输出的数字代码，而后者是将模拟电压量转换成一个中间量（如时间或频率），然后将中间量转换成数字量。下面首先说明 A/D 转换的一般原理和步骤，再重点介绍直接型中的并联比较型和逐次渐近型 A/D 转换器。

11.2.1　A/D 转换的一般步骤

ADC 的输入电压信号 u_i 在时间上是连续量，而输出的数字量 D 是离散的，所以进行转换时必须按一定的频率对输入的信号 u_i 进行取样，得到取样信号 u_S，并在两次取样之间使 u_S 保持不变，从而保证将取样值转化成稳定的数字量。因此，A/D 转换过程是通过取样、保持、量化、编码 4 个步骤完成的。通常取样和保持用同一个电路实现，量化和编码也是在转换过程同时实现的。

1. 取样与保持

取样是将在时间上连续变化的模拟量转换成时间上离散的模拟量,如图 11-7 所示。可以看到,为了用取样信号 u_S 准确地表示输入信号 u_i,必须有足够高的取样频率 f_S,取样频率 f_S 越高就越能准确地反映 u_i 的变化。那么如何来确定取样频率呢?

对任何模拟信号进行谐波分析时,均可以表示为若干正弦信号之和,若谐波中最高频率为 $f_{i,max}$,则根据取样定理,取样频率应满足

$$f_S \geqslant 2f_{i,max} \tag{11-7}$$

此时,取样信号 u_S 就能准确地反映输入信号 u_i。

由于取样时间极短,取样输出 u_S 为一串断续的窄脉冲。而要把一个取样信号数字化需要一定时间,因此在两次取样之间应将取样的模拟信号存储起来以便进行数字化,这一过程称为保持。

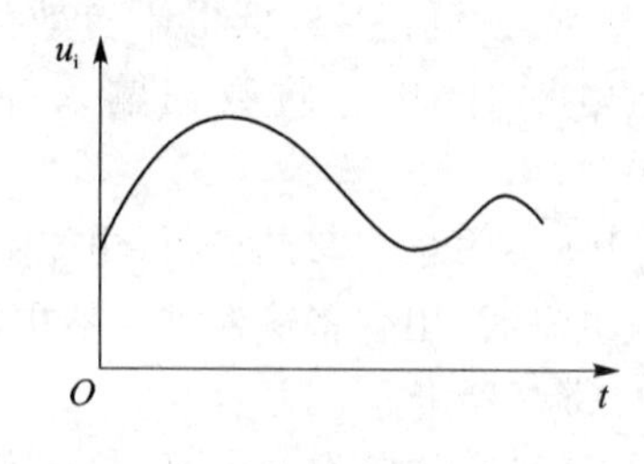

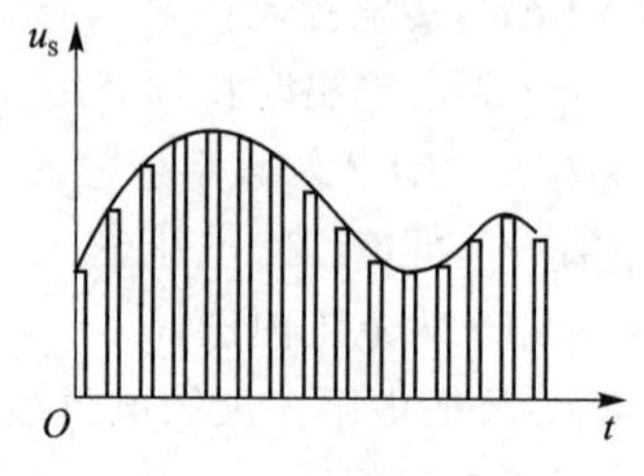

图 11-7 对输入模拟信号的取样

2. 量化与编码

数字信号不仅在时间上是离散的,而且在数值上的变化也是不连续的。也就是说,任何一个数字量的大小都是以某个最小数量单位的整数倍来表示的。因此,在用数字量表示取样电压时,也必须把它化成这个最小数量单位的整数倍,所规定的最小数量单位称为量化单位,用 Δ 表示。将量化的结果用二进制代码表示称为编码。这个二进制代码就是 A/D 转换的输出信号。

输入模拟电压通过取样保持后转换成阶梯波,其阶梯幅值仍然是连续可变的,所以它就不一定能被量化单位 Δ 整除,因而不可避免地会引起量化误差。对于一定的输入电压范围,输出的数字量的位数越高,Δ 就越小,因此量化误差也越小。而对于一定的输入电压范围、一定位数的数字量输出,不同的量化方法,量化误差的大小也不同。量化的方法有两种,下面将分别说明。

设输入电压 u_i 的输入电压范围为 $0\sim U_M$,输出为 n 位的二进制代码。现取 $U_M=1$ V,$n=3$。

第一种量化方法:取 $\Delta=U_M/2^n=(1/2^3)\text{V}=(1/8)\text{V}$,规定 0Δ 表示 $0\ \text{V}<u_i<(1/8)\text{V}$,对应的输出二进制代码为**000**;1Δ 表示 $(1/8)\text{V}<u_i<(2/8)\text{V}$,对应的输出二进制代码为**001**……7Δ 表示 $(7/8)\text{V}<u_i<1\text{V}$,对应的输出二进制代码为**111**,如图 11-8(a)所示。显然,这种量化方法的最大量化误差为 Δ。

第二种量化方法:取 $\Delta=2U_M/(2^{n+1}-1)=(2/15)\text{V}$,并规定 0Δ 表示 $0\ \text{V}<u_i<(1/15)\text{V}$,对应的输出二进制代码为**000**;1Δ 表示 $(1/15)\text{V}<u_i<(3/15)\text{V}$,对应的输出二进制代码为**001**;……;**7Δ** 表示 $(13/15)\text{V}<u_i<1\text{V}$,对应的输出二进制代码为**111**,如图 11-8(b)所示。显然,这种量化方法的最大量化误差为 Δ/2。实际电路中多采用这种量化方法。

11.2.2 并联比较型 A/D 转换器

并联比较型 A/D 转换器属于直接型 A/D 转换器,它能将输入的模拟电压直接转换为输

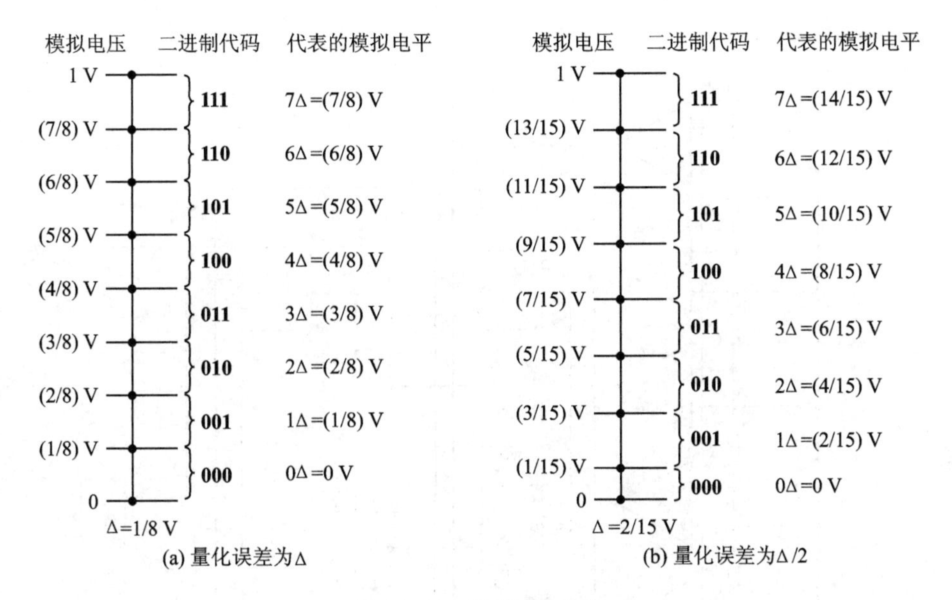

(a) 量化误差为Δ　　(b) 量化误差为Δ/2

图 11－8　两种量化方法

出的数字量而不需要经过中间变量。图 11－9 所示为 3 位并联比较型 A/D 转换器的逻辑结构图，它由电阻分压器、电压比较器、寄存器、编码器 4 部分组成。输入为 $0\sim U_{REF}$ 的模拟电压，输出为 3 位数字代码 $d_2d_1d_0$，此处略去了取样保持电路，假定输入的模拟电压 u_i 已经是取样保持电路的输出电压。

电阻分压器由 8 个电阻串联组成，通过串联分压将基准电压 U_{REF} 分成$\frac{1}{15}U_{REF}\sim\frac{13}{15}U_{REF}$范围内的 7 个等级，并将这 7 个等级的电压分别作为 7 个电压比较器 $C_1\sim C_7$ 的参考电压。

电压比较器中量化电平的划分采用图 11－8(b)所示的方式，量化单位为 $\Delta=\frac{2}{15}U_{REF}$。电压比较器的一个输入端分别接 7 个等级的参考电压，另一个输入端接输入的模拟电压 u_i，并与这 7 个参考电压进行比较。

若 $u_i<\frac{1}{15}U_{REF}$，则所有比较器的输出均为低电平0，待 CP 上升沿到来时，寄存器中所有的触发器均被置成0 状态。若$\frac{1}{15}U_{REF}<u_i<\frac{3}{15}U_{REF}$，则只有比较器 C_1 输出为高电平1，其他比较器均输出0，待 CP 上升沿到来时，只有触发器 FF_1 被置1，其余触发器被置0。

以此类推，便可列出 u_i 为不同电压时寄存器的状态，如表 11－1 所列。至此，寄存器输出的还只是一组 7 位的高、低电平信号，不是所要求的 3 位二进制代码，为此必须进行代码转换。代码转换是由组合逻辑电路编码器完成的，如图 11－9 所示。根据表 11－1 可以写出编码器输出与输入间的逻辑表达式，即

$$\begin{cases} d_2=Q_4 \\ d_1=Q_6+\overline{Q}_4Q_2=\overline{\overline{Q}_6\cdot\overline{\overline{Q}_4Q_2}} \\ d_0=Q_7+\overline{Q}_6Q_5+\overline{Q}_4Q_3+\overline{Q}_2Q_1=\overline{\overline{Q}_7\cdot\overline{\overline{Q}_6Q_5}\cdot\overline{\overline{Q}_4Q_3}\cdot\overline{\overline{Q}_2Q_1}} \end{cases}$$

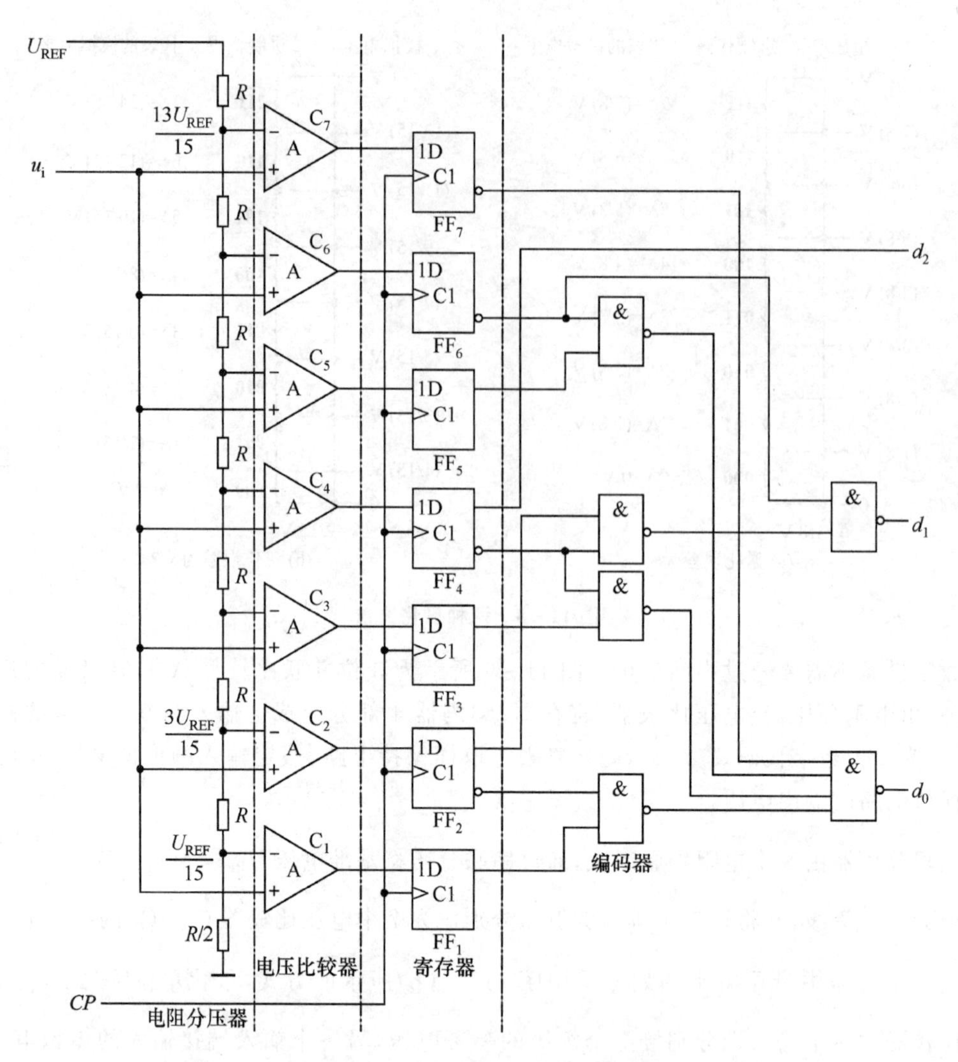

图 11-9　3 位并联比较型 A/D 转换器

根据以上表达式,即可得到如图 11-9 所示的编码器电路。

表 11-1　图 11-9 电路的 A/D 转换真值表

模拟电压 u_i	寄存器状态							编码器输出		
	Q_7	Q_6	Q_5	Q_4	Q_3	Q_2	Q_1	d_2	d_1	d_0
$\left(0\sim\frac{1}{15}\right)U_{REF}$	0	0	0	0	0	0	0	0	0	0
$\left(\frac{1}{15}\sim\frac{3}{15}\right)U_{REF}$	0	0	0	0	0	0	1	0	0	1
$\left(\frac{3}{15}\sim\frac{5}{15}\right)U_{REF}$	0	0	0	0	0	1	1	0	1	0
$\left(\frac{5}{15}\sim\frac{7}{15}\right)U_{REF}$	0	0	0	0	1	1	1	0	1	1

续表 11-1

模拟电压 u_i	寄存器状态							编码器输出		
	Q_7	Q_6	Q_5	Q_4	Q_3	Q_2	Q_1	d_2	d_1	d_0
$\left(\frac{7}{15}\sim\frac{9}{15}\right)U_{REF}$	0	0	0	1	1	1	1	1	0	0
$\left(\frac{9}{15}\sim\frac{11}{15}\right)U_{REF}$	0	0	1	1	1	1	1	1	0	1
$\left(\frac{11}{15}\sim\frac{13}{15}\right)U_{REF}$	0	1	1	1	1	1	1	1	1	0
$\left(\frac{13}{15}\sim 1\right)U_{REF}$	1	1	1	1	1	1	1	1	1	1

并联比较型 A/D 转换器的主要优点是转换速度快，如目前输出为 8 位的并联比较型 A/D 转换器转换时间可以达到 50 ns 以下，这是其他类型 A/D 转换器无法做到的。不足之处是转换精度较差，存在转换误差。而且，电路结构中需要使用很多电压比较器和触发器，从图 11-9 所示电路结构不难看出，输出为 n 位二进制代码的转换器中，应当有 2^n-1 个电压比较器和 2^n-1 个触发器。电路的规模随着输出代码位数的增加而急剧膨胀。

11.2.3　逐次渐近型 A/D 转换器

逐次渐近型 A/D 转换器是直接型 A/D 转换器，也是目前集成 A/D 转换器产品中用得最多的一种电路。其转换过程类似于天平称物的过程，天平的一端放物 M，一端放砝码。用天平将各种质量的砝码按一定规律与 M 进行比较、取舍，直到天平基本平衡，这时天平托盘中砝码的质量之和就表示 M 的质量。

图 11-10 所示是逐次渐近型 A/D 转换器的原理框图，它由比较器、n 位 D/A 转换器、n 位寄存器、控制电路、输出电路、时钟信号 CP 以及参考电压源等组成，输入为 u_i，输出为 n 位二进制代码。

转换开始之前将寄存器清零($d_{n-1}d_{n-2}\cdots d_1 d_0=00\cdots00$)。开始转换时，控制电路先将寄存器的最高位置1($d_{n-1}=1$)，其余位全为0，使寄存器输出为($d_{n-1}d_{n-2}\cdots d_1 d_0=1\cdots00$)，这组数码被 D/A 转换器转换成相应的模拟电压 u_X 后通过电压比较器与 u_i 进行比较。若 $u_i>u_X$，说明寄存器中的数字不够大，则将这一位的1 保留；若 $u_i<u_X$，说明寄存器中的数字太大，则将这一位的1 清除，从而决定了 d_{n-1} 的值。然后将次高位置1($d_{n-2}=1$)，再通过 D/A 转换器将此时寄存器的输出($d_{n-1}d_{n-2}\cdots d_1 d_0= d_{n-1}1\cdots00$)转换成相应的模拟电压 u_X，通过 u_X 与 u_i 比较决定 d_{n-2} 的取值。依此类推，逐位比较，一直到最低位为止。

下面以 3 位逐次渐近型 A/D 转换器的电路为例，如图 11-11 所示，具体说明转换过程和转换时间。

图 11-11 中 FF_2、FF_1 和 FF_0 组成 3 位数码寄存器；触发器 $FF_a\sim FF_e$ 和门 $G_1\sim G_5$ 构成控制电路，其中 $FF_a\sim FF_e$ 接成环形计数器，门 $G_6\sim G_8$ 为输出电路。

在转换开始前使 $Q_aQ_bQ_cQ_dQ_e=10000$，且 $Q_2=Q_1=Q_0=0$。

第一个 CP 信号到达后，环形计数器右移一位，使 $Q_b=1$、$Q_a=Q_c=Q_d=Q_e=0$，并且将数码寄存器的最高位 FF_2 置1，FF_1 和 FF_0 置0。这时 D/A 转换器的输入代码为 $d_2d_1d_0=100$，由此可在D/A转换器的输出端得到相应的模拟电压 u_X。通过比较器C对 u_i 与 u_X 进行比较，若 $u_i<u_X$，比较器输出 u_C 为高电平；若 $u_i\geqslant u_X$，则 u_C 为低电平。

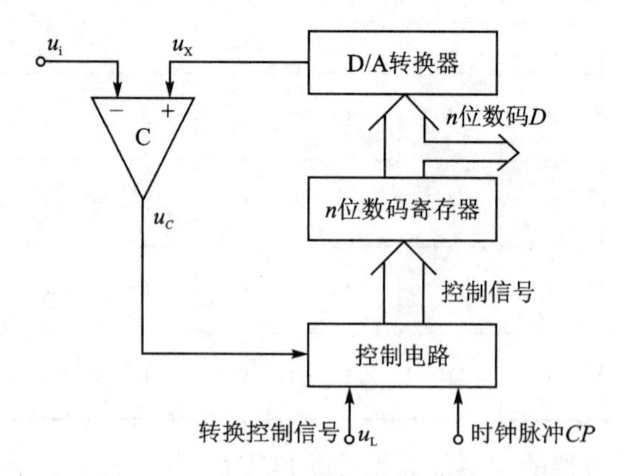

图 11-10 逐次渐近型 A/D 转换器的原理框图

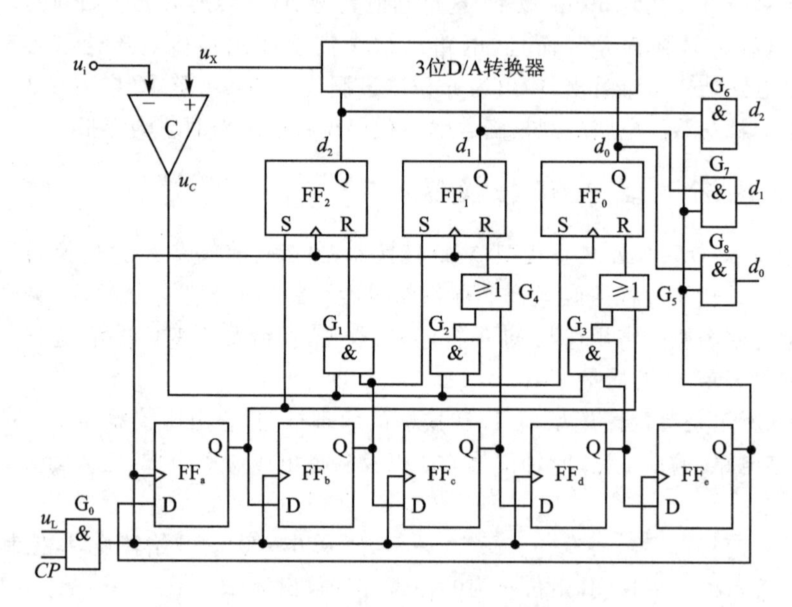

图 11-11 三位逐次渐近型 A/D 电路原理图

第二个 CP 信号到达时，环形计数器右移一位，使 $Q_c=1$、$Q_a=Q_b=Q_d=Q_e=0$。若 u_C 为高电平($u_i<u_X$)，说明寄存器中的数字太大，则将这一位的1清除，即将 FF_2 置0；若 $u_C=0$($u_i\geqslant u_X$)，说明寄存器中的数字不够大，则将这一位的1保留，即 FF_2 保持1，从而确定了数码寄存器中 Q_2 的值。与此同时，Q_c 的高电平将次高位 FF_1 置1。这时D/A转换器的输入代码为 $d_2d_1d_0=Q_210$，输出为这个代码相应的模拟电压 u_X。通过对 u_i 与 u_X 进行比较决定比较器C的输出 u_C。

第三个 CP 信号到达时，环形计数器再右移一位，使 $Q_d=1$、$Q_a=Q_b=Q_c=Q_e=0$。根据比较器的输出 u_C 确定 FF_1 的值，也就是确定了数码寄存器中 Q_1 的值，同时将寄存器 FF_0 置1。这时D/A转换器的输入代码为 $d_2d_1d_0=Q_2Q_11$，输出为这个代码相应的模拟电压 u_X。通过对 u_i 与 u_X 进行比较决定比较器C的输出 u_C。

第四个 CP 信号到达时，环形计数器再右移一位，使 $Q_e=1$、$Q_a=Q_b=Q_c=Q_d=0$。根据

比较器的输出 u_C 确定 FF_0 的值，也就是确定了数码寄存器中 Q_0 的值。$Q_e=1$ 将门 $G_6 \sim G_8$ 打开，寄存器 FF_2、FF_1 和 FF_0 的状态 $Q_2Q_1Q_0$ 作为转换结果输出。

第五个 CP 信号到达时，$Q_a=1$、$Q_b=Q_c=Q_d=Q_e=0$ 且 $Q_2=Q_1=Q_0=0$，电路回到初态准备下一次转换。

可见，3 位逐次渐近型 A/D 转换器完成 1 次转换需要 5 个时钟 CP 周期。依此类推，n 位 A/D 转换器需要$(n+2)$个 CP 周期。

除逐次渐近型 A/D 转换器以外，双积分型 A/D 转换器也是一种常见的 A/D 转换器。双积分型 A/D 转换器是间接型 A/D 转换器中最常用的一种，它与直接型 A/D 转换器相比具有精度高、抗干扰能力强等特点。双积分型 A/D 转换器首先将输入的模拟电压 u_i 转换成与之成正比的时间量 T，再在时间间隔 T 内对固定频率的时钟脉冲计数，则计数的结果就是一个正比于 u_i 的数字量。关于双积分型 A/D 转换器，在此处不再详细介绍，读者可参阅相关书籍。

11.2.4　A/D 转换器的主要技术指标

1. 分辨率

分辨率用于描述 A/D 转换器对输入量微小变化的敏感程度。A/D 转换器的输出是 n 位二进制代码，因此在输入电压范围一定时，位数越多，量化误差也就越小，转换精度也越高，分辨能力也越强。但分辨率仅仅表示 A/D 转换器在理论上可以达到的精度。

2. 转换精度

转换精度常用转换误差来描述，它表示 A/D 转换器实际输出的数字量与理想输出数字量的差别，通常用最低位的位数表示。转换误差是综合性误差，它是量化误差、电源波动以及转换电路中各种元件所造成的误差的总和。

实际的转换精度和分辨率是两个不同的概念。分辨率很高，但由于电路的稳定性不好等原因，可能使电路的转换精度并不高。

3. 转换速度

转换速度用完成 1 次转换时间来表示，它是从接到转换控制信号起，到输出端得到稳定的数字输出为止所需时间。转换时间越短，说明转换速度越快。

总体来说，直接型 A/D 转换器的转换速度较间接型 A/D 转换器快，但转换精度和抗干扰能力都不及间接型 A/D 转换器。

11.2.5　集成 ADC

集成 ADC0809 是用 CMOS 工艺制成的 8 位八通道逐次渐近型 A/D 转换器。该器件具有与微处理器兼容的控制逻辑，可以直接与 80X86 系列、51 系列等微处理器接口相连。

ADC0809 的引脚排列图如图 11-12 所示，各引脚功能如下。

$IN_0 \sim IN_7$：8 路模拟电压输入，电压范围为 0～5 V。可由 8 路模拟开关选择其中任何一路送至 8 位 A/D 转换电路进行转换。

ADD_C、ADD_B、ADD_A：3 个地址信号输入端，构成 3 位地址码，用以选择 8 个模拟量之一。

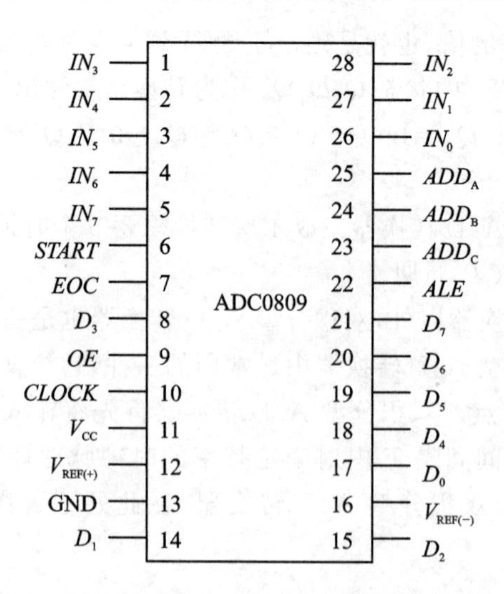

图 11-12　ADC0809 引脚排列图

ALE:地址锁存允许信号,它是一个正脉冲信号。在脉冲的上升沿将 3 位地址 ADD_C、ADD_B、ADD_A 存入锁存器。

$CLOCK$:时钟脉冲输入。控制 A/D 转换速度,频率范围是 10 kHz～1 MHz。

$START$:A/D 转换启动信号,为一正脉冲信号。在 $START$ 的上升沿,将逐次比较寄存器清零,在 $START$ 的下降沿开始转换。

EOC:A/D 转换结束信号,高电平有效。

OE:输出允许信号,OE 有效时将打开输出缓冲器,使转换结果出现在 D_7～D_0 端。

V_{CC}:芯片工作电压,+5 V。

D_7～D_0:数字量输出端。

$V_{REF(+)}$、$V_{REF(-)}$:基准(参考)电压的正、负极。

GND:地端。

本章小结

1. 数/模(D/A)转换和模/数(A/D)转换是沟通数字量和模拟量的桥梁。

2. 评价数/模(D/A)转换器和模/数(A/D)转换器的主要技术指标是转换精度和转换速度,也是挑选转换器电路的主要依据,在选择方案时,要综合考虑性价比,不可一味追求不必要的高精度和高速度。

3. 数/模转换器用权电流(权电阻或权电容)使输出电压与输入数字量成正比。

4. 将模拟量转换为数字量的基础是取样定理,只要取样频率大于模拟信号最高频率的两倍($f_S \geqslant 2f_{i,max}$)即可不失真地重现原来的输入信号。

5. 模/数转换包括取样、保持、量化、编码。量化、编码的方案很多,本章介绍了逐次渐近型和双积分型两种。

习题 11

11-1　填空题

(1) 输入二进制的 n 位 D/A 转换器的 n 越大，分辨率越________。D/A 转换器的基本结构主要包括________、________和________三部分。

(2) D/A 和 A/D 转换器的主要技术指标是________和________。

(3) 若 n 是输入信号有效位数，则 D/A 转换器的分辨率是________。

(4) 一个 10 位的倒 T 型电阻网络 DAC，若 $U_{REF}=5$ V，$R_F=2R$，则当数字信号 $D=$ 0101010100 时，对应的输出电压 $u_o=$________。

(5) 一个 10 位 DAC 的最小分辨电压为 0.025 V，则它能表示最大电压是________ V。

(6) 一个 8 位的 DAC，当输入为10000001 时输出电压为 5 V，则输入为01010000 时，输出电压为________ V。

(7) 若一个 14 位的 D/A 转换器的慢刻度输出电压为 $U_{o,max}=10$ V，当输入的二进制数位 10111010101111 时，输出电压为________ V。

(8) 在 3 位二进制 A/D 转换器中，已知最大输入模拟电压为 10 V，Δ 是量化单位，并采取"只舍不取"的方法划分量化电平，则 1Δ 代表的量化电压为________ V。

(9) A/D 转换的基本步骤是________、________、________和________四个。

(10) A/D 转换器的量化方式有________、________两种；逐次比较 A/D 转换器只能采用________方式。

11-2　选择题

(1) 数/模转换是________，模/数转换是________；

A. 把模拟信号转换成数字信号

B. 把数字信号转换成模拟信号

C. 把幅值、宽度均不规则的脉冲信号转换成模拟信号

D. 把幅值、宽度均不规则的脉冲信号转换成数字信号

(2) 工业中多数参数(如温度、压力、流量…)通过传感器转换成的电信号均为________，因而在利用计算机构成控制系统时应首先将它们转换成________，经计算机处理后，再转换成________，以驱动执行机构。

A. 数字量　　B. 模拟量

C. 矩形波电压信号　　D. 正弦波电压信号

(3) 在倒 T 型电阻网络 D/A 转换器中，当电子开关状态变化时，电阻网络各支路的电流________，因而________。

A. 变化很大　　B. 基本不变

C. 电流建立时间近似为零　　D. 电流建立时间很长

11-3　判断题

(1) 数/模转换器的功能是将数字量转换成模拟量；(　　)

(2) 模/数转换器的功能是将模拟量转换成数字量；(　　)

(3) 数/模转换器的功能是将幅值、宽度均不规则的脉冲信号转换成模拟信号；(　　)

(4) 数/模转换器的位数越多,分辨率越高;(　　)

(5) 模/数转换器的位数越多,分辨率越高;(　　)

(6) 倒T型电阻网络D/A转换器的电阻网络中阻值分散,因此不便于集成化;(　　)

(7) 在D/A转换时,取样频率应大于输入模拟信号的基波频率;(　　)

(8) 按图11-10所示电路组成的10位逐次渐近型A/D转换器完成一次转换需要10个时钟脉冲CP的周期。(　　)

11-4　按图11-4组成的4位倒T型电阻网络D/A转换器中$U_{REF}=10$ V,$R=10$ kΩ。试问当输入数字信号$d_3d_2d_1d_0=1111$时各电子开关中的电流分别为多少?输出电压u_o为多少?若测得$d_3d_2d_1d_0=0101$时输出电压$u_o=0.625$ V,则$U_{REF}=$?

11-5　在10位倒T型电阻网络D/A转换器中,电阻取值如图11-4中的R和$2R$,$U_{REF}=10$V。求解输入数字信号为0000000001、0011001100和1111111111时的输出电压u_o。

11-6　今有一4位倒T型电阻网络D/A转换器,电路结构参照图11-4,已知$U_{REF}=8$V。

(1) 求解$d_3d_2d_1d_0=0000$、0011、1111时的输出电压u_o;

(2) 将d_3、d_2、d_1、d_0分别接4位二进制加法计数器的状态输出Q_3、Q_2、Q_1、Q_0(其中Q_3为最高位状态,Q_0为最低位状态),试画出计数器在连续计数脉冲CP作用下CP和u_o的波形。

11-7　10位倒T型电阻网络D/A转换器如题图11-7所示。

(1) 试求输出电压的取值范围;

(2) 若要求电路输入数字量为200 H时输出电压$u_o=5$ V,试问U_{REF}应取何值?

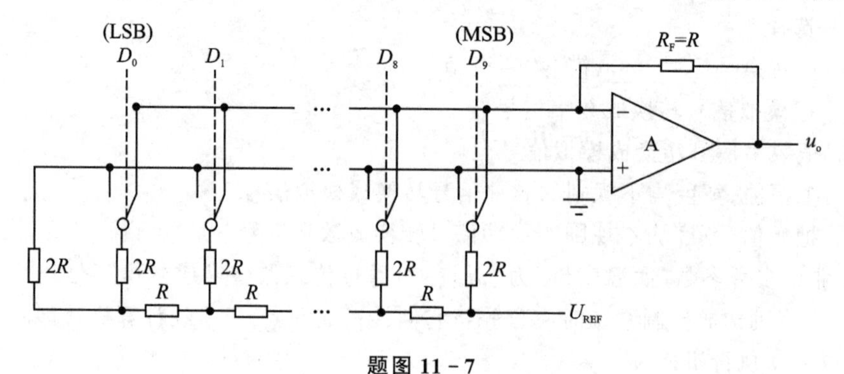

题图11-7

11-8　在题图11-8所示的倒T型电阻网络D/A转换器中,设反馈电阻$R_F=R$,外接参考电压$U_{REF}=-10$ V,为保证U_{REF}偏离标准值所引起的误差小于LSB/2,试计算U_{REF}的相对稳定度应取多少?

11-9　已知时钟脉冲CP的周期为2 μs。

(1) 试问图11-10所示的电路完成1次转换需多长时间?

(2) 若按图11-10所示电路组成10位A/D转换器,则完成1次转换需多长时间?

11-10　按图11-10所示电路的原理组成10位逐次渐近型A/D转换器完成1次循环所需时间为12 μs,试问时钟脉冲CP的周期为多少?

11-11　在题图11-11所示的D/A转换电路中,已知参考电压$U_{REF}=5$ V,试计算:

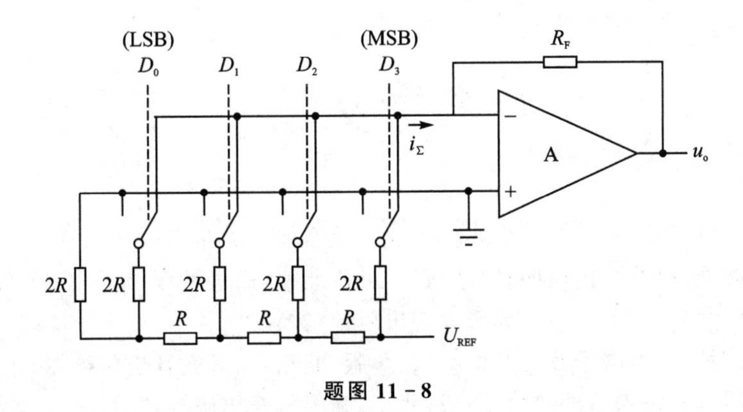

题图 11－8

(1) 输入数字量 $d_9 \sim d_0$ 每一位为 1 时在输出端产生的电压值；

(2) 输入为全1、全0 时在输出端产生的电压值。

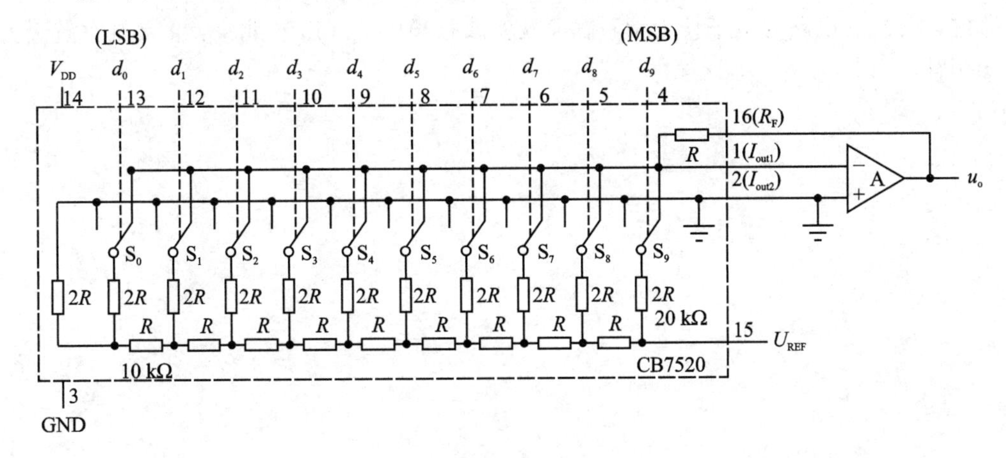

题图 11－11

11－12　对于一个 10 位逐次渐近型 A/D 转换电路，当时钟频率为 1 MHz 时，其转换时间是多少？如果要求完成一次转换的时间小于 10 μs，试问时钟频率应为多少？

参考文献

[1] 张虹.电路与电子技术[M]. 5版.北京:北京航空航天大学出版社,2015.
[2] 傅恩锡,杨四秧.电路分析简明教程[M]. 2版.北京:高等教育出版社,2012.
[3] 邱关源.电路[M]. 5版.北京:高等教育出版社,2011.
[4] 童诗白,华成英.模拟电子技术基础[M]. 5版.北京:高等教育出版社,2015.
[5] 刘润华.模拟电子技术基础[M]. 4版.北京:高等教育出版社,2017.
[6] 闫石,王红.数字电子技术基础[M]. 6版.北京:高等教育出版社,2016.
[7] 徐丽香.数字电子技术[M]. 3版.北京:电子工业出版社,2016.
[8] 张虹,王俊杰.电路与电子技术学习辅导及实践指导[M]. 5版.北京:北京航空航天大学出版社,2015.